地下结构设计原理与方法

（第2版）

曾艳华　汪　波　封　坤　董唯杰　编著

西南交通大学出版社
·成　都·

内容提要

本教材系统地介绍了地下结构设计的基本理论与计算方法，突出了地下支护结构理论，形成了以理论计算和经验设计为基础，并以施工量测信息反馈设计来指导施工的地下结构设计体系。

本书重点阐述了地下结构的工作环境、支护结构原理、荷载-结构模型的计算方法、地层-结构模型的计算方法和信息反馈设计方法。同时，为说明这些计算原理与方法，还撰写了有关的基础知识，列举了大量的工程实例，并辅以算例，做到理论与实践相结合。

本书可作为高等院校地下工程专业本科学生的教材，亦可供从事相关工程工作的科研、设计和施工技术人员参考。

图书在版编目（CIP）数据

地下结构设计原理与方法 / 曾艳华等编著. —2 版
. —成都：西南交通大学出版社，2022.11
ISBN 978-7-5643-8920-8

Ⅰ. ①地… Ⅱ. ①曾… Ⅲ. ①地下工程 – 结构设计
Ⅳ. ①TU93

中国版本图书馆 CIP 数据核字（2022）第 169419 号

Dixia Jiegou Sheji Yuanli yu Fangfa
地下结构设计原理与方法（第 2 版）

曾艳华　汪　波　封　坤　董唯杰 / 编著

责任编辑 / 韩洪黎
封面设计 / 何东琳设计工作室

西南交通大学出版社出版发行
（四川省成都市金牛区二环路北一段 111 号西南交通大学创新大厦 21 楼　610031）
发行部电话：028-87600564　　028-87600533
网址：http：//www.xnjdcbs.com
印刷：四川森林印务有限责任公司

成品尺寸　185 mm × 260 mm
印张　21.75　　字数　540 千
版次　2003 年 9 月第 1 版　　2022 年 11 月第 2 版
印次　2022 年 11 月第 9 次

书号　ISBN 978-7-5643-8920-8
定价　58.00 元

课件咨询电话：028-81435775
图书如有印装质量问题　本社负责退换

第 2 版前言

地下工程通常包括在地下修筑的各种隧道与洞室。铁路、公路、地铁、矿山、水电、国防等多个领域都大量涌现出了多种多样的地下工程。随着科学技术与工业的不断进步，以及人类社会绿色低碳发展的迫切要求，地下工程将会有更为广阔的应用前景，21 世纪将是地下工程的世纪。

地下结构不同于地面结构，分析和研究地下结构的安全性和稳定性不仅与结构本身有关，还与周围的环境——工程地质条件及施工过程密切相关，即围岩的稳定性极大地影响地下结构的安全性。尽管地下结构计算理论的发展至今已有百余年的历史，但在人们还没有认识到这一点之前，地下结构长期处于“经验设计”和“经验施工”的局面。

地下工程施工技术水平的提高，特别是以新奥法原理为基础的现代支护技术的应用与发展，使得充分发挥和提高围岩的承载能力成为可能，人们也就更加认识到将围岩的承载力以及围岩与支护结构相互作用的关系正确地反映到计算模型中来，从而降低工程造价的重要性。

本书是根据 2003 年出版的《地下结构设计原理与方法》(李志业、曾艳华，西南交通大学出版社)，结合近 20 年地下工程建设中有关设计理论方面的研究成果，在总结多年教学经验的基础上修订而成的。全书针对目前国内外广泛应用的设计方法，重点阐述了以新奥法为基础的地下结构支护理论及设计方法、以围岩分级为基础的经验设计方法、国内外广泛采用的结构力学的计算模型、随着岩体力学的发展而发展起来的连续介质力学模型、随着量测技术发展起来的信息化设计方法等。同时，为说明这些设计方法和计算原理，还撰写了地下结构工作环境的基础知识。

本教材为土木工程专业地下工程方向的教材之一。本着以授课为主、自学为辅的原则，除了阐述有关计算模型的基本原理与方法以外，还列入了许多实例，以便于自学。

本教材还可供地下工程专业的研究生和工程技术人员参阅。

全书共分 7 章，第 1 章、第 5 ~ 7 章由曾艳华、封坤教授编写；第 2 ~ 4 章由汪波教授和董唯杰副教授编写；肖明清大师完成了第 6 章隧道支护结构设计总安全系数法的编写，耿萍教授完成了第 3 章地震荷载及第 6 章隧道地震响应时程分析的编写。李志业教授对全书进行了审阅。董唯杰副教授对全书的图形和符号的统一做了大量的工作，在此一并表示感谢。

在编写过程中可能还存在一些疏漏或不足，敬请广大读者批评指正。

编　者

2022 年 7 月

第1版前言

地下工程通常包括在地下开挖的各种隧道与洞室。铁路、公路、矿山、水电、国防、城市地铁及城市建设等许多领域，都有大量的地下工程。随着科学技术及工业的发展，地下工程将会有更为广泛的应用前景。科学预测指出21世纪将是地下工程的世纪。

地下结构不同于地面结构，分析和研究地下结构的安全性和稳定性不仅与结构本身有关，还与周围的环境——工程地质条件及施工过程密切相关，即围岩的稳定性极大地影响地下结构的安全性。尽管地下结构计算理论的发展至今已有百余年的历史，但在人们还没有认识到这一点之前，地下结构长期处于“经验设计”和“经验施工”的局面。

随着地下工程施工技术水平的提高，特别是以新奥法原理为基础的现代支护技术的应用与发展，使得充分发挥和提高围岩的承载能力成为可能，人们也就更加认识到如何将围岩的承载力以及围岩与支护结构相互作用的关系正确地反映到计算模型中来，从而达到降低工程造价的目的。

本教材基于上述现状，在总结十几年教学经验的基础上，就目前国内外广泛应用的设计方法，重点阐述了以新奥法为基础的现代支护理论及设计方法；以围岩分级为基础的经验设计方法；国内外广泛采用的结构力学的计算模型；随着岩体力学的发展而发展起来的连续介质力学模型；随着量测技术发展起来的信息化设计方法等。同时，为说明这些设计方法和计算原理，还撰写了有关的基础知识。

本教材为土木工程专业地下工程方向的教材之一。本着以授课为主自学为辅的原则，除了阐述有关计算模型的基本原理与方法以外，还列入了许多实例，以便于自学。

本教材还可供地下工程专业的研究生和工程技术人员参阅。

本书共分7章，第1章~第5章由李志业教授编写；第6章~第7章由曾艳华副教授编写；郭艳华完成了第3章的大部分算例；刘红燕完成了第5章5.3中的算例。高波教授对全书进行了审阅。曾艳华副教授对全书的图形和符号的统一做了大量的工作，关宝树教授对此书提出了宝贵的意见，肖中平也为本书提供了很多素材，在此一并表示感谢。

在编写过程中可能还存在一些疏漏或不足，敬请专家及同行指正。

编　者

2003年5月

目　录

第1章 概 论

1.1 地下结构体系及计算特点

在保留上部地层（山体或土层）的前提下，在开挖出能提供某种用途的地下空间内修筑的建筑结构物，通称为地下结构。

1. 地下结构体系的组成

地下结构和地面结构物，如房屋、桥梁、水坝等一样，都是一种结构体系，但两者在赋存环境、力学作用机理等方面都存在着明显的差异。地面结构体系一般都是由上部结构和地基组成。地基只在上部结构底部起约束或支承作用，除了自重外，荷载都是来自结构外部，如人群、设备、列车、水力等［图 1.1.1（a）］。而地下结构是埋入地层中的，四周都与地层紧密接触。结构上承受的荷载来自于洞室开挖后引起周围地层的变形和坍塌而产生的作用力，同时结构在荷载作用下发生的变形又受到地层的约束。在地层稳固的情况下，开挖出的洞室中甚至可以不设支护结构而只留下地层，如我国陕北的黄土窑洞，证实了在无支护结构的洞室中，周边岩土体本身就是承载结构。

由于地下结构周围的地层是千差万别的，洞室是否稳定不仅取决于岩石强度，而且取决于地层构造的完整程度。相比之下，周围地层构造的完整性对洞室的稳定性更有影响。各类岩土地层在洞室开挖之后，都具有一定程度的自稳能力。地层自稳能力较强时，地下结构将不受或少受地层压力的荷载作用，否则地下结构将承受较大的荷载直至必须独立承受全部荷载作用。因此，周围地层能与地下结构一起承受荷载，共同组成地下结构体系。地层既是承载结构的基本组成部分，又是形成荷载的主要来源［图 1.1.1（b）］，且洞室周围的地层在很大程度上是地下结构体系中承载的主体。地下结构的安全性首先取决于地下结构周围的地层能否保持持续稳定，并且应充分利用和更好地发挥围岩的这种承载能力。在需要设置支护结构时，支护结构能够阻止围岩不发生有害的变形，使其达到稳定的作用，这种合二为一的作用机理与地面结构是完全不同的。

除在坚固、完整而又不易风化的稳定岩层中可以只开成毛洞外，其他地层中的坑道都需要修建支护结构，即衬砌，或称为被覆。它是在坑道内部修建的永久性支护结构。因此，支护结构有 2 个最基本的使用要求：一是满足结构强度、刚度要求，以承受诸如水、土压力以及一些特殊使用要求的外荷载；二是提供一个能满足使用要求的工作环境，以便保持隧道内部的干燥和清洁。这两个要求是彼此密切相关的。

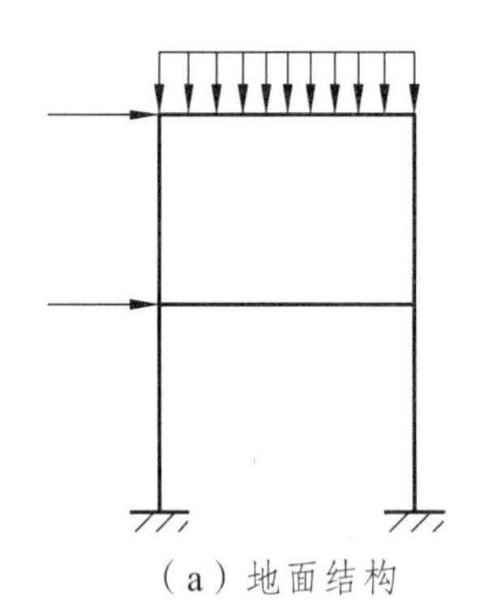
（a）地面结构

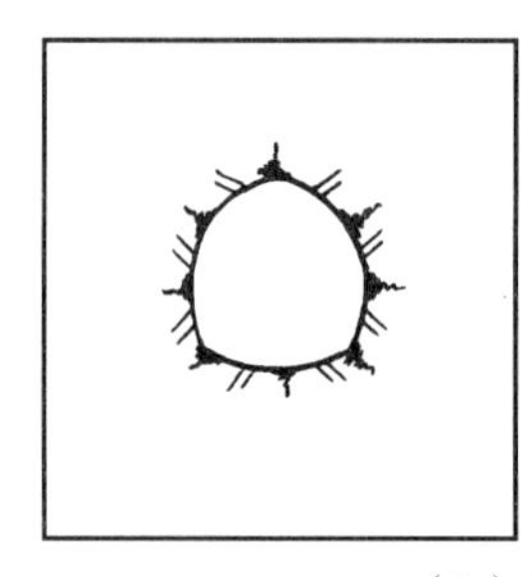
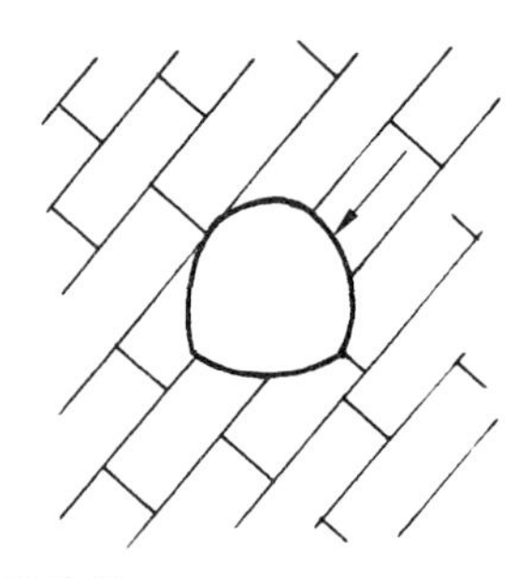
（b）地下结构

图 1.1.1　地下结构与地面结构的区别

支护结构即是我们所要研究的地下结构物。有时，在衬砌内部还设有为分割不同使用空间的梁、板、柱等内部结构。内部结构的设计和计算与地面结构相同。

2. 地下结构的形式

因为地下结构周围的介质是千差万别的，所以不同地质条件需要的支护结构形式会有很大的不同，它直接影响到地下结构上的荷载。因此，结构形式首先由受力条件来控制。通常按其使用目的有如下基本类型：

（1）防护型支护。

例如顶部防护。这是开挖支护中最轻型者，它既不能阻止围岩变形，也不能承受岩体压力，而是仅用以封闭岩面，防止坑道周围岩体质量的进一步恶化。它通常是采用喷浆、喷混凝土或局部锚杆来完成的。

（2）构造型支护。

在基本稳定的岩体中，如大块状岩体，坑道开挖后的围岩可能出现局部掉块或崩塌，但在较长时间内不会造成整个坑道的失稳或破坏。这种情况下常常使用构造型支护，其支护参数应满足施工及构造要求。

构造型支护通常采用喷混凝土、锚杆和金属网、模注混凝土等支护方式。

（3）承载型支护。

承载型支护是坑道支护的主要类型。视坑道围岩的力学动态，它可分为轻型、中型及重型等。

对于承载型结构，其断面形式主要由使用要求、地质条件和施工方法 3 个因素综合决定。其中，施工方法对地下结构的形式会起重要影响，并且会影响到支护结构的计算方法。

当地质条件较好、跨度较小或埋深较浅时，常采用矩形结构；当地质条件较差，围岩压力较大，特别是承受较大的静水压力时，应优先采用圆形结构，可充分发挥混凝土结构的抗压强度。当地质条件介于两者之间时，按具体荷载的大小和结构尺寸决定。例如，荷载以竖直压力为主时，则用直墙拱形结构为宜；跨度较大时，可用落地拱结构，且底板常做成倒拱形。

地层性质的这种差别不仅影响地下结构的选型，而且影响施工方法的选择。因地下结构在施工阶段同样必须安全可靠，故采用不同的施工方法是决定地下结构形式的重要因素之一，在使用要求及地质条件相同的情况下，施工方法不同也会采用不同的结构形式。

此外，地下结构的选型还与工程的使用要求有关。例如人行通道，可做成单跨矩形或拱形结构；地下铁道车站或地下医院等应采用多跨结构，既减少内力，又利于使用；飞机库则中间不能设柱，而常用大跨度落地拱；在工业车间中，矩形隧道接近使用限界；当欲利用拱形空间放置通风等管道时，亦可做成直墙拱形或圆形隧道。

综合地质条件、使用要求、施工方法等因素，衬砌的制造方式可归纳为下列几种：

（1）就地灌注整体式混凝土衬砌。

就地灌注整体式混凝土衬砌是在施工现场架设模板，在围岩与模板之间灌注混凝土使其成型的一种支护方法。适用于矿山法施工，且围岩可以保持短时间的稳定，也适用于采用明挖法施工的衬砌形式。衬砌的表面整齐美观，施工进度快，质量容易控制。

采用矿山法施工时常用拱形结构形式，这种结构大多数由上部拱圈、两侧边墙和底部仰拱（或铺底）组成。上部拱圈的轴线采用多心圆或半圆形，边墙可做成直边墙或曲边墙。当底部压力较大或有地下水时，应做成带仰拱的封闭式结构，如图 1.1.2 所示。根据地质条件的不同或者所受荷载不同，常需要不同的结构形式。

在岩层较坚硬、整体性较好的稳定或基本稳定的围岩中，可采用半衬砌，边墙只设防护，施工时应保证拱脚岩层的稳定性。当使用要求较大跨度时，可以做成落地拱［图 1.1.2（a）］。

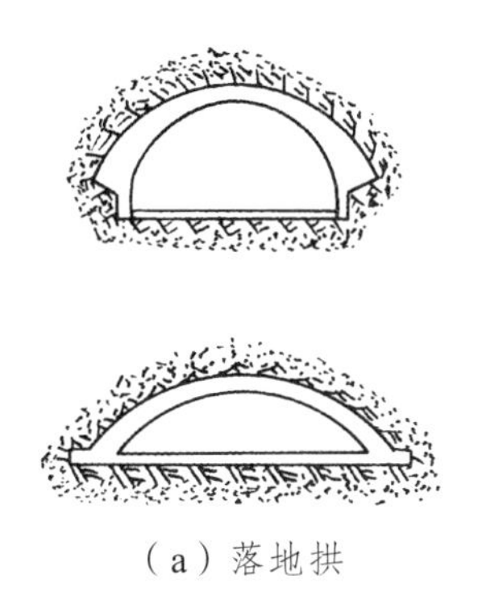

（a）落地拱

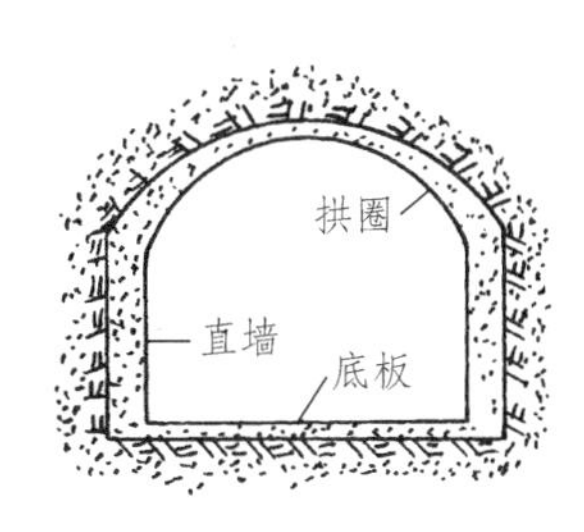

（b）直墙拱形衬砌

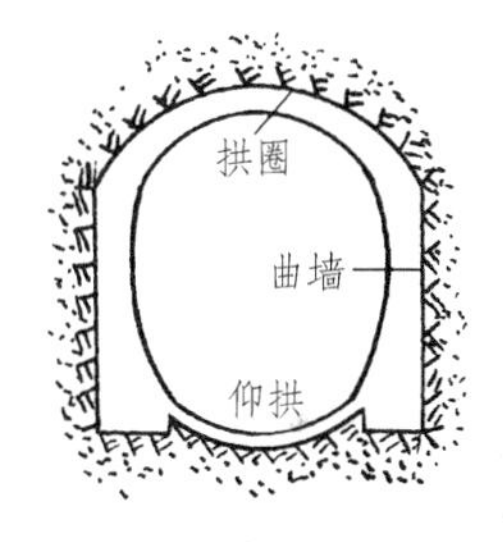

（c）曲墙拱形衬砌

图 1.1.2　拱形衬砌

对水平压力较小的洞室可采用厚拱薄墙衬砌，其受力特点是可将拱圈所受的荷载通过扩大的拱脚传给岩层，使边墙受力减小，以节省建筑材料和减少土石方开挖量。

以竖直压力为主，而水平压力不大的洞室，一般采用直墙拱形衬砌［图 1.1.2（b）］。衬砌与围岩间的空隙应密实回填，使衬砌与围岩能整体受力。

对于岩层松散破碎、易于坍塌、具有较大的竖直压力和水平侧压力等情况，应采用曲墙拱形衬砌。遇洞室底部地层软弱或为膨胀性地层时，应采用底部结构为仰拱的曲墙拱形衬砌，将整个衬砌围成封闭形式［图 1.1.2（c）］，以加大结构的整体刚度。

此外，两隧道垂直相接时的衬砌，称交叉段衬砌（图 1.1.3）；从 1 个双线隧道逐步拉开距离分离成 2 个单线隧道的过渡段部位，称为连拱形隧道（图 1.1.4）。这些类型的隧道结构在计算时，应考虑空间效应。当图 1.1.4 中的 2 条隧道逐渐分离到Ⅲ—Ⅲ断面时，就成为 2 条近距离隧道。此时，一条隧道的施工会对另一条隧道产生非对称的荷载效应，引起它的应力和位移状态发生不利的变化，在设计和施工中都要考虑这种不利的荷载状态。

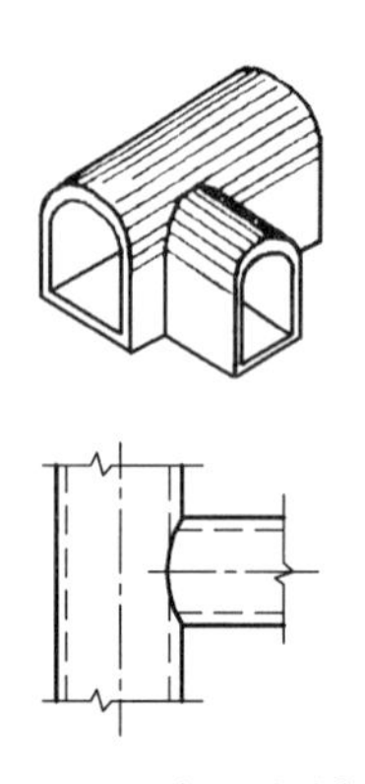

图 1.1.3　交叉段衬砌

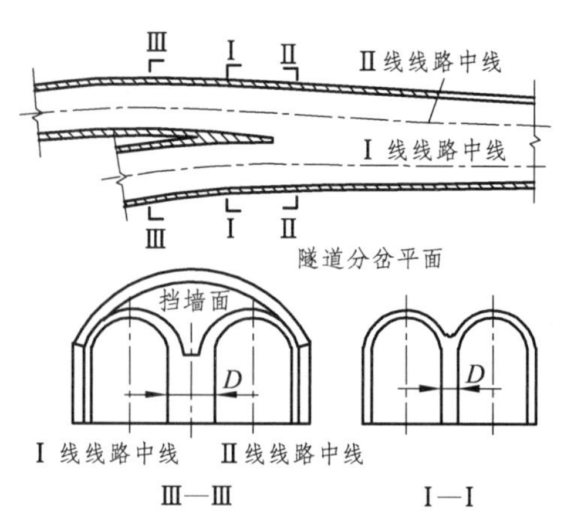

图 1.1.4　连拱形衬砌

采用明挖法施工常用的结构形式是矩形框架，其内部根据使用目的设有梁、柱或中墙，将整体框架分成多跨和多层。施工时常用桩或墙式支挡结构作为施工时的临时支护，它们也可作为地下结构墙体的一部分。在遇到施工场地狭窄时，特别是在交通繁忙的市区修建地铁车站，可优先考虑采用地下连续墙结构（图 1.1.5）。它是首先建成地下连续墙，之后在墙体的保护下明挖基坑，修筑结构；或用逆作法施工，先修建顶板，回填路面，再开挖内部土体和修建边墙、内部结构及底板。

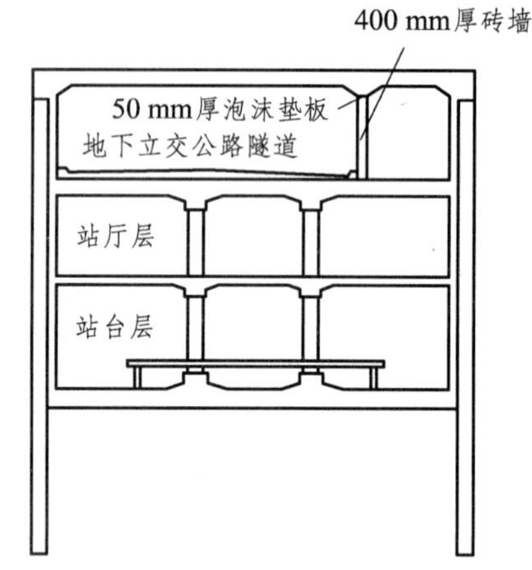

图 1.1.5　某地下铁道车站

沉埋法施工（亦称水下明挖法）的衬砌结构，是在专门的制造场地预制的，其结构形式与制造方式有关。干船坞形的结构形式一般是多跨的钢筋混凝土管段［图 1.1.6（a）］；船台形的结构形式一般外形为八角形，用钢板焊接而成，内轮廓一般为单圆或双圆［图 1.1.6（b）］。

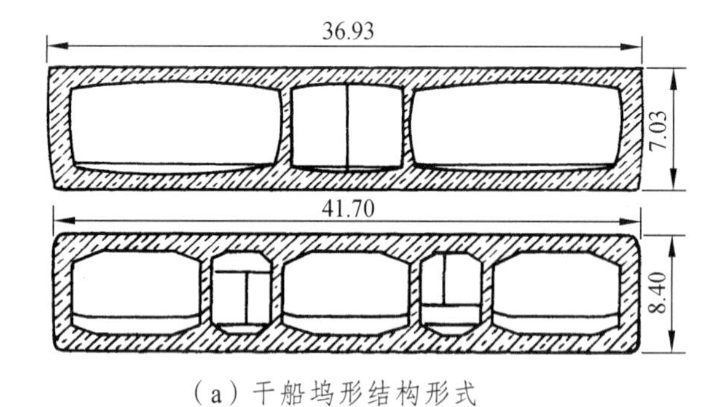

（a）干船坞形结构形式

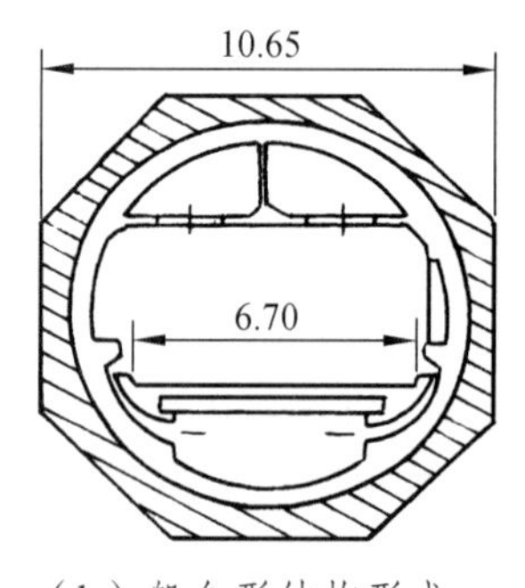

（b）船台形结构形式

图 1.1.6　沉埋法施工的结构形式（单位：m）

用明挖法施工修建的地下构筑物，需要有和地面连接的通道，它是由浅入深的结构，称为引道，在无法修筑顶盖的情况下通常都做成开敞式的。图 1.1.7 为水底隧道引道采用开敞式结构时的断面示意图。遇地下水压较大时，开敞式结构一般均应考虑采取抗浮措施。

（2）锚喷支护。

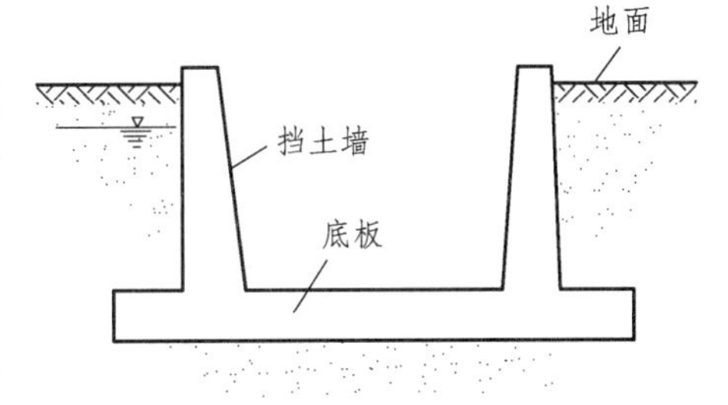

图 1.1.7　开敞式结构

常用于矿山法施工，它可以在坑道开挖后及时施设，因此，能有效地限制洞周位移，保护作业人员的安全，避免局部产生过大的变形。当围岩条件比较好，用锚喷支护可以获得长期的稳定，并达到使用要求时，可以将其作为永久结构（图 1.1.8）；但常常是作为永久支护的一部分，与整体现浇的混凝土衬砌组成复合式衬砌（图 1.1.9）。由于锚喷支护是一种柔性结构，能更有效地利用围岩的自承能力维持洞室稳定，其受力性能一般优于整体式衬砌，因而被认为是一种新型的地下结构形式。

锚喷支护可以根据围岩的稳定情况，由喷混凝土、钢筋网喷混凝土、锚杆、钢筋网、钢纤维喷混凝土和钢支撑等不同的组合形式构成，其各部分的功能详见第 4 章的叙述。

（3）复合式衬砌。

分 2 次修筑，中间加设薄膜防水层的衬砌称为复合式衬砌，如图 1.1.9 所示。复合式衬砌的外层常为锚喷支护，以利于及时架设，尽快使围岩和初期支护达到基本稳定。内层常为现浇整体式混凝土衬砌、喷混凝土或钢纤维喷射混凝土衬砌、装配式衬砌等不同的形式。

用喷混凝土作内衬的特点是与初期支护的结合状态好，但表面不光滑，还需再次处理，故目前较少使用。

用装配式衬砌作复合式衬砌的内衬时，2 层衬砌之间的空隙需压浆，典型的实例是英吉利海峡隧道（掘进机施工法）的内衬即是这种结构。

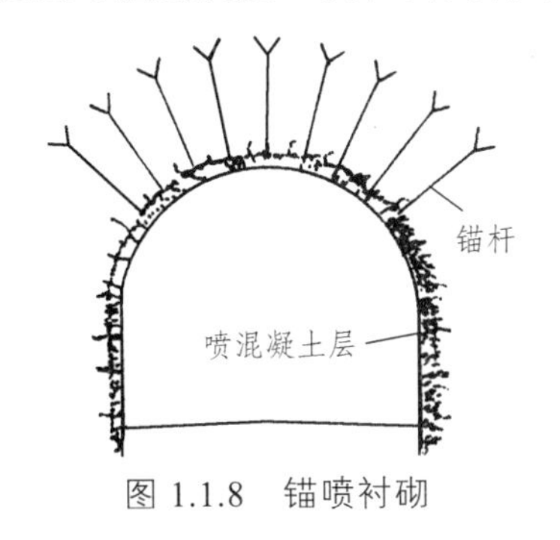

图 1.1.8　锚喷衬砌

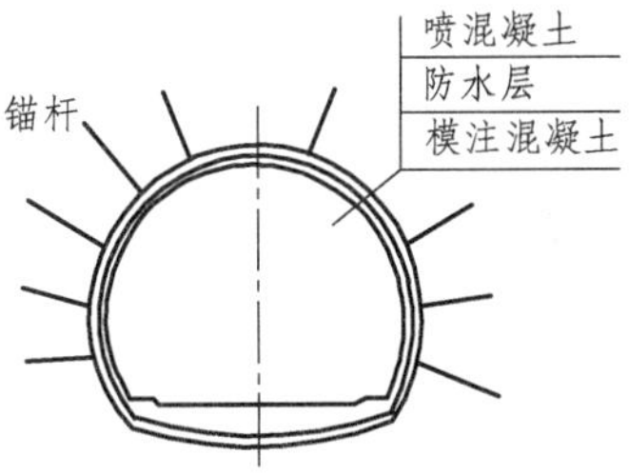

喷混凝土
防水层
模注混凝土
锚杆

图 1.1.9　复合式衬砌

（4）装配式衬砌。

由工厂预制、在洞内拼装而成的衬砌称为装配式衬砌，每一个衬砌单元称为管片。一般由数块标准块 A、2 块邻接块 B 和 1 块封顶块 K 拼装成一衬砌环，再用纵向螺栓连接成隧道（图 1.1.10）。采用装配式衬砌可以使生产标准化，加快施工速度，提高工程质量。由于装配式衬砌的拼装接缝较多，常常是漏水的通道，所以对管片的制造精度和拼装精度要求较高，也是修建隧道成败的关键技术之一。

遇地层土质较差、靠其自承能力可维持稳定的时间很短时，对中等埋深以上的土层地下结构常用盾构法施工；在地质条件较好的情况下可以使用掘进机施工；此时常采用圆形装配式衬砌［图 1.1.10（a）］的结构形式。将平行修建的装配式管片横向连通，即可成为多孔道的车站［图 1.1.10（b）］。

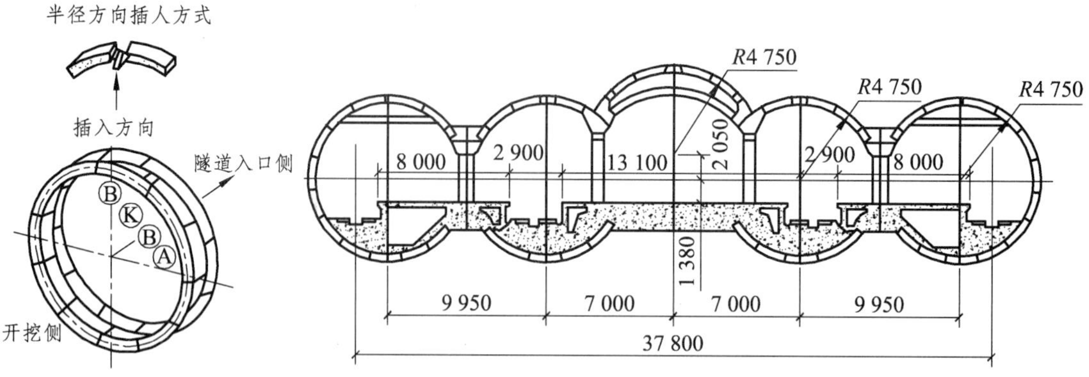

（a）圆形装配式衬砌　　（b）塔柱式地铁车站

图 1.1.10　盾构法施工的装配式衬砌（单位：mm）

用于盾构法施工的装配式衬砌，由于在盾尾内拼成圆环衬砌，在盾构向前推进时，要承受千斤顶推进的反力。同时，由于盾构的前进而使装配好的衬砌环一旦暴露在盾尾外时，立即承受地层给予的压力。因此要求衬砌：① 能立即承受施工荷载和永久荷载，如围岩压力、机具压力，后者包括盾构推进时的千斤顶压力；② 有足够的刚度和强度，不透水、耐腐蚀，具有足够的耐久性能；③ 装配安全、简便、构件能互换，且在管片刚被推出盾尾后即刻要承受向衬砌背后注浆的压力。

近年来，随着盾构形式的发展，相继出现了矩形、椭圆形、马蹄形、多圆等断面形式的盾构，装配式衬砌的形式也相应地得到发展。

用于矿山法施工的单线交通隧道的装配式衬砌如图 1.1.11（a）所示。图 1.1.11（b）为圣彼得堡地铁的单拱车站横断面，隧道埋置于不透水的致密黏土层中，拱圈和仰拱均由混凝土砌块组成，支承在 2 个圆形支墩上。图中所示结构由于管片间无受拉连接构件，所以只适用于有一定自稳能力的地层。

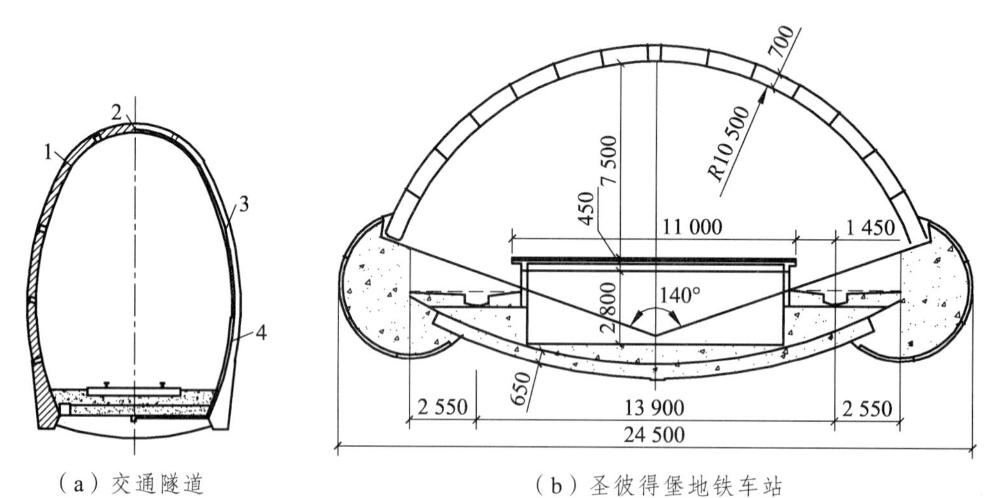

（a）交通隧道　　（b）圣彼得堡地铁车站

1—装配螺栓；2—混凝土嵌块；3—企口槽；4—吊装孔。

图 1.1.11　矿山法施工的装配式衬砌（单位：mm）

用于明挖法施工的装配式衬砌如图 1.1.12 所示。图中结构的底板采用整体现浇的混凝土，边墙和顶板预制，顶板采用的是密肋板式结构，使得重量减轻且有利于拼装。

3. 地下结构的计算特性

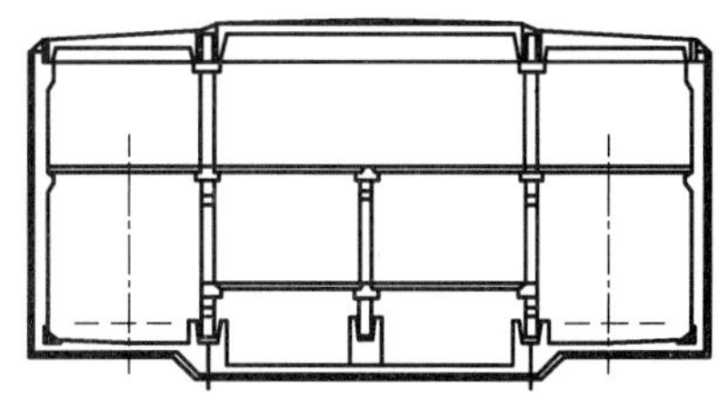

图 1.1.12　装配式密肋板车站

地下工程所处的环境和受力条件与地面工程有很大不同，将其特征反映在计算模型中，大致可归纳成如下几点：

（1）必须充分认识地质环境对地下结构设计的影响。

地下工程是在自然状态下的岩土地质体内开挖的，这种地质体有史以来就在地层的原始应力作用下参与工作，并处于相对的平衡中。因而地下工程的这种地质环境对支护结构设计有着决定性意义。地下工程上的荷载取决于原岩应力，这种原岩应力是很难预先确定的，这就使地下工程的计算精度受到影响。其次，地质体力学参数很难通过测试手段准确获得，不仅不同地段差别很大，而且由于开挖过程会引起原有初始荷载的应力释放而改变地层中原有的平衡状态，其后果也会改变围岩的工程性质，如由弹性体变为塑性体。这一变化过程不能简单地用一个力学模型来概括，因为它与形成最终稳定的工程结构体系的类型及时间过程有很大关系。这也使地下工程的计算精度受到影响。因此对地下工程来说，只有正确认识地质环境对支护结构体系的影响，才能正确地进行支护结构的设计。

（2）地下工程周围的地质体是工程材料、承载结构，同时又是产生荷载的来源。

地下结构周围的地质体不仅会对支护结构产生荷载，同时它本身又是一种承载体。我们既不能选择，也不能极大地影响它的力学性质。作用在地质体上的原岩应力是由地质体本身和支护结构共同来承载的。作用在支护结构上的压力除与原岩应力有关外，还与地质体强度、支护的架设时间、支护的形式与尺寸及洞室形状等因素有关，是由支护结构和周围岩体之间的相互作用决定的，并且很大程度上取决于周围岩体的稳定性，它不是事先能给定的参数。充分发挥地质体自身的承载力是地下支护结构设计的一个根本出发点。

（3）地下结构施工因素和时间因素会极大地影响结构体系的安全性。

地下结构在修筑的中间阶段，即施工状态，其荷载、变形和安全度与其他结构相比都还远远没有固定，尤其是与最终状态相比，因此计算中应尽量反映这些中间状态对结构体系安全性的影响。与地面结构不同，作用在支护结构上的荷载受到施工方法和施工时机的影响。某些情况下，即使选用的支护尺寸已经足够大，但由于施工时机和施工方法不当，支护仍然会遭受破坏。例如矿山法施工过程中，若开挖方法不当，会引起洞室周围岩体的坍塌；若支护结构施加的时间过早，会造成结构内力过大，支护结构施加的时间过晚，会造成围岩过度的松弛以至于坍塌；若衬砌与围岩之间回填不密实或由于地下水的流失而在衬砌背后形成空洞，也会降低结构后期的安全性等。

（4）与地面结构不同，地下工程支护结构安全与否，既要考虑到支护结构能否承载又要考虑围岩会不会失稳，这 2 种原因都能导致支护结构破坏。

支护结构的承载力可由支护材料强度来判断，但围岩是否失稳至今没有妥善的判断准则，一般都按经验来确定。

（5）地下工程支护结构设计的关键问题在于充分发挥围岩自承力。

要做到这点，隧道开挖后，应允许围岩在一定范围内进入塑性状态。但岩土体进入塑性状态后，其本构关系是很复杂的。因此，由于本构模型选用不当亦会影响到计算的精度。可见，在力学模型上，地下工程也要比地面工程复杂得多。

1.2 地下结构计算理论的发展与现状

地下工程所处的环境条件与地面工程是全然不同的，早期的地下工程建设都是沿用适用于地面工程的理论和方法来指导地下工程的设计与施工，因而常常不能正确地阐明地下工程中出现的各种力学现象和过程。经过较长时间的实践，人们才逐步认识到地下结构受力、变形的特点，并形成以考虑地层对结构变形约束为特点的地下结构计算理论和方法。

地下工程支护结构理论的发展至今已有百余年的历史，它与岩土力学的发展有着密切关系。土力学的发展促使着松散地层围岩稳定和围岩压力理论的发展，而岩石力学的发展促使围岩压力和地下工程支护结构理论的进一步飞跃。随着新奥法施工技术的出现以及岩土力学、测试仪器、计算机技术和数值分析方法的发展，地下工程支护结构理论正在逐渐成为一门完善的学科。

地下工程支护结构理论的一个重要问题是如何确定作用在地下结构上的荷载以及如何考虑围岩的承载能力。

从这方面来讲，支护结构计算理论的发展大概可分为刚性结构、弹性结构、连续介质 3 个阶段。

1. 刚性结构阶段

19 世纪的地下建筑物大都是以砖石材料砌筑的拱形圬工结构，这类建筑材料的抗拉强度很低，且结构物中存在较多的接触缝，容易产生断裂。为了维护结构的稳定，当时的地下结构截面都设计得很大，结构受力后产生的弹性变形较小，因而最先出现的计算理论是将地下结构视为刚性结构的压力线理论。

压力线理论认为，地下结构是由一些刚性块组成的拱形结构，所受的主动荷载是地层压力，当地下结构处于极限平衡状态时，它是由绝对刚体组成的三铰拱静定体系，铰的位置分别假设在墙底和拱顶，其内力可按静力学原理进行计算。

这种计算理论认为，作用在支护结构上的压力是其上覆岩层的重力。可以作为代表的这类理论有海姆（A.Haim）理论、朗肯（W.J.M.Rankine）理论和金尼克（A.H.Диник）理论。不同之处在于，他们对地层水平压力的侧压系数有不同的理解。海姆认为侧压系数为 1，朗肯根据松散体理论认为侧压系数

$$\lambda = \tan^2(45° - \varphi/2)$$

式中　φ——岩体的内摩擦角。

而金尼克根据弹性理论认为侧压系数

$$\lambda = \frac{\mu}{1-\mu}$$

式中　μ——岩体的泊松比。

然而，这种计算理论没有考虑围岩自身的承载能力。由于当时地下工程埋置深度不大，因而曾一度认为这些理论是正确的。

压力线假设的计算方法缺乏理论依据，一般情况下偏于保守，所设计的衬砌厚度会大很多。

2. 弹性结构阶段

19 世纪后期，混凝土和钢筋混凝土材料陆续出现，并用于建造地下工程，使地下结构具有较好的整体性。从这时起，地下结构开始按弹性连续拱形框架用超静定结构力学方法计算结构内力。作用在结构上的荷载是主动的地层压力，并考虑了地层对结构产生的弹性反力的约束作用。由于有了比较可靠的力学原理为依据，故至今在设计地下结构时仍时有采用。

这类计算理论认为，当地下结构埋置深度较大时，作用在结构上的压力不是上覆岩层的重力而只是围岩坍落体积内松动岩体的重力——松动压力。可以作为代表的这类理论有太沙基（K. Terzaghi）理论和普氏（M. M. Протдъяконов）理论。他们的共同观点是，都认为坍落体积的高度与地下工程跨度和围岩性质有关。不同之处是，前者认为坍落体为矩形，后者认为是抛物线形。普氏理论把复杂的岩体之间的联系用一个似摩擦系数来描写，显然过于粗糙，但由于这个方法比较简单，直到现在普氏理论仍在应用。

松动压力理论是基于当时的支护技术发展起来的。由于当时的掘进和支护所需的时间较长，支护与围岩之间不能及时紧密相贴，致使围岩最终有一部分破坏、塌落，形成松动围岩压力。但当时并没有认识到这种塌落并不是形成围岩压力的唯一来源，也不是所有的情况都会发生塌落，更没有认识到通过稳定围岩，可以发挥围岩的自身承载能力。

对于围岩自身承载能力的认识又分为以下 2 个阶段：

（1）假定弹性反力阶段。

地下结构衬砌是埋设在岩土内的结构物，它与周围岩体相互接触，因此衬砌在承受岩体所给的主动压力作用产生弹性变形的同时，将受到地层对其变形的约束作用。地层对衬砌变形的约束作用力就称之为弹性反力。这样计算理论便进入了假定弹性反力阶段。

弹性反力的分布是与衬砌的变形相对应的。20 世纪初期，康姆列尔（O.Kommerall）、约翰逊（Johason）等人提出弹性反力的分布图形为直线（三角形或梯形）。这种假定弹性反力法的缺点是过高估计了地层弹性反力的作用，使结构设计偏于不安全。为了弥补这一缺点，结构设计采用的安全系数常常被提高 3.5～4 倍以上。

1934 年，朱拉夫（Г.Г.эураобв）和布加耶娃（О.Е.оукаева）对拱形结构按变形曲线假定了月牙形的弹性反力图形,并按局部变形理论认为弹性反力与结构周边地层的沉陷成正比。该法将拱形衬砌（曲墙式或直墙式）的拱圈与边墙整体考虑，视为一个直接支承在地层上的高拱，用结构力学原理计算其内力。由于该法按结构的变形曲线假定了地层弹性反力的分布图形，并由变形协调条件计算弹性反力的量值，因此比前一种假定弹性反力法合理。

（2）弹性地基梁阶段。

由于假定弹性反力法对其分布图形的假定有较大的任意性，人们开始研究将边墙视为弹性地基梁的结构计算理论，将隧道边墙视为支承在侧面和基底地层上的双向弹性地基梁，即可计算在主动荷载作用下拱圈和边墙的内力。

首先应用的弹性地基梁理论是局部变形理论。20 世纪 30 年代，苏联地下铁道设计事务所提出按圆环地基局部变形理论计算圆形隧道衬砌的方法，20 世纪 50 年代又将其发展为侧墙（指直边墙）按局部变形弹性地基梁理论计算拱形结构的方法。

共同变形弹性地基梁理论在稍后也被用于地下结构计算。1939 和 1950 年，达维多夫先后发表了按共同变形弹性地基梁理论计算整体式地下结构的方法。1954 年，奥尔洛夫（C. A. Орлов）用弹性理论进一步研究了按地层共同变形理论计算地下结构的方法。舒尔茨（S. Schuze）和杜德克（H. Dudek）在 1964 年分析圆形衬砌时，不但按共同变形理论考虑了径向变形的影响，而且还计入了切向变形的影响。

按共同变形理论计算地下结构的优点，在于它以地层的物理力学特征为依据，并考虑了各部分地层沉陷的相互影响，在理论上比局部变形理论有所进步。

3. 连续介质阶段

由于人们认识到地下结构与地层是一个受力整体，20 世纪中期以来，随着岩体力学开始形成一门独立的学科，用连续介质力学理论计算地下结构内力的方法也逐渐发展，围岩的弹性、弹塑性及黏弹性解答逐渐出现。

这种计算方法以岩体力学原理为基础，认为坑道开挖后向洞室内变形而释放的围岩压力将由支护结构与围岩组成的地下结构体系共同承受。一方面，围岩本身由于支护结构提供了一定的支护阻力，从而引起它的应力调整达到新的平衡；另一方面，由于支护结构阻止围岩变形，它必然要受到围岩给予的反作用力而发生变形。这种反作用力和围岩的松动压力极不相同，它是支护结构与围岩共同变形过程中对支护结构施加的压力，称为变形压力。

这种计算方法的重要特征是把支护结构与岩体作为一个统一的力学体系来考虑。两者之间的相互作用则与岩体的初始应力状态、岩体的特性、支护结构的特性、支护结构与围岩的接触条件以及参与工作的时间等一系列因素有关，其中也包括施工技术的影响。

由连续介质力学建立地下结构的解析计算法是一个困难的任务，目前仅对圆形衬砌有了较多的研究成果。典型的有史密德（H. Schmid）和温德尔斯（R. Windels）得出了有压水工隧道的弹性解；费道洛夫（B. Л. Федоров）得出了有压水工隧洞衬砌的弹性解；缪尔伍德（A. M. Muirwood）得出了圆形衬砌的简化弹性解析解；柯蒂斯（D. J. Curtis）又对缪尔伍德的计算方法做了改进；塔罗勃（J. Talobre）和卡斯特奈（H. Kastner）得出了圆形洞室的弹塑性解；塞拉格（S. Serata）、柯蒂斯和樱井春辅采用岩土介质的各种流变模型进行了圆形隧道的黏弹性分析；我国学者也按弹塑性和黏弹性本构模型进行了很多研究工作，发展了圆形隧道的解析解理论，利用地层与衬砌之间的位移协调条件，得出圆形隧道的弹塑性解和黏弹性解。

20 世纪 60 年代以来，随着计算机技术的推广和岩土介质本构关系研究的进步，地下结构的数值计算方法有了很大发展。有限元法、边界元法及离散元法等数值解法迅速发展，模拟围岩弹塑性、黏弹塑性及岩体节理面等大型程序已经很多，使得连续介质力学的计算应用范围得到扩大。这些理论都是以支护与围岩共同作用和需得知地应力及施工条件为前提的，比较符合地下工程的力学原理。然而，计算参数还难以准确获得，如原岩应力、岩体力学参数及施工因素等。另外，人们对岩土材料的本构模型与围岩的破坏失稳准则还认识不足。因此，目前根据共同作用所得的计算结果，一般也只能作为设计参考依据。

与此同时，锚杆与喷射混凝土一类新型支护的出现和与此相应的一整套新奥地利隧道设计施工方法（新奥法）的兴起，终于形成了以岩体力学原理为基础的、考虑支护与围岩共同作用的地下工程新奥法支护理论。

新奥法支护理论与传统支护理论之间的区别主要表现在以下几方面：

（1）对围岩和围岩压力的认识方面。

传统支护理论认为围岩压力由洞室塌落的围岩“松动压力”造成，而新奥法支护理论则认为围岩具有自承能力，围岩作用于支护上的压力不是松动压力，而是阻止围岩变形的形变压力。

（2）在围岩和支护间的相互关系上。

传统支护理论把围岩和支护分开考虑，围岩当作荷载，支护作为承载结构，属于“荷载-结构”体系，新奥法支护理论则将围岩和支护作为一个统一体，两者组成“围岩-支护”结构体系共同参与工作。

（3）在支护功能和作用原理上。

传统支护只是为了承受荷载，新奥法支护则是为了及时稳定和加固围岩。

（4）在设计计算方法上。

传统支护主要是确定作用在支护上的荷载，新奥法支护设计的作用荷载是岩体地应力，由围岩和支护共同承载。

（5）在支护形式和工艺上。

新奥法支护理论的形成与发展，首先是由于锚喷支护结构的大量使用，它可在围岩松动之前及时加固围岩，其应用实践给人们积累了丰富的经验。新奥法是典型的代表，尤其是现场监控量测的应用。到 20 世纪 80 年代又将现场监控量测与理论分析结合起来，发展成为一种适应地下工程特点和当前施工技术水平的新设计方法——现场监控设计方法（也称信息化设计方法）。

目前，工程中主要使用的工程类比设计法，也正在向着定量化、精确化和科学化方向发展。

地下工程支护结构理论的另一类内容，是岩体中由于节理裂隙切割而形成的不稳定块体失稳，一般应用工程地质和力学计算相结合的分析方法，即岩石块体极限平衡分析法。这种方法主要是在工程地质的基础上，根据极限平衡理论，研究岩块的形状和大小及其塌落条件，以确定支护参数。

与此同时，在地下工程支护结构设计中应用可靠性理论、推行概率极限状态设计研究方面也取得了重要进展。采用动态可靠度分析法，即利用现场监测信息，从反馈信息的数据预测地下工程的稳定可靠度，从而对支护结构进行优化设计，是改善地下工程支护结构设计的有效途径。考虑各主要影响因素及准则本身的随机性，可将判别方法引入可靠度范畴。

在计算分析方法研究方面，随机有限元法（包括摄动法、纽曼法、最大熵法和响应面法等）、Monte-Carlo 模拟法、随机块体理论和随机边界元法等一系列新的地下工程支护结构理论分析方法近年来都有了较大的发展。

地下工程支护结构理论正在不断发展，各种设计方法都需要不断提高和完善，尤其是能较好地反映地下工程特点的现场监控设计方法，更迫切需要在近期内形成比较完善的量测体系与计算体系。从发展趋势看，新奥法开创的理论—经验—量测相结合的“信息化设计”体现了地下工程支护结构设计理论的发展方向。

应该指出，地下结构计算理论的上述几个发展阶段在时间上并没有截然的先后之分，后期提出的计算方法一般也并不否定前期的研究成果，鉴于岩土介质的复杂多变，这些计算方法都各有其比较适用的一面，但又各自带有一定的局限性。但是，各种新方法的不断出现，意味着地下结构的计算理论将日益趋于完善。

1.3 地下结构计算的力学模型

鉴于以上的分析，地下工程从开挖、支护，直到形成稳定的地下结构体系所经历的力学过程中，岩体的地质因素、施工过程等因素对地层-结构体系终极状态的安全性影响极大。在选择地下结构的计算模型时，一方面要考虑结构和围岩相互作用的机理，另一方面也要考虑影响结构安全性的各种因素，包括施工过程的影响，才能得到比较符合实际的结果。

由此可见，地下结构的力学模型必须符合下述条件：

① 与实际工作状态一致，能反映围岩的实际状态以及围岩与支护结构的接触状态。

② 荷载假定应与在修建洞室过程（各作业阶段）中荷载发生的情况一致。

③ 计算出的应力状态要与经过长时间使用的结构所发生的应力变化和破坏现象一致。

④ 材料性质和数学表达要等价。

只要符合上述条件，任何计算方法都会获得合理的结果。

显然，洞室支护体系的力学模型是与所采用的支护结构的构造及其材料性质、岩体内发生的力学过程和现象以及支护结构与岩体相互作用的规律等有关。

近年来，各国学者在发展地下结构计算理论的同时，还致力于研究设计地下结构的正确途径，着手建立适用于不同情况下进行地下结构设计的力学模型。

从各国的地下结构设计实践看，目前用于地下结构的计算模型有两类：一类是以支护结构作为承载主体，围岩作为荷载的来源，同时考虑其对支护结构的变形约束作用的模型，称为荷载-结构模型；另一类则相反，视围岩为承载主体，支护结构则约束围岩向隧道内变形的模型，称为岩体力学或地层-结构模型。

1. 荷载–结构模型

该计算方法认为，地层对结构的作用只是产生作用在地下结构上的荷载（包括主动的地层压力和由于围岩约束结构变形而形成的弹性反力），以计算衬砌在荷载作用下产生的内力和变形的方法称为荷载-结构法。其设计原理是按围岩分级或由实用公式确定围岩压力，围岩对支护结构变形的约束作用是通过弹性支承来体现的，而围岩的承载能力则在确定围岩压力和弹性支承的约束能力时间接地考虑。围岩的承载能力越高，它给予支护结构的压力越小，弹性支承约束支护结构变形的弹性反力越大，相对来说，支护结构所起的作用就变小了。

荷载-结构模型是我国目前广泛采用的一种主要的地下结构计算模型。由于此模型概念清晰，计算简便，易于被工程师们所接受，故至今仍然广泛应用，尤其是对模注衬砌。

荷载-结构模型虽然都是以承受岩体松动、崩塌而产生的竖向和侧向主动压力为主要特征，但在围岩与支护结构相互作用的处理上却有几种不同的做法：

（1）主动荷载模型。

它不考虑围岩与支护结构的相互作用，因此，支护结构在主动荷载作用下可以自由变形，这与地面结构的作用没有什么不同。这种模型主要适用于围岩与支护结构的“刚度比”较小的情况下，或是软弱地层对结构变形的约束能力较差时（或衬砌与地层间的空隙回填、灌浆不密实时），围岩没有“能力”去约束刚性衬砌的变形［图 1.3.1（a）]。

（2）主动荷载加围岩弹性约束的模型。

它认为围岩不仅对支护结构施加主动荷载，而且由于围岩与支护结构的相互作用，还对支护结构施加被动的弹性反力。因为，在非均匀分布的主动荷载作用下，支护结构的一部分将发生向着围岩方向的变形，只要围岩具有一定的刚度，就必然会对支护结构产生反作用力来抵制它的变形，这种反作用力就称为弹性反力，属于被动性质。而支护结构的另一部分则背离围岩向着隧道内变形，当然，不会引起弹性反力，形成所谓“脱离区”。支护结构就是在主动荷载和围岩的被动弹性反力同时作用下进行工作的［图 1.3.1（b）]。

（3）实地量测荷载模式。

这是当前正在发展的一种模式，它是主动荷载模型的亚型，以实地量测荷载代替主动荷载。实地量测的荷载值是围岩与支护结构相互作用的综合反映，它既包含围岩的主动压力，也含有弹性反力。在支护结构与围岩牢固接触时（如锚喷支护），不仅能量测到径向荷载，而且还能量测到切向荷载［图 1.3.1（c）]。切向荷载的存在可以减小荷载分布的不均匀程度，从而大大减小结构中的弯矩。结构与围岩松散接触时（如具有回填层的模注混凝土衬砌），就只有径向荷载。但应该指出，实地量测的荷载值除与围岩特性有关外，还取决于支护结构的刚度以及支护结构与围岩的黏结质量。因此，某一种实地量测的荷载，只能适用于与量测条件相同的情况。

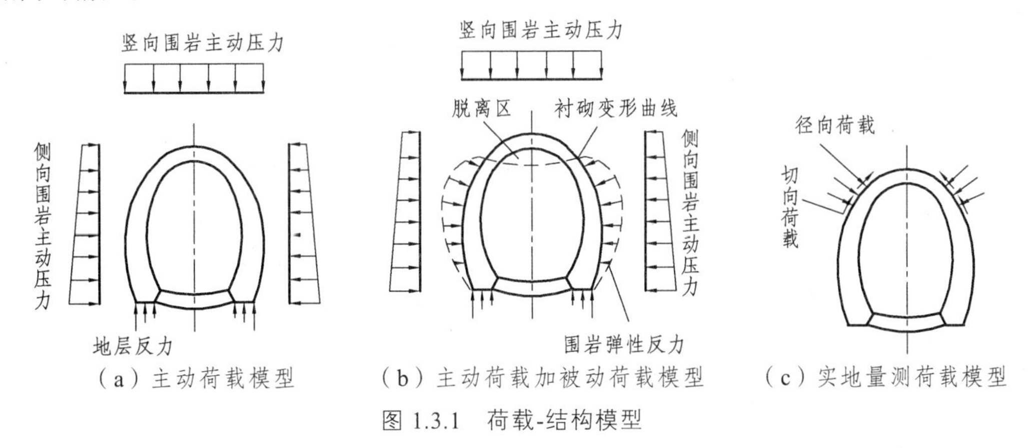

（a）主动荷载模型　（b）主动荷载加被动荷载模型　（c）实地量测荷载模型

图 1.3.1　荷载-结构模型

从上述可知，对于（1）类模型，只要确定了作用在支护结构上的主动荷载，其余问题用结构力学解超静定的方法即可解决。常用的有弹性连续框架（含拱形）法，如力法、位移法等。

对于（2）类模型，除了上述的主动荷载外，尚需解决围岩的弹性反力问题。正如上面所述，所谓弹性反力就是指由于支护结构发生向围岩方向的变形而引起的反力。在围岩上引起的弹性反力的大小，可以用局部变形理论［图 1.3.2（a）］或共同变形理论［图 1.3.2（b）］计算。目前常用的是以温克尔（Winkler）假定为基础的局部变形理论来确定。它认为围岩的弹性反力是与围岩在该点的变形成正比的，用公式表示为

$$\sigma_i = K\delta_i \tag{1.3.1}$$

式中　δ_i——围岩表面上任意一点 i 的压缩变形；

σ_i——围岩在同一点所产生的弹性反力；

K——比例系数，称为围岩的弹性反力系数。

温氏假定相当于把围岩简化成一系列彼此独立的弹簧，某一弹簧受到压缩时所产生的反作用力只与该弹簧有关，而与其他弹簧不相干。这个假定虽然与实际情况不符，但简单明了，而且也满足了一般工程设计所需要的精度，因此应用较多。

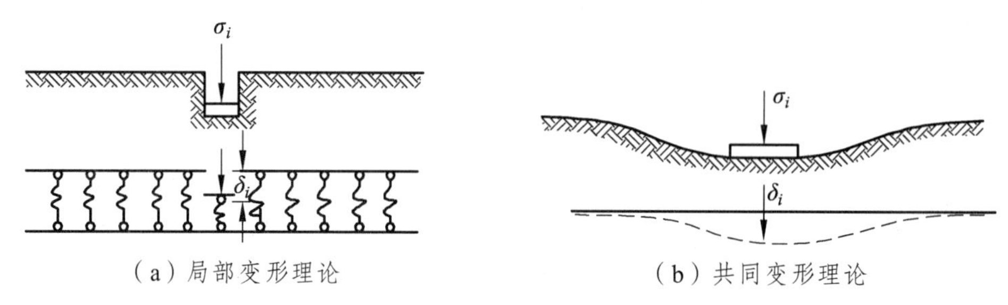

（a）局部变形理论　　（b）共同变形理论

图 1.3.2　弹性反力计算

共同变形理论假定地基为弹性半无限体，作用在地基上某一点的力，不仅引起该点地基的变位，也会引起其他点的变位，且会影响到一定的范围。换句话说，共同变形理论假定围岩某一点的变位不仅与该点的作用荷载有关，而且与其他点作用的荷载有关，是一种叠加效应。应用这种计算理论的计算方法有弹性地基梁法（如弹性地基上的闭合框架、直边墙拱形衬砌的计算等）。这种计算理论比较符合实际情况，但计算公式的理论推导比较烦琐，实际应用时，是根据荷载类型和弹性地基梁的相对刚度，整理出不同的计算表格，使用起来比较方便。需要时请参考有关专著。

弹性反力的大小和分布形态取决于支护结构的变形，而支护结构的变形又和弹性反力有关，所以，按（2）类模型计算支护结构的内力是个非线性问题，必须采用迭代解法或某些线性化的假定。例如，假定弹性反力分布规律已知，即假定弹性反力图形法；也可以采用弹性地基梁（含曲梁和圆环）的理论，或用弹性支承代替弹性反力等计算结构内力。于是，支护结构内力分析的问题，就是运用普通结构力学方法求出超静定体系的内力和位移。

对于上述模型既可以用解析法，也可以用数值法。近年来随着计算软件的不断完善，人们越来越多地用数值法计算荷载-结构模型。

2. 地层–结构模型

地层-结构模型按连续介质力学原理及变形协调条件分别计算衬砌与围岩中的内力，并据以验算地层的稳定性和进行结构截面设计。

地层-结构模型又称为现代的岩体力学模型（图 1.3.3）。它是将支护结构与围岩视为一个整体，作为共同承载的地下结构体系，故也称复合整体模型。在这个模型中，围岩是直接的承载单元，支护结构是镶嵌在围岩孔洞上的承载环，只是用来约束和限制围岩的变形，两者共同作用的结果是使支护结构体系达到平衡状态。这一点正好和上述模型相反。

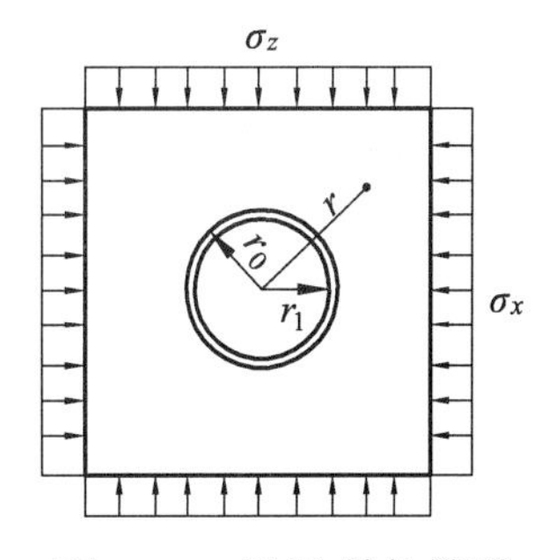

图 1.3.3　围岩-结构模型

地层-结构模型是目前隧道结构体系设计中力求采用的或正在发展的模型，因为它符合当前的施工技术水平。采用快速和早强的支护技术可以限制围岩的变形，从而阻止围岩松动压力的产生。特别适用于新奥法施工的支护结构 —— 锚喷支护和复合式衬砌。

在地层-结构模型中，可以考虑各种几何形状、围岩和支护材料的非线性特性、开挖面空间效应所形成的三维状态，以及地质中不连续面等。在这个模型中，只有对圆形结构取得了精确的解析解，但绝大部分问题因数学上的困难必须依赖数值方法，所以，目前常用的数值计算法中主要是以有限单元法（FEM）为主。

收敛-约束法严格地说来也应是连续介质力学的计算方法之一。其原理是按弹塑-黏性理论等推导公式后，在以洞周位移为横坐标、支护阻力为纵坐标的坐标平面内绘出表示地层受力变形特征的洞周收敛线，并按结构力学原理在同一坐标平面内绘出表示衬砌结构受力变形特征的支护约束线。得出以上 2 条曲线的交点［图 1.3.4（a）］，根据交点处表示的支护阻力值进行衬砌结构设计［图 1.3.4（b）］。软岩地下洞室、大跨度地下洞室和特殊洞形的地下洞室的设计较适于采用收敛-约束法。然而，由于收敛-约束法的计算原理尚待进一步研究和完善，目前一般仅按照量测的洞周收敛值进行反馈和监控，以指导地下结构的设计与施工。因为地层变形能够综合反映影响地下结构受力的各种因素，可以预见，收敛-约束模型今后将获得很快的发展。

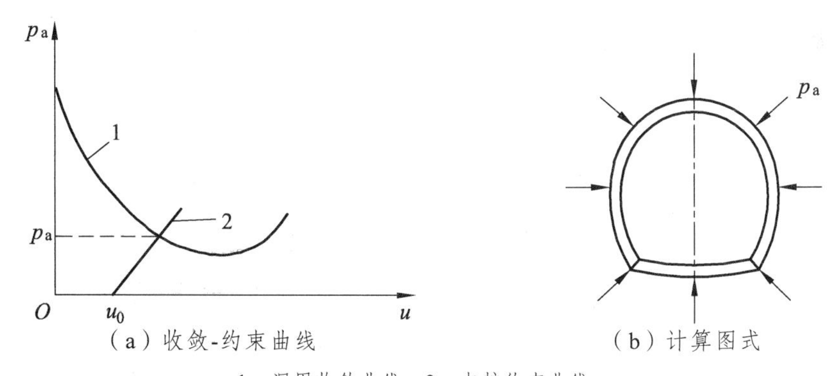

（a）收敛-约束曲线　　（b）计算图式

1—洞周收敛曲线；2—支护约束曲线。

图 1.3.4　收敛-约束模型

我国工程界对地下结构的设计较为注重理论计算，除了确有经验可供类比的一些工程外，在地下结构的设计过程中一般都要进行受力计算分析。各种设计模型或方法各有其适用的场合，也各有其自身的局限性。由于地下结构的设计受到各种复杂因素的影响，即使内力分析采用了比较严密的理论，其计算结果往往也需要用经验类比来加以判断和补充。以测试为主的实用设计方法为现场人员所欢迎，因为它能提供直观的材料，以便更确切地估计地层和地下结构的稳定性和安全程度。理论计算方法常常用于进行无经验可循的新型工程设计，因而基于结构力学模型和连续介质力学模型的计算理论成为一种特定的计算手段越来越为人们所重视。当然，工程技术人员在设计地下结构时往往要同时进行多种设计方法的比较，以做出较为经济合理的设计。

1.4 地下结构设计方法

1. 地下结构的设计方法

地下工程从外表观之很简单，但在物理模式上却是一个高度复杂的体系。影响结构与围岩相互作用的因素很多，且变化很大。例如，理论上已经证实，在无支护坑道中，坑道本身就是承载结构，其工作状态更接近于半无限或无限介质中的孔洞那样工作［图 1.4.1（b）］。这种情况下的荷载是不存在的，围岩担负起承载的功能，这与拱涵力学模式是完全不同的。而对有支护的坑道，力学模式则是各式各样的。例如，明挖施工的隧道（如浅埋地下的铁道、明洞等），多采用拱涵力学模式，因为这种承受回填材料重量的结构与拱涵的工作状态是一致的［图 1.4.1（c）］。在其他情况下，则与圆管静力学模式或与半无限及无限介质中带加强环框的孔洞力学模式更为接近［图 1.4.1（d）］。

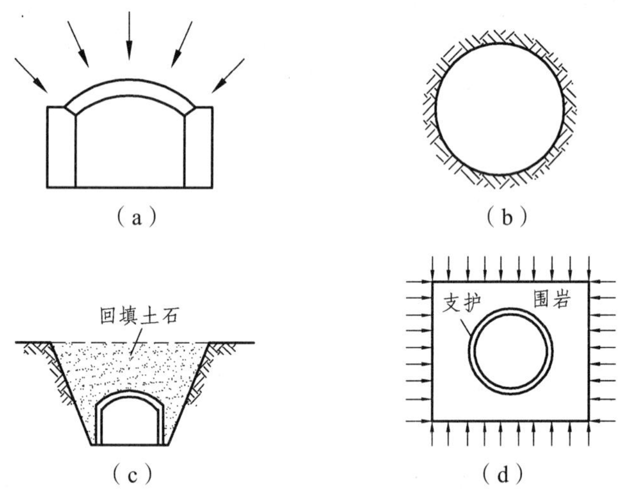

图 1.4.1 隧道结构力学模式

有些因素很难甚至无法完全搞清楚，没有粗略的简化就不可能用分析的方法反映它。加之地下结构的受力特性在很大程度上还与地下工程的施工方法、施工步骤直接相关。这些问题的存在使得一些地下结构的计算结果，无论在精度上和可靠程度上都有可能与地下结构的实际工作状态存在较大的出入，很难作为确切的设计依据。

无论是采用理论分析的方法或是根据已有的工程经验对即建工程做相应的设计和施工决策，从目前发展的水平来看，都不可能得到非常可靠的结论。其原因有：围岩的性质太复杂，而且变化很大，现在尚无法将如此复杂的围岩性质考虑得十分周全，并且在施工前，甚至在施工中都很难彻底地将围岩的性质搞清楚；加之人为的因素（如开挖和支护方法）对围岩稳定性影响很大，事先又无法估计。所有这些都将严重影响我们所做的设计和施工决策的可靠性。

这些问题的存在使得地下结构的设计不仅要进行结构计算分析，严格地说还应该包括施工方法和施工参数的选择在内。同时，在施工过程中，还要根据围岩的稳定情况对这些参数进行修正。所以，目前在进行地下结构设计时，广泛采用结构计算、经验判断和实地量测相结合的所谓“信息化设计”方法。同时还要研究更完善的用于地下结构计算的力学模型，以便能更好地考虑结构与围岩的共同作用，逐步减少信息化设计中的反馈修改工作量。

信息化设计方法的流程如图 1.4.2 所示。图中可以看出，设计工作是从工程地质与水文地质勘探和室内试验开始，然后根据勘探和试验资料采用理论或经验方法进行预设计。所谓经验设计就是根据围岩的稳定程度（按完整性和强度进行）的分级指标，参考同类工程经验以确定所设计结构的有关设计参数和施工方法，如结构厚度、配筋、开挖方式等。之后，即可根据预设计进行施工，并在施工中对所建结构进行监控量测，如量测其变形、应力等，并加以综合和处理，或进行必要的理论分析。最后，根据规范中所规定的安全条件进行对比，以判断预设计的安全性和经济性，对预设计进行修改或改变施工方法。这种以施工监测、理论分析和经验判断相结合，调查、设计与施工相交叉的设计、施工流程是非常符合地下工程特点的。

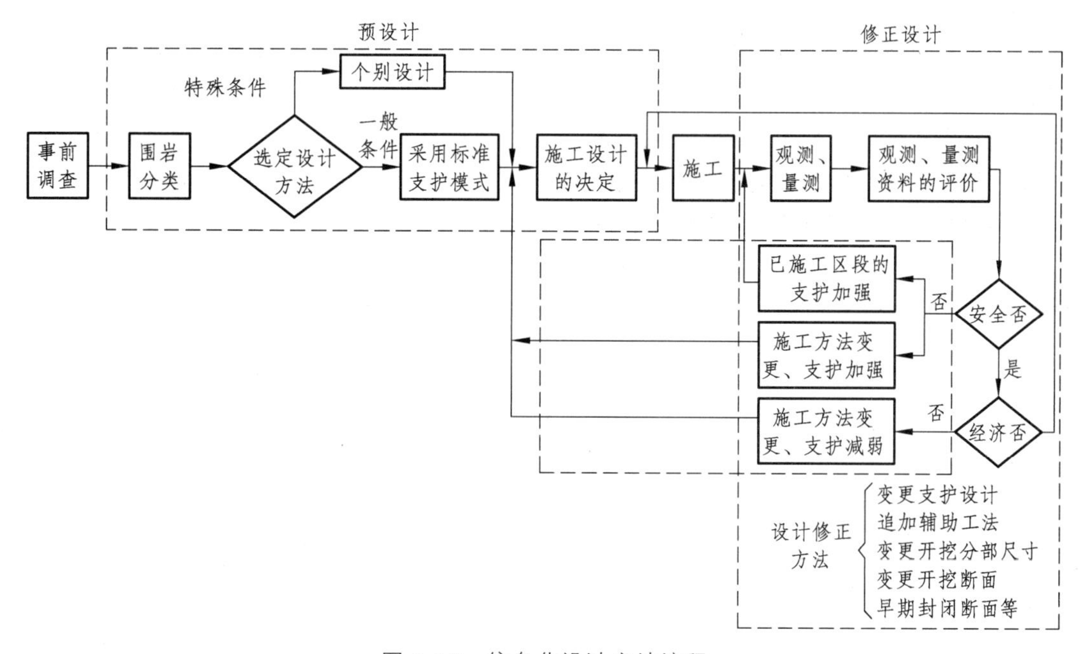

图 1.4.2　信息化设计方法流程

隧道支护结构的设计应根据围岩条件（围岩的强度特性、初始应地力场等）和设计条件（隧道断面形状、隧道周边地形条件、环境条件等）选择合适的设计方法。由于隧道支护结构的特点，在预设计中，原则上采用以下方法:

（1）标准设计方法；

（2）经验设计方法；

（3）解析设计方法。

显而易见，隧道支护结构的设计，在有标准支护模式的场合是以标准设计为主要设计方法的。在没有标准支护模式的场合，则要根据围岩条件结构特点等以经验设计或解析设计的方法进行。

标准设计，适合于围岩条件（地形、地质、埋深）和断面积、断面形状、周边环境的影响等条件均属一般的情况，适用范围如表 1.4.1 所示。在一般围岩条件下的预设计中，有标准支护模式时，原则上都要采用标准设计，这也是当前隧道设计的主流方法。在预设计阶段要充分掌握和评价围岩特性，选择适合其特性的支护结构。

表 1.4.1　标准设计的使用范围

围岩类别	一般围岩	特殊围岩	土砂围岩
适用条件	隧道埋深在 2～500 m 范围，埋深超过 500 m 时，对围岩预计没有岩爆现象时也适用	不发生显著的膨胀性地压，净空位移单线在 15 cm，双线、新干线在 30 cm 以下的围岩	新第三纪的砂质土、风化残积土等，采用超前支护和简便的排水措施可使掌子面稳定的围岩。 在硬岩、中硬岩、软岩中，隧道埋深在 $5D \sim 2D$，采用辅助工法可使掌子面稳定的场合。 硬岩、中硬岩、软岩中，有断层破碎带，但采用辅助工法可使掌子面稳定的情况

经验设计也称类比设计，是根据围岩条件及断面形状等设计条件的类似，参考同类工程经验以确定所设计结构的有关设计参数和施工方法。研究围岩条件类似时，最有参考价值的是附近既有工程的实际情况，如对岩体进行分类时，应着重研究弹性波速度裂隙系数、围岩强度比、相对密度细颗粒含有率等的类似性上；其次，也要研究地下水条件的类似性。类比设计的类似性，一般应按表 1.4.2 所列项目进行研究。

表 1.4.2　经验设计类似条件

类似条件		注意点
围岩条件	围岩级别	特殊围岩
	地形、埋深	埋深不稳定的偏压地形、其他特殊的围岩性质（冲积低地等不整合面、断层等）
	地质、土质的构成和性质	地层名称、地质年代、成层构造、层组层相、固结程度、渗透性地下水位等
断面形状		单线、双线、车站
水压		防水型、排水型
对周边影响的限制		限制值
完成后的接近施工		种类、位置关系、规模等
抗震		研究条件（预定地震动等）

如今地下工程的建设中，不仅要研究结构物本身的安全性，而且还要保护周边环境，同时接近居民区的情况也越来越多。在这种情况下，有必要采用解析方法分析地表下沉等地层的动态。其次，由于数值计算方法的迅速发展和计算机的高性能化，数值计算已经变得轻而易举了，因此，解析方法应用也越来越多。

在解析方法中，有两种主要的方法，即传统的结构力学方法和近代的岩体力学方法。

传统结构力学方法概念清晰，计算简便，易为工程师们所接受，是目前被广泛采用的设计方法。

2. 地下结构的设计流程

修建地下建筑工程结构，必须遵循基本建设程序，进行勘测、设计与施工。设计分工艺设计、规划设计、建筑设计、防护设计、结构设计、设备设计和概预算等。每一个工程经过结构方案比较，选定了结构形式和结构平面布置后，再进行结构设计。

与本课程相关的是结构形式的选择和结构计算。

由于地下结构的工作特征，在计算结构内力时，除了顾及结构本身是超静定以外，还应考虑到结构与围岩相互作用的非线性关系。这种关系常常使计算非常复杂，往往需要首先拟定截面尺寸才能进行结构计算。

（1）设计流程。

地下结构的设计通常需要经过以下过程：

① 初步拟定截面尺寸。

根据施工方法选定结构形式和布置，根据荷载和使用要求估算结构跨度、高度、顶底板及边墙厚度等主要尺寸。

② 确定其上作用的荷载。

要根据荷载作用组合的要求进行，需要时要考虑工程的防护等级、三防要求与动载标准的确定。

③ 结构的稳定性检算。

地下结构埋深较浅又位于地下水位线以下时，要进行抗浮检算；对于敞开式结构（墙式支挡结构）要进行抗倾覆、抗滑动检算。

④ 结构内力计算。

选择与工作条件相适宜的计算模式和计算方法，得出结构各控制截面的内力。

⑤ 内力组合。

在各种荷载作用下分别计算结构内力的基础上，对最不利的可能情况进行内力组合，求出各控制截面的最大设计内力值，并进行截面强度检算。

⑥ 配筋设计。

通过截面强度和裂缝宽度的核算得出受力钢筋，并确定必要的构造钢筋。

⑦ 安全性评价。

若结构的稳定性或截面强度不符合安全度的要求时，需要重新拟定截面尺寸，并重复以上各个步骤，直至各截面均符合稳定性和强度要求为止。

⑧ 绘制施工设计图。

当然，并不是所有的地下结构设计计算都包括上述的全部内容，要根据具体情况加以取舍。

（2）设计内容。

① 横断面的设计。

在地下结构物中，一般结构的纵向较长，横断面沿纵向通常都是相同的。沿纵向在一定区段上作用的荷载也可认为是均匀不变的。同时，相对于纵向较长的地下结构来说，可以认为结构的横向尺寸，即高度和宽度也不大，变形总是沿短方向传递。可认为荷载主要由横断面承受，即通常沿纵向截取 1 m 的长度作为计算单元，如图 1.4.3 所示，从而将一个空间结构简化成单位延米长的平面结构，按平面应变进行分析，并分别用 $\frac{E}{1-\mu^2}$ 和 $\frac{\mu}{1-\mu}$ 代替 E 和 μ。

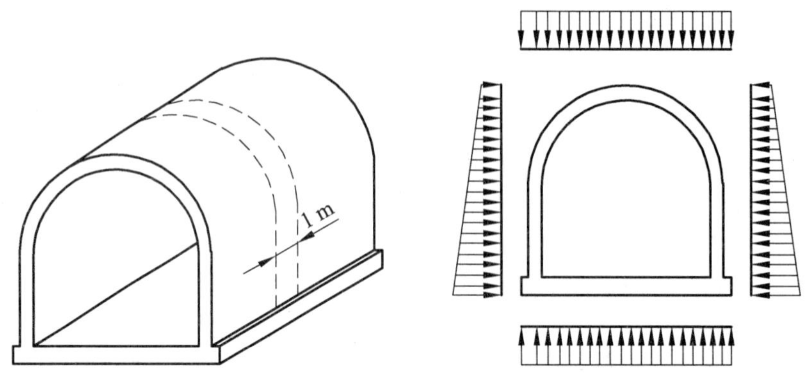

图 1.4.3　结构横断面计算简化示意图

② 隧道纵向的设计。

横断面设计后，得到隧道横断面的尺寸或配筋，但是沿隧道纵向的构造如何，是否需配钢筋，沿纵向是否需要分段，每段长度多少等，特别是在软地基的情况下，如水下隧道，就需要进行纵向的结构计算，以检算结构的纵向内力和沉降，这就是纵向设计问题。

工程实践表明，由于隧道纵向很长，为避免由于温度变化、混凝土固结产生的不均匀收缩、地基的不均匀沉降等原因引起的隧道开裂，须设置伸缩缝或沉降缝，统称变形缝。变形缝间的隧道区段 l，可视作长度为 l、截面为横断面形状的弹性地基梁，按弹性地基梁的有关理论进行计算。从已发生的地下工程事故看，裂缝大多是由于纵向设计考虑不周而产生，故应加强这方面的研究，并在设计和施工中予以重视。

③ 洞门及引道设计。

交通隧道的洞门是防护隧道洞口的工程结构，是隧道（包括明洞）的重要组成部分。引道是城市道路中立交地道、水底隧道的洞门与地面的连接段，也是地下铁道车辆引出线的重要组成部分。设计中将洞门及引道作为支挡结构，需进行稳定性、基底应力、偏心距、抗浮等验算，以保证其安全。

思考题与习题

1. 影响地下支护结构形式选择的因素是什么？就衬砌的制造方式，说明支护结构的类型及其使用条件。

2. 说明地下结构的工作特征以及地下结构的静力计算与其他结构有什么不同？地下结构常采用的设计方法是什么？

3. 说明地下结构体系的组成内容及各自的作用。

4. 目前国内外常用于地下结构计算的力学模型有哪些？并说明各种计算模型的基本原理以及各类模型如何考虑围岩与支护结构的相互作用？

5. 什么是主动荷载？什么是弹性反力？并说明弹性反力的性质。

6. 说明一般地下结构的设计内容与步骤。

第 2 章　地下工程结构物的工作环境

如概论所述，在地下工程这样的结构体系中，地层起主导作用。地下工程的一切活动，如能否顺利地建成，使用中是否会出现问题，以及建设工期长短、投资多少等无一不与地下工程所在区域的地层条件，也就是它所赋存的工作环境息息相关。有些洞室在开挖期间产生大规模坍方，造成施工困难，甚至使工程报废。有些交通隧道在运营期间出现洞体开裂破坏，严重影响行车安全，必须采取复杂的治理措施。产生这些问题往往都是由于地质环境因素所造成的，当然，施工方法不当、工程措施不力也可能是一个重要原因。因此，了解和认识地质环境，研究它在工程建设活动中的变化，制订有力的工程措施，使这种变化不危及洞室的安全，是地下工程勘测、设计和施工中的头等大事，应当受到高度重视。

地下工程赋存的地质环境内涵很广，包括地层特征、地下水状况、开挖洞室前就存在于地层中的原始地应力状态，以及地温梯度等。但对地下工程来说，最关心的问题则是地层被挖成洞室后的稳定程度，这是不言而喻的。因为地层稳定就意味着开挖洞室所引起的地层向隧道洞室内的变形很小，而且在较短的时间内就可基本停止，这对施工过程和支护结构都是非常有利的。地层被挖成洞室后的稳定程度称为洞室围岩的稳定性。这是一个反映地质环境的综合指标。所以说，研究地下工程地质环境问题，归根到底就是研究洞室围岩的稳定性问题，它包括围岩破坏或稳定的规律，影响围岩稳定的主要因素，标志围岩稳定性的指标和判断准则，分析围岩稳定性的方法，为维持围岩稳定而必须采取的工程措施（如施工程序和方法、支护结构的类型、数量和架设时间等）。

本章主要讨论对地下工程设计、施工以及对地下工程力学行为有重要影响的地质因素，即围岩的初始应力场、围岩的工程性质以及标志着围岩稳定性的评价标准。

2.1　初始应力场

地下工程的一个重要的力学特征就是：地下工程是修筑在应力岩体之中的，也就是在有一定的应力履历和应力场的岩体中修建的。所以，岩体应力状态会极大地影响在其中所发生的一切力学现象。

由于岩体的自重和地质构造作用，在开挖隧道前岩体中就已存在的地应力场，人们称之为围岩的初始应力场。它是经历了漫长的应力历史而逐渐形成的，并处于相对稳定和平衡状态。隧道开挖后，使得围岩在开挖边界处解除了约束，失去平衡，此时洞室周边应力重分布，其结果引起周围岩体的变形或破坏，形成围岩新的应力场。这种应力传播等一切岩石力学现象无一不与围岩的初始应力场密切相关，都是初始应力发展的延续。可以说，不了解围岩的初始应力状态就无法对洞室开挖后的一系列力学过程和现象做出正确的评价。

随着地应力量测技术的发展，地层本身存在着应力场这一事实已毋庸置疑。现在的主要问题是要搞清楚它的分布规律，以便最终能将它确定出来。但由于产生地应力的原因与岩体构造、性质、埋藏条件及构造运动的历史有密切的关系，非常复杂，以至于到目前为止，仍不能完全认识它的规律而给出明确的定量关系，还有待于继续探索。

1. 初始应力场的组成

围岩初始应力场的形成与岩体的结构、性质、埋藏条件以及地质构造运动的历史等有密切关系。因此，根据地应力场的成因将其分为自重应力场和构造应力场两大类，这两类应力场的基本规律有明显的差异。

所谓自重应力场是指上覆岩体自重所产生的应力场，它是地心引力和离心惯性力共同作用的结果；所谓构造应力场是指地壳各处发生的一切构造变形与破裂所形成的地应力，其成因比较复杂，按形成的时间，可以分为：

（1）由过去的地质构造运动（如断层、褶曲、层间错动等）引起的，虽然外部作用力移去之后有了部分恢复，但现在仍残存在岩体中的应力，以及岩石在形成过程中，由于热力和构造作用引起的，虽经过风化、卸载部分释放，但现在仍残存着的原生内应力。这两部分都称为构造残余应力。

（2）现在正在活动和变化的构造运动（如地层升降、板块运动等）引起的应力，称为新构造应力。地震的产生正是新构造应力的反映。

岩体内的初始应力场究竟是以自重应力为主还是以构造应力为主，历来都有争议。一种观点认为岩体内的应力主要是由自重作用下的垂直应力，水平应力则是由岩体的泊松效应引起的，最大只能等于垂直应力（即取泊松比为 0.5）。但现今大量的量测资料表明，围岩初始应力场中水平应力与竖直应力的比值常常大于 1，有时甚至高 7 ~ 8 倍，而且，主应力的方向与当地区域构造的迹象非常一致。这说明地质构造运动不仅改变了岩体的原生结构特征，而且也改变了岩体原生的应力状态。

另一种观点则认为岩体中的应力主要是由地球自转和自转速度变化而产生的离心惯性力。因此，应以水平应力为主。李四光教授认为，地球自转和自转速度变化是地壳新构造运动的主要动力，是形成岩体中地应力的重要原因之一，但不是唯一原因。因为在很多地区发现的地应力场与最新构造运动所产生的变形场并不一致。

这一切说明现阶段围岩的初始应力场主要是构造残余应力场，晚期构造运动的强度如不超过早期构造运动的话，则新构造运动可以影响但很难改变它。只有在埋深很浅而又比较破碎的岩体中，才是以自重应力场为主。当然，在那些从未遭受过较大构造运动的沉积岩中，也可能是自重应力场占主要地位。

在上述因素中，目前主要研究的是由岩体的重力形成的应力场，而其他因素只认为是改变了由重力造成的初始应力状态。

2. 初始应力场的变化规律

围岩的初始应力场包括自重应力场和构造应力场 2 部分，这 2 类应力场的变化规律有很大差异。

（1）自重应力场。

首先研究具有水平成层、地面平坦的情况。如图 2.1.1 所示，设岩体在 xOy 平面内是均质的，沿 z 方向是非均质的。在以自重应力场为主的岩体中，地表以下任一深度 H 处的垂直应力等于单位面积上上覆岩体的重力。

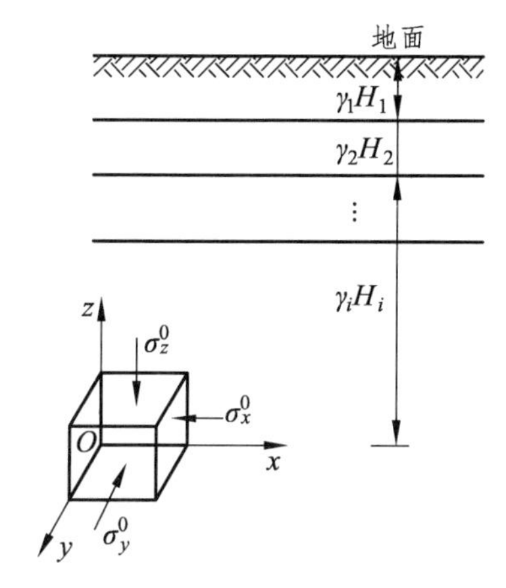

图 2.1.1　地表水平时的自重应力场

这里以压应力为正，γ 为岩体的重度，H 为埋深。

当上覆岩体为多层不同的岩石时，则

$$\sigma_z^0 = \gamma_1 H_1 + \gamma_2 H_2 + \cdots + \gamma_n H_n = \sum_{i=1}^{n} \gamma_i H_i \tag{2.1.1}$$

式中　γ_i——第 i 层岩体的重度；

H_i——第 i 层岩体的厚度。

该点的水平应力 σ_x^0、σ_y^0 主要是由岩体的泊松效应引起的，按弹性理论应为

$$\sigma_x^0 = \sigma_y^0 = \frac{\mu}{1-\mu}\sigma_z^0 \tag{2.1.2}$$

或

$$\sigma_x^0 = \sigma_y^0 = \frac{\mu_n}{1-\mu_n}\sum_{i=1}^{n} \gamma_i H_i \tag{2.1.3}$$

式中　μ_n——计算应力处岩体的泊松比。

设 $\lambda = \mu/(1-\mu)$，并称之为侧压力系数，则上式可以写成

$$\sigma_x^0 = \sigma_y^0 = \lambda \sigma_z^0$$

瑞士地质学家海姆（A. Haim）认为，与静水压力一样，岩体的水平应力等于垂直应力。实质上等于将岩体的泊松比取为 0.5，则式（2.1.2）、（2.1.3）就成为

$$\sigma_x^0 = \sigma_y^0 = \sigma_z^0 = \gamma H \tag{2.1.4}$$

显然，当垂直应力已知时，水平应力的大小取决于围岩的泊松比 μ。大多数围岩的泊松比变化在 0.15 ~ 0.35 左右。因此，在自重应力场中，水平应力通常是小于竖直应力的。

从上述各式可以看出，岩体自重应力场的变化规律为：

① 地应力是随深度呈线性增加的；

② 水平应力总是小于垂直应力，最多也只能与其相等。

上述各式表达的应力场仅当地面为水平面，且岩体为各向同性（$\mu_x = \mu_y$）的半无限弹性体时才有效。

③ 大量的实测资料表明，地质构造形态改变了自重应力场的状态，这在实际工程中不容忽视。以竖直成层为例，由于各层的物理力学性质不同，在同一水平面上的应力可能是不同的；又如在背斜情况下，由于岩层成弯曲状，使上覆岩层的重力向两侧传递，而直接处于背斜轴下面的岩层则受较小的应力（图 2.1.2）。在被断层分割的楔形岩块中（图 2.1.3），下窄上宽的岩块移动时，受到两侧岩块的挟持，因而使应力减小；反之，下宽上窄的岩块，则受到附加荷载的作用。

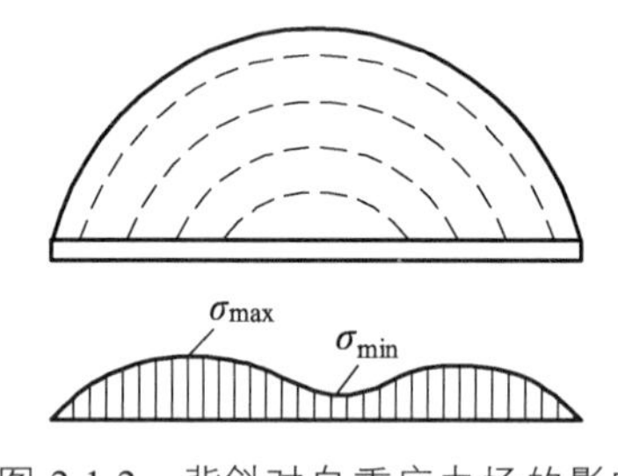

图 2.1.2　背斜对自重应力场的影响

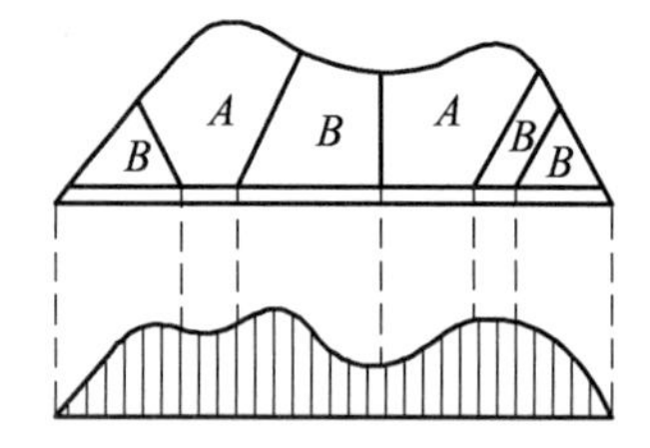

图 2.1.3　断层构造中的自重应力场

④ 深度对初始应力状态有重大影响。随着深度的增加，σ_z^0 和 σ_x^0（σ_y^0）都增大。但围岩本身的强度是有限的，因此当 σ_z^0 和 σ_x^0 增大到一定值后，各向受力的围岩将处于隐塑性状态。在这种状态下，围岩的物性值（E 和 μ）是变化的，λ 值也是变化的，并随着深度的增加 λ 值趋于 1，即与静水压力相似，此时围岩接近流动状态。其应力状态可视围岩的不同分别处于弹性的、隐塑性的及流动的 3 种状态。围岩的隐塑性状态在坚岩中约出现在距地面 10 km 以下，也可能在浅处出现，如在岩石临界强度低（如泥岩等）的地段。通常情况下，在地下工程所涉及的范围内，都可视初始地应力场为弹性的，这一点可由部分量测资料所证实。

（2）构造应力场。

由于形成构造应力场的原因非常复杂，因而，它在空间的分布极不均匀，且随着时间的推移还不断发生变化，属于非稳定的应力场。但对工程结构物的使用期限来说，可以忽略时间因素，将它视为稳定的。即便如此，目前还很难用函数形式表达出构造应力场，它在整个初始应力场中的作用只能通过某些量测数据加以分析，找出一些规律性。但实测的初始应力是许多不同成因的应力分量叠加而成的综合值，无法将它们一一区分。通过这些实测数据的

分析，只能了解由于构造应力的存在，使自重应力发生了什么样的变化，以及它在整个应力场中所起的作用。据已发表的一些地应力测量资料表明：

① 地质构造形态的变化改变了自重应力场，除了以各种构造形态获得释放外，还以各种形式积蓄在岩体内，这种残余应力将对地下工程产生重大影响。

② 构造应力场在不深的地方已普遍存在，最大构造应力的方向多近似为水平，且水平应力普遍大于自重应力场中的水平应力分量，甚至也大于垂直应力分量。这与自重应力场有很大不同。位于片岩中的陶恩隧道量测出的初始应力状态（图 2.1.4）就是一例，图中σ_t为构造应力场。

竖向主应力在深度不大（H<500 m）时，方向与铅直方向的偏斜不超过 30°。所以，基本上可以认为竖向主应力是垂直的。而垂向主应力的量值大致等于上覆岩层的重力（γH），即垂向主应力随深度线性增加。

从我国现阶段积累起来的浅层（埋深 $H < 500$ m）实测资料看，λ<0.8 的占 27.5%，0.8≤λ≤1.25 的占 42.3%，λ>1.25 的占 30.2%，即我国大部分地区的水平主应力都大于上覆岩层重力。

布朗和霍克根据世界许多地区测定的平均水平应力 σ_h^0 与垂直应力 σ_z^0 的比值和深度的关系如图 2.1.5 所示。图中大部分测点均在下列范围内：

$$\frac{100}{H}+0.3<\lambda<\frac{1\,500}{H}+0.5 \tag{2.1.5}$$

式中　$\lambda=\sigma_h^0/\sigma_z^0$。

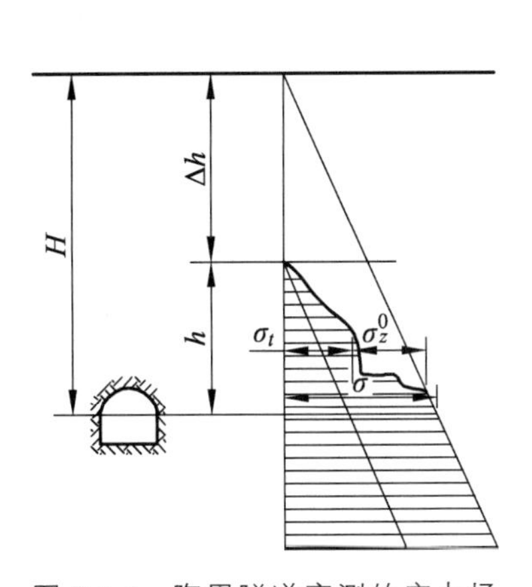

图 2.1.4　陶恩隧道实测的应力场

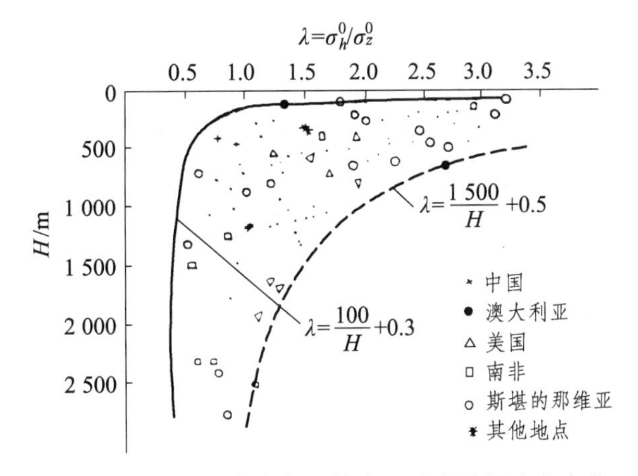

图 2.1.5　竖直应力与平均水平应力随深度的变化

图 2.1.5 表明，埋深较小时，水平应力和垂直应力的比值 λ 很大；随埋深的增加，λ 随之减小。这个临界深度大约在 1 000 ~ 1 500 m，如在日本约为 600 m，在美国约为 1 000 m，我国为 1 000 m 以上。当埋深大于 1 000 m 以上时，逐步接近静水压力分布状态。

③ 构造应力场很不均匀，它的参数无论在空间上、时间上都有很大变化，特别是它的主应力轴的方向和绝对值有很大变化。

水平主应力具有明显的各向异性，且具有很强的方向性，一般总是以一个方向的主应力占优势，很少有大、小主应力相等的情况，且最大主应力的方向与区域地质构造有着密切关系。根据实测资料，在我国大陆地壳中，最小与最大水平主应力的比值为 0.3 ~ 0.7 的占 70%。

当然，水平应力也有显示 $\sigma_x^0 = \sigma_y^0$ 的情况，这主要在构造简单、层理平缓的地区。但华北地区某一方向的水平应力显示较大，其原因可能是与高度地震活动的影响有关。

最后应该指出，具体到一个矿山或隧道工程的小范围，初始应力的大小和方向都可能与上述的不一致，但就大的区域来说，它的变化是不大的。

（3）影响围岩初始应力场的因素。

围岩的初始应力状态，一般受到 2 类因素的影响：

第 1 类因素有重力、地质构造、地形、岩体的物理力学性质以及地温等经常性的因素；

第 2 类因素有新构造运动、地下水活动、人类的长期活动等暂时性的或局部性的因素。

在上述因素中，前面已经提到了覆盖层自重和地质构造，前者的影响比较明确，它是形成垂直应力的主要来源。地质构造的影响就复杂得多了，目前还只能定性地说它主要影响水平应力的大小和方向。

此外，在众多的因素中，还要特别研究的是下面几点：

① 地形和地貌。地应力实测和有限元分析都表明了地形的变化并不产生新的地应力场，只对应力起调整作用。在靠近山坡部位，最大压应力方向近似平行山坡表面。在山谷底部，最大压应力方向几乎是水平的。从主应力的量值来看，在接近山谷岸坡表面部分是应力偏低的地带，在山谷底部则有较大的应力集中。再往山体深部逐渐过渡到应力稳定区，在实际工程中还发现有些傍山隧道，虽然临近山谷，按理应力已基本释放完毕，属于应力偏低带，可是仍存在着相当大的应力。这可能是由于地形剥蚀后，由于岩体内颗粒结构的变化和应力松弛都赶不上剥蚀作用的速度，所以，垂直应力虽然释放了绝大部分，但水平应力却未能充分释放而残留下来。这种残留应力和构造残余应力的主要区别在于，后者具有明显的方向，而前者则方向性不强。

② 岩体的力学性质。正如以上所述，现阶段围岩中的应力状态是经过历次构造运动的积累和后来剥蚀作用的释放而残存下来的。按照强度理论，岩体中的应力状态不能超出岩体强度。一般可用岩体单轴抗压强度 R_{cs} 与最大主应力 σ_{max} 的比值来表示岩体在开挖前的应力状态，该比值越大，说明岩体的潜在能力越大，开挖后就越稳定，引起的位移就越小。

③ 地温变化。尤其是围岩内部各处温度不相同时，温度应力的一部分会残留下来。此外，地壳内岩浆固结或受高温、高压再结晶时，将伴随着体积膨胀或收缩，由于受到相邻地块的约束也会产生残余应力。

④ 人类活动。人类活动如大堆渣场的形成、深的露天开采和地下开挖、水库、抽水、采油以及高坝建筑等都可能局部地影响围岩的初始应力场，有时候影响甚至很大。例如水库蓄水而诱发地震就是一个例子。

3. 初始应力场测试方法

目前对于初始应力场测量方法的分类并没有统一的标准，有人根据测量手段的不同，将在实际测量中使用过的测量方法分为五大类：构造法、变形法、电磁法、地震法、放射性法。也有人根据测量原理的不同分为应力恢复法、应力解除法、水压致裂法、声发射法、X 射线法、重力法。本节仅对最为常用的初始应力场常用方法进行介绍。

（1）水压致裂法。

水压致裂法是目前较为成熟的一种测试深埋地应力的手段，具有设备简便、操作简单、测值直观、测量深度大、适应性强等优点。由于在计算中不需要考虑岩石材料参数，从而避免了弹性常数导致的误差。但水压致裂法存在最大的缺点就是主应力方向测不准，其测量结果只能确定垂直于钻孔平面的最大主应力和最小主应力的大小和方向。水压致裂系统如图 2.1.6 所示。

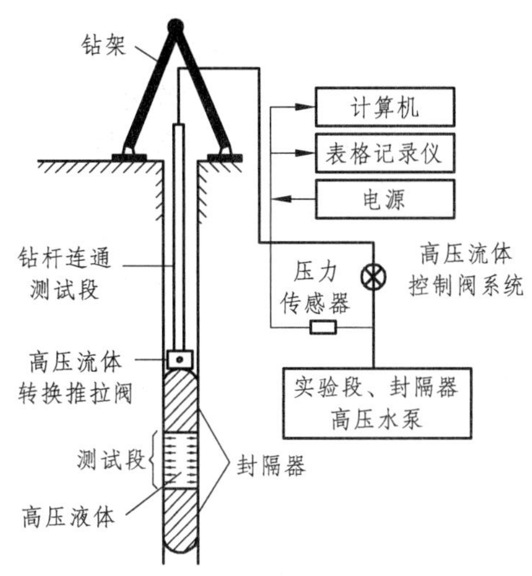

图 2.1.6　水压致裂系统示意图

水压致裂法采用弹性力学基础，通常以以下 3 个假设为前提：

① 将岩石看作线弹性以及各向同性材料；

② 岩石为完整岩体，致裂液体无法在岩石中渗透；

③ 岩层中至少有一个主应力的方向与钻孔轴向平行。

水压致裂法测量应力包括以下 6 个步骤：

① 打钻孔到测试部位，并将试验段用两个封隔器隔离起来。

② 相隔离段注高压水流，直到孔壁出现裂隙，并记下此时的初始开裂压力；然后继续施加水压使裂隙扩展，当水压增至 2～3 倍开裂压力，裂缝扩展到 10 倍钻孔直径时，关闭高压水系统，待水压恒定后记下关闭压力；最后卸压使裂隙闭合。

③ 重新向密封段注射高压水，使裂隙重新张开，并记下裂隙重开时的压力。将这种重新加压的过程重复 2～3 次。

④ 将封隔器完全卸压后从钻孔内取出。

⑤ 将用特殊橡皮包裹的印模器送入破裂段并加压获取裂隙的形状、大小、方位，原来孔壁存在的节理、裂隙均由橡皮印痕器记录下来。

⑥ 根据记录数据绘制压力-时间曲线图，计算主应力的大小，确定主应力方向。

当钻孔壁临界破裂压力 P_b 在孔壁应力作用下破裂时，如果裂缝在停止加压的情况下不再出现延展。则可以得到最小主应力 σ_h。

$$\sigma_h = P_s \tag{2.1.6}$$

如果再次加压使得岩石达到破裂状态，则最大主应力为

$$\sigma_H = 3P_s - P_r - P_0$$

式中 P_r——裂缝扩展压力；

P_s——稳定开裂压力；

P_0——孔隙压力。

（2）应力解除法。

应力解除法是岩体应力测量中应用较广的方法。它的基本原理是：当需要测量岩体中某点的应力状态时，人为地将该处的岩体单元与周围岩体分离，此时岩体单元上所受的应力将被解除。同时，该单元体的几何尺寸也将产生弹性恢复。应用一定的仪器测定这种弹性恢复的应变值或变形值，并且认为岩体是连续、均质和各向同性的弹性件，于是就可以借助弹性理论的解答来计算岩体单元所受的应力。

应力解除法的具体方法很多，按测试深度可以分为表面应力解除法、浅孔应力解除法及深孔应力解除法。按测试变形或应变的方法不同，又可以分为孔径变形测试法、孔壁应变测试法及钻孔应力解除法等。下面主要介绍常用的钻孔应力解除法。

钻孔应力解除法可分为岩体孔底应力解除法和岩体钻孔套孔应力解除法。

① 岩体孔底应力解除法。

岩体孔底应力解除法是向岩体中的测点先钻进一个平底钻孔，在孔底中心处粘贴应变传感器（例如电阻应变花探头或双向光弹应变计），通过钻出岩芯，使受力的孔底平面完全卸载；从应变传感器获得的孔底平面中心处的恢复应变，再根据岩石的弹性常数，可求得孔底中心处的平面应力状态。由于孔底应力解除法只需钻进一段不长的岩芯，对于较为破碎的岩体也能应用。

孔底应变观测系统如图 2.1.7 所示，孔底应力解除法主要工作步骤如图 2.1.8 所示。将应力解除的钻孔岩芯在室内测定其弹性模量和泊松比，即可应用公式计算主应力的大小和方向。由于深孔应力解除法测定岩体全应力的 6 个独立的应力分量需用 3 个不同方向的共面钻孔进行测试，其测定和计算工作都较为复杂，在此不再介绍。

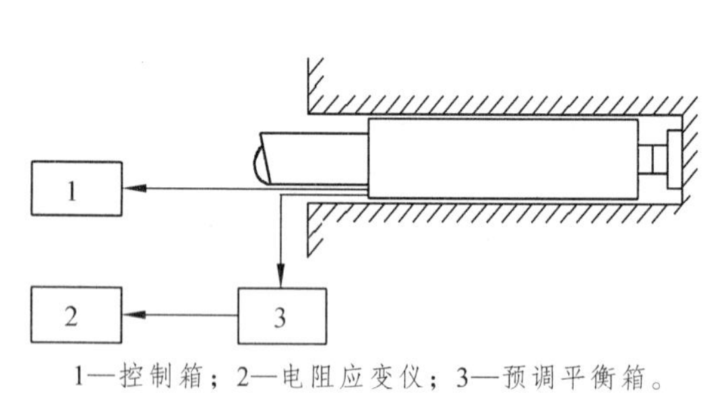

1—控制箱；2—电阻应变仪；3—预调平衡箱。

图 2.1.7 孔底应变观测系统简图

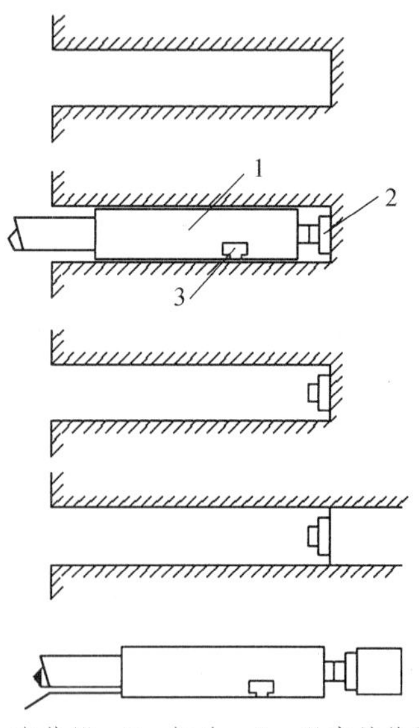

1—安装器；2—探头；3—温度补偿器。

图 2.1.8 孔底应力解除法主要工作步骤

② 岩体钻孔套孔应力解除法。

采用本方法对岩体中某点进行应力量测时，先向该点钻进一定深度的超前小钻孔，在此小钻孔中埋设钻孔传感器，再通过钻取一段同心的管状岩芯使应力解除，根据应变及岩石弹性常数，即可求得该点的应力状态。钻孔套孔应力解除法的主要工作步骤如图 2.1.9 所示，所采用的钻孔传感器可分为位移（孔径）传感器和应变传感器两类。

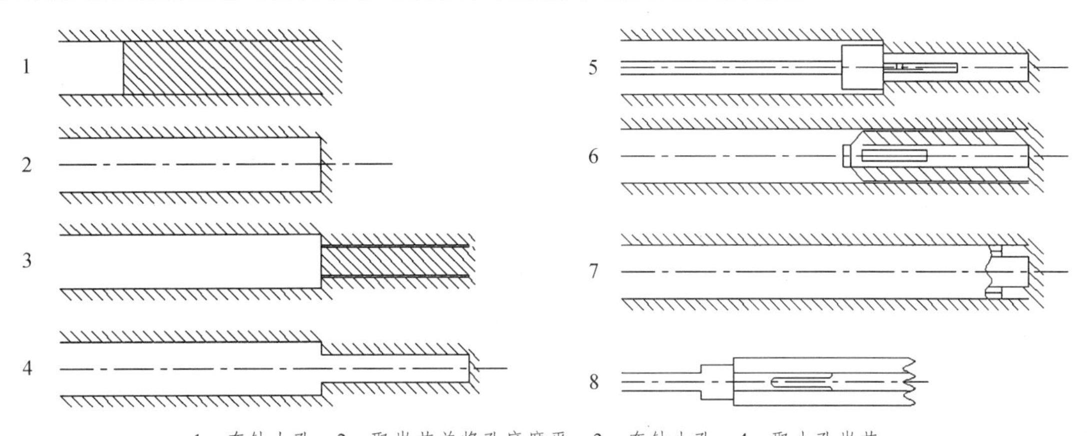

1—套钻大孔；2—取岩芯并将孔底磨平；3—套钻小孔；4—取小孔岩芯；
5—粘贴元件量测初读数；6—应力解除；7—取岩芯；8—测出终读数。

图 2.1.9 钻孔套孔应力解除法的主要工作步骤

（3）声发射法。

岩石类材料中受到外荷载作用时，其内部储存的应变能会因微破裂作用而快速释放产生弹性波，发出声响，称为声发射。利用声发射法测地应力是基于这样一种现象，即材料在经过一次或几次反复加载—卸载后，再一次对其加载时，如果没有超过先前的最大应力，则很少发生声发射，只有达到并超过以前的最大应力，才能产生大量声发射，这种现象称为 Kaiser 效应。现场测量时先取定向岩芯，然后在实验室中对加工好的定向试样加载，并测量声发射和确定 Kaiser 点，以测定试样先前受到的最大应力，并将它定为采芯地点的地应力。这种方法可以和应力解除法或水压致裂法结合起来。因为声发射试样很容易从上述两种方法的钻孔岩芯中获得。由于绝大多数地区的构造运动是极其复杂的，而目前的应力场主要受最近一次的构造运动所控制，所以声发射确定的只是采芯地点先前受到的最大应力，而不一定代表目前的地应力状态。

4. 选用初始应力值的原则和经验

除了在以自重应力场为主的情况下，可以通过计算确定围岩初始应力状态外，一般都只能通过现场实地应力量测获得（有关这部分内容可参考专门文献，此处从略）。但实测工作费时、费钱，不可能大量进行。而且，由于仪器设备不完善，操作过程不标准等原因，实测的围岩初始应力也不是绝对正确的。根据我国实践经验来看，比较可行的是实地量测和地质力学分析相结合的方法。一般应考虑下述原则和经验。

（1）有当地实测地应力数值时，应以实测值作为工程设计的计算参数。虽无实测值，若已测得洞壁位移，则可通过试算或反演计算确定原岩应力。

（2）无量测数值时，垂直原岩应力可根据自重应力计算，但应当注意，埋深很小时可能会出现偏差。

（3）无量测数据时，侧压系数 λ 应视下列情况确定：

① 有邻近工程的实测数据时，可参考采用邻近工程的数值；

② 无明显构造应力地区、孤山地区以及河谷谷坡附近处取 $\lambda<1$；

③ 构造应力地区、距地表较深的区域可取 $\lambda\geqslant1$；

④ 黄土地层中 λ 值大约在 0.5 ~ 0.6；

⑤ 松散软弱地层中 λ 值大约在 0.5 ~ 1.0。

（4）两个水平方向的应力，当无实测值时，可取为相等。

2.2 围岩的工程性质

隧道围岩是指隧道开挖所影响的那一部分岩（土）体，或是对隧道稳定性产生影响的那部分岩（土）体。这部分岩（土）体因受到开挖和支护等施工过程的影响，性质发生变化。应该指出，这里所定义的围岩并不具有尺寸大小的限制。它所包括的范围是相对的，视研究对象而定，从力学分析的角度来看，围岩的边界应划在因开挖隧道而引起的应力变化可以忽略不计的地方，或者说在围岩的边界上因开挖隧道而产生的位移应该为零，这个范围在横断面上约为 6 ~ 10 倍的洞径。当然，若从区域地质构造的观点来研究围岩，其范围要比上述数字大得多。

地下结构围岩的工程性质，一般包括 3 个方面：物理性质、水理性质和力学性质。而对围岩稳定性最有影响的是力学性质，即围岩抵抗变形和破坏的性能。围岩既可以是岩体，也可以是土体。本节仅涉及岩体的力学性质，有关土体的力学性质将在土力学中研究。

岩体是在漫长的地质历史中，经过岩石建造、构造形变和次生蜕变而形成的地质体。它被许许多多不同方向、不同规模的断层面、层理面、节理面和裂隙面等各种地质界面切割为大小不等、形状各异的各种块体。工程地质学中将这些地质界面称之为结构面或不连续面，将这些块体称之为结构体，并将岩体看作是由结构面和结构体组合而成的具有各种结构特征的地质体。

所以，岩体的力学性质主要取决于岩体的结构特征、结构体岩石的特性以及结构面的特性。环境因素尤其是地下水和地温对岩体的力学性质影响很大。在众多因素中，哪个起主导作用需视具体情况而定。

在软弱围岩中，节理和裂隙比较发育，岩体被切割得很破碎，结构面对岩体的变形和破坏都不起什么作用，所以，岩体的特性与结构岩石的特性并无本质区别。当然，在完整而连续的岩体中也是如此。反之，在坚硬的块状岩体中，由于受软弱结构面切割，使块体之间的联系减弱，此时，岩体的力学性质主要受结构面的性质及其在空间的位置所控制。

由此可见，岩体的力学性质必然是诸因素综合作用的结果，只不过有些岩体是岩石的力学性质起控制作用，而有些岩体则是结构面的力学性质占主导地位。

岩体与岩石相比，两者有着很大的区别，与工程问题的尺度相比，岩石几乎可以被认为是均质、连续和各向同性的介质。而岩体则具有明显的非均质性、不连续性和各向异性。

关于岩体的力学性质，包括变形破坏特性和强度，一般都需要在现场进行原位试验才能获得较为真实的结果。国际岩石力学学会试验标准委员会认为，在大型地下工程详细设计阶段，为探明岩体力学性质所进行的现场原位试验可以包括变形试验和剪切试验，一般是在基坑或隧道内进行，详见有关专著。

现场原位试验需要花费大量资金和时间，而且随着测点位置和加载方式的不同，试验结果的离散性也很大。因此，常常通过取样，在试验室内进行试验来代替。但室内试验较难模拟岩体真正的力学作用条件，更重要的是对于较破碎和软弱、不均质的岩体，不易取得供试验用的试样。一般来说，破碎岩体以现场试验为主，较完整的岩体以做室内试验为宜。

1. 岩石的力学性质

岩石通常是由不同矿物经由各种地质作用而形成的，因而其性质主要由构成岩石的矿物成分、排列顺序和矿物间的联系状态而定。自然界中存在的矿物种类极多，故岩石的基本性质也是多样的，而且变化幅度也较大。

本节重点介绍岩石的力学性质，即强度性质及变形性质。强度性质包括抗压、抗拉、抗剪性能以及描述这些性能的指标；变形性质包括描述岩石变形特征的物理量和岩石在不同荷载状态作用下的应力-应变关系。其他可参阅有关岩石力学专著。

（1）岩石的变形性质。

岩石变形的基本特征是联系应力和变形的变形模量 E 和泊松比 μ，另一个在物理方程中常常遇到的系数 G 是由前两个派生出来的。在线弹性变形范围内，E 具有弹性模量的含义并可用法向应力与该方向的应变值之比来表示。在这种情况下，G 有剪切模量的含义，也是一个常数，即

$$G=\frac{E}{2(1+\mu)} \tag{2.2.1}$$

与金属不同，岩石的弹性极限是一个极有条件的性质，因为当应力水平较小的时候就会出现残余变形。如果采取多次加载、卸载的方法，得到的弹性模量值将比一次加载确定的弹性模量大 1.2 ~ 1.5 倍，在某些情况下甚至更大。

岩石属于各向异性材料，其受压、受拉的性能是不相同的，所以，视荷载作用方向，变形模量也是不同的。遗憾的是，目前还没有这方面的充分资料。对某些页岩研究的个别结果指出，受压时的变形模量比受拉时大 1.2 ~ 1.5 倍，对砂黏土是 1.5 ~ 5 倍。受拉与受压时变形模量的不同是由于变形过程的不同性质所决定的。受压时，其变形过程可分为若干阶段，如裂隙闭合、形成新裂隙、裂隙的不稳定扩展以及强度丧失等，而受拉时上述情况几乎是同时出现的。

岩石的变形性质与应力状态有关。由单向应力状态变为多向应力状态时，由于平均的法向应力（σ_{cp}）增大，导致变形模量增加，这个现象与试件密度的变化有关，特别是对空隙率大的岩石。例如对冻结砂，当 σ_{cp} 由 4 MPa 增大到 8 MPa 时，变形模量增大 1.5 倍。对石灰

岩，当各向压力从 0 增加到 10 MPa 时，变形模量增加 10%，而黏土增加 2.5%，砂岩则增加 35%～40%。

另一个重要的变形指标——泊松比 μ 是横向应变 ε' 与纵向应变 ε（单向受拉或受压）比值的绝对值，即

$$\mu=\left|\frac{\varepsilon'}{\varepsilon}\right| \tag{2.2.2}$$

在线性变形范围内，泊松比是个常数。

通常情况下，通过试验测得的 μ 值从形成裂隙阶段的 0.22 增加到强度丧失阶段的 0.33。在某些情况下，在岩石破坏阶段 μ 值会大于 0.5。但 μ 值并不影响岩石应力-应变状态的定性图式，对这个状态定量方面的影响也不大，例如，把 0.3 代以 0.5，误差约为 10%～15%，即处在实验精度范围之内。因此，在解决弹塑性问题时，令 $\mu=0.5$ 是有根据的。

应该指出，在地下工程实践中，岩石多数是处在多向应力状态之下的。通过三轴压缩试验所得的结果，大体上可把岩石试件的内部变化分为 4 个阶段（图 2.2.1）。

第 1 阶段：在 O—Ⅰ部分上加轴压差（轴向压力 σ_1 与围压 σ_3 之差）应力 σ 后，纵向产生很大应变，随着 σ 的增大，轴向应变 ε_a 的增幅逐渐减小，即变形模量 E 增大，并接近一定值；但是横向应变 ε_e 的增幅比纵向应变小，所以泊松比 μ 逐渐减小，这说明随着 σ 的增加，体应变也减小。在第 1 阶段，岩石的空隙在围岩轴压作用下闭合。

第 2 阶段：图中的Ⅰ—Ⅱ部分，轴差应力和纵向应变、横向应变、体应变之间皆呈直线关系，即符合虎克定律的条件。在这一阶段空隙闭合，岩石成为构成矿物粒子的紧密的固体集合物，即显示完全确定的性质。在此阶段弹性模量 E、泊松比 μ 和剪切模量 G 均为定值。

第 3 阶段：轴差应力大于Ⅱ点后，轴向应力 σ_a 和轴向应变 ε_a 的关系没有变化，即变形模量仍为定值，但横向应变 ε_e 增大，所以泊松比也变大。这说明，试件体积变小的比例比以前减小了，在试件内部逐渐产生纵向裂隙。因此Ⅱ点是开始产生纵向裂隙的始点，即在Ⅱ点这个试件开始破坏。

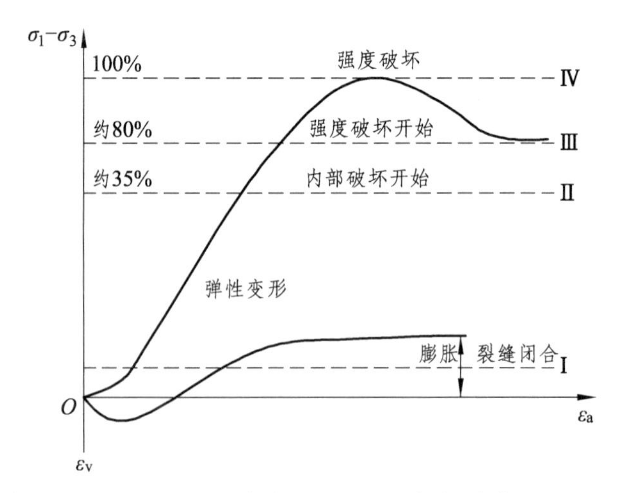

图 2.2.1　三轴压缩试验时岩石的应力-应变关系
（Bieniawski，1967 年）

第 4 阶段：轴差应力超过Ⅲ点，纵向应变和横向应变都比前一阶段增大，应力和纵向应变的关系偏离直线关系，E 值减小。此外 μ 的增大比例也比Ⅱ—Ⅲ阶段大。在这一阶段裂隙逐步贯穿试件，构成岩石的颗粒被压碎，因此产生空隙，体积增大。但增大的体积应变在Ⅲ点达到最大值后逐渐减小，Ⅲ点是发生不稳定裂隙的始点。因此第 4 阶段是岩石材料破碎、分解的过程。

在三轴试验的条件下，与最大应力相比，Ⅱ点约在 35%、Ⅲ点约在 80% 的应力下出现。

上述应力-应变过程对了解岩石的脆性破坏是很重要的。上述试验结果是在一般的柔性试验机，即普通试验机条件下取得的。它的缺点是不能获得岩石的应力-应变全过程。当试件破坏后，试验就中断了，即缺少峰值后的应力-应变关系以及变形破坏动态的过程，而这一点对研究地下工程的力学行为是极为重要的。

在刚性试验机上对岩石进行试验得出的荷载-变形关系，一般如图 2.2.2 所示，大体上分为以下 3 个阶段：

第 1 阶段：应力-应变关系大体上是线性的，实质上是图 2.2.1 所表达的。

第 2 阶段：当应力达到峰值时，试件的承载能力并没有完全丧失，而是一边降低，一边变形，试件表面部分出现分离破坏，这种现象叫强度劣化或应变软化。此时，随着应变的发展，应力-应变曲线的坡度越来越缓。

第 3 阶段：最后当试件的分离破坏终止时，出现变曲点，应变无约束地增大，但保留一定的强度，即所谓的残余强度。这种现象谓之松弛现象或塑性流动。

上述过程对各种岩石大致都是相同的。应该指出，在强度恶化阶段及达到残余强度后，岩石的物性指标也发生了相应的变化。

由此可见，为了完善地表达岩石的应力-应变关系，下述的数值必不可少（图 2.2.3）：

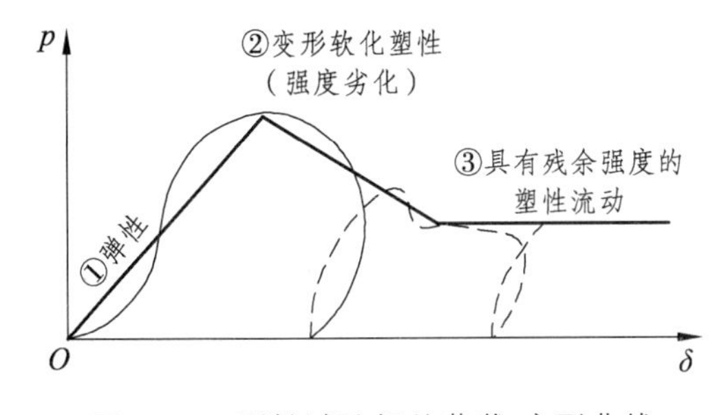

图 2.2.2　刚性试验机的荷载-变形曲线

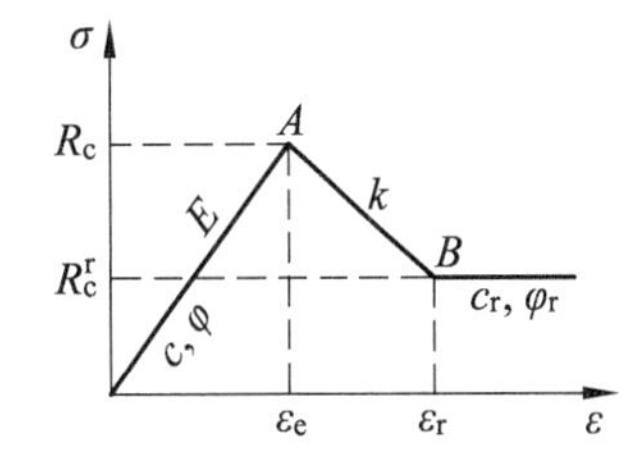

图 2.2.3　线性的全应力-应变曲线

① 岩石的峰值强度 R_c（c，φ）与之对应的弹性应变 ε_e 和由此决定的线弹性范围内的弹性模量 E。

② 岩石的残余强度 R_c^r（c_r，φ_r）与之对应的极限应变 ε_r 以及 AB 段的负斜率 k。

依上所述，我们可以看出，岩石的变形、破坏现象与压力条件有关。在一定应力水平或长期作用下，岩石会由弹性变形转变为非弹性变形，甚至塑性流动变形。因此，研究岩石的应力-应变本构关系是非常重要的。

（2）岩石的强度性质。

岩石强度是指它抵抗各种力的作用而不被破坏的能力。岩石强度通常有抗压强度、抗拉强度、抗剪强度（包括内摩擦角及黏聚力）等，它们在岩石和隧道工程设计中具有不同的重要性。

岩石的单轴抗压强度通常是以单轴试验得到的破坏前的最大应力定义的，它与岩石的其他物性指标有较好的互换性，而且试验数据的分散性较小，试验方法简单，在隧道工程设计中应用较广。

由单轴拉伸试验得到的最大应力定义为抗拉强度，一般可用劈裂试验确定。前面已经指出，坑道周围岩体的破坏，多数是由拉应力造成的。因此，研究岩石的抗拉强度很重要。

抗压强度与抗拉强度之比称为脆性度。岩石的脆性度约为 10 ~ 20。

抗剪强度指在三轴试验得到的破坏应力圆的包络线与 τ 轴相交的长度（$\sigma=0$），与此同时可以决定内摩擦角 φ。

影响岩石强度的因素很多，通常可以分为 2 类。第 1 类包括与岩石构造-力学性质有关的因素，如岩石的组成、构造、组织、非均质性、各向异性、含水量等。第 2 类包括与进行试验工艺方面有关的因素，其中重要的如试件端部的接触条件、试件尺寸及其形状、加载速度等。因而只能把它看作是相对指标，以此对各种类型岩石的强度进行比较。

因此，实验室试验条件应保证不仅与自然条件有相似的应力状态，还应有同样的破坏性质。比较各类岩石强度应首先保证试验条件的一致，否则会得出错误的结论。

此外，视试件的采取及试验方法的不同，岩石力学性质有很大的变化，数值极为分散，因此使用时要极为慎重。

有关岩石强度的性质在许多专著中叙述较多，此处从略。

2. 岩体的力学性质

从构造-力学特征上看，坑道围岩大体上可分为无裂隙岩体和裂隙岩体两大类。地下工程在多数情况下是修筑在裂隙岩体中的，因此目前许多研究重点都放在裂隙岩体的构造-力学特征上。

（1）裂隙岩体的构造及其破坏特征。

裂隙岩体的地质构造特征是结构面的存在。结构面是由各种地质原因形成的，有的是原生的（节理、层面……），有的是次生的（构造、风化……）。结构面的存在使岩体的力学、变形的各向异性极为显著，不均质性也很突出（关于裂隙岩体对围岩稳定性影响的定性和定量的描述见 2.3 节的叙述，本节只分析裂隙岩体的构造对力学性质的影响）。

结构面使岩体变成不同岩块的组合体，从而赋予岩体不同的结构形态或破碎状态。根据它们对岩体的力学性质和围岩稳定性的影响（称为岩体的结构效应），工程地质学将岩体划分为 4 种结构类型：

① 整体结构，含整体结构和块状结构。其变形的重要特征是横向应变与纵向应变之比小于 0.5，破坏前的应变是连续的，在低围压作用下的破坏是脆性的，高围压时为剪切破坏，应力传播遵循连续介质中的传播规律，如图 2.2.4 所示。

② 层状结构，含层状结构和板状结构。其变形特征主要是结构面的变形，一般不用变形模量，而是用变形系数来表示。岩体的破坏则是沿结构面的滑移，应力传播具有明显的不连续性，如图 2.2.5 所示。

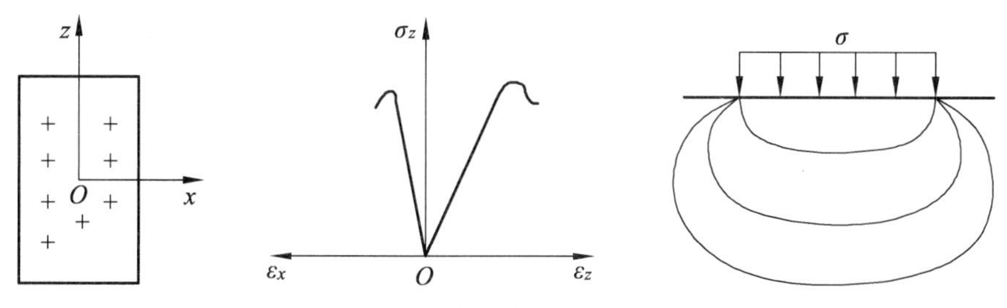

图 2.2.4　连续介质中应力的传播规律

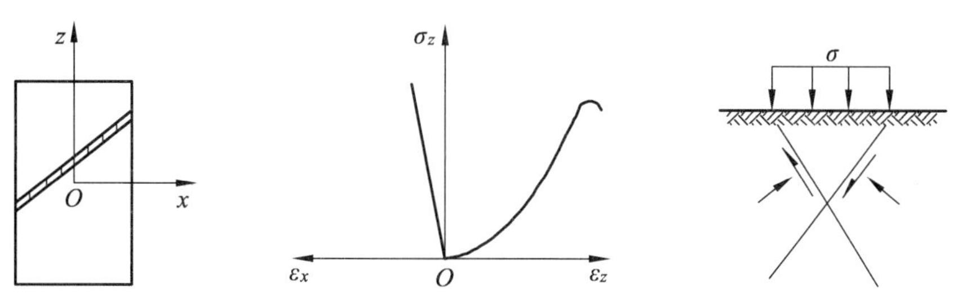

图 2.2.5　裂隙岩体中应力的传播规律

③ 碎裂结构，含镶嵌结构、层状碎裂结构和碎裂结构。其变形初期是将裂隙和空隙压密，表现出更大的不可恢复的塑性变形；随后是结构体的变形，并伴随有结构面张开，破坏形式主要为剪切变形。应力的传播与岩体结构特征关系十分密切，并具有不连续性。但这种不连续性是有限度的，随着围压的提高很快消失，随之转化为连续。

④ 散体结构，与碎裂结构的变形和破坏形式相同。

在各种类型的结构面中，软弱结构面对岩体稳定性影响很大，它是决定岩体强度的基本条件。对地下坑道来说，围岩中存在单一的软弱面，一般并不会影响坑道的稳定，这是与岩石边坡所不同的。只在出现 2 组或 2 组以上的断裂系统时，才能形成分离的岩块。另外，在进行稳定性分析时，还要对结构面的性质进行判断，判断哪些是软弱面。有些虽然是结构面，但不一定是软弱面，如硅质、钙质胶结的节理面和岩脉接触面等，它们的强度很大。因此，软弱面基本是指断层、剪切带、破碎带、泥质充填的节理、软弱夹层等控制岩体强度的结构面，其强度较岩石强度低。

由此可见，岩石只是构成岩体的一部分，它的性质并不能代表岩体的性质，这一点是必须明确的。由上述条件决定的岩体构造-力学特征是非连续性、非均质性、各向异性和突变性的。

是否存在可能性，将非连续性、非均质性、各向异性和突变性视为连续体？

连续性的数学概念是要求应力和变形的连续。由于岩体结构的颗粒、层理、裂隙等都破坏了岩体的连续性，结果把岩体分割成层状、块状等单元体。但是，如果所有这些单元，像一个整体似的变形，从这个概念的数学意义上来说则可视为连续介质。

利用连续介质力学研究岩体的方法是以下述原则为基础的：首先，研究叫作单元体的某一小范围岩体的应力状态，以此来代表欲研究的岩体；其次，这个单元体可以代表整个岩体的状态。因此，采用连续介质力学方法的必要条件是在岩体中能分离出单元体，且单元体应具有该岩体的所有性质，但是比研究的对象小很多，以便它的应力-应变状态可以视为一点的状态。换句话说，单元体是无限小的岩体，但还具有岩体的全部性质。

因此，在确定问题和选择解决问题的方法时，首先必须确定岩体是连续体还是散粒体。如果可以视为连续介质，则岩体的单元体就要包含足够的构造岩块，以保持岩体的整个构造特性。可用下式确定单元体的尺寸：

$$l_0 \approx 10h \tag{2.2.3}$$

式中 l_0——单元体的尺寸；

h——构造岩块的平均尺寸。

即单元体的尺寸约比构造岩块尺寸大一个数量级。此外，单元体尺寸还应保证应力或变形值的变化不超过 15%。据此，可确定单元体上应力偏差值（与平均应力的差值）与单元体尺寸的关系：

$$\varepsilon = \sqrt{l_0 / L} \tag{2.2.4}$$

式中 L——岩体研究范围的尺寸。

把式（2.2.4）代入式（2.2.3），并假定$\varepsilon = 0.15$，就得到决定构造岩块尺寸的公式，并能够在研究的岩体内分出单元体，$h = 0.002\,25L$。例如，坑道的影响范围 $L = 6\ r_0$（r_0 为坑道半径），当 $r_0 = 3.0$ m、$L = 18$ m，则相应的单元体尺寸为 $l_0 = 0.405$ m，构造单元体尺寸为 $h = 0.040\,5$ m。这说明，如果研究范围的尺寸大于单元体尺寸 2 个数量级，或大于构造单元体尺寸 3 个数量级，则裂隙岩体就可视为似连续介质。由此可见，在某些裂隙岩体中要满足这个条件是很困难的。

在进行岩体的均质或非均质分类时，一般利用下述的标准。在同一岩石学差异范围内的岩体，如果它的性质的离散系数不超过 25%，就可认为是似均质的。

具有不同岩石学差异的岩体，可依前面关于连续性的观点，按均质性程度分为 2 类：

① 连续的非均质岩体——即从一种岩石学差异过渡到另一种时，性质的改变不会引起力学状态的急剧变化；

②“小块”非均质岩体——以过渡时性质急剧变化为特征。

第 1 类岩体，如果它的力学性质平均值、离散系数满足下述条件，就可视为似连续的：

$$K_1(1-3v) \leqslant K_2(1+3v) \tag{2.2.5}$$

式中 K_1、v——具有最大的内部分散的非均质单元的力学性质的平均值及其离散系数；

K_2——该单元力学性质的平均值。

第 2 类岩体是非均质的，因此它的数学模型应考虑巨层理。

考虑了岩体的非均质性及其连续性后，就可以得出下述结论：均质的、似均质的和连续的非均质岩体可视为连续的介质，而有“小块”非均质性的岩体则视为分散的介质。

（2）裂隙岩体的强度性质。

裂隙岩体的变形及强度性质的研究是目前岩体力学研究的重大课题之一。迄今为止，各国都对此进行了大量的试验研究和理论分析，但还没有得到完善的解决。

根据日本京都大学足立纪尚等人用模拟裂隙岩块试验研究了不连续面对岩体强度的影响。不连续面角度α为 0°、15°、30°、45°和 60°，图 2.2.6 为其试验结果。图中上面实线为无不连续面的最大岩石强度，下面实线相当于岩石的残余强度。由图可知，有不连续面的岩体强度，视α角变动在岩石的最大强度和残余强度之间。其次，当$\alpha = 60°$时，岩体强度最低，岩体强度极其接近岩石的残余强度，因此足立纪尚等建议用岩石的残余强度来近似地表示有不连续面的岩体强度。

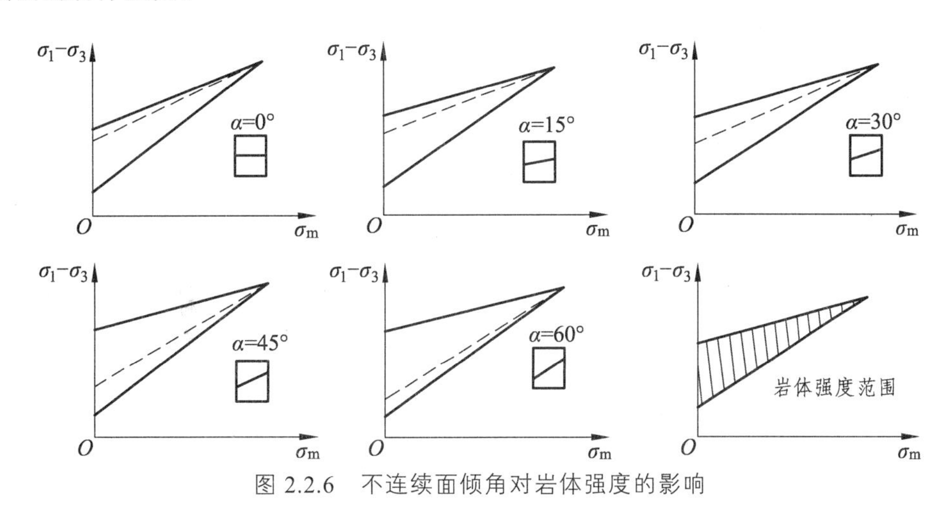

图 2.2.6　不连续面倾角对岩体强度的影响

试验研究结果表明，裂隙岩体的强度随着裂隙组数的增加明显减小，但当裂隙组数增加到一定程度之后，强度不再继续降低，而接近岩石的残余强度，如表 2.2.1 所示。

表 2.2.1　裂隙组数对岩体强度影响的试验结果

砌体类型							说　　明
试验值	1.0	0.72	0.47	0.31	0.14	0.16	试件尺寸：15 cm× 15 cm× 30 cm 试件强度：31.8 ~ 34.6 MPa 结构面强度：$c = 0.11$ MPa；$\varphi = 38°$
建议值	> 0.9	0.7	0.5	0.30	< 0.15		

注：表中数值为试件的强度与岩石试件强度的比值。

裂隙岩体强度的理论预估也表明，随着岩体中不连续面的增加，岩体的强度性态有逐渐变为各向同性的趋势。

影响岩体强度的因素很复杂，以致目前还很难用一个公认的函数式加以表达。因此根据岩体的状态用经验的方法加以估计，有时是很可取的。

例如苏联 Вниги 建议用下式估计岩体的强度：

$$R_{cs} = R_c \eta \tag{2.2.6}$$

式中　R_c——岩石试件强度；

η——岩体构造削弱系数，其值见表 2.2.2。

由表 2.2.2 中可见，η是与岩体质量相关的系数，可通过多种方法决定，并赋予不同的定义。例如以岩芯未破坏岩块（大于 10 cm）的总长 $\sum l_i$ 与所取岩芯总长 L 的比值来决定，以百分数表示。此时定义岩石的质量指标

$$\text{RQD}(\%) = \sum l_i / L \times 100\% \tag{2.2.7}$$

将 RQD 代入式（2.2.6），得

$$R_{cs} = R_c \text{RQD}/100 \tag{2.2.8}$$

表 2.2.2　岩体构造对强度的削弱系数 η

岩体状态	η 的建议值
层厚大于 1.0 m，有 1 组裂隙，间距大于 1.5 m	0.9
层厚为 0.5 ~ 1.0 m，不超过 2 组裂隙，间距为 1 ~ 1.5 m	0.7
层厚为 0.5 ~ 1.0 m，有三四组裂隙，间距为 0.5 ~ 1.0 m	0.5
层厚小于 0.5 m，裂隙少于 6 组，间距小于 0.5 m	0.3
层厚小于 0.3 m，裂隙大于 6 组，间距小于 0.3 m	0.1 ~ 0.2

或用现场测定的岩体弹性波速度 v 的平方与同种岩石试件弹性波速度 v_0 的平方的比值来决定，此时定义为岩体完整性指数，则

$$K_v = \frac{v^2}{v_0^2} \tag{2.2.9}$$

在石质围岩中，当裂隙间没有黏土充填时，K_v 可按下列经验式估算，则

$$K_v = \frac{1}{100}(115 - 3.3J_v) \tag{2.2.10}$$

式中　J_v——每立方米的裂隙数（当 $J_v \leqslant 4.5$ 时，$K_v = 1$）。

将 K_v 代入式（2.2.6），得

$$R_{cs} = K_v R_c = (v^2 / v_0^2) R_c \tag{2.2.11}$$

日本曾用砂质黏板岩进行一系列试验。在试验中依其裂隙状态将岩体分为下述 4 类，并研究了岩体抗压强度与弹性波速度之间的关系，列于表 2.2.3。从表中可以看出，通过裂隙系数换算，R_{cs} 与试验值极为接近。这为用弹性波法确定岩体强度提供了一条途径。

表 2.2.3　岩体抗压强度与弹性波速度之间的关系

类别	岩体弹性波速度 v /（km/s）	岩石弹性波速度 v_0 /（km/s）	完整性系数 $K_v = v^2/v_0^2$	岩体强度/MPa $R_{cs} = K_v R_c$	含有裂隙的试件强度 R_{cs}（试验值）/MPa
A	1.4 ~ 2.3	5.14	0.06 ~ 0.17	8.1 ~ 21.8	10.0 ~ 30.0
B	3.0 ~ 3.6	5.38	0.29 ~ 0.39	37.2 ~ 50.7	40.0 ~ 60.0
C	4.0 ~ 4.5	5.53	0.51 ~ 0.65	66.0 ~ 83.8	70.0 ~ 90.0
D	4.8 ~ 5.2	5.61	0.73 ~ 0.86	95.0 ~ 112.0	90.0 ~ 115.0

注：$R_c = 130$ MPa。

上述几个系数实质上是用以综合评定岩体质量的，把它们用于决定岩体强度只能认为是近似的，但由于它结合了地质的构造因素并与地质勘探技术相适应，故得到了较多的应用。

可以这样认为，只要当岩体结构面的规模较小且结合力很强时，岩体的强度才能与岩石的强度接近。一般情况下，岩体的抗压强度只有岩石的 70%～80%；结构面发育的岩体，仅 5%～10%。和抗压强度一样，岩体的抗剪强度主要也是取决于岩体内结构面的性态，包括它的力学性质、充填情况、产状、分布和规模等；同时还受剪切破坏方式所制约。当沿结构面滑移时，多属于塑性破坏，峰值剪切强度较低，其强度参数 φ（内摩擦角）一般变化于 10°～45° 之间；c（黏聚力）变化于 0～0.3 MPa 之间，残余强度和峰值强度比较接近。当岩石被剪断时的破坏属于脆性破坏，剪断时的峰值强度较上述的高得多，其 φ 值一般变化于 30°～60° 之间，c 值有高达几十兆帕的，残余强度和峰值强度之比随峰值强度的增大而减小，变化在 0.3～0.8 之间。当受结构面影响而沿岩石剪断时，其强度介于上述两者之间。在 τ-σ 平面上画出岩体、岩石和结构面的抗剪强度包络线就能看出这三者之间的关系，如图 2.2.7 所示。

（3）裂隙岩体的变形性质。

裂隙岩体的变形性质与完整岩体的变形性质不同。它比完整岩体更易变形，这主要是因为构造岩块彼此间的位移所造成的。同时，在它们的接触面（可能是全面接触、点接触或一般接触）上还发生摩擦力。沿构造岩块接触面变形（滑动和转动）的可能性有时会导致破坏其变形的一般规律。

岩体的抗拉变形能力很低，或者根本没有。因此，岩体受拉后立即沿结构面发生断裂，一般没有必要专门研究岩体的受拉变形性能。

岩体的受压变形性能，可以用它在受压时的应力-应变曲线，亦称本构关系来说明。岩石的应力-应变关系比较明显，说明它以弹性变形为主。软弱结构面的应力-应变呈现出非线性关系，说明它以塑性变形为主。而岩体的应力-应变关系要复杂得多。图 2.2.8 分别画出了典型的岩石、软弱结构面和岩体单轴受压时的应力-应变曲线。

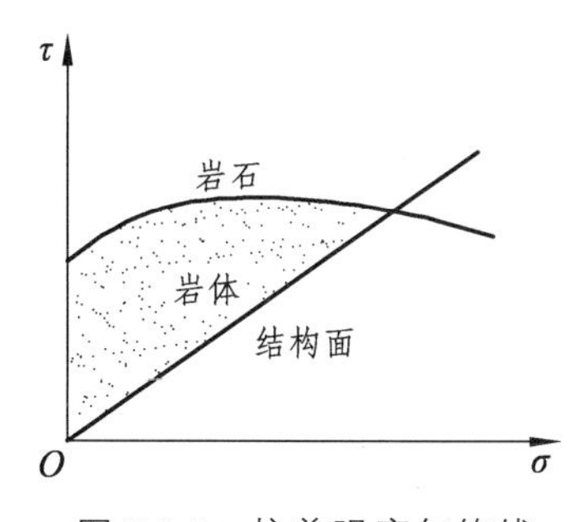

图 2.2.7　抗剪强度包络线

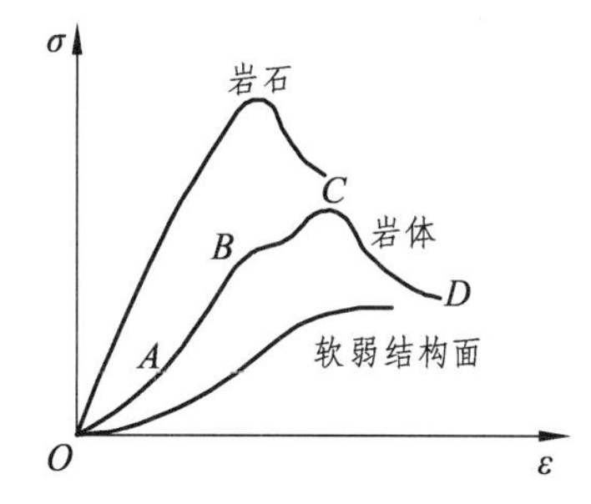

图 2.2.8　岩石、软弱结构面和岩体的应力-应变曲线

从图中可以看出，典型的岩体应力-应变曲线可以分解为 4 个阶段：

① 压密阶段（OA）：主要是由岩体中结构面的闭合和充填物的压缩而产生的，形成了非线性凹状曲线，变形模量小，总的压缩量取决于结构面的性态，且这部分变形本质上是不能恢复的，属于不可恢复的塑性变形。

② 弹性阶段（AB）：岩体充分压密后便进入弹性阶段。所出现的弹性变形是岩体的结构

面和结构体共同产生的，应力-应变关系呈直线。同时，岩体的弹性模量也趋近于整体岩石的数值。

③ 塑性阶段（*BC*）：岩体继续受力，变形发展到弹性极限后便进入到塑性阶段，此时岩体的变形特征受结构面和结构体的变形特性共同制约。整体性好的岩体延性小，塑性变形不明显，达到强度极限后便迅速破坏。破裂岩体塑性变形大，有的甚至从压密阶段直接发展到塑性阶段，而不经过弹性阶段。

④ 破裂和破坏阶段（*CD*）：应力达到峰值后，岩体即开始破裂和破坏。破坏开始时，应力下降比较缓慢，说明破裂面上仍具有一定的摩擦力，岩体还能承受一定的荷载。而后，应力急剧下降，岩体全面崩溃。

从岩体的全应力-应变曲线的分析中可以看出，岩体既不是简单的弹性体，也不是简单的塑性体，而是较为复杂的弹塑性体。整体性好的岩体接近弹性体，破裂岩体和松散岩体则接近于塑性体。

裂隙岩体的变形模量较岩石的弹性系数要小，花岗岩的试验资料表明，其变形模量视裂隙程度约是完整岩体的 1/3 ~ 1/2，软质砂岩约是完整岩体的 1/4 ~ 1/3，土质体约是完整岩体的 1/4。

在实验室条件下确定的变形特性，当然与直接在岩体中决定的特性有很大的不同。一般实验室方法确定的变形模量与直接在岩体中确定的变形模量的比值平均为 2.8，在个别情况下达 4.4。动弹性模量和变形模量的比值更大，平均为 3.2。在变形模量上这种明显的不同，基本上与岩体中有大裂隙有关，而这种裂隙在试件中则没有。有些资料指出，裂隙闭合 0.002 mm 就会使变形模量减小约 1/3 ~ 1/4。

需要指出的是，岩体的全应力-应变曲线只有在刚性试验机上才能得出。普通万能试验机因刚度小，试验时的变形量和储存的弹性应变能都较岩样的大，所以，当岩样达到强度极限后弹性反力下降，试验机内储存的弹性能就突然释放，并对岩样产生冲击作用，使其迅速崩溃，无法继续试验，也就测不出岩样破坏后的变形特征。

岩体受剪时的剪切变形特征主要受结构面控制。根据结构体和结构面的具体性态，岩体的剪切变形可能有 3 种方式：

① 沿剪切面滑动。结构面的变形特性即为岩体的变形特性。

② 结构面不参与作用，沿结构体岩石断裂。岩石的变形特性起主导作用。

③ 在结构面影响下，沿岩石剪断。此时岩体的变形特性介于上述两者之间。

试验和实践还发现，无论岩体受压或受剪，它们所产生的变形都不是瞬时完成的，而是与加载速度和在荷载作用下的长期性有关。岩体变形的这种时间效应称为岩体的流变特性。图 2.2.9 为一些典型的岩石在某一加载速度（曲线 1）和无限缓慢的加载条件下（曲线 2）的变形图。

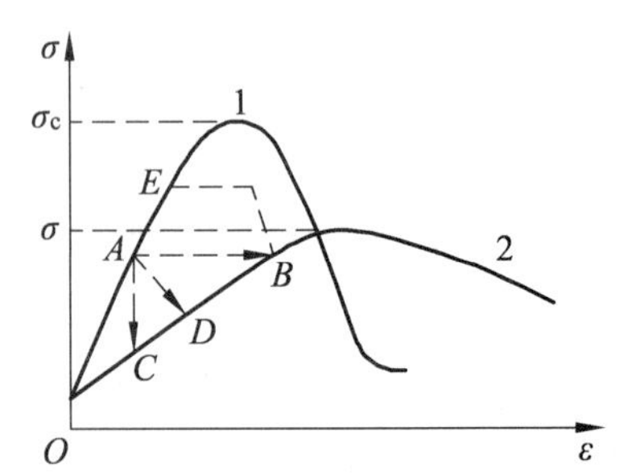

图 2.2.9 岩石在不同加载速度下的应力-应变曲线

如果试件迅速加载到 *A* 点，在这个荷载作用下保持较长时间，则蠕变过程导致试件变形的增大，其状态接近于 *B* 点（长期特性）。这种作用的应力不变，而应变随时间而增长的现象称为蠕变。

如果在加载到 *A* 点之后，保持到一定的变形状态，则松弛过程导致试件中应力的降低，它的状态接近于 C 点。这种应变不变，而应力随时间衰减的现象称为松弛。

如果试件在 A 点保持在有非零刚度的压力机下，则它的应力-应变状态具有蠕变-松弛的规律，接近于 D 点。

对于那些具有较强流变性的岩体，在地下工程的设计和施工中必须考虑其对稳定性的影响。例如，成渝复线上的金家岩隧道，埋深 120 m，围岩为泥岩，开挖后围岩基本上是稳定的，及时进行了初期支护，基本上达到了稳定。然而 250 d 之后拱顶下沉 40.2 mm，侵入限界，只好挖掉重做。属于这类的岩体大体上有软弱的层状岩体，如薄层状岩体、含有大量软弱层的互层或层间岩体。此外，还有含大量泥质物、受软弱结构面切割的破裂岩体。这些软弱结构面有时将对岩体的变形和破坏起控制作用。

2.3 地下洞室的围岩分级及其应用

修建地下洞室，会遇到各种各样的地质条件：从松软的砂砾碎土层到很坚硬的岩石，从较完整的岩体到极其破碎的断裂构造带；有干燥少水的情况，也会有含水丰富的状态；可能遇到高地应力带，也可能是应力释放区等。地下工程所遇到的地质条件的千差万别会给地下工程的设计、施工带来了很大的不可避免的“盲目性”。为了在修筑地下工程时能够选择合适的施工方法、进行科学管理及正确评价经济效益、确定衬砌结构上的荷载等，就需要依照各种围岩物理力学性质的内在联系和规律，将围岩划分成若干级（也就是围岩分级），从而为隧道工程设计、施工提供一定的理论基础。

根据长期的工程实践，国内外从业者逐步认识到在这些不同地质条件下开挖地下洞室时，其围岩具有不同的稳定性，不同地质条件与围岩稳定性之间存在着一定的联系。根据岩体完整程度和岩石强度等主要指标在给予定性和定量评价的基础上，按其稳定性将围岩分为工程性质不同的若干级别，这就是围岩分级（也称围岩分类）。依照每级围岩的稳定程度制订相应的工程措施，可给出最佳的施工方法和支护结构设计。

岩体在开挖洞室后所表现出的性态，概括起来不外乎是：充分稳定的、基本上稳定的、暂时稳定的、不稳定的几种。而工程中可能碰到的情况，也必然是属于其中的一种。任何一种施工方法和支护结构都具有很大的地质适应性，例如，锚喷支护在采取一定措施的条件下，几乎可以适用于绝大部分地质条件。这说明了针对不同的工程目的（爆破、开挖、支护、掘进机掘进等），是可以将与之相应的地质环境进行一定的概括、归纳和分级，为地下工程的设计和施工提供一定的基础。应该说，一个准确而合理的围岩分级，不仅是人们认识洞室围岩特征，正确进行隧道或其他地下洞室设计、施工的基础，而且也是现场进行科学管理，发展新的施工工艺以及正确评价经济效益的有力工具。因为工人劳动条件的好坏、工程的难易，以及制订劳动定额、材料消耗标准等都是以围岩分级为基础的。

作为工程设计用的围岩分级一般应尽量满足如下要求：

① 形式简单、含义明确、便于实际应用，一般以分 5 级或 6 级为宜。

② 分级参数要包括影响围岩稳定性的主要参数，它们的指标应能在现场或室内快速、简便获得。

③ 评价标准应尽量科学化、定量化，并简明实用。

④ 锚喷支护围岩稳定性分级，应能较好地为锚喷支护的工程类比设计、监控设计及理论设计服务。分级应当适应锚喷支护参数表以及监控测试方法与控制数据，并便于提供计算模型和计算参数。

⑤ 既能适应勘察阶段初步划分围岩级别，又能适应施工阶段详细划分围岩级别。前者是在地面地质工作的基础上进行的，后者则在导洞打通后或洞室开挖后进行的。洞室围岩分级的 2 个阶段所做的地质工作可以有所不同。

一般认为，服务于工程设计的围岩分级是按其稳定性分级的。实际上，围岩的稳定性不仅取决于自然的地质因素，而且还与工程规模、洞室形状及施工条件等人为因素有关。所以，现在这种根据地质因素划分围岩级别的方法实质上是岩体质量分级，它仅与岩体质量有关，而与工程状况和施工状况无关。

不过严格来说，当前的围岩分级也不完全等同于岩体质量分级。例如分级中考虑了节理面与洞轴线的关系、结构面与临空面的组合等因素，它既与自然条件有关，也与人为条件有关。习惯上，我们还是把目前的围岩分级称为按稳定性分级，而实际上，围岩分级中一般是没有包含工程因素和施工因素在内的。

国内外在近几十年来，把围岩分级作为地下洞室工程技术的重要研究内容之一，从定性上、定量上进行了大量的探索和实践，取得了很多有意义的成果。在各种围岩分级中，一般都是把工程因素和施工方面的因素作为分级的适用条件来处理，而主要考虑地质因素。因此在围岩分级中，关键的问题是把哪些地质因素作为分级的指标，这些分级指标与围岩稳定有何关系，以及采用什么方法来判断这些指标等。

目前，围岩分级已逐步向科学化、定量化的方向发展，优秀的分级方法中，均建立了多因素定性与定量相结合的分级标准。

1. 影响围岩稳定性的主要因素及与围岩分级的关系

影响围岩稳定性的因素很多，就其性质来说，基本上可以归纳为两大类（图 2.3.1）：第 1 类属于地质环境方面的自然因素，是客观存在的，它们决定了隧道围岩的质量；第 2 类则属于工程活动的人为因素，如隧道的形状、跨度、施工方法、隧道轴线与岩层产状的关系等，它们虽然不能决定围岩质量的好坏，但却能给围岩的质量和稳定性带来不可忽视的影响。下面简要地说明各项因素对围岩稳定性的影响，以及在分级中的地位和作用。

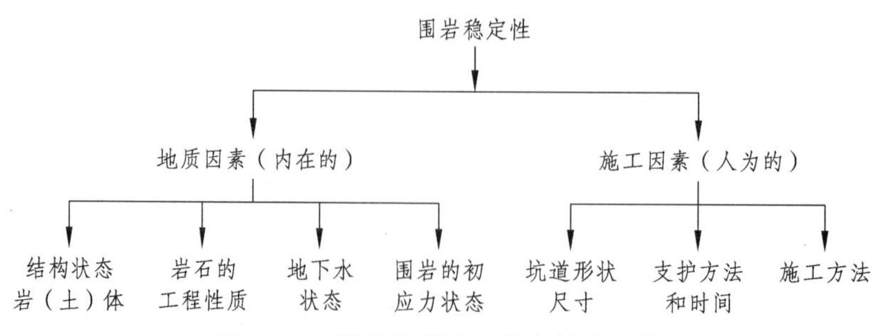

图 2.3.1 影响隧道围岩稳定性的因素

（1）地质因素。

岩体在开挖隧道时的稳定程度乃是岩体力学性质的一种表现形式。

① 岩体结构类型。上面已经讲到，岩体的结构特征是长时间地质构造运动的产物，是控制岩体破坏形态的关键。从稳定性分级的角度来看，岩体的结构特征可以简单地用岩体的破碎程度或完整性来表示，在某种程度上它反映了岩体受地质构造作用严重的程度。实践证明，围岩的破碎程度对坑道的稳定与否起主导作用，在相同岩性的条件下，岩体越破碎，坑道就越容易失稳。因此，在近代围岩分级法中，都已将岩体的破碎程度或完整状态作为分级的基本指标之一。

岩体的破碎程度或完整状态是指构成岩体的岩块大小，以及这些岩块的排列组合形态。关于岩块的大小通常都是用裂隙的密集程度，如裂隙度、裂隙间距等指标表示。所谓裂隙度就是指沿裂隙法线方向单位长度内的裂隙数目；裂隙间距则是指沿裂隙法线方向上裂隙间的距离。在分级中常将裂隙间距大于 1.0 ~ 1.5 m 者视为整体的，而将小于 0.2 m 者视为碎块状的。当然，这些数字都是相对的，仅适用于跨度在 5 ~ 15 m 范围内的地下工程。

块状岩体块度的大小及其完整程度的各项指标的定性与定量关系示于表 2.3.1 和表 2.3.2。表 2.3.2 中所示的体积裂隙系数为垂直每组结构面走向方向测线上，单位长度上结构面数量的总和。其余的指标参见 2.2 节的叙述。

表 2.3.1　岩体结构与块度尺寸的关系

岩体结构类型	块度尺寸（以结构面平均间距表示）/m				
	国标锚喷围岩分级	岩土工程勘察规范围岩分级	工程岩体分级标准围岩分级	工程地质手册结构分级	铁路工程岩土分类标准围岩分级
整块状	>0.8（2 ~ 3）	>1.5（1 ~ 2）	>1.0（1 ~ 2）	>1.5（1 ~ 2）	>1.0（1 ~ 2）
块　状	0.4 ~ 0.8（3）	0.7 ~ 1.5（2 ~ 3）	>1.0（1 ~ 2） 0.4 ~ 1.0（2 ~ 3）	0.7 ~ 1.5（2 ~ 3）	0.4 ~ 1.0（2 ~ 3）
层　状	0.2 ~ 0.4（3）	—	0.4 ~ 1.0（2 ~ 3） 0.2 ~ 0.4（>3）	—	0.2 ~ 0.4（3）
碎裂状	0.2 ~ 0.4（>3）	0.25 ~ 0.5（>3）	0.2 ~ 0.4（>3） ≤0.2（>3）	0.25 ~ 0.5（>3）	<0.2（>3）
散体状	—	—	无序	—	无序

注：表中括号内数值为结构面组数。

表 2.3.2　岩体完整性各项指标的表示方法

体积裂隙系数 J_v /（条/m^3）	<3（巨块状）	3 ~ 10（块状）	10 ~ 20（中等块状）	20 ~ 35（小块状）	>35（碎裂状）
岩体完整性指数 K_v	>0.75（完整）	0.55 ~ 0.75（较完整）	0.35 ~ 0.55（较破碎）	0.15 ~ 0.35（破碎）	<0.15（极破碎）

② 结构面性质和空间的组合。如前所述，在块状或层状结构的岩体中，控制岩体破坏的主要因素是软弱结构面的性质，以及它们在空间的组合状态。对于隧道来说，围岩中存在单一的软弱面，一般并不会影响坑道的稳定性。只有当结构面与隧道轴线的相互关系不利时，或者出现 2 组或 2 组以上的结构面时，才能构成容易堕落的分离岩块。例如，有 2 组平行但倾向相反的结构面和 1 组与之垂直或斜交的陡倾结构面，就可能构成屋脊形分离岩块（图 2.3.2）。至于分离岩块是否会坍落或滑动，还与结构面的抗剪强度以及岩块之间的相互联锁作用有关。因此，在围岩分级中，可从以下几个方面来研究结构面对隧道围岩稳定性影响的大小。

a. 地质构造的影响程度。结构面的发育程度与区域性的褶皱、断裂等地质背景有联系，所以分级中一般要考虑地质构造的影响程度。按其影响程度大多可以分为影响轻微、较重、严重、很严重 4 级，见表 2.3.3。

表 2.3.3 岩体受地质构造影响的分级

等级	地质构造作用特征
轻微	地质构造变动小，无断裂（层）；层状岩体一般呈单斜构造；结构面不发育
较重	地质构造变动较大，位于断裂（层）或褶曲轴的邻近地段，可有小断层；结构面发育
严重	地质构造变动强烈，位于褶曲轴部或断裂影响带内；软岩多见扭曲及拖拉现象；结构面发育
很严重	位于断裂破碎带内；岩体破碎呈块石、碎石、角砾状，有的甚至呈粉末泥土状，结构面极发育

b. 结构面的产状与发育情况。包括裂隙、节理或层面的密度（间距）、组数、贯通程度、闭合程度、填充情况和粗糙程度等。结构面的定性指标通常有如下几种：

- 结构面的成因及其发展史，一般分为原生结构面、构造面与次生结构面。
- 结构面的产状，结构面的长度、宽度、方向与间距等。结构面按其贯通情况可以分为贯通的、断续交错的和不贯通的。结构面方向主要是考虑与洞轴线的关系及结构面与临空面的组合关系。表 2.3.4 列出了洞轴线与主要结构面产状的不同夹角关系对围岩稳定性的影响。分级中尤其注意软弱结构面的数量、规模与产状。软弱结构面与洞轴线的不利夹角关系及软弱结构面与临空面的不利组合，是形成不稳定块体，造成围岩失稳的重要原因。

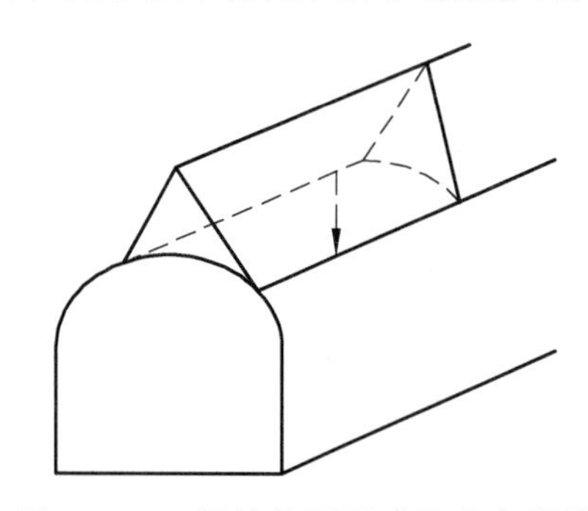

图 2.3.2 2 组结构面形成的分离岩块

- 结构面的结合情况。如结构面的闭合程度、填充情况和粗糙程度。结构面按闭合程度可以分为紧闭的（裂缝宽度小于等于 0.01 mm）、闭合的（裂缝宽度在 0.01 ~ 0.5 mm 之间）、微张的（裂缝宽度在 0.5 ~ 1 mm 之间）、张开的（裂缝宽度大于 1 mm）等几种。按填充情况可以分为未填充的、填充岩屑的、填充泥土的和胶结等几种情况。按粗糙起伏度可以分为明显台阶状、粗糙波浪状、光滑波浪状和平整光滑状等。

表 2.3.4　洞轴线与主要结构面产状的不同夹角关系对围岩稳定性的影响

主结构面走向与洞轴线夹角/(°)	70～90		30～70		0～30		0～90
主结构面倾角/(°)	45～90	20～45	45～90	20～45	45～90	20～45	0～20
洞顶部位	最有利	一般	有利	一般	一般	不利	最不利
边墙部位	一般	有利	不利	一般	最不利	一般	最有利

c. 风化程度。我国在对岩体进行分级时，岩石的风化程度也是评价岩体质量的指标之一，如表 2.3.5 所示。

表 2.3.5　岩石风化程度的划分

名　称	风化程度
未风化	岩石结构构造未变，岩质新鲜
微风化	岩石结构构造、矿物成分和色泽基本未变，部分裂隙面有铁锰质渲染或略有变色
弱风化	岩石结构构造大部分破坏，矿物成分和色泽已明显变化，长石、云母和铁镁矿物已风化蚀变
强风化	岩石结构构造大部分破坏，矿物成分和色泽已明显变化，长石、云母和铁镁矿物已风化蚀变
全风化	岩石结构构造完全破坏，已崩解和分解成松散土状或砂状，矿物全部变色，光泽消失，除石英颗粒外的矿物大部分风化蚀变为次生矿物

③ 岩石的力学性质。在整体结构的岩体中，控制围岩稳定性的主要因素是岩石的力学性质，尤其是岩石的强度。一般来说，岩石强度越高，坑道越稳定。在围岩分级中所说的岩石强度指标，都是指岩石的单轴饱和抗压强度。该指标既考虑了地下水对岩石的软化作用，又兼顾了岩石的风化作用。同时这种强度的试验方法简便、数据离散性小，而且与其他物理力学指标有良好的换算关系。对于小型工程或无法取得试验资料时，可用点荷载强度代替单轴抗压强度。通常，点荷载强度取单轴抗压强度的 1/24 左右。

在许多分级标准中，都将岩石强度作为分级中的主要定量指标之一。有些分级是用岩体抗压强度表示的。此外，岩石强度还影响围岩失稳破坏的形态，强度高的硬岩多表现为脆性破坏，在隧道内可能发生岩爆现象。而在强度低的软岩中，则以塑性变形为主，流变现象较为明显。

④ 围岩的初始应力场。如前所述，围岩的初始应力场是使隧道围岩变形、破坏的重要的作用力，它直接影响围岩的稳定性。所以，在某些分级方法中曾有所反映。

对浅埋隧道及在构造应力不大的坚硬岩体中开挖洞室，初始应力的影响一般不会很明显；但在高地应力区，软岩及在埋深很大的洞室和隧道中，则初始地应力会对围岩的稳定性产生很大的影响。对于围岩分级，一般可以用岩体的抗压强度与竖向或水平方向最大主应力之比（R_{cs}/σ_{max}）来表示对围岩分级的影响。与此有关的评估基准见表 2.3.6。

表 2.3.6　初始应力场的评估基准

初始应力状态	主要现象	评估基准 R_{cs}/σ_{max}
极高应力	硬岩：开挖过程中时有岩爆发生，有岩块弹出，洞壁岩体发生剥离，新生裂缝多，成洞性差。 软岩：岩芯常有饼化现象，开挖过程中洞壁岩体有剥离，位移极为显著，甚至发生大位移，持续时间长，不易成洞	<4
高应力	硬岩：开挖过程中可能出现岩爆，洞壁岩体有剥离和掉块现象，新生裂缝较多，成洞性较差。 软岩：岩芯有饼化现象，开挖过程中洞壁岩体位移显著，持续时间长，成洞性差	4～7

⑤ 地下水状况。地下水是造成施工坍方，使隧道围岩丧失稳定的最重要因素之一。地下水对围岩稳定性的影响随着岩质的软弱而有显著的差别。表现如下：

a. 使岩质软化，强度降低，对软岩尤其突出。对土体则可促使其液化或流动。

b. 在有软弱结构面的岩体中，会冲走充填物质或使夹层软化，减少层间摩擦阻力，促使岩块滑动。

c. 在某些岩体中，如含有生石膏、岩盐，或以蒙脱土为主的黏土岩，遇水后将产生膨胀，其势能很大。在未胶结或弱胶结的砂岩中，水的存在可以产生流沙和潜蚀。

因此，在围岩分级中，对软岩、碎裂结构和散体结构岩体、有软弱结构面的层状岩体以及膨胀岩等，应着重考虑地下水的影响。而对稳定岩体，由于岩体坚硬，软弱结构面少，一般不考虑地下水的影响，但若有软弱结构面时要对其进行加固处理。在目前的分级法中，对地下水的处理方法有 3 种：

- 在分级时不将水的影响直接考虑进去，而是根据围岩受地下水影响的程度，适当降低围岩的等级；
- 分级时按有水情况考虑，当确认围岩无水则可提高围岩的等级；
- 直接将地下水的状况（水质、水量、流通条件、静水压等）作为一个分级的指标，其影响修正系数 K_w 示于表 2.3.7。前两种方法是定性的，后一种方法虽可定量，但对这些量值的确定，在很大程度上还是要靠经验。

表 2.3.7　地下水影响修正系数 K_1

地下水出水状态	岩体基本质量指标（BQ）			
	>550	550～451	350～251	≤250
潮湿或点滴状出水 $p \leqslant 0.1$ 或 $Q \leqslant 25$	0	0	0.2～0.3	0.4～0.6
淋雨状或涌流状出水 $0.1 < p \leqslant 0.1$ 或 $25 < Q \leqslant 125$	0～0.1	0.1～0.2	0.4～0.6	0.7～0.9
淋雨状或涌流状出水 $p > 0.5$ 或 $Q > 125$	0.1～0.2	0.2～0.3	0.7～0.9	1.0

注：① p 为地下工程围岩裂隙水压（MPa）；
② Q 为每 10 m 洞长出水量（L/min · 10 m）。

（2）工程活动中的人为因素。

施工中的人为因素也是造成围岩失稳的重要条件，其中尤其以坑道的尺寸（主要指跨度）、形状以及施工中所采用的开挖方法等影响较为显著。

① 坑道的尺寸和形状。实践证明，在同一类围岩中，坑道跨度越大，坑道围岩的稳定性就越差，因为岩体的破碎程度相对加大了。例如，裂隙间距为 0.4 ~ 1.0 m 的岩体，对中等跨度（5 ~ 10 m）的坑道而言，可算是大块状的，但对大跨度（>15 m）的坑道来说，只能算是碎块状的。因此，在近代的围岩分级法中，有的就明确指出分级法的适用跨度范围，有的则采用相对裂隙间距，即将裂隙间距与坑道跨度的比值作为分级的指标。例如，相对裂隙间距为 1/5 的属完整的；1/5 ~ 1/20 范围内的属破碎的；小于 1/20 的属极度破碎的。将跨度引进围岩分级中会造成对岩体结构概念的混乱和误解。比较通用的做法，是将跨度的影响放在确定围岩压力、支护结构类型和尺寸时考虑，这样就将分级的问题简化了。

坑道的形状主要影响开挖隧道后围岩的应力状态。圆形或椭圆形隧道围岩应力状态以压应力为主，这对维持围岩的稳定性是有好处的。而矩形或梯形隧道，在顶板处的围岩中将出现较大的拉应力，从而导致岩体张裂破坏。但是，在目前的各种分级法中都没有考虑这个因素，可能是因为深埋隧道的断面形状绝大部分都接近圆形或椭圆形的缘故。

② 施工中所采用的开挖方法。从目前的施工技术水平来看，开挖方法对隧道围岩稳定性的影响较为明显，在分级中必须予以考虑。例如，在同一级岩体中，采用普通的爆破法或采用控制爆破法，采用矿山法或采用掘进机法，采用全断面一次开挖或采用小断面分部开挖，对围岩的影响都各不相同。所以，目前大多数围岩分级法都是建立在相应的施工方法的基础上的。

以上所述的工程活动中的人为因素，虽然对围岩稳定性的影响很大，但为了简化围岩分级方法，一般都是以分级的适用条件或者说服务对象来控制，而分级本身则主要从地质因素考虑。

2. 分级的因素指标及其应用

在充分研究了影响隧道围岩稳定性的因素后，就可以来分析哪些因素或其组合作为分级指标，用什么方法能可靠地确定它们，以及这些分级指标与围岩稳定性的关系等。

作为隧道围岩分级的指标，大体上有以下几种：

（1）单一的岩性指标。

它包括岩石的抗压和抗拉强度、弹性模量等物理力学参数，以及如抗钻性、抗爆性等工程指标。在某些特定目的的分级中，例如，为确定钻眼功效、炸药消耗量的分级，即可采用相应的工程指标作为分级标准。在土石方工程中，为了划分岩石的软硬、开挖的难易，也可采用岩石的单一的岩性指标进行分级。

在单一的岩性指标中，多采用岩石的单轴饱和抗压强度作为基本的分级指标，除了试验方法较方便外，从定量上看也是比较可靠的。然而，单一的岩性指标只能表达岩体特征的一个方面，因此，用来作为分级的唯一指标是不合适的。

例如，我国 20 世纪 50 年代采用的以岩石抗压强度为代表的分级方法将围岩分为坚石、次坚石、软石。该法认为坑道开挖后，它的稳定性主要取决于岩石的强度，岩石越坚硬，坑道越稳定，反之，岩石越松软，坑道稳定性就越差。中国西部的老黄土，在无水条件下，虽然强度较低，只有不到 1 MPa，但稳定性却很高，有些黄土洞室可维持几十年之久而不破坏。

（2）单一的综合岩性指标。

它表明指标是单一的，但反映的因素却是综合的。

单一的综合岩性指标多与地质勘察技术的发展有关。因此，随着工程地质勘探方法的发展，这些单一的综合岩性指标被直接用于分级或与其他的指标综合考虑用于分级。

① 岩体的弹性波传播速度。它既可反映岩石的力学性质，又可表示岩体的破碎程度。因为，岩体的弹性波传播速度与岩体的强度和完整状态成比例。完整的花岗岩的弹性波速度为 5.0 km/s 以上，而破碎和风化极严重的花岗岩，其弹性波速度则小于 3.4 km/s。

如 1970 年前后，日本提出的按围岩弹性波速度进行分级的方法。在弹性波速度基础上再综合考虑与隧道开挖及土压有关的因素（岩性、含水及涌水状态、风化、龟裂破碎状态等），把围岩分为 7 级。

在我国铁路隧道围岩分级中指出，如有岩体的弹性波传播速度时也可作为分级的依据，它与分级的关系见表 2.3.8。

表 2.3.8　弹性波（纵波）速度与铁路隧道围岩分级的关系

围岩级别	Ⅰ	Ⅱ	Ⅲ	Ⅳ	Ⅴ	Ⅵ
弹性波（纵波）速度/（km/s）	>5.5	4.5 ~ 5.5	3.5 ~ 4.5	2.5 ~ 3.5	1.0 ~ 2.5	<1.0，饱和状态小于 1.5

② 岩石质量指标（RQD）。它是反映岩体破碎程度和岩石强度的综合指标。所谓岩石质量指标是指在某一岩层中，用钻孔连续钻取的岩芯中，长度大于 10 cm 的芯段长度与该岩层中钻探总进尺的比值，以百分数表示，或称岩芯采取率。岩石的质量指标 RQD 由式（2.2.7）确定。

在以 RQD 为单一指标的分级中，RQD 与分级的关系见表 2.3.9。岩石质量指标也常常被用于复合性指标分级方法中。

表 2.3.9　岩石质量指标 RQD 与分级的关系

岩体状态	质量评价	RQD/%
无裂隙的	特好	90 ~ 100
致密的、微裂隙的	好	75 ~ 90
块状的、裂隙发育的	一般	50 ~ 75
松散的、裂隙极发育的	不好	25 ~ 50
粉末、细砂状	极差	0 ~ 25

③ 岩体的坚固系数。它是反映岩石强度和岩体构造特征的综合性指标。它反映在采矿过程中岩体各个方面的相对坚固性，如人工破碎岩石时的破碎性、钻炮眼或钻孔时的抗钻性、对炸药的抗爆性、支撑上的压力等。在大多数岩石中，这些物性（抗钻性、抗爆性、强度等）是可以互换的，即强度大的，抗爆性及抗钻性也高，反之亦然。

岩体的坚固系数可以用下式计算：

$$f_m = Kf \tag{2.3.1}$$

式中 f_m——岩体的坚固系数；

K——考虑岩体构造特征和风化程度的折减系数；

f——岩石坚固系数。

岩石的坚固系数是岩石强度指标的一个反映，确定它的主要方法是：

$$f = R_c / 10 \tag{2.3.2}$$

式中 R_c——岩石的单轴抗压强度。

岩体的坚固系数也称普氏系数，在苏联的“岩石坚固系数”分级法（或谓之“f”值分级法，或普氏分级法）和我国 20 世纪 50 至 60 年代的地下工程中得到了广泛的应用。岩体坚固系数与围岩分级的关系示于表 2.3.10。此外，岩体的坚固系数也用于围岩压力理论计算的普氏计算法中。

表 2.3.10 岩体坚固系数分级

岩体坚固系数 f_m	围岩地质特征	岩层名称	重度 γ/（kN/m³）	内摩擦角 φ
≥15	坚硬、密实、稳固、无裂隙和未风化的岩层	很坚硬的花岗石和石英岩，最坚硬的砂岩和石灰岩	26～30	>85°
≥8	坚硬、密实、稳固，岩层有很小裂隙	坚硬的石灰岩和砂岩、大理岩、白云岩、黄铁矿，不坚硬的花岗岩	25	80°
6	相当坚硬的、较密实的、稍有风化的岩层	普通砂岩、铁矿	24～25	75°
5	较坚硬的、较密实的、稍有风化的岩层	砂质片岩、片状砂岩	24～25	73°
4	较坚硬的，岩层可能沿着层面和沿着节理脱落，已受风化的岩层	坚硬的黏板岩，不坚硬的石灰岩和砂岩、软砾岩	25～28	70°
3	中等坚硬的岩层	不坚硬的片岩，密实的泥灰岩，坚硬胶结的黏土	25	70°
2	较软岩石	软片岩、软石灰岩，冻结土、普通泥灰岩、破碎砂岩，胶结的卵石	24	65°
1.5	较软或破碎的地层	碎石土壤、破碎片石、硬化黏土、硬煤、黏结的卵石和碎石	18～20	60°
1.0	软的或破碎的地层	密实黏土、坚硬的冲积土、黏土质土壤、掺砂土、普通煤	18	45°
0.6	颗粒状的和松软的地层	湿沙、黏砂土、种植土、泥炭、软砂黏土	15～16	30°

（3）多因素定性和定量的指标相结合。

多因素定性和定量指标相结合的方法用于围岩分级，是目前国内外应用最多的。早期应用较广的太沙基的分级法，我国国家标准中的工程岩体分级、铁路隧道规范中的围岩分级、军用物资洞库锚喷支护技术规定中的围岩分类（级）等都属于这类范畴。这类方法的优点是正确地考虑了地质构造特征、风化状况、地下水情况等多种因素对坑道围岩稳定性的影响，并且建议了各级围岩应采用的施工方法及支护类型。

（4）多因素组合的复合指标。

这是一种用 2 个或 2 个以上的岩性指标或综合岩性指标所表示的复合指标。常常被用于多种因素进行组合的分级方法中。这种分级法认为，评价一种岩体的好坏，既要考虑地质构造、岩性、岩石强度，还要考虑施工因素，如掘进方向与岩层之间的关系、开挖断面的大小等，因此需要建立在多种因素的分析基础之上。例如，岩石质量“*Q*”法分级、我国国防工程围岩分级等，都属于这一范畴。这类分级方法是当前围岩分级的发展方向，优点很多，只是部分定量指标仍需凭经验确定。

复合指标是考虑多种因素的影响，故对判断隧道围岩的稳定性是比较合理和可靠的。而且，还可以根据工程对象的要求选择不同的指标。例如，为了判断岩石的弹性、塑性和脆性，就可选用变形系数和弹性波传播速度 2 个指标。因此，这种指标使用起来也是比较灵活的。但也需要指出，复合指标的定量，有的是通过试验或现场实测确定的，有的主要是凭经验决定，看起来指标是定量了，实质上却带有很大的主观因素。

根据以上对分级指标的分析，可以得到如下的结论：

① 应选择对围岩稳定性（主要表现在变形破坏特性上）有重大影响的主要因素，如岩石强度、岩体的完整性、地下水、地应力、软弱结构面产状及它们的组合关系等作为分级指标；

② 选择测试设备比较简单、人为性小、科学性较强的定量指标；

③ 主要分级指标要有一定的综合性，最好采用复合指标，以便全面、充分地反映围岩的工程性质，并应以足够的实测资料为基础。

总之，正确地选择分级指标，是搞好地下洞室围岩分级的关键，应给予充分注意。

3. 国内外典型的围岩分级方法

一个完整的分级方法应该包括两部分，即设计阶段围岩分级的判定和施工阶段围岩分级的修正。前者是决策地下结构设计的基础，后者是修正设计阶段围岩分级的基础，也是使结构设计和施工方法更加符合工程实际的基础。从目前的工程实践看，后者的分级更为重要，也是各国地下工程技术研究中亟待解决的关键技术问题之一。

目前国内外围岩分级方法很多，所采用的分级指标也是各式各样，但都是在地下工程实践的基础上逐步发展起来的。随着人们对地下工程、地质环境以及两者之间相互关系的了解，围岩分级方法也在不断地深化和提高。这里介绍几种典型的分级方法。

（1）工程岩体分级标准。

近 30 年来，国内外提出了许多工程岩体分级（类）方法，在各自的部门推广应用。这些方法不尽相同，对同一处岩体进行分级评价时，有时会互相矛盾，带来失误，有必要通过总结分析，把这些方法统一起来。

按照这样的认识，由水利部长江水利委员会、长江科学院等 5 个不同部门的单位组成的编制组，完成了勘探、勘察分级中最高层次的基础标准——《工程岩体分级标准》。

它是一个对于各行各业各类型岩石工程都适用的、统一的工程岩体分级方法，作为全国通用的国家标准。但它不能代替已经或将要制定的行业标准或地方标准。因为各类型工程岩体的破坏形式和稳定标准都不相同，各行业由于适用条件上的差异，对稳定性的要求有很大的差别，各有自己专门的一套岩体加固或支护的做法和要求，这使得难以在仅仅一个分级标准中把所有的应用条件都考虑进去，满足所有类型岩石工程的需要。为解决这个问题，《工程岩体分级标准》采用如下的思路和方法，即分两步进行的方法：首先按照共性提升的原则，总结分析了现有众多的分级方法，将其中基本的共性抽出来，这就是对各类型岩石稳定性影响最大的因素——岩石的坚硬程度和岩体的完整程度，将由它们所决定的工程岩体性质定义为“岩体基本质量”，以此对各类型工程岩体进行统一的基本质量分级；然后针对各类型工程岩体的特点，分别考虑其他影响因素，对已经给出的岩体基本质量级别进行修正，最后确定工程岩体的级别。由此形成一个各类型的岩石工程及各行各业都能接受、都适用的分级标准。

① 岩体基本质量的分级因素。《工程岩体分级标准》中规定，岩体基本质量应由岩石的坚硬程度和岩体的完整程度 2 个因素来确定。采用了定性划分与定量指标 2 种方法确定。

在定性分析中，岩石的坚硬程度是由岩石的定性鉴定和风化程度决定的。描述岩石坚硬程度的定性鉴定标准及代表性岩石见表 2.3.11，其风化程度见表 2.3.5。岩体的完整程度由结构面的发育程度、结构面的结合程度及其相应的结构类型所决定的。相应的描述见表 2.3.12 和表 2.3.13。

在定量分析中，岩石的坚硬程度以单轴饱和抗压强度 R_c 对应其定量标准，也示于表 2.3.11。岩体的完整程度以岩体完整性指数 K_v 对应其定量标准，K_v 应采用实测值，计算表达式见式（2.2.9）。当无条件取得实测值时，也可用岩体的单位体积节理数 J_v 由表 2.3.14 确定对应的 K_v 值。

② 岩体基本质量分级。岩体基本质量分级，应将岩体基本质量的定性特征和岩体基本质量指标（BQ）相结合，按表 2.3.15 确定。

岩体基本质量指标（BQ），根据分级因素的定量指标 R_c 和 K_v，按下式计算：

$$\mathrm{BQ} = 100 + 3R_c + 250K_v \tag{2.3.3}$$

式中　BQ——岩体基本质量指标；

R_c——岩石单轴饱和抗压强度；

K_v——岩体完整性指数。

需要说明的是，采用实测值。在不具备进行试验的条件下，可用实测的岩石点荷载强度指数（$I_{s(50)}$）的换算值，按下式确定：

$$R_b = 22.82 I_{s(50)}^{0.75} \tag{2.3.4}$$

表 2.3.11　岩石坚硬程度的定性划分

名称		R_c/MPa	定性鉴定	代表性岩石
硬质岩	坚硬岩	>60	锤击声清脆，有回弹、震手，难击碎； 浸水后，大多无吸水反应	未风化～微风化的： 花岗岩、正长岩、闪长岩、辉绿岩、玄武岩、安山岩、片麻岩、石英片岩、钙质胶结的砾岩、石英砂岩、硅质石灰岩等
	较坚硬岩	60～30	锤击声较清脆，有轻微回弹、震手，较难击碎； 浸水后，有轻微吸水反应	① 中等（弱）风化的坚硬岩； ② 未风化～微风化的：熔结凝灰岩、大理岩、板岩、白云岩、石灰岩、钙质砂岩、粗晶大理岩等

续表

名称		R_c/MPa	定性鉴定	代表性岩石
软质岩	较软岩	30～15	锤击声不清脆，无回弹，较易击碎； 浸水后，指甲可划出印痕	① 强风化的坚硬岩； ② 中等（弱）风化的较坚硬岩； ③ 未风化～微风化的：凝灰岩、千枚岩、砂质泥岩、泥灰岩、泥质砂岩、粉砂岩、砂质页岩等
	软岩	15～5	锤击声哑，无回弹，有凹痕，易击碎； 浸水后，手可掰开	① 强风化的坚硬岩； ② 中等（弱）风化～强风化的较坚硬岩； ③ 中等（弱）风化的较软岩； ④ 未风化的泥岩、泥质页岩、绿泥石片岩、绢云母片岩等
	极软岩	<5	锤击声哑，无回弹，有较深凹痕，手可捏碎； 浸水后，可捏成团	① 全风化的各种岩石； ② 强风化的软岩； ③ 各种半成岩

表 2.3.12　岩体完整程度的定性划分

名称	结构面发育程度		主要结构面的结合程度	主要结构面的类型	相应结构类型
	组数	平均间距/m			
完整	1～2	>1.0	结合好或结合一般	节理、裂隙、层面	整体状或巨厚层状结构
较完整	1～2	>1.0	结合差	节理、裂隙、层面	块状或厚层状结构
	2～3	1.0～0.4	结合好或结合一般		块状结构
较破碎	2～3	1.0～0.4	结合差	节理、裂隙、层面、小断层	裂隙块状或中厚层状结构
	≥3	0.4～0.2	结合好		镶嵌碎裂结构
			结合一般		薄层状结构
破碎	≥3	0.4～0.2	结合差	各种类型结构面	裂隙块状结构
		≤0.2	结合一般或结合差		碎裂结构
极破碎	无序		结合很差		散体状结构

表 2.3.13　结构面结合程度的划分

名称	结构面特征
结合好	张开度小于 1 mm，为硅质、铁质或钙质胶结，或结构面粗糙，无填充物； 张开度 1～3 mm，为硅质或铁质胶结； 张开度大于 3 mm，结构面粗糙，为硅质胶结
结合一般	张开度小于 1 mm，结构面平直，钙泥质胶结或无填充物； 张开度 1～3 mm，为钙质胶结； 张开度大于 3 mm，结构面粗糙，为铁质或钙质胶结
结合差	张开度 1～3 mm，结构面平直，为泥质胶结或钙泥质胶结； 张开度大于 3 mm，多为泥质或岩屑胶结
结合很差	泥质充填或泥夹岩屑充填，充填物厚度大于起伏差

表 2.3.14　岩体完整性指数与定性划分的岩体完整程度的对应关系

J_v/（条/m^3）	<3	3 ~ 10	10 ~ 20	20 ~ 35	≥35
K_v	>0.75	0.75 ~ 0.55	0.55 ~ 0.35	0.35 ~ 0.15	≤0.15
完整程度	完整	较完整	较破碎	破碎	极破碎

使用式（2.3.3）时，应遵循下述的限制条件：

当 $R_c > 90K_v + 30$ 时，应以 $R_c = 90K_v + 30$ 和 K_v 代入式（2.3.3）计算 BQ 值；

当 $K_v > 0.04R_c + 0.4$ 时，应以 $K_v = 0.04R_c + 0.4$ 和 R_c 代入式（2.3.3）计算 BQ 值。

求出 BQ 值后，查表 2.3.15，即可定出岩体基本质量分级。

表 2.3.15　岩体基本质量分级

基本质量级别	岩体基本质量的定性特征	基本质量指标（BQ）
Ⅰ	坚硬岩，岩体完整	>550
Ⅱ	坚硬岩，岩体较完整； 较坚硬岩，岩体完整	550 ~ 451
Ⅲ	坚硬岩，岩体较破碎； 较坚硬岩或软硬岩互层，岩体较完整； 较软岩，岩体完整	450 ~ 351
Ⅳ	坚硬岩，岩体破碎； 较坚硬岩，岩体较破碎—破碎； 较软岩或软硬岩互层，且以软岩为主，岩体较完整—较破碎； 软岩，岩体完整—较完整	350 ~ 251
Ⅴ	较软岩，岩体破碎； 软岩，岩体较破碎—破碎； 全部极软岩及全部极破碎岩	≤250

当根据岩体基本质量的定性特征和岩体基本质量指标（BQ）确定的级别不一致时，应通过对定性划分和定量指标的综合分析，确定岩体基本质量级别。必要时应重新进行测试。

③ 工程岩体级别的确定。地下工程岩体在详细定级时，还要结合不同类型工程的特点，考虑地下水状态、初始应力状态、工程轴线走向的方位与主要软弱结构面产状的组合关系等必要的修正因素，对岩体基本质量指标 BQ 进行修正，并且修正后的值仍按表 2.3.15 确定岩体级别。岩体基本质量指标修正值［BQ］，按下式计算：

$$[BQ] = BQ - 100(K_1 + K_2 + K_3) \tag{2.3.5}$$

式中 ［BQ］——岩体基本质量指标修正值；

BQ——岩体基本质量指标；

K_1——地下水影响修正系数；

K_2——主要软弱结构面产状影响修正系数；

K_3——初始应力状态影响修正系数。

K_1、K_2 和 K_3 可分别按表 2.3.7、表 2.3.16 和表 2.3.17 确定。

各级岩体的自稳能力按表 2.3.18 评估，其物理力学系数按表 2.3.19 选择。

表 2.3.16　主要软弱结构面产状影响修正系数 K_2

结构面产状及与洞轴线的组合关系	结构面走向与洞轴线夹角<30° 结构面倾角 30°~75°	结构面走向与洞轴线夹角>60° 结构面倾角>75°	其他组合
K_2	0.4~0.6	0~0.2	0.2~0.4

表 2.3.17　初始应力状态影响修正系数 K_3

围岩强度应力比（R_c/σ_{max}）	BQ				
	>550	550~451	450~351	350~251	≤250
<4	1.0	1.0	1.0~1.5	1.0~1.5	1.0
4~7	0.5	0.5	0.5	0.5~1.0	0.5~1.0

表 2.3.18　地下工程岩体自稳能力

围岩级别	自稳能力
Ⅰ	跨度≤20 m，可长期稳定，偶有掉块，无塌方
Ⅱ	跨度<10 m，可长期稳定，偶有掉块； 跨度 10~20 m，可基本稳定，局部可发生掉块或小塌方
Ⅲ	跨度<5 m，可基本稳定； 跨度 5~10 m，可稳定数月，可发生局部块体位移及小、中塌方； 跨度 10~20 m，可稳定数日至 1 个月，可发生小、中塌方
Ⅳ	跨度≤5 m，可稳定数日至 1 个月； 跨度>5 m，一般无自稳能力，数日至数月内可发生松动变形、小塌方，进而发展为中、大塌方。埋深小时，以拱部松动破坏为主；埋深大时，有明显塑性流动变形和挤压破坏
Ⅴ	无自稳能力

表 2.3.19　岩体物理力学参数（《工程岩体分级标准》）

岩体基本质量级别	重度 γ /（kN/m^3）	抗剪断峰值强度		变形模量	泊松比
		内摩擦角 φ /（°）	黏聚力 c/MPa	E/GPa	μ
Ⅰ	>26.5	>60	>2.1	>33	<0.2
Ⅱ		60~50	2.1~1.5	33~20	0.2~0.25
Ⅲ	26.5~24.5	50~39	1.5~0.7	20~6	0.25~0.3
Ⅳ	24.5~22.5	39~27	0.7~0.2	6~1.3	0.3~0.35
Ⅴ	<22.5	<27	<0.2	<1.3	>0.35

（2）我国铁路隧道围岩分级。

铁道隧道围岩分级方法是根据地质勘察资料，对岩石坚硬程度和围岩完整程度 2 个因素应采用定性划分和定量指标 2 种方法确定。在此基础上确定围岩的基本分级，再结合隧道工程的特点，考虑地下水和初始地应力的状态等因素进行修正。

① 围岩的基本质量分级。铁路隧道围岩基本分级应由岩石坚硬程度和岩体完整程度 2 个因素确定。

a. 岩石坚硬程度。将岩浆岩、沉积岩和变质岩按岩性、物理力学参数、耐风化能力和作为建筑材料的要求划分为硬质岩石和软质岩石 2 级，又根据岩石单轴饱和抗压强度 R_b 与工程的关系（例如与开挖工作的关系）分为 4 种，其标准及代表性岩石见表 2.3.11。当风化作用使岩石成分改变、强度降低时，应按风化后的强度确定岩石的等级。

b. 岩体的完整程度。岩体的完整程度主要由结构面发育程度和地质构造影响程度所决定。对于受软弱面控制的岩体，按软弱面的产状、贯通性、充填情况分为完整、较完整、较破碎、破碎和极破碎 5 级，其定性描述按表 2.3.20 进行划分。

表 2.3.20　岩体完整程度的划分

<table>
<tr><th rowspan="2">完整程度</th><th colspan="3">结构面发育程度</th><th rowspan="2">主要结构面结合程度</th><th rowspan="2">主要结构面类型</th><th rowspan="2">相应结构类型</th><th rowspan="2">岩体完整性指数</th><th rowspan="2">岩体体积节理数/（条/m³）</th></tr>
<tr><th>定性描述</th><th>组数</th><th>平均间距/m</th></tr>
<tr><td>完整</td><td rowspan="2">不发育</td><td>1～2</td><td>>1.0</td><td>结合好或一般</td><td>节理、裂隙、层面</td><td>整体状或巨厚层状结构</td><td>$K_v>0.75$</td><td>$J_v<3$</td></tr>
<tr><td rowspan="2">较完整</td><td>1～2</td><td>>1.0</td><td>结合差</td><td rowspan="2">节理、裂隙、层面</td><td>块状或厚层状结构</td><td rowspan="2">$0.75\geqslant K_v>0.55$</td><td rowspan="2">$3\leqslant J_v<10$</td></tr>
<tr><td rowspan="2">较发育</td><td>2～3</td><td>1.0～0.4</td><td>结合好或一般</td><td>块状结构</td></tr>
<tr><td rowspan="3">较破碎</td><td>2～3</td><td>1.0～0.4</td><td>结合差</td><td rowspan="3">节理、裂隙、劈理、层面、小断层</td><td>裂隙块状或中厚层状结构</td><td rowspan="3">$0.55\geqslant K_v>0.35$</td><td rowspan="3">$10\leqslant J_v<20$</td></tr>
<tr><td rowspan="3">发育</td><td rowspan="2">≥3</td><td rowspan="2">0.4～0.2</td><td>结合好</td><td>镶嵌碎裂结构</td></tr>
<tr><td>结合一般</td><td>薄层状结构</td></tr>
<tr><td rowspan="2">破碎</td><td>≥3</td><td>0.4～0.2</td><td>结合差</td><td rowspan="2">各种类型结构面</td><td>裂隙块状结构</td><td rowspan="2">$0.35\geqslant K_v>0.15$</td><td rowspan="2">$20\leqslant J_v<35$</td></tr>
<tr><td>很发育</td><td>≥3</td><td>≤0.2</td><td>结合一般或差</td><td>碎裂结构</td></tr>
<tr><td>极破碎</td><td>无序</td><td>—</td><td>—</td><td>结合很差</td><td></td><td>散体结构</td><td>$K_v\leqslant 0.15$</td><td>$J_v\geqslant 35$</td></tr>
</table>

注：平均间距指主要结构面间距的平均值。

根据围岩的坚硬程度和岩体的完整状态确定围岩的基本分级，其岩体特征的描述见表 2.3.21，表中也反映了弹性波速度与分级的关系。岩性类型的划分见表 2.3.22。

② 围岩基本分级的修正。

a. 地下水状态对围岩基本分级的修正。按地下水的涌水状态和涌水量的大小进行定量划分，再按地下水状态的分级对围岩的基本分级按表 2.3.23 进行修正。

b. 围岩初始应力状态对围岩基本分级的修正。分级法中考虑了围岩初始应力状态对围岩基本分级的修正。

当无实测资料时，可根据工程埋深、地貌、地形、地质、构造运动史、主要构造线和开挖过程中出现的岩爆、岩芯饼化等地质现象，按表 2.3.24 对围岩的基本分级进行修正。

根据以上对分级因素和指标的分析，本分级中将隧道围岩共分为 6 级，给出了各级围岩的主要工程地质特征、结构特征和完整性等的指标，并预测了隧道开挖后，可能出现坍方、滑动、膨胀、挤出、岩爆、突然涌水及瓦斯突出等失稳的部位和地段，给出了相应的工程措施。具体分级见表 2.3.25。

需要指出的是，铁路隧道围岩分级适用于单线、双线和多线隧道，但不适用于特殊地质条件的围岩（如膨胀性盐岩、多年冻土等）。

表 2.3.21　围岩基本分级

级别	岩体特征	土体特征	围岩基本质量指标 BQ	围岩弹性纵波速度 v_p/（km/s）
Ⅰ	极硬岩，岩体完整	—	>550	A：>5.3
Ⅱ	极硬岩，岩体较完整； 硬岩，岩体完整	—	550～451	A：4.5～5.3 B：>5.3 C：>5.0
Ⅲ	极硬岩，岩体较破碎； 硬岩或软硬岩互层，岩体较完整； 较软岩，岩体完整	—	450～351	A：4.0～4.5 B：4.3～5.3 C：3.5～5.0 D：>4.0
Ⅳ	极硬岩，岩体破碎； 硬岩，岩体较破碎或破碎； 较软岩或软硬岩互层，且以软岩为主，岩体较完整或较破碎； 软岩，岩体完整或较完整	具压密或成岩作用的黏性土、粉土及砂类土，一般钙质、铁质胶结的粗角砾土、粗圆砾土、碎石土、卵石土、大块石土，黄土（Q_1、Q_2）	350～251	A：3.0～4.0 B：3.3～4.3 C：3.0～3.5 D：3.0～4.0 E：2.0～3.0
Ⅴ	较软岩，岩体破碎； 软岩，岩体较破碎至破碎； 全部极软岩及全部极破碎岩（包括受构造影响严重的破碎带）	一般第四系坚硬、硬塑黏性土，稍密及以上、稍湿或潮湿的碎石土、卵石土、圆砾土、角砾土、粉土及黄土（Q_3、Q_4）	≤250	A：2.0～3.0 B：2.0～3.3 C：2.0～3.0 D：1.5～3.0 E：1.0～2.0
Ⅵ	受构造影响严重呈碎石、角砾及粉末、泥土状的富水断层带，富水破碎的绿泥石或炭质千枚岩	软塑状黏性土，饱和的粉土、砂类土等，风积沙，严重湿陷性黄土	—	<1.0（饱和状态的土<1.5）

表 2.3.22　岩性类型的划分

岩性类型	代表岩性
A	岩浆岩（花岗岩、闪长岩、正长岩、辉绿岩、安山岩、玄武岩、石英粗面岩、石英斑岩等）； 变质岩（片麻岩、石英岩、片岩、蛇纹岩等）； 沉积岩（熔结凝灰岩、硅质砾岩、硅质石灰岩等）
B	沉积岩（石灰岩、白云岩等碳酸盐类）
C	变质岩（大理岩、板岩等）； 沉积岩（钙质砂岩、铁质胶结的砾岩及砂岩等）
D	第三纪沉积岩类（页岩、砂岩、砾岩、砂质泥岩、凝灰岩等）； 变质岩（云母片岩、千枚岩等），且岩石单轴饱和抗压强度 R_c>15 MPa
E	晚第三纪～第四纪沉积岩类（泥岩、页岩、砂岩、砾岩、凝灰岩等），且岩石单轴饱和抗压强度 R_c≤15 MPa

表 2.3.23　考虑地下水影响后的修正级别

地下水状态及基本特征	围岩基本分级				
	Ⅰ	Ⅱ	Ⅲ	Ⅳ	Ⅴ
潮湿或点滴状出水，涌水量≤25 L /（min · 10 m）	Ⅰ	Ⅱ	Ⅲ	Ⅳ	Ⅴ
淋雨状或线流状出水，涌水量 25～125 L /（min ·10 m）	Ⅰ	Ⅱ	Ⅲ或Ⅳ	Ⅴ	Ⅵ
涌流状出水，涌水量>125 L /（min · 10 m）	Ⅱ	Ⅲ	Ⅳ	Ⅴ	Ⅵ

表 2.3.24　考虑初始应力状态后的级别修正

初始地应力状态	围岩级别				
	修正级别				
	Ⅰ	Ⅱ	Ⅲ	Ⅳ	Ⅴ
极高应力	Ⅰ	Ⅱ	Ⅲ或Ⅳ①	Ⅴ	Ⅵ
高应力	Ⅰ	Ⅱ	Ⅲ	Ⅳ或Ⅴ②	Ⅵ

注：① 围岩岩体为较破碎的极硬岩、较完整的硬岩时定为Ⅲ级，其他情况定为Ⅳ级；
② 围岩岩体为破碎的极硬岩、较破碎及破碎的硬岩时定为Ⅳ级，其他情况定为Ⅴ级；
③ 本表不适用于特殊围岩。

表 2.3.25　铁路隧道围岩分级的判断

围岩级别	围岩主要工程地质条件		围岩开挖后的稳定状态（小跨度）	围岩基本质量指标 BQ	围岩弹性纵波速度 v_p/（km/s）
	主要工程地质特征	结构特征和完整状态			
Ⅰ	极硬岩（单轴饱和抗压强度 R_c>60 MPa）：受地质构造影响轻微，节理不发育，无软弱面（或夹层）；层状岩层为巨厚层或厚层，层间结合良好，岩体完整	呈巨块状整体结构	围岩稳定，无坍塌，可能产生岩爆	>550	A:>5.3
Ⅱ	硬质岩（R_c>30 MPa）：受地质构造影响较重，节理较发育，有少量软弱面（或夹层）和贯通微张节理，但其产状及组合关系不致产生滑动；层状岩层为中厚层或厚层，层间结合一般，很少有分离现象，或为硬质岩石偶夹软质岩石	呈巨块状或大块状结构	暴露时间长，可能会出现局部小坍塌，侧壁稳定，层间结合差的平缓岩层顶板易塌落	550～451	A:4.5～5.3 B:>5.3 C:>5.0
Ⅲ	硬质岩（R_c>30 MPa）：受地质构造影响严重，节理发育，有层状软弱面（或夹层），但其产状及组合关系尚不致产生滑动；层状岩层为薄层或中层，层间结合差，多有分离现象；硬、软质岩石互层	呈块（石）碎（石）状镶嵌结构	拱部无支护时可产生小坍塌，侧壁基本稳定，爆破震动过大易塌	450～351	A:4.0～4.5 B:4.3～5.3 C:3.5～5.0 D:>4.0
	较软岩（R_c = 15～30 MPa）：受地质构造影响轻微，节理不发育；层状岩层为厚层、巨厚层，层间结合良好或一般	呈大块状结构			

续表

围岩级别	围岩主要工程地质条件		围岩开挖后的稳定状态（小跨度）	围岩基本质量指标 BQ	围岩弹性纵波速度 v_p/（km/s）
	主要工程地质特征	结构特征和完整状态			
Ⅳ	硬质岩（R_c>30 MPa）：受地质构造影响极严重，节理很发育；层状软弱面（或夹层）已基本破坏	呈碎石状压碎结构	拱部无支护时，可产生较大的坍塌，侧壁有时失去稳定	350～251	A:3.0～4.0 B:3.3～4.3 C:3.0～3.5 D:3.0～4.0 E:2.0～3.0
	软质岩（R_c≈5～30 MPa）：受地质构造影响较重或严重，节理较发育或发育	呈块（石）碎（石）状镶嵌结构			
	土体： ① 具压密或成岩作用的黏性土、粉土及砂类土； ② 黄土（Q_1、Q_2）； ③ 一般钙质、铁质胶结的碎石土、卵石土、大块石土	①和②呈大块状压密结构，③呈巨块状整体结构			
Ⅴ	岩体：较软岩、岩体破碎；软岩、岩体较破碎至破碎；全部极软岩及全部极破碎岩（包括受构造影响严重的破碎带）	呈角砾碎石状松散结构	围岩易坍塌，处理不当会出现大坍塌，侧壁经常出现小坍塌；浅埋时易出现地表下沉（陷）或塌至地表	≤250	A:2.0～3.0 B:2.0～3.3 C:2.0～3.0 D:1.5～3.0 E:1.0～2.0
	土体：一般第四系坚硬、硬塑黏性土，稍密及以上、稍湿或潮湿的碎石土、卵石土、圆砾土、角砾土、粉土及黄土（Q_3、Q_4）	非黏性土呈松散结构，黏性土及黄土呈松软结构			
Ⅵ	岩体：受构造影响严重呈碎石、角砾及粉末、泥土状的富水断层带，富水破碎的绿泥石或炭质千枚岩	黏性土呈易蠕动的松软结构，砂性土呈潮湿松散结构	围岩极易变形坍塌，有水时土砂常与水一齐涌出；浅埋时易塌至地表	—	<1.0（饱和状态的土<1.5）
	土体：软塑状黏性土，饱和的粉土、砂类土等，风积沙，严重湿陷性黄土				

各级围岩的物理力学指标设计值见表 2.3.26。

表 2.3.26　各级围岩的物理力学指标设计值

围岩级别	容重 γ /（kN/m³）	弹性反力系数 K/（MPa/m）	变形模量 E/GPa	泊松比 ν	内摩擦角 φ/（°）	黏聚力 c/MPa	计算摩擦角 φ_c/（°）
Ⅰ	26～28	1 800～2 800	>33	<0.2	>60	>2.1	>78
Ⅱ	25～27	1 200～1 800	20～33	0.2～0.25	50～60	1.5～2.1	70～78
Ⅲ	23～25	500～1 200	6～20	0.25～0.3	39～50	0.7～1.5	60～70
Ⅳ	20～23	200～500	1.3～6	0.3～0.35	27～39	0.2～0.7	50～60
Ⅴ	17～20	100～200	1～2	0.35～0.45	20～27	0.05～0.2	40～50
Ⅵ	15～17	<100	<1	0.4～0.5	<22	<0.1	30～40

由于铁路隧道涉及的地域广泛，地质条件复杂，在铁路工程可行性研究和初步设计阶段，准确、可靠地获取分级中一些定量参数有一定困难。因此在分级中，围岩级别的划分可分为

施工前围岩级别的判定和施工阶段围岩级别的修正两步进行。可在地质和水文地质勘察的基础上，填写施工前围岩级别判定卡，对围岩的级别进行初步划分。在施工阶段再根据坑道围岩状况的现场描述，填写施工中围岩级别判定卡，对围岩分级进一步校核和修正（这部分内容请参考有关著作）。实施的流程见图 2.3.3。

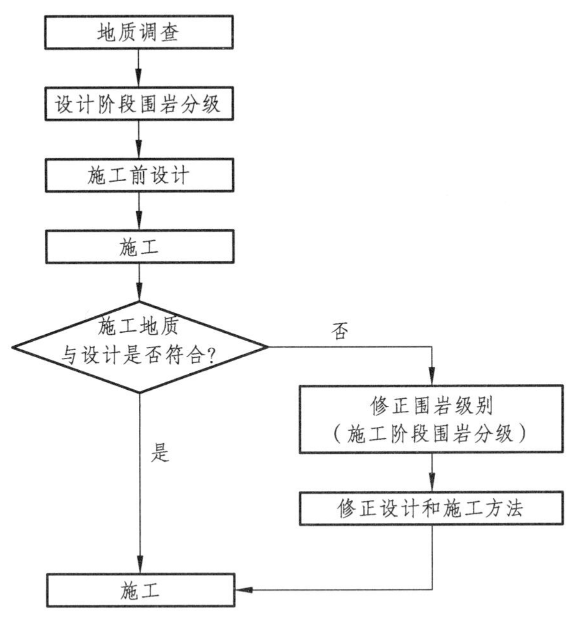

图 2.3.3　围岩级别修正流程

（3）我国公路隧道围岩分级。

隧道围岩级别的综合评判宜采用下列两步分级：

a. 根据岩石的坚硬程度和岩体完整程度两个基本因素的定性特征和定量的岩体基本质量指标 BQ，进行初步分级。

b. 在岩体基本质量分级基础上，考虑修正因素的影响，修正岩体基本质量指标值，得出基本质量指标修正值［BQ］，再结合岩体的定性特征进行综合评判，确定围岩的详细分级。

① 岩质围岩基本质量指标 BQ 计算表达式见式（2.3.3）、（2.3.4）。

岩体完整程度的定量指标用岩体完整性系数（K_v）表达，应符合下列规定：

a. K_v 宜用弹性波探测值；若无探测值时，可用岩体体积节理数（J_v）按表 2.3.14 确定对应的值。

b. 岩体完整性指标 K_v 测试和计算方法，应针对不同的工程地质岩组或岩性段，选择有代表性的点、段，测试岩体弹性纵波速度，并应在同一岩体取样测定岩石纵波速度，按式（2.3.6）计算。

$$K_v = (v_{pm} / v_{pr})^2 \tag{2.3.6}$$

式中　v_{pm}——岩体弹性纵波速度；

v_{pr}——岩石弹性纵波速度。

c. 岩体体积节理数 J_v（条/m^3）测试和计算方法，应针对不同的工程地质岩组或岩性段，选择有代表性的露头或开挖壁面进行节理（结构面）统计。除成组节理外，对延伸长度大于 1 m 的分散节理亦应予以统计。已为硅质、铁质、钙质充填再胶结的节理，可不予统计。每一测点的统计面积不应小于 2×5 m^2。岩体 J_v 值应根据节理统计结果，按式（2.3.7）计算：

$$J_v = S_1 + S_2 + \cdots + S_n + S_k \tag{2.3.7}$$

式中 S_n——第 n 组节理每米长测线上的条数；

S_k——每立方米岩体非成组节理条数。

② 岩质围岩详细定级时应根据地下水、主要软弱结构面、初始应力状态的影响程度，对岩体基本质量指标 BQ 按式（2.3.5）进行修正，修正系数 K_1、K_2、K_3 取值参见表 2.3.7、表 2.3.16、表 2.3.17。

③ 可根据调查、勘探、试验等资料，隧道岩质围岩定性特征、岩体基本质量指标 BQ 或岩体修正质量指标［BQ］、土质围岩中的土体类型、密实状态等定性特征，按表 2.3.15 确定围岩级别，并应符合下列规定：

a. 围岩分级中岩石坚硬程度、岩体完整程度两个基本因素的定性划分，可按表 2.3.11 ~ 2.3.15 和表 2.3.27 ~ 表 2.3.29 确定。

b. 围岩岩体主要特征定性划分与根据 BQ 或 ［BQ］值确定的级别不一致时，应重新审查定性特征和定量指标计算参数的可靠性，并对它们重新观察、测试。

c. 在工程可行性研究和初勘阶段，可采用定性或工程类比的方法进行围岩级别划分。

表 2.3.27 岩石风化程度划分

名称	野外特征	风化程度参数指标	
		波速比 k_v	风化系数 k_f
未风化	岩石结构构造未变，岩质新鲜	0.9 ~ 1.0	0.9 ~ 1.0
微风化	岩石结构构造、矿物成分和色泽基本未变，部分裂隙面有铁锰质渲染或略有变色	0.8 ~ 0.9	0.8 ~ 0.9
中等（弱）风化	岩石结构构造大部分破坏，矿物成分和色泽已明显变化，长石、云母和铁镁矿物已风化蚀变	0.6 ~ 0.8	0.4 ~ 0.8
强风化	岩石结构构造大部分破坏，矿物成分和色泽已明显变化，长石、云母和铁镁矿物已风化蚀变	0.4 ~ 0.6	<0.4
全风化	岩石结构构造完全破坏，已崩解和分解成松散土状或砂状，矿物全部变色，光泽消失，除石英颗粒外的矿物大部分风化蚀变为次生矿物	0.2 ~ 0.4	—

注：① 波速比 k_v 为风化岩石弹性纵波速度与新鲜岩石弹性纵波速度之比。
② 风化系数 k_f 为风化岩石单轴饱和抗压强度之比。

表 2.3.28 岩体节理发育程度划分

节理间距 d/mm	d >400	200<d≤400	20<d≤200	d≤20
节理发育程度	不发育	发育	很发育	极发育

表 2.3.29　岩层厚度分类

单层厚度 h/m	$h>1.0$	$0.5<h\leqslant1.0$	$0.1<h\leqslant0.5$	$h\leqslant0.1$
岩层厚度分类	巨厚层	厚层	中厚层	薄层

④ 各级岩质围岩的物理力学参数，宜通过室内或现场试验获取，无试验数据和初步分级时，可按表 2.3.30 选用。岩体结构面抗剪断峰值强度参数，可按表 2.3.31 选用。无实测数据时，各级土质围岩的物理力学参数可按表 2.3.32 采用。

表 2.3.30　各级岩质围岩物理力学参数

围岩级别	重度 γ /（kN/m^3）	弹性抗力系数 k/（MPa/m）	变形模量 E /GPa	泊松比 μ	内摩擦角 φ /（°）	黏聚力 c /MPa	计算摩擦角 φ_c /（°）
Ⅰ	>26.5	1 800～2 800	>33	<0.2	>60	>2.1	>78
Ⅱ		1 200～1 800	20～33	0.2～0.25	50～60	1.5～2.1	70～78
Ⅲ	26.5～24.5	500～1 200	6～20	0.25～0.3	39～50	0.7～1.5	60～70
Ⅳ	24.5～22.5	200～500	1.3～6	0.3～0.35	27～39	0.2～0.7	50～60
Ⅴ	17～22.5	100～200	<1.3	0.35～0.45	20～27	0.05～0.2	40～50
Ⅵ	15～17	<100	<1	0.4～0.5	<20	<0.2	30～40

注：① 本表数值不包括黄土地层。
② 选用计算摩擦角时，不再计内摩擦角和黏聚力。

表 2.3.31　岩体结构面抗剪断峰值强度参数

序号	两侧岩体的坚硬程度及结构面的结合程度	内摩擦角 φ/（°）	黏聚力 c/MPa
1	坚硬岩，结合好	>37	>0.22
2	坚硬—较坚硬岩，结合一般； 较软岩，结合好	37～29	0.22～0.12
3	坚硬—较坚硬岩，结合差； 较软岩—软岩，结合一般	29～19	0.12～0.08
4	较坚硬—较软岩，结合差—结合很差； 软岩，结合差；软质岩的泥化面	19～13	0.08～0.05
5	较坚硬岩及全部软质岩，结合很差； 软质岩泥化层本身	<13	<0.05

表 2.3.32　各级土质围岩物理力学参数

围岩级别	土体类别	重度 γ /（kN/m^3）	弹性抗力系数 k/（MPa/m）	变形模量 E /GPa	泊松比 μ	内摩擦角 φ /（°）	黏聚力 c /MPa
Ⅳ	黏质土	20～30	200～300	0.030～0.045	0.25～0.33	30～45	0.060～0.250
	砂质土	18～19		0.024～0.030	0.29～0.31	33～40	0.012～0.024
	碎石土	22～24		0.050～0.075	0.15～0.30	43～50	0.019～0.030
Ⅴ	黏质土	16～18	100～200	0.005～0.030	0.33～0.43	15～30	0.015～0.060
	砂质土	15～18		0.003～0.024	0.31～0.36	25～33	0.003～0.012
	碎石土	17～22		0.010～0.050	0.20～0.35	30～43	<0.019
Ⅵ	黏质土	14～16	<100	<0.005	0.43～0.50	<15	<0.015
	砂质土	14～15		0.003～0.005	0.36～0.42	10～25	<0.003

⑤ 各级围岩的自稳能力，可根据围岩变形量测和理论计算分析评定，或按表 2.3.18 判定。

（4）岩体质量“Q”法分级。

对岩体的工程地质评价比较完善的是“岩体质量评价”。这个分级用以表明岩体质量的 6 个地质参数之间的关系：

$$Q=(\mathrm{RQD}/J_h)\cdot(J_r/J_a)\cdot(J_w/\mathrm{SRF}) \tag{2.3.8}$$

式中　RQD——岩石质量指标。当未进行钻探或无适当的岩芯时，按单位体积内的节理数估算出 RQD 值。其方法是根据体积裂隙系数（J_v）估计为

$$\mathrm{RQD}=115-3.3J_v \tag{2.3.9}$$

当 J_v<4.5 时，取 RQD = 100。

J_h——反映岩体中节理组数的系数。一般说来，在节理间距相同的情况下，节理组数越多，岩体越破碎，因而岩体质量差，围岩稳定性差。

J_r——节理粗糙度系数，表示节理面的接触情况和节理面的粗糙和起伏情况。节理的成因不同，节理面的粗糙程度也不同，在分析时要选取对工程稳定性最不利的软弱结构面加以考虑。

J_a——节理的蚀化系数，表示结构面蚀化变质及充填情况，包括节理面是否蚀变、蚀变矿物的成分和性质等。J_r、J_a 反映了结构面的抗剪强度，一般选用 J_r/J_a 的最小值或选用最不利稳定性产状结构面的 J_r/J_a 值。

J_w——裂隙水折减系数，反映岩体中裂隙水量的大小、水压力大小以及水对节理充填物的冲刷情况等。

SRF——应力折减系数，反映岩体中软弱带发育程度、开挖深度、天然应力状况、围岩岩性和变形特征、岩石的强度等。

6 个参数的岩体说明及其分级列于表 2.3.33 ~ 表 2.3.36。

表 2.3.33　参数 RQD、J_h 和 J_r 的说明和等级

岩石质量	RQD/%	备　注
A. 坏的。	0 ~ 25	① 当调查或量测的 RQD≤10（包括 0）时用以代入式（2.3.9）计算 Q 值，可采用标准值 10。 ② RQD 每级差用 5，即 100、95、90 已有足够精度
B. 不良。	25 ~ 50	
C. 中等。	50 ~ 75	
D. 良好。	75 ~ 90	
E. 优良	90 ~ 100	
节理组数目	J_h	备　注
A. 整体，没有或很少节理。	0.5 ~ 1.0	① 岔洞处采用（$3.0\times J_h$）。 ② 洞门处采用（$2.0\times J_h$）
B. 1 组节理。	2	
C. 1 组节理且节理不规则。	3	
D. 2 组节理。	4	
E. 2 组节理且节理不规则。	6	
F. 3 组节理。	9	
G. 3 组节理且节理不规则。	12	
H. 4 组或更多节理，不规则，严重节理化，“糖精状”等。	15	
I. 破碎岩石，类似土	20	

续表

节理糙度系数	J_r	备注
① 节理沿壁面接触以及岩壁面在剪切 10 cm 前仍接触。		① 如有关节理组的平均间距大于 3 m，则加 1。 ② 对具有节理的光滑平面节理，如节理方向有利，可采用 $J_r = 0.5$
A. 不连续节理。	4	
B. 粗糙或凹凸不平，起伏的。	3	
C. 平整、起伏的。	2	
D. 光滑、起伏的。	1.5	
E. 粗糙或凹凸不平，平面的。	1.5	
F. 平整、平面的。	1.0	
G. 光滑、平面的。	0.5	
② 剪切后岩壁面没有接触。		
H. 夹含黏土矿物带，厚度足以阻止岩壁面接触。		
J. 平砂化、砾化或破碎带，厚度足以阻止岩壁面接触。		

注：A～J 的情况都是指节理面的情况。

表 2.3.34　参数 J_a 的说明和等级

节理的蚀化变质及充填情况	J_a	φ_r	备注
① 岩壁面接触			φ_r 值在这里是作为蚀变产物矿物性质的一个近似指标
A. 密结合，夹坚硬、不软化、不透水填充物等，如石英或绿帘石	0.75	—	
B. 节理面未蚀变，仅表面有污物	1.0	25°～35°	
C. 节理面轻微蚀变，夹不软化矿物薄层，砂质颗粒，无黏土的破碎岩等	2.0	25°～35°	
D. 夹粉质或沙质黏土薄层，小的黏土碎片（不软化）	3.0	20°～25°	
E. 夹软化或低摩擦黏土矿物薄层，即高岭土、云母、绿泥石、滑石、石膏、石墨等以及少量膨胀性黏土（夹层不连续，厚度 1～2 mm 或更薄）	4.0	8°～16°	
② 岩壁面在剪切 10 cm 前仍接触			
F. 夹砂质颗粒，无黏土碎解岩等	4.0	25°～30°	
G. 填充强烈过分固结，不软化黏土矿物（连续，厚度 <5 mm）	6.0	16°～24°	
H. 填充中等或轻度过分固结，软化黏土矿物（连续，厚度 <5 mm）	8.0～12.0	12°～16°	
J. 填充膨胀性黏土，如蒙脱土（连续，厚度 <5 mm）J_a 值取决于膨胀性黏土的尺寸、颗粒的百分数和是否能浸入水等	8.0～12.0	6°～12°	
③ 剪切后岩壁面没有接触			
K.L.M 破碎的岩石带和黏土带（见 G、H、J 等条对黏土条件的说明）	6.0、8.0 或 8.0～12.0	6°～24°	
N. 粉质或沙质黏土，黏土小碎片（不软化）带	5.0		
O.P.R 厚的连续黏土带（见 G、H、J 等条对黏土条件的说明）	10.0、13.0 或 13.0～20.0	6°～24°	

表 2.3.35　参数 J_w 的说明和等级

裂隙水情况	J_w	水的大致压力 /MPa	备　注
A. 干燥或微量渗水，即局部<5 L/min	1.0	<0.1	① C 到 F 的 J_w 是粗估的，如装有排水设备应增大。 ② 因冰冻造成的特殊问题未考虑
B. 中等渗水或有压水偶然冲刷节理充填物	0.65	0.1 ~ 0.25	
C. 具有无充填节理的自稳岩中有大量渗水或高压水	0.5	0.25 ~ 1.0	
D. 大量渗水或水压很高，大量冲刷节理充填物	0.33	0.25 ~ 1.0	
E. 爆破时渗水量特别大或压力特别高，但随时间衰退	0.2 ~ 0.1	>1.0	
F. 渗水量特别大或压力特别高，持续无明显衰退	0.1 ~ 0.05	>1.0	

表 2.3.36　参数 SRF 的说明和等级

地应力情况	SRF	σ_c/σ_1	σ_t/σ_1	备　注
① 软弱带与开挖相交切，开挖隧道时可能引起岩体松散				① 如软弱带不与开挖方向相交叉，SRF 值要折减 25%~50%； ② 对于各向异性很强的应力场（如量得），当 $5 \leqslant \sigma_1/\sigma_3 \leqslant 10$ 时，σ_c 和 σ_t 分别折减为 $0.8\sigma_c$ 和 $0.8\sigma_t$；当 $\sigma_1/\sigma_3>10$ 时，σ_c 和 σ_t 折减为 $0.6\sigma_t$ 和 $0.6\sigma_c$，这里 σ_c 为无侧限抗压强度，σ_t 为抗拉强度（集中荷载），σ_1 和 σ_3 分别为大、小主应力； ③ 很少有拱部到地面的深度比跨度还小的实测记录，如有这种情况，建议 SRF 从 2.5 增加到 5.0
A. 含有黏土或化学分解岩石的软弱带，频繁出现非常松散的围岩（任何深度）	10.0			
B. 含有黏土或化学分解岩石的单个软弱带（开挖深度≤50 m）	5.0			
C. 含有黏土或化学分解岩石的单个软弱带（开挖深度<50 m）	2.5			
D. 自稳岩石中多次出现剪切带（无黏土），松散的围岩（任何深度）	7.5			
E. 自稳岩石中有单个剪切带（无黏土，开挖深度≤50 m）	5.0			
F. 自稳岩石中有单个剪切带（无黏土，开挖深度>50 m）	2.5			
G. 松散张开节理，严重节理化或成“糖块状”等（任何深度）	5.0			
② 自稳岩石，岩石应力不同				
H. 低应力、接近地表	2.5	>200	>13	
J. 中等应力	1.0	200 ~ 10	13 ~ 0.66	
K. 高应力，非常紧密的构造（可能不利于边墙稳定，常常有利于拱部稳定）	0.5 ~ 2.0	10 ~ 5	0.66 ~ 0.33	
L. 轻微岩爆（整体岩层）	5 ~ 10	5 ~ 2.5	0.33 ~ 0.16	
M. 猛烈岩爆（整体岩层）	10 ~ 20	<2.5	<0.16	
③ 挤压岩石，在高岩石压力作用下非自稳岩石产生塑流				
N. 轻微的岩石挤压压力	5 ~ 10			
O. 猛烈的岩石挤压压力	10 ~ 20			
④ 膨胀岩石，化学膨胀性，根据水的有无决定				
P. 轻微的岩石膨胀压力	5 ~ 10			
Q. 猛烈的岩石膨胀压力	10 ~ 15			

实质上，岩体质量Q可认为是3个参数的综合反映，即块体尺寸（RQD/J_h）、块体间的抗剪强度（J_r/J_a）、作用应力（J_w/SRF）。

岩体质量Q的变化范围从 0.001～1 000，相当于从严重破碎的糜棱化岩体到完整坚硬的岩体。根据Q值的变化将岩体质量划分为9级，其岩体质量的状态见表2.3.37。

多数组合分级是以大量的实践资料为基础的，它同时引进了岩体动态的分析，因而也具有一定的理论意义，是围岩分级研究中一个有发展前途的方法。但该分级还没有与有关的地质测试手段联系起来，因而在确定各项指标时，仍然不得不依靠经验来判定。

表2.3.37　岩体质量分级

岩体质量	特别好	极好	良好	好	中等	不良	坏	极坏	特别坏
Q值	400～1 000	100～400	40～100	10～40	4～10	1～4	0.1～1.0	0.01～0.1	0.001～0.01

（5）围岩分级的发展方向。

由于岩体结构对稳定性的重大影响，从岩石分级在向对岩体分级的转变。由于围岩诸因素错综复杂的影响，围岩分级将从单一因素（如强度、弹性波速度、岩芯质量指标等）分级转变为综合的多因素分级。对分级的分析，从定性分析过渡到采用多种手段获取定量指标的定量与定性相结合的分级。在分级研究方面，从单纯的现象学分级研究向与采用数理统计和模糊数学的数学研究相结合的方向发展。

我国20世纪50至70年代初应用普氏分级期间，从理论上把围岩的坚固性放在了首位。自20世纪70年代初从铁路隧道围岩分级起，将隧道围岩的结构特征和完整状态放在了首位。但在北美广泛应用的太沙基分级本身就是以岩体构造和岩性特征为代表的分级法。因此，我国对围岩的分级从以岩石坚固性为主的分级向以岩体完整性为主的分级方向发展。

思考题与习题

1. 说明围岩初始应力场的概念、初始应力场的组成、变化规律及影响因素。

2. 描述岩石的强度和变形性质的指标有哪些？如何获取这些指标？

3. 岩体的基本概念是什么？说明裂隙岩体的构造特征与围岩稳定性的关系。

4. 说明裂隙岩体力学性质的影响因素，并说明如何描述岩体的强度性质、变形性质？

5. 影响围岩稳定的主要因素有哪些？与围岩分级有何关系？

6. 围岩和围岩分级的基本概念是什么？说明围岩分级流程及其在工程中的意义。

7. 常用的岩体工程地质分类的因素指标有哪些？在围岩分级中是如何考虑的？

8. 国内外典型的围岩分级方法有哪些？各种分级方法中应用了哪些分级指标？

9. 说明铁路隧道围岩分级的因素指标中，定性和定量的指标及其相应的描述有哪些？对基本分级的修正因素有哪些？如何修正？

10. 铁路隧道围岩分级中各级围岩的主要工程地质特征及其（单线隧道）开挖后的稳定状态如何？

11. 确定如图2.1.1所示的初始地应力场，并确定已知埋深处岩体的稳定状态及评估地应力场的状态。开挖成洞室后会出现什么样的破坏现象？已知其上各段岩体的厚度H_1、H_2、H_3和H_4分别为2.3、13.6、14.5、26 m，对应的重度分别为17、19、21、23 kN/m^3，岩体的泊松比$\mu=0.3$，岩体的极限抗压强度$R_{cs}=6$ MPa。

第3章　洞室开挖后围岩的力学效应

3.1　基本概念

地下工程的一个重要的力学特征是在有一定的应力履历和应力场的岩体中修建的。

洞室开挖前，地层处于静止平衡状态，这种平衡状态是由于岩体的自重和地质构造作用，在经历了漫长的应力历史逐步构造而成的。通常我们把由于岩体自重和漫长的地质构造作用逐步形成的，在洞室开挖之前就已经存在着的处于相对稳定和平衡状态中的应力场称为初始应力场或原岩应力场。

洞室开挖后，由于围岩在开挖面处解除了约束，破坏了这种平衡，洞内各点的应力状态发生了变化，其结果引起洞室周围各点的位移，从而适应应力的这种变化而达到新的平衡，这种现象叫作应力重分布。但这种应力重分布仅限于洞室周围一定范围内的岩体，而在此范围以外仍保持在初始应力状态。通常我们把洞室周围发生应力重分布的这部分岩体叫作围岩，而把重新分布后的应力状态叫作二次应力状态或围岩应力状态。

在重新分布的应力作用下，一定范围内的围岩产生位移，形成松弛，与此同时也会使围岩的物理力学性质恶化，在这种条件下洞室围岩将在薄弱处产生局部破坏，在局部破坏的基础上造成整个洞室的崩塌。这一过程反映了洞室从开挖后到其破坏的一般力学动态。这种应力的变化过程，以及洞室周围岩体的破坏过程和破坏现象，其主要的影响因素是围岩初始应力场的分布形态和岩性特征（如第2章所述），其次受到洞室的跨度和施工过程（爆破、非爆破、全断面开挖、分部开挖……）等因素的影响。

由于二次应力状态的作用，使围岩发生向洞内的位移，这种位移我们称之为收敛。若岩体强度高，整体性好，断面形状有利，岩体的变形到一定程度就将自行终止，围岩是稳定的。反之，岩体的变形将自由地发展下去，最终导致隧道围岩整体失稳而破坏。在这种情况下，应在开挖后适时地沿隧道周边设置支护结构，对岩体的移动产生阻力，形成约束。相应地，支护结构也将承受围岩所给予的作用力，并产生变形。支护结构变形后所能提供的阻力会有所增加，而围岩却在变形过程中释放了部分能量，进一步变形的趋势有所减弱，需要支护结构提供的阻力以及支护结构所承受的作用力都将降低。如果支护结构有一定的强度和刚度，这种围岩和支护结构的相互作用会一直延续到支护所提供的阻力与围岩作用力之间达到平衡为止，从而形成一个力学上稳定的隧道结构体系，这就是三次应力状态，也是围岩与支护结构相互作用的过程。

显然，这种应力状态与支护结构的类型、施设的方法及时间等因素有关。假定在开挖隧道的同时，支护结构立即架设，并发挥作用。在支护结构具有极大刚度的情况下，围岩可以一点也不产生变形，但支护结构必须将围岩保持在原有的初始应力状态，因而支护结构所受到的作用力也必然等于围岩中初始应力所形成的全部压力。反之，支护结构架设得太迟，或它的刚度过小，都将会引起围岩松弛，自承能力下降，造成如上所述的岩性恶化、局部坍塌或破坏等现象，所需的支护阻力或支护结构需要承受的作用力又将增大。所以说，要经济合理地设计支护结构，必须研究围岩的收敛与支护结构的约束相互作用而达到平衡的作用机理。

三次应力状态满足稳定要求后就会形成一个稳定的洞室结构，这样，这个力学过程才告结束。然而，支护结构设置得是否经济合理，也就是说它的结构形式、断面尺寸、施工方法和施工时间选择得是否恰到好处，则要根据设置支护结构后所改变的围岩应力状态和支护结构的应力状态，以及两者的变形情况来判断。

所以要进行支护结构设计，就必须充分认识和了解以下 5 方面的问题：

① 围岩的初始应力状态，或称一次应力状态 $\{\sigma\}^0$。

② 开挖洞室后围岩的二次应力状态 $\{\sigma\}^2$ 和位移场 $\{u\}^2$。

③ 判断围岩二次应力状态和位移场是否符合稳定性条件即围岩稳定性准则。一般可表示为

$$\left.\begin{aligned} f(\{\sigma\}^2,\ R_1)=0 \\ F(\{u\}^2,\ R_2)=0 \end{aligned}\right\} \tag{3.1.1}$$

式中 R_1、R_2——根据围岩的物理力学特性所确定的某些特定指标。

④ 设置支护结构后围岩的应力状态，亦称围岩的三次应力状态 $\{\sigma\}^3$ 和位移场 $\{u\}^3$，以及支护结构的内力 $\{M\}$ 和位移 $\{\delta\}$。

⑤ 判断支护结构安全度的准则，一般可写成

$$\left.\begin{aligned} f_1(\{M\},\ K_1)=0 \\ F_1(\{\delta\},\ K_2)=0 \end{aligned}\right\} \tag{3.1.2}$$

式中 K_1、K_2——支护结构材料的物理力学参数。

在这个基础上可以将开挖、支护，直到形成稳定的洞室结构体系所经历的力学过程，概括为一个简单的框图（图 3.1.1），用以说明它们之间的相互关系。从图中可以看出，中间过程（开挖、支护）对围岩-结构体系终极状态的应力和位移场影响极大。

我们必须认识到，在地下工程中发生的一切力学现象，如应力重新分布、洞室断面收敛、支护结构体系的相互平衡等都是一个连续的、统一的力学过程的产物，它始终与时间、施工技术息息相关。

以上所述是本章所要阐述的基本内容，也是设计合理支护结构所必需的基础知识。

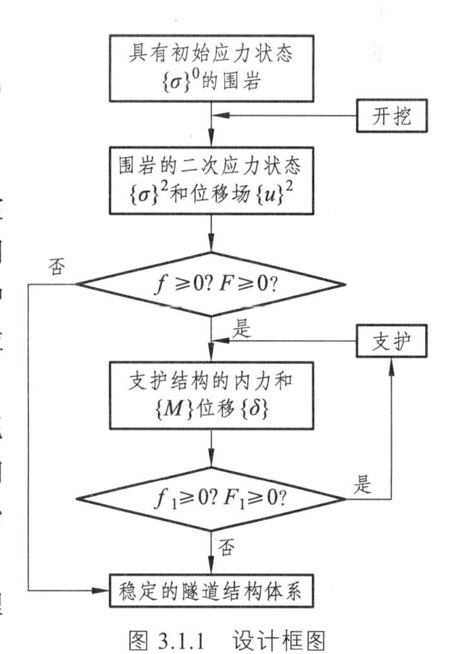

图 3.1.1 设计框图

3.2　洞室开挖后的应力场特征及力学效应

岩体中开挖洞室后出现了临空面，岩体有了变形的空间，由于应力局部释放，使岩体发生卸载而向隧道内变形，原来平衡的三维初始应力状态必然要引起应力的重新分布，这种重新分布的应力场称为二次应力场。当然，这种应力状态的改变主要发生在洞周有限的范围内，而在此范围以外仍保持着初始应力状态。

1. 洞室开挖后围岩应力状态的特征及影响因素

（1）初始应力场的影响。

由于围岩的二次应力场是初始应力在洞周重新分布的结果，故初始应力状态对围岩二次应力、位移场起决定性作用。例如在自重应力场中，垂直应力分量是最大主应力，水平应力很小。开挖隧道所形成的二次应力场为：洞顶、洞底可能出现拉应力区，边墙部分有很大的切向压应力。如果初始应力主要由水平构造应力形成，此时水平应力分量为最大主应力，则围岩的二次应力场正好与上述情况相反，洞顶与洞底为压应力，边墙部分可能出现拉应力。

（2）开挖断面形式的影响。

在一定的初始应力场中，围岩二次应力场受隧道横断面形状的影响很显著。图 3.2.1 表示出了无穷远处作用有 σ_z 、σ_x，且 $\sigma_x/\sigma_z=0.25$，圆形隧道与椭圆形隧道洞周切向应力 σ_t 的比较情况。从图中可看出，随着水平椭圆率 $\alpha=b/a$ 的增大，洞顶拉应力区也在扩大，水平直径处应力集中现象亦趋严重。

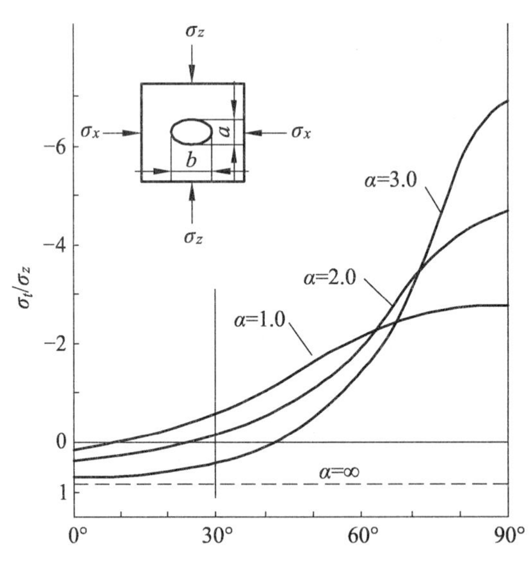

图 3.2.1　断面形状对切向应力的影响

（3）岩体结构特性的影响。

岩体结构特性对围岩二次应力场的影响是内在的、本质的。图 3.2.2（a）表明岩体的 1 组节理的产状对围岩二次应力场的影响。这里假定岩石是线弹性体，但有 1 组节理，成为不连续介质。节理的抗剪强度很低，不能承受及传递较大的剪应力，而且不能承受拉应力。从图中可看出，对于同样的圆形隧道，同样的受力条件，节理产状的变化引起围岩二次应力场的显著变化。图 3.2.2（b）表明，当节理与围岩受力方向垂直，或交角较大时（>60°），在洞周边与节理垂直相交的部位产生最大切向应力（图中标注了洞周位置的主应力，线的长短表示主应力大小，线的走向表示主应力的方向），它垂直于节理；图 3.2.2（c）表明，当节理与围岩受力方向平行，或交角较小时（<30°），在洞周边与节理相切部位产生最大切向应力，它平行于节理；图 3.2.2（d）表明，当节理与围岩受力方向斜交成 45°时，在洞周边与节理垂直及相切的两个部位产生相等的最大切向应力。

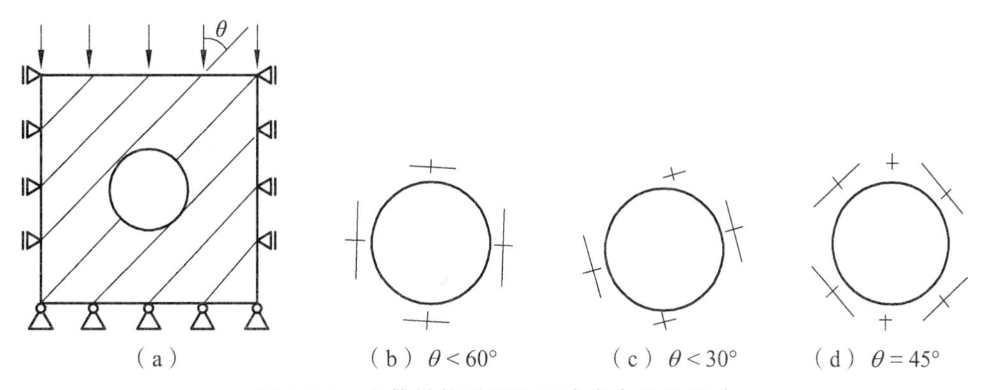

图 3.2.2　岩体结构对围岩二次应力场的影响

（4）岩体力学性质对围岩二次应力场的影响。

对于具有线性应力-应变关系的弹性岩体，通常都假定它能承受很高的应力也不致破坏。开挖隧道后产生应力释放，使洞周的径向应力变为零，切向应力集中。距洞周一定距离（约为隧道直径的 2 ~ 3 倍）以外又逐渐恢复到初始应力状态，如图 3.2.3（a）所示。而对于弹塑性岩体，它的应力-应变关系是非线性的，当洞周的切向应力达到岩体的屈服条件时，岩体便进入塑性状态。围岩内塑性区的出现，一方面使应力不断地向围岩深部转移，另一方面又不断地向隧道方向变形并逐渐解除塑性区的应力。塔罗勃（J. Talober）、卡斯特奈（H. Kastner）等给出了弹塑性围岩中的应力图形［图 3.2.3（b）］。与开挖前的初始应力相比，围岩中的塑性区应力可分为两部分：塑性区外圈是应力高于初始应力的区域，它与围岩弹性区中应力升高部分合在一起称为围岩承载区；塑性区内圈应力低于初始应力的区域称作松动区。松动区内应力和强度都有明显下降，裂隙扩张增多，体积扩大，出现了明显的塑性滑移，这时没有足够的支护抗力就不能使围岩维持平衡状态。

塑性区内应力逐渐解除显然不同于未破坏岩体的应力卸载。前者是伴随塑性变形被迫产生的，它是强度降低的体现，而后者则是应力的消失，并不影响岩体强度。当岩体应力达到岩体极限强度后，强度并未完全丧失，而是随着变形增大逐渐降低，直至降到残余强度为止。这种形式的破坏称为强度劣化或弱化。试验表明，强度劣化时，c 值明显降低，而 φ 值则降低不多。在围岩塑性区中，沿塑性区深度各点的应力与变形状态不同，c、φ 值也相应不同，靠近弹塑性区交界面点的泊松比 μ 和 c、φ 值高，而靠近洞壁点的 μ 和 c、φ 值低。与此同时，塑性区中随着塑性变形增大，变形模量 E 逐渐减小，而横向变形系数 μ 却逐渐增大，所以在塑性区，E 和 μ 也随塑性区深度而变化。因此，在围岩应力与变形的计算中应考虑塑性区物

性参数 c、φ、E、μ 值的变化。即使为简化计算，视物性参数为常数，那么也应选取一个合适的平均值作为计算参数。

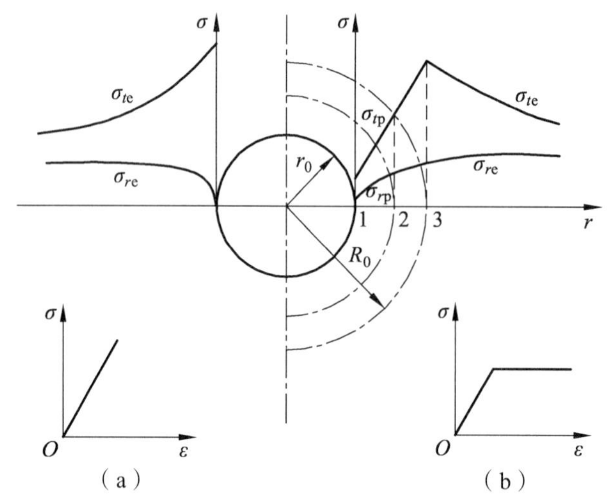

（a）　　（b）

1—松动区；1～2—塑性区；2～3—承载区；3—弹性区。

图 3.2.3　岩体力学性质对围岩二次应力场的影响

（5）洞室开挖后围岩应力的空间效应。

围岩的二次应力场实际上是三维的，因为隧道端部开挖面对围岩的应力释放和变形发展都有很大的约束作用，使得沿隧道纵向各断面上的二次应力状态和变形都不相同，这种现象我们称之为开挖面支承的“空间效应”，图 3.2.4 给出了 2 种断面的隧道空间效应的影响。从图中可看出，隧道顶部的位移是随离开挖面的距离而变化的，当距开挖面为（2～3）D（D 为隧道直径）时，开挖面支承的空间效应就可忽略不计，图中的曲线是由理论分析得到的，实际量测的结果，大体与此一致。

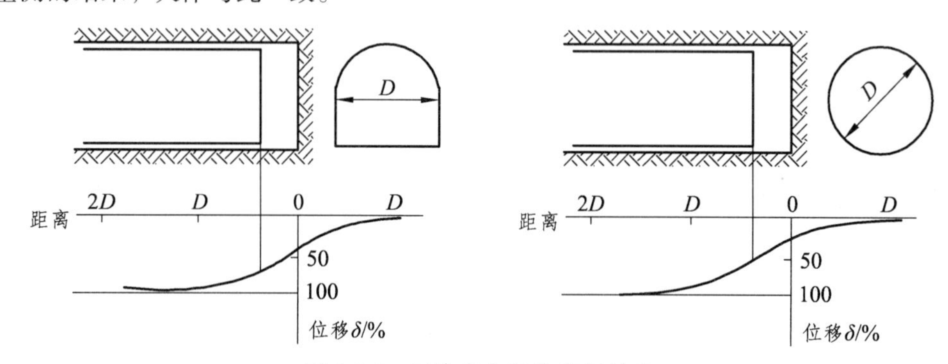

图 3.2.4　二次应力场的空间效应

（6）时间效应的影响。

由于一般岩体都具有流变特性，所以，围岩的二次应力状态和位移不仅是空间坐标的函数，而且还是时间的函数。也就是说，隧道开挖后围岩初始应力的重新分布以及围岩的变形都不是瞬时就达到其最终值，而是随着时间的推移逐渐完成的，我们称这种现象为“时间效应”。有些岩体的时间效应不明显，有些岩体则相反，延滞变形所经历的时间很长，最终可能导致岩体失稳破坏。

（7）施工方法的影响。

开挖方式（爆破或非爆破）和开挖方法（全断面或分部开挖法）对围岩的二次应力状态都有着强烈的影响。好的开挖作业可减少对遗留岩体的破坏，使围岩的二次应力场更接近理论解。

开挖隧道所产生的围岩变形是属于卸载（应力释放）后的回弹。因此，在绝大多数情况下，这种变形都是朝着隧道内的。但它的分布状态以及量值大小，都随围岩的初始应力状态、岩体结构特征等因素而变化。例如，若围岩为均匀介质，经过回弹变形它们的体积有所增大，但形状仍然不变。若为非均匀介质，因各个块体的物理力学性质不同，围岩回弹变形后，不仅体积增大而且形状也发生了变化，这种非均质体的变形不协调，必然要引起裂隙张开，使块体与块体分离或错动。

2. 无支护洞室围岩失稳的形式

由前述可知，洞室开挖后，在围岩中产生一系列的力学现象，如洞室周边应力的重新分布、洞室周边围岩性质的改变、洞室断面的缩小以及洞室稳定性的丧失等。归根结底，这是一个属于无支护洞室的稳定和强度问题。

洞室稳定性就是在开挖作业条件下，实际具有形成稳定暴露面的性质。因此，无支护地段的岩体暴露状况，在要求的时间内不发生破坏、滑动，而且暴露面的位移不超过允许值时，就是稳定的。

众所周知，在岩体中进行开挖作业时，上覆岩体自重要引起围岩应力的重新分布，形成了应力集中和释放区域是客观存在的，但能否造成洞室围岩的失稳和破坏，要具有一定的转化条件和过程。从工程设计的角度来看，这个转化条件就是所谓判据。严格地说，破坏的判据应该是根据物理实验所获得的破坏机理而建立起来的材料破坏力学法则，它必须包含具有一定物理意义的基准值，以及表示材料状态的特征值，如应力状态或应变状态。然而，洞室围岩破坏机理十分复杂，我们先根据无支护洞室围岩丧失稳定的破坏形式，再来分析判断洞室围岩稳定性的标准。

无支护洞室围岩，视地质条件、岩体结构性质的不同，有可能发生下列几类变形和破坏形式：

（1）脆性破坏。

在岩体完整、岩性坚硬的脆性岩体中，当水平应力与垂直应力的差值以及绝对应力值都很大的情况下，由于施工开挖或爆破震动等作用引起岩体中大量原已积聚的弹性应变能突然释放，而产生的一种称为岩爆的变形破坏类型。这种破坏仅产生局部掉块，属于脆性断裂，而不影响整个洞室的稳定。

（2）块状运动破坏。

在被各种结构面切割得比较坚硬的裂隙岩体中，由于岩体的自重超过它们脱离岩体的阻力，在顶部及较少的在侧壁造成沿结构面产生的松弛、滑移和坠落等变形破坏现象。例如，围岩中的应力超过结构面的抗剪强度，或在重力作用下，洞室周边的结构体沿结构面产生的松弛、滑移和坠落等变形破坏现象（图 3.2.5）。特别是当软弱结构面在地下水的作用下，更易发生这类变形和破坏。

（3）弯曲折断破坏。

对于层状特别是薄层状岩层，可能由于洞室开挖的卸荷回弹或洞壁切向应力集中超过薄层状岩层的抗弯折强度，引起岩层弯折内鼓的变形破坏（图 3.2.6）等，皆属于这类局部崩坍。

（4）松动解脱破坏。

在破碎松散岩（土）体结构中，由于自承能力很低，上覆岩体重力造成的应力集中区域内岩体破坏而形成的崩坍。在这种情况下，岩体破坏一般从洞室侧壁开始，而逐步扩展到整个洞室。同时，岩体的破坏和位移也可能发生在顶部和底部（图 3.2.7）。

（5）塑性变形和剪切破坏。

在塑性岩体中，稳定的丧失是塑性变形的结果，产生了过度的位移，但无明显的破坏迹象。这类变形多发生在软岩、膨胀性岩层、松软土层以及含黏土的破碎岩层，由于强度低、塑性强、与水作用强烈，在外力作用下易变形（图 3.2.8），且变形的时间效应比较明显。

图 3.2.5　块状运动破坏　图 3.2.6　弯曲折断破坏　图 3.2.7　松动解脱破坏　图 3.2.8　塑性变形

3.3　围岩应力和位移的线弹性分析

1. 无支护洞室围岩的应力和位移

对于完整、均匀、坚硬的岩体，无论是分析围岩的应力和位移，或是评定围岩的稳定性，采用弹性力学方法都是可以的。对于成层的和节理发育的岩体，如果层理或节理等不连续面的间距与所研究的问题的尺寸相比较小时（如第 2 章所述），则连续化假定和弹性力学的方法也是适合的。

（1）无支护洞室围岩的应力状态。

如图 3.3.1 所示，在围岩中开挖半径为 r_0 的圆形洞室后，其二次应力状态可用弹性力学中的基尔西（G.Kirsch）公式表示围岩中任一点的应力为

$$\left.\begin{aligned}
&\text{径向应力}\quad \sigma_r=\frac{\sigma_z}{2}\left[(\bar{1}-\alpha^2)(1+\lambda)+(\bar{1}-4\alpha^2+3\alpha^4)(1-\lambda)\cos 2\varphi\right]\\
&\text{切向应力}\quad \sigma_t=\frac{\sigma_z}{2}[(\bar{1}+\alpha^2)(1+\lambda)-(\bar{1}+3\alpha^4)(1-\lambda)\cos 2\varphi]\\
&\text{剪应力}\quad \tau_{rt}=-\frac{\sigma_z}{2}(1-\lambda)(\bar{1}+2\alpha^2-3\alpha^4)\sin 2\varphi
\end{aligned}\right\}\qquad (3.3.1)$$

式中　r、φ——围岩内任一点的极坐标，如图 3.3.1 所示；

α——$\alpha = r_0 / r$；

σ_z——初始地应力。

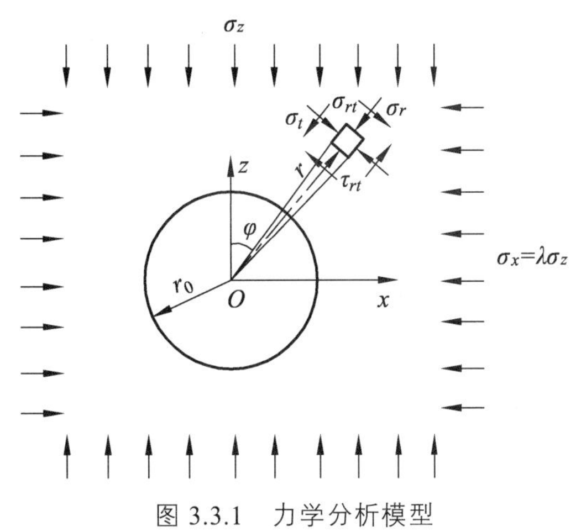

图 3.3.1　力学分析模型

公式（3.3.1）的应力分量由两部分组成，一部分是由初始应力产生的，用数字上带“¯”标出，另一部分是由洞周卸载引起的。以上各式中正应力又称法向应力，以压为正；剪应力以作用面外法线与坐标轴一致而应力方向与坐标轴指向相反为正。

在轴对称的条件下，即$\lambda = 1$时，由式（3.3.1）可得洞室周围岩体内的应力

$$\left.\begin{aligned} \sigma_r &= (\bar{1} - \alpha^2)\sigma_z \\ \sigma_t &= (\bar{1} + \alpha^2)\sigma_z \\ \tau_{rt} &= 0 \end{aligned}\right\} \tag{3.3.2}$$

当$\lambda \neq 1$时，同样可由式（3.3.1）得洞室周边（即$r = r_0$）的应力

$$\left.\begin{aligned} \sigma_r &= 0 \\ \sigma_t &= \sigma_z\left[(1+\lambda) - 2(1-\lambda)\cos 2\varphi\right] \\ \tau_{rt} &= 0 \end{aligned}\right\} \tag{3.3.3}$$

上式说明，沿洞室周边只存在切向应力σ_t，径向应力σ_r和剪应力τ_{rt}均变为 0。表明洞室的开挖使洞室周边的围岩从二向（或三向）应力状态变成单向（或二向）应力状态。

在水平直径处，$r = r_0$、$\varphi = 90°$时，有

$$\sigma_t = (3 - \lambda)\sigma_z \tag{3.3.4}$$

说明水平直径处的切向应力较初始应力值提高了（3 – λ）倍，表现出应力集中现象。

在拱顶处，$r = r_0(\alpha = 1)$、$\varphi = 0°$时，有

$$\sigma_t = (3\lambda - 1)\sigma_z \tag{3.3.5}$$

分析式（3.3.5）表明：

① 当λ<1/3 时，σ_t<0，即出现了拉应力，其范围可由式（3.3.3）直接求出：

$$\varphi < \pm\frac{1}{2}\arccos\frac{1+\lambda}{2(1-\lambda)} \tag{3.3.6}$$

② 当 $\lambda=0$ 时，拱顶切向拉应力最大，由式（3.3.3）可知：

$$\sigma_t=-\sigma_z$$

拉应力出现在与垂直轴成±30°的范围，且向围岩内部延伸的范围为 $0.73\,r_0$，如图 3.3.2 所示。

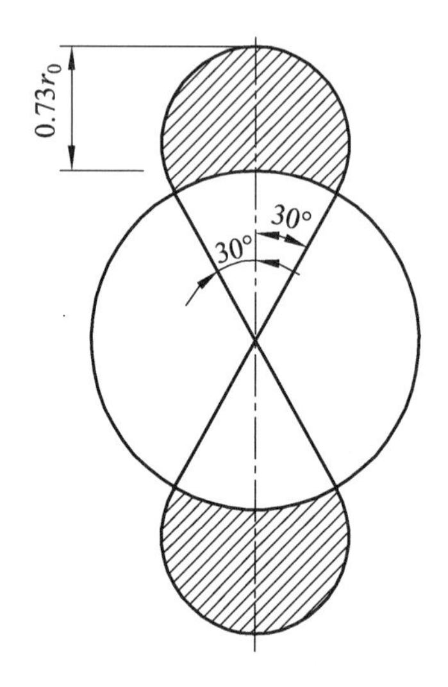

图 3.3.2　洞室拱顶（底）的拉应力区

③ 当 $\lambda=1/3$，拱顶处的 $\sigma_t=0$ 时，说明洞周切向应力全部变为压应力。

将式（3.3.1）所示的围岩二次应力场的变化情况示于图 3.3.3。从图中可以看出，当侧压力系数 λ 在 0 ~ 1 之间变化时，水平直径处洞周的切向应力由 $3\sigma_z$ 减小到 $2\sigma_z$。随着 r 的增加，即离洞室周边越远，σ_t、σ_r 都很快地接近初始应力状态，当 $r/r_0>5$ 时，相差都在 5% 以内。

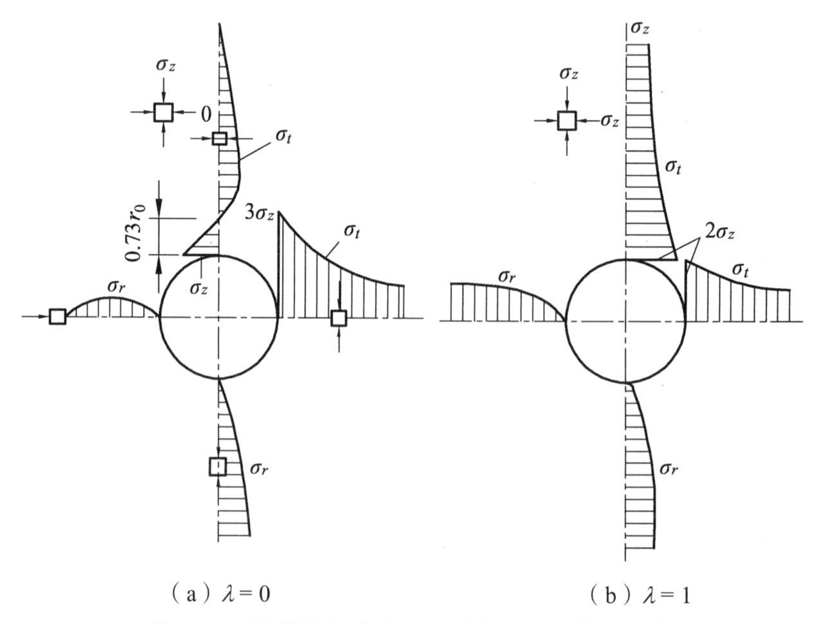

（a）$\lambda=0$　　　　（b）$\lambda=1$

图 3.3.3　沿圆形洞室水平、垂直轴上的应力分布

用应力集中系数 k 表明洞室周边切向应力的不均匀性，即

$$\sigma_t = k\sigma_z \tag{3.3.7}$$

当 λ 在 0 ~ 1 之间变化时，水平直径处，k 在 3 ~ 2 之间变化；拱顶处，k 在 - 1 ~ 2 之间变化。当切向拉应力超过其抗拉强度时，拱顶可能发生局部掉块和落石，但不会造成整个洞室的破坏。当 λ >1/3 后，洞室则逐渐变得稳定，将洞周切向应力集中系数的变化示于图 3.3.4。

通常，围岩的侧压力系数 λ 在 0.2 ~ 0.5 之间变动。在这个范围内，洞室周边切向应力 σ_t 都是压应力。当侧壁中点的切向应力 σ_t 大于岩体的抗压强度时，常常是整个洞室丧失稳定的主要原因，应予以足够重视。

（2）无支护洞室围岩的位移状态。

如图 3.3.1 所示，在围岩中开挖半径为 r_0 的圆形洞室后，其二次应力状态可用弹性力学中的基尔西（G.Kirsch）公式表示围岩中任一点的位移为

$$\left.\begin{aligned}&\text{径向位移}\quad u=\frac{(1+\mu)}{E}\ \frac{\sigma_z}{2}\ r_0\alpha\{(1+\lambda)+(1-\lambda)[4(1-\mu)-\alpha^2]\cos 2\varphi\}\\&\text{切向位移}\quad v=-\frac{(1+\mu)}{E}\ \frac{\sigma_z}{2}\ r_0\alpha(1-\lambda)[2(1-2\mu)+\alpha^2]\sin 2\varphi\end{aligned}\right\} \tag{3.3.8}$$

公式中符号的含义同前。公式（3.3.8）的位移分量已减去了开挖前存在的位移 u_0，即为由开挖所引起的位移 u。径向位移以向隧道内为正，切向位移以顺时针为正。

分析式（3.3.8）表明：

① 当 $\lambda=1$ 时，洞室周边（即 $r=r_0$）的位移成轴对称分布，有

$$\left.\begin{aligned}u_{r_0}&=\frac{1+\mu}{E}r_0\sigma_z\\v_{r_0}&=0\end{aligned}\right\} \tag{3.3.9}$$

② 当$\lambda\neq 1$ 时，同样可由式（3.3.8）得洞室周边（即 $r=r_0$）的位移为

$$\left.\begin{aligned}u_{r_0}&=\frac{1+\mu}{E}\ \frac{\sigma_z}{2}r_0\left[1+\lambda+(3-4\mu)(1-\lambda)\cos 2\varphi\right]\\v_{r_0}&=-\frac{1+\mu}{E}\ \frac{\sigma_z}{2}r_0(3-4\mu)(1-\lambda)\sin 2\varphi\end{aligned}\right\} \tag{3.3.10}$$

在不同的 λ 值条件下，由公式（3.3.10）得出开挖后的断面收敛状态示于图 3.3.5。从图中可见，洞室开挖后，围岩基本上是向隧道内移动的，只是在一定的 λ 值条件下（$\lambda\leqslant 0.25$），在水平直径处围岩有向两侧扩张的趋势。而且在多数情况下，拱顶位移（即拱顶下沉）均大于侧壁（水平直径处）位移。

以上的分析结果仅适用于理想的连续介质、理想的弹性体中。在实际施工过程中，如爆破开挖造成岩体的松动，洞室的超欠挖造成洞室周围的应力集中等，都会造成应力和位移场的变化，从而改变它的理想分布状态，甚至造成岩体的过分松动或局部坍塌。

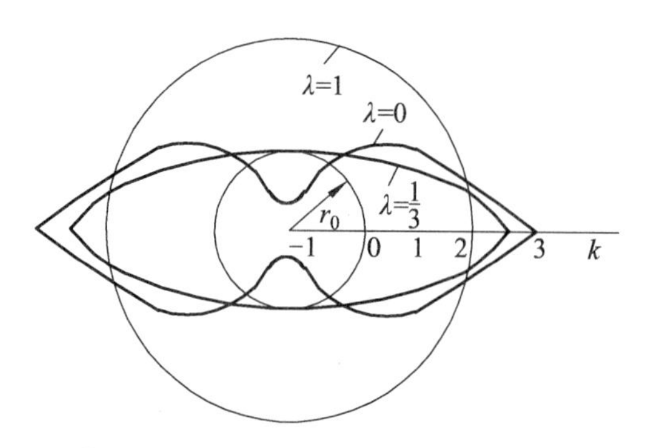

图 3.3.4　洞周切向应力的集中系数

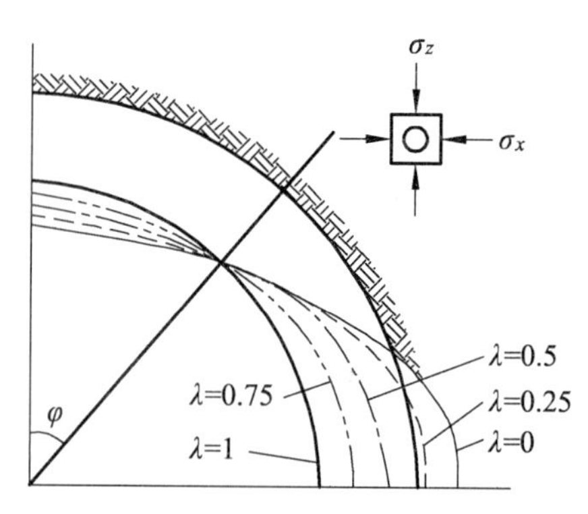

图 3.3.5　不同 λ 值情况下圆形洞室周边位移分布

2. 在支护阻力作用下围岩的应力与位移

如前所述，当洞室开挖后，各种条件下的围岩都会发生向洞室内的变形，这种变形属于卸载后的回弹。当洞室开挖后立即修筑支护结构，且在理想情况下不考虑修筑衬砌前的应力释放，则围岩中的应力和变形是和衬砌共同作用下产生的。

洞室支护衬砌后，相当于在洞室周边施加了阻止洞室围岩变形的阻力，从而也改变了围岩的二次应力状态。支护阻力的大小和方向对围岩的应力状态有很大的影响。为了便于分析，我们假定：支护阻力 p_{a} 是径向的（实际上还有切向的），沿洞室周边均匀分布（图 3.3.6）。

以 $\lambda=1$ 时的圆形洞室为研究对象，因此，它是轴对称的平面应变问题。

在弹性应力状态下，当洞室周边有径向阻力 p_{a} 时，只需把径向阻力 p_{a} 作为释放荷载的反向作用力作用在洞周，再叠加上初始应力引起的洞周应力即可。因此，由式（3.3.2）可直接写出支护阻力 p_{a} 作用下围岩内的应力为

$$\left.\begin{aligned}\sigma_r &= \sigma_z(1-\alpha^2)+p_{\mathrm{a}}\alpha^2\\ \sigma_t &= \sigma_z(1+\alpha^2)-p_{\mathrm{a}}\alpha^2\end{aligned}\right\}\tag{3.3.11}$$

式中 α 意义同前。

围岩内的应力 σ_r 和 σ_t 的表达式是由两部分组成的。前一项是洞室开挖造成的，后一项是由支护阻力 p_{a} 形成的。

由式（3.3.11）可知，当 $\alpha=1$ 时，即 $r=r_0$ 时，有

$$\left.\begin{aligned}\sigma_r &= p_{\mathrm{a}}\\ \sigma_t &= 2\sigma_z-p_{\mathrm{a}}\end{aligned}\right\}\tag{3.3.12}$$

由此可见，支护阻力 p_{a} 的存在使周边的径向应力增大，而使切向应力减小。实质上是使直接靠近洞室周边围岩的应力状态从单向（或双向）变为双向（或三向）受力状态，因而提高了围岩的承载力（图 3.3.7）。

当支护阻力 $p_{\mathrm{a}}=\sigma_z$ 时，有

$$\sigma_r=\sigma_z\text{；}\quad \sigma_t=\sigma_z$$

即恢复到初始的应力状态，显然这是办不到的。

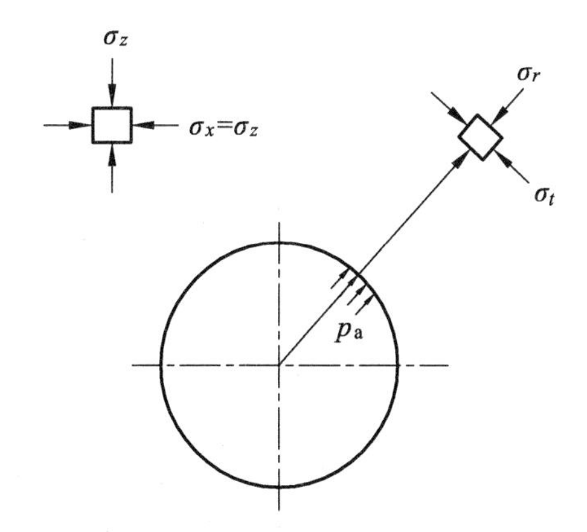

图 3.3.6　周边作用有支护阻力的圆形洞室

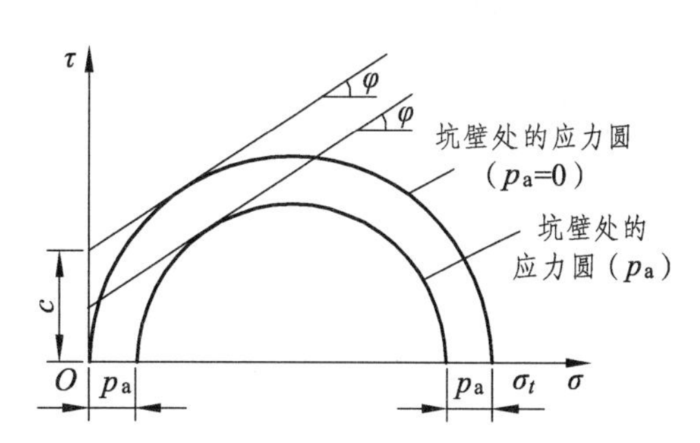

图 3.3.7　支护前后洞室壁的应力状态

在有支护阻力 p_a 作用时，围岩内的位移仍然可以采用式（3.3.11）同样的方法，由式（3.3.9）写出，即

$$u_r^e = \frac{1+\mu}{E}(\sigma_z - p_a)\ \frac{r_0^2}{r} \tag{3.3.13}$$

由此可得洞周（$r = r_0$）的位移为

$$u_{r_0}^e = \frac{1+\mu}{E}(\sigma_z - p_a)\ r_0 \tag{3.3.14}$$

同样，支护结构也承受 p_a 的作用，当支护结构的厚度大于 0.04 倍的开挖跨度时，其应力和变形可用弹性力学厚壁圆筒的公式，有

$$\left.\begin{aligned}\sigma_r^{co} &= p_a\ \frac{r_0^2}{r_0^2 - r_1^2}\left(1 - \frac{r_1^2}{r^2}\right)\\ \sigma_t^{co} &= p_a\ \frac{r_0^2}{r_0^2 - r_1^2}\left(1 + \frac{r_1^2}{r^2}\right)\end{aligned}\right\} \tag{3.3.15}$$

$$u_r^{co} = \frac{p_a(1+\mu_c)}{E_c}\ \frac{r_0^2}{r_0^2 - r_1^2}\left[(1-2\mu_c)\ r + \frac{r_1^2}{r}\right] \tag{3.3.16}$$

式中　μ_c、E_c——衬砌材料的泊松比、弹性模量；

r_0、r_1——衬砌的外半径、内半径；

σ_r^{co}、σ_t^{co}——支护结构的径向应力、切向应力；

u_r^{co}——支护结构的位移。

当 $r = r_0$ 时，由式（3.3.16）得支护阻力与结构刚度的关系式为

$$p_a = \frac{E_c(r_0^2 - r_1^2)}{r_0(1+\mu_c)[(1-2\mu_c)r_0^2 + r_1^2]}u_{r_0}^{co} = K_c u_{r_0}^{co} \tag{3.3.17}$$

式中　K_c——支护结构的刚度系数，$K_c = \dfrac{E_c(r_0^2 - r_1^2)}{r_0(1+\mu_c)[(1-2\mu_c)r_0^2 + r_1^2]}$。

当 $r=r_0$ 时，可由式（3.3.17）与式（3.3.14）得到具有支护刚度 K_c 的情况下，支护阻力的表达式为

$$p_a = \frac{\sigma_z r_0 K_c (1+\mu)}{E + r_0 K_c (1+\mu)} \tag{3.3.18}$$

该式表明在弹性状态下，符合厚壁圆筒的支护条件时，围岩与支护结构的相互作用力与围岩的物理力学性质、初始应力场和结构刚度有关。支护结构的刚度越大，其承受的荷载也越大。

3.4 围岩应力和位移的弹塑性分析

在深埋隧道或埋深较浅但围岩强度较低时，围岩的二次应力状态可能超过围岩的抗压强度或是局部的剪应力超过岩体的抗剪强度，从而使该部分的岩体进入塑性状态。此时洞室发生脆性破坏，如岩爆、剥离等（坚硬、脆性、整体的围岩中），或在洞室围岩的某一区域内形成塑性应力区，发生塑性剪切滑移或塑性流动，并迫使塑性变形的围岩向洞室内滑移。塑性区的围岩因变得松弛，其物理力学性质（c、φ 值）也发生变化。

为了简化叙述，这里只讨论侧压力系数 $\lambda=1$ 时，圆形洞室围岩的弹塑性二次应力场和位移场的解析公式。我们已知，当 $\lambda=1$ 时，荷载和洞室都呈轴对称分布，塑性区的范围也是圆形的，而且围岩中不产生拉应力。因此，要讨论的只有进入塑性状态的一种可能性。

在分析塑性区内的应力状态时，需要解决的问题是：确定形成塑性变形的塑性判据或破坏准则；确定塑性区的应力、应变状态；确定塑性区范围。

1. 围岩的塑性判据

在许多弹塑性分析中，采用最多的是摩尔-库仑条件作为塑性判据，亦称屈服准则或屈服条件。其塑性条件是，可以在 τ-σ 平面上表示成一条直线，称为剪切强度线，它对 σ 轴的斜率为 $\tan\varphi$，在 τ 轴上的截距为 c。摩尔-库仑条件的几何意义是：若岩体某截面上作用的法向应力和剪应力所绘成的应力圆与剪切强度线相切，则岩体将沿该平面发生滑移。

鉴于所分析的问题是 $\lambda=1$，圆形隧道为轴对称，剪应力为 0，所以围岩内的切向应力 σ_{tp} 和径向应力 σ_{rp} 就成为最大和最小主应力了。由图 3.4.1 中可知：

$$\sin\varphi = \frac{\sigma_{tp} - \sigma_{rp}}{\sigma_{tp} + \sigma_{rp} + 2x} \tag{3.4.1}$$

或
$$\sin\varphi = \frac{R_c}{2x + R_c}$$

即
$$x = \frac{R_c}{2}\ \frac{1-\sin\varphi}{\sin\varphi}$$

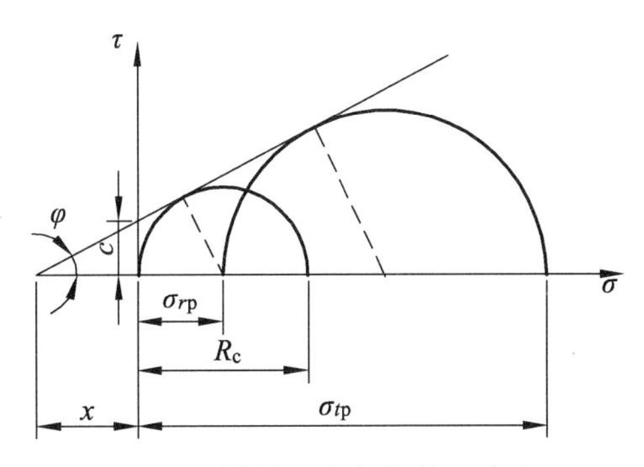

图 3.4.1 材料强度包络线及应力圆

将此值代入式（3.4.1），得

$$\sigma_{tp}(1-\sin\varphi)-\sigma_{rp}(1+\sin\varphi)-R_c(1-\sin\varphi)=0 \tag{3.4.2}$$

设 $\dfrac{1+\sin\varphi}{1-\sin\varphi}=\xi$， $R_c=\dfrac{2\cos\varphi}{1-\sin\varphi}c$

则式（3.4.2）可以写成

$$\sigma_{tp}-\xi\ \sigma_{rp}-R_c=0 \tag{3.4.3}$$

亦可写成

$$\sigma_{tp}(1-\sin\varphi)-\sigma_{rp}(1+\sin\varphi)-2c\ \cos\varphi=0 \tag{3.4.4}$$

或
$$\frac{\sigma_{rp}+c\ \cot\varphi}{\sigma_{tp}+c\ \cot\varphi}=\frac{1-\sin\varphi}{1+\sin\varphi} \tag{3.4.5}$$

式（3.4.3）~式（3.4.5）就是目前通常采用的求解洞室周围塑性区的塑性判据。

当 $\lambda=1$ 时，洞室周边的 $\sigma_t=2\sigma_z$、$\sigma_r=0$，将该值代入式（3.4.3），即可得出隧道周边的岩体是否进入塑性状态的判据为

$$2\sigma_z\geqslant R_c \tag{3.4.6}$$

上述的分析是建立在洞室周围出现塑性区后岩性没有变化，即 c、φ 值不变的前提下。实际上岩石在开挖后由于爆破、应力重分布等影响已被破坏，其 c、φ 值皆有变化。设以岩体的残余黏聚力 c_r 和残余内摩擦角 φ_r 表示改变后的岩体特性，则（3.4.3）式可写成

$$\sigma_t^{\mathrm{r}}-\xi_r\sigma_r^{\mathrm{r}}-R_c^{\mathrm{r}}=0 \tag{3.4.7}$$

或
$$\sigma_t^{\mathrm{r}}(1-\sin\varphi_{\mathrm{r}})-\sigma_r^{\mathrm{r}}(1+\sin\varphi_{\mathrm{r}})-2c_{\mathrm{r}}\cos\varphi_{\mathrm{r}}=0$$

式中，带直体角标“r”者，皆指破碎岩体的残余特性。

2. 轴对称条件下围岩应力的弹塑性分析

轴对称条件下（$\lambda=1$）围岩内的应力及变形均仅为 r 的函数，而和讨论点与竖直轴的夹

角 φ 无关，且塑性区为一等厚圆，我们假设在塑性区中 c、φ 值为常数。解题的基本原理是使塑性区满足塑性条件与平衡方程，使弹性区满足弹性条件与平衡方程，在弹性区与塑性区交界处既满足弹性条件又满足塑性条件。计算简图如图 3.4.2 所示。

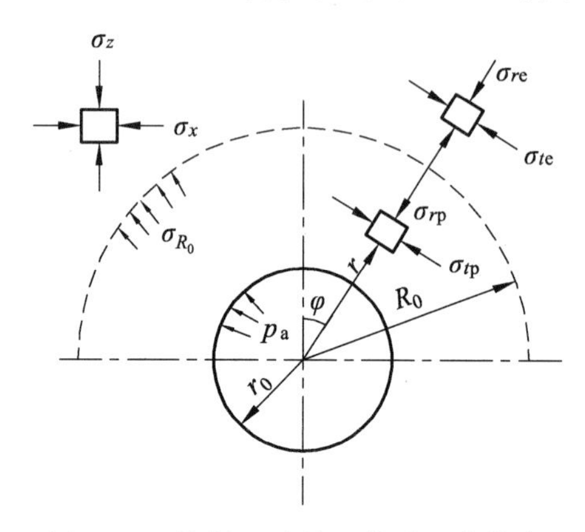

图 3.4.2　塑性区内单元体的受力状态

（1）塑性区内的应力场。

在塑性区内，任意一点的应力分量仍需满足平衡条件。对于轴对称问题，当不考虑体积力时，极坐标的平衡方程为

$$\frac{\mathrm{d}\sigma_{r\mathrm{p}}}{\mathrm{d}r}+\frac{\sigma_{r\mathrm{p}}-\sigma_{t\mathrm{p}}}{r}=0 \tag{3.4.8}$$

式中的 $\sigma_{r\mathrm{p}}$ 和 $\sigma_{t\mathrm{p}}$ 分别表示塑性区的径向应力和切向应力。

在塑性区的边界上，除满足平衡方程外，还需满足塑性条件。将式（3.4.5）中的 $\sigma_{t\mathrm{p}}$ 用 $\sigma_{r\mathrm{p}}$ 表示，代入式（3.4.8），经整理并积分后，得

$$\frac{2\sin\varphi}{1-\sin\varphi}\ln r+C=\ln(\sigma_{r\mathrm{p}}+c\ \cot\varphi) \tag{3.4.9}$$

当有支护时，支护与围岩边界上（ $r=r_0$ ）的应力即为支护阻力，即 $\sigma_{r\mathrm{p}}=p_{\mathrm{a}}$ ，则求出积分常数

$$C=\ln(p_{\mathrm{a}}+c\ \cot\varphi)-\frac{2\sin\varphi}{1-\sin\varphi}\ln r_0$$

代入式（3.4.8）及式（3.4.9），并整理之，即得塑性区的应力

$$\left.\begin{aligned}\sigma_{r\mathrm{p}}&=(p_{\mathrm{a}}+c\ \cot\varphi)\left(\frac{r}{r_0}\right)^{\frac{2\sin\varphi}{1-\sin\varphi}}-c\ \cot\varphi\\ \sigma_{t\mathrm{p}}&=(p_{\mathrm{a}}+c\ \cot\varphi)\ \frac{1+\sin\varphi}{1-\sin\varphi}\left(\frac{r}{r_0}\right)^{\frac{2\sin\varphi}{1-\sin\varphi}}-c\ \cot\varphi\end{aligned}\right\} \tag{3.4.10}$$

式（3.4.10）即为塑性区内的应力状态。由式中可知，围岩塑性区内的应力值与初始应

力状态无关，仅与围岩的物理力学性质、开挖半径及支护提供的阻力 p_a 有关。

前已指出，$\lambda = 1$ 时距洞室某一距离的各点应力皆相同，因此形成的塑性区也是圆形的，如图 3.4.2 所示。

（2）弹性区内的应力场。

在塑性区域以外的弹性区域内，其应力状态是由初始应力状态及塑性区边界上提供的径向应力 σR_0 决定的。

令塑性区半径为 R_0，且塑性区与弹性区边界上应力协调。当 $r = R_0$ 时，有

$$\sigma_{R_0} = \sigma_{r\mathrm{p}} = \sigma_{r\mathrm{e}} \quad 及 \quad \sigma_{t\mathrm{p}} = \sigma_{t\mathrm{e}}$$

对于弹性区，$r \geqslant R_0$，相当于“开挖半径”为 R_0，其周边作用有“支护阻力”σ_{R_0} 时，围岩内的应力及变形。可参照式（3.3.11），弹性区内的应力

$$\left.\begin{aligned} \sigma_{r\mathrm{e}} &= \sigma_z \left(1 - \frac{R_0^2}{r^2}\right) + \sigma_{R_0} \frac{R_0^2}{r^2} \\ \sigma_{t\mathrm{e}} &= \sigma_z \left(1 + \frac{R_0^2}{r^2}\right) - \sigma_{R_0} \frac{R_0^2}{r^2} \end{aligned}\right\} \tag{3.4.11}$$

把式（3.4.11）中的两式相加消去 σ_{R_0}，即得弹、塑性区边界上（$r = R_0$）的应力为

$$\sigma_{r\mathrm{e}} + \sigma_{t\mathrm{e}} = 2\sigma_z \tag{3.4.12}$$

同理，有 $\quad \sigma_{r\mathrm{p}} + \sigma_{t\mathrm{p}} = 2\sigma_z$

以上两式也代表着弹塑性区边界上，径向应力和切向应力应满足的塑性判据。将上式代入式（3.4.4）中，即可得 $r = R_0$ 处的应力

$$\left.\begin{aligned} \sigma_r &= \sigma_z(1 - \sin\varphi) - c\ \cos\varphi = \sigma_{R_0} \\ \sigma_t &= \sigma_z(1 + \sin\varphi) + c\ \cos\varphi = 2\sigma_z - \sigma_{R_0} \end{aligned}\right\} \tag{3.4.13}$$

式（3.4.13）指出，弹塑性区边界上的应力与围岩的初应力状态 σ_z、围岩本身的物理力学性质 c、φ 有关，而与支护阻力 p_a 和开挖半径 r_0 无关。

（3）塑性区半径与支护阻力的关系。

将 $r = R_0$ 代入式（3.4.10），并考虑该处的应力应满足式（3.4.13）所示的塑性条件，可得塑性区半径 R_0 与 p_a 的关系：

$$p_\mathrm{a} = -c\ \cot\varphi + [\sigma_z\ (1 - \sin\varphi) - c\ \cos\varphi + c\ \cot\varphi] \left(\frac{r_0}{R_0}\right)^{\frac{2\sin\varphi}{1-\sin\varphi}} \tag{3.4.14}$$

上式也可写成

$$R_0 = r_0 \left[(1 - \sin\varphi)\ \frac{c\ \cot\varphi + \sigma_z}{c\ \cot\varphi + p_\mathrm{a}}\right]^{\frac{1-\sin\varphi}{2\sin\varphi}} \tag{3.4.15a}$$

或

$$R_0 = r_0 \left[\frac{2}{\xi + 1}\ \frac{\sigma_z(\xi - 1) + R_\mathrm{c}}{p_\mathrm{a}(\xi - 1) + R_\mathrm{c}}\right]^{\frac{1}{\xi-1}} \tag{3.4.15b}$$

式（3.4.15）表达了在其围岩岩性特征参数已知时，径向支护阻力 p_a 与塑性区大小 R_0 之间的关系。该式说明，随着 p_a 的增加，塑性区域相应减小。即径向支护阻力 p_a 的存在限制了塑性区域的发展，这是支护阻力的一个很重要的支护作用。

又如，若洞室开挖后不修筑衬砌，即径向支护阻力 $p_a = 0$ 时，则式（3.4.15）变成：

$$R_0 = r_0\left[(1-\sin\varphi)\frac{c\cot\varphi+\sigma_z}{c\cot\varphi}\right]^{\frac{1-\sin\varphi}{2\sin\varphi}} \tag{3.4.16a}$$

或

$$R_0 = r_0\left[\frac{2}{\xi+1}\ \frac{\sigma_z(\xi-1)+R_c}{R_c}\right]^{\frac{1}{\xi-1}} \tag{3.4.16b}$$

在这种情况下塑性区是最大的。

若想使塑性区域不形成，即 $R_0 = r_0$ 时，就可以由式（3.4.15）求出不形成塑性区所需的支护阻力

$$p_a = \sigma_z(1-\sin\varphi) - c\ \cos\varphi \tag{3.4.17}$$

或

$$p_a = \frac{2\sigma_z - R_c}{\xi+1}$$

这就是维持洞室处于弹性应力场所需的最小支护阻力。它的大小仅与初始应力场及岩性指标有关，而与洞室尺寸无关。上式的 p_a 实际上和弹塑性边界上的应力表达式（3.4.13）一致，说明支护阻力仅能改变塑性区的大小和塑性区内的应力，而不能改变弹塑性边界上的应力。

实际上衬砌是在洞室开挖后一定时间内修筑的，塑性区域及其变形已发生和发展。因此，所需的支护阻力将小于式（3.4.17）所决定的数值。

按照我们对松动区的定义，即松动区边界上的切向应力为初始应力，即 $\sigma_t = \sigma_z$，可由式（3.4.10）得

$$\sigma_{tp} = (p_a + c\ \cot\varphi)\ \frac{1+\sin\varphi}{1-\sin\varphi}\ \left(\frac{R}{r_0}\right)^{\frac{2\sin\varphi}{1-\sin\varphi}} - c\ \cot\varphi = \sigma_z$$

即可得松动区半径

$$R = R_0\left(\frac{1}{1+\sin\varphi}\right)^{\frac{1-\sin\varphi}{2\sin\varphi}} \tag{3.4.18}$$

可见，松动区半径和塑性区半径存在一定的关系。

例 3.4.1 隧道埋深 $H = 100$ m，洞室开挖半径 $r_0 = 3.0$ m，土体重度 $\gamma = 17.64$ kN/m^3，黏聚力 $c = 0.2$ MPa，内摩擦角 $\varphi = 30°$，土体平均弹性模量 $E = 100$ MPa，泊松比 $\mu = 0.5$，$\lambda = 1$，当不采用任何支护结构时，试求塑性区半径 R_0 及其围岩内的应力状态。若洞室开挖后立即采取支护，$p_a = 0.2$ MPa，求此时的塑性区半径 R_0 及围岩内的应力状态。

解 初始应力场为

$$\sigma_z = \gamma H = \frac{17\ 640\times 100}{1\times 10^6} = 1.764\ \text{（MPa）}$$

将有关数值代入式（3.4.16），则塑性区半径

$$R_0 = r_0\left[(1-\sin\varphi)\frac{c\ \cot\varphi+\sigma_z}{c\ \cot\varphi}\right]^{\frac{1-\sin\varphi}{2\sin\varphi}}$$

$$= 3.0\times\left[(1-\sin 30°)\frac{0.2\times\cot 30°+1.764}{0.2\ \times\cot 30°}\right]^{\frac{1-\sin 30°}{2\sin 30°}}$$

$$= 3.0\times 1.745\ 3 = 5.235\ 9\ (\text{m})$$

所以塑性区的范围为 5.235 9 – 3 = 2.235 9（m）。

松动区半径

$$R = R_0\left(\frac{1}{1+\sin\phi}\right)^{\frac{1-\sin\phi}{2\sin\phi}} = 5.235\ 9\left(\frac{1}{1+0.5}\right)^{\frac{1-0.5}{2\times 0.5}} = 4.2751\ (\text{m})$$

由式（3.4.10）、式（3.4.11）分别求出塑性区和弹性区内，当 $p_a = 0$ 时各点的应力，列于表 3.4.1。

表 3.4.1　无支护阻力时围岩内各点的应力

r/m	3.0	4.0	5.0	5.236	6	7	8	9	10	11
	塑性区				弹性区					
σ_r/MPa	0	0.269 4	0.615 8	0.708 8	0.960 4	1.173 6	1.312 0	1.406 8	1.474 7	1.524 9
σ_t/MPa	0.692 82	1.501 11	2.540 34	2.819 282	2.567 6	2.354 4	2.216 0	2.121 1	2.053 3	2.000 3

同理，当 $p_a = 0.2$ MPa 时，各点的应力列于表 3.4.2。

表 3.4.2　$p_a = 0.2$ MPa 时围岩内各点的应力

r/m	3.0	3.4	3.8	4.170 6	5	7	8	9	10	11
	塑性区				弹性区					
σ_r/MPa	0.2	0.355 4	0.530 3	0.708 8	1.030 4	1.389 7	1.477 4	1.537 6	1.580 6	1.612 4
σ_t/MPa	1.292 8	1.759 0	2.283 6	2.992 3	2.497 6	2.138 3	2.050 6	1.990 4	1.947 4	1.915 6

根据上述计算绘制的洞室围岩应力分布如图 3.4.3 所示。其中，实线表示支护阻力 p_a = 0.2 MPa 时的围岩切向应力和径向应力，虚线表示无支护阻力时的围岩切向应力和径向应力。

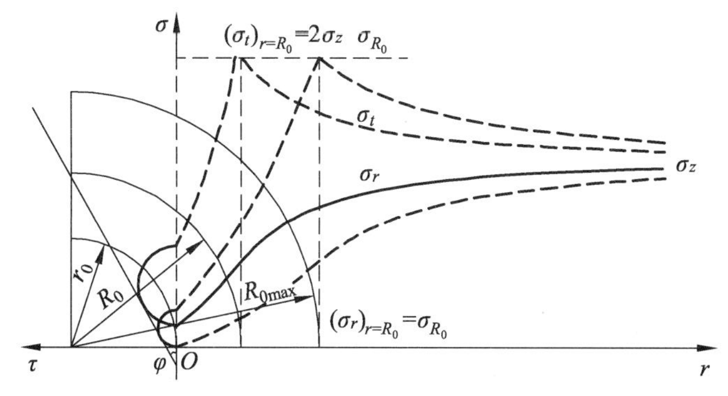

图 3.4.3　圆形洞室围岩内的应力分布

使塑性区不形成所需的最小径向阻力为

$$p_a = \sigma_z(1-\sin\varphi) - c\ \cos\varphi = 1.764\times(1-0.5) - 0.2\times 0.866$$
$$= 0.708\ 8\ (\mathrm{MPa})$$

变化支护阻力的数值说明支护阻力对塑性区半径、松动区半径的影响。

当 p_a 分别为 0、0.2、0.4、0.6、0.708 8 MPa 时，其塑性区的范围列于表 3.4.3。

表 3.4.3　支护阻力和塑性区半径、松动区半径的关系

p_a/MPa	0	0.2	0.4	0.6	0.708 8
R_0/m	5.238 5	4.170 6	3.568 0	3.168 4	3.0
r_0/R_0	0.572 7	0.719 3	0.840 8	0.946 9	1.0
R/m	4.276 7	3.404 9	3.0	3.0	3.0

图 3.4.3 表示了有支护和无支护时围岩塑性区应力的变化情况。从图中可知，在围岩周边加上支护阻力 p_a 后，使洞周由双向应力状态进入三向应力状态。从而在满足极限平衡状态的情况下，使切向应力增大了 ξp_a［可由式（3.4.10）证明］，在图中表现为摩尔圆内移。

以上分析说明，支护阻力 p_a 的重要支护作用之一是控制塑性区的发展，从而也改善了围岩的应力状态。

3. 轴对称条件下围岩位移的弹塑性分析

为计算塑性区域内的径向位移 u^p，可假定塑性区内的岩体在小变形的情况下体积不变，即

$$\varepsilon_r^p + \varepsilon_t^p + \varepsilon_{rt}^p = 0 \tag{3.4.19}$$

式中　ε_r^p——塑性区岩体径向应力引起的应变；

ε_t^p——塑性区岩体切向应力引起的应变；

ε_{rt}^p——塑性区岩体剪应力引起的应变。

根据轴对称平面应变状态的几何方程（塑性区亦应满足）

$$\varepsilon_r^p = \frac{\mathrm{d}u^p}{\mathrm{d}r};\quad \varepsilon_t^p = \frac{u^p}{r};\quad \varepsilon_{rt}^p = 0$$

故式（3.4.19）可以改写为

$$\frac{\mathrm{d}u^p}{\mathrm{d}r} + \frac{u^p}{r} = 0 \tag{3.4.20}$$

积分得塑性区位移

$$u^p = \frac{A}{r} \tag{3.4.21}$$

式中，A 为待定系数，可根据弹、塑性边界面（ $r=R_0$ ）上的变形协调条件确定，即

$$u_{R_0}^{\mathrm{e}}=u_{R_0}^{\mathrm{p}} \tag{3.4.22}$$

弹性区的围岩位移可将式（3.3.13）代入边界条件。在 $r=R_0$，作用有弹、塑性边界上的径向应力 σ_{R_0}，代替式（3.3.13）中的 p_{a}，则弹性区的位移

$$u_{R_0}^{\mathrm{e}}=\frac{R_0^2(1+\mu)}{Er}(\sigma_z-\sigma_{R_0}) \qquad (r>R_0) \tag{3.4.23}$$

将式（3.4.23）及式（3.4.21）代入式（3.4.22），可得

$$A=\frac{R_0^2(1+\mu)}{E}(\sigma_z-\sigma_{R_0})$$

则塑性区的围岩位移

$$u^{\mathrm{p}}=\frac{R_0^2(1+\mu)}{Er}(\sigma_z-\sigma_{R_0}) \quad (r_0\leqslant r\leqslant R_0) \tag{3.4.24}$$

这与弹性区位移表达式一样。

如将含有支护阻力 p_{a} 的塑性区半径 R_0 的表达式（3.4.15）代入上式，即可得出洞室周边径向位移 $u_{r_0}^{\mathrm{p}}$ 与支护阻力的关系式：

$$\frac{u_{r_0}^{\mathrm{p}}}{r_0}=\frac{1+\mu}{E}(\sigma_z\ \sin\varphi+c\ \cos\varphi)\left[(1-\sin\varphi)\frac{c\ \cot\varphi+\sigma_z}{c\ \cot\varphi+p_{\mathrm{a}}}\right]^{\frac{1-\sin\varphi}{\sin\varphi}} \tag{3.4.25}$$

或写成

$$p_{\mathrm{a}}=-c\ \cot\varphi+(1-\sin\varphi)(c\ \cot\varphi+\sigma_z)\left(\frac{(1+\mu)\sin\varphi}{E}\ (c\ \cot\varphi+\sigma_z)\ \frac{r_0}{u_{r_0}^{\mathrm{p}}}\right)^{\frac{\sin\varphi}{1-\sin\varphi}} \tag{3.4.26}$$

以上各式中的 R_0 可用式（3.4.15）求得。

由此可见，在形成塑性区后，洞室周边位移 u_{r_0} 不仅与岩体特性、洞室尺寸、初始应力场有关，还和支护阻力 p_{a} 有关。支护阻力随着洞周位移的增大而减小，若允许的位移较大，则需要的支护阻力变小。而洞周位移的增大是和塑性区的增大相联系的。

当黏聚力 $c=0$ 时：

$$u_{r_0}^{\mathrm{p}}=\frac{1+\mu}{E}\sigma_z\ \frac{R_0^2}{r_0}\sin\varphi \tag{3.4.27}$$

事实上，围岩进入塑性状态后，体积要发生变化，称为剪涨现象，故上式只能算是近似公式。

下面进一步说明支护阻力与洞周位移的关系。

引用例 3.4.1 的数据，当围岩的二次应力场处于弹性状态时，p_{a} 与 u_{r_0} 的关系可由式（3.3.13）给出。当二次应力形成塑性区时，p_{a} 与 u_{r_0} 的关系可由式（3.4.25）或式（3.4.26）给出。2 段

的衔接点为洞室周边围岩恰好不出现塑性区，此时所需提供的最小支护阻力由式（3.4.17）求出，即

$$p_{\mathrm{a}}=\frac{2\sigma_z-R_{\mathrm{c}}}{\xi+1}=0.708\,8$$

当 $p_{\mathrm{a}}=\sigma_z$ 时，洞壁径向位移 $u_{r_0}=0$，即全部荷载由支护结构来承受。当 $p_{\mathrm{a}}=0$ 时，只要围岩不坍塌，就可以通过增大塑性区范围来取得自身的稳定，此时的洞周位移 u_{r_0} 可以由式（3.4.24）求出，即

$$u_{r_0\max}^{\mathrm{p}}=\frac{R_0^2(1+\mu)}{Er_0}(\sigma_z-\sigma_{R_0})$$

式中　R_0——无支护阻力时的塑性区半径。

由题中数据，得出无支护时的洞周位移

$$u_{r_0\max}^{\mathrm{p}}=\frac{1+\mu}{E}(\sigma_z\sin\varphi+c\ \cos\varphi)\ \frac{R_0^2}{r_0}=14.46\text{（cm）}$$

将计算出的荷载-位移曲线 p_{a}-u_{r_0} 的关系示于图 3.4.4。

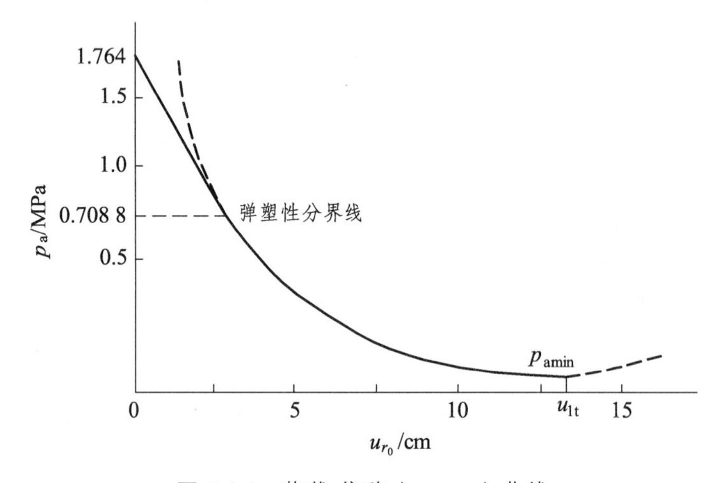

图 3.4.4　荷载-位移（p_{a}-u_{r_0}）曲线

事实上，洞室开挖后，支护的架设无论如何总是要滞后一段时间，这时，塑性区已经形成，洞周的位移与支护阻力的关系曲线如图中的上段虚线所示。

此外，任何类别的围岩都有一个极限变形量 u_{lt}，超过这个极限值岩体的 c、φ 值将急剧下降，造成岩体松弛和塌落。而在较软弱的围岩中，这个极限值一般都小于无支护阻力时洞壁的最大径向位移值。因此，在洞壁的径向位移超过 u_{lt} 后，围岩就将失稳，如果在洞壁位移大于 u_{lt} 后再进行支护以稳定围岩，无疑所需的支护阻力必将增大，故这条曲线达到 u_{lt} 后不应该再继续下降，而是上升。遗憾的是虽经各种努力，目前还无法将 u_{lt} 之后的上升曲线用数学表达式描述出来，只能形象地表示成上升的趋势（虚线所示），这段曲线对于实际工程已没有实用价值。

图 3.4.4 所示的曲线即为围岩的特征曲线，亦称围岩的支护需求曲线。根据接触应力相

等的原则，亦称为支护的荷载曲线。它形象地表明围岩在洞室周边所需提供的支护阻力及与其周边位移的关系：在洞周极限位移范围内，容许围岩的位移增加，所需要的支护阻力减小，而应力重分布的结果大部分由围岩承担，反之亦然。

应该指出，上述的分析是在理想条件下进行的，例如，假定洞壁各点的径向位移都相同，又假定支护需求曲线与支护的刚度无关等。事实上，即使在标准固结的黏土中，洞壁各点的径向位移相差也很大，也就是说洞壁的每一点都有自己的支护需求曲线。再者，支护阻力是支护结构与隧道围岩相互作用的产物，而这种相互作用与围岩的力学性质有关，当然也取决于支护结构的刚度，不能认为支护结构只有阻力而无刚度。不过，尽管存在这样一些不准确的地方，但上述的隧道围岩与支护结构相互作用机理仍是有效的。

综上所述，支护阻力 p_a 的存在控制了洞室岩体的变形和位移，从而控制了岩体塑性区的发展和应力的变化，这就是支护结构的支护实质。同时，由于支护阻力的存在也改善了周边岩体的约束条件，从而相应地提高了岩体的承载能力。

4. 塑性变形压力 p_a 的计算

弹性变形压力已在 3.3 节中有所阐明。这里仅以塑性变形压力计算进行说明。

塑性变形压力是按围岩与支护共同作用原理求出的，应用了洞壁上围岩与支护的应力和变形的协调条件。此外，亦可根据图 3.4.5 中围岩变形特性曲线与支护变形特性曲线的交点求出。

如果不考虑支护与围岩间回填层的压缩，那么围岩洞壁的位移 $u_{r_0}^{\mathrm{p}}$ 应当等于支护外壁的位移 $u_{r_0}^{\mathrm{co}}$ 和支护前围岩洞壁已释放了的位移 u_0 之和（见图 3.4.5），即

$$u_{r_0}^{\mathrm{p}} = u_0 + u_{r_0}^{\mathrm{co}}$$

由此可把式（3.4.26）写成塑性变形压力 p_a 与支护外壁的位移 $u_{r_0}^{\mathrm{co}}$ 的关系式：

$$p_{\mathrm{a}} = -c\cot\varphi + (1-\sin\varphi)(c\cot\varphi+\sigma_z)\left(\frac{(1+\mu)}{E}\sin\varphi(c\cot\varphi+\sigma_z)\frac{r_0}{u_0+u_{r_0}^{\mathrm{co}}}\right)^{\frac{\sin\varphi}{1-\sin\varphi}} \tag{3.4.28}$$

式（3.4.28）中，u_0 与支护的施工条件有关，它可由实际量测、经验估算或计算方法确定。但式（3.4.28）中仍然有 2 个未知数，因此，必须根据支护受力情况再建立 1 个方程才能求出解答。

当喷层的厚度大于 0.04 倍的开挖跨度时，可按弹性力学中的厚壁圆筒理论，支护阻力与结构刚度的关系，如式（3.3.16）。

$$p_{\mathrm{a}} = \frac{E_{\mathrm{c}}(r_0^2 - r_1^2)}{r_0(1+\mu_{\mathrm{c}})[(1-2\mu_{\mathrm{c}})r_0^2 + r_1^2]}u_{r_0}^{\mathrm{co}} = K_{\mathrm{c}}u_{r_0}^{\mathrm{co}} \tag{3.4.29}$$

联立式（3.4.28）与式（3.4.29）求解，即可得到 p_a 和 $u_{r_0}^{\mathrm{co}}$，再由式（3.4.15）求出塑性区的半径 R_0，则塑性区的应力和位移均可求出。

支护结构的应力和位移可由厚壁圆筒的公式（3.3.14）和式（3.3.15）给出。

求出 R_0 后，就可直接得到围岩弹性区、塑性区及支护结构的应力和位移。

例 3.4.2 已知数据如例 3.4.1。若洞室开挖后的初始变形为 85 mm，进行喷混凝土支护，支护材料为厚度 $d_s = 8$ cm 的 C30 喷混凝土，求支护阻力 p_a、围岩的塑性区半径 R_0 和洞周土体位移 u_{r_0}。当支护材料换成厚度 $d_s = 30$ cm 的 C30 模注混凝土时，求支护阻力 p_a、围岩的塑性区半径 R_0 和洞周土体位移 u_{r_0}。已知支护材料的抗压强度 $f_c = 14.3$ MPa，变形模量 $E_c = 2\times10^4$ MPa，泊松比 $\mu_c = 0.167$。

解 因喷层厚度 $d_s < 0.04r_0$，所以使用薄壁圆筒公式计算喷混凝土结构的刚度。

$$K_c = \frac{E_c d_s}{r_0(1-\mu_c^2)} = \frac{2\times10^4\times8\times10^{-2}}{3(1-0.167^2)} \approx 548.634\text{（MPa）}$$

结构上的压力按照结构的刚度定义，与位移的关系可以表示成

$$p_{1a} = K_c\frac{u_{r_0}}{r_0} = 548.634\frac{u_{r_0}}{3\times10^3} = 0.189\ 2u_{r_0}$$

按应力和变形的连续条件，上式的 p_{1a} 和 $u_{r_0}^{co}$ 值应满足式（3.4.28）的关系，将上式代入之，得

$$0.189\ 2u_{r_0}^{co} = -c\cot\varphi + (\sigma_z + c\ \cot\varphi)(1-\sin\varphi)\left(\frac{(2\sigma_z\sin\varphi + 2c\cos\varphi)r_0}{4G(u_{r_0}^{co}+u_0)}\right)^{\frac{\sin\varphi}{1-\sin\varphi}}$$

代入已知数据，得

$$0.189\ 2u_{r_0}^{co} = -0.346\ 4 + \frac{50.105\ 1}{u_{r_0}^{co}+85}$$

将上式化为一元二次方程组得

$$0.189\ 2(u_{r_0}^{co})^2 + 15.459\ 4u_{r_0}^{co} - 20.661\ 1 = 0$$

解方程组，得

$$u_{r_0}^{co} = 1.281\ 1\text{（mm）}$$

所以，支护阻力为

$$p_{1a} = 0.189\ 2u_{r_0}^{co} = 0.243\text{（MPa）}$$

计算结果示于图 3.4.5 中的支护曲线①。

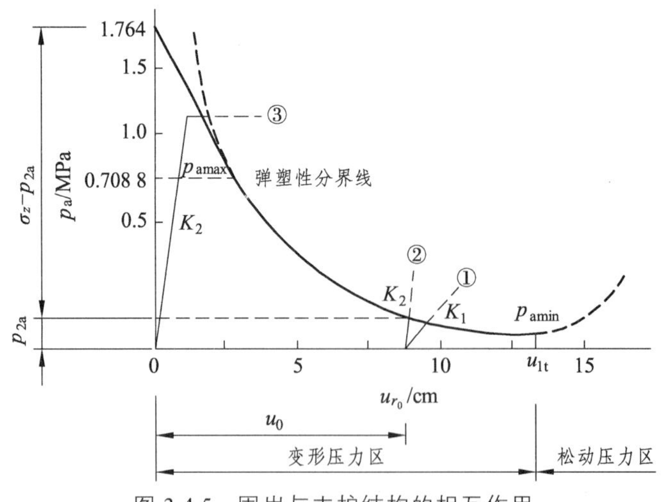

图 3.4.5 围岩与支护结构的相互作用

计算喷混凝土支护所能提供的最大支护阻力

$$p_{1a\max}=\frac{f_c d_s}{r_0}=\frac{14.3\times 80}{3\ 000}=0.381\ (\text{MPa})$$

因此，8 cm 厚的喷混凝土所能提供的最大支护阻力大于实际所需要的抗力。

此时的洞周位移 $u_{r_0}^{p}$ 和塑性区半径 R_0 分别为

$$u_{r_0}^{p}=u_{r_0}^{co}+u_0=1.281\ 1+85=86.281\ 1\ (\text{mm})$$

$$R_0=r_0\left[(1-\sin\varphi)\frac{c\ \cot\varphi+\sigma_z}{c\ \cot\varphi+p_{1a}}\right]^{\frac{1-\sin\varphi}{2\sin\varphi}}$$

$$=3.0\left[(1-\sin 30°)\frac{0.2\times\cot 30°+1.764}{0.2\times\cot 30°+0.243}\right]^{\frac{1-\sin 30°}{2\sin 30°}}=4.014\ (\text{m})$$

当采用厚度为 30 cm 的模注混凝土衬砌时，使用厚壁圆筒公式计算喷混凝土结构的刚度

$$K_c=\frac{E_c[r_0^2-(r_0-d_s)^2]}{r_0(1+\mu_c)[(1-2\mu_c)r_0^2+(r_0-d_s)^2]}=\frac{2\times 10^4[3^2-2.7^2]}{3\times 10^3(1+0.167)[(1-2\times 0.167)\times 3^2+2.7^2]}=0.735\ 37$$

$$p_{2a}=K_c u_{r_0}=0.735\ 37\ u_{r_0}$$

按上述过程计算模注混凝土衬砌壁的位移

$$u_{r_0}^{co}=0.327\ 5\ \ \text{mm}$$

支护阻力为

$$p_{2a}=0.735\ 37u_{r_0}^{co}=0.240\ 8\ \ (\text{MPa})$$

计算结果示于图 3.4.5 中的支护曲线②。模注混凝土能提供的最大支护阻力为

$$p_{2a\max}=\frac{1}{2}f_c\left(1-\frac{r_0^2}{r_1^2}\right)=1.24\ \ (\text{MPa})$$

所以，30 cm 厚的模注混凝土提供的最大阻力能满足实际的要求。此时，洞周位移 $u_{r_0}^{p}$ 和塑性区半径 R_0 分别为

$$u_{r_0}^{p}=u_{r_0}^{co}+u_0=0.327\ 5+85=85.327\ 5\ (\text{mm})$$

$$R_0=r_0\left[(1-\sin\varphi)\frac{c\cot\varphi+\sigma_z}{c\cot\varphi+p_{2a}}\right]^{\frac{1-\sin\varphi}{2\sin\varphi}}=4.021\ 6\ (\text{m})$$

上例说明了支护结构上承受的变形压力的求算过程，并且表明，当允许围岩发生一定的初始位移时，增加支护结构的厚度对围岩位移的控制作用并不明显，支护结构上的支护阻力也相差无几。所以，在工程中强调采用柔性支护以节约成本（除非由于支护强度不够而危及洞室稳定性）。但它也应有必要的刚度，以便有效地控制围岩变形，从而达到稳定。

3.5 围岩压力

由上节的分析说明，围岩压力对于工程而言，是指作用在支护结构上的作用力。支护结构上承受的荷载与支护结构的刚度以及支护架设的时间等因素有关。只要支护结构在弹性范围内所能提供的最大承载力与该曲线相交，交点以上的荷载就由围岩来承受，交点以下的部分由支护结构来承担。

1. 围岩压力的基本概念

广义地讲，我们将围岩二次应力状态的全部作用称为围岩压力。这种作用在无支护洞室中出现在洞室周围的部分区域内（围岩中），在有支护结构的洞室中，表现为围岩和支护结构的相互作用（出现在支护结构及围岩中），这种荷载作用的概念和分配过程在围岩-结构计算模式中得到了充分的体现。目前一般工程中所认为的围岩压力，是指由于洞室开挖后的二次应力状态，围岩产生变形或破坏所引起的作用在衬砌上的压力。

如上所述，在理想的弹、塑性体中，由围岩的支护需求曲线可知，只要在洞周达到极限位移 u_{lt} 之前，围岩与支护结构就已经形成稳定的支护体系，这时支护结构上承受的是变形压力。如果在洞周已经达到极限位移 u_{lt} 时，洞周的位移会急剧发展，围岩松弛以致坍塌，这时再进行支护的话，则需承受围岩的松动压力。

在工程实践中，对于非理想的弹、塑性体，洞室围岩常常会经过应力集中→形成塑性区→发生向洞室内位移→塑性区进一步扩大→洞室围岩松弛、崩塌、破坏等几个过程。视围岩的性质、洞室的尺寸和形状，这些过程的时间历程有所区别，但并不是所有洞室破坏都要经过上述几个阶段。例如在整体、坚硬的脆性岩体中可能形成自稳洞室（弹性体），在松散岩体中，洞室会迅速出现崩塌等，洞室围岩这个力学过程基本上决定了围岩压力的性质以及洞室失稳破坏的不同方式。施加支护后，就会在其中的某一个阶段改变这一过程，从而使其变为稳定的结构体系。根据支护的类型、支护结构的刚度和架设时间的不同，支护结构上承受的荷载性质不同。

在裂隙岩体中，开挖洞室后视岩体结构面的性质而发生岩块滑动、塌落、松弛等现象，为了防止上述的变形和破坏，需要对围岩设置支护或衬砌。这时，支护或衬砌上将要受到变形岩体的挤压力或坠落、滑移、坍塌岩体的重力。我们把由变形岩体引起的挤压力叫形变压力，而把由坠落、滑移、坍塌体重力产生的压力叫作松动压力，两者统称为围岩压力。这种荷载作用的概念在荷载结构计算模式中得到了充分的体现。

此外还有由于开挖后，引起洞周很大的切向应力，超过了围岩的强度极限而形成的冲击压力以及由于膨胀性岩体在开挖后产生的膨胀压力。

（1）变形压力。

变形压力是由于围岩变形受到支护的抑制而产生的。按其成因可分为下述几种情况：

① 弹性变形压力。当采用紧跟开挖面进行支护的施工方法时，由于存在着开挖面的“空间效应”而使支护受到一部分围岩的弹性变形作用，由此而形成的变形压力称为弹性变形压力。

② 塑性变形压力。由于围岩塑性变形（有时还包括一部分弹性变形）而使支护受到的压力称为塑性变形压力，这是最常见的一种围岩变形压力。

③ 流变压力。围岩产生显著的随时间增长的变形或流动。压力是由岩体变形、流动引起的，有显著的时间效应，它能使围岩鼓出、闭合，甚至完全封闭。

变形压力是由围岩变形表现出来的压力，所以变形压力的大小，既决定于原岩应力大小、岩体力学性质，也决定于支护结构刚度和支护时间。

（2）松动压力。

由于开挖而松动或塌落的岩体，以重力形式直接作用在支护上的压力称为松动压力。

根据对这种围岩松动和破坏范围的统计，引起围岩松动和破坏的范围有大有小，如有的可达地表，有的则很小。而对于一般裂隙岩体中的深埋隧道，其波及范围仅涉及洞室周围的一定深度。这种压力直接表现为荷载的形式是：顶压大，侧压小。松动压力通常由下述 3 种情况形成：

① 在整体稳定的岩体中，可能出现个别松动掉块的岩石对支护造成的落石压力，表现出局部的围岩应力；

② 在松散软弱的岩体中，隧道顶部和两侧形成扇形塌落对支护造成的散体压力，分布较均匀；

③ 在节理发育的裂隙岩体中，围岩某些部位的岩体沿弱面发生剪切破坏或拉坏，形成了局部塌落的非对称的松动压力。

（3）膨胀压力。

岩体具有吸水膨胀崩解的特性，其膨胀、崩解、体积增大可以是物理性的，也可以是化学性的。由于围岩膨胀崩解而引起的压力称为膨胀压力。膨胀压力与变形压力的基本区别在于它是由吸水膨胀引起的。从现象上看，它与流变压力有相似之处，但两者的机理完全不同，因此对它们的处理方法也各不相同。

岩体的膨胀性，既决定于其蒙脱石、伊利石和高岭土的含量，也取决于外界水的渗入和地下水的活动特征。岩层中蒙脱石含量越高，有水源供给，膨胀性越大。

在以往实验中人们已观察到，膨胀荷载一般只在仰拱处产生，即膨胀荷载的方向与自重荷载相反，但量值常大于覆盖层自重的若干倍。因此对承重结构来说，膨胀荷载常为最不利的荷载形式。

膨胀荷载的大小与岩体的状态、隧道结构形式等很多因素有关，目前还没有计算模型来计算膨胀荷载的大小，通常只有根据经验数据或量测结果来估计。太沙基根据经验提出膨胀压力可相当于 $h_c = 80$ m 厚覆盖层的自重，假设覆盖层岩体的重度为 $\gamma = 24\ \text{kN/m}^3$，则膨胀荷载为

$$p_v = \gamma \cdot h_c = 24 \times 80 = 1\,920\ (\text{kPa}) = 1.92\ (\text{MPa}) \tag{3.5.1}$$

米勒（Müller）根据某隧道在建造过程中的试验测试结果，绘制了如图 3.5.1 所示 的膨胀荷载随时间而变化的过程。从图中可看出，个别测点的膨胀压力可达 3.5 MPa 以上，这大约相当于 146 m 厚的覆盖层厚度，这是一个相当大的荷载，是具有一般强度的隧道承重结构

无法承担的外荷载。为了使承重结构不被破坏，在膨胀地质条件下需设计特殊结构形式。如采取图中膨胀荷载的平均值，约为 2 MPa，这与太沙基提出的近似估计是较接近的。

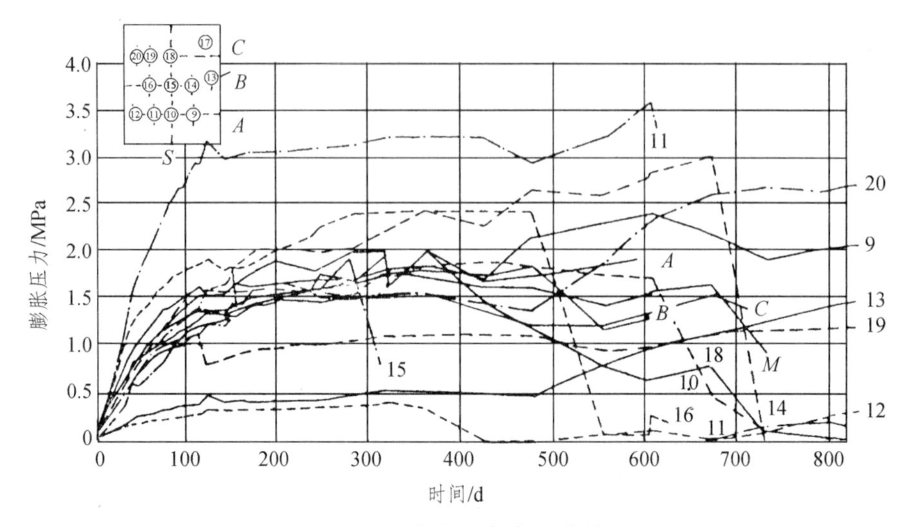

图 3.5.1　膨胀压力实测曲线

米勒在给出试验得到的膨胀荷载随时间变化的同时，还给出仰拱处由于膨胀而使结构产生底鼓ΔH 的试验结果（图 3.5.2）。可以看出，膨胀可使仰拱中心处产生的最大上升位移达 24 mm。由于膨胀会引起较大的附加荷载及附加位移，因此在膨胀地质条件下建隧道时，要充分考虑膨胀因素。

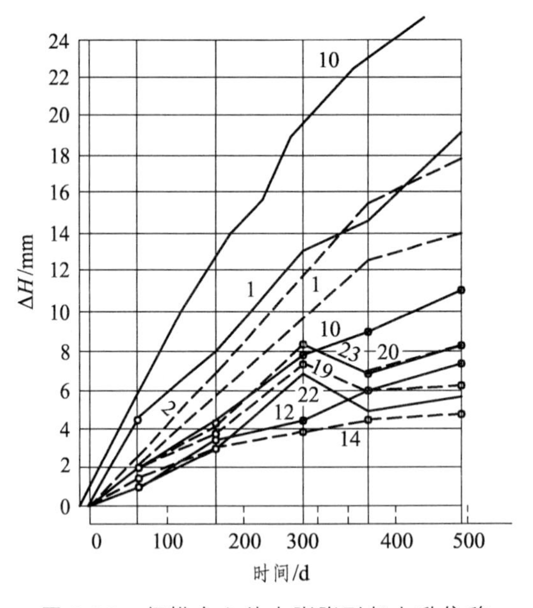

图 3.5.2　仰拱中心处由膨胀引起上升位移

（4）冲击压力。

冲击压力是指在围岩积聚了大量的弹性变形能之后，由于开挖突然释放出来时所产生的压力。一般是在高地应力的坚硬岩石中发生。

冲击压力又包括了：岩爆、地震、落石等。岩爆是指地下开采的深部或构造应力很高的区域，临空岩体积聚的应变能突然而猛烈地全部释放，致使岩体发生像爆炸一样的脆性断裂，并产生巨大的冲击压力。地震作用也会引起地层运动，岩土体释放变形能，对结构产生冲击压力。此外，落石在重力作用下作用于结构上也会形成一定的冲击压力，也是不容忽视的。

由于冲击压力是岩体能量的积聚与释放问题，所以它与岩体弹性模量直接相关。弹性模量较大的岩体在高地应力作用下，易于积聚大量的弹性变形能，一旦遇到适宜条件，它就会突然猛烈地大量释放。

围岩压力按其作用方向，又可分为垂直压力、水平侧向压力和底部压力。在坚硬岩层中，围岩水平压力很小，常可忽略不计，在松软岩层中，围岩水平压力较大，计算中必须考虑。围岩底部压力是向上作用在衬砌结构底板上的荷载。一般说来，在松软地层和膨胀性岩层中建造的地下结构会受到较大的底部压力。

2. 围岩的成拱作用

由于洞室的开挖，若不进行任何支护，周围岩体会经过应力重分布→变形→开裂→松动→逐渐塌落的过程，在洞室的上方形成近似拱形的空间后停止塌落。将洞室上方所形成的相对稳定的拱称为“自然平衡拱”（图 3.5.3）。自然平衡拱上方的一部分岩体承受着上覆地层的全部重力，如同一个承载环一样，并将荷载向两侧传递下去，这就是围岩的“成拱作用”。而自然平衡拱范围内破坏了的岩体的重力，就是作用在支护结构上围岩松动压力的来源。其成拱作用也可以解释为在形成松动压力时，围岩的“承载作用”。

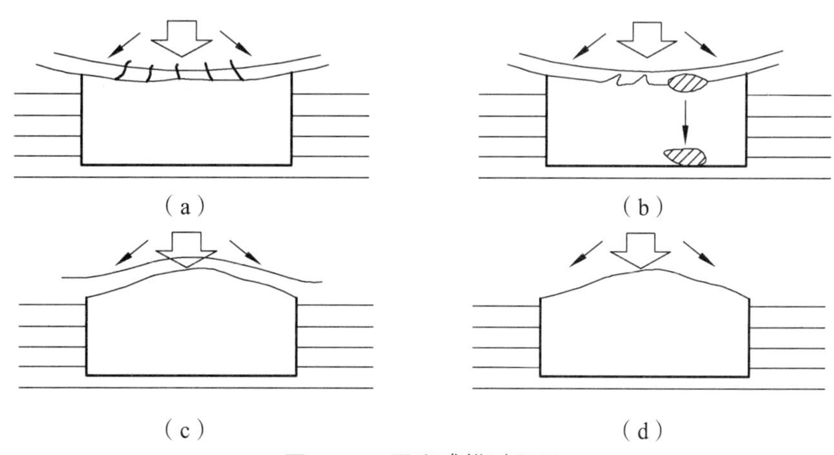

图 3.5.3　围岩成拱过程图

实践证明，自然平衡拱范围的大小除了受上述的围岩地质条件、支护结构架设时间、刚度以及它与围岩的接触状态等因素影响外，还取决于以下诸因素：

（1）隧道的尺寸。隧道跨度越大，则自然平衡拱越高，围岩压力也越大。

（2）隧道的埋深。人们从实践中得知，只有当隧道埋深超过某一临界值时，才有可能形成自然平衡拱。习惯上，将这种隧道称为深埋隧道，否则称为浅埋隧道。由于浅埋隧道不能形成自然平衡拱，所以，浅埋隧道围岩压力的大小与埋置深度直接相关。

（3）施工因素。如爆破的影响，爆破所产生的震动，常常使围岩过度松弛，造成围岩压力过大。又如分部开挖多次扰动围岩，也会引起围岩失稳，使围岩压力加大。

3. 变形压力

由于现代地下结构施工技术的发展，已经有可能在洞室开挖之后及时地给围岩以必要的约束，阻止围岩松弛，不使其因变形过度（形成松动区）而产生松动压力。此时洞室开挖而释放的围岩压力将由支护结构与围岩组成的地下结构体系共同承受。一方面围岩本身由于支护结构提供了一定的支护阻力，而引起它的应力调整达到新的平衡；另一方面由于支护结构阻止围岩变形，也必然要受到围岩给予的反作用力而发生变形。这种反作用力和围岩的松动压力极不相同，它是支护结构与围岩在共同变形的过程中对支护结构施加的压力，称为变形压力。这种变形压力的大小和分布规律不仅与围岩的特性有关，而且还取决于支护结构的变形特征——刚度以及架设的时间。

变形压力多发生在以新奥法施工原理为指南的锚喷支护结构中。

到目前为止，国内外在喷混凝土或锚喷支护结构上进行的接触应力的实地量测成果列于表 3.5.1。据此，对锚喷支护结构上的荷载状态分析如下：

表 3.5.1　锚喷支护接触应力实地量测数据一览表

隧道名称	地质概况	埋深/m	跨度/m	喷混凝土厚/cm	锚杆	$\sigma_{r\max}$/kPa	$\sigma_{r\min}$/kPa	$\sigma_{t\max}$/kPa	$\sigma_{t\min}$/kPa
CNR 隧道 67 + 87 测站	胶结的、软的风化砂岩	90	6.0	15	无	280	140	2 000	850
50 + 21 测站		80	6.0	15	有	770	480	2 700	960
48 + 0.5 测站	破碎页岩	45	6.0	15	有	740	480	9 700	3 400
Schwickheim 第Ⅰ断面	塑性黏土	20	10.0	20	有	260	100	500	250
第Ⅱ断面		20	10.0	20	有	180	100	280	150
Regensberg 第 1 测站	塑性黏土	60	6.0	20	无	270	150	6 000	3 000
第 2 测站		60	6.0	20	无	700	400	9 000	3 000
Washington 试验隧道	风化塑性黏土	15	2.5	10	无	60	40	1 700	1 000
Mexico city 隧道	砂泥土	50	14.0	20	有	800	560	6 500	3 200
Frankfurt 隧道	黏土，砂土	10	2.5	15	无	70	50	260	100
北隧道		10	6.7	15	有	190	100	1 800	1 400
南隧道		10	6.7	20	有	270	150	2 500	1 500
Nurnberg 地下铁道	砂岩	7	10.0	15	有	—	—	3 000	2 000
Wolfsburg 隧道	裂隙岩体	—	10.0	15	有	700	300	2 000	1 000
Tarbela 隧道第 3 测站	页岩，石灰岩	150	22.0	20	有	800	300	9 000	2 200
Taueru 隧道 202.5 测站	黏土，破碎岩石	60	11.0	25 ~ 50	有	1 800	850	10 000	7 000
Taueru 225 测站		50	11.0	25 ~ 50	有	1 800	500	10 000	6 000
Taueru 405 测站		140	11.0	10	有	250	150	2 200	1 000
Taueru 1379 测站		850	11.0	15	有	1 000	400	3 300	2 200
Taueru 2193 测站		900	11.0	15	有	800	400	2 500	1 500
普济隧道	泥岩，页岩	45	7.0	15	无	630	300	920	4 100

（1）喷混凝土支护与围岩有较高的黏结力，它不仅能承受径向应力，也能承受切向应力。量测的结果表明接触应力有2个分量，即切向应力分量（σ_t）和径向应力分量（σ_r），而且σ_t远大于σ_r。切向荷载的存在可以减小荷载分布的不均匀程度以及大大减少支护结构中的弯矩值，从而极大地改善围岩及支护结构的应力状态。这与模注混凝土衬砌和周围岩体的相互作用有很大不同。

统计表明：围岩条件越好，σ_t/σ_r的比值越大，地质条件越差，其比值越小，这说明在不同岩体中，黏结效应是不同的。

这种情况说明，在锚喷支护结构的计算中，必须计入切向荷载的作用和影响，这是锚喷支护结构上荷载的重要特征之一。

实践指出，模注混凝土衬砌与围岩之间的回填层，其接触状态不能保证衬砌与围岩有足够的黏结，因而仅能传递径向应力而不能承受切向应力。

理论上切向荷载的数值可按沿接触面切线方向的剪切位移等于零的条件决定或依量测值决定，其方向则视剪切位移的方向而定，通常是从两侧指向拱顶方向的。

（2）径向接触应力的值与地质条件、洞室跨度、埋深以及喷层厚度等因素有关。根据线性回归分析可以大体表明，洞室跨度的影响显著，埋深次之。

现在就σ_r和开挖跨度B之间进行回归分析，得出下式：

$$\sigma_r^0 = 0.158B^{1.372} \tag{3.5.2}$$

式（3.5.2）表明，σ_r随跨度的增加而略呈非线性增大，该式在跨度5~11 m范围内与量测值较为接近。应该指出，表3.5.1所示的量测值是在不同地质条件（从膨胀性岩层至黏土、砂）、不同洞室尺寸（2.5~22 m）及埋深（7~900 m）条件下获得的，σ_r比较稳定在某一个数值范围内（图3.5.4）。说明，锚喷支护结构与围岩共同作用的实质，在于能充分发挥岩体自身的承载能力和更好地调节岩体和支护结构的应力、应变状态，这与模注混凝土衬砌是很不相同的。

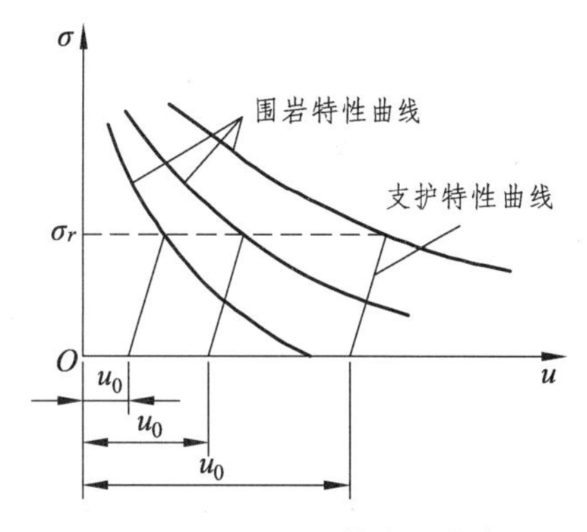

图3.5.4 不同岩体中σ_r稳定在同一水平的状态图

（3）埋深h的影响。埋深对接触应力σ_r值也表现了一定的影响，一般说随着h的增加σ_r也有所增长，但不显著。

（4）喷层厚度的影响。前已述及，喷层厚度的影响是不显著的。但一般说来，喷层较薄（d_s<10 cm）时，σ_r也较小；当d_s = 15~20 cm时，σ_r值无显著变化；而当d_s>20 cm后，σ_r有急剧增加的趋势，这从表3.5.2就可以看出。

表3.5.2 喷层厚度对σ_r的影响

喷层厚度/cm	10	15	20	>20
σ_r/kPa	95	306	368	675

如果以 d_s/B（B 为洞室宽度）作为衬砌相对刚度的指标，亦可得出相应的回归方程：

$$\sigma_r = 17.0(d_s / B)^{0.47} \tag{3.5.3}$$

随着 d_s/B（衬砌刚度）的增大，σ_r 非线性增大。由此可见，为了充分发挥岩体的承载能力，保证喷层的柔性力学特性是很重要的，即喷层厚度不宜过厚，以 $d_s \leq 20$ cm 为宜。同时，为保证喷层的结构作用，其厚度亦不宜过薄，至少在 8 cm 以上。

（5）关于接触应力的分布状态，由一些隧道量测的接触应力分布表明，其中除了明显受到地质结构的强烈影响外，在一般情况下，径向接触应力分布的不均匀系数如下：

普济隧道　　0.524

陶恩隧道　　0.91 ~ 0.93

圣彼得堡地铁　　0.38

法兰克福地铁　　0.22

纽伦堡隧道　　0.086

其中，除陶恩隧道外，均为 0.5 或小于 0.5。这说明荷载分布还是比较均匀的。一般说侧壁范围的荷载通常较拱部范围大些。因此，在薄壁衬砌的初步设计中，荷载图形最好采用径向均布的［图 3.5.5（a）］或采用下式决定的荷载图形［图 3.5.5（b）］。

$$\sigma_r = \bar{\sigma}_r + \sigma_z \sin\theta \tag{3.5.4}$$

式中　$\bar{\sigma}_r$——径向荷载的量测平均值或由式（3.5.2）决定；

σ_z——量测荷载最大值与平均值之差；

θ——以内轮廓半径圆心为原点引出的径向射线与垂直轴线的夹角，当 $\theta > 90°$ 时，皆按 90° 计算。

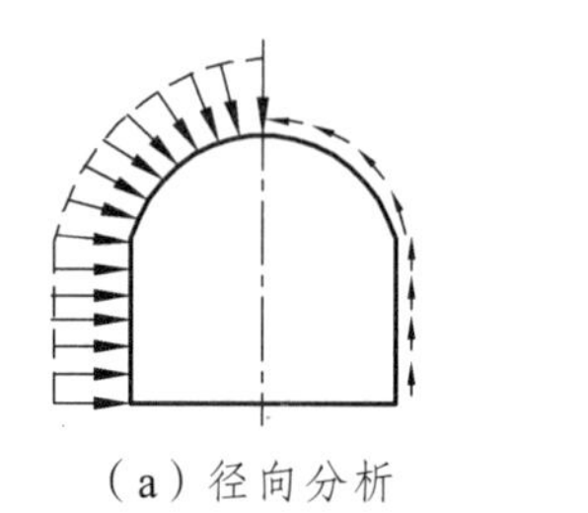

（a）径向分析　　（b）按式（3.5.4）分布

图 3.5.5　设计荷载图形

这些量测结果是依一定范围内的数据统计的，因此，上述公式的应用条件应加以限制，即：

① 喷层厚度不应大于 20 cm；

② 施工中应控制各类岩体的初始位移值（参见图 3.4.5 中的 u_0），其值由量测决定；

③ 开挖宽度的适用范围：5 ~ 15 m；

④ 应保证支护结构（主要指喷层）与围岩之间的良好的黏结。

从这些量测结果看，接触应力有一个重要特征——随机性，而且影响变量较多，因此采用数理统计分析方法去分析它的规律性是一个可取的途径。所以当前必须大力进行各种条件下的实地量测工作以便积累大量随机数据，这对探讨锚喷支护结构的荷载状态，分析围岩-结构体系之间的相互作用规律是十分必要的。

4. 松动压力

（1）松动压力的统计分析。

根据对 357 个单线铁路隧道塌方资料的统计结果，可以进行如下的分析：

① 塌方形态基本上分为 3 类（图 3.5.6）。

a. 局部塌方。局部塌方多数是在拱部，有时也出现在侧壁［图 3.5.6（a）]，主要在大块状岩体中。

b. 拱形塌方。拱形塌方一般发生在层状岩体或碎块状岩体中。有 2 种类型：一类是在坑跨范围内，仅出现在拱部［图 3.5.6（b）]，另一类是包括侧壁崩塌在内的扩大的拱形崩塌［图 3.5.6（c）]。

c. 异形塌方。异形塌方是由于特殊的地质条件（溶洞、陷穴……）及地形条件（浅埋……）等造成的，已将其从统计资料中删除。

② 岩体的坚固系数与塌方特性的关系。

如以岩体的坚固系数 f_m 值作为评价围岩稳定性的指标，则多数塌方发生在 $f_m=2\sim5$ 的岩体内（图 3.5.7）。这是典型的裂隙岩体的一个基本特征，即易于崩塌。严格地说，$f_m\leqslant1.5$ 并不属于裂隙岩体的范畴。

在 357 个调查数据中，以其塌方高度的算术平均值作为数学期望值，将 f_m 值与塌方高度及塌方类型的关系列于表 3.5.3。

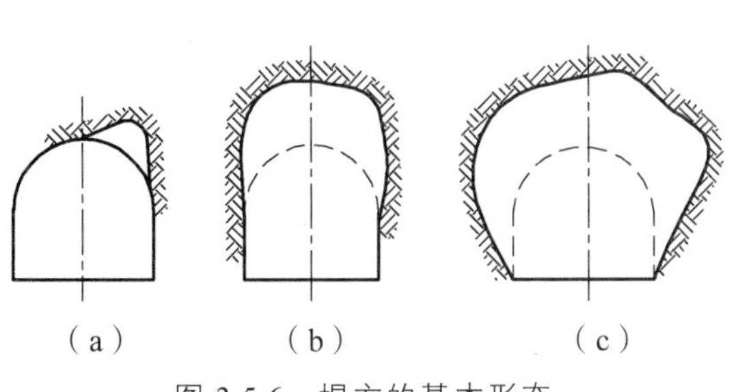

图 3.5.6　塌方的基本形态

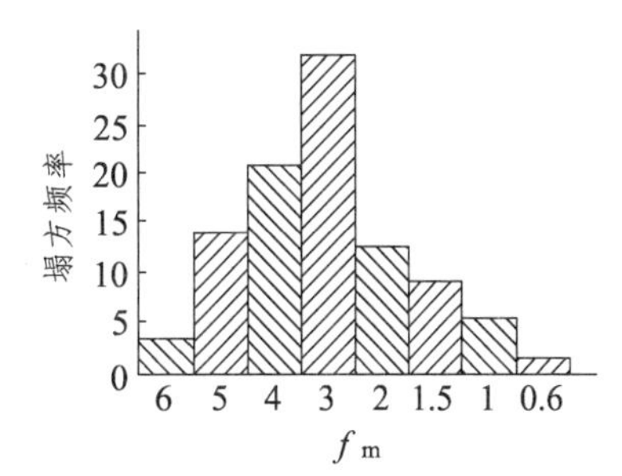

图 3.5.7　f_m 与塌方频率

表 3.5.3　塌方形态和塌方统计高度与 f_m 的关系

f_m	6	5	4	3	2	1.5	1	0.6
塌方高度/m	0.65	1.29	2.3	2.5	3.97	4.62	9.6	19.2
塌方形态	局部塌方为主		拱形塌方为主			扩大拱形塌方为主		

还应该指出，局部塌方的范围，从统计资料分析，$f_m=6$ 时，约为 $0.4B$，$f_m=5$ 时，约为 $0.6B$（B 为洞室的开挖宽度）。这个数值可以作为决定荷载值时的参考。

综上所述，松动围岩压力具有如下的特征：

压力的分布是不均匀的，在块状岩体中这种不均匀性更明显；

洞室的塌方高度与开挖高度（H）和跨度（B）有关，但两者的影响并非等价。

此外，围岩的松弛范围与施工技术有很大关系。现代隧道施工技术的一个重要发展，是把岩体的破坏控制在最小限度。例如采用非爆破开挖及控制爆破等，塌落范围的发展将受到限制。若及时采用锚喷支护，同样也会将岩体的破坏范围控制在最小限度。

（2）隧道深浅埋的判断。

对于公路隧道或铁路隧道，浅埋和深埋隧道的分界可按荷载等效高度值，并结合地质条件、施工方法等因素综合判定。按荷载等效高度的判定可按式（3.5.5）、式（3.5.6）计算。

$$H_p = (2 \sim 2.5)h_a \tag{3.5.5}$$

$$h_a = \frac{q}{\gamma} \tag{3.5.6}$$

式中 H_p——浅埋隧道分界深度；

h_a——荷载等效高度；

q——深埋隧道垂直均布压力，用式（3.5.7）计算；

γ——围岩重度。

在钻爆法或浅埋暗挖法施工的条件下，Ⅳ～Ⅵ级围岩取：$H = 2.5h_a$，Ⅰ～Ⅲ级围岩取：$H = 2h_a$。

当隧道埋深小于表 3.5.5 所列数值时，或埋深小于（2.0～2.5）h_a时，按浅埋隧道进行考虑设计。其中，若埋深小于自然平衡拱的高度 h_a，按照超浅埋隧道进行设计，若埋深大于自然平衡拱的高度 h_a，按照有挟持力的浅埋隧道进行设计，具体荷载计算参见本节第四部分（4）浅埋隧道围岩压力的确定方法。

（3）深埋隧道围岩松动压力的计算方法。

在隧道工程中，计算其上作用荷载的方法与其他的结构计算中采用的方法不同，通常不能通过公式准确计算得出，在很大程度上需依靠经验数据，计算方法为现象模拟方法。

① 统计法——我国《铁路隧道设计规范》推荐的方法。根据上述对 357 个铁路隧道塌方资料的统计分析，得出计算围岩压力的统计计算公式。由于所统计的塌方资料是有限的，加上资料的可靠性也是相对的，所以，这种统计公式也只能在一定程度上反映围岩压力的真实情况。

结构上的作用（荷载）有如下的计算公式：

竖向均布（压力）作用下：

$$q = \gamma h_a \tag{3.5.7}$$

式中 q——竖向围岩压力；

γ——围岩重度；

h_a——计算围岩高度，

$$h_a = 0.45 \times 2^{S-1} \times \omega \tag{3.5.8}$$

其中 S——围岩级别的等级，如Ⅱ级围岩 $S = 2$；

ω——开挖宽度影响系数，

$$\omega = 1 + i(B - 5) \tag{3.5.9}$$

其中 B——坑道宽度；

i——B 每增减 1 m 时的围岩压力增减率；以 $B = 5$ m 为基准，当 $B<5$ m 时，取 $i = 0.2$；$B > 5$ m 时，可取 $i = 0.1$。

水平均布压力如表 3.5.4。

表 3.5.4 围岩水平均布作用压力

围岩级别	Ⅰ～Ⅱ	Ⅲ	Ⅳ	Ⅴ	Ⅵ
水平均布压力	0	$<0.15q$	$(0.15\sim0.3)q$	$(0.3\sim0.5)q$	$(0.5\sim1.0)q$

在按荷载结构模型计算结构的内力时，除要确定均布围岩压力的数值外，重要的是要考虑荷载分布的不均匀性。对于图 3.5.8 中所示的非均布压力用等效压力检算结构内力，即非均布压力的总和应与均布压力的总和相等的方法来确定各荷载图形中的最大压力值。

在通常情况下，可以垂直和水平均布压力图形为主计算结构内力，并用偏压及不均匀分布荷载图形进行校核，较好的围岩着重于用局部压力校核结构内力。

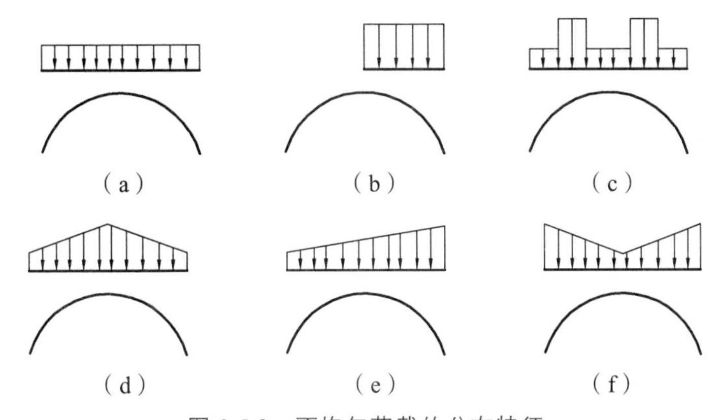

图 3.5.8 不均匀荷载的分布特征

另外，还应考虑围岩水平压力非均匀分布的情况。

必须指出，上述压力分布图形只概括了一般情况，当地质、地形或其他原因可能产生特殊的荷载时，围岩松动压力的大小和分布应根据实际情况分析确定。

例 3.5.1 隧道穿越Ⅳ级围岩，埋深 20 m，其开挖尺寸净宽 7.40 m，净高 8.80 m，围岩天然重度 $\gamma=21\ \text{kN/m}^3$，试确定其围岩的松动压力。

解 考虑开挖宽度影响，取围岩压力增减率 $i=0.1$，则开挖宽度影响系数：

$$\omega=1+i(B-5)=1+0.1\times(7.4-5)=1.24$$

荷载等效高度 h_a：

$$h_a=0.45\times2^{S-1}\times\omega=0.45\times2^{4-1}\times1.24=4.464\ (\text{m})$$

Ⅳ级围岩取：$H_p=2.5h_a=2.5\times4.464=11.16\ \text{m}<20\ \text{m}$

为深埋隧道，采用式（3.5.7）和表 3.5.4 分别计算竖向均布压力和水平均布压力。

竖向均布（压力）作用：

$$q=\gamma h_a=21\times4.464=93.744\ (\text{kPa})$$

水平均布（压力）作用：

$$e=(0.15\sim0.3)q=(0.15\sim0.3)\times93.744=14.061\ 6\sim28.123\ 2\ (\text{kPa})$$

接前例，若开挖跨度为 14.8 m，试确定其围岩的松动压力。

考虑开挖宽度影响，取围岩压力增减率 $i=0.1$，则开挖宽度影响系数：

$$w=1+i(B-5)=1+0.1\times(14.8-5)=1.98$$

荷载等效高度 h_a：

$$h_a=0.45\times2^{S-1}\times\omega=0.45\times2^{4-1}\times1.98=7.128\ (\text{m})$$

Ⅳ级围岩取：$H_p=2.5h_a=2.5\times7.128=17.82\ \text{m}<20\ \text{m}$

为深埋隧道，采用式（3.5.7）和表 3.5.4 分别计算竖向均布压力和水平均布压力。

竖向均布（压力）作用：

$$q=\gamma h_a=21\times7.128=149.688\ (\text{kPa})$$

水平均布（压力）作用：

$$e=(0.15\sim0.3)q=(0.15\sim0.3)\times149.688=22.453\ 2\sim44.906\ 4\ (\text{kPa})$$

② 普氏理论。普洛托季雅克诺夫（M.M.П рольконов）认为：所有的岩体都不同程度地被节理、裂隙所切割，因此可以视为散粒体。但岩体又不同于一般的散粒体，其结构面上存在着不同程度的黏聚力。基于这些认识，普氏提出了岩体的坚固系数（又叫似摩擦系数）的概念：

$$f_m=\tan\varphi_0=\frac{\tau}{\sigma}=\frac{\sigma\tan\varphi+c}{\sigma} \tag{3.5.10}$$

式中 φ_0、φ——岩体的似摩擦角和内摩擦角；

τ、σ——岩体的抗剪强度和剪切破坏时的正应力；

c——岩体的黏聚力。

岩体的坚固系数 f_m，是一个说明岩体各种性质（如强度、抗钻性、抗爆性、构造、地下水等）的笼统的指标。所以，在确定岩体的 f_m 值时，除了考虑其强度指标外，还需根据岩体的构造特征等因素，并结合以往的工程实践经验加以修正。

为了确定围岩的松动压力，普氏还提出了基于自然平衡拱概念的计算理论，他认为在具有一定黏聚力的松散介质中开挖洞室后，其上方会形成一个抛物线形的拱形洞顶，作用在支护结构上的围岩压力就是自然平衡拱以内的松动岩体的重力。而自然平衡拱的尺寸，即它的高度和跨度则与反映岩体特征的 f_m 值和所开挖的隧道宽度有关，其表达式为

$$h_h=\frac{b_t}{f_m} \tag{3.5.11}$$

式中 h_h——自然平衡拱高度；

b_t——自然平衡拱的半跨度。

在坚硬岩体中，洞室侧壁较稳定，自然平衡拱的跨度就是隧道的宽度，即 $b_t=b$（b 为隧道净宽度的一半，$b=B/2$），如图 3.5.9（a）所示；在松散和破碎岩体中，洞室的侧壁受扰动而滑移，自然平衡拱的半跨度也相应加大为［图 3.5.9（b）］

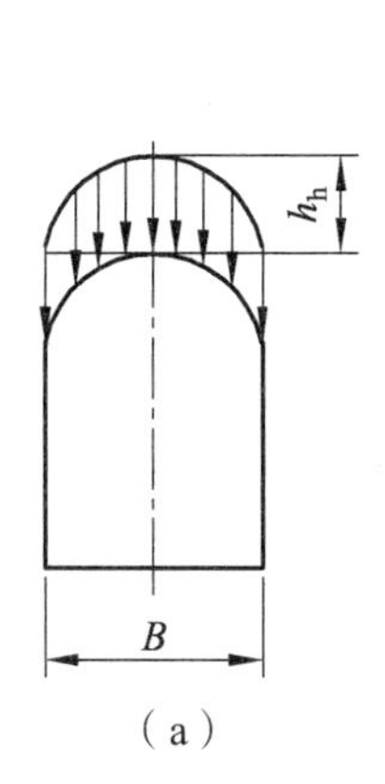

（a）

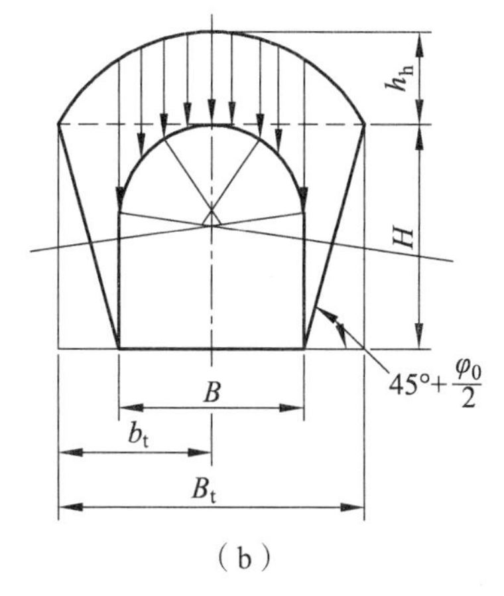

（b）

图 3.5.9　开挖形成的自然平衡拱

$$b_t = b + H\tan\left(45° - \frac{\varphi_0}{2}\right) \tag{3.5.12}$$

式中　φ_0——岩体的似摩擦角，$\varphi_0 = \arctan f_m$。

围岩竖向的均布松动压力

$$q = \gamma h_h \tag{3.5.13}$$

围岩水平的均布松动压力按朗肯公式计算：

$$e = \left(q + \frac{1}{2}\gamma H\right)\tan^2\left(45° - \frac{\varphi_0}{2}\right) \tag{3.5.14}$$

普氏理论的主要优点是计算围岩松动压力的公式比较简单，使用方便，而且经过修正后的 f_m 值也能在一定程度上反映真实情况，所以，国内外都曾采用过。

其主要缺点是在确定岩体的 f_m 值时，带有很大的主观性；对于软质围岩所算得的压力值偏小，在坚硬的围岩中所得压力偏大。

一般来说，普氏理论比较适用于松散、破碎的围岩。

③ 太沙基理论。太沙基（K.Terzaghi）也将岩体视为散粒体。他认为洞室开挖后，其上方的岩体将因洞室变形而下沉，并产生如图 3.5.10 所示的错动面 OAB，假定作用在任何水平面上的竖向压应力 σ_v 是均布的，相应的水平应力 $\sigma_h = \lambda\sigma_v$（$\lambda$ 为侧压力系数）。在地面深度为 h 处取出一厚度为 $\mathrm{d}h$ 的水平条带，考虑其平衡条件：$\sum V = 0$，得

$$2b_t(\sigma_v + \mathrm{d}\sigma_v) - 2b_t\sigma_v + 2\lambda\sigma_v\tan\varphi_0\mathrm{d}h - 2b_t\gamma\,\mathrm{d}h = 0$$

或

$$\frac{\mathrm{d}\sigma_v}{\gamma - \dfrac{\lambda\sigma_v\tan\varphi_0}{b_t}} - \mathrm{d}h = 0$$

式中　b_t——洞顶松动宽度之半，由式（3.5.12）计算。

解这个微分方程，并引进边界条件 $h=0$，$\sigma_v=0$，得

$$\sigma_v=\frac{\gamma b_t}{\lambda\tan\varphi_0}\left(1-e^{-\lambda\frac{h}{b_t}\tan\varphi_0}\right) \tag{3.5.15}$$

将洞室的实际埋深 h_1 代替式中的 h 即可得到洞顶的均布竖向围岩压力。若地表有均布附加荷载 q，此时的竖向围岩压力为

$$\sigma_v=\frac{\gamma b_t}{\lambda\tan\varphi_0}\left(1-e^{-\lambda\frac{h_1}{b_t}\tan\varphi_0}\right)+q\,e^{-\lambda\frac{h_1}{b_t}\tan\varphi_0} \tag{3.5.16}$$

随着隧道埋深 h 的加大，$e^{-\lambda\frac{h}{b_t}\tan\varphi_0}$ 趋近于零，则 σ_v 趋于某一固定值，且

$$\sigma_v=\frac{\gamma b_t}{\lambda\tan\varphi_0} \tag{3.5.17a}$$

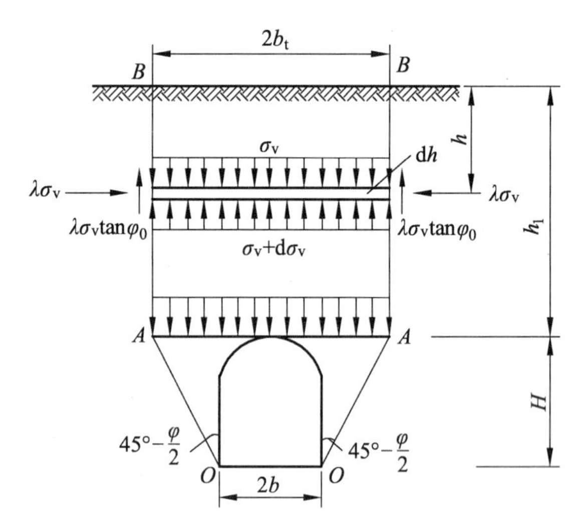

图 3.5.10　深埋隧道开挖滑动体受力分析

太沙基根据实验结果，得出 $\lambda=1.0\sim1.5$。取 $\lambda=1$，则

$$\sigma_v=\gamma\frac{b_t}{\tan\varphi_0} \tag{3.5.17b}$$

如以 $\tan\varphi_0=f_m$ 代入，则

$$\sigma_v=\gamma\frac{b_t}{f_m}=\gamma h_h \tag{3.5.18}$$

此时便与普氏理论的公式一致。

在太沙基公式中，也可以将错动面上的黏聚力考虑进去，只需在平衡方程的左端加上一项 $2c\mathrm{d}h$ 即可。计算侧向压力同式（3.5.14）。

以上介绍了几种估算深埋隧道围岩松动压力的公式。深埋与浅埋隧道的界限是一个较为复杂的问题。由太沙基公式可知，当隧道的埋深增加到某个限值后，围岩竖向松动压力随埋深而变化的幅度就趋近于零，这个数值约为5倍洞室净宽度。当然这仅是一种近似的估算，因为实际岩体并非均质体，而岩体中的错动面也不可能是平面。根据经验判断，当地面与隧道顶部之间的岩层厚度超过塌方平均高度的2～2.5倍以上时，一般可作为深埋隧道处理。对于特殊情况应作具体分析。

（4）浅埋隧道围岩压力的确定方法。

在隧道埋深较浅时，如浅埋的地下结构或山岭隧道的进出口段，开挖的影响会波及地表，无法形成自然平衡拱。当隧道埋深小于表3.5.5所列数值时，或埋深小于2.0～2.5倍自然平衡拱高度时，应按浅埋隧道围岩压力的确定方法计算围岩压力。

表3.5.5　浅埋隧道埋深值

围岩级别	Ⅲ	Ⅳ	Ⅴ
单线隧道覆盖深度/m	5～7	10～14	18～25
双线隧道覆盖深度/m	8～10	15～20	30～35

① 考虑两侧岩体挟持作用时的计算方法（谢家烋公式）。

当隧道埋深符合表3.5.5的条件，且大于自然平衡拱的高度时，隧道上方松动范围内土体的滑移要受到两侧未滑移土体的挟持作用（图3.5.11）。因此，上述估算深埋隧道围岩松动压力的公式对浅埋隧道是不适用的。需要从分析浅埋隧道围岩体运动的规律入手，建立新的计算公式。

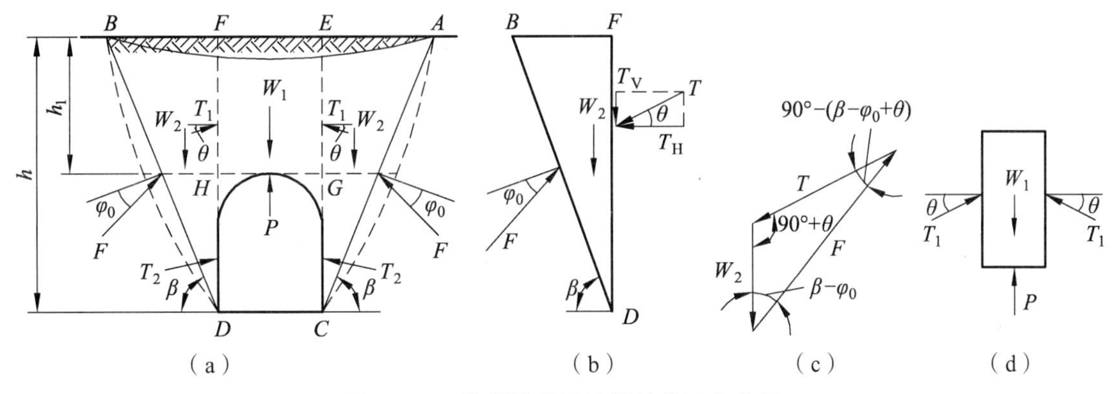

图3.5.11　浅埋隧道开挖滑动体受力分析

以地面水平或接近水平为例。从松散介质极限平衡的角度，对施工过程中岩体运动的情况进行分析：若不及时支护，或施工时支护下沉，会引起洞顶上覆盖岩体 $FEGH$ 的下沉与移动，而且它的移动受到两侧其他岩体的挟持，反过来又带动了两侧三棱体 ACE 和 BDF 的下滑，形成2个破裂面。为了简化，假定它们都是与水平面成 β 角的斜直面，如图3.5.11（a）中的 AC 和 BD。研究洞顶上覆盖岩体 $FEGH$ 的平衡条件，即可求出作用在支护结构上的围岩松动压力。

作用在下滑岩体 $FEGH$ 上的力为：岩体重力 W_1，两侧棱体 ACE 和 BDF 给予它的挟持力

T_1，以及隧道支护结构给予它的反力。反言之，也就是围岩给支护结构的荷载 P。其中，只有 W_1 是已知的，而 T_1 和 P 都是未知的，所以，不可能从总的图式中解出作用在支护结构上的荷载 P，需要逐一分块解出这些未知力。

先研究左侧三棱块 BFD。画出其分离体［图 3.5.11（b）］，其中 W_2 是三棱体 BFD 的重力，其大小与破裂角 β 有关，即

$$W_2=\frac{1}{2}\gamma\times\overline{BF}\times\overline{DF}=\frac{1}{2}\gamma h^2\frac{1}{\tan\beta}\ (\mathrm{kN}) \tag{3.5.19a}$$

式中　γ——围岩重度。

由图 3.5.11（c）中力多边形的三角关系（正弦定理）可知：

$$\frac{T}{\sin(\beta-\varphi_0)}=\frac{W_2}{\sin[90^\circ-(\beta-\varphi_0+\theta)]} \tag{3.5.19b}$$

式中　φ_0——围岩的摩擦角；

θ——顶板土体两侧摩擦角。

将式（3.5.19a）代入，并化简得

$$T=\frac{1}{2}\gamma h^2\frac{\lambda}{\cos\theta} \tag{3.5.19c}$$

式中的 λ 为侧压力系数：

$$\lambda=\frac{\tan\beta-\tan\varphi_0}{(\tan\beta-\tan\alpha)[1+\tan\beta(\tan\varphi_0-\tan\theta)+\tan\varphi_0\tan\theta]} \tag{3.5.20}$$

式中　α——地面与水平面的夹角，当地面水平时 $\alpha=0$。

从式（3.5.19b）、式（3.5.19c）中看出，在一定条件下，式中除 β 值外皆为已知，所以，T 值只是随着 β 值的大小而变化。假定 β 是下滑岩体达到极限平衡时的破裂面倾角，那么根据 T 的极值条件即可将其求出，即令 $\frac{\mathrm{d}T}{\mathrm{d}\beta}=0$，解之得

$$\tan\beta=\tan\varphi_0+\sqrt{\frac{(\tan^2\varphi_0+1)(\tan\varphi_0-\tan\alpha)}{\tan\varphi_0-\tan\theta}} \tag{3.5.21}$$

现在再来研究洞顶上方岩体 $FEGH$，画出其分离体，如图 3.5.11（d）所示。其中，$W_1=\gamma h_1 B$，T_1 是三棱体给岩体 $FEGH$ 的挟持力。显然，它随施工方法的不同，而在下列范围内变化，由式（3.5.19c）可知：

$$\frac{1}{2}\gamma h_1^2\frac{\lambda}{\cos\theta}\leqslant T_1\leqslant T=\frac{1}{2}\gamma h^2\frac{\lambda}{\cos\theta}$$

为安全起见，可取

$$T_1=\frac{1}{2}\gamma h_1^2\frac{\lambda}{\cos\theta}$$

根据平衡条件，即可求出围岩总的竖向压力 P 为

$$P = W_1 - 2T_1 \sin\theta = \gamma h_1 B - \gamma h_1^2 \lambda \tan\theta \tag{3.5.22}$$

换算为地面水平时的竖向均布压力（图 3.5.12）

$$q = \frac{P}{B} = \gamma h_1 \left(1 - \frac{\lambda h_1 \tan\theta}{B}\right) \tag{3.5.23}$$

式中　B——洞室跨度；

　　h_1——洞顶岩体高度；

　　其余符号同前。

需要指出的是，洞顶岩体 $FEGH$ 与两侧三棱体之间的摩擦角 θ 与破裂面 AC、BD 上岩体的似摩擦角 φ_0 是不同的，因为 EG、FH 面上并没有发生破裂，所以，$0<\theta<\varphi_0$，它与岩体的物理力学性质有密切关系，是一个经验数字。θ 与围岩似摩擦角 φ_0 的关系（表 3.5.6）是根据隧道埋深情况和地质地形资料，通过检算了一些发生地表沉陷和衬砌开裂的隧道之后推荐的，可供实际工作时使用。

表 3.5.6　各类岩体的 θ 值

围岩级别	Ⅰ	Ⅱ	Ⅲ	Ⅳ	Ⅴ	Ⅵ
φ_0 /(°)	>78	70 ~ 78	60 ~ 70	50 ~ 60	40 ~ 50	30 ~ 40
θ /(°)	$0.9\varphi_0$			$(0.7 \sim 0.9)\varphi_0$	$(0.5 \sim 0.7)\varphi_0$	$(0.3 \sim 0.5)\varphi_0$

由此可见，式（3.5.20）中的 λ 值是与围岩级别有关的参数 β、φ_0、θ 的函数。若水平侧压力按梯形分布，其标准值计算公式为（图 3.5.12）

$$e_i = \lambda \gamma h_i \tag{3.5.24}$$

式中　e_i——结构高度范围内任意点 i 的水平侧压力标准值；

　　γ——结构高度范围内围岩的重度；

　　h_i——结构高度范围内任意点 i 至地表高度。

若水平侧压力按均匀分布，则

$$e = \frac{1}{2}\lambda\gamma(h_1 + h) \tag{3.5.25}$$

式中　h——地面到洞底岩体高度。

当地面倾斜，且隧道外侧拱肩至地表的垂直距离小于最小垂直距离（偏压）时，其围岩松动压力的计算公式中应考虑地形的影响。此时，作用在洞顶的竖向压力需根据式（3.5.22）的原理求其合力（图 3.5.13），再假定偏压分布图与地面坡一致，根据梯形荷载的面积（图 3.5.13）等于合力的关系，即可求出梯形分布荷载的最大和最小值。详细计算方法见有关文献。

② 全自重型的计算方法。

当 $h_1 < h_a$（h_a 为深埋隧道竖直荷载计算高度）或小于自然平衡拱高度时，式（3.5.23）中取 $\theta = 0$，即可得到超浅埋隧道围岩压力的计算公式。

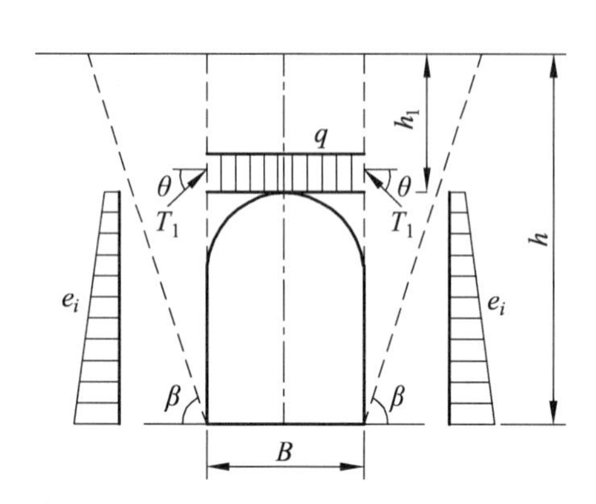

图 3.5.12　地面水平时计算示意图

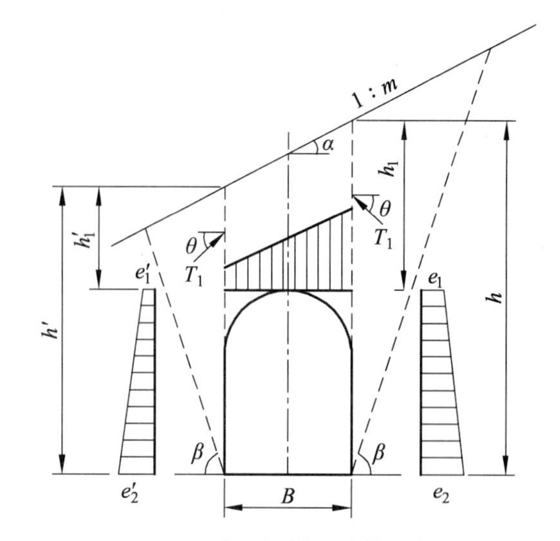

图 3.5.13　地面倾斜时计算示意图

a. 竖向围岩压力。

$$q=\sum\gamma_i h_i \tag{3.5.26}$$

式中　q——竖向围岩压力；

γ_i——每层地层的土体重度；

h_i——每层地层的厚度。

由于围岩条件不同，有时作用于明挖法施工的填土隧道上的竖向土压力会出现类似于埋管的现象，使其值大于隧道上方土柱的重力。

b. 水平侧压力。由于水平侧向围岩压力的作用可能改善衬砌的受力状态，因此在计算围岩的水平侧压力时应特别慎重。

$$\left.\begin{aligned}e_1&=\gamma h_1\lambda\\ e_2&=\gamma h\lambda\end{aligned}\right\} \tag{3.5.27}$$

式中　e_1、h_1——洞顶侧压力和洞顶埋深；

e_2、h——洞底侧压力和洞底埋深；

λ——侧压力系数。

对于全自重型的侧压力系数可用朗肯公式计算：

$$\lambda=\tan^2(45°-\varphi_0/2) \tag{3.5.28}$$

若用内摩擦角 φ 和黏聚力来表示计算摩擦角时，可用下式计算侧压力：

$$e_i=q_i\tan^2\left(45°-\frac{\varphi}{2}\right)-2c\tan\left(45°-\frac{\varphi}{2}\right) \tag{3.5.29}$$

若用上式计算出的侧压力小于零时，则不计入小于零的那部分侧压力。

当 $h_1\geqslant$（2.0 ~ 2.5）h_a 时，应使用深埋时的有关计算公式。

（5）有地下水时土压力的计算。

① 竖向压力。在有地下水的情况下，填土隧道和浅埋暗挖隧道，一般都采用闭合结构，

如圆形、矩形等。因其上方无法形成承载拱，竖向压力一般应按计算截面以上全部土柱重力计算，并考虑地面的附加荷载 $q_{附}$：

$$q=\sum\gamma_i h_i+q_{附} \tag{3.5.30}$$

在有地下水的围岩范围内，应按其饱和重度进行计算。

② 侧向压力。有地下水时侧压力的计算一般有 2 种方法可供选择。

对于砂性土可采用水压力与土压力分开计算，再叠加的方法：

$$e_i=\lambda\sum\gamma_i h_i+\gamma_{\mathrm{w}}H_i\lambda_{\mathrm{w}} \tag{3.5.31}$$

式中　e_i——计算点处的侧压力；

λ——计算点处的侧压力系数，用式（3.5.28）计算；

H_i——计算点处地下水位的高度；

λ_{w}——水的侧压力系数，一般取为 1；

γ_{w}——水的重度，一般取 $\gamma_{\mathrm{w}}=10\ \mathrm{kN/m^3}$。

式中的 γ_i 为各层围岩的重度，地下水位以上的土体采用天然重度 γ 及对应的侧压力系数 λ，水位以下的土体采用有效重度 γ' 及对应的侧压力系数 λ' 计算土压力。

土体的有效重度 γ' 为

$$\gamma'=\gamma_{\mathrm{s}}-\gamma_{\mathrm{w}} \tag{3.5.32}$$

式中　γ_{s}——饱和重度。

对黏性土，则将其视为土压力的一部分和土压力一起计算，因为在黏性土中的水大多是非重力水（结合水），不对土粒起静水压力作用。此时：

$$e_i=\lambda\sum\gamma_i h_i \tag{3.5.33}$$

式中各符合的含义同前。

2 种计算静水压力方法的差异示于图 3.5.14 中。

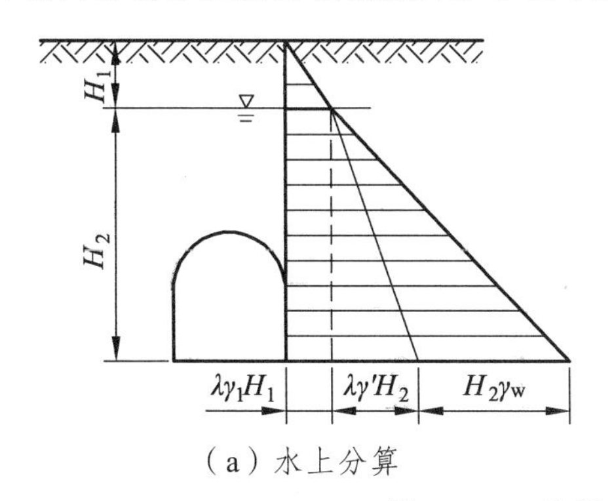

（a）水上分算

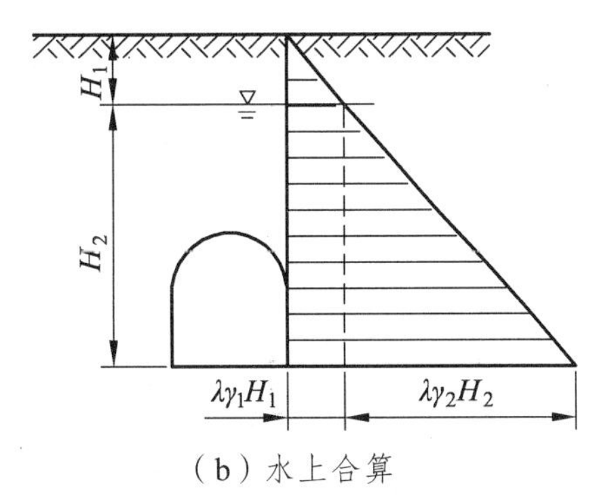

（b）水上合算

图 3.5.14　有地下水时侧压力的计算

静水压力对不同类型的地下结构将产生不同的荷载效应，对圆形或接近圆形的结构而言，静水压力使结构的轴力加大，对抗弯性能差的混凝土结构来说，相当于改善了它的受力状态，因此，计算静水压力时，建议按可能的最低水位考虑。反之，计算作用在矩形结构上的静水压力或验算结构的抗浮能力时，则须按可能出现的最高水位考虑。

若衬砌位于不透水的地层中，则在其上的水重作为竖向荷载作用在不透水层顶面上，而处于地下水中的土体应考虑水的悬浮作用，而采用有效重度γ'。

（6）地基反力。

一般位于地下水位中的结构要做成闭合的，因此，要承受地基反力。通常，隧道底部地基反力是由主动力和被动抗力两部分构成的。其中，地基反力的主动力作用较复杂，对于隧底为土层或软弱岩层的情况，隧道开挖后一般会产生基底隆起现象，进而会产生向上的主动土压力，并很快作用在隧道底部，可采用基于极限状态理论的滑移线理论进行计算；对于隧底为硬岩的情况，底部围岩强度足以承受因两侧竖直压力产生的侧鼓力，常常仅提供被动抗力，因此可忽略地基反力主动力的影响。考虑地基反力的主动作用较复杂，本节仅讨论提供被动抗力的情形。

在实际设计中，常假定地层反力沿衬砌宽度呈竖向均匀分布，其数值与各种竖向压力的总和相平衡，包括结构自重、上部围岩压力（土压力及水压力）及附加的路面荷载等。

$$p_{\mathrm{R}} = q + q_{附} + p_g \tag{3.5.34}$$

式中　P_{R}——地基竖向反力；

$q_{附}$——地面上的附加荷载；

P_g——由结构自重产生的地基反力，对于圆形结构，

$$p_g = \pi w \tag{3.5.35}$$

其中　w——由结构自重换算的均布荷载，对于箱形管片，

$$w = A\gamma_{\mathrm{h}}\frac{1}{b} \tag{3.5.36}$$

对于平板形管片，

$$w = d\gamma_{\mathrm{h}} \tag{3.5.37}$$

其中　A——箱形管片的横截面面积（沿隧道纵轴）；

b——箱形管片衬砌的环宽；

d——平板形管片衬砌的厚度；

γ_{h}——衬砌材料的重度。

5. 地震及车辆荷载

（1）地震荷载的计算方法。

地下结构震害和理论研究表明：由于地下结构的视比重（包括结构物和内净空断面的平均比重）比周围土体小得多，其自身受惯性力影响较小，周围岩土介质对隧道结构具有约束作用，因此地下结构振动对地层的振动具有依赖性和追随性，地震作用下产生的内力增量主要由地层的相对位移引起。概括地讲，地震对地下结构的影响可以分为两个方面——地层振动变形和地层失效。地层振动变形主要由地震波传播引起，由于地震波的形成和传播过程受

复杂地质因素的影响，地震引起的振动变形十分复杂，以地下工程抗震分析为目的，地震引起的隧道振动变形一般分为 2 类：① 横断面上剪切波和纵波引起的振动及变形；② 纵向上剪切波引起的弯曲变形及纵波引起的压缩/拉伸变形。地层失效主要是指地震时地层发生较大的永久性变形，导致地下结构体系中岩土体失效的情况，例如地震诱发的液化、滑坡、断层位移等，用结构来抵抗较大的地层失效几乎是不可能的，有效的办法是尽量避开不利位置，如果无法避让，则应采取有效的抗减震措施，把震害限制在一定范围，并使结构在震后容易修复。

详细研究地震对地下结构的振动作用，可采用地震响应时程分析法或动力模型试验，通过这些分析和试验可以明确地下结构横、纵断面的应力响应、动土压力和各种接头的抗震性能。但采用这些方法需要详细的隧址处地层参数，如地层的动弹性模量、阻尼系数、动强度（c，φ）等以及合理的地震动，如地震动加速度时程等。时程分析或动力模型试验要求的参数多、计算与试验复杂耗时，海量的数据与结果分析也对设计人员要求较高，因此对于一般地下结构的抗震计算大多采用实用的方法，主要包括静力法和反应位移法两类。

静力法是一种根据地震惯性力提出的抗震计算方法，该方法将结构的地震惯性力通过地震系数乘以结构自重作为地震荷载，又称“地震系数法”，最早应用于桥梁、房屋等地面结构的抗震计算。反应位移法则根据地下结构对周围地层的振动具有追随性的特性提出，该方法将地层位移作为地震荷载，能反映地下结构的振动特性，较真实地表征隧道在地震作用下的受力特征，是一种有效的抗震计算方法，适用于地震反应主要受地层相对位移控制的场地条件，广泛应用于盾构、明挖和沉管隧道等地下结构的抗震分析。

静力法仅需场地峰值加速度即可完成计算，参数容易获取，计算简便，被广泛采用，本节仅对静力法做介绍，反应位移法的地震荷载与计算方法可参考相关文献和隧道抗震设计规范。

① 静力法。

采用静力法计算时，结构承受的地震荷载主要由衬砌自重地震惯性力、上覆土柱地震惯性力、地震侧向土压力增量三部分组成，图 3.5.15 表示拱顶埋深为 H_{v}、地面倾角为 α 的马蹄形断面衬砌的地震荷载简图，其中上覆土柱是指隧道跨度范围上方的土体，为计算上覆土柱地震惯性力，将上覆土柱均匀地划分为宽度为 B_i 的条带，条带高度为 h_i。

a. 衬砌自重地震惯性力。

作用在构件或结构重心处的水平向和竖向地震惯性力一般可表示为

$$E_{i\mathrm{h}} = C_{\mathrm{s}} A_{\mathrm{h}} m_{i\mathrm{s}} \tag{3.5.38}$$

$$E_{i\mathrm{v}} = K_{\mathrm{v}} C_{\mathrm{s}} A_{\mathrm{h}} m_{i\mathrm{s}} \tag{3.5.39}$$

式中 C_{s}——场地调整系数，根据相关规范选取；

A_{h}——水平设计地震动峰值加速度；

$m_{i\mathrm{s}}$——地下结构计算点的质量；

K_{v}——竖向地震动峰值加速度与水平向峰值加速度的比值，根据日本实测记录，该比值一般为 0.3 ~ 0.4，但在近断层处比值可达到或超过 1.0，可根据相关规范选取。

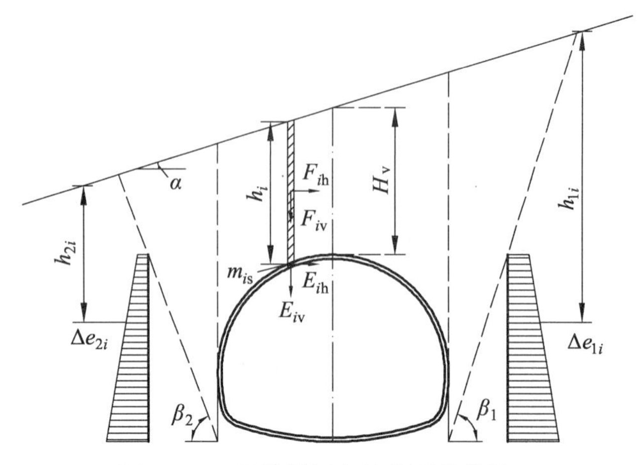

图 3.5.15　马蹄形衬砌的地震荷载图示

b. 上覆土柱地震惯性力。

上覆土柱地震惯性力计算中，假定其作用于土柱单元质心，采用力的平移定理将该地震惯性力简化为作用于衬砌上半部的各节点力和节点弯矩。

上覆土柱水平地震荷载

$$F_{ih} = C_s A_h Q_i / g \tag{3.5.40}$$

上覆土柱竖向地震荷载

$$F_{iv} = K_v C_s A_h Q_i / g \tag{3.5.41}$$

上覆土柱垂直土压力

$$Q_i = \frac{\gamma}{2}[2h_i B_i - (\lambda_1 h_i^2 + \lambda_2 h_i^2)\tan\theta_0] \tag{3.5.42}$$

式中　g——重力加速度，一般取 9.8 m/s^2；

γ——围岩重度；

h_i——上覆土柱的高度；

B_i——上覆土柱宽度；

θ_0——土柱两侧摩擦角；

λ_1、λ_2——内、外侧地震时的侧压力系数，此处内、外侧针对偏压隧道而言，内侧为靠山一侧，当地表水平时，两侧均取 λ_1。内、外侧地震时的侧压力系数按下式计算：

$$\lambda_1 = \frac{(\tan\beta_1 - \tan\varphi_1)(1 - \tan\theta_1 \tan\theta)}{(\tan\beta_1 - \tan\alpha)[1 + \tan\beta_1(\tan\varphi_1 - \tan\theta_1) + \tan\varphi_1 \tan\theta_1]} \tag{3.5.43}$$

$$\lambda_2 = \frac{(\tan\beta_2 - \tan\varphi_2)(1 - \tan\theta_2 \tan\theta)}{(\tan\beta_2 - \tan\alpha)[1 + \tan\beta_2(\tan\varphi_2 - \tan\theta_2) + \tan\varphi_2 \tan\theta_2]} \tag{3.5.44}$$

$$\tan\beta_1 = \tan\varphi_1 + \sqrt{\frac{(\tan^2\varphi_1 + 1)(\tan\varphi_1 - \tan\alpha)}{(\tan\varphi_1 - \tan\theta_1)}} \tag{3.5.45}$$

$$\tan\beta_2 = \tan\varphi_2 + \sqrt{\frac{(\tan^2\varphi_2 + 1)(\tan\varphi_2 - \tan\alpha)}{(\tan\varphi_2 - \tan\theta_2)}} \quad (3.5.46)$$

$$\varphi_1 = \varphi_g - \theta \quad (3.5.47)$$

$$\varphi_2 = \varphi_g + \theta \quad (3.5.48)$$

$$\varphi_1 = \varphi_0 - \theta \quad (3.5.49)$$

$$\varphi_2 = \varphi_0 + \theta \quad (3.5.50)$$

其中　φ_g——围岩计算摩擦角；

θ——地震角，按表 3.5.7 选取；

α——地面坡度角，当地面为平坡时 $\alpha = 0°$；

β_1、β_2——为内、外侧产生最大推力时的破裂角。

表 3.5.7　地震峰值加速度与地震角的对应关系

地震峰值加速度/g		0.10、0.15	0.20、0.30	0.40
地震角 θ/（°）	水上	1.5	3.0	6.0
	水下	2.5	5.0	10.0

c. 地震时侧向土压力增量。

地震时侧向土压力增量按式（3.5.51）和式（3.5.52）计算，并以反对称方式施加。

内侧土压力增量

$$\Delta e_{1i} = C_s \gamma h_{1i}(\lambda_1 - \lambda) \quad (3.5.51)$$

外侧土压力增量

$$\Delta e_{2i} = C_s \gamma h_{2i}(\lambda_2 - \lambda') \quad (3.5.52)$$

式中　C_s——场地调整系数，根据相关规范选取；

λ、λ'——内、外侧常时侧压力系数；

h_{1i}、h_{2i}——衬砌内、外侧任一点 i 至地表面的距离。

② 修正静力法（上覆土柱等效计算高度）。

经过工程实践和震害调查统计，发现了传统静力法存在如下问题：埋深较小时计算内力（主要是弯矩）要低于实际值，且埋深越小，偏离越严重，因低估了地震反应，会导致设计不安全；另一方面，当隧道埋深增加到一定程度后，计算内力又高于实际值（且埋深越大，偏离越严重），因高估了地震反应，会导致设计过于保守。2008 年汶川地震后，针对铁道部重点科技项目“铁路工程结构物抗震设计标准与方法研究——铁路隧道工程抗震设计标准与方法研究”，中铁二院工程集团有限责任公司和西南交通大学组成的联合研究团队通过动力计算、反应位移法、振动台试验等多种方法进行系统研究，获得了静力法隧道拱顶处合理的上覆土柱等效计算高度，提出“修正的静力法”，即在计算上述三种地震荷载时，采用上覆土柱等效高度（H_v'）代替隧道的拱顶埋深（H_v），对于隧道中量大面广的位于岩质围岩中的山岭隧道而言，该方法提高了静力法的适应性，其计算结果基本能综合反映隧道工程的地震响应特性，且参数容易获取、计算简洁，安全实用。不同围岩条件、不同跨度及断面形式下，上覆土柱等效计算高度取值不同，表 3.5.8 为马蹄形断面拱顶上覆土柱等效高度（H'_v）取值，其中 B 为隧道跨度（m）。

表 3.5.8　马蹄形隧道拱顶上覆土柱等效高度

工况	拱顶上覆土柱计算高度（H'_v）				
跨度	6～8 m	8～10 m	10～12 m	12～14 m	>14 m
Ⅳ级围岩	3.5B	3.0B	2.5B	2.0B	1.8B
Ⅴ级围岩	4.0B	3.5B	3.0B	2.5B	2.0B

（2）车辆和附近建筑物荷载的计算方法。

① 隧道内车辆荷载。

在没有仰拱的支护结构中，列车活载直接传给地层。而在有仰拱的支护结构中，仰拱一般要迟做一段时间，因而列车活载对支护结构上部的影响不大。据文献记载：列车活载引起拱顶最大拉应力为 0.39 MPa，边墙内表面最大剪应力为 0.49 MPa，一般可略去不计。但当轨道铺设在中层楼板时，则必须计算车辆荷载及其冲击力，具体计算方法可参见有关专著。

② 地面车辆荷载及其冲击力的计算方法。

当地下结构物埋深较浅时，在其上方常常作用有地面的车辆荷载。计算时分为竖向压力和侧向压力，这部分荷载对结构内力的影响应该与围岩压力引起的结构内力进行叠加。

a. 竖向压力。一般情况下，地面车辆荷载可按下述方法简化为均布荷载：

单个轮压传递的竖向压力（图 3.5.16）

$$p_{0Z}=\frac{\mu_0 F_0}{(a+1.4Z)(b+1.4Z)}\tag{3.5.53}$$

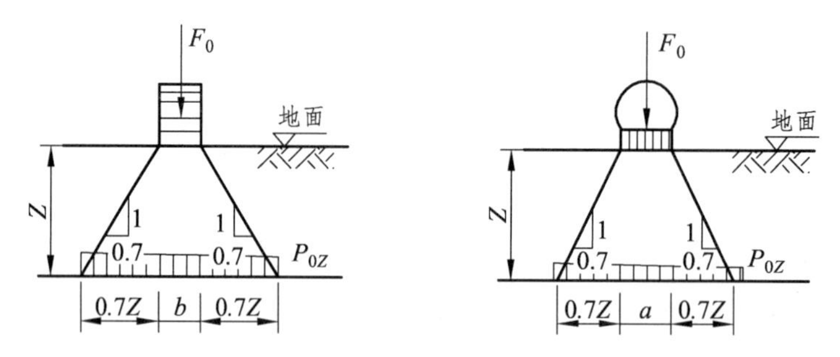

图 3.5.16　车辆荷载单轮压力计算图

2 个以上轮压传递的竖向压力（图 3.5.17）

$$p_{0Z}=\frac{n\mu_0 F_0}{(a+1.4Z)\left(nb+\sum_{i}^{n-1}d_i+1.4Z\right)}\tag{3.5.54}$$

式中　p_{0Z}——地面车辆轮压传递到计算深度 Z 处的竖向压力；

F_0——车辆单个轮压，按通行的汽车等级采用；

a、b——地面单个轮压的分布长度和宽度；

d_i——地面相邻 2 个轮压的净距；

n——轮压的数量；

μ_0——车辆荷载的动力系数，可参照表 3.5.9 选用。

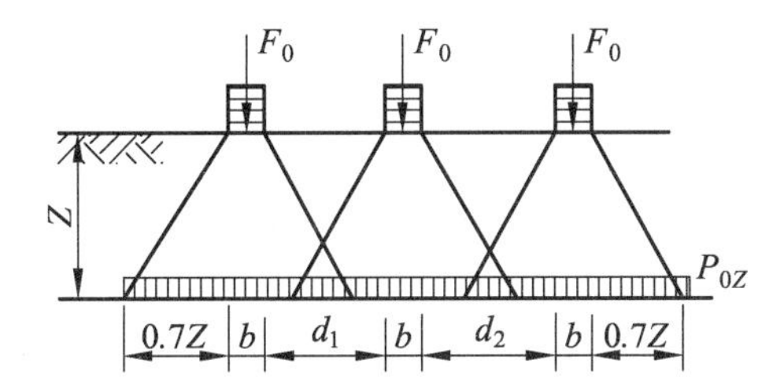

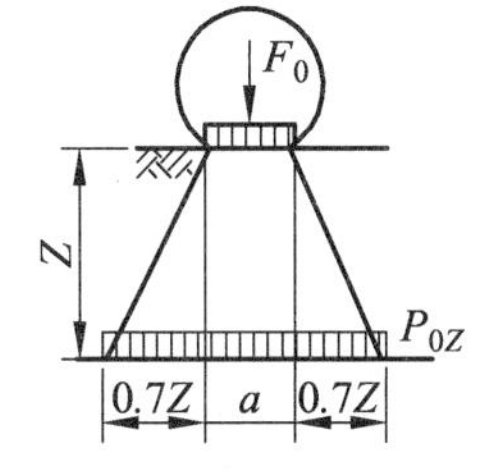

图 3.5.17　车辆荷载多轮压力计算图

表 3.5.9　地面车辆荷载的动力系数

覆盖层厚度/m	≤0.25	0.30	0.40	0.50	0.60	≥0.70
动力系数 μ_0	1.30	1.25	1.20	1.15	1.05	1.00

当覆盖层厚度较小时，即 2 个轮压的扩散线不相交时，可按局部均布压力计算。

在道路下方的浅埋暗挖隧道，地面车辆荷载可按 10 ~ 20 kPa 的均布荷载取值，并不计冲击力的影响。

当无覆盖层时，地面车辆荷载则应按集中力考虑，并用影响线加载的方法求出最不利荷载位置。这方面的计算可参考有关专著。

b. 侧向压力。地面车辆荷载传递到地下结构上的侧压力，可按下式计算：

$$p_{ax} = \lambda p_{0z} \tag{3.5.55}$$

c. 隧道上方和破坏棱体内的设施和建筑物的压力。在计算这部分荷载时，应考虑建筑物的现状和以后的变化，凡规划明确的，应以其设计的基底应力和基底距隧道结构的距离计算；凡不明确的，应在设计要求中做出规定，如上海市规定为 20 kPa。

思考题与习题

1. 什么是围岩的二次应力场？其特征和影响因素是什么？

2. 进行支护结构设计需要充分认识和了解的问题是什么？

3. 从收敛、约束的基本概念说明洞室开挖后围岩与支护相互作用的力学过程。

4. 说明无支护洞室的破坏形态及与围岩构造特征的关系。

5. 如何从作用力的角度来模拟洞室的开挖过程？用解析法确定二次应力场和位移场的假定条件是什么？

6. 洞室开挖后，分别说明当围岩处于弹性状态和塑性状态时，围岩二次应力场和位移场的特征；当施加支护后，其二次应力场和位移场有什么变化？这种变化和支护阻力的关系是什么？

7. 说明围岩特征（支护需求）曲线、支护特征曲线的基本概念；并利用这2种曲线说明围岩与支护形成准平衡状态的力学过程；影响最终平衡状态的因素是什么？

8. 从不同的观点对围岩压力作出解释。根据围岩压力作用的不同性质，将围岩压力分成哪几种类型？每种围岩压力作用的特点是什么？

9. 综述支护阻力的作用是什么？

10. 说明松动围岩压力的形成过程，并明确自然平衡拱的概念。

11. 当有地下水时，如何计算土压力？

12. 如何考虑地面的活荷载和建筑物的荷载？如何计算隧道内部的列车荷载？

13. 已知隧道的埋深 $H=100$ m，洞室开挖半径 $r_0=3.5$ m，土体重度 $\gamma=20$ kN/m^3，黏聚力 $c=0.5$ MPa，内摩擦角 $\varphi=30°$，土体变形模量 $E=2$ GPa，泊松比 $\mu=0.5$。当不采用任何支护结构时，试求塑性区半径 R_0 和围岩内的应力状态。若使围岩维持极限平衡状态，求此时围岩的极限位移和所需要的最小支护阻力。当支护阻力为0.30 MPa时，试求此时围岩的塑性区半径 R_0 和围岩内部的应力状态，并用图形（借鉴图3.4.3）说明支护阻力对围岩应力状态的影响。

14. 已知条件同13题。若支护结构为180 mm厚的喷射混凝土，且开挖后已发生初始位移45 mm，试求支护结构上的变形压力，并判断支护结构的安全性。在支护结构达不到安全系数的要求时，试说明施加支护的最佳时间及适宜的喷层厚度。

15. 已知单线铁路隧道入口处的围岩级别为Ⅳ级（有关围岩的力学参数查阅表2.3.26），开挖宽度为6.2 m，开挖高度为8.6 m。试求隧道的埋置深度分别为3.2、9、16和22 m时的围岩压力。若是双线铁路隧道，开挖宽度改为10.2 m时，开挖高度不变的，试求上述埋深的围岩压力，并讨论开挖宽度的变化对围岩压力的影响。

16. 某隧道修筑在 $f_{\rm m}=1.5$ 的砂黏土中，洞室开挖尺寸如图（1）所示，试用普氏理论计算隧道承受的围岩压力，并说明围岩坚固系数的概念。已知围岩的重度 $\gamma=20$ kN/m^3，$\varphi_0=56°$。

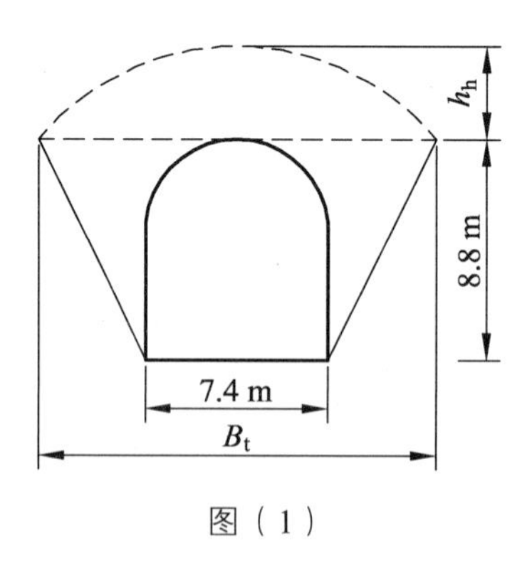

图（1）

第 4 章　支护结构设计原理与方法

4.1　地下结构体系的设计理念

随着岩石力学的发展和锚喷支护的应用，逐渐形成了以岩石力学理论为基础的，支护与围岩共同作用的现代支护结构原理，应用这一原理就能充分发挥围岩的自承力，从而能获得极大的经济效果。当前国际上广泛流行的新奥地利隧道设计施工方法，就是基于现代支护结构原理基础之上的。

1. 地下支护结构的基本原理

归纳起来，地下支护结构的基本原理包含的主要内容有以下几方面：

（1）地下支护结构是建立在围岩与支护共同作用的基础上，即把围岩与支护看成是由 2 种材料组成的复合体，且把围岩通过岩体支承环作用成为结构体系的重要部分。显然，这完全不同于传统支护结构的观点：认为围岩只产生荷载而不能承载，支护只是被动地承受已知荷载而起不到稳定围岩和改变围岩压力的作用。

（2）充分发挥围岩自承能力是地下工程支护结构设计中的一个基本理念，并由此降低围岩压力以改善支护的受力性能。

发挥围岩的自承能力，一方面不能让围岩进入松动状态，以保持围岩的自承力；另一方面允许围岩进入一定程度的塑性状态，以使围岩自承力得以最大限度的发挥。围岩刚进入塑性状态时能发挥最大自承力这一点已由第 2 章围岩的工程性质中岩石、软弱结构面和岩体的应力-应变曲线予以说明。

因此，地下支护结构的基本理念一方面要求采用快速支护，紧跟作业面支护，甚至根据围岩的稳定情况采取预先支护等手段限制围岩进入松动状态；另一方面却要求采用分次支护、柔性支护、调节仰拱施作时间等手段允许围岩进入一定程度的塑性，以充分发挥围岩的自承能力。

（3）地下支护结构基本原理中的另一个支护原则是尽量发挥支护材料本身的承载力。采用柔性薄型支护、分次支护或封闭支护以及深入到围岩内部进行加固的锚杆支护，都具有充分发挥围岩材料承载力的效用。喷层柔性大且与围岩紧密黏结，因此喷层的破坏形式主要是受压或剪切破坏，它比破坏形式为弯曲破坏的传统支护更能发挥混凝土的承载能力。

（4）现场监控量测和监控设计是地下支护结构设计原理中的一项重要内容。主张凭借现场监控测试手段指导设计和施工，并由此确定最佳的支护结构形式、支护参数、施工方法与施工时机。

（5）地下支护结构确定过程中要求按岩体的不同地质和力学特征选用不同的支护方式、力学模型、相应的计算方法以及不同的施工方法。如稳定地层、松散软弱地层、塑性流变地层、膨胀地层都应当采用不同的设计原则和施工方法。而对于作用在支护结构上的变形压力、松动压力及不稳定块体的荷载等都应当采用不同的计算方法。

2. 地下支护结构的基本要求

对于矿山法施工的地下结构，其安全性是由围岩与支护结构组成的地下结构体系相互作用共同决定的。所以，一个理想的地下支护结构应满足下述的基本要求：

（1）必须能与周围岩体大面积地牢固接触，即保证支护-围岩体系作为一个统一的整体工作。

由于施工方法、支护类型的不同，两者的接触状态也有很大不同。接触状态的好坏，不仅改变了荷载的分布，也改变了两者之间相互作用的性质，如图 4.1.1 所示。

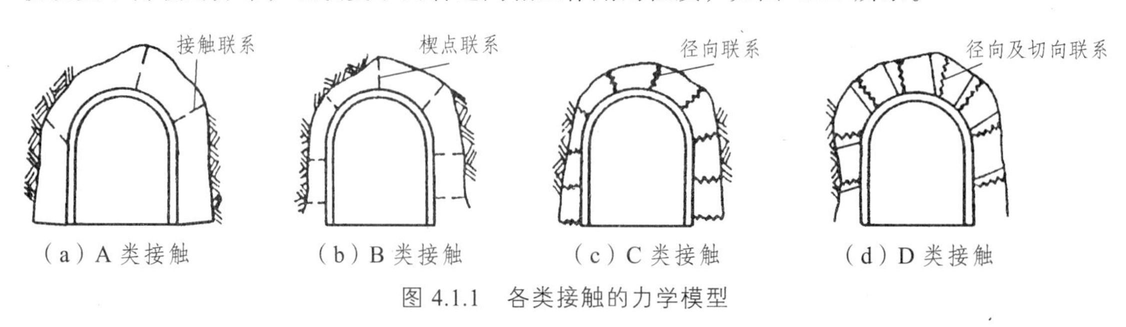

图 4.1.1　各类接触的力学模型

如喷混凝土支护、无回填层的泵送混凝土衬砌，基本上都能满足这个要求。由于全面的牢固接触，不仅能传递径向应力，也能传递切向应力，而且接触应力的分布比较均匀[图 4.1.1（c）、（d）]，同时也改善了结构的受力状态，促进围岩的稳定，支护效果较佳。

又如钢支撑，虽然是点接触，但通过楔形垫块可以做到与围岩的接触位置是固定的，且与围岩的接触是紧密的，但不能满足全面接触的要求和提供切向约束力。它的支护效果主要取决于楔块的硬度、数目、分布以及楔紧程度［图 4.1.1（b）］。一般来说，楔块的数目越多，楔得越紧，则越接近全面接触，所提供的径向约束力越均匀，支护效果越好。

再如在过去的矿山法中，早期的临时支护多采用木支撑和模筑混凝土衬砌，由于施工工艺的原因，它与围岩形成不固定的任意部位的接触［图 4.1.1（a）］。因此，围岩压力极不均匀，经常出现衬砌受力异常，发生开裂甚至丧失使用功能。目前，木支撑由于自身的弱点已很少在隧道工程中用作早期支护，只是在塌方抢救时作为临时支撑。

以岩体力学为基础的支护结构设计理论都是以全面接触为出发点的，即能全面地传递径向和切向压力，因此应尽量选择能达到这个要求的结构形式和施工工艺。

（2）要允许支护-围岩体系产生有限制的变形，以充分发挥围岩的承载能力，从而减少支护结构的作用，协调地发挥两者的共同作用。这就要求对支护结构的刚度、构造给予充分的注意，即要求支护结构有一定的柔性或可缩性。因此，目前的支护结构，其刚度相对地降低很多，即以采用柔性支护结构为主，其厚度一般为隧道直径的 3%～4%。与过去的刚性支护结构——模筑混凝土衬砌（厚度约为隧道直径的 8%）相比，厚度大幅度减小，但不影响支护结构的承载能力。因为柔性的支护结构能调整围岩的变形，使支护-围岩中的应力重新分布。例如，在有利的条件下，使接触应力（径向及切向的）变得均匀，因此，支护结构中的弯矩很小，基本上是受压的。当然，这种柔性支护结构的柔度也应该是有一定限度的，绝不是越柔越好。

（3）注意支护施作时机，重视早期支护的作用，并使早期支护与后期支护相互配合，协调一致地工作，主动控制围岩的变形。前面已经指出，围岩的变形是随时间的推移而逐渐发展的，因此在开挖的早期要适时地进行初期支护，其刚度不宜过大，应能让围岩产生一定的变形。这种变形发展到一定程度时，初期支护可能会因强度不足而产生问题，要能随时补强直到变形趋于基本稳定后再做后期支护结构。这种可分式的支护结构不仅使作业灵活，而且可以保证支护结构的经济性和合理性。但初期支护也并不是在所有情况下，都要求越早越好。例如在埋深大的塑性岩体中，位移即使达到 20 ~ 30 cm，岩体还是处在应力释放过程中，此时只要求能够逐步控制这个变形的速度就可以了，过早地控制它的发展反而有害。

由此可见，施工过程对结构的安全也是有影响的。所以要求不断改变开挖循环、衬砌时间、仰拱闭合时间、上半断面开挖长度等，以使岩体与支护结构成为一个体系来维护围岩的稳定。所以，要使支护结构适应这种随时间、施工工艺而变化的状态是很重要的。

（4）作为支护结构要根据围岩的动态（位移、应力等），及时进行调整和修改，以适应不断变化的围岩状态。现代支护技术则可采取分层喷射、增设锚杆或调整参数（间距、锚杆直径和长度）等方法，甚至采取辅助的施工措施等方法来实现。当然，作为支护结构也要满足易于施设、断面类型单一、便于改变刚度等施工技术上的要求。

显然，某一种支护结构要完全满足上述技术要求是很困难的，这就要求我们对各种类型的支护结构有一正确的评价，以便根据变化的地质条件和施工方法进行合理的选择。

4.2 支护结构的组成与力学作用机理

1. 支护结构组成及力学作用

复合式衬砌是以新奥法为基础进行设计和施工的一种新型支护结构，近几年在国内外的地下工程中得到了普遍的采用。研究和实践表明：复合衬砌理论先进、技术合理，能充分发挥围岩自承能力，提高衬砌承载力，加快施工进度，降低工程造价。目前，复合式衬砌结构（图 4.2.1）一般由锚喷支护作初期支护，模筑混凝土做整体式混凝土（二次衬砌）的一种组合衬砌（二层间有或无防水层）。

锚喷支护自从 20 世纪 50 年代问世以来，随着现代支护结构原理尤其是新奥地利隧道施工方法的发展，已在世界各国矿山、建筑、铁道、水工及军工等部门广为应用。我国矿山井巷工程采用锚喷支护每年累计有千余公里，铁路隧道、公路隧道、水工隧洞、民用与军用洞库等其他地下工程中，锚喷支护的应用也日益增多。

锚喷支护获得如此广泛的应用，是因为它在一定条件下具有技术先进、经济合理、质量可靠、适用范围广等一系列显著优点。它可以在不同岩类、不同跨度、不同用途的地下工程中，在承受静载或动载时，做临时支护、永久支护、结构补强以及冒落修复等之用。此外，还能与其他结构形式结合组成复合式支护。

锚喷支护之所以比传统支护优越，主要是因为锚喷支护在工艺上的特点，使得它能充分发挥围岩的自承能力和支护材料的承载能力，适应现代支护结构原理对支护的要求。

由于工艺上的原因，锚喷支护可在各种条件下进行施作，因此能够做到及时、迅速，以阻止围岩出现松动塌落。尤其是当前早强砂浆锚杆、树脂锚杆的出现，以及超前锚杆的使用，能够更有效地阻止围岩松动。喷混凝土本身又是一种早强（掺加了少量速凝剂）和全面密贴的支护，能很好保证支护的及时性和有效性。由此可见，锚喷支护从主动加固围岩的观点出发，在防止围岩出现有害松动方面，要比模筑混凝土优越得多。

锚喷支护属柔性薄型支护，容易调节围岩变形，发挥围岩自承能力。虽然喷混凝土本身属于脆性材料，但由于工艺上的原因，它可以做到喷得很薄，而且还可通过分次喷层的方法进一步发挥喷层的柔性。锚杆支护也是柔性支护。试验表明由锚杆加固的岩体，可以允许有较大变形而不破坏。因此锚喷支护具有比传统支护更好的调控围岩变形的作用。

锚喷支护的另一个优点是能充分发挥支护材料的承载能力。由于喷层柔性大且与围岩紧密黏结，因此喷层破坏主要是受压或受剪破坏，它比受弯破坏的传统支护结构更能发挥混凝土承载能力。同时，采用分次喷层施工方法，也能起到提高承载力的作用。我国铁道科学院铁道建设研究所曾进行过模型试验，表明双层混凝土支护比同厚度单层支护承载力高，一般能提高 20% ~ 30%。锚杆主要通过受拉来改善围岩受力状态，而钢材又具有较高的抗拉能力。可见，即使承受同样的荷载，锚喷支护消耗的材料也要比传统支护少。

除上述外，喷层还有把松动的壁面黏结在一起与填平裂隙凹穴的作用，因而能减小围岩松动和应力集中。同时，喷层又是一种良好的隔水和防风化的材料，能及时封闭围岩。尽管传统支护也有这一特性，但由于喷混凝土施作及时，因而与传统支护相比，它对膨胀、潮解、风化、蚀变岩体有更好的防水、防风化的效果。

综上所述，锚喷支护的工艺特点使它具有支护及时性、柔性、围岩与支护的密贴性、封闭性、施工的灵活性等，从而充分发挥围岩的自承作用和材料的承载作用。

对于锚喷支护的力学作用，当前流行着两种分析方法：一种是从结构观点出发，如把喷层与部分围岩组合在一起，视作组合梁或承载拱，或把锚杆看作是固定在围岩中的悬吊杆等。另一种是从围岩与支护的共同作用观点出发，它不仅是把支护看作是承受来自围岩的压力，并反过来也给围岩以压力，由此改善围岩的受力状态（即所谓支承作用）；施作锚喷支护后，还可提高围岩的强度指标，从而提高围岩的承载能力（即所谓加固作用）。这两种作用都能起到稳定围岩的作用。一般情况下，传统支护没有这两种作用，只是被动地承受松动荷载。

上述两种观点都能说明锚喷支护的力学作用，显然后一种观点更能反映支护与围岩共同作用的机理。

整体式衬砌一般为二次衬砌，二次衬砌的作用因不同的围岩级别而异，对于Ⅰ级稳定硬质围岩，因围岩和初期支护的变形很小，且很快趋于稳定，故二次衬砌不承受围岩压力，其主要作用是防水、利于通风和修饰面层；对于Ⅱ级基本稳定的硬质围岩，虽然围岩和初期支护变形小，二次衬砌承受不大的围岩压力，但考虑洞室运营后锚杆钢筋锈蚀、围岩松弛区逐渐压密，初期支护质量不稳定等原因，故施作二次衬砌以提高支护衬砌的安全度；对于Ⅲ ~

Ⅴ级围岩，由于岩体流变、膨胀压力、地下水等作用，或由于浅埋、偏压及施工等原因，围岩变形未趋于基本稳定而提前施作二次衬砌，此时，二次衬砌主要承受较大的后期围岩形变压力。

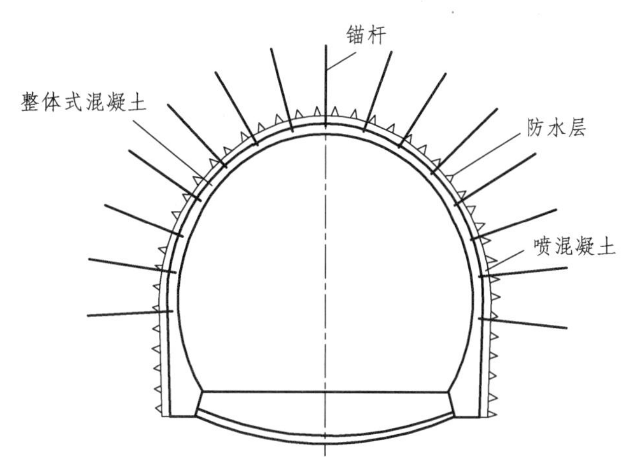

图 4.2.1　复合衬砌结构示意图

（1）喷混凝土。

喷混凝土为永久性的支护结构的一部分，是现代隧道建造中支护结构的主要形式。喷混凝土支护主要用作早期支护，对通风阻力要求不高的隧道也可用作后期支护。

喷射混凝土支护喷射迅速，能与围岩紧密结合，形成一个共同的受力结构，并具有足够的柔性，吸收围岩变形，调节围岩中的应力。喷混凝土使裸露的岩面上的局部凹陷很快填平，减少局部应力集中，加强岩体表面强度，防止围岩发生风化。同时，通过喷混凝土层把外力传给锚杆、网架等，使支护结构受力均匀。此外，喷混凝土对岩体条件和隧道形状具有很好的适应性，而且这种支护可以根据它的变形情况随时补喷加强。因此，喷混凝土的作用在于形成以围岩为主的围岩与喷混凝土层之间相互作用的结构体系。

喷射混凝土的材料通常有以下几种类型：

① 普通喷射混凝土。普通喷射混凝土由水泥、砂、石和水按一定比例混合而成，具有强度高、黏结力强、密度大及抗渗性好等特点。由于素喷混凝土的抗拉伸和抗弯曲的能力较低，抗裂性和延性较差，因此通常配合金属网一起使用。

② 水泥裹砂石造壳喷射混凝土。这种喷射混凝土的特点是采用一定的施工工艺，使砂、石表面裹一层低水灰比（0.15 ~ 0.35）的水泥浆壳，形成造壳混凝土，可克服普通喷射混凝土回弹量大、粉尘大、原材料混合不均匀及质量不够稳定的缺点。

③ 钢纤维喷射混凝土。钢纤维喷射混凝土是指在混凝土中加入约占其总体积 1% ~ 2%、直径为 0.25 ~ 0.40 mm、长度为 20 ~ 30 mm、端部带钩或断面形状奇特的钢丝纤维的一种新型混凝土。它的抗拉、抗弯及韧性比素喷混凝土高 30% ~ 120%，故可取消喷射混凝土内的金属网，这对提高喷射混凝土支护的密实度大有好处，因为金属网后面不易喷到。钢纤维混凝土同时具有较高耐磨性。这种支护适用于塑性流变岩体及受动荷载影响的巷道或受高速水流冲刷的隧洞。

（2）锚杆。

锚杆是一种特殊的支护类型，它主要是起加固岩体的作用，只有预应力锚杆才能形成主动的支护阻力。锚杆安装迅速并能立即起作用，故广泛地被用作早期支护，尤其适用于多变的地质条件、块裂岩体以及形状复杂的地下洞室。而且锚杆不占用作业空间，洞室的开挖断面比使用其他类型支护结构时小。锚杆和围岩之间虽然不是大面积接触，但其分布均匀，从加固岩体的角度来看，它能使岩体的强度普遍提高。

一般地说，锚杆所提供的支护阻力比较小，尤其不能防止小块塌落，所以，和金属网喷射混凝土联合使用效果更佳。

锚杆的支护作用机理因隧道地质条件、锚杆配置方式、锚杆打设时机和隧道掘进方法的不同而不同，也就是说，锚杆的作用机理受着这些综合因素的制约。对于某一特定条件下的某一支锚杆来讲，往往是同时起着几种不同作用。坚硬岩石隧道围岩中锚杆所起的支护作用和在松软岩石中不同；单支零星配置的锚杆和系统配置的锚杆的支护机理也不同；隧道开挖后打设的锚杆和预支护锚杆的支护机理更是完全不同；采用人工开挖、机械开挖或钻爆开挖时，由于引起围岩中的动力特性不同，所采用的预支护锚杆的支护作用也各不相同。

目前应用最广的是全长黏结式锚杆。端头锚固型锚杆一般用于局部加固围岩及中等强度以上的围岩中。预应力锚索一般用于大型洞室及不稳定块体的局部加固，而预拉力小且锚固于中硬以上岩体时宜采用胀壳机械式锚头。摩擦式锚杆目前主要用于服务期短的矿山工程。

一般认为，隧道开挖后打设锚杆，由于锚杆具有的抗剪能力，从而提高了围岩锚固区的 c、φ 值，尤其在节理发育的岩体中，加固作用更加明显。此外，锚杆具有加固不稳定岩块起到悬吊作用（图 4.2.2），在层状岩体中系统配置锚杆起到组合梁作用；形成锚杆加固范围内的承载环及内压作用（限制围岩向洞室内的变形）等。对于锚杆的作用，不应该单独割裂开来看待，而应当看作是这些作用的复合作用。但由于地质条件、锚杆配置方式、锚杆类型不同，其中的某一作用可能成为主要的，其他则成为次要的。采用新奥法构筑的隧道，锚杆所起的作用主要是成拱作用和内压作用。

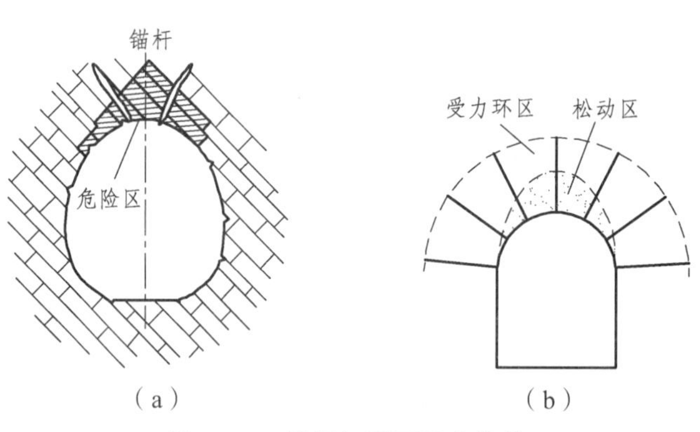

图 4.2.2 锚杆加固不稳定块体

岩质条件较好时，只使用喷混凝土和锚杆就可以达到使围岩稳定的目的。岩质条件较差时，为了对围岩施加更大的约束压应力，常常采用在锚喷支护中配置金属网或立钢拱架等辅助支护方式。采用金属网和钢拱架加强支护虽然也会引起支护结构的刚度增大，但比起加大喷混凝土层的厚度所引起的刚度增大要小得多。

（3）金属网。

金属网有以下 3 种形式：

① 金属网板。金属网板使用薄钢板经冷冲压或热冲压制成，网眼呈菱形或方形。金属网板主要用在第一次喷混凝土层中，其作用是改善喷混凝土层与岩面的黏结条件，防止喷混凝土层剥落，加强了喷混凝土层的效果。

② 焊接金属网。焊接金属网是由直径 6 ~ 8 mm 的钢筋焊接而成的。焊接金属网是加强喷混凝土层最常用的材料。在软弱围岩、土砂质围岩、断层破碎带处，都使用这种金属网来加强喷混凝土层。

③ 编织金属网。编织金属网主要用于加固围岩缺陷部分和防止围岩剥落，以保证施工安全，一般不用来加强喷混凝土层。

在受力的效果上，单纯的金属网不能与钢筋混凝土中的钢筋相比，这是由于钢筋网不能承受很大的弯曲拉应力。因此，钢筋网只能视为防止喷混凝土因塌落、收缩、振动和位移而导致裂缝，以及作为改善喷混凝土受力性能的构造钢筋。当支护结构由钢拱架、钢筋网和喷混凝土构成时，可将钢筋网的部分视为受力钢筋。

（4）钢拱架。

钢拱架基本上有 2 种形式，一种是用型钢做成的钢拱，另一种是用钢筋焊成的格栅拱，其形状与开挖断面吻合。它们都可以迅速架设，并能提供足够的支护阻力。钢拱架与围岩的接触条件取决于楔块的数目和楔块打紧的程度。现在主要是用来作为早期支护，但在大多数情况下都是将它灌入混凝土，作为永久支护结构的一部分。

需要采用钢拱架作为辅助支护的隧道，在构筑喷混凝土层后的数小时内，喷层还不能提供足够的强度，这时主要由钢拱架承受由喷层传递的围岩荷载，以保证隧道稳定，减缓内空变位速度。随着喷混凝土层凝结硬化和强度逐渐增长，围岩荷载就由喷混凝土、钢拱架和锚杆共同承担。因此钢拱架又可以防止锚杆出现超负荷现象。钢拱架常因承受荷载而发生较大的变形，因而制造钢拱架的钢材要有较好的韧性；为了便于进行冷加工，钢材的延伸率要大；为了便于拱架焊接，钢拱架要有良好的焊接性能；为了防止钢拱架过早地发生绕 y 轴方向的压屈破坏，制造钢拱架的型钢截面几何图形对 x 轴和 y 轴的截面系数比不能大于 3，即 $W_x/W_y \leqslant 3$。

目前经常应用的钢拱架有下列 2 种：

① 普通钢拱架。用于地下工程的普通钢拱架具有固定节点，这种钢拱架的型钢截面为 H 形。工字钢和旧轨条可用来制造钢拱架，虽然它们对 2 对称轴的截面系数比相差较大，较易发生绕长轴方向的压屈，但由于旧轨条的价格比较便宜，所以常常用旧轨条加工钢拱架。

普通钢拱架可以在隧道全断面范围内使用，也可以只在分台开挖方式的上半断面使用。但不论是在全断面还是在上断面使用，钢拱架都是永久支护结构的一个组成部分。一般情况下，喷混凝土层的厚度都大于钢拱架型钢截面的高度，所以采用钢拱架都能很好地埋在喷射混凝土层之中。假如喷混凝土层的厚度小于型钢截面的高度，在喷射混凝土施工时，应把钢拱架处的喷混凝土层局部加厚，这样处理可以防止发生喷混凝土层剥落。在使用钢拱架时，应特别注意喷混凝土层与岩面间不能出现悬空现象。

② 可缩性钢拱架。可缩性钢拱架是有滑动节点的钢拱架。在膨胀性地层中构筑隧道，围岩发生较大的内空变位时，为保持支护结构的柔性，常常使用可缩性钢架。这种拱架有 2 个或数个滑动节点，施工中在岩压作用下，当拱架的轴向压力达到一定数值时，滑动节点可

以滑动，使拱架在承受荷载时与隧道的内空变位相适应。这种拱架的型钢是专门生产的。

施工中欲使用可缩性钢拱架时，在构筑喷混凝土层时应在全断面上留出变形带，变形带的数量及宽度应根据滑动节点及节点滑动量来定，变形带处的喷混凝土层待隧道内空变位稳定后再补充施作。

（5）二次衬砌。

二次衬砌是隧道工程施工在初期支护内侧施作的模筑混凝土或钢筋混凝土衬砌，与初期支护共同组成复合式衬砌。

设置衬砌的目的如下：① 增加作为结构物的安全系数；② 提高作为结构物的耐久性；③ 外荷载发生变化时，作为承载的部分；④ 给予隧道稳定必要的约束力。

因此，在一般场合，原则上都要设置衬砌。其中，仰拱原则上在Ⅴ～Ⅵ级（铁路隧道）或Ⅲ～Ⅰ级（公路隧道）设置。必要时，铁路隧道在Ⅲ级，公路隧道在Ⅳ类围岩地段也要设置。仰拱最好在衬砌没有产生不利的应力之前设置，在地质条件差的围岩中，不管何种场合，都要及早设置，使断面及时闭合。

日本规定，在洞口段均应设置仰拱，即使围岩良好，也要设置长度不小于 10 m 的仰拱。

在一般的山岭隧道中，由于围岩与支护的相互作用而获得开挖后的稳定，二次衬砌的主要目的是：① 保持隧道内设施的功能；② 防水功能（冻结、漏水）；③ 内装功能（确保美观）；④ 维修管理功能（确保易于检查）；⑤ 提高支护的安全系数。

（6）防水层。

地下洞室应根据要求采取防水措施。当有地下水时，初期支护和二次衬砌之间可设置塑料板防水层或采用喷涂防水层，并可采用防水混凝土衬砌。

防水层一般采用全断面不封闭的无压式，有特殊要求时，也可采用全断面封闭的有压式。当地下水较小时，可仅在拱部设置防水层。防水层应在初期支护变形基本稳定后、二次衬砌灌作前施作。

① 塑料板防水层。

防水层材料应选用抗渗性能好，物化性能稳定，抗腐蚀及耐久性好，并具有足够柔性、延伸率、抗拉和抗剪强度的塑料制品，目前多采用厚 1～2 mm 聚乙烯塑料板。

② 喷涂防水层。

防水层材料可采用沥青、水泥、橡胶和合成树脂等，防水层厚 2～10 mm。目前多采用阳离子乳化沥青氯丁胶乳作防水层，喷层厚 3～5 mm。

③ 防水混凝土。

防水混凝土的抗渗能力，根据《地下工程防水技术规范》（GB 50108）规定不应小于 0.6 MPa。设计时可根据水压情况选用相应防水混凝土等级。

2. 复合式支护结构的类型

支护结构的基本作用就是保持洞室断面的使用净空，防止岩体质量的进一步恶化，和围岩一起组成一个有足够安全度的隧道结构体系，承受可能出现的各种荷载，诸如水、土压力以及一些特殊使用要求的外荷载。此外，支护结构必须能够提供一个满足使用要求的工作环境，保持隧道内部的干燥和清洁。因此，任何一种类型的支护结构都应具有与上述作用相适应的构造、力学特性和施工可能性。这两个要求是密切相关联的。因为许多地下结构形成病害和破损的重要原因之一是由衬砌的漏水造成的，特别是在饱和含水软土地层中采用装配式管片结构，尤以衬砌防水这个矛盾最为突出，与工程成败关系重大，必须予以足够的重视。

（1）按支护作用机理分类，目前采用的支护大致可以归纳为刚性支护结构、柔性支护结构、复合式支护结构 3 类。

① 刚性支护结构。

这类支护结构通常具有足够大的刚性和断面尺寸，一般用来承受强大的松动地压。但只要可能，就应避免松动压力的发生。刚性支护只有很小的柔性而且几乎总是完全支护，这类支护通常采用现浇混凝土，有的采用石砌块或混凝土砌块。从构造上看，它有贴壁式结构和离壁式结构 2 种。贴壁式结构使用泵送混凝土，可以和围岩保持紧密接触，但其防水和防潮的效果较差。离壁式结构围岩没有直接接触的保护和承载结构，一般容易出现事故。

立模板灌注混凝土支护有人工灌注和混凝土泵灌注 2 种。泵灌混凝土支护因取消了回填层，故能和围岩大面积牢固接触，是当前比较通用的一种支护形式。因工艺和防水要求，立模板灌注混凝土需要有一定的结硬时间（不少于 8 h），不能立即承受荷载，故这种支护结构通常都用作后期支护，在早期支护的变形基本稳定后再灌注，或围岩稳定无需早期支护的场合下使用。

② 柔性支护结构。

柔性支护结构是根据现代支护原理而提出来的，它既能及时地进行支护，限制围岩过大变形而出现松动，又允许围岩出现一定的变形，同时还能根据围岩的变化情况及时调整参数。所以，它是适应现代支护原理的支护形式。锚喷支护是一种主要的柔性支护类型，其他如预制的薄型混凝土支护、硬塑性材料支护及钢支撑等亦均属于柔性支护。

锚喷支护是指锚杆支护、喷射混凝土支护以及它们与其他支护结构的组合。

国内广泛应用的锚喷支护类型有如下 6 种：

a. 锚杆支护；

b. 喷射混凝土支护；

c. 锚杆喷射混凝土支护；

d. 钢筋网喷射混凝土支护；

e. 锚杆钢支撑喷射混凝土支护；

f. 锚杆钢筋网喷射混凝土支护。

③ 复合式支护结构。

复合式支护结构是柔性支护与刚性支护的组合支护结构，最终支护是刚性支护。复合式支护结构是根据支护结构原理中需要先柔后刚的思想，通常初期支护一般采用锚喷支护，让围岩释放掉大部分变形和应力，然后再施加二次衬砌，一般采用现浇混凝土支护或高强钢架，承受余下的围岩变形和地压，以维持围岩稳定。可见，复合式支护结构中的初期支护和最终支护一般都是承载结构。

复合式支护结构的种类较多，但都是上述基本支护结构的某种组合。

根据复合式衬砌层与层之间的传力性能又可以分为单层衬砌和双层衬砌。

双层衬砌是由初期支护、二次衬砌以及 2 层衬砌之间的防水层组成。设置二次衬砌的时间有 2 种情况，一种是待初期支护的变形基本稳定之后再设置二次衬砌。此时，二次衬砌承受后续荷载，包括水压力、围岩和衬砌的流变荷载，由于锚杆等支护的失效而产生的围岩压力等。另一种是根据需要较早地设置二次衬砌，特别是超浅埋隧道，对地表沉降有严格控制的情况下，此时二次衬砌和初期支护共同承受围岩压力。此外，在塑性流变地层中，围岩的变形和围岩压力都很大，而且作用持续时间很长，通常需要在开挖之前采取辅助施工措施对围岩进行预加固，同时采取能吸收较大变形的钢支撑（见可缩性钢拱架），允许喷混凝土和钢支撑发生变形和位移，位移和变形基本得到控制后，再施作二次衬砌。

由于防水层的设置，2 层衬砌之间只能传递径向应力，不能传递切向应力。因此，2 层衬砌之间不能形成一个整体承载。近年来，复合式支护结构常用于一些重要工程或内部需要装饰的工程，以提高支护结构的安全度或改善美观程度。支护结构类型的选择应根据客观需要和实际可能相结合的原则，客观需要是指围岩和地下水的状况应与围岩的等级相适应；实际可能就是支护结构本身的能力、适应性、经济性以及施工的可能性。

（2）按支护承载特性分类，目前采用的支护大致可以归纳为被动支护与主动支护。

① 被动支护。

所谓“被动支护”是指依赖围岩产生向洞内的变形或破坏来“诱发”支护结构受力以抵御可能发生的各类灾害的衬砌。被动支护结构是目前隧道支护结构中最常用的手段，试验以及修建经验都表明了被动支护可以应对大部分的隧道建设。被动支护的核心思想是利用支护结构自身的刚度来抵抗围岩变形，只有当围岩发生一定的位移支护结构才能发生作用。加强被动支护的手段一般为：加厚喷射混凝土、间距更密的高强度钢拱架及较厚的二次衬砌等。但是随着隧道建设的迅猛发展，被动支护手段在修建穿越高地应力区的长、大、深埋铁路、公路隧道的过程中逐渐显露出了弊端，尤其是在应对软岩大变形和硬岩岩爆时不甚理想，软岩大变形隧道中甚至出现了多层衬砌结构的支护手段，如木寨岭铁路隧道大变形处治过程中喷射混凝土+二次衬砌厚度达到了近 2.0 m。被动支护虽能一时有条件地抑制围岩过大的变形，并控制其围岩松动圈的发展，暂时抑止了隧道洞室局部范围因变形失稳而塌方；但随着软岩隧洞开挖过程中围岩应力的过度松弛而大范围地释放，岩体因持续大变形而呈非线性流变的历时进一步增长发展，以及遇水后表现出的体胀和失水崩解离析等软岩不良地质缺陷特性，其围岩形变荷载将会历时而持续加剧增长，支护体系的受力和变形亦会随之急剧发展增大，故以其为理念的强支护措施在处理较大的隧道变形时，强力被动结构因抑制了岩体形变能的释放反而诱发了更大的围岩压力，导致支护结构处于极高的不利受力状态，经常出现普通刚性锚杆因不能适应围岩的挤压变形而被拉断失效、钢拱支架因受压荷过大而产生受压折弯、扭曲或剪断，钢筋网喷射混凝土开裂掉块、保护层剥落露筋，二衬严重开裂等工程事故，而围岩因过度变形而大范围地“侵限”更十分常见。

② 主动支护。

基于对被动支护的认知，国内外相关学者提出了隧道工程中的“主动支护”理念，所谓“主动支护”，是指在隧道开挖后，对洞室周边及时施加一预应力支护，以改善洞周应力状态，调动和提高围岩尤其是深部岩体的力学特性，从而使一定深度范围内的围岩形成“承载拱”效应，进而提高围岩自承能力，实现抑制或防止隧道过大变形发生的目的，如图 4.2.3 所示。从上述内涵出发，在支护过程中若要实现支护体系的主动支护，就是要在隧道变形发生前，以“主动”的方式改善围岩洞周应力状态，充分调动一定深度范围内的围岩产生承载作用。

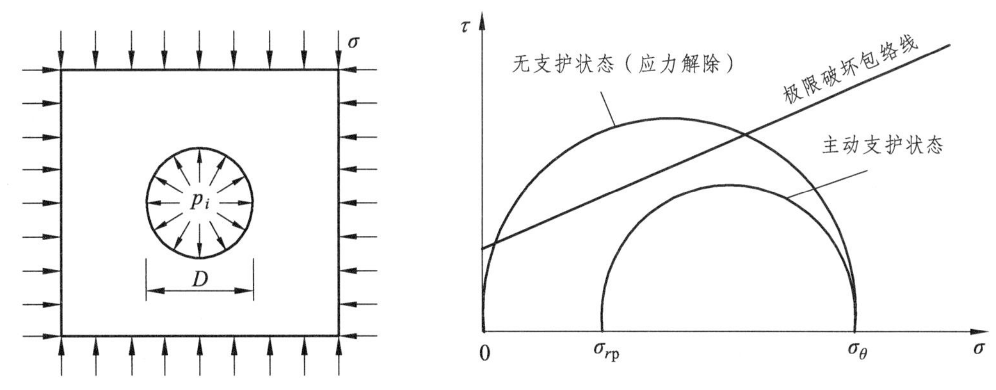

图 4.2.3　主动支护示意图

3. 装配式衬砌结构与构造

装配式管片衬砌是盾构法隧道的永久衬砌结构，是用工厂预制的管片在盾构尾部拼装而成的，如图 4.2.4 所示。在 19 世纪英国泰晤士下穿公路隧道时首次采用，最初衬砌材料采用炼瓦厂的瓦滓制造，后因漏水等问题改用铸铁制造衬砌。随后，盾构法在日本、德国得到快速发展，衬砌材料也由瓦砾、砖砌、铸铁、钢材等向钢筋混凝土材料转变。1936 年，日本用盾构法完成了旧国铁-关门隧道的修建，关门隧道的盾构区间的隧道外径为 7 m，使用了铸铁管片，后来转为使用钢筋混凝土管片取得成功并大量推广，使钢筋混凝土管片逐渐成为了盾构隧道普遍使用的衬砌结构形式。

装配式管片衬砌为一种预制拼装式结构，具有柔性结构的特点，在水土压力作用下衬砌结构的变形比整体式现浇钢筋混凝土结构大，有利于发挥结构与地层的共同作用并充分调动地层自身的承载能力，达到优化隧道衬砌设计的目的。

（1）管片衬砌的构造原理。

管片衬砌是在整体衬砌形状上进行分块预制，分块主要从结构受力状态、构件质量、拼装难度、运输成本等角度进行考虑。从结构受力角度来说，接头是整个结构的薄弱部位，一般来说接头比较容易承受比较大的轴力和剪力，但是很难承受较大的弯矩，因此目前主流的分块方式为在整体衬砌零弯矩（以下称为弯矩最小位置）位置进行分块，这样能够尽可能地保持原结构受力状态，对原衬砌受力扰动较小。若是在弯矩最大位置进行分块，相对于原整体结构而言，接头部位抵抗变形的能力将下降，考虑结构与围岩的共同作用特性，围岩压力及结构内力的大小及分布将会发生相应变化，达到新的平衡，结构变形及轴力将会增加，最大弯矩值有所降低，衬砌结构形成新的稳定状态。

管片环一般由数块 A 型管片、两块 B 型管片和一块封顶的 K 型管片组成。K 型管片有从隧道内侧插入的（半径方向插入型），也有从隧道轴方向插入的（轴方向插入型）。

盾构隧道的断面形状一般多为圆形或类矩形（图 4.2.5），单层装配式管片衬砌是由多块预制管片在盾构机盾尾内管片通过管片接头和环间接头连接而成的管状结构。

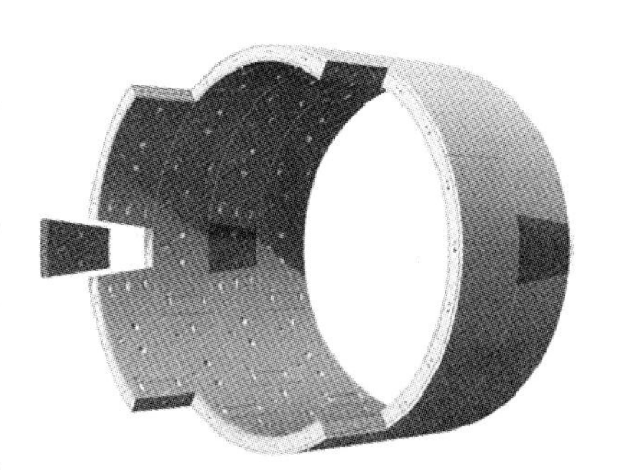

图 4.2.4　管片衬砌组成构造

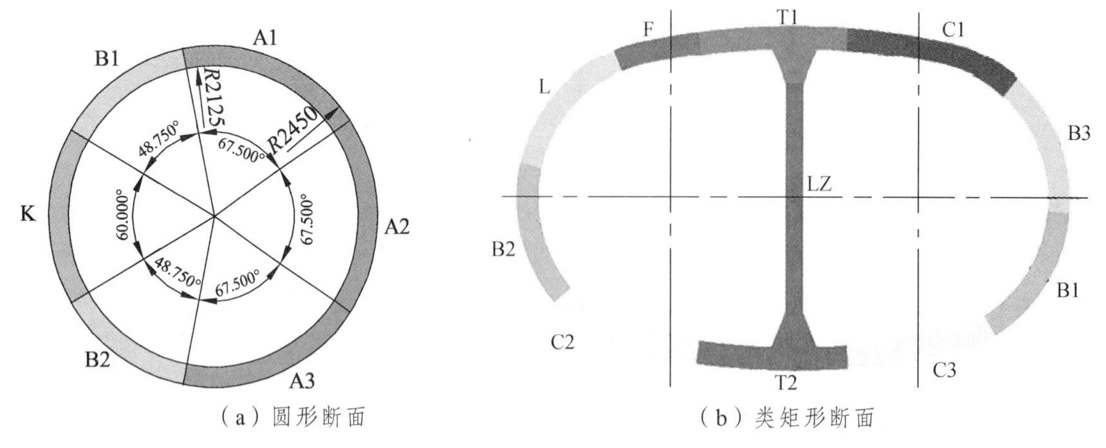

（a）圆形断面　　（b）类矩形断面

图 4.2.5　管片衬砌断面形式

（2）管片衬砌的类型。

盾构隧道管片衬砌的类型主要包括单层衬砌和双层衬砌，其中双层衬砌是在单层衬砌的基础上敷设二次衬砌。

① 单层衬砌。

单层衬砌一般由预制管片拼装而成，管片按照材料可分为钢筋混凝土管片、钢管片、铸铁管片以及由这几种材料复合制成的管片。

钢筋混凝土管片：钢筋混凝土管片有一定的强度，加工制作比较容易，耐腐蚀，造价低，是最为常用的管片型式，但是较为笨重，在运输、安装施工过程中易损坏。按照管片手孔成形大小区别，可以大致将其分为箱型管片和平板型管片。箱型管片主要用于大直径隧道，手孔较大利于螺栓的穿入和拧紧，同时节省了大量的混凝土材料，减轻了结构自重，但在千斤顶的作用下容易开裂，国内应用较少；对于中小直径的盾构隧道，国内外普遍采用平板型管片，因其手孔小对管片截面削弱相对较少，对千斤顶推力有较大的抵抗能力，正常运营时对隧道通风阻力也较小。

钢管片：钢质管片主要用型钢或钢板加工而成，其强度高、延性好、运输安装方便，但是其刚度较小，在施工应力的作用下易变形，耐腐蚀性差，造价也不低，仅在某些特殊场合（如平行隧道的联络通道口部的临时衬砌、小半径曲线隧道的转弯段）使用。

铸铁管片：铸铁管片的耐腐蚀性、延性和防水性能好，质量轻、强度高，易于制作成薄壁结构，搬运方便，管片尺寸精度高，外形准确，安装速度快，但是缺点是耗费金属，机械加工量大，造价高，特别是具有脆性破坏的特性，不宜承受冲击荷载，目前已较少采用。

复合管片：如填充混凝土钢管片衬砌，以钢管片的钢壳作为基本结构，在钢壳中用纵向肋板设计间隔，经填充混凝土后，称为简易的复合管片结构，与原有钢管片相比有制作容易、经济性能好、可以省略二次衬砌等优点。

② 双层衬砌。

盾构隧道尤其是承受高压力、有渗透风险的水下隧道，在施工和维护过程中常常暴露出一些刚度和耐久性问题。为满足衬砌结构耐久性、列车高速化运行及防撞击、阻燃等相关安全保障的要求，提高隧道的纵向刚度，国内多座大型水下盾构隧道工程已经开始在管片内部施加二次衬砌。

双层衬砌是在管片拼装完成之后，在管片内侧浇筑二次衬砌所组成的一种隧道支护结构体系，其承载能力要优于管片结构的承载性能，盾构隧道双层衬砌结构在日本应用较为广泛，在我国多用于输水隧洞以提高隧道结构的防腐蚀和耐久性能。

二次衬砌的使用目的因隧道用途而有所不同，按照双层衬砌结构的承载机理，根据二次衬砌是否考虑承载可以将其功能分为两大类，如表 4.2.1 所示。在既有衬砌结构设计理念中，仍以单层管片衬砌承载为主，在不明确管片损伤程度的情况下，一般并不急于施作二次衬砌。但是，在隧道断面设计时要留有后期为二衬施作的预留空间，作为日后管片衬砌的有效补强手段。

表 4.2.1　盾构隧道采用二次衬砌的功能分类

结构受力形式	施加二衬的作用	相关说明
不考虑承载	管片衬砌加固	从长期使用的角度防止管片衬砌变形与老化
	管片衬砌防腐	
	隧道内表面平整	降低粗糙程度、起装饰装饰
	减小隧道震动	高速铁路隧道考虑
	防碰撞、防火	高速铁路等重要隧道特殊考虑
	隧道的防水和止水	分离管片内外水环境
	管片拼装的蛇形修正	重要隧道的使用要求
考虑承载	承担内水压力	输水隧洞、油气管道等
	修建附属结构时承受短期荷载	交通隧道联络通道、输水隧道岔道
	分担后期新增荷载	地层变化较大的交通隧道、输水隧洞承受后期水压
	分担局部集中荷载	—
	增加隧道纵向等效刚度	防止隧道差异沉降等

二次衬砌的厚度根据隧道的使用目的、隧道洞径和施工方法等因素来确定，且衬砌厚度与隧道的直径关系不大，非结构性二次衬砌的厚度一般为 15 ~ 30 cm，结构性二次衬砌的厚度则由计算结果来确定。二次衬砌的材料多选用素混凝土，有时也可以按照将来荷载的变化情况设置若干钢筋。对于铁路、公路盾构隧道而言，从耐久性观点考虑，也有以控制二次衬砌裂缝宽度为目的而实施的，多配置网筋和构造钢筋。

二次衬砌按结构形式可分为全环封闭式二次衬砌和非封闭式二次衬砌。

全环封闭式二次衬砌：相对于单层管片衬砌而言，传统封闭式二次衬砌结构在补强、防火、防撞、抗沉降、防侵蚀、抗水压等方面更有优势，因此越来越多的盾构隧道工程考虑采用双层衬砌结构形式，如南水北调中线穿黄隧道、台山核电越海盾构隧洞、大连地铁 5 号线跨海隧道、武汉地铁 8 号线越江工程和广深港客运专线狮子洋隧道软土区段（图 4.2.6）等。

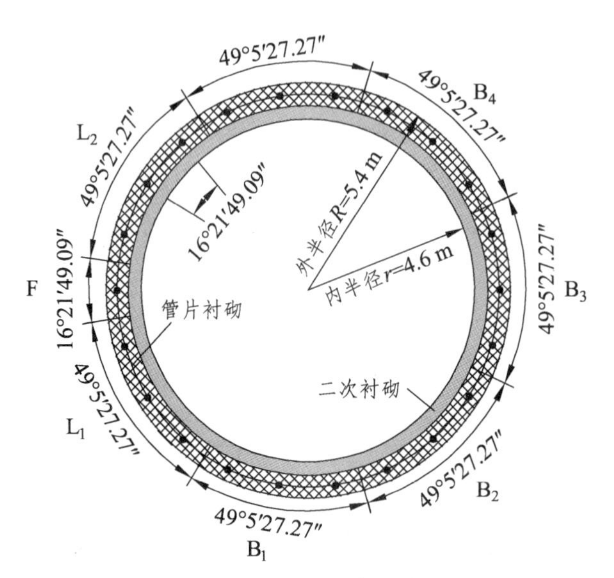

图 4.2.6　全环封闭式二次衬砌示例-广深港客运专线狮子洋隧道（软土区段）

非封闭式二次衬砌：为解决封闭式二次衬砌在施工和使用中存在施工后隧道外径增大，工程投资增加，施工质量较难控制等问题，提出了非封闭二次衬砌。

其将二次衬砌设置在盾构隧道断面底部和侧部富裕空间，对于受隧道使用功能控制的部分则不设置二次衬砌，是一种在管片衬砌内表面修建的、沿盾构隧道圆形横截面圆周方向非封闭的钢筋混凝土结构，如图 4.2.7 所示。

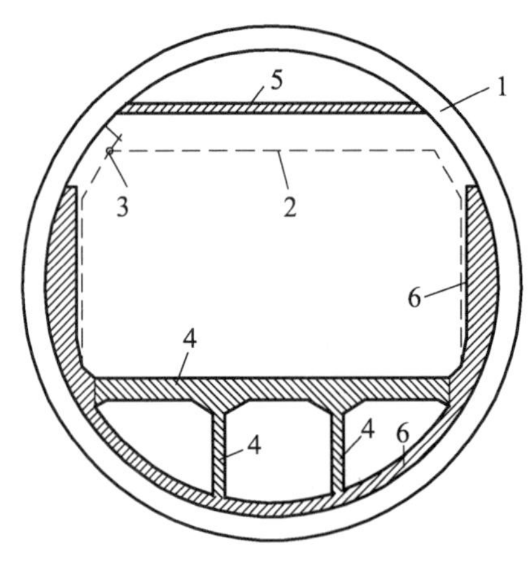

1—管片衬砌；2—限界；3—隧道断面布置控制点；4—下部内部结构；
5—上部内部结构；6—非封闭二次衬砌。

图 4.2.7　非封闭式二次衬砌结构示意图

通过这种方式设置的二次衬砌，能避免因全环设置二次衬砌增加隧道断面，同时改善运营期结构受力，增强隧道防水效果。与普通单层管片衬砌或封闭式二次衬砌相比，非封闭式二次衬砌采用在隧道功能所需的空间范围外设置非封闭的二次衬砌方式，因而可根据隧道功能、断面布置、结构受力及结构防水等要求设置。

非封闭二次衬砌由全国工程勘察设计大师肖明清提出，因其在许多方面兼具单层管片衬砌与封闭式双层衬砌的优点，已在多座大型水下盾构隧道中得到应用，如武汉长江隧道、南京长江隧道、杭州庆春路隧道、武汉三阳路隧道、常德沅江隧道、济南济泺路黄河隧道、江阴靖江长江隧道等。

（3）管片衬砌接头。

管片的连接处一般称为接头，通常包括接缝、连接件（例如螺栓）及其附近受力学作用影响的部位（包括螺栓孔），如图 4.2.8 所示。按其所处位置和连接对象不同，可分为管片接头和环间接头两类。管片接头为管片环内相邻两块管片间连接纵向接缝的接头，环间接头为相邻管片环之间连接环缝的接头。

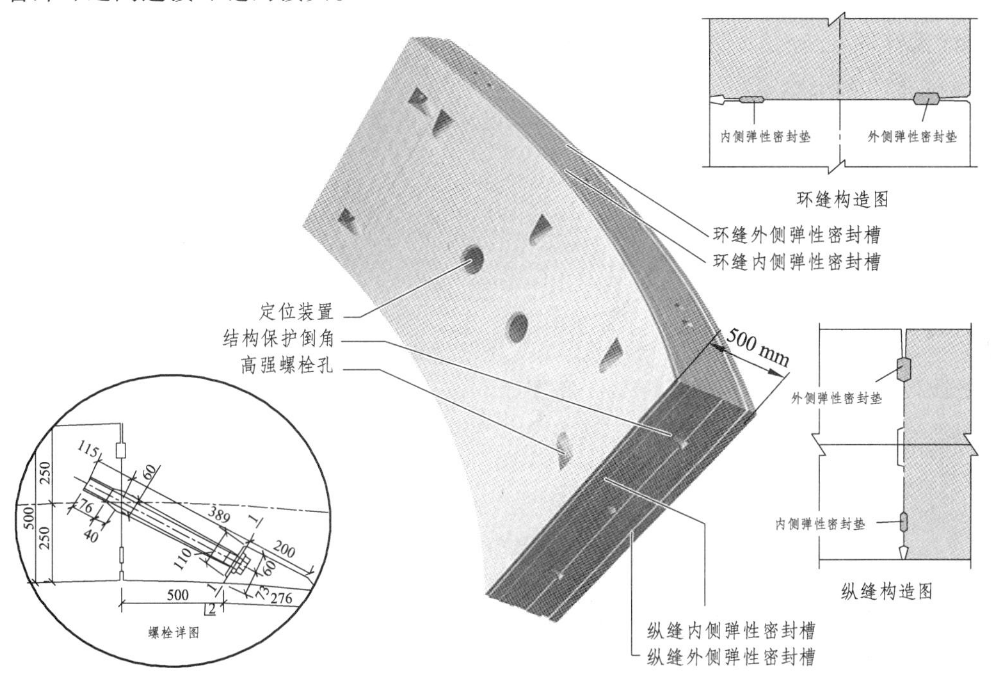

图 4.2.8　管片接头构造示意图

接头按照连接件的不同，主要分为有螺栓接头、无螺栓接头和销钉连接等方式，此种划分涉及接头的不同力学和防水特性。国内盾构隧道的管片连接一般采用螺栓连接，而且螺栓是永久性保留的。在欧洲，管片拼装完成后通常拆除螺栓，接缝不考虑螺栓的作用，而是按弹性铰接接头进行整个结构的受力分析，与这种方法相对应的分析模型为铰接圆环模型；在国内，管片接头早期按与结构等强进行考虑，按匀质圆环进行分析，因此接头设计相对较强。近年来，通常针对接头的细部构造、连接措施进行精细化建模分析与设计。增加管片接头的连接刚度有利于增强结构的整体性和控制结构的变形。

4.3　围岩与支护结构的收敛-约束效应

1. 围岩的支护需求曲线

通常，我们把围岩变形特征曲线称为围岩收敛曲线。下面列出几种不同状况下的收敛曲线方程，这些方程有的在前面章节中导出过，有的未曾导出，这里不作详细推导。

（1）弹性收敛方程。

洞壁位移可依据式（3.3.13）计算。其收敛曲线如图 3.5.1 所示，它只适用于围岩处于弹性的状态。

（2）弹塑性收敛曲线。

不考虑塑性区体积扩容的方程一般都采用修正的芬纳公式，即洞周位移可依据式（3.4.25）计算。

由于塑性区 c、φ 值是变化的，代以不同的 c、φ 值就可得到不同的收敛线。通常采用平均的 c、φ 值来确定收敛线（图 4.3.1）。

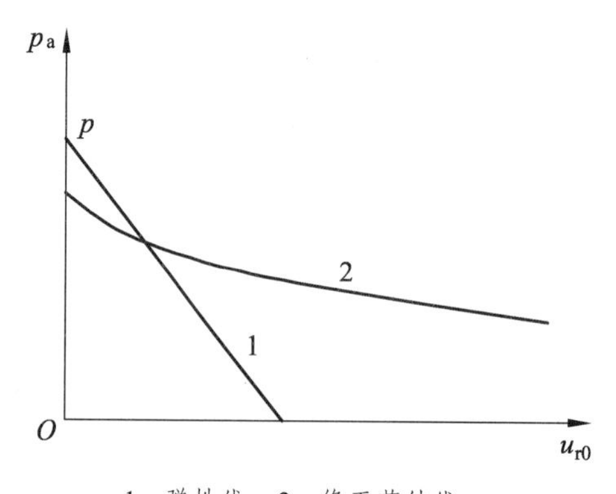

1—弹性线；2—修正芬纳线。

图 4.3.1　围岩弹塑性收敛曲线

2. 支护结构的补给曲线（支护特性曲线）

以上所述是隧道围岩与支护结构共同作用的一个方面，即围岩对支护的需求情况。现在分析它的另一个方面，即支护结构可以提供的约束能力。任何一种支护结构，如钢拱支撑、锚杆、喷射混凝土层、模板灌注混凝土衬砌等，只要有一定的刚度，并和围岩紧密接触，总能对围岩变形提供一定的约束力，即支护阻力。但由于每一种支护形式都有自己的结构特点，因而可能提供的支护阻力大小与分布，以及它随支护变形而增加的情况都有很大的不同，是比较复杂的。因为它不仅仅决定于支护结构本身的构造，而且与周围岩体的接触条件以及在施工中出现的各种变异有关。因此，目前在评价支护结构的支护阻力特性时，原则上都假定其他条件是相同的、不变的（如紧密接触、压力分布均匀、径向分布等），只研究支护因结构不同而产生的力学效应。

现仍以圆形隧道为研究对象，并假定围岩给支护结构的反力也是径向均布的。因此，这还是一个轴对称问题。相对于围岩的力学特性而言，混凝土衬砌或钢支撑的力学特性可以认为是线弹性的。

在一般情况下，支护结构的力学特性可表达为

$$p = f(K) \tag{4.3.1}$$

式中的 K 为支护阻力 p 与其位移 u 的比值，称之为支护结构的刚度，即

$$K = \frac{\mathrm{d}p}{\mathrm{d}u} \tag{4.3.2}$$

基于上述概念，可把各种支护结构的力学特性用所谓的支护结构特性曲线来表示。

支护特性曲线，是指作用在支护上的荷载与支护变形的关系曲线，支护结构所能提供的支护阻力随着支护结构的刚度而增大，所以这条曲线也称为“支护补给曲线”。支护结构的刚度和支护与围岩的接触状态有关。例如，钢支撑本身抵抗变形能力很大，但当支撑上设有木垫块时，其对岩体变形的约束则可能主要决定于木垫块。在不考虑支护结构与围岩的接触状态对支护结构刚度的影响时，可以认为作用在支护结构上的径向压力 u_{lt} 和它的径向位移成正比，由下式决定：

$$p_i = K\frac{u_{ir_0}^{\mathrm{co}}}{r_0} \tag{4.3.3}$$

式中　p_i——当支护结构发生 $u_{ir_0}^{\mathrm{co}}$ 的位移时，所提供的支护阻力；

$u_{ir_0}^{\mathrm{co}}$——支护结构发生的位移；

r_0——开挖洞室的半径。

因为这里只考虑径向均布压力，所以 K 中只包含支护结构受压（拉）刚度。若隧道周边的收敛不均匀，则支护结构的弯曲刚度就成为主要的了。

如图 4.3.2 所示，通常支护结构都是在隧道围岩已经出现一定量值的收敛变形后才施设的，若用 u_0 表示这个初始径向位移，则洞周位移

$$u_{r_0} = u_0 + u_{ir_0}^{\mathrm{co}}$$

将式（4.3.3）带入其中，则

$$u_{ir_0} = u_0 + \frac{p_i r_0}{K} \tag{4.3.4a}$$

或

$$p_i = \frac{K(u_{r_0} - u_0)}{r_0} \tag{4.3.4b}$$

同时，也应将支护补给曲线的起始点移至（0，u_0）处。

式（4.3.4）一直应用到达到支护结构强度为止。在喷混凝土支护、楔点钢支撑或灌浆锚杆或锚栓等情况下，都假定达到这一点时支护体系发生破坏，而且在常支护阻力下，会进一步出现图 4.3.2 所示的变形。最大支护阻力用 $p_{\mathrm{a\,max}}$ 表示，对应的最大位移为 $p_{\mathrm{p\,max}}$。

不同的支护结构形式有不同的支护刚度，分别讨论如下。

（1）混凝土或喷混凝土的支护特性曲线。

当喷层厚度 d_{s} 较小时（$d_{\mathrm{s}} \leqslant 0.04r_0$），可采用薄壁圆筒（图 4.3.3）计算公式，即

$$K_{\mathrm{c}} = \frac{E_{\mathrm{c}} \cdot d_{\mathrm{s}}}{r_0(1-\mu_{\mathrm{c}}^2)} \tag{4.3.5}$$

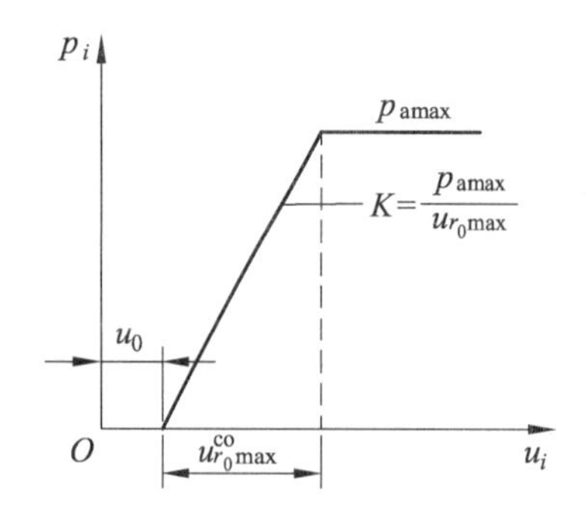

图 4.3.2 支护结构特性曲线的物理概念

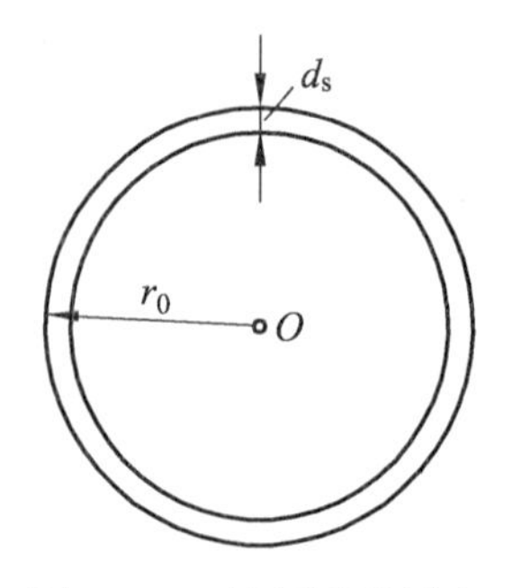

图 4.3.3 封闭圆环衬砌

可提供的最大支护阻力 $p_{a\max}$ 为

$$p_{a\max}=\frac{d_s f_c}{r_0} \tag{4.3.6}$$

式中 E_c、f_c——混凝土或喷混凝土的弹性模量和抗压强度。

当 $d_s>0.04r_0$ 时，应按厚壁圆筒公式［式（3.3.17）］计算，这里从略。

（2）灌浆锚杆的特性曲线。

灌浆锚杆的支护特性曲线是比较复杂的，它对围岩变形的约束能力是通过锚杆与胶结材料之间的剪应力来传递的，所以，围岩在向隧道内变形的过程中，锚杆始终受拉（图 4.3.4）。同时，锚杆所能提供的约束力必然与灌浆的质量有关。因此，目前评价锚杆力学特征，需通过拉拔试验得到的拉拔荷载与位移的关系来确定。这种关系常常表现为非线性的，它表明拉拔荷载与锚杆本身的强度、直径、长度以及使围岩与锚杆胶结在一起的材料（砂浆或树脂）的强度等有关。在无试验的条件下，可以经验地用图 4.3.2 表示的物理概念表达灌浆锚杆的支护刚度。

问题是如何确定 $p_{a\max}$ 和 $u^{co}_{r_0\max}$。

从理论上看，全长黏结的锚杆，应力是通过锚杆与胶结材料之间的剪力，也即通过围岩与锚杆之间的相对位移传递的。锚杆轴力的量测表明锚杆的黏结力沿其长度是非均匀分布的。轴力最大值分布在锚杆长度的 1/2 处左右，为简化起见假定在 $l/2$ 处，其变化呈三角形分布［图 4.3.4（a）］，剪力和位移分布如图 4.3.4（b）、（c）所示。即锚杆的最大位移 $u^{co}_{r_0\max}$

$$u^{co}_{r_0\max}=\frac{1}{2E_b A}p_{a\max}\cdot l \tag{4.3.7}$$

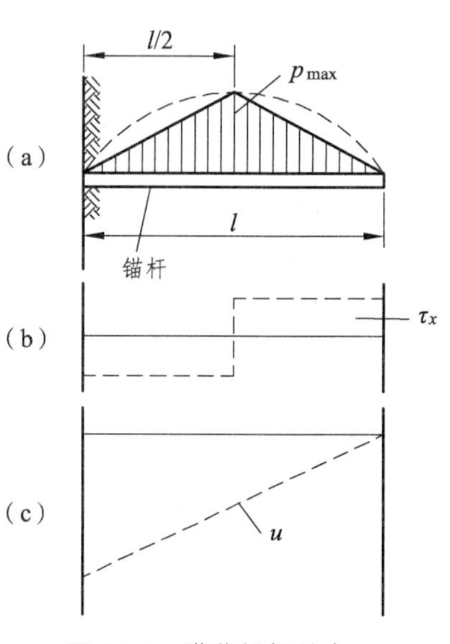

图 4.3.4 灌浆锚杆轴力、剪应力及位移分布

式中 $p_{a\max}$—— 可由下列情况中最小值决定。

① 当锚杆体本身屈服时。

$$p_1=A\cdot\sigma_p\cdot m_y \tag{4.3.8}$$

式中 σ_p—— 钢筋的屈服强度；

A—— 钢筋的截面积；

m_y —— 工作条件系数，取 0.9 ~ 1.0。

② 当钢筋与胶结材料脱离时。

$$p_2 = \pi \cdot d_{\mathrm{b}} \cdot \tau_2 l \cdot km_y \tag{4.3.9}$$

式中 d_{b} —— 锚杆直径；

τ_2 —— 钢筋与胶结材料的单位黏结力；

l —— 锚杆长度；

k —— 长度修正系数，取 0.6 ~ 0.7；

m_y —— 工作条件系数，取 0.6 ~ 0.8，有水时取低值。

③ 当胶结材料与孔壁脱离时。

$$p_3 = \pi d_{\mathrm{c}} \tau_3 l \cdot m_y \tag{4.3.10}$$

式中 τ_3 ——胶结材料与孔壁围岩的单位黏结力，其值与围岩强度、胶结材料的性质、施工质量等有关，一般情况砂浆与石灰岩的黏结力约为 1.5 ~ 2.0 MPa，与页岩的胶结力约为 1.0 ~ 1.2 MPa；

d_{c} ——锚杆孔直径；

m_y ——工作条件系数，取 0.75 ~ 0.90。

这样，灌浆锚杆的刚度 K_{b} 可近似决定：

$$K_{\mathrm{b}} = \frac{p_{\mathrm{a\,max}}}{u_{r_0\,\mathrm{max}}} = \frac{E_{\mathrm{b}} \pi d_{\mathrm{b}}^2}{2l} \frac{r_0}{S_{\mathrm{a}} S_{\mathrm{b}}} m_y \tag{4.3.11}$$

式中 E_{b} ——锚杆的弹性模量；

S_{a}、S_{b} ——锚杆的布置参数。

其余符号同前。

由公式（4.3.11）可见，在锚杆直径一定的情况下，锚杆长度增加时，锚杆的刚度 K_{b} 和锚杆所提供的支护阻力反而减小，这是不合理的。

不同类型锚杆的支护刚度的表达式不同，不同的破坏形态时锚杆的最大承载力也不同。

总的说来，由计算得出锚杆所提供的支护阻力较小，而支护实践却一再说明锚杆支护的巨大效果。因此，这个问题尚需进一步研究。

（3）组合支护体系的特性曲线。

当 2 种支护体系，例如锚杆和喷混凝土联合成为 1 个支护体系且同时施设，可假定组合支护体系的刚度 K' 等于每个组成部分刚度的总和。即

$$K' = K_1 + K_2 \tag{4.3.12}$$

式中 K_1 ——第一系统的刚度；

K_2 ——第二系统的刚度。

此时，组合支护所提供的支护阻力也是两者之和。若不是同时架设的有另外的计算公式。

在已知支护结构的刚度后，根据式（4.3.3）即可画出支护结构提供的支护阻力和它的径向位移 u_{r_0}/r_0 的关系曲线。假设 r_0 = 5.0 m、E_{c} = 24 GPa、f_{c} = 40 MPa、d_{s} = 0.2 m、

$E_b = 2.1 \times 10^5$ MPa、$S_a = S_b = 1.0$ m、$l = 3.0$ m、$d_b = 22$ mm，按公式（4.3.5）、（4.3.11）和式（4.3.12）绘出的各类支护结构的 p_a-u_{r_0}/r_0 曲线，如图 4.3.5 所示。该图表示，支护结构所能提供的支护阻力随支护结构的刚度而增大，所以，这条曲线又称为“支护补给曲线”，或称为“支护特征曲线”。

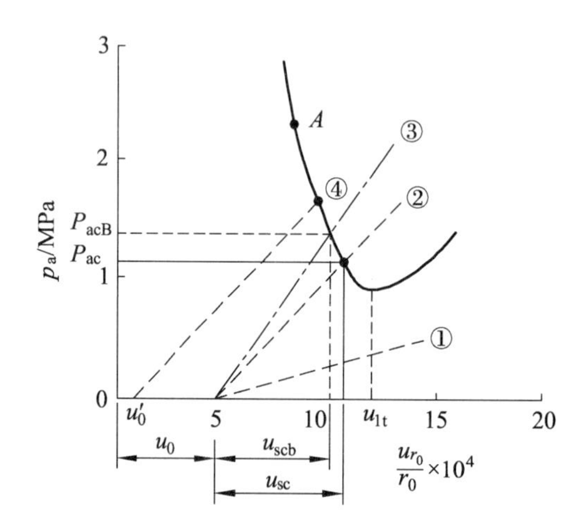

①—锚杆支护曲线；②、④—喷混凝土支护曲线；

③—组合结构支护曲线。

图 4.3.5　围岩与支护结构的相互作用

3. 围岩与支护结构平衡状态的建立

有了围岩的支护需求曲线和支护结构的支护补给曲线，我们就可以进一步来分析隧道围岩和支护结构如何在相互作用的过程中达到平衡状态（图 4.3.5）的。初期（图中的 A 点），围岩所需的支护约束力很大，而一般支护结构所能供给的则很小。因此，围岩继续变形，并在变形过程中与支护结构的支护补给曲线相交于一点，从而达到平衡，这个交点都应在围岩的 u_{lt} 或支护结构的 $u_{r_0\max}$ 之前。随着时间的推移，地下水位逐渐恢复，围岩物性指标劣化，锚杆锈蚀等，这个平衡状态还将调整。

支护结构特性曲线与围岩支护需求曲线交点处的横坐标为形成平衡体系时洞周发生的位移。交点纵坐标以下的部分为支护结构上承受的荷载，以上的部分由围岩来承担。

下面对图 4.3.5 进行分析。

（1）不同刚度的支护结构与围岩达成平衡时的 p_a 和 u_{r_0} 是不同的。

刚度大的支护结构承受较大的围岩作用力（压力）；反之，柔性较好的支护结构所承受的围岩压力要小得多。所以，我们在工程中强调采用柔性支护以节约成本，但它也应有必要的刚度，以便有效地控制围岩变形，而达到稳定。图中，锚杆的支护补给曲线①没有能和围岩的支护需求曲线相交，说明了锚杆的刚度太小，它所能提供的约束阻力满足不了围岩稳定的需要，这种供不应求的状况最终将导致围岩失稳。当然，增加支护结构的刚度并不总是意味着要增加支护结构的尺寸和数量，重要的是支护结构及早地形成闭合断面。

（2）同样刚度的支护结构，架设的时间不同，最后达成平衡的状态也不同。

如图中曲线②和④。支护结构架设得越早，它所承受的围岩压力就越大。但这不等于说支护结构参与相互作用的时间越迟越好，因为初始变形不加控制会导致围岩迅速松弛而崩坍。因此，原则上要尽早地架设初次支护，以控制围岩的初始变形在适当的范围内。当然，这个范围的大小视岩体的特性和埋置深度而变。例如埋置较深的塑性岩体，即使变形已达到 0.2～0.3 m，岩体还在应力释放过程中，此时只要求能够逐步控制它的变形速度就可以了。过早地架设刚度较大的支护，反而有可能因受力过大而破坏。

然而塑性区的存在并不意味着洞室失稳、破坏，在洞室是稳定的前提下，适当推迟支护使洞周塑性区有一定发展，以充分发挥围岩的自承能力，减少支护能力，从而减薄支护厚度，达到既保证洞室稳定性又降低工程造价的目的。但围岩塑性区的发展切忌进入松动破坏，一旦围岩出现松动破坏，围岩压力将大大增加，并有可能危及洞室稳定。

4. 最小围岩压力的计算

如前所述，任何类别的围岩都有一个极限变形量 u_{lt}，超过这个极限值，岩体的 c、φ 值将急剧下降，造成岩体松弛和塌落。与极限变形量 u_{lt} 对应的是洞室围岩所需提供的最小支护阻力 $p_{a\min}$（见图 3.4.5）。

因此，由支护需求曲线可知，需要提供的支护阻力 p_a 必须满足

$$p_{a\max} \geqslant p_a \geqslant p_{a\min} \tag{4.3.13}$$

而且只有知道 $p_{a\min}$，才能确定最佳的支护结构或最佳支护时间。

目前，无论确定 $p_{a\min}$ 或 u_{lt} 都没有较好的计算方法。对于 $\lambda = 1$ 的情况，我们提出一种估算方法。

当围岩塑性区内的塑性滑移发展到一定程度，位于松动区的围岩可能由于重力而形成松动压力，这时围岩压力将不取决于前述的 p_a-u_{r_0} 曲线。围岩的松动塌落与支护提供的阻力有关，即与支护的时间有关，如果支护越早，提供的支护阻力就越大，围岩就能稳定。反之，支护越迟，提供的支护阻力越小，不足以维持围岩的稳定，松动区中的岩体就会在重力作用下松动塌落。所以，要维持围岩稳定，既要维持围岩的极限平衡，还要维持松动区内滑移体的重力平衡（图 4.3.6）。如果为维持滑移体重力平衡所需的支护阻力小于维持围岩极限平衡状态所需的支护阻力，那么只要松动区还保持在极限平衡状态之中，松动区内滑移体就不会松动塌落。反之，则会松动塌落。由此，我们可把维持松动区内滑移体平衡所需的支护阻力等于维持极限平衡状态的力，作为围岩出现松动塌落和确定 $p_{a\min}$ 的条件。

按岩体力学，在 $\lambda = 1$ 的情况下，围岩松动区内的滑裂面为一对称的对数螺旋线（图 4.3.6）。假设松动区内强度已大大下降，可认为滑移岩体已无丝毫自

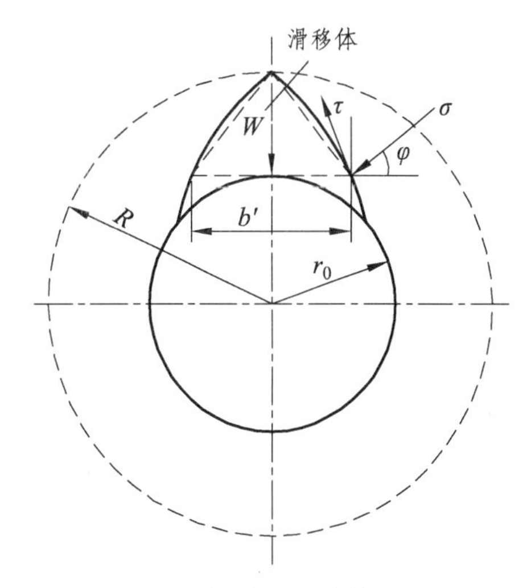

图 4.3.6　松动区滑移体示意图

支承作用，以致松动区内滑移体的全部重力要由支护阻力 $p_{a\min}$ 来承受，由此有

$$p_{a\min}b' = W \tag{4.3.14}$$

式中　W——滑移体的重力；

b'——滑移体的底宽。

如果考虑到实际情况下，真正作用在支护结构上的压力应当是重力与变形压力的叠加，则式（4.3.14）应写为

$$p_{a\min}b' = 2W \tag{4.3.15}$$

滑移体的重力可近似取（见图 4.3.6）为

$$W = \frac{\gamma\, b'(R_{\max} - r_0)}{2} \tag{4.3.16}$$

式中　$R_{\max}$——与 $p_{a\min}$ 相应的允许最大的松动区半径；

γ——岩体重度。

代入式（4.3.15），得

$$p_{a\min} = \gamma\, r_0\left(\frac{R_{\max}}{r_0} - 1\right) \tag{4.3.17}$$

按式（3.4.18）并用式（3.4.15）代入其中的 R_0，即得

$$R_{\max} = r_0\left[\left(\frac{1-\sin\varphi}{1+\sin\varphi}\right)\left(\frac{c\ \cot\varphi + \sigma_z}{c\ \cot t\varphi + p_{a\min}}\right)\right]^{\frac{1-\sin\varphi}{2\sin\varphi}} \tag{4.3.18}$$

与此相应的最大塑性区半径为

$$R_{0\max} = r_0\left[\frac{(c\ \cot\varphi + \sigma_z)(1-\sin\varphi)}{c\ \cot\varphi + p_{a\min}}\right]^{\frac{1-\sin\varphi}{2\sin\varphi}} \tag{4.3.19}$$

计算 $R_{\max}$ 时，采用的 c 值应再降低一些。

$p_{a\min}$ 的大小主要取决于松动区半径 $R_{\max}$。当原岩应力越大，c、φ 值越低和 c、φ 值损失越大时，则 $R_{\max}$ 和 $p_{a\min}$ 就越大。此外，还与岩体构造状况、施工爆破情况、外界条件等有关，因为这些都会影响围岩 c 值的降低。

合理的设计要求衬砌上的实际围岩压力应大于 $p_{a\min}$，否则支护是不经济或不安全的。通常通过调节支护刚度和支护时间（即调节 u_0），以期使支护结构经济合理。

例 4.3.1　（接例 3.5.1）求例 3.5.1 中的围岩条件下，不发生松动区所需的最小支护阻力 $p_{a\min}$。

解　根据式（4.3.17）有

$$p_{a\min} = \gamma\, r_0\left(\frac{R_{\max}}{r_0} - 1\right) = 0.052\ 92\left(\frac{R_{\max}}{r_0} - 1\right)$$

将已知数据代入式（4.3.18），得最大松动区半径

$$R_{\max}=\left[\frac{2.1104}{3(p_{\mathrm{a\,min}}+0.3464)}\right]^{\frac{1}{2}}r_0$$

则

$$p_{\mathrm{a\,min}}=0.05292\left(\left[\frac{2.1104}{3(p_{\mathrm{a\,min}}+0.3464)}\right]^{\frac{1}{2}}-1\right)$$

解此方程，可得

$$p_{\mathrm{a\,min}}=0.0204\ (\mathrm{MPa})$$

最大松动区半径

$$R_{\max}=\left[\frac{2.1104}{3(0.0204+0.3464)}\right]^{\frac{1}{2}}\times 3=4.1548\ (\mathrm{m})$$

将 $p_{\mathrm{a\,min}}$ 代入式（4.3.19），得最大塑性区半径

$$R_{0\max}=r_0\left[(1-\sin\varphi)\frac{c\cot\varphi+\sigma_z}{c\cot\varphi+p_{\mathrm{a}}}\right]^{\frac{1-\sin\varphi}{2\sin\varphi}}=5.0885\ (\mathrm{m})$$

对应于此时的洞周极限位移

$$u_{\mathrm{lt}}=\frac{1+u}{E}(\sigma_z\sin\varphi+c\cos\varphi)\frac{R_0^2}{r_0}$$
$$=\frac{1}{66.67}(1.764\sin 30^\circ+0.2\cos 30^\circ)\frac{5.0885^2\times 10^3}{3}=136.6\ (\mathrm{mm})$$

以上的计算结果示于图 4.3.5 中的 u_{lt}。图中小于 u_{lt} 的范围为变形压力区，超过 u_{lt} 的围岩变形将会导致洞室的松动、坍塌以致破坏。

以上的计算仅能作为近似的分析，因为当出现塑性区后，围岩的岩性要发生恶化，c、φ 值也会有所下降。此外，还和支护结构架设之前所发生的位移 u_0 有关。而 u_0 的确定其影响因素较多，常常是用洞室开挖后量测的位移值进行反分析得到的，量测结果又受到诸多因素的影响。因此上述的分析仅能作为理论上的近似推导。而且在实际的支护结构与围岩的接触面上，只要是接触状态良好的，都还存在着很大的切向应力（见下述的分析），这也会对控制围岩的位移有一定的作用。

4.4 以围岩分级为基础的经验设计

由于地下结构的设计受到各种复杂因素的影响，从当前地下工程设计现状来看，经验设

计法往往占据一定的位置。即使内力分析采用了比较严密的理论，其计算结果往往也需要用经验类比来加以判断和补充。因此，在大多数情况下，隧道支护体系还是依赖“经验设计”的，并在实施过程中，依据量测信息加以修改和验证。

“经验”是客观的，但也是主观的，如果使客观和主观很好地结合在一起，“经验设计”常常是极好的设计。

经验设计的前提是要正确地对洞室围岩进行分级，然后在分级的基础上编制支护结构系统的基本图示。

1. 经验设计与施工的一般原则

为了充分利用围岩的自承力和支护材料的承载力，必须有一套相应的洞室设计和施工的方法，下述支护设计原则，虽然还不能完全以定量的关系反映出来，然而它对于指导支护设计却是十分重要的。此外，支护的合理设计原则应当从各方面体现地下工程围岩-结构相互作用的本质，以期达到经济上合理和技术上可靠的目的。

（1）采取各种措施，确保围岩不出现有害松动。

① 在洞室的布置和造型上应适应原岩应力状态和岩体的地质、力学特征，尽量争取较好的受力条件。在洞形设计上应选择一种较好的造型，因为在其他条件相同的情况下，洞室的形状对应力分布的影响是相当大的。洞室断面形状应尽可能由光滑的曲线组成，以避免应力集中和增强喷层的结构效应。

② 施工过程中要尽量减少围岩强度的恶化。

a. 采用控制爆破技术，以减少对围岩的扰动强度，使断面成型规整，以利于围岩自身承载能力的保持和支护结构作用的发挥。

b. 减少对围岩的扰动次数。在条件许可时，尽可能采用全断面一次开挖。

c. 支护要及时快速。及时支护的目的是抑制围岩变形的有害发展。所谓“及时”不能简单片面地理解为就是“紧跟作业面施作支护”。只有当围岩变形已有适度发展，但又未出现有害松动前进行支护才是合理的。而对某些软弱围岩，它要求及早提供支护以制止围岩出现有害松动。为实现及时支护，可采用速凝和早强的锚杆和喷混凝土支护，必要时甚至采用超前锚杆支护和超前围岩注浆等。

③ 合理利用开挖面的“空间效应”，抑制围岩变形。如果在“空间效应”的范围内设置支护，就可以减少支护前的围岩位移量，从而起到稳定围岩的作用。因而施工中要求把支护施作面与开挖面的距离限制在一定范围之内。

④ 尽量减少其他外界因素（主要是水和潮气）对围岩的影响。例如，对风化、潮解、膨胀等岩体要及早封闭；有地下水的裂隙岩体，则要注意防止大的渗透压力。

（2）调节、控制围岩变形，以便最大限度地发挥围岩自身承载能力。

允许甚至希望围岩出现一定的变形，以减少为完成支护作用所需的防护措施，这些防护措施包括衬砌，必要时加上抑拱以及附在或深入到不稳定岩层内部的锚固系统，或其他结构构件。

① 初期支护采用分次施作的方法。采用 2 次喷射或 2 次锚固的方法是调控围岩变形的一种重要手段。在初次喷混凝土或锚固时，由于喷层薄、支护少，就能有控制地允许围岩出

现较大的变形。当第 2 次锚喷时，又能迅速降低变形量，以免出现过量变形而使围岩丧失稳定。

② 当围岩变形量很大时，则必须再加大支护可塑性来调控围岩变形。实际上，锚杆本身是一种良好的可塑性支护，在所有支护构件中，只有锚杆支护能不受围岩变形影响而保持支护的阻力。锚固体强度的模型试验证明：锚杆锚入碎石所组成的锚固体，既具有较高的抗压能力，又能适应较大的变形。

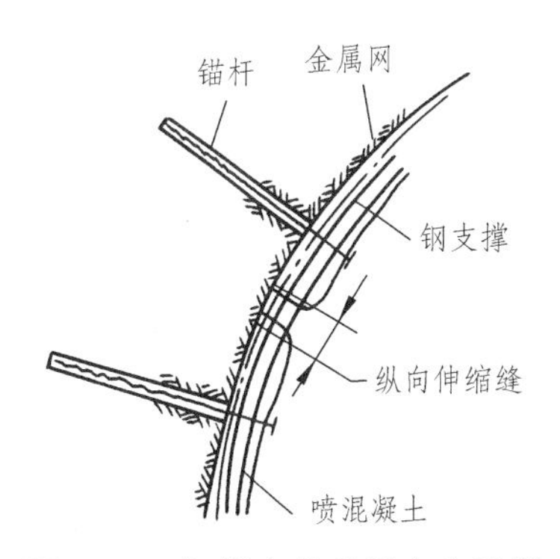

图 4.4.1 初期支护的纵向变形缝

允许变形，在有钢支撑的情况下是由支撑的可缩量实现的，这个值可取 15 ~ 35 mm，要视地质情况而定。同时喷层采用纵向变形缝来提高其可缩性（图 4.4.1）。

③ 调节支护封底时间。有时，尽管施作了补强的支护，围岩变形仍不断发展，但封闭仰拱后，变形很快就停止了，图 4.4.2 说明了仰拱对控制洞周变形的作用。

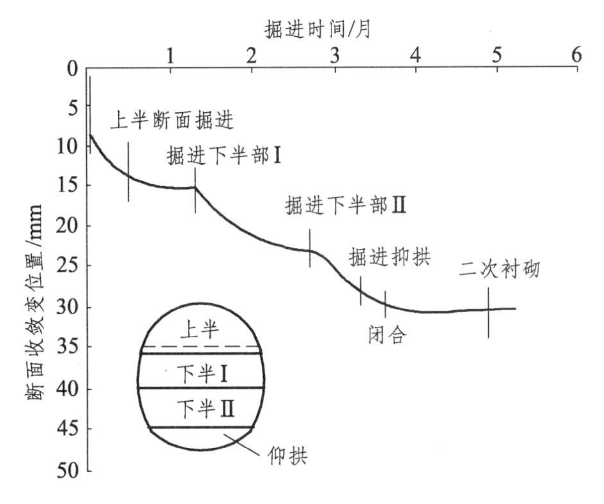

图 4.4.2 阿尔贝格隧道施工过程断面收敛情况

仰拱闭合时间对软弱围岩中修建的隧道关系重大，闭合过晚甚至会导致施工失败。一般规定，在极不稳定的围岩及塑性流变岩体中，仰拱封底应在最终支护之前进行，尤其是变形量大的围岩，仰拱封底以尽早为宜。通常可根据量测结果来确定仰拱闭合时间。

应当说明，仰拱只是在必要时才设置，而且设置的时机一定要适时。

原则上可通过延迟支护的时间来调控围岩变形，但一般不采用这种手段，因为支护晚，容易出现有害松动。

2. 经验设计与施工的基本内容

（1）对洞室围岩进行分级。

首先对洞室围岩要有一个分级，这些分级大都是根据地质调查结果，为隧道单独编制的。不管采用何种分级，大体上都是把洞室围岩分为 4 种基本类型，即：

① 完整、稳定岩体；

② 易破碎、剥离的块状岩体；

③ 有地压作用的破碎岩体；

④ 强烈挤压性岩体或有强大地压的岩体，其中某些类别还有些亚类。

（2）选择支护类型与参数（精简）。

根据围岩的稳定情况选择合理的支护类型与参数并充分发挥其功效。在各级围岩中，一般情况下，初期支护应优先考虑选用喷射混凝土支护或锚喷联合支护。支护结构参数大体是按下述原则确定的：

① 支护类型的确定应根据围岩地质特点、工程断面大小和使用条件要求等综合考虑。

② 选择合理的锚杆类型与参数，在围岩中有效形成承载环。

锚杆支护设计，主要是根据围岩地质、工程断面和使用条件等，选定锚杆类型，确定锚杆直径、长度、数量、间距和布置方式。

锚杆的数量和间距的确定，一般应能充分发挥喷层的作用，即通过锚杆数量的变化使喷层始终具有有利厚度。合理的锚杆数量能使初期喷层恰好达到稳定状态，这样复喷才能提高支护强度的安全性。为了防止锚杆之间的岩体塌落，通常要求锚杆的纵横向间距不大于杆体长度的一半。在软弱岩体中，规定了锚杆的最大间距。为了施工方便，锚杆的纵向间距最好与掘进进尺相适应。

锚杆长度的确定应当以能充分发挥锚杆的功能，并获得经济合理的锚固效果为原则。一般来说，锚杆的最小长度应超过松动圈厚度，留有一定安全余量，且不宜超过塑性区。对于裂隙岩体和层状岩体，锚杆主要是对节理、裂隙面起加固作用，这时锚杆宜适当长些，尽量穿过较多的节理和裂隙。根据我国锚喷支护的设计经验，锚杆长度可在洞跨 1/4 ~ 1/2 的范围内选取。而国外采用的锚杆长度一般都超过我国所用的锚杆长度。

加固不稳定块体的锚杆，根据实际需要来定，不受上述原则的限制。

锚杆直径的选取通常视工程规模、围岩性质而确定，一般全长黏结型锚杆在 14 ~ 22 mm 之间。在选取锚杆的钢材类型、直径和长度时，还应当充分考虑到尽量发挥锚杆的效用，力求使锚杆杆体的承载力与锚杆的拉力相当，并要考虑到锚杆杆体与砂浆的黏结力以及砂浆与围岩间的摩擦力相适应。

锚杆的布置应采用重点（局部）布置与整体（系统）布置相结合。为了防止危石和局部滑塌，应重点加固节理面和软弱夹层，重点加固的部位应放在顶部和侧壁上部。为防止围岩整体失稳，当原岩最大主应力位于垂直方向时，应重点加固两侧，以防止该处出现所谓“剪压破坏”，但在顶部仍应配置相当数量的锚杆。通常只锚固两侧的做法则不能收到预期的效果。图 4.4.3 中表示了不同锚固方案（岩石性质及参数均相同）有限元计算的结果，显然两侧和顶部都进行锚固的效果要好得多。当最大主应力位于水平方向时，则应把锚杆重点配置在顶部和底部。

锚杆的方向，应与岩体主结构面成较大角度，这样能穿过更多的结构面，有利于提高结构面上的抗剪强度，使锚杆间的岩块相互咬合。

③ 选择合理的喷层厚度，充分发挥围岩和喷层自身的承载力。

最佳的喷层厚度（刚度）应既能使围岩维持稳定，又允许围岩有一定塑性位移，以利于围岩承载能力的发挥和减小喷层的弯曲应力。

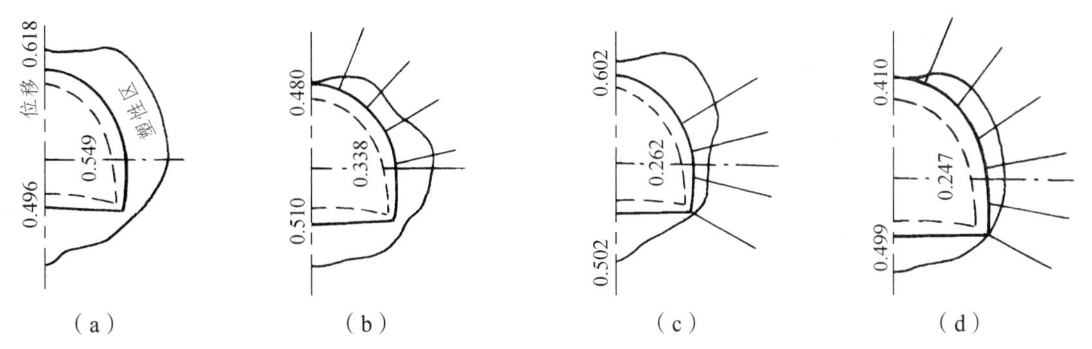

图 4.4.3　不同锚固方案对塑性区及洞周位移的影响（单位：cm）

按上述的原则，无论是初次喷层厚度还是总厚度都不宜过大。根据使用经验，初始喷层厚度宜在 3 ~ 15 cm 之间，喷层总厚度不宜大于 20 cm，只有大断面洞室才允许适当增大喷层厚度。在地压较大、喷层不足以维持围岩稳定的情况下，应采取增设锚杆、配置钢筋网等联合支护或其他控制措施，而不能盲目地加大喷层厚度。另外，喷层太厚对发挥喷层材料的力学性能是不利的。一般地说，随喷层厚度的增加，支护的弯矩也显著增大，当喷层厚度 $d_s \leqslant D/40$（D 为开挖的隧道直径）时，喷层接近无弯矩状态。显然这是最有利的受力状态。

除了仅起防风化作用外，喷层支护的最小厚度一般不能小于 5 cm，而在有较大围岩压力的破碎软弱岩体中，喷层厚度以不小于 8 ~ 10 cm 为宜。

④ 合理配置钢筋网。基于钢筋网具有防止或减小喷层收缩裂缝，提高支护结构的整体性和抗震性，使混凝土中的应力得以均匀分布和增加喷层的抗拉、抗剪强度等功能，在下列情况下可考虑配置钢筋网：

a. 在土砂等条件下，喷射混凝土从围岩表面可能剥落时；

b. 在破碎软弱塑性流变岩体和膨胀性岩体条件下，由于围岩压力大，喷层可能破坏剥落，或需要提高喷混凝土抗剪强度时；

c. 地震区或有震动影响的洞室。

⑤ 合理选择钢支撑。在下列场合必须考虑使用钢支撑：

a. 在喷射混凝土或锚杆发挥支护作用前，需要使洞室岩面稳定时；

b. 用钢管棚、钢插板进行超前支护需要支点时；

c. 为了抑制地表下沉，或者由于土压大，需要提高初期支护的强度或刚性时。

⑥ 二次衬砌通常是模筑的，在修二次衬砌之前要修防水层，形成具有防水性能的组合衬砌。应使衬砌成为薄壳，这样可减小弯矩从而不易发生弯曲破坏。因此，不仅一次衬砌，二次衬砌也要薄些。

根据以上的原则，可以建议采用下述支护参数：

① 完整、稳定的岩体。

锚杆长小于 1.5 m，$n = 4 \sim 4.2$ 根/m。从力学上看是不期待设置锚杆的，围岩本身强度就可以支护洞室，但因有局部裂隙或岩爆等，用其加以控制而已。

喷混凝土用于填平补齐，为确保洞内安全作业应设金属网防止顶部岩石剥离。二次衬砌用能灌注的最小混凝土厚度，约 30 cm。

② 易破碎、剥离的块状岩体。

这类岩体分布范围较广，还可细分为若干亚类。

锚杆长 1.5 ~ 3.5 m，$n = 10$ 根/m。对于坚硬裂隙岩体中的大断面洞室，通常在长锚杆之间还要加设短锚杆以支护其间的岩体；短锚杆用胀壳式，长锚杆用胶结式。

喷层厚 5 ~ 20 cm，稳定性好些的用来填平补齐，也可只在拱部喷射，此时开挖正面无需喷射。特殊情况（围岩变形较大）要采用可缩性支撑或轻型格栅钢支撑。

二次衬砌厚度约 30 ~ 40 cm，包括喷层在内约 40 cm 就可以了。

③ 有地压作用的破碎岩体。

对于破碎软弱岩体，其特点是围岩出现松动早、来压快、容易形成大塌方。一定要早支护、早封闭、设仰拱、加强支护。一般必须采用锚喷联合支护。

锚杆长 3.0 ~ 4.0 m，有时用 6.0 m 的全长黏结式，$n = 10$ 根/m。视围岩的单轴抗压强度与埋深压力的比值，预计有塑性区发生时，为控制它的发展，锚杆必须用喷混凝土等加强。喷层厚约 15 ~ 20 cm（拱部和侧壁同），视情况正面也要喷 3 cm 左右。开挖进度要注意，必要时控制在 1 m 以下。二次衬砌厚度，包括喷层在内为 40 ~ 50 cm，尽可能薄些。

④ 强烈挤压性岩体或有强大地压的岩体。

塑性流变岩体的特点是围岩变形与时俱增，变形量很大，围岩压力也大且变化延续时间长。在这种围岩中施工是很困难的，要分台阶施工，限制分部的面积。对付这类岩体的原则是：

a. 洞形要尽量做到与围岩压力分布相适应。一般来说，这种岩体是四周来压或有很大的水平压力。因此，应采用圆形、椭圆形或马蹄形等曲线形断面。

b. 支护施作宜“先柔后刚”，设置仰拱，形成全封闭环。

此外，在这类岩体中底鼓现象严重，因而，必须设置仰拱，适时形成全封闭环，以限制底鼓的发展和提高支护阻力。总之，在此类围岩中，根据不同时间阶段与支护的变化特征，调整支护阻力，使围岩-支护的变形协调发展是取得支护成功的关键。

⑤ 无法形成自然平衡拱的地层。

对于浅埋洞室，由于覆盖层厚度小，一般不能形成完整的承载环，支护结构主要承受松散压力，因此，支护的强度和刚度要大于一般深埋的情况。

⑥ 膨胀性岩体。

在膨胀潮解岩体中采用锚喷支护时，首先应及早封闭围岩和采用防排水的措施处理，以防止岩体潮解和形成膨胀地压。

建议的支护参数：

锚杆长 4.0 ~ 6.0 m，$n = 15$ 根/m；喷层厚 20 ~ 25 cm，正面喷 3 ~ 5 cm；必须采用可缩性支撑，间距约 75 cm；二次衬砌厚度，按总厚度 50 cm 决定；在 30 d 以内断面要闭合，即要修好仰拱。

（3）采取正确的施工方法。

支护结构的施工顺序与正确地掌握岩体的时间效应有很大关系。

开挖的一般原则是采用尽可能少扰动周边围岩的开挖方式和方法，以最大限度地利用围岩本身的自承能力。开挖方法必须在充分调查围岩自稳性、开挖工作面的自稳性、地表下沉容许值的基础上，按其经济性和施工条件而选定。与传统开挖方法相比，适应锚喷支护的开挖方法有开挖断面分块及开挖方法大幅度变更情况少这 2 个特点。

对于断面较小的洞室，应尽量采用全断面或分上下台阶开挖的方案，以减少扰动次数，提高工效。大跨度洞室，尤其在松散岩体中，则可采用分部开挖方案，化大断面为小断面，以减小扰动的强度。进尺多少，要根据围岩级别、施工技术等因素确定。对于松散、自稳性差的围岩，进尺应短些，且对开挖面与支护面的距离要做出限制。

支护的顺序及初期支护时机与围岩自稳时间（指从开挖到发生局部坍塌的时间）关系密切。若自稳时间长，可先锚后喷；若自稳时间短或围岩比较破碎，则应改用喷—锚—喷施工顺序。初期喷层时间还要满足在自稳时间内至少完成一半以上的喷层作业，以防围岩失稳。

最终支护时间视不同设计方法而异，但应遵照下述原则：除塑性流变和膨胀性岩体外，初期支护应当作为永久支护的一部分，因此不允许初期支护喷层完全破裂（但允许有微小裂缝）。为达到这一目的，目前有 2 种作法：一种是在初期支护喷层作用下，维持围岩稳定，待围岩变形基本稳定后进行复喷工作。如果初期支护喷层强度不足，则应增设锚杆维持喷层强度。这时复喷只是为了增加支护安全度。由于要待围岩稳定后再进行复喷，两次喷混凝土相隔时间较长，一般长达 3 ~ 6 月。另一种是待围岩变形发展到初期支护喷层临近破裂时（如规定围岩变形量达到喷层破裂时变形量的 80% 时）进行复喷。根据实测确定的围岩变形量与时间的关系曲线，即可推算初期支护的喷层与复喷的相隔时间。

在预计有大变形和松弛的情况下，开挖面要全面防护（包括正面），使之有充分的约束效应。在分台阶开挖时，上、下半断面的间距不宜过长，以免影响整个断面的闭合时间。

要严格按预定的施工程序施工。新奥法典型的施工程序如图 4.4.4。根据开挖面情况分为：

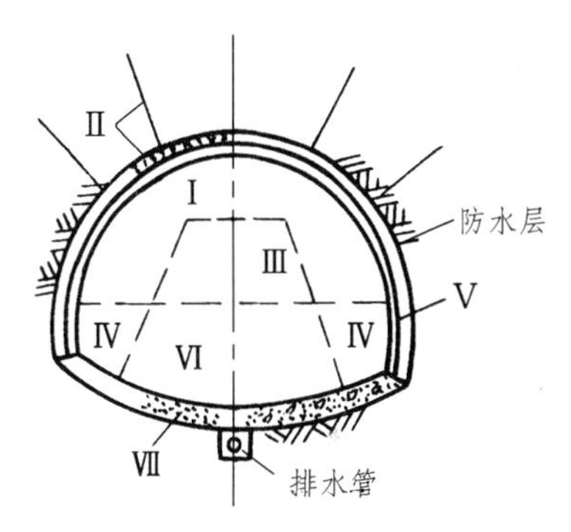

图 4.4.4　新奥法施工程序

开挖面稳定的情况。施工的顺序：①开挖→②架设支撑，张拉金属网，安装锚杆，喷混凝土→③开挖仰拱→④修仰拱→⑤防水层→⑥二衬混凝土（30 cm 左右）。上述各项作业中，①、②是每天进行的，③、④是 1 周进行 1 次，所以仰拱约在 7 d 后，距开挖面 20 m 左右开始修筑的。二次衬砌距开挖面后约 100 ~ 150 m，迟 4 个月左右开始。

开挖面不稳定的情况。施工的顺序：①开挖弧形导坑→②架设支撑，挂金属网，锚杆安装，喷混凝土（厚度使钢支撑不外露为宜）→③开挖核心→④开挖侧壁→⑤同②→⑥挖抑拱→⑦修仰拱→⑧防水层→⑨二衬混凝土（30 cm 左右）。以上① ~ ⑤项作业每天进行，⑥ ~ ⑦项约每周 1 次。二次衬砌距开挖面后约 100 ~ 150 m，迟 4 个月左右开始。在施工中要不断地改变开挖循环、衬砌时间、仰拱闭合时间、上半断面开挖长度等，以使岩体与支护结构成为一个体系来保证洞室的稳定。

（4）依据现场监测数据指导设计和施工。

与此方法不可分割，且属于此法的基本特征是一个详细、周密的量测计划。它系统地控制支护的变形与应力，确定所建立的支护阻力是否和围岩类型相适应以及还需要什么样的加强措施。量测的内容包括位移、接触应力、松弛范围等。根据现场量测结果不可避免地需要对支护结构和施工方法做些修正，经过这样修正以后，就可制定最经济的解决方案。有学者认为这种确定支护尺寸的方法是不可缺少的，它可能被解析方法所补充，但决不会被解析方法所代替。

3. 我国与围岩分级有关的锚喷支护经验设计

目前在经验设计中一个重要的趋向是量测，即根据量测信息进行设计和施工。这方面已经有了许多成功的实例。在采用下述的经验设计标准时，应注意以下问题：

（1）事前完全掌握围岩的力学性态是不可能的，即使采用有限元法计算也不可能考虑时间的影响。最好根据量测结果加以修正，再加上事前调查、围岩条件等方面的研究，从中当然会得出较可靠的结果。

（2）开挖面作业（钻孔、爆破、通风、出碴、喷混凝土、打锚杆）一循环所需时间要少于开挖面的自稳时间，在使用爆破法时，为使开挖面平整，不过度破碎，采用光面爆破较好。

（3）裂隙发育的围岩，预计在喷混凝土和锚杆发挥作用之前会有掉块时，应采用钢背板或插板。通常只在上半断面设置，视围岩条件，下半断面也可设置。

（4）断面形状应极力避免有隅角出现，必要时做成圆弧形的。

（5）视现场条件，仰拱与其他作业同时施工，多数是有困难的，但围岩不好时，应尽早使断面封闭。后做仰拱时，宜在整个周边喷射。

（6）视围岩状态及地表条件等，预留洞周的变形量会有很大差别，可根据经验决定。

通常，以工程类比为基础的经验设计是根据锚喷支护规范中的锚喷支护类型及参数表给出，它们是由围岩级别及洞室跨度来确定的。但实际上，影响围岩稳定的工程因素，除跨度外尚有洞室形状及施工因素等。这些影响因素虽然一般没有在锚喷支护参数表中给出，但却是作为适用条件加以限制。如规范中规定锚喷支护工程应当采用控制爆破，对于高边墙洞室，边墙锚喷支护参数应做适当变更等，所以实际上是考虑了这些因素。

锚喷支护参数表中的洞室跨度分级，一般按各部门的工程要求给出，多数以 5 m 或 4 m 的跨度分级。

按照现代支护理论，锚喷支护参数应当是广义的，既包括支护类型、支护参数，又应包括开挖方法、仰拱施作时间和最终支护时间等。不过我国目前的锚喷支护规范还没有达到这一水平，只是规定了最终支护的施作时间，而在锚喷支护参数表中只给出了锚喷支护类型与参数。

在确定锚喷支护类型与参数时，应当体现如下原则：

（1）根据不同的围岩压力的特点，对拱、墙采用相应的支护参数。

如对稳定和中等稳定围岩，主要承受松动压力，所以支护参数的选定应贯彻“拱是重点，拱、墙有别”的原则。对不稳定围岩，它主要承受变形地压，所以拱、墙应采用相同的支护参数。

（2）力求体现使用锚喷支护类型的灵活性及允许进行局部加固围岩的特点。

同一级围岩中相同跨度洞室的支护类型与参数，可因岩体结构类型、结构面倾角、岩层走向与洞轴线交角不同而不同。例如，缓倾斜层状岩体或软硬互层的层状岩体，宜在拱部采用锚喷支护，而在边墙采用喷混凝土支护；如岩层走向与洞轴线夹角较小，且为陡倾斜岩层时，则在容易向洞内顺层滑落的边墙上必须采用锚喷支护。因此，在同一级围岩分级和洞室跨度中，有时在锚喷支护参数表中相应给出多种锚喷支护类型与参数，以便视情况选用任一种支护类型与参数。

对于局部不稳定块体和局部不稳定部位，原则上应采用局部加固。如用锚杆进行局部加固，而不必配置系统锚杆或降低围岩级别。

（3）锚喷支护参数表中给出的锚喷支护参数是根据工程类比确定的。

虽然锚喷支护参数是根据工程类比确定的，但确定最终支护参数有的还要借助于监控设计与理论设计。对不稳定围岩，锚喷支护参数表中给出的数值只是供监控设计中选初参数用。对稳定围岩中的大跨度洞室，表中的锚喷支护参数作为理论验算中的推荐值，最终设计值还需经过修正设计后才能确定。

（4）锚喷支护表中的锚喷参数，一般是根据本部门以往修建工程的设计参数，经统计和分析研究后确定的。

各国锚喷支护的设计规范，其提供的锚喷支护参数可能有较大不同。如我国采用的锚杆长度一般短于国外采用的锚杆长度。这是由于人们对锚杆机理的不同认识，采用的施工机具和工程习惯不同等原因所致。一般来说，在稳定岩体中，锚杆主要作用是加固不稳定块体，为了使锚杆穿过较多的节理面，锚杆宁可长一点、疏一点。在不稳定岩体中，锚杆长度应当超过松动区，同时还要有一定密度，除要求锚杆间距不大于 1/2 锚杆长度外，还要求锚杆间距小于规定的锚杆间距。

表 4.4.1 ~ 表 4.4.5 分别列出了我国国家标准《锚杆喷射混凝土支护技术规范》、《铁路隧道喷锚构筑法技术规则》中的锚喷支护参数表以及公路隧道复合式衬砌初期支护的设计参数。

表 4.4.1　隧洞和斜井的锚喷支护类型和设计参数

围岩分级	毛洞跨度/m				
	$B\leqslant5$	$5<B\leqslant10$	$10<B\leqslant15$	$15<B\leqslant20$	$20<B\leqslant25$
Ⅰ	不支护	喷射混凝土厚 50 mm	① 喷射混凝土厚 80 ~ 100 mm；② 喷射混凝土厚 50 mm，锚杆长 2.0 ~ 2.5 m	喷射混凝土厚 100 ~ 150 mm，锚杆长 2.5 ~ 3.0 m，必要时配置钢筋网	喷射混凝土厚 120 ~ 150 mm，锚杆长 3.0 ~ 4.0 m
Ⅱ	喷射混凝土厚 50 mm	① 喷射混凝土厚 80 ~ 100 mm；② 喷射混凝土厚 50 mm，锚杆长 1.5 ~ 2.0 m	① 喷射混凝土厚 120 ~ 150 mm，必要时配置钢筋网；② 喷射混凝土厚 80 ~ 120 mm，锚杆长 2.0 ~ 3.0 m，必要时配置钢筋网	钢筋网喷射混凝土厚 120 ~ 150 mm，锚杆长 2.5 ~ 3.5 m	钢筋网喷射混凝土厚 150 ~ 200 mm，锚杆长 3.0 ~ 4.0 m
Ⅲ	① 喷射混凝土厚 80 ~ 100 mm；② 喷射混凝土厚 50 mm，锚杆长 1.5 ~ 2.0 m	① 喷射混凝土厚 120 ~ 150 mm，必要时配置钢筋网；② 喷射混凝土厚 80 ~ 120 mm，锚杆长 2.0 ~ 2.5 m，必要时配置钢筋网	钢筋网喷射混凝土厚 100 ~ 150 mm，锚杆长 2.0 ~ 3.0 m	钢筋网喷射混凝土厚 150 ~ 200 mm，锚杆长 3.0 ~ 4.0 m	
Ⅳ	喷射混凝土厚 80 ~ 100 mm，锚杆长 1.5 ~ 2.0 m	钢筋网喷射混凝土厚 100 ~ 150 mm，锚杆长 2.0 ~ 2.5 m，必要时采用仰拱	钢筋网喷射混凝土厚 150 ~ 200 mm，锚杆长 2.5 ~ 3.0 m，必要时设置仰拱		
Ⅴ	钢筋网喷射混凝土厚 120 ~ 150 mm，锚杆长 1.5 ~ 2.0 m，必要时采用仰拱	钢筋网喷射混凝土厚 150 ~ 200 mm，锚杆长 2.0 ~ 3.0 m，采用仰拱，必要时架设钢拱架			

注：① 表中的支护类型和参数，是指隧洞和倾角小于 30°斜井的永久支护，包括初期支护与二次支护。
② 服务年限小于 10 a 及洞跨小于 3.5 m 的隧洞和斜井，表中的支护参数，可根据工程具体情况适当减小。
③ 复合式衬砌的隧洞和斜井，初期支护采用表中的参数时，应根据工程的具体情况予以减小。
④ 急倾斜岩层中的隧洞或斜井易失稳的一侧边墙和缓倾斜岩层中的隧洞或斜井顶部，应采用表中第②种支护类型和参数，其他情况下，两种支护类型和参数均可采用。
⑤ Ⅰ、Ⅱ级围岩中的隧洞和斜井，当边墙高度小于 10 m 时，边墙的锚杆和钢筋网可不予设置，边墙喷射混凝土厚度可取表中数据的下限值；Ⅲ级围岩中的隧洞和斜井，当边墙高度小于 10 m 时，边墙的锚喷支护参数可适当减小。

表 4.4.2　铁路隧道锚喷支护的设计参数

围岩分级	单　　线	双　　线
Ⅰ	喷射混凝土厚 5 cm	喷射混凝土厚 8 cm，必要时设置锚杆，长 1.5～2.0 m，间距 1.2～1.5 m
Ⅱ	喷射混凝土厚 8 cm，必要时设置锚杆，长 1.5～2.0 m，间距 1.2～1.5 m	喷射混凝土厚 10 cm，锚杆长 2.0～2.5 m，间距 1.0～1.2 m，必要时设置局部钢筋网
Ⅲ	喷射混凝土厚 10 cm，锚杆长 2.0～2.5 m，间距 1.0～1.2 m，必要时设置局部钢筋网	喷射混凝土厚 15 cm，锚杆长 2.5～3.0 m，间距 1.0 m，设置钢筋网

表 4.4.3　单线铁路隧道复合式衬砌设计参数

围岩分级	初期支护							二次衬砌厚度/cm	
	喷射混凝土厚度/cm		锚　杆			钢筋网	钢拱架	拱部边墙	仰拱
	拱部边墙	仰拱	位置	长度/m	间距/m				
Ⅱ	5	—	—	—	—	—	—	25	—
Ⅲ	8	—	局部设置	2.0	1.2～1.5	—	—	25	—
Ⅳ	10	—	拱部、边墙	2.0～2.5	1.0～1.2	必要时设置	—	30	30
Ⅴ	15	15	拱部、边墙	2.5～3.0	0.8～1.0	拱部、边墙、仰拱	必要时设置	35	35
Ⅵ	20	20	拱部、边墙	3.0	0.6～0.8	拱部、边墙、仰拱	拱部、边墙、仰拱	40	40

表 4.4.4　双线铁路隧道复合式衬砌设计参数

围岩分级	初期支护							二次衬砌厚度/cm	
	喷混凝土厚度/cm		锚　杆			钢筋网	钢拱架	拱部边墙	仰拱
	拱部边墙	仰拱	位置	长度/m	间距/m				
Ⅱ	5	—	局部设置	2.0	1.5	—	—	30	—
Ⅲ	10	—	拱部、边墙	2.0～2.5	1.2～1.5	必要时设置	—	35	35
Ⅳ	15	15	拱部、边墙	2.5～3.0	1.0～1.2	拱部、边墙、仰拱	必要时设置	35	35
Ⅴ	20	20	拱部、边墙	3.0～3.5	0.8～1.0	拱部、边墙、仰拱	拱部、边墙、仰拱	40	40
Ⅵ	通过试验确定								

表 4.4.5　公路隧道复合式衬砌初期支护的设计参数

围岩类别	单车道隧道	双车道隧道
Ⅳ	喷混凝土厚 5～10 cm；设置锚杆长 2.0 m，间距 1.0～1.2 m，必要时局部设置钢筋网	喷混凝土厚 10～15 cm；设置锚杆长 2.5 m，间距 1.0～1.2 m，必要时设置钢筋网
Ⅲ	喷混凝土厚 10～15 cm；设置锚杆长 2.0～2.5 m，间距 1.0 m，必要时设置钢筋网	喷混凝土厚 15 cm；设置锚杆长 2.5～3.0 m，间距 1.0 m，设置钢筋网
Ⅱ	喷混凝土厚 15 cm；设置锚杆长 2.5 m，间距 0.8～1.0 m；设置钢筋网，应施作仰拱	喷混凝土厚 20 cm；设置锚杆长 3.0～3.5 m，间距 0.8～1.0 m；设置钢筋网，必要时设置钢架，应施作仰拱
Ⅰ	喷混凝土厚 20 cm；设置锚杆长 3.0 m，间距 0.6～0.8 m；设置钢筋网，必要时设置钢架，应施作仰拱	通过试验确定

注：公路隧道的围岩分级与铁路隧道围岩分级的顺序相反，公路的Ⅰ～Ⅳ类分别对应铁路的Ⅵ～Ⅰ级。

4. 国外优秀的围岩分级与支护设计

（1）新奥法围岩分级与支护设计。

新奥法把围岩分成 7 级，初期支护与之一一对应，如表 4.4.6 所示。初期支护的结构类型实际上为 6 种。其中，对每一种初期支护的横截面构造形式、喷混凝土的厚度、钢锚杆的长度及间距、钢筋网的用量和钢拱的用量，都做了较为详细的规定，见表 4.4.7。

表 4.4.6　新奥法围岩分级与支护措施

围岩分级	支护措施	支护作业对开挖作业影响
Ⅰ	一般不需要	无影响
Ⅱ	保护顶部、局部锚杆	影响不大
Ⅲ	上部半断面喷混凝土，设或不设钢筋网，或设锚杆	部分妨碍
Ⅳ	上部半断面及侧壁喷混凝土、钢筋网或锚杆	部分影响
Ⅴ	上部半断面及侧壁采用钢支撑、钢垫板、锚杆，并设置仰拱	需局部中断开挖作业
Ⅵ	全断面支护，钢支撑、钢垫板或钢插板，必要时设掌子面正面支护	影响极大
Ⅶ	同Ⅵ，且需采取附加措施	同Ⅵ

表 4.4.7　新奥法初期支护构造

围岩级别	初期支护参数		初期支护构造图示
Ⅰ	截面形式	不封闭式	
	锚　杆	展开式锚杆，ϕ26 mm，长度 l = 1.5 m，8 根/m	
	钢筋网	3.12 kg/m^2，3.6 kg/m	

续表

<table>
<tr><th>围岩级别</th><th colspan="2">初期支护参数</th><th>初期支护构造图示</th></tr>
<tr><td rowspan="5">Ⅱ</td><td>截面形式</td><td>不封闭式</td><td rowspan="5">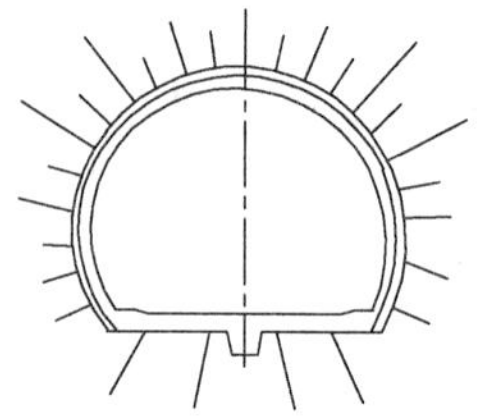</td></tr>
<tr><td>拱　部</td><td>展开式锚杆，ϕ26 mm，长度 l=3.5 m，3 根/m</td></tr>
<tr><td>拱部和边墙</td><td>展开式锚杆，ϕ26 mm，长度 l=1.5 m，6 根/m</td></tr>
<tr><td>拱部和边墙</td><td>钢筋网，3.2 kg/m^2，顶拱为摩尔圆拱 50%</td></tr>
<tr><td>侧　壁</td><td>喷混凝土填平坑洼量 1.2 m^2/m</td></tr>
<tr><td rowspan="5">Ⅲ</td><td>截面形式</td><td>封闭式</td><td rowspan="5">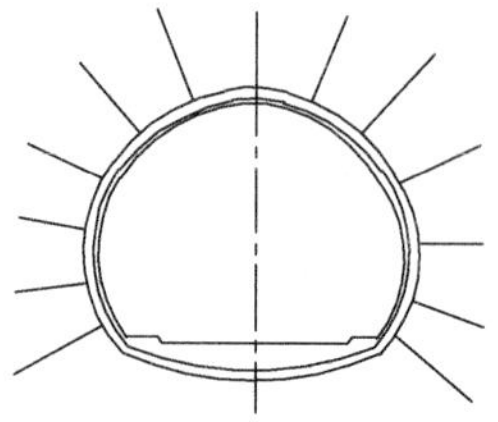</td></tr>
<tr><td>拱部和边墙</td><td>冲孔式或 SN 锚杆，ϕ26 mm，长度 l=3.2 m，7.4 根/m</td></tr>
<tr><td>拱部和边墙</td><td>钢筋网，3.12 kg/m^2，79.5 kg/m</td></tr>
<tr><td>拱　部</td><td>钢支撑，纵向间距为 1.5 m，类型 TH48，16.5 kg/m</td></tr>
<tr><td>拱部和边墙</td><td>喷混凝土，d_s = 10 cm</td></tr>
<tr><td rowspan="7">Ⅳ</td><td>截面形式</td><td>封闭式</td><td rowspan="7">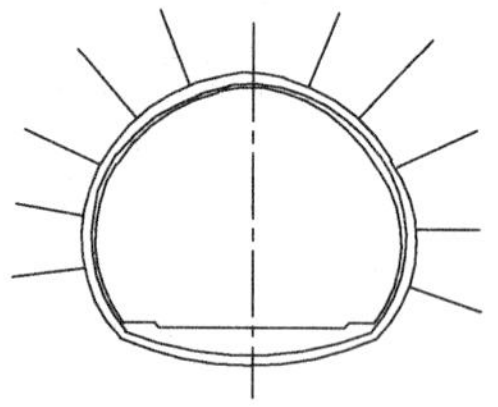</td></tr>
<tr><td>锚　杆</td><td>冲孔式或 SN 式，ϕ26 mm，l=4 m，11 根/m</td></tr>
<tr><td>钢 筋 网</td><td>3.12 kg/m^2，79.5 kg/m</td></tr>
<tr><td>钢支撑</td><td>TH58，25 kg/m，462 kg/m</td></tr>
<tr><td>洞室垫</td><td>34 kg/m^2，78 kg/m</td></tr>
<tr><td>喷混凝土</td><td>d_s = 15 cm，25.5 m^2/m</td></tr>
<tr><td>掌子面
喷混凝土</td><td>喷混凝土，d_s = 3 cm，30 m^2/m</td></tr>
<tr><td rowspan="7">Ⅴ</td><td>截面形式</td><td>封闭式</td><td rowspan="7">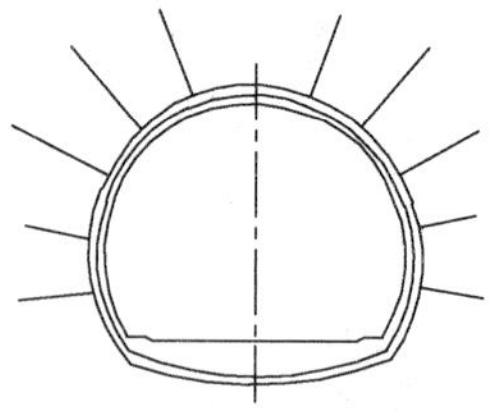</td></tr>
<tr><td>锚　杆</td><td>冲孔式或 SN 式，ϕ26 mm，l=4 m，14.6 根/m</td></tr>
<tr><td>钢筋网</td><td>3.12 kg/m^2，79.5 kg/m</td></tr>
<tr><td>钢支撑</td><td>纵向间距为 0.75 m，TH58，36 kg/m，1 223 kg/m</td></tr>
<tr><td>洞室垫</td><td>34 kg/m^2，665 kg/m</td></tr>
<tr><td>喷混凝土</td><td>d_s = 25 cm，26 m^2/m</td></tr>
<tr><td>掌子面
喷混凝土</td><td>喷混凝土 d_s = 3 cm，70 m^2/m</td></tr>
<tr><td>Ⅵ</td><td colspan="2">Ⅵ级加强初期支护，用于覆盖层较大或围岩强度较低时采用冲孔式或 SN 式锚杆。这种结构的锚杆，长达 6 m，除封闭仰拱外，并沿整个周边安设锚杆，形成封闭的受力圆环。喷混凝土厚 15～25 cm 并留有纵向伸缩缝（图 4.4.5），采用 TH20，留有 20 cm 的钢拱接缝，允许混凝土和钢支撑产生变形和位移</td><td>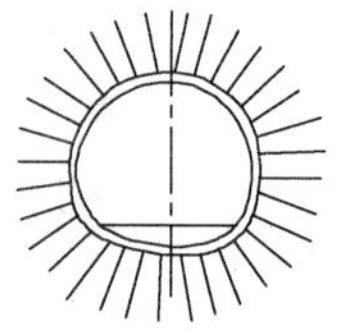</td></tr>
</table>

注：Ⅵ级围岩的加强初期支护细部构造见图 4.4.5。

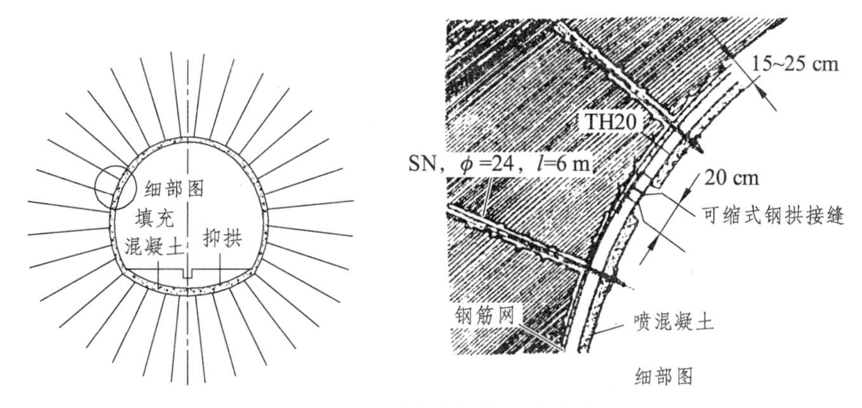

图 4.4.5　Ⅵ级围岩初期支护放大图

在设计阶段，一般只能根据已有的地质资料来设计初期支护，更为重要的是，要根据开挖后对岩体的评价和应力及位移的测量结果确定初期支护的级别。

为了避免错误地评价岩体受力状态而造成初期支护偏强或偏弱的情况，在选用初期支护时，需要以开挖后对岩体应力及位移测量结构为依据，这是新奥法的又一特点。新奥法确定初期支护级别的方法如图 4.4.6 所示。

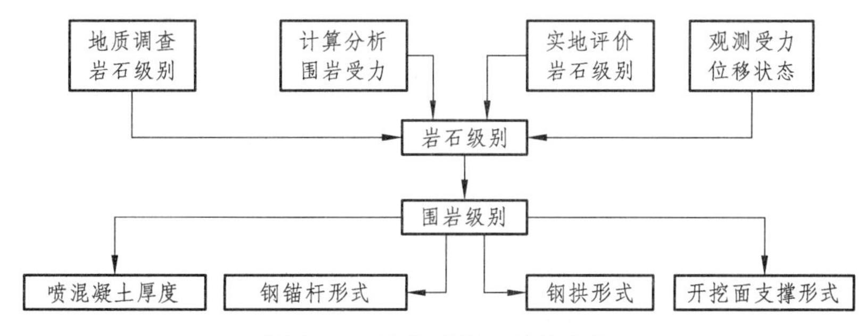

图 4.4.6　确定初期支护的方法

（2）劳尔夫（H.Laufer）分级方法与经验设计。

在众多的围岩分级中，劳尔夫提出了以开挖后根据围岩自持时间，即考虑开挖面自由宽度及在无支护条件下围岩自稳时间为依据的围岩分级方法。

围岩的自持时间亦可认为是岩性的综合指标，洞室开挖后，围岩通常都会有一段暂时稳定的时间。根据不同的地质环境，这一段自持时间有长有短，劳尔夫认为隧道围岩自持时间 t_s 可用下式表示：

$$t_s = aL^{-(1+\alpha)} \tag{4.4.1}$$

式中　L——洞室未支护地段的长度；

a——常数；

α——系数，视围岩情况在 0 ~ 1 之间变化，好的岩体可取 α = 0，极差的 α = 1.0。

根据围岩自持时间和未支护地段的长度将围岩分为稳固的、易掉块的、极易掉块的等 7 级，如图 4.4.7（a）所示。图中，横坐标表示在开挖后，开挖面在无支护条件下围岩自持时间，纵坐标为洞室自持的有效宽度 l。有效宽度的定义如图 4.4.7（b）所示，它或取洞室的开

挖宽度 b，或取洞室无支护的纵向长度 L，总之取有利于围岩沿纵向或横向产生拱作用的宽度为有效宽度。如图 4.4.7（b），当 $L<b$ 时，有效宽度等于 L；$L>b$ 时，有效宽度等于 b。一般洞室自持的有效宽度 l，从 0.1 ~ 10 m 不等。图 4.2.7（a）中阴影部分则为大多数自然围岩经常出现的典型情况。

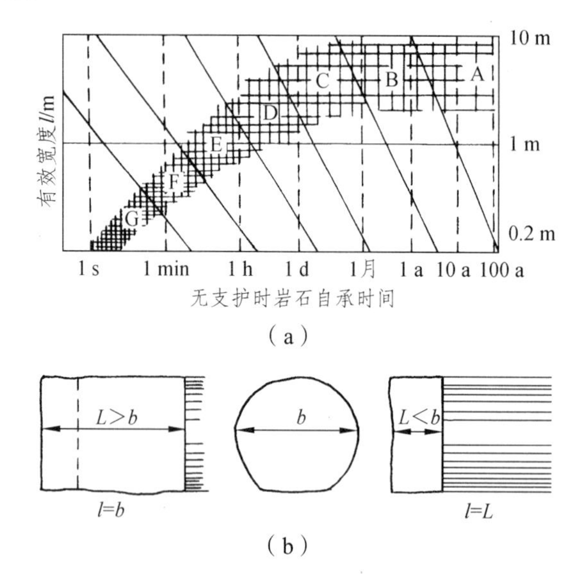

图 4.4.7　劳尔夫（H.Laufer）围岩分级

劳尔夫分级法将围岩分成 A ~ G 7 级，其中 A 的自持能力最大，从 B 到 G 则自持能力逐步减小。与各级围岩相适应的支护措施，见表 4.4.8。

表 4.4.8　劳尔夫围岩分级和支护措施

围岩分级	围岩特征	有效宽度/m	自持时间	喷混凝土	锚杆	钢支撑
A	稳固	4	20 a	不需要	不需要	不需要
B	易掉块	4	0.5 a	拱部 2 ~ 3 cm	间距 1.5 ~ 2 m，拱部用钢筋网	不需要
C	极易掉块	3	7 d	拱部 3 ~ 5 cm	间距 1.0 ~ 1.5 m，拱部成网状或再喷 2 cm 混凝土	不需要
D	破碎	1.5	5 h	5 ~ 7 cm	间距 0.7 ~ 1.0 m，拱部成网状加固后再喷 3 cm 混凝土	钢支撑
E	很破碎	0.8	20 min	7 ~ 15 cm	间距 0.5 ~ 1.2 cm，网状加固后喷 3 ~ 5 cm 混凝土	钢支撑
F	有压力	0.4	2 min	15 ~ 20 cm 加金属网	无法作业	钢支撑加喷混凝土
G	很大压力	0.15	10 s	无法作业	无法作业	钢支撑加喷混凝土

（3）“Q”法围岩分级与经验设计。

“Q”系统的经验设计是 N.Barton 提出的一种围岩分级的方法，在欧洲等国应用极广，由于最近二十多年支护技术的发展，特别是高质量的钢纤维喷射混凝土的开发，取得了很大的进展。“Q”值的计算参见公式（2.3.8）。

该法根据“Q”值将围岩分为 9 级（$Q=0.001\sim1\ 000$），并确定了合理的支护结构参数。该法的分级和参数的确定是通过大量的工程实践、施工中的观察和量测数据得到的，具有广泛的代表性和实用性。支护体系设计的最大特点是把一次支护作为永久支护，只是在运营后，如果有涌水、冰霜等危害的情况下，才修筑二次支护。通常永久支护是采用高质量（$\sigma=40\sim50$ MPa）的钢纤维喷射混凝土和全长黏结型高拉力、耐腐蚀的锚杆。

① 无永久支护的条件。在硬质围岩中，隧道施工时，经常会有无支护的地段，这可以节省大量的施工费用。而且，从安全性、外观及照明等观点看，还存在潜在性的费用削减，特别是对公路隧道。因此，研究自稳性围岩的典型特征是很有必要的，根据 30 多个无永久支护的地下工程的实践经验，无永久支护的使用条件列于表 4.4.9。

表 4.4.9　无永久支护的条件

序号	条件
1	$J_h\leqslant9$，$J_r\geqslant1.0$，$J_w=1.0$，$SRF\leqslant2.5$
2	如 $RQD\leqslant40$，则 $J_h\leqslant2$
3	如 $J_h=9$，则 $J_r\geqslant1.5$ 及 $RQD\geqslant90$
4	如 $J_r=1$，则 $J_h<4$
5	如 $SRF>1$，则 $J_r\geqslant1.5$
6	如跨度大于 10 m，则 $J_h<9$
7	如跨度大于 20 m，则 $J_h\leqslant4$ 及 $SRF\leqslant1$

② 隧道支护的选择。该经验设计是根据近 1250 个永久结构物的施工记录整理提出的。经验设计的方法示于图 4.4.8。图中的横轴表示“Q”值，围岩级别示于图的上侧，反映了挪威对围岩好坏的评价；纵轴表示隧道的宽度或高度被表示安全系数的 ESR 除之的值，单位是 m。

ESR 因子（见表 4.4.10）可以改变支护规模，所以，对费用和安全性的影响很大。现根据具体的事例说明图 4.4.8 的用法。假定宽 18 m 的干线公路隧道（ESR = 1.0），Q 值取 2.0。

根据图 4.4.8 支护规模选用 Sfr + B，B 为 1.9 m 间距的系统锚杆，Sfr 为 10 cm 厚的湿喷钢纤维混凝土。系统锚杆的长度，根据图 4.4.8 的右纵轴，选定 5 m。

表 4.4.10　各种洞室的安全系数 ESR

洞室类型	ESR
A. 矿山临时巷道	2 ~ 5
B. 矿山永久巷道，引水隧洞，导坑，压力调节室	1.6 ~ 2.0
C. 储备用地下空洞，水处理设施，地方用铁路、公路隧道	1.2 ~ 1.3
D. 地下发电站，干线铁路公路隧道，隧道洞口，隧道交叉部	0.9 ~ 1.1
E. 地下原子能发电站，地下车站，体育场及公共设施，地下工厂，地下生命线隧道	0.5 ~ 0.8

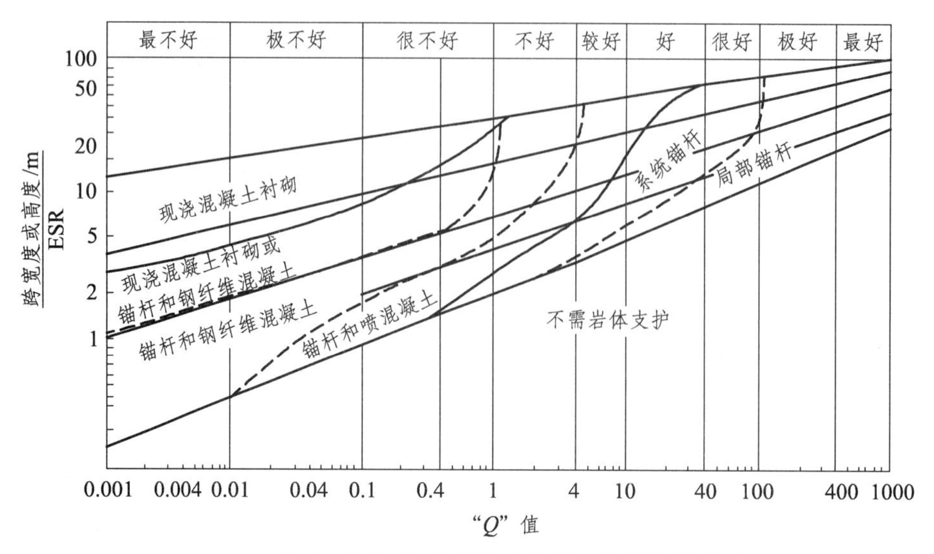

（a）以"Q"法为基础的岩石支护设计简图

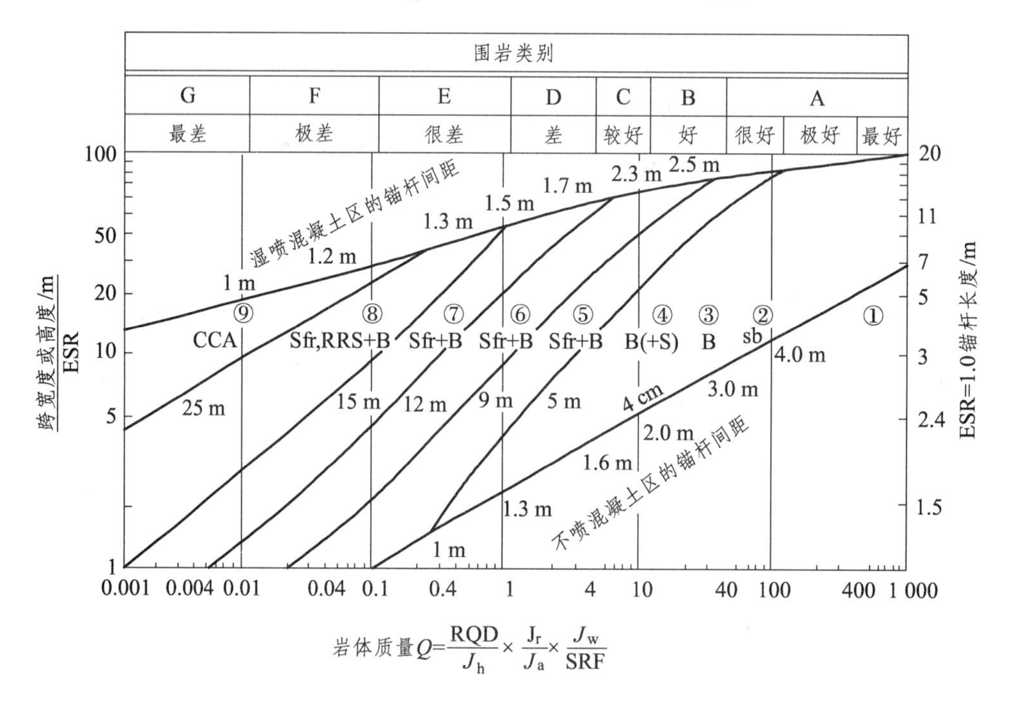

$$\text{岩体质量}Q=\frac{\text{RQD}}{J_{\text{h}}}\times\frac{J_{\text{r}}}{J_{\text{a}}}\times\frac{J_{\text{w}}}{\text{SRF}}$$

①不支护
②sb：局部锚杆
③B：系统锚杆
④B（+S）：系统锚杆（及喷混凝土，厚度 4~10 cm）
⑤Sfr+B：钢纤维喷混凝土及锚杆，喷层厚度 5~9 cm
⑥Sfr+B：钢纤维喷混凝土及锚杆，喷层厚度 9~12 cm
⑦Sfr+B：钢纤维喷混凝土系统锚杆，喷层厚度 12~15 cm
⑧Sfr，RRS+B：钢纤维喷混凝土厚度 >15 cm，钢纤维喷混凝土拱肋及锚杆
⑨CCA：模筑混凝土衬砌

（b）"Q"系统支护设计卡

图 4.4.8　岩石支护设计简图及支护设计卡

（4）应用实例。

下面列举一些隧道的经验设计参数。

表 4.4.11 是 Pfander 隧道的支护结构参数表，表 4.4.12 是 Tauern 隧道（膨胀性围岩）的支护结构参数与结构简图。

表 4.4.11　Pfander 隧道的岩体分级及支护结构参数

围岩级别	围岩状态	围岩的力学特征	无支护条件下的自持时间	设计		
				一般原则	拱部	侧部
Ⅰ	非常好	在稳定、良好的围岩条件下，洞室周边产生的应力小，在埋深很大的地点有岩爆的危险	拱部 7 d，侧壁较长	只加强拱部	锚杆加金属网，（AQ38）4 m^2/根，l = 1 m 或 5 ~ 7 cm 的喷层，锚杆（破坏荷载 250 kN）l = 2 ~ 4 m	必要时设 l = 2 ~ 4 m 的锚杆
Ⅱ	良好	因爆破和开挖产生松弛地压	拱部为 1 d，侧壁为 7 d	拱部及侧壁喷射混凝土，拱部采用锚杆	3 ~ 11 cm 厚喷层加金属网，（AQ38）胀壳式锚杆（破坏荷载 250 kN）4 ~ 6 m^2/根，l = 2 ~ 4 m	3 ~ 11 cm 喷层，锚杆 l = 2 ~ 4 m（有必要时设）
Ⅲ	裂隙发育	爆破和开挖造成极大松弛地压	拱部 2 ~ 3 h，侧壁 1 d	拱部及侧壁均用喷混凝土和锚杆加固	7 ~ 15 cm 喷层加金属网，AQ50 锚杆（破坏荷载 250 kN）3 ~ 5 m^2/根，l = 3 ~ 5 m	7 ~ 15 cm 喷层加金属网 AQ50，锚杆 3 ~ 5 m^2/根，l = 4 ~ 6 m
Ⅳ	裂隙极发育或破碎带	拉应力产生裂隙，围岩强度大大降低，拱部或侧壁发生大范围破坏	拱部和侧壁数小时	喷射混凝土，必要时用仰拱加强，拱部及侧壁均用锚杆	11 ~ 19 cm 喷层加金属网，AQ50 锚杆（破坏荷载 250 kN）2 ~ 4 m^2/根，l = 4 ~ 6 m	同拱部
Ⅴ	破碎带	围岩强度低，有塑性地压作用，开挖面不能自稳	拱部及侧壁在极短时间内自稳或不能自稳	用喷混凝土及仰拱支护，拱部及侧壁用可缩式支撑加强，采用锚杆	15 ~ 23 cm 喷层加金属网，AQ50 锚杆（破坏荷载 250 kN）1 ~ 3 m^2/根，l = 5 ~ 7 m，可缩性支撑 THO21，0.8 ~ 2.0 m	同拱部
Ⅵ	破碎带地压大	围岩强度极低，随着开挖面向洞内移动，支撑受到强大地压、开挖面不能自稳	完全不能自稳	用喷混凝土及仰拱支护，拱部及侧壁用可缩式支撑加强，采用锚杆	19 ~ 27 cm 喷层加金属网，AQ50 锚杆（破坏荷载 250 kN）0.5 ~ 2.5 m^2/根，l = 6 ~ 9 m，可缩性支撑 THO21 ~ 27	同拱部支撑，间距 0.5 ~ 1.5 m
Ⅶ	流动围岩	特殊地质，围岩不能固结，属于含水的破碎带，开挖面不能自稳		压浆加固	冻结法	电渗透加固等

注：表中的单位“m^2/根”为每根锚杆应加固的围岩面积。

表 4.4.12　Tauern 隧道（膨胀性围岩）支护结构图面积 = 95 ~ 100 m²

支护类型及布置					
岩质质量	Ⅰ	Ⅱ	Ⅲ	Ⅳ	Ⅴ
支护结构及参数	胀壳式锚杆 $d_b = 26$ mm $l = 1.5$ m 每延米　12 m 金属网 3.12 kg/m² 每延米 36 kg	K　胀壳式锚杆 $d_b = 26$ mm $l = 3.5$ m 每延米　9.8 m K + U　胀壳式锚杆 $d_b = 26$ mm $l = 3.5$ m $l = 1.5$ m 每延米　9.0 m K + U 金属网 3.12 kg/m² 每延米　56.2 kg K 喷混凝土 12 m²/m	K + U　灌浆锚杆 $d_b = 26$ mm $l = 3.2$ m 每延米　23.5 m 7.35 根/m K + U　金属网 3.12 kg/m² 每延米　79.5 kg K 钢拱 TH16.5/48 每延米　126 kg K + U 喷混凝土 $d_s = 10$ cm 每延米　25.5 m²	灌浆锚杆 $d_b = 26$ mm $l = 4.0$ m 每延米　11 根， 总长 44 m 金属网 3.12 kg/m² 每延米　79.5 kg 钢拱 TH25/58 每延米　46.2 kg 喷混凝土 $d_s = 15$ cm 每延米 25.5 m²	灌浆锚杆 $d_b = 26$ mm $l = 4.0$ m 每延米　14.6 根， 总长 58.4 m 金属网 3.12 kg/m² 每延米　79.5 kg 钢拱 TH36/58 每延米　1 123 kg 喷混凝土 $d_s = 25$ cm 每延米　26 m²

注：K—拱部；U—侧壁。

4.5　轴对称条件下锚喷支护的计算与设计

20 世纪 60 年代末，奥地利学者 Robcewicz 等人利用围岩塑性分析的成果，提出了锚喷支护的计算原理。1978 年在法国又提出了收敛-约束法，从现场量测和理论计算两个方面来解决锚喷支护的计算和设计问题。但当时的计算公式和图解分析方法还很不完善，直至近年来才渐趋完善。在我国，20 世纪 70 年代末以来，围岩压力理论和锚喷支护计算有了较大发展，轴对称情况下的计算公式已经比较完善。20 世纪 80 年代后，不少单位又提出了砂浆锚杆的各种计算公式，把我国锚喷支护解析计算水平又提高了一步。

1. 轴对称条件下喷层上围岩压力的计算

轴对称情况下（即侧压系数 $\lambda = 1$，洞室为圆形），无锚杆时喷层上围岩压力的计算已在第 3 章中介绍。当洞室周围设有均布的径向锚杆时，无论是点锚式锚杆，还是全长黏结式锚杆，都能通过承拉限制围岩径向位移来改善围岩应力状态，而且通过锚杆承受剪力提高锚固区的 c、φ 值。

以点锚式锚杆为例给予说明。点锚式锚杆可以视为锚杆的两端作用有集中力，假设集中力分布于锚固区内外端 2 个同心圆上（图 4.5.1），由此在洞壁上产生支护的附加阻力 p_i，而锚杆内端分布力为（r_0 / r_c）p_i（r_c 为锚杆内端半径）。平衡方程及塑性方程为

$$\frac{\mathrm{d}\sigma_r}{r}-\frac{\sigma_r-\sigma_t}{r}=0 \tag{4.5.1}$$

$$\frac{\sigma_r+c_1\cot\varphi}{\sigma_t+c_1\cot\varphi}=\frac{1-\sin\varphi_1}{1+\sin\varphi_1} \tag{4.5.2}$$

式中　c_1、φ_1——加锚后围岩的 c、φ 值，一般可取 $\varphi_1=\varphi$，c_1 按 c 和由锚杆抗剪力折算而得。

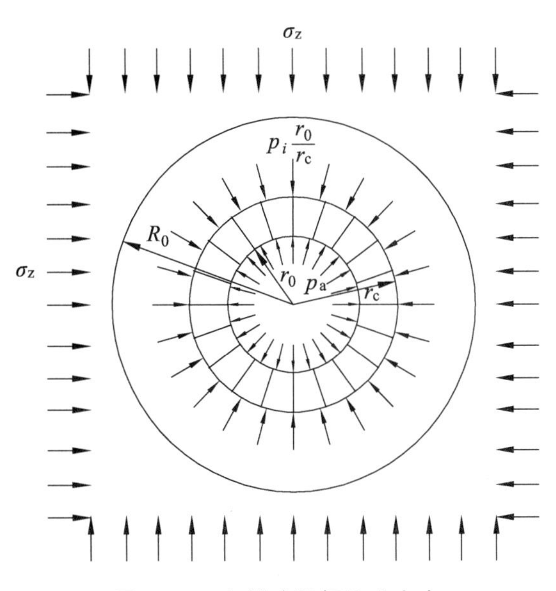

图 4.5.1　点锚式锚杆的分布力

由式（4.5.1）、（4.5.2）得

$$\ln(\sigma_r+c_1\cot\varphi_1)=\frac{2\sin\varphi_1}{1-\sin\varphi_1}\ln r+c' \tag{4.5.3}$$

由 $r=r_0$ 时，$\sigma_r=p_a+p_i$ 得积分常数

$$c'=\ln(p_a+p_i+c_1\cot\varphi_1)-\frac{2\sin\varphi_1}{1-\sin\varphi_1}\ln r_0 \tag{4.5.4}$$

将式（4.5.4）代入式（4.5.3）有

$$\sigma_r=(p_a+p_i+c_1\cot\varphi_1)\left(\frac{r}{r_0}\right)^{\frac{2\sin\varphi_1}{1-\sin\varphi_1}}-c_1\cot\varphi_1 \tag{4.5.5}$$

令锚杆内端点的径向应力为 σ_c 并位于塑性区内，则弹塑性界面上［参考式（3.4.13）］有

$$\sigma_r=(\sigma_c+c_1\cot\varphi_1)\left(\frac{R_0^a}{r_c}\right)^{\frac{2\sin\varphi_1}{1-\sin\varphi_1}}-c_1\cot\varphi_1=\sigma_z(1-\sin\varphi_1)-c_1\cos\varphi_1 \tag{4.5.6}$$

式中　R_0^a——有锚杆时的塑性区半径。

由此得

$$\sigma_c = (\sigma_z + c_1 \cot\varphi_1)(1-\sin\varphi_1)\left(\frac{r_c}{R_0^a}\right)^{\frac{2\sin\varphi_1}{1-\sin\varphi_1}} - c_1 \cot\varphi_1 \tag{4.5.7}$$

此外，由式（4.5.5）并考虑锚杆内端的分布力，则

$$\sigma_c = (p_a + p_i + c_1 \cot\varphi_1)\left(\frac{r_c}{r_0}\right)^{\frac{2\sin\varphi_1}{1-\sin\varphi_1}} - c_1 \cot\varphi_1 - \frac{r_0}{r_c} p_i \tag{4.5.8}$$

按式（4.5.7）、（4.5.8）得有锚杆时的塑性区半径

$$R_0^a = r_c \left[\frac{(\sigma_z + c_1 \cot\varphi_1)(1-\sin\varphi_1)}{(p_i + p_a + c_1 \cot\varphi_1)\left(\frac{r_c}{r_0}\right)^{\frac{2\sin\varphi_1}{1-\sin\varphi_1}} - \frac{r_0}{r_c} p_i}\right]^{\frac{1-\sin\varphi_1}{2\sin\varphi_1}} \tag{4.5.9}$$

当锚杆内端位于塑性区内，且在松动区之外时，有锚杆时的最大松动区半径为

$$R_{max}^a = r_c \left[\frac{(\sigma_z + c_1 \cot\varphi_1)(1-\sin\varphi_1)}{(p_i + p_{a\min} + c_1 \cot\varphi_1)(1+\sin\varphi_1)}\right]^{\frac{1-\sin\varphi_1}{2\sin\varphi_1}} \tag{4.5.10}$$

当锚杆内端位于松动区时，则有

$$\begin{aligned} R_{max}^a &= R_0^a \left(\frac{1}{1+\sin\varphi_1}\right)^{\frac{1-\sin\varphi_1}{2\sin\varphi_1}} \\ &= r_c \left\{\frac{(\sigma_z + c_1 \cot\varphi_1)(1-\sin\varphi_1)}{\left[(p_{a\min} + p_i + c_1 \cot\varphi_1)\left(\frac{r_c}{r_0}\right)^{\frac{2\sin\varphi_1}{1-\sin\varphi_1}} - \frac{r_0}{r_c} p_i\right](1+\sin\varphi_1)}\right\}^{\frac{1-\sin\varphi_1}{2\sin\varphi_1}} \end{aligned} \tag{4.5.11}$$

有锚杆时的洞壁位移 $u_{r_0}^a$ 及围岩位移 u_r^a 为

$$\left.\begin{aligned} u_{r_0}^a &= \frac{MR_0^{a2}}{4Gr_0} \\ u_r^a &= \frac{MR_0^{a2}}{4Gr} \end{aligned}\right\} \tag{4.5.12}$$

对于点锚式锚杆，可按锚杆与围岩共同变形理论获得锚杆轴力

$$Q = \frac{(u' - u'')E_b A_s}{r_c - r_0} \tag{4.5.13}$$

$$u' = \frac{MR_0^{a2}}{4Gr_0} - u_0^a$$

$$u'' = \frac{MR_0^{a2}}{4Gr_c} - \frac{r_0}{r_c}u_0^a$$

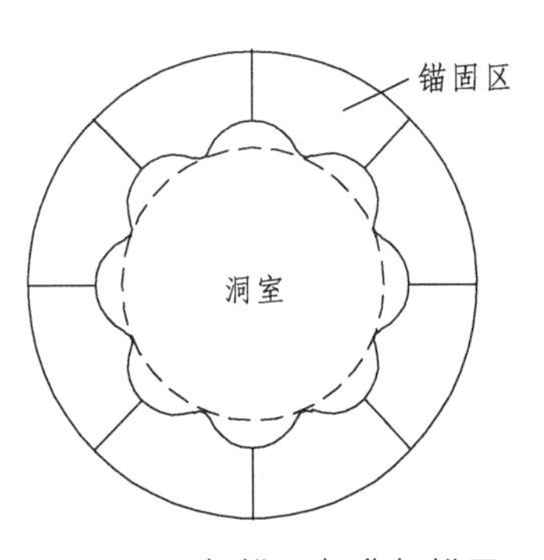

图 4.5.2　加锚区与非加锚区洞壁位移比较

式中　u'——锚杆外端位移；

u''——锚杆内端位移；

u_0^a——锚固前洞壁位移值；

E_b、A_s——锚杆弹性模量和 1 根锚杆的横截面积。

因为锚杆是集中加载，其围岩变位实际上是不均匀的，如图 4.5.2 所示，在加锚处的洞壁位移量最小。如锚杆设有托板，则锚端还会有局部承压变形，因此在计算锚杆拉力时应乘以一个小于 1 的系数，即

$$Q = k\frac{u' - u''}{r_c - r_0}E_b A_s \tag{4.5.14}$$

式中的 k 与岩质和锚杆间距有关，岩石好时可取 1，岩质差时取 1/2 ~ 4/5。

由 Q 即能算出 p_i，即

$$p_i = \frac{Q}{S_a S_b} \tag{4.5.15}$$

式中　S_a、S_b——锚杆的横向和纵向间距。

当锚杆有预拉力 Q_1 作用时，则

$$p_i = \frac{Q + Q_1}{S_a S_b} \tag{4.5.16}$$

显然，上述公式要求锚杆拉力小于锚杆锚固力。计算时，需要通过试算求出 p_a、p_i 及 R_0^a，并按下式求出洞壁位移

$$u_{r_0}^a = \frac{MR_0^{a2}}{4Gr_0} = u' + u_0^a \tag{4.5.17}$$

及锚杆拉力

$$Q + Q_1 = k\frac{u' - u''}{r_c - r_0}E_b A_s + Q_1 \tag{4.5.18}$$

2. 锚喷支护的计算与设计

（1）锚杆的计算与设计。

为让锚杆充分发挥作用，应使锚杆应力 σ 尽量接近钢材设计抗拉强度 f_{st}，并满足一定的安全系数，即

$$K_1\sigma = \frac{K_1 Q}{A_s} = f_{st} \tag{4.5.19}$$

锚杆抗拉安全系数 K_1 应在 1 ~ 1.5 之间。

按本法计算，锚杆有一最佳长度，在这一长度时将使喷层受力最小。为防止锚杆和围岩一起塌落，锚杆长度必须大于松动区厚度，而且有一定安全储备，即要求

$$r_c > R^a$$

$$R^a = r_c\left[\left(\frac{\sigma_z + c_1\cot\varphi_1}{p_i + p_a + c_1\cot\varphi_1}\right)\left(\frac{1-\sin\varphi_1}{1+\sin\varphi_1}\right)\right]^{\frac{1-\sin\varphi_1}{2\sin\varphi_1}} \tag{4.5.20}$$

锚杆间距 S_a、S_b 应满足下列要求：

$$\frac{S_a}{r_c - r_0} \leqslant \frac{1}{2},\quad \frac{S_b}{r_c - r_0} \leqslant \frac{1}{2}$$

此条件能保持锚杆有一定实际的加固区厚度，并防止锚杆间的围岩发生塌落（图 4.5.3）。此外，S_a、S_b 的合理选择还应使喷层具有适当的厚度，这样才能充分发挥喷层的作用。

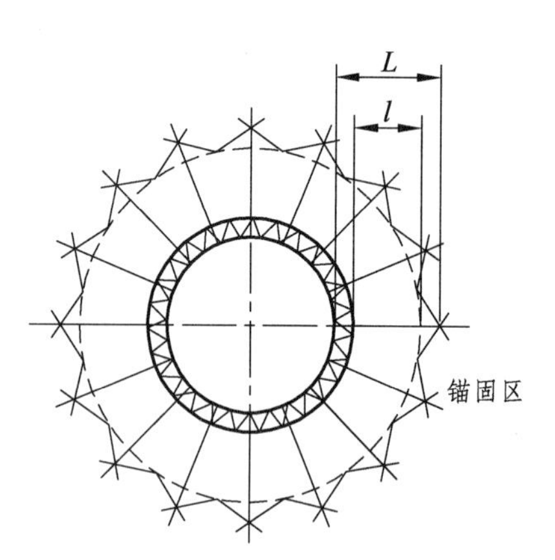

图 4.5.3　锚杆加固区与锚杆有效长度的关系

（2）喷层的计算与设计。

喷层除作为结构要起到承载作用外，还要求向围岩提供足够的支护阻力，以维持围岩的稳定。为了验证围岩稳定，需要计算最小支护阻力 $p_{a\min}$ 以及围岩稳定安全系数 K_2。松动区内滑移体的重力 W 为［式（4.3.15）及式（4.3.16）］

$$2W = \gamma b'(R^a_{\max} - r_0) = p_{a\min} b' \tag{4.5.21}$$

由式（4.3.17）即能求出 $p_{a\min}$，由此得

$$K_2 = \frac{p_a}{p_{a\min}}$$

要求 K_2 值应在 2 ~ 4.5 之间。

作为喷层强度校核，要求喷层内壁切向应力小于喷混凝土抗压强度。参考式（3.3.15）有

$$\sigma_t = p_a\frac{2\alpha^2}{\alpha^2 - 1} \leqslant R_h \tag{4.5.22}$$

式中　$\alpha = \dfrac{r_0}{r_1}$，其中 r_1 为喷混凝土内壁半径；

R_h——喷混凝土抗压强度。

由此可算喷层厚度

$$d_s = k_3 r_1\left[\frac{1}{\sqrt{1-\dfrac{2p_a}{R_h}}} - 1\right] \tag{4.5.23}$$

式中　K_3——喷层的安全系数。

3. 一些计算参数的确定

鉴于塑性区中 c、φ 和 E 等值都是沿围岩的深度变化的，因而计算时应采用 c、φ 和 E 的平均值，即计算中用的 c、φ 和 E 值应低于实测值。目前这方面的研究还不多，按经验，计算用的 E 值可为实测值的（0.5 ~ 0.7）倍；c 值为实测值的（0.3 ~ 0.7）倍；φ 值可与实测值相近。计算用的 c、φ 值亦可参照有关锚喷支护规定中提供的数值确定（见围岩分级有关章节）。

锚固区的 c、φ 值可取 $\varphi_1 = \varphi$，而

$$c_1 = c + \frac{\tau_a A_s}{S_a S_b} \tag{4.5.24}$$

式中　τ_a——锚杆抗剪强度。

围岩的初始位移 u_0 是喷层支护前围岩已经释放的位移，按理说，该值是指喷混凝土时围岩的位移值，但由于计算中喷层是按封闭圆环计算的，因而应取封底时围岩位移值 u_0' 作为 u_0 值，如图 4.5.4 所示。图中 u_0 与 u_0' 相差不大，u_0 原则上由实测值确定，也可按经验确定，相应于某种施工方法有一大致的 u_0 值。

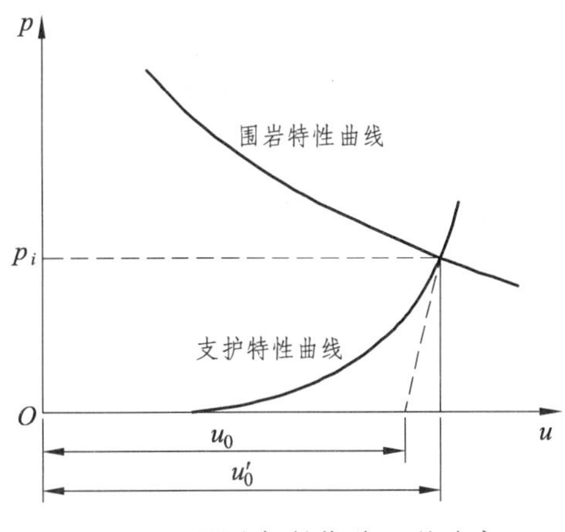

图 4.5.4　围岩初始位移 u_0 的确定

锚固前洞周位移 u_0^a，原则上也应按实测值确定，取某断面锚杆施作即将完成时的位移作为 u_0^a 值，一般可取 u_0^a =（0.5 ~ 0.8）u_0。

4. 算　例

均质围岩中圆形洞室的锚喷支护计算，其有关计算参数如下：σ_z = 15 MPa，c = 0.2 MPa，$\varphi = 30°$，E = 2 GPa，$u_0 = 0.1$ m，$u_0^a = 0.08$ m，$r_0 = 3.5$ m，$r_1 = 3.35$ m，$r_c = 5.5$ m，$S_a = 0.5$ m，$S_b = 1$ m，$A_s = 3.14\ \text{cm}^2$，$k = 2/3$，E_b = 210 GPa，$\tau_a = 312$ MPa，E_c = 21 GPa，$\mu_c = 0.167$，$R_h = 11$ MPa。

① 确定围岩塑性区加锚后的 c_1、φ_1 值。

$$\varphi_1 = \varphi = 30°$$

$$c_1 = c + \frac{\tau_a A_s}{S_a S_b} = 0.2 + \frac{312 \times 3.14}{50 \times 100} = 0.40\ (\text{MPa})$$

② 计算 p_i、p_a、R_0^a、Q' 及 $u_{r_0}^a$。

$$\frac{M}{4G} = \frac{3}{2E}(\sigma_z \sin\varphi_1 + c_1 \cos\varphi_1) = 5.88 \times 10^{-3}$$

$$R_0^a = r_0 \frac{(\sigma_z + c_1 \cot\varphi_1)(1 - \sin\varphi_1)}{p_i + p_a + c_1 \cot\varphi_1}$$

$$p_a = K_c u_{r_0}^a = K_c (u_{r_0}^a - u_0) = K_c \left[\frac{M R_0^{a2}}{4G r_0} - u_0\right]$$

$$p_i = \frac{Q'}{S_a S_b}$$

$$\rho = \sqrt{\frac{2r_0^2 r_c^2}{r_0^2 + r_c^2}} = 4.176 \ (\mathrm{m})$$

$$Q' = k\left(\frac{MR_0^{a2}}{4G} - r_0 u_0^a\right)\frac{E_b A_s}{r_c - r_0}\left(\frac{\rho - r_0}{r_0^2} + \frac{\rho - r_c}{r_c^2} + \frac{2}{\rho} - \frac{1}{r_0} - \frac{1}{r_c}\right)$$

$$K_c = \frac{2E_c(r_0^2 - r_1^2)}{r_0(1+\mu_c)[(1-2\mu_c)r_0^2 + r_1^2]} = 2.7\times 10^4 \ (\mathrm{MPa/m})$$

将 p_i、p_a 及 R_0^a 3 式试算得

$p_a = 0.338$ MPa，$R_0^a = 7.72$ m，$p_i = 0.067$ MPa，$Q' = 33.81$ MN，$u_{r_0}^a = \frac{MR_0^{a2}}{4Gr_0} = 0.1$ m，$K_1 = \frac{f_{st}A_s}{Q'} = 2.23$。

③ 计算围岩稳定性安全度。

$$p_{a\min} = \gamma r_0\left(\frac{R_{\max}^a}{r_0} - 1\right)$$

$$R_{\max}^a = r_0\left[\frac{\sigma_z + c_1\cot\varphi_1}{p_{a\min} + p_i + c_1\cot\varphi_1}\frac{1-\sin\varphi_1}{1+\sin\varphi_1}\right]^{\frac{1-\sin\varphi_1}{2\sin\varphi_1}}$$

解之得

$$p_{a\min} = 0.044 \ \mathrm{MPa}$$

$$R_{\max}^a = 5.33 \ \mathrm{m}$$

$$K_2 = \frac{p_a}{p_{a\min}} = 7.68$$

④ 验算喷层厚度 d_s。

$$d_s = \left[\frac{1}{\sqrt{1 - \frac{2p_a}{R_h}}} - 1\right]r_1 = 10.8\ (\mathrm{cm}) < 15\ (\mathrm{cm})$$

思考题与习题

1. 说明地下工程支护结构设计的基本原理及其对支护结构的基本要求。

2. 锚喷支护的特点、组成及力学作用机理是什么？

3. 锚喷支护的设计原则是什么？

4. 以围岩分级为基础的经验类比设计的基本概念及设计原则是什么？

5. 说明经验设计的设计流程，以在Ⅴ级围岩中的铁路单线和双线隧道为例，选择复合式衬砌的支护参数，并结合其他课程的知识确定恰当的施工方法。

第 5 章　结构力学的计算方法

5.1 概　述

地下结构是建筑在地层中的封闭式结构，就其结构本身是三次超静定。再考虑结构与围岩的相互作用，由结构的变位才能确定弹性反力的范围和大小。而结构的变位又是在主动荷载和弹性反力共同作用下发生的，所以，求解的是一个非线性问题。根据解决这一非线性问题的方式不同，可选用不同的计算方法。

1. 常用的计算模型和计算方法

（1）常用的计算模型。

① 主动荷载模型。当地层较为软弱，或地层相对结构的刚度较小，不足以约束结构的变形时，可以不考虑围岩对结构的弹性反力，称为主动荷载模型。如在饱和含水地层中的自由变形圆环、软基础上的闭合框架等，也常用于初步设计中。

② 假定弹性反力模型。根据工程实践和大量的计算结果得出的规律，可以先假定弹性反力的作用范围和分布规律，然后再计算结构的内力和变位，验证弹性反力图形分布范围的正确性。这种方法称为假定弹性反力图形的计算方法。如布加耶娃法用于圆形和曲墙拱形的计算。

③ 计算弹性反力模型。将弹性反力作用范围内围岩对衬砌的连续约束离散为有限个作用在衬砌节点上的弹性支承，而弹性支承的弹性特性即为所代表地层范围内围岩的弹性特性，根据结构变形计算弹性反力作用范围和大小的计算方法，称为计算弹性反力图形的方法。该计算方法需要采用迭代的方式逐步逼近正确的弹性反力作用范围，如弹性地基上的闭合框架、弹性支承法等。

（2）与结构形式相适应的计算方法。

① 矩形框架结构。

多用于浅埋、明挖法施工的地下结构，此种结构在荷载作用下跨度变化不明显，因此，在设计中不考虑地层的侧向弹性反力。

由于埋深较浅，为达到防护要求，常考虑特载作用（参见图 5.2.1）。

由于矩形结构用途不同，底宽差异较大，加之地基条件的差别，关于基底反力的分布规律通常可以有不同假定：

a. 当底面宽度较小、结构底板相对地层刚度较大时，假设底板结构是刚性体，则基底反力的大小和分布即可根据静力平衡条件按直线分布假定求得［参见图 5.2.1（b）］。

b. 当底面宽度较大、结构底板相对地层刚度较小时，底板的反力与地基变形的沉降量成正比。若用温克尔局部变形理论，可采用弹性支承法；若用共同变形理论，可采用弹性地基上的闭合框架模型进行计算。此时假定地基为半无限弹性体，按弹性理论计算地基反力（参见图 5.4.6）。

上述 2 种方法求出的内力有较大差别，特别是对底板影响更为显著。在实际设计中是否应考虑弹性地基计算，这与作用在结构上的荷载性质、结构形式及地基因素有关，应结合实际情况综合考虑。

矩形框架结构是超静定结构，其内力解法较多，主要有力法和位移法，并由此法派生了许多方法，如混合法、三弯矩法、挠角法。在不考虑线位移的影响时，则力矩分配法较为简便。若考虑弹性地基上的闭合框架时，可用弹性半无限体平面上的闭合框架（共同变形理论）或用温克尔假定（局部变形理论）计算地基上的闭合框架。

由于施工方法的可能性与使用需要，矩形框架结构的内部常常设有梁、板和柱，将其分为多层多跨的形式，其内部结构的计算如同地面结构一样，只是要根据其与框架结构的连接方式（支承条件），选择相应的计算图示。

② 圆形装配式衬砌。

大多数应用于盾构法修建的地下结构，也有用于矿山法施工的隧道。

根据接头的刚度，常常将结构假定为整体结构或是多铰结构。根据结构周围的地层情况，可以采用不同的计算方法。

在松软含水地层（如淤泥、流沙、饱和砂、塑性黏土及其他塑性土等）中，隧道衬砌朝地层方向变形时，地层不会产生很大的弹性反力，可按自由变形圆环进行计算。若以地层的标准贯入度 N 来评价是否会对结构的变形产生约束作用时，当标准贯入度 $N>4$ 时可以考虑弹性反力对衬砌结构变形的约束作用，此时可以用假定弹性反力图形或弹性约束法计算圆环内力。当 $N<2$ 时，弹性反力几乎等于零，此时可以采用自由变形圆环的计算方法（参见图 5.2.6）。在动荷载作用下，特别是在瞬时荷载作用下（加荷时间较短），即使在饱和含水软土层中，也会存在着一定的弹性反力（参见图 5.3.1）。

对于装配式衬砌，由于接缝上的刚度不足，往往采用衬砌环的错缝拼装以弥补，这种加强接缝刚度的处理，可以近似地将其看作均质（等刚度）结构。在结构计算上仍可采用整体结构的计算方法，这是因为影响衬砌内力的因素相当复杂，如荷载的分布与大小、地层与衬砌的弹性性质、构件接头的连接情况等，这些因素计算时难以确定，且往往与实际有较大的出入，采用整体式圆形衬砌计算方法是近似可行的。此外，计算表明，若将接头的位置设于弯矩较小处，接头刚度的变化对结构内力的影响不超过 5%，这也在误差允许的范围内。若接头的刚度较小，则衬砌的整体刚度也将有所减弱。这样，有助于充分发挥地层的承载力，改善结构的受力状态。为了使设计经济合理，在进行内力分析时应考虑接头对刚度的影响。若将接头设在弯矩较大处时，对内力有较大影响。

目前，对于圆形结构较为适用的方法有：

a. 按整体结构计算，对接头的刚度或计算弯矩进行修正。

按缪尔伍德（Muir Wood A.M.）经验公式决定装配式衬砌的有效惯性矩：

$$I_e = I_j + \left(\frac{4}{n}\right)^2 I_0 \qquad (5.1.1)$$

式中　I_j——接头惯性矩，常常视作零值；

I_0——管片的惯性矩；

n——圆环衬砌中接头的数量。

按我国《盾构隧道工程设计标准》(GB/T 51438—2021)中规定，当采用均质圆环模型计算时，衬砌环整体刚度需折减，其计算刚度

$$(EI)_{计} = \eta(EI)_0 \qquad (5.1.2)$$

式中　η——弯曲刚度有效率，取值参见表 5.1.1；

$(EI)_0$——管片的原有抗弯刚度。

该文献还规定，根据 $(EI)_{计}$ 求得的衬砌中内力 $M_{计}$、$N_{计}$、$Q_{计}$ 后，需按 $(1+\xi)M_{计}$ 与 $N_{计}$ 进行管片设计，需按 $(1-\xi)M_{计}$ 与 $N_{计}$ 进行管片接头连接件的设计，其中的 ξ 为弯矩增大系数，其原因是接头不能传递全部弯矩，其中一部分要通过错缝拼装的相邻管片传递。

表 5.1.1　η 与 ξ 的建议值

隧道外径/m	拼装方式	η	ξ
小于 5	—	1.0	0
5 ~ 8	—	0.6 ~ 0.8	0.3 ~ 0.5
8 ~ 14	通缝	0.5 ~ 0.7	0.2 ~ 0.4
	错缝	0.6 ~ 0.8	
大于 14	通缝	0.5 ~ 0.6	0.2 ~ 0.4
	错缝	0.6 ~ 0.7	

b. 按多铰圆环结构计算。当实际上衬砌接缝刚度远远小于断面部分时，可将接缝视作一个“铰”处理。整个圆环变成一个多铰圆环。多铰圆环结构（铰数量大于 3 个时），就结构本身而言，是一个不稳定结构，必须是圆环外围的土层介质给圆环结构提供附加约束，这种约束常随着多铰圆环的变形而提供了相应的弹性反力，于是多铰圆环就处于稳定状态，这也是多铰圆环结构形式的适应条件（参见图 5.3.4）。在地层较好的情况下，衬砌环按多铰圆环计算是十分经济合理的。当按多铰圆环计算时，必须根据工程的使用要求，对圆环变形量有一定的限制，并对施工要求提出必要的技术措施。

c. 按弹性铰模型计算。管片接头应等效为可承担弯矩的弹性铰，弹性铰的转动刚度大小通常与接头转角成正比。弹性铰模型（见图 5.1.1）一般适用于管片衬砌采用通缝拼装方式的隧道。

d. 按梁-弹簧模型计算。如图 5.1.2 所示，沿隧道纵向取出相邻两个半环或一个整环 + 两个半环管片，每环管片采用弹性铰模型，衬砌环环向接头应采用回转弹簧模拟，衬砌环纵向接头应采用剪切弹簧模拟。

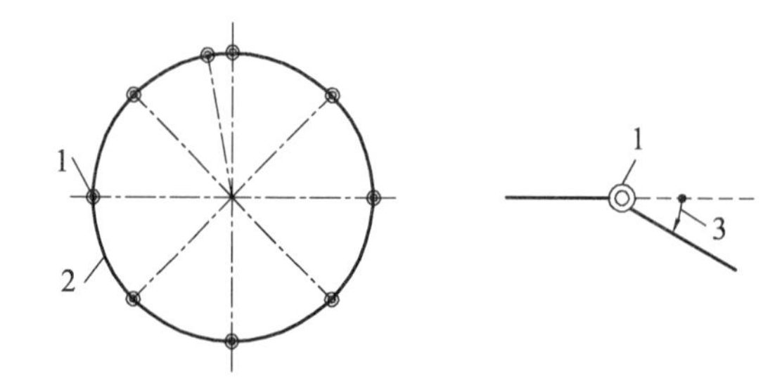

1—环向接头回转弹簧；2—管片本体；3—环向接头转角。

图 5.1.1　弹性铰模型

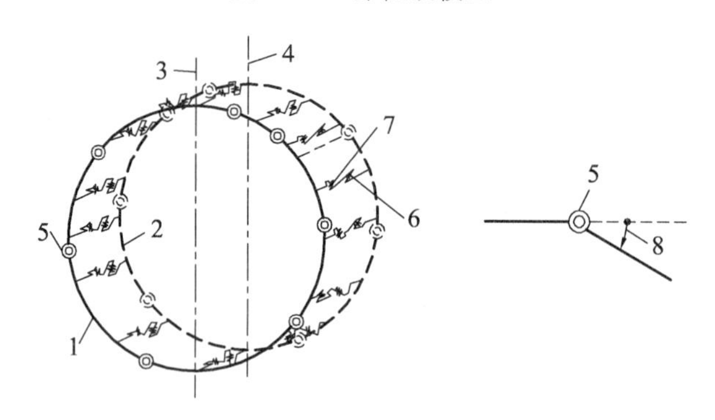

1—衬砌环 1 管片本体；2—相邻衬砌环 2 管片本体；3—衬砌环 1 竖直轴；
4—衬砌环 2 竖直轴；5—环向接头回转弹簧；6—环间径向剪切弹簧；
7—环间切向剪切弹簧；8—环向接头转角。

图 5.1.2　梁-弹簧模型

③ 拱形结构。

对于拱形结构，无论其形状如何，其（半衬砌）拱脚或边墙的基底都是直接放在岩层上的，故可以假设其底端是弹性固定的无铰拱。由于其底面的宽度较大，因此与围岩之间摩擦力甚大，一般不能产生墙底平面内的位移，故应在该方向上加以刚性约束，即基底只能产生转动和切线方向的位移。

不同的是，对于半拱结构，由于拱圈的拱矢高和跨度的比值一般不大，在竖向荷载作用下，大部分情况拱圈向衬砌内变形，因此不考虑弹性反力，将其视为弹性固定的无铰拱，按结构力学的方法进行计算（参见图 5.2.9）。对于直边墙和曲边墙拱形衬砌，在主动荷载作用下会发生朝向地层的变形而产生弹性反力，弹性反力与主动荷载和弹性反力共同引起结构的变位有关。曲边墙衬砌的边墙与拱圈作为一个整体结构，将其视为支承在弹性地基上的高拱（参见图 5.3.8），在朝向地层变形的部分假定弹性反力的分布范围和与最大弹性反力相关的分布规律，只要求算出最大弹性反力，即可确定其分布图形。因此，曲边墙衬砌除了考虑拱脚的弹性变位（与半拱的计算相同）以外，还要确定最大弹性反力值。应用结构力学的原理，附加一个求最大弹性反力点处的变位方程即可求出最大弹性反力。最终结构的内力是由主动荷载与弹性反力引起的结构内力叠加而成。

直边墙衬砌的拱圈和边墙是作为结构的两个部分分别计算的（参见图 5.4.1）。拱圈是支承在发生变位的两个边墙顶上，而边墙是竖立的弹性地基梁，梁底支承在弹性地基上（与半拱相同）。拱圈的计算除了考虑拱脚支承（即墙顶）的变位以外，还应考虑由于拱圈会发生朝向地层的变位而产生的弹性反力（假定其分布图形）。计算中拱圈视为有弹性反力作用的弹性固定无铰拱，边墙视为有初始位移（基底弹性变位）的双向弹性地基梁，边墙与拱脚的变位和相互间的作用力是连续的，因而可以根据边墙的弹性特征求出墙顶变位，再计算拱圈和边墙的内力。

当结构与荷载都对称时，计算只需在一半衬砌上进行。而且，此时两边墙（或半拱）基底的垂直下沉是相等的。一般说来，均匀下沉不会引结构的附加内力。但衬砌的下沉会改变它与围岩的接触状态，亦即改变了它的边界条件，结构内力也将发生变化。不过，目前计算中都没有考虑这一点，而只计入基底弹性固定的转动和切向位移的水平分量对内力产生的影响。

在本章中，针对不同的结构形式，介绍上述各种方法的基本原理和计算方法。

2. 作用（荷载）的分类及效应组合

施加在结构上的各种外力以及引起结构变形和约束变化（结构或构件的内力、应力、位移、应变、裂缝等）的原因，统称为作用。常见的能使结构产生效应的原因，多数可归结为直接作用在结构上的力集(集中力和分布力),因此习惯上也将结构上的各种作用统称为荷载。

但用“荷载”这个术语描述另外一些也能使结构产生效应的原因并不恰当，如温度变化、混凝土徐变收缩、地基变形、地面运动等现象，这类作用不是以力集的形式出现，而习惯上也以“荷载”一词来概括，称之为温度荷载、地震荷载等。衬砌结构荷载应按不同的极限状态和设计状态进行组合，且按可能出现的最不利情况进行计算。

无论是作用或是荷载，均可根据在设计基准期内的作用时间，分为永久的、可变的和偶然的。在设计基准期内，其量值不随时间而变化或其变化与平均值相比可忽略不计的作用称为永久荷载，包括结构自重、附加恒载、围岩压力（土压力）、水压力、混凝土收缩和徐变的荷载。在设计基准期内，其量值随时间变化且变化与平均值相比不可忽略的作用称为可变荷载，包括列车活载及其由此产生的土压力、制动力、公路活载、冲击力、渡槽流水、冻胀力、温度变化的作用、灌浆压力、施工荷载等。此外，还有作用时间短但影响严重的偶然荷载，如落石冲击力、地震荷载、武器荷载等。

地下结构在设计工作年限内必须能够承受正常施工和正常使用期间出现的各种荷载，进行地下结构设计时，应遵循《建筑结构荷载规范》（GB 50009—2012）和《工程结构通用规范》（55001—2021）的相关规定：对于结构在施工和使用期间可能出现的各种荷载，应根据结构的设计工作年限、设计基准期和保证率，确定其量值大小；同时考虑结构在设计工作年限内可能出现的不同类型、不同量值的荷载同时作用的各种情况，按承载能力的极限状态和正常使用的极限状态分别进行荷载组合，并应取各自的最不利的组合进行设计。

3. 衬砌截面强度检算

按上述荷载计算出结构内力（本章和第 6 章所述）后，还需进行截面强度检算。本节按《铁路隧道设计规范》（TB 10003—2016）的规定讲述。

隧道暗洞和明洞衬砌按破损阶段检算构件截面强度时，根据结构所受的不同荷载组合，在计算中应分别选用不同的安全系数，并不应小于表 5.1.2 和表 5.1.3 所列数值。按所采用的施工方法检算施工强度时，安全系数可采用表列“主要荷载 + 附加荷载”栏内数值乘以折减系数 0.9。

表 5.1.2 混凝土和砌体结构的强度安全系数

材料种类		混凝土		砌体	
荷载组合		主要荷载	主要荷载＋附加荷载	主要荷载	主要荷载＋附加荷载
破坏原因	混凝土或砌体达到抗压极限强度	2.4	2.0	2.7	2.3
	混凝土达到抗拉极限强度	3.6	3.0	—	—

表 5.1.3 钢筋混凝土结构的强度安全系数

荷载组合		主要荷载	主要荷载＋附加荷载
破坏原因	钢筋达到计算强度或混凝土达到抗压或抗剪极限强度	2.0	1.7
	混凝土达到抗拉极限强度	2.4	2.0

素混凝土和砌体矩形截面中心及偏心受压构件的抗压强度应按下式计算：

$$KN \leqslant \varphi \alpha R_a bh \tag{5.1.3}$$

式中 N——轴向力；

K——安全系数，按表 5.1.2 采用；

R_a——混凝土或砌体的极限抗压强度；

φ——构件的纵向弯曲系数，对于隧道衬砌、明洞拱圈及墙背回填密实的边墙，均可取 $\varphi=1$，对于其他构件，应根据其长细比按表 5.1.4 采用；

α——轴力偏心影响系数，按表 5.1.5 采用；

b——截面宽度（取 1 m）；

h——截面厚度。

表 5.1.4 混凝土构件的纵向弯曲系数 φ

H/h	<4	4	6	8	10	12	14	16
纵向弯曲系数	1.00	0.98	0.96	0.91	0.86	0.82	0.77	0.72
H/h	18	20	22	24	26	28	30	
纵向弯曲系数	0.68	0.63	0.59	0.55	0.51	0.47	0.44	

注：① 表中 H 为构建的计算长度，h 为截面短边边长（当中心受压时）或弯矩作用平面内的截面边长（当偏心受压时）；

② 当 H/h 为表列数值的中间值时，φ 可按插值采用。

表 5.1.5 偏心影响系数 α

e_0/h	α	e_0/h	α	e_0/h	α	e_0/h	α	e_0/h	α
0	1.000	0.10	0.954	0.20	0.750	0.3	0.480	0.40	0.236
0.02	1.000	0.12	0.923	0.22	0.698	0.32	0.426	0.42	0.199
0.04	1.000	0.14	0.886	0.24	0.645	0.34	0.374	0.44	0.170
0.06	0.996	0.16	0.845	0.26	0.590	0.36	0.324	0.46	0.142
0.08	0.979	0.18	0.799	0.28	0.535	0.38	0.278	0.48	0.123

注：① 表中 e_0 为轴向力偏心距；

② 表中 $\alpha=1.000+0.648\left(\frac{e_0}{h}\right)-12.569\left(\frac{e_0}{h}\right)^2+15.444\left(\frac{e_0}{h}\right)^3$。

从抗裂要求出发，素混凝土矩形截面偏心受压构件的抗拉强度应按下式计算：

$$KN \leqslant \varphi \frac{1.75R_l bh}{\frac{6e_0}{h}-1} \tag{5.1.4}$$

式中　R_l——混凝土极限抗拉强度；

e_0——截面偏心距；

其他符号意义同前。

注：计算表明，对混凝土矩形截面构件，当 $e_0 \leqslant 0.2h$ 时，系抗压强度控制界面承载能力，按式（5.1.3）计算。

隧道衬砌结构除检算截面强度外，《铁路隧道设计规范》（TB 10003—2016）还对轴力偏的偏心距有所限制：混凝土衬砌的偏心距不宜大于 $0.45d$，石砌体不应大于 $0.3d$；基底偏心距，对于岩石地基，$e \leqslant 0.25d_a$（d_a为墙底厚度），对于土质地基，$e \leqslant d_a/6$。

隧道衬砌的基底应力不得大于地基的容许承载力，可根据围岩级别，用工程类比法和经验估算的方法加以确定。有条件时还应进行现场试验。

5.2　不考虑弹性反力的计算方法

1. 弯矩分配法

（1）概述。

矩形结构多用于浅埋、明挖法施工的地下结构，对于底宽不大、底板相对地层有较大的刚度时，一般地基反力按直线分布，可以由静力平衡方程求出。其上承受的主动荷载如图 5.2.1 所示，图中荷载 q、e、p_w 为竖直、水平土压力和水压力。由于埋深较浅，为达到防护要求，常考虑有特载作用 [见图 5.2.1（a）所示的荷载 p_{oz}、p_{oz1}、p_{oz2}]。在计算顶板上的均布荷载时，要计算顶板的自重。计算图示如图 5.2.1（b）所示。

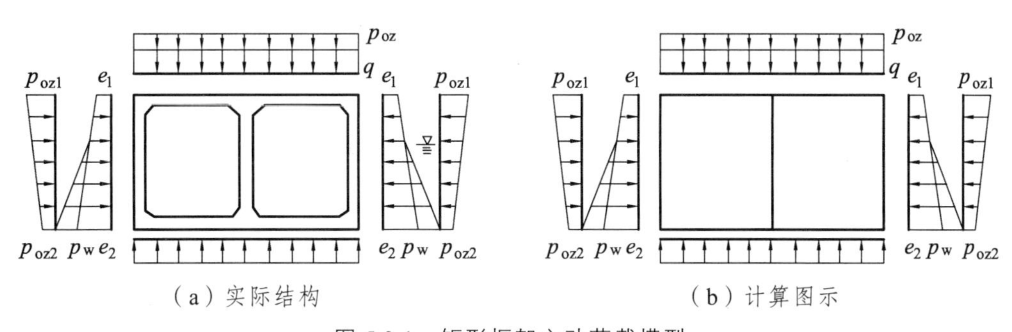

图 5.2.1　矩形框架主动荷载模型

一般情况下，框架顶、底板的厚度要比中隔墙的尺寸大得多，所以，中隔墙的刚度相对较小，可将其看作只承受轴力的二力杆，误差并不大。这时的计算简图如图 5.2.2（a）所示。

为了简便起见，矩形框架的截面认为是等截面的（不考虑支托的影响）。当用纵梁和柱代替中隔墙时，则纵梁可以看作是内部结构，柱看作是梁的支承。纵梁按支承在柱子上的连续梁［图 5.2.2（b）］计算，其上承受的均布荷载即为图 5.2.2（a）中求出的中间支座处的反力。柱子按两端简支的承压柱［图 5.2.2（c）］计算。

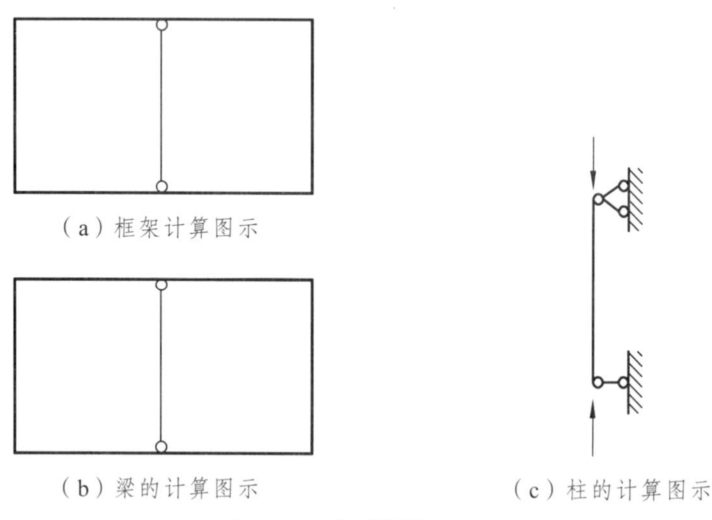

（a）框架计算图示

（b）梁的计算图示

（c）柱的计算图示

图 5.2.2　计算图示

因矩形框架埋深较浅，且截面一般较宽，为保证结构不致因地下水的浮力而浮起，故要进行抗浮计算。

$$K=Q_{重}/Q_{浮}\geqslant 1.0 \tag{5.2.1}$$

式中　K——抗浮安全系数；

$Q_{重}$——结构自重，设备及上部覆土重力之和；

$Q_{浮}$——地下水浮力。

当箱体已经施工完毕，但未安装设备和回填土时，计算 $Q_{重}$ 时只应考虑结构自重，若此时抗浮不能满足要求时，不应过早地撤除人工降水。

（2）力矩分配法计算矩形框架内力。

① 力矩分配法的基本概念。在不考虑线位移的情况下，计算矩形闭合框架，用形变法中的力矩分配法较为简捷，特别是对于多层框架，能避免解多元联立方程。力矩分配法的原理、基本假定、基本结构、正负号规定等和位移法相同。

力矩分配法的基本做法是：首先假定刚架每一个刚性节点均为固定，计算出各杆件的固端弯矩，然后放松其中 1 个节点，将放松节点的不平衡力矩反号，按劲度系数分配给相交于该节点的各杆件近端，得到各杆件近端分配弯矩，这样该节点的弯矩是暂时平衡了；近端得到的分配弯矩同时按传递系数向远端传递，各远端得到传递弯矩，然后把已经取得暂时平衡的节点固定，放松第 2 个节点，按同样方法进行；这样依次继续进行，每一个节点经数次放松之后，被分配的不平衡弯矩值会很快收敛；最后，将各杆端的固端弯矩和所得的分配弯矩和传递弯矩一并相加，便得到各杆端的最后弯矩。

上述计算过程必须先求出节点不平衡弯矩、分配系数和传递系数。

a. 节点的不平衡弯矩 M^{G}。

$$M^{G} = \sum M^{F} \tag{5.2.2}$$

式中　M^{F}——会交于该点各杆件的固定弯矩，查相关文献可得。

b. 分配系数 μ_{ij}。

$$\mu_{ij} = S_{ij} / \sum S \tag{5.2.3}$$

式中　S_{ij}——ij 杆件的劲度系数；

$\sum S$——会交于该点各杆件劲度系数之和。

同一节点各杆件分配系数之和应为 1。

c. 传递系数 C_{AB}：从杆件的 A 端传到 B 端。

$$C_{AB} = M_{BA} / M_{AB}^{G} \tag{5.2.4}$$

式中　M_{BA}——由杆件 A 端传递到 B 端的传递弯矩；

M_{AB}^{G}——杆件 A 端的分配弯矩，$M_{AB}^{G} = M^{G}\ \mu_{AB}$。

对于截面均匀的等直杆传递系数等于 0.5，若为变截面或曲线的杆件，此项系数应另行计算。如前所述，一般情况下，矩形框架不考虑角隅处截面的变化，而按等截面直杆计算。

② 力矩分配法中对称性的应用。在地下结构中对称性的应用较多，作用在对称结构上的任意荷载，可以分解为正对称荷载和反对称荷载两部分，可以对其分别计算，再将其结果叠加，即为该任意荷载作用的结果。在正对称荷载作用下弯矩图和轴力图是正对称的，而剪力是反对称的；在反对称荷载作用下，弯矩图和轴力图是反对称的，而剪力是正对称的。利用这一原则，可取结构的一半进行计算。

实际上，这一对称性不仅应用在力矩分配法中，而且可以应用于其他任何一种计算方法。

③ 变截面刚架的计算问题。地下结构中经常会出现变截面杆件，特别是在角隅部分。有些情况是为了满足使用上的需要，而大部分是为了适应内力分布的需要。在弯矩和剪力较大的角隅处加大截面尺寸，可减少用钢量，降低该处截面的剪应力，方便配筋，并在一定程度上改变内力的分布状态。

变截面刚架计算方法与等截面结构相同，形变法和力矩分配法均可应用，但分配系数、传递系数及固定弯矩的计算较等截面结构烦琐（具体可查阅结构力学中变截面刚架计算的有关章节）。

（3）截面强度计算。

地下结构的截面选择和强度计算，一般以混凝土结构设计规范（GB 50010—2002）为准。

构件的强度安全系数在特载与其他荷载共同作用下，取 $K = 1.0$；当不包括特载时，则 K 值按一般规范中的规定取值。

在特载与其他荷载共同作用下，按弯矩及轴力对构件进行强度验算时，要考虑材料在动荷载作用下强度的提高；而按剪力和扭矩对构件进行强度验算时，则材料强度不提高。

由于矩形框架一般为浅埋明挖结构，由特载引起的截面轴力要根据不同的部位乘以一个折减系数（顶板为 0.3、底板和侧墙为 0.6）。

对框架结构的角隅部分和梁柱交叉节点处，为了考虑柱宽的影响，一般采用如图 5.2.3 所示的方法来计算配筋的弯矩和剪力。计算配筋的弯矩如图 5.2.3（b）所示，计算配筋的剪力如图 5.2.3（c）所示。

$$Q_{配}=Q_{计}-qb/2 \tag{5.2.5}$$

式中符号如图 5.2.3（c）所示。

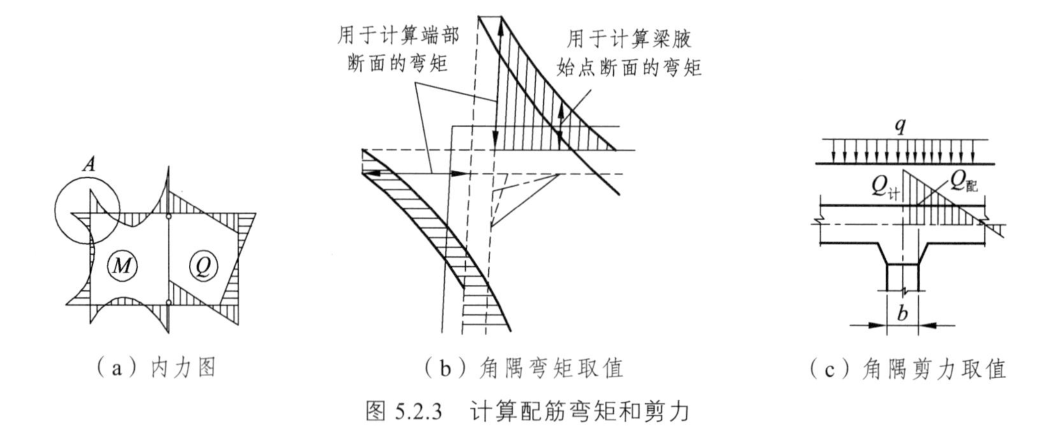

图 5.2.3　计算配筋弯矩和剪力

在设有支托的框架结构中，进行截面强度验算时，杆件两端的截面计算高度采用 $d+S/3$（图 5.2.4），其中 d 为截面的高度，S 为平行于构件轴线方向的支托长度。同时，$d+S/3$ 的值不得超过杆件端截面的高度 d_1，即

$$d+S/3\leqslant d_1 \tag{5.2.6}$$

框架的顶板、底板、侧墙均按偏心受压构件验算截面强度。

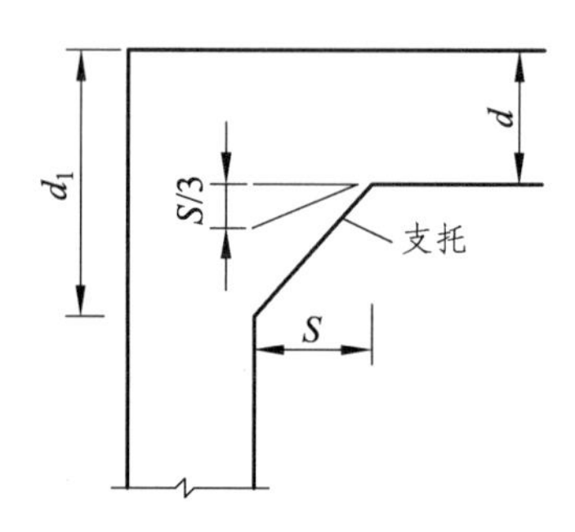

图 5.2.4　截面计算高度示意

2. 自由变形圆环的计算

（1）围岩压力作用下自由变形圆环的计算。

使用阶段自由变形圆环上的荷载分布见图 5.2.5（a）。

采用弹性中心法。取如图 5.2.5（b）所示的基本结构。由于结构及荷载对称，拱顶剪力等于零，故整个圆环为二次超静定结构。根据弹性中心处的相对角变和相对水平位移等于零的条件，列出下列力法方程：

$$\left.\begin{aligned}X_1\delta_{11}+\Delta_{1p}=0\\X_2\delta_{22}+\Delta_{2p}=0\end{aligned}\right\}\qquad(5.2.7)$$

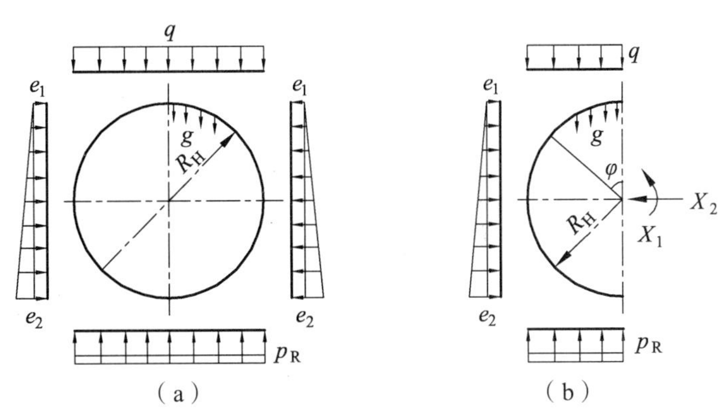

图 5.2.5　使用荷载自由变形圆形衬砌计算简图

式中（见图 5.2.6）

$$\delta_{11}=\frac{1}{EI}\int_0^{\pi}\bar{M}_1^2R_{\mathrm{H}}\mathrm{d}\varphi=\frac{1}{EI}\int_0^{\pi}R_{\mathrm{H}}\mathrm{d}\varphi=\frac{\pi R_{\mathrm{H}}}{EI}$$

$$\delta_{22}=\frac{1}{EI}\int_0^{\pi}\bar{M}_2^2R_{\mathrm{H}}\mathrm{d}\varphi=\frac{1}{EI}\int_0^{\pi}(-R_{\mathrm{H}}\cos\varphi)^2R_{\mathrm{H}}\mathrm{d}\varphi=\frac{R_{\mathrm{H}}{}^3\pi}{2EI}$$

$$\Delta_{1p}=\frac{R_{\mathrm{H}}}{EI}\int_0^{\pi}M_{\mathrm{p}}\mathrm{d}\varphi$$

$$\Delta_{2p}=-\frac{R_{\mathrm{H}}{}^2}{EI}\int_0^{\pi}M_{\mathrm{p}}\cos\varphi\mathrm{d}\varphi$$

其中，M_{p}为基本结构中外荷载对圆环任意截面产生的弯矩；φ为计算截面处的半径与竖直轴的夹角；R_{H}为圆环的计算半径。

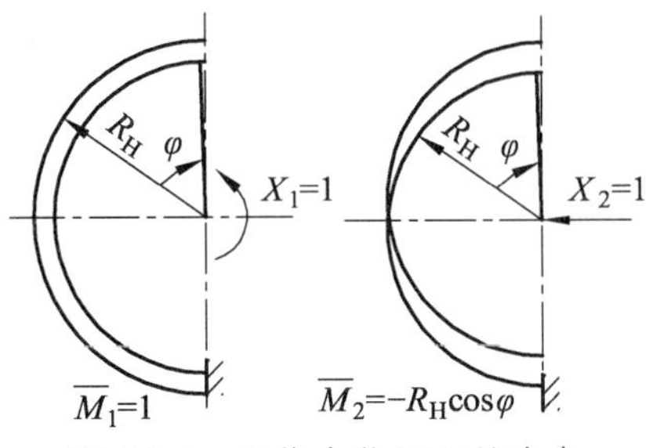

图 5.2.6　单位力作用下的内力

将上述各系数代入式（5.2.7），得

$$\left.\begin{aligned}X_1=-\frac{\Delta_{1p}}{\delta_{11}}=-\frac{1}{\pi}\int_0^{\pi}M_{\mathrm{p}}\mathrm{d}\varphi\\X_2=-\frac{\Delta_{2p}}{\delta_{22}}=\frac{2}{\pi R_{\mathrm{H}}}\int_0^{\pi}M_{\mathrm{p}}\cos\varphi\,\mathrm{d}\varphi\end{aligned}\right\}\qquad(5.2.8)$$

由式（5.2.8），求出赘余力 X_1、X_2 后，圆环中任意截面的内力可由下式计算：

$$\left.\begin{aligned} M &= X_1 - X_2 R_H \cos\varphi + M_p \\ N &= X_2 \cos\varphi + N_p \end{aligned}\right\} \tag{5.2.9}$$

对于自由变形圆环，在图 5.2.5 所示的各种荷载作用下求任意截面中的内力，可以将每一种单一的荷载作用在圆环上，利用式（5.2.9）即可推导出表 5.2.1 中的计算公式。

若在圆环的左半（或右半）中取 9 个截面（分 8 等段），将各截面对应的 φ 值代入表 5.2.1 中的公式即可得到表 5.2.2 中单一荷载作用下的内力计算简式。计算圆环各截面的内力时只要将必要的荷载值计算出来，代入表 5.2.2 中的简式，再将计算结果叠加在一起即为圆环的内力值。

表 5.2.1　断面内力系数表

荷载	截面位置	内力 M/kN·m	内力 N/kN	底部反力
自重	$0-\pi$	$wR_H^2(1-0.5\cos\varphi-\varphi\sin\varphi)$	$wR_H(\varphi\sin\varphi-0.5\cos\varphi)$	πw
竖向均布荷载	$0-\frac{\pi}{2}$	$qR_H^2(0.193+0.106\cos\varphi-0.5\sin^2\varphi)$	$qR_H(\sin^2\varphi-0.106\cos\varphi)$	q
	$\frac{\pi}{2}-\pi$	$qR_H^2(0.693+0.106\cos\varphi-\sin\varphi)$	$qR_H(\sin\varphi-0.106\cos\varphi)$	
底部反力	$0-\frac{\pi}{2}$	$p_R R_H^2(0.057-0.106\cos\varphi)$	$0.106 p_R R_H \cos\varphi$	$q+\pi w$
	$\frac{\pi}{2}-\pi$	$p_R R_H^2(-0.443+\sin\varphi-0.106\cos\varphi-0.5\sin^2\varphi)$	$p_R R_H(\sin^2\varphi-\sin\varphi+0.106\cos\varphi)$	
均布侧压	$0-\pi$	$e_1R_H^2(0.25-0.5\cos^2\varphi)$	$e_1R_H\cos^2\varphi$	0
三角形侧压	$0-\pi$	$e_2R_H^2(0.25\sin^2\varphi+0.083\cos^3\varphi-0.063\cos\varphi-0.125)$	$e_2R_H\cos\varphi(0.063+0.5\cos\varphi-0.25\cos^2\varphi)$	0

注：表中的弯矩 M 以内缘受拉为正，外缘受拉为负；轴力 N 以受压为正，受拉为负。表中所示各项荷载均为（纵向）单位环宽上的荷载。

（2）装配阶段自重作用下衬砌的计算。

盾构法施工时隧道衬砌是在盾尾外壳的保护下进行拼装的，在盾壳与正在拼装的衬砌间设有垫块，阻止衬砌自由变形。但当衬砌自盾构中推出后，向衬砌背后压注灰浆的工序又有某些落后，这样衬砌就可以自由变形，因此装配阶段的衬砌就可按在自重作用下的自由变形圆环进行计算。其计算图式如图 5.2.7 所示。

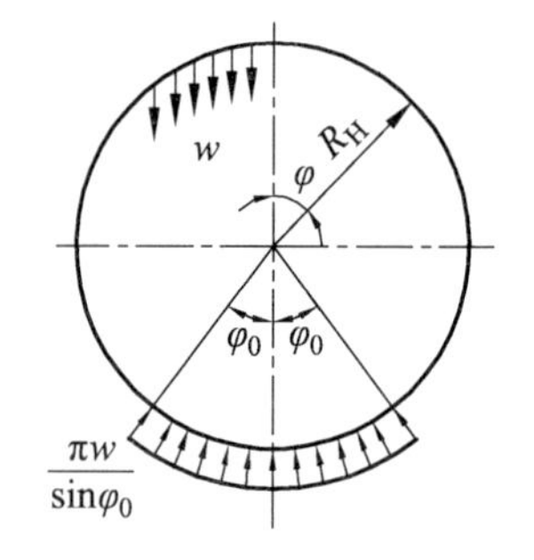

图 5.2.7　装配阶段衬砌计算简图

衬砌被推出盾壳后直接支承在地层弧面上，其弧面的夹角为 $2\varphi_0$，按上述的自由变形圆环进行计算，可以得出衬砌任意截面的弯矩及轴向力的计算公式：

当 $0 \leqslant \varphi \leqslant \pi - \varphi_0$ 时：

$$\left.\begin{aligned} M &= \frac{wR_{\mathrm{H}}^2}{\sin\varphi_0}[\varphi_0 - \varphi\sin\varphi\sin\varphi_0 - (1.5\sin\varphi_0 - \varphi_0\cos\varphi_0)\cos\varphi] \\ N &= \frac{wR_{\mathrm{H}}}{\sin\varphi_0}[\varphi\sin\varphi\sin\varphi_0 + (0.5\sin\varphi_0 - \varphi_0\cos\varphi_0)\cos\varphi] \end{aligned}\right\} \quad (5.2.10)$$

当 $\pi - \varphi_0 < \varphi \leqslant \pi$ 时：

$$\left.\begin{aligned} M &= \frac{wR_{\mathrm{H}}^2}{\sin\varphi_0}\{(\pi-\varphi)\sin\varphi\sin\varphi_0 - (\pi-\varphi_0) - [1.5\sin\varphi_0 + (\pi-\varphi_0)\cos\varphi_0]\cos\varphi\} \\ N &= \frac{wR_{\mathrm{H}}}{\sin\varphi_0}\{(\varphi-\pi)\sin\varphi\sin\varphi_0 + \pi + [0.5\sin\varphi_0 + (\pi-\varphi_0)\cos\varphi_0]\cos\varphi\} \end{aligned}\right\} \quad (5.2.11)$$

式中　w——衬砌自重荷载；

R_{H}——衬砌计算半径；

φ_0——支承弧面长度之半所对中心角；

φ——任一截面与竖直轴夹角。

如果支承弧面所对的中心夹角 $2\varphi_0 = 80°$，即 $\varphi_0 = 40°$，则可将公式（5.2.10）、（5.2.11）写成如下形式：

$$\left.\begin{aligned} M &= AwR_{\mathrm{H}}^2 \\ N &= BwR_{\mathrm{H}} \end{aligned}\right\} \quad (5.2.12)$$

式中系数 A、B 值可自表 5.2.2 中查得，此表给出了半圆环中 9 个截面结构内力的 M 及 N 值。

表 5.2.2　弯矩（M）与轴力（N）系数

截面		作用在衬砌上的荷载						装配阶段中衬砌支承在 $2\varphi_0 = 80°$ 地层上自重的作用 ($\times wR_{\mathrm{H}}^2$)
		自重 w ($\times wR_{\mathrm{H}}^2$)	垂直均布荷载 q ($\times qR_{\mathrm{H}}^2$)	均布侧压 e_1 ($\times e_1R_{\mathrm{H}}^2$)	三角形侧压 e_2 ($\times e_2R_{\mathrm{H}}^2$)	底部反力 p_{R} ($\times P_{\mathrm{R}}R_{\mathrm{H}}^2$)	三角形弹性抗力 p_{k} ($\times P_{\mathrm{k}}R_{\mathrm{H}}^2$)	
弯矩	荷载图式	w	q	e_1 e_1 e_1 e_1	e_2 e_2	q_{k}	P_{k} P_{k} 45°	α=40°
	0°	+0.500 0	+0.299 0	−0.250 0	−0.105 0	−0.049 0	−0.119 0	+0.418 1
	22.5°	+0.389 7	+0.217 7	−0.176 8	−0.081 1	−0.040 9	−0.092 1	+0.318 7
	45°	+0.091 4	+0.018 0	0	−0.015 2	−0.018 0	−0.015 4	+0.058 4
	67.5°	−0.279 2	−0.193 2	+0.176 8	+0.068 9	+0.016 4	+0.091 3	−0.258 0
	90°	−0.570 0	−0.307 0	+0.250 0	+0.125 0	+0.057 0	+0.151 3	−0.484 7
	112.5°	−0.621 8	−0.271 4	+0.176 8	+0.107 9	+0.094 7	+0.091 3	−0.472 3
	135°	−0.311 7	−0.089 1	0	+0.015 2	+0.089 1	−0.015 4	−0.107 6
	167.5°	+0.415 0	+0.212 4	−0.176 8	−0.095 6	−0.035 6	−0.092 1	+0.425 1
	180°	+1.500 0	+0.587 0	−0.250 0	−0.145 0	−0.337 0	−0.119 0	+0.610 7

续表

截　面		w $(\times wR_H)$	q $(\times qR_H)$	e_1 $(\times e_1R_H)$	e_2 $(\times e_2R_H)$	p_R $(\times P_RR_H)$	p_k $(\times P_kR_H)$	$(\times wR_H)$
轴力	0°	−0.500 0	−0.106 0	+1.000 0	+0.313 0	+0.106 0	+0.353 6	+0.332 0
	22.5°	−0.311 7	+0.048 5	+0.853 6	+0.311 6	+0.097 9	+0.326 7	−0.156 5
	45°	+0.201 5	+0.425 0	+0.500 00	+0.206 2	+0.075 0	+0.250 0	+0.320 6
	67.5°	+0.896 5	+0.813 0	+0.146 4	+0.083 3	+0.040 6	+0.135 3	+0.961 4
	90°	+1.570 0	+1.000 0	0	0	0	0	+1.570 8
	112.5°	+2.004 5	+0.964 4	+0.146 4	+0.063 1	−0.110 9	+0.135 3	+1.941 1
	135°	+2.018 8	+0.782 1	+0.500 0	+0.293 8	−0.282 1	+0.250 0	+1.900 8
	167.5°	+1.513 4	+0.480 6	+0.853 6	+0.565 7	−0.334 2	+0.326 7	+1.584 9
	180°	+0.500 0	+0.106 0	+1.000 0	+0.687 0	−0.106 0	+0.353 6	+1.475 4

注：① 表中符号：弯矩 M 以内缘受拉为正；轴力 N 以受压为正。
② 表中 R_H 为圆环计算半径。
③ 相应的地基反力 p_R 见表 5.2.1。
④ 此表中加入了装配阶段及三角形弹性反力作用下的衬砌内力，因此，此表可得出自由变形圆环和考虑三角形弹性反力的 2 种计算方法的衬砌内力值。

3. 半拱形结构计算

（1）计算图式、基本结构及典型方程。

拱脚为弹性固定的无铰拱的计算原理和方法与结构力学中的固端无铰拱基本一样，所不同的是前者支承于弹性支座上，而后者支承于刚性支座上。拱脚支承在弹性的围岩上时，由于在拱脚支承反力作用下围岩表面将发生弹性变形，使拱脚发生角位移和线位移，这些位移将影响拱圈内力。由于拱脚截面的剪力很小，而且拱脚与围岩间存在很大的摩擦力，因而可以假定拱脚只有切向位移而没有径向位移，可用一根径向的刚性支承链杆表示，其计算图式如图 5.2.8 所示。在结构对称及荷载对称的情况下，两拱脚切向位移的竖向分位移是相等的，这时，对拱圈受力状态不发生影响，在计算中仅需考虑转角 β_a 和切向位移的水平分位移 u_a，其正号如图示的方向。用力法解算这种结构，在结构与荷载均对称的情况下 $X_3=0$，与此相应的 δ_{33}、$\varDelta_{3p}$ 为零。剪力方向的赘余力为零。因此，可视为二次超静定结构，取基本结构如图 5.2.9 所示。以拱顶截面的弯矩和法向力为赘余力，用 X_1、X_2 表示，则可列出下列典型方程式：

$$\left.\begin{aligned}X_1\delta_{11}+X_2\delta_{12}+\varDelta_{1p}+\beta_a=0\\X_1\delta_{21}+X_2\delta_{22}+\varDelta_{2p}+f\beta_a+u_a=0\end{aligned}\right\}\tag{5.2.13}$$

式中　δ_{ik}——单位位移，即基本结构中由于 $\bar{X}_k=1$ 作用时，在 X_i 方向产生的位移；

$\varDelta_{ip}$——荷载位移，即基本结构中由于外荷载作用，在 X_i 方向所产生的位移；

f——拱轴的矢高；

β_a、u_a——拱脚截面的最终转角和水平位移。

以上的变位值可用结构力学的公式求得（略去轴向力的影响）：

$$\left.\begin{aligned}\delta_{ik}&=\int\frac{\bar{M}_i\bar{M}_k\mathrm{d}s}{EI}\cong\frac{\Delta s}{E}\sum\frac{\bar{M}_i\bar{M}_k}{I}\\ \varDelta_{ip}&=\int\frac{\bar{M}_i\bar{M}_{\mathrm{p}}^0\mathrm{d}s}{EI}\cong\frac{\Delta s}{E}\sum\frac{\bar{M}_i\bar{M}_{\mathrm{p}}^0}{I}\end{aligned}\right\}\tag{5.2.14}$$

式中　Δs——拱轴分段的长度（即辛普生积分公式中的微分段长），分为偶数段。

式中右上角加“0”符号系指基本结构的内力。

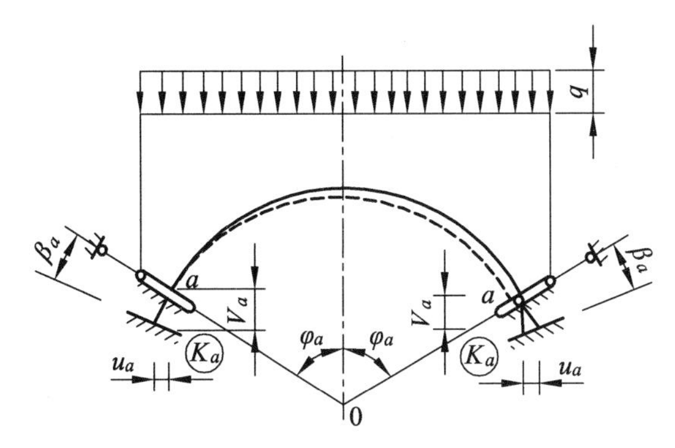

图 5.2.8　半拱形衬砌计算图式

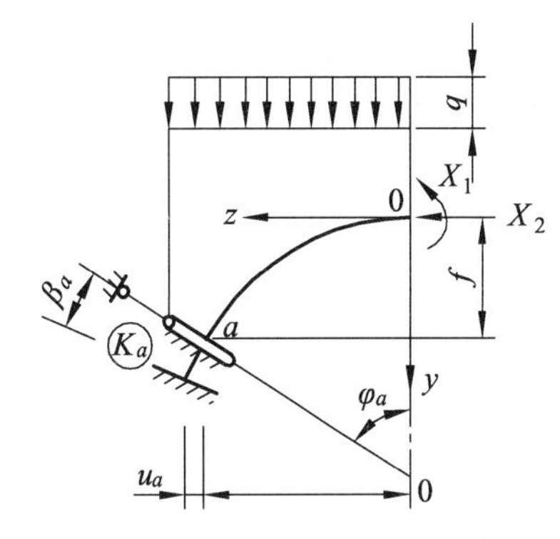

图 5.2.9　基本结构

解题的主要困难是我们还不知道拱脚支承面（围岩表面）a 处的 3 个反力（M_a、H_a、V_a）的数值，因而不能直接根据围岩的弹性反力来求出 β_a 和 u_a。但是我们可以像求拱圈的弹性位移 δ_{ik} 一样，先求出拱脚 a 点处，分别在 $\bar{M}_a=1$、$\bar{H}_a=1$ 和 $\bar{V}_a=1$ 作用下的弹性位移，规定如下：

当 $\bar{M}_a=1$ 时，支承面绕 a 点产生的转角为 $\bar{\beta}_1$，a 点的水平位移为 $\bar{u}_1$；

当 $\bar{H}_a=1$ 时，支承面绕 a 点产生的转角为 $\bar{\beta}_2$，a 点的水平位移为 $\bar{u}_2$；

当 $\bar{V}_a=1$ 时，支承面绕 a 点产生的转角为 $\bar{\beta}_3$，a 点的水平位移为 $\bar{u}_3$。

表 5.2.3　分解计算表

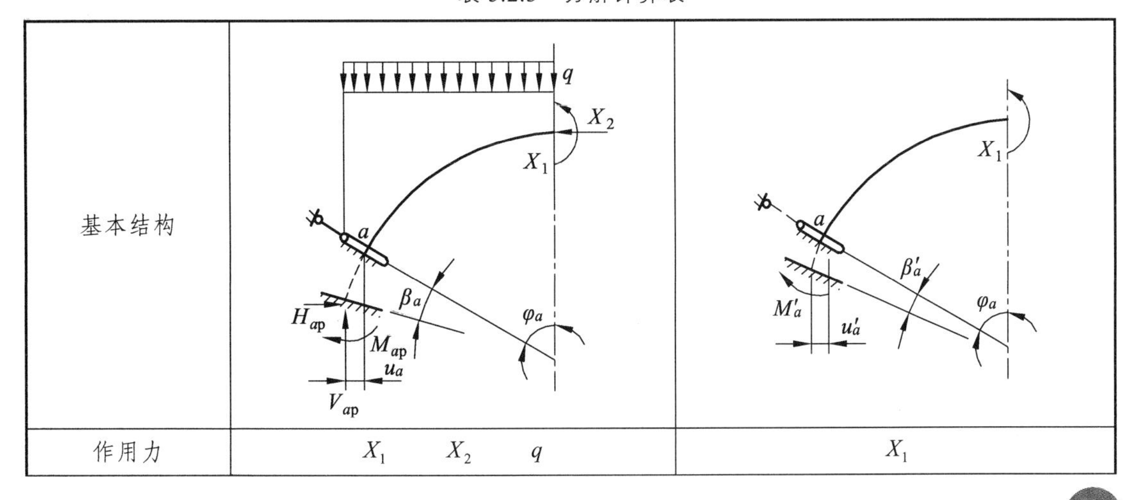

基本结构	（见上图）	（见上图）
作用力	X_1　X_2　q	X_1

续表

支承反力	M_{ap}、H_{ap}、V_{ap}	$M_a' = X_1$
支承面 a 处的位移	转　角　β_a 水平位移　u_a	$\beta_a' = X_1\bar{\beta}_1$ $u_a' = X_1\bar{u}_1$
基本结构	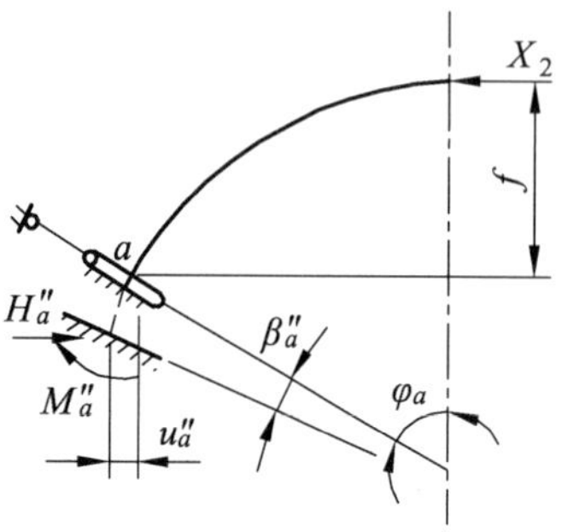	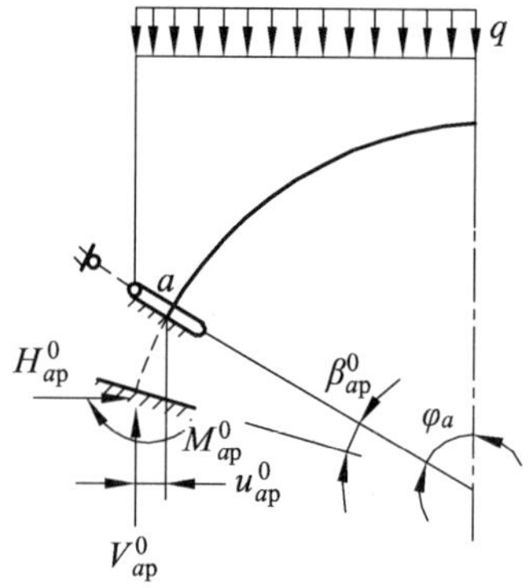
作用力	X_2	q
支承反力	$M_a'' = X_2 f_a$，$H_a'' = X_2$	M_{ap}^0、H_{ap}^0、V_{ap}^0
支承面 a 处的位移	$\beta_a'' = X_2 f\bar{\beta}_1 + X_2\bar{\beta}_2$ $u_a'' = X_2 f\bar{u}_1 + X_2\bar{u}_2$	$\beta_{ap}^0 = M_{ap}^0\bar{\beta}_1 + H_{ap}^0\bar{\beta}_2 + V_{ap}^0\bar{\beta}_3$ $u_{ap}^0 = M_{ap}^0\bar{u}_1 + H_{ap}^0\bar{u}_2 + V_{ap}^0\bar{u}_3$

应用叠加原理，分别计算 X_1、X_2 及外荷载下的拱脚变位，如表 5.2.3 所列。由此可得

$$\left.\begin{aligned}\beta_a &= X_1\bar{\beta}_1 + X_2(\bar{\beta}_2 + f\bar{\beta}_1) + M_{ap}^0\bar{\beta}_1 + H_{ap}^0\bar{\beta}_2 + V_{ap}^0\bar{\beta}_3 \\ u_a &= X_1\bar{u}_1 + X_2(\bar{u}_2 + f\bar{u}_1) + M_{ap}^0\bar{u}_1 + H_{ap}^0\bar{u}_2 + V_{ap}^0\bar{u}_3\end{aligned}\right\} \tag{5.2.15}$$

式中，M_{ap}^0、H_{ap}^0、V_{ap}^0——基本结构在外荷载作用下 a 处的反力。

设基本结构在外荷载作用下，a 处的位移 $\left.\begin{aligned}\beta_{ap}^0 &= M_{ap}^0\bar{\beta}_1 + H_{ap}^0\bar{\beta}_2 + V_{ap}^0\bar{\beta}_3 \\ u_{ap}^0 &= M_{ap}^0\bar{u}_1 + H_{ap}^0\bar{u}_2 + V_{ap}^0\bar{u}_3\end{aligned}\right\}$，这样，把式（5.2.15）中的 β_a 和 u_a 代入典型方程式（5.2.13），并整理得

$$\left.\begin{aligned}&X_1(\delta_{11} + \bar{\beta}_1) + X_2(\delta_{12} + \bar{\beta}_2 + f\bar{\beta}_1) + (\Delta_{1p} + \beta_{ap}^0) = 0 \\ &X_1(\delta_{21} + \bar{u}_1 + f\bar{\beta}_1) + X_2(\delta_{22} + \bar{u}_2 + f\bar{u}_1 + f\bar{\beta}_2 + f^2\bar{\beta}_1) + (\Delta_{2p} + f\beta_{ap}^0 + u_{ap}^0) = 0\end{aligned}\right\} \tag{5.2.16a}$$

简写为

$$\left.\begin{aligned}X_1 a_{11} + X_2 a_{12} + a_{10} = 0 \\ X_1 a_{21} + X_2 a_{22} + a_{20} = 0\end{aligned}\right\} \tag{5.2.16b}$$

式中

$$a_{11} = \delta_{11} + \bar{\beta}_1$$

$$a_{22} = \delta_{22} + \bar{u}_2 + f\bar{u}_1 + f\bar{\beta}_2 + f^2\bar{\beta}_1$$

$$a_{12}=a_{21}=\delta_{12}+\overline{\beta}_2+f\overline{\beta}_1=\delta_{21}+\overline{u}_1+f\overline{\beta}_1$$

$$a_{10}=\Delta_{1\mathrm{p}}+\beta_{a\mathrm{p}}^0$$

$$a_{20}=\Delta_{2\mathrm{p}}+f\beta_{a\mathrm{p}}^0+u_{a\mathrm{p}}^0$$

由此可看出，式中各系数及自由项都包括了拱圈弹性位移和支承面弹性位移的影响。

解式（5.2.16b）得赘余力

$$\left.\begin{aligned}X_1&=\frac{a_{22}a_{10}-a_{12}a_{20}}{a_{12}^2-a_{11}a_{22}}\\X_2&=\frac{a_{11}a_{20}-a_{12}a_{10}}{a_{12}^2-a_{11}a_{22}}\end{aligned}\right\}\tag{5.2.17}$$

（2）单位力作用下拱脚支承面的位移计算。

要从式（5.2.17）中求得赘余力 X_1 和 X_2，必须求出单位力（$\overline{H}_a$、$\overline{V}_a$、$\overline{M}_a$）作用在拱脚支承处时围岩表面的位移 $\overline{\beta}_i$ 和 $\overline{u}_i$。也就是说，要解算弹性固定的无铰拱的关键，是算出 $\overline{\beta}_1$、$\overline{\beta}_2$、$\overline{\beta}_3$ 和 $\overline{u}_1$、$\overline{u}_2$、$\overline{u}_3$。

拱脚截面各个反力对围岩表面的作用，是按一定形式分布的应力，我们利用地基局部变形理论的“温克尔假定”，可建立作用应力与围岩弹性变形的关系，从而可推算出 $\overline{\beta}_i$ 和 $\overline{u}_i$ 的数值。

① 单位力矩作用于 a 点时，如图 5.2.10 所示，支承面应力按直线分布，支承面产生按直线分布的沉陷，则其内外缘的最大应力 σ 和最大沉陷 δ 分别为

$$\sigma=\frac{\overline{M}_a}{W_a}=\frac{6}{bd_a^2}$$

$$\delta=\frac{\sigma}{K_a}=\frac{6}{K_abd_a^2}$$

式中　d_a——拱脚截面厚度；

b——拱脚截面纵向宽度，计算时 $b=1$ m；

K_a——拱脚基底围岩弹性反力系数；

W_a——拱脚截面的截面抵抗矩。

此时，

$$\left.\begin{aligned}&\text{转角}\quad \overline{\beta}_1=\frac{2\delta}{d_a}=\frac{12}{K_abd_a^3}=\frac{1}{K_aI_a}\\&\text{水平位移}\ \overline{u}_1=0\end{aligned}\right\}\tag{5.2.18}$$

式中　I_a——拱脚截面的惯性矩，$I_a=\dfrac{bd_a^3}{12}$。

② 单位水平力作用在 a 点时，如图 5.2.11 所示，只需考虑其轴向分力（$\cos\varphi_a$）的影响，作用在围岩表面上的均布应力及相应沉陷为

$$\left.\begin{aligned}\sigma&=\frac{\cos\varphi_a}{bd_a}\\\delta&=\frac{\sigma}{K_a}=\frac{\cos\varphi_a}{K_abd_a}\end{aligned}\right\}$$

式中　φ_a——拱脚截面与竖直面间的夹角。

此时，

$$\left.\begin{aligned}&\text{转角}\quad \bar{\beta}_2=0\\&\text{水平位移}\ \bar{u}_2=\delta\cos\varphi_a=\frac{\cos^2\varphi_a}{K_a b d_a}\end{aligned}\right\}\tag{5.2.19}$$

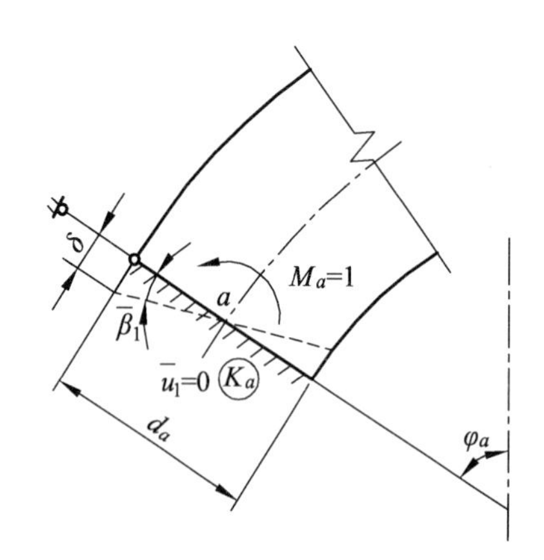

图 5.2.10　单位弯矩作用时拱脚变位

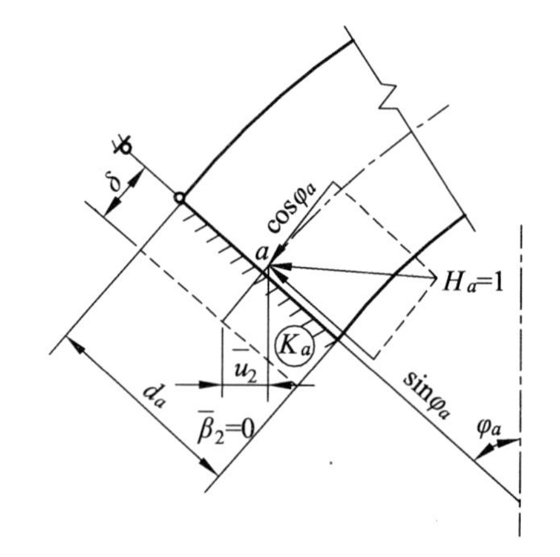

图 5.2.11　单位水平力作用时拱脚变位

③ 单位竖向力作用于 a 点时，如图 5.2.12 所示，亦只需考虑其轴向分力（$\sin\varphi_a$）的影响，围岩表面上的匀布应力及相应沉陷为

$$\sigma=\frac{\sin\varphi_a}{bd_a}$$

$$\delta=\frac{\sigma}{K_a}=\frac{\sin\varphi_a}{K_a b d_a}$$

此时，

$$\left.\begin{aligned}&\text{转角}\quad \bar{\beta}_3=0\\&\text{水平位移}\ \bar{u}_3=\delta\cos\varphi_a=\frac{\sin\varphi_a\cos\varphi_a}{K_a b d_a}\end{aligned}\right\}\tag{5.2.20}$$

（3）拱顶单位变位与荷载变位的计算。

根据结构力学中位移计算方法，可求得某一点在单位力作用下，沿 k 方向的位移（忽略剪力作用）为

$$\varDelta_{kp}=\int_0^s\frac{M_P\bar{M}_k}{EI}\mathrm{d}s+\int_0^s\frac{N_P\bar{N}_k}{EA}\mathrm{d}s\tag{5.2.21}$$

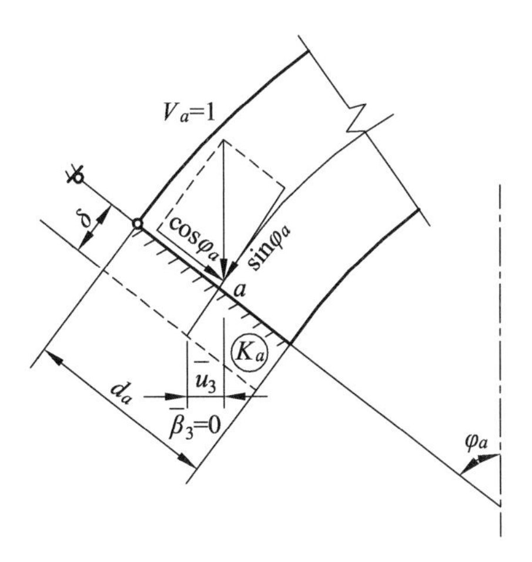

图 5.2.12　单位竖向力作用时拱脚变位

将 X_1、X_2、X_3 以及荷载作用下结构各截面内力（见图 5.2.13）代入式（5.2.21）可得

$$\delta_{11}=\int_0^{\frac{s}{2}}\frac{\bar{M}_1^2}{EI}\mathrm{d}s+\int_0^{\frac{s}{2}}\frac{\bar{N}_1^2}{EA}\mathrm{d}s=\int_0^{\frac{s}{2}}\frac{1}{EI}\mathrm{d}s$$

$$\delta_{12}=\delta_{21}=\int_0^{\frac{s}{2}}\frac{\bar{M}_1\bar{M}_2}{EI}\mathrm{d}s+\int_0^{\frac{s}{2}}\frac{\bar{N}_1\bar{N}_2}{EA}\mathrm{d}s=\int_0^{\frac{s}{2}}\frac{y}{EI}\mathrm{d}s$$

$$\delta_{22}=\int_0^{\frac{s}{2}}\frac{\bar{M}_2^2}{EI}\mathrm{d}s+\int_0^{\frac{s}{2}}\frac{\bar{N}_2^2}{EA}\mathrm{d}s=\int_0^{\frac{s}{2}}\frac{y^2}{EI}\mathrm{d}s+\int_0^{\frac{s}{2}}\frac{\cos^2\varphi}{EA}\mathrm{d}s$$

$$\delta_{33}=\int_0^{\frac{s}{2}}\frac{\bar{M}_3^2}{EI}\mathrm{d}s+\int_0^{\frac{s}{2}}\frac{\bar{N}_3^2}{EA}\mathrm{d}s=\int_0^{\frac{s}{2}}\frac{x^2}{EI}\mathrm{d}s+\int_0^{\frac{s}{2}}\frac{\sin^2\varphi}{EA}\mathrm{d}s$$

$$\Delta_{1\mathrm{P}}=\int_0^{\frac{s}{2}}\frac{\bar{M}_1M_{\mathrm{p}}}{EI}\mathrm{d}s+\int_0^{\frac{s}{2}}\frac{\bar{N}_1N_{\mathrm{p}}}{EA}\mathrm{d}s=\int_0^{\frac{s}{2}}\frac{M_{\mathrm{p}}}{EI}\mathrm{d}s$$

$$\Delta_{2\mathrm{P}}=\int_0^{\frac{s}{2}}\frac{\bar{M}_2M_{\mathrm{p}}}{EI}\mathrm{d}s+\int_0^{\frac{s}{2}}\frac{\bar{N}_2N_{\mathrm{p}}}{EA}\mathrm{d}s=\int_0^{\frac{s}{2}}\frac{yM_{\mathrm{p}}}{EI}\mathrm{d}s+\int_0^{\frac{s}{2}}\frac{N_{\mathrm{p}}\cos\varphi}{EA}\mathrm{d}s$$

$$\Delta_{3\mathrm{P}}=\int_0^{\frac{s}{2}}\frac{\bar{M}_3M_{\mathrm{p}}}{EI}\mathrm{d}s+\int_0^{\frac{s}{2}}\frac{\bar{N}_3N_{\mathrm{p}}}{EA}\mathrm{d}s=-\int_0^{\frac{s}{2}}\frac{xM_{\mathrm{p}}}{EI}\mathrm{d}s+\int_0^{\frac{s}{2}}\frac{N_{\mathrm{p}}\sin\varphi}{EA}\mathrm{d}s$$

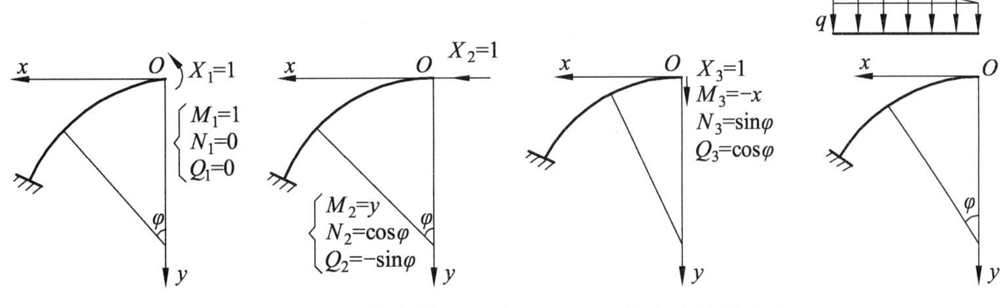

图 5.2.13　单位荷载及围岩压力引起基本结构的内力

当结构和荷载均对称时，$X_3=0$，与此相应的 δ_{33}、Δ_{3p} 为零。

当半拱结构的轴线由多段圆弧组成时，可采用辛普生法计算拱顶单位变位和荷载变位。

辛普森积分法是一种用抛物线近似函数曲线来求定积分数值解的方法。把积分区间等分成若干段，对被积函数在每一段上使用辛普森公式，根据其在每一段的两端和中点处的取值近似为抛物线，逐段积分后加起来，即得到原定积分的数值解。

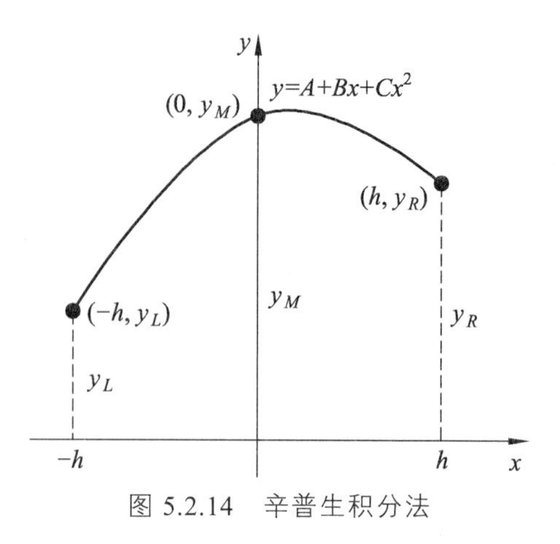

图 5.2.14　辛普生积分法

如图 5.2.14 所示，二次抛物线 $y=A+Bx+Cx^2$（A、B、C 为常数）上有三个点（$-h, y_L$），（$0, y_M$），（h, y_R），则有

$$\left.\begin{aligned}y_L&=A-Bh+Ch^2\\y_M&=A\\y_L&=A+Bh+Ch^2\end{aligned}\right\}\rightarrow\ y_M=A\quad\text{以及}\ 2Ch^2=y_L-2y_M+y_R$$

将以上所得带入，区间［$-h, h$］积分

$$\begin{aligned}\int_{-h}^{h}(A+Bx+Cx^2)\mathrm{d}x&=(Ax+Bx^2+Cx^3)\Big|_{-h}^{h}=2Ah+\frac{2}{3}Ch^3\\&=h\left[2y_M+\frac{1}{3}(y_L-2y_M+y_R)\right]=\frac{h}{3}(y_L+4y_M+y_R)\end{aligned}$$

如图 5.2.15（b）所示，求曲线 $f(x)$ 在［a, b］上的曲边梯形的面积，应用辛普生方法计算，即把［a, b］分成 n 等分，n 必须为偶数。分别求出 n 个小段曲边梯形的面积（每 3 点组成的曲线用抛物线代替），然后求和。

$$S=\int_a^b f(x)\mathrm{d}s=\sum_{i=0}^{n}y_i\Delta s$$

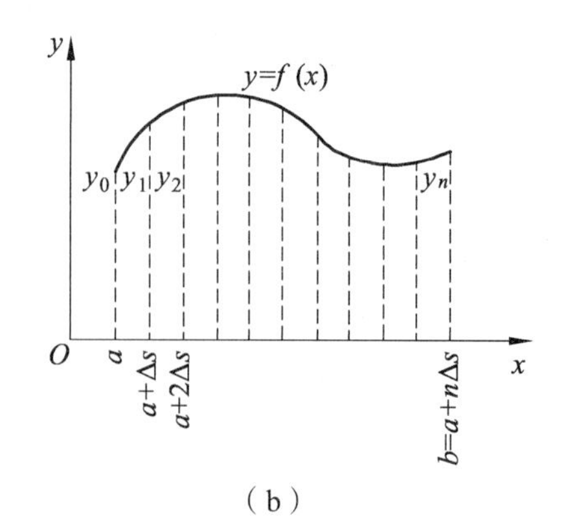

图 5.2.15　辛普生法计算变位

将各分点的坐标代入得

$$\sum_{i=0}^{n} y_i \Delta s = \frac{1}{3}\Delta s\left[y_0 + 4(y_1 + y_3 + \cdots + y_{n-1}) + 2(y_2 + y_4 + \cdots + y_{n-2}) + y_n\right]$$

$$= \frac{\Delta s}{3}\sum_{i=0}^{n} n_i y_i \tag{5.2.22}$$

式中 n_i——对应于 y_i 的积分系数。

式（5.2.22）即为辛普生公式。利用这个公式时，分段长度 $\Delta s = \dfrac{s}{n}$（s 为拱轴线长度）。

（4）拱圈各截面内力的计算。

由公式（5.2.17）解出拱顶截面的赘余力 X_1 及 X_2 后，拱圈各截面内力

$$\left.\begin{aligned} M_i &= M_{ip}^0 + X_1 + X_2 y_i \\ N_i &= N_{ip}^0 + X_2 \cos\varphi_i \end{aligned}\right\} \tag{5.2.23}$$

式中 M_{ip}^0、N_{ip}^0——基本结构中由于外荷载作用，在 i 截面上产生的弯矩和轴向力；

y_i——该截面的 y 坐标（以拱顶为坐标原点）。

由各截面的 M_i 和 N_i 值，可绘出拱圈的弯矩图和轴力图，以及用偏心距 $e_i = \dfrac{M_i}{N_i}$ 表示的压力曲线图，如图 5.2.16 所示。

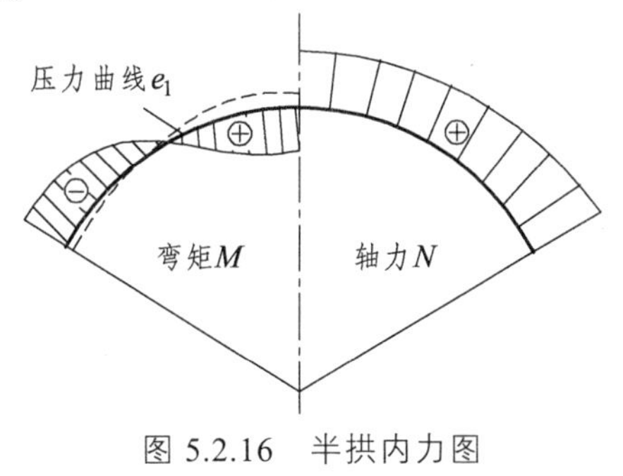

图 5.2.16　半拱内力图

5.3　假定弹性反力的计算方法

1. 假定弹性反力图形的圆形结构计算方法

（1）日本修正惯用法。

此法假定弹性反力分布为三角形，荷载分布示于图 5.3.1。

① 基本假定。地层弹性反力图形分布在与竖直成 45° ~ 135° 的范围内，其分布规律为

$$p_{ki} = p_k(1 - \sqrt{2}\left|\cos\varphi\right|) \tag{5.3.1}$$

式中 p_{ki}——抗力分布范围内任一点的弹性反力；

p_k——水平直径处的最大弹性抗力，$p_k = K_h y$；

φ——所讨论截面与竖直轴夹角，当φ为 45° 和 135° 时，$p_k = 0$；

y——水平直径处在主动和弹性反力作用下的变位，计算公式如下：

$$y = \frac{(2q - 2e_1 - e_2 + \pi w)R_h^4}{24(\eta EI + 0.0454K_h R_H^4)} \quad (5.3.2)$$

其中 η——圆环刚度有效系数，其值可参考表 5.1.1。

R_H——衬砌的计算半径；

K_h——侧向地层弹性反力系数，$K_h = (0.67 \sim 0.90)K_v$；

K_v——竖向地层弹性反力系数，其值可参考表 5.3.1。

表 5.3.1 地层垂直基床系数参考值

地基土分类		I_L、e、N 范围	垂直地层基床系数 K_v/（MN/m³）
黏性土	软塑	$0.75 < I_L \leqslant 1$	3 ~ 9
	可塑	$0.25 < I_L \leqslant 0.75$	9 ~ 15
	硬塑	$0 < I_L \leqslant 0.25$	15 ~ 30
	坚硬	$I_L \leqslant 0$	30 ~ 45
黏质粉土	稍密	$e > 0.9$	3 ~ 12
	中密	$0.75 \leqslant e \leqslant 0.90$	12 ~ 22
	密实	$e < 0.75$	22 ~ 35
砂质粉土、砂土	松散	$N \leqslant 7$	3 ~ 10
	稍密	$7 < N \leqslant 15$	10 ~ 20
	中密	$15 < N \leqslant 30$	20 ~ 40
	密实	$N > 30$	40 ~ 55
砾石、碎石、砾砂	密实		50 ~ 100
软岩、硬岩	强风化或中风化		200 ~ 1 000
硬岩	微风化		1 000 ~ 15 000

注：I_L—土的液性指数；e—土的天然孔隙比；N—标准贯入试验锤击数实测值。

② 衬砌环水平直径处实际变位 y 的求法。衬砌环水平直径处的实际变位 y 是由主动外荷载作用产生的衬砌变位 y_1 和侧向弹性反力作用引起的衬砌变位 y_2 的代数和，即

$$y = y_1 + y_2 \quad (5.3.3)$$

而 y_1 及 y_2 可按结构力学中求解超静定结构变位的计算公式求得，可忽略轴向力的作用，在均布竖直荷载和均布侧向荷载作用下其变位公式为

$$y_1 = (q-e)\frac{R_{\rm H}^4}{12EI} \tag{5.3.4}$$

式中　q——竖直外荷载之和；

e——水平侧向荷载之和。

$$y_2 = -0.045\,4\frac{p_{\rm k}R_{\rm H}^4}{EI} \tag{5.3.5}$$

若考虑自重对结构变位的影响，则由此而引起的水平直径处的变位

$$y_g = \frac{\pi w R_{\rm H}^4}{24EI} \tag{5.3.6}$$

将梯形的水平侧压力分解为图 5.3.2（a）、（b）的 2 种形式，其圆环的内力值相同，其中图（b）的反对称荷载 $e_2/2$ 引起的水平直径处的变位为零，这样图（a）所示的荷载引起的水平直径处的变位与图（b）中的均布水平侧向荷载引起水平直径处的变位是相等的。将 $e = e_1 + e_2/2$ 及式（5.3.6）代入式（5.3.4），并考虑接头刚度影响系数对变位的影响，可得

$$y_1 = \frac{(2q - 2e_1 - e_2 + \pi w)R_{\rm H}^4}{24\eta EI} \tag{5.3.7}$$

将式（5.3.5）及式（5.3.7）代入式（5.3.3），整理之后，即可得出式（5.3.2）。

解出 y 值后，再将其乘以地层弹性反力系数 $K_{\rm h}$，即可求得最大侧向弹性反力值，然后连接侧向弹性反力为零的上下端点（$\varphi = 45°$、$135°$），这就决定了整个弹性反力图形的大小。

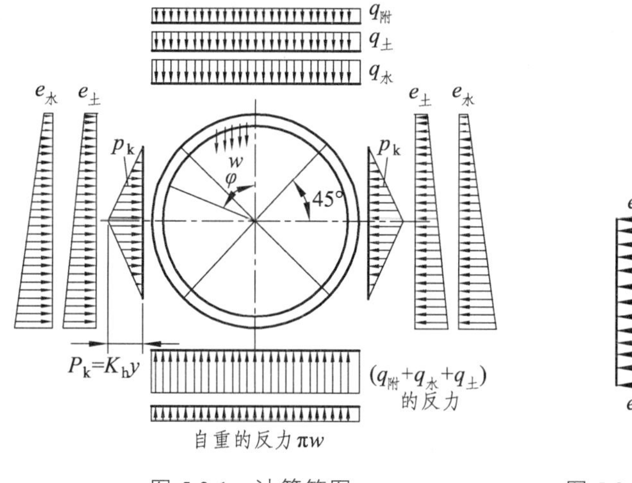

图 5.3.1　计算简图

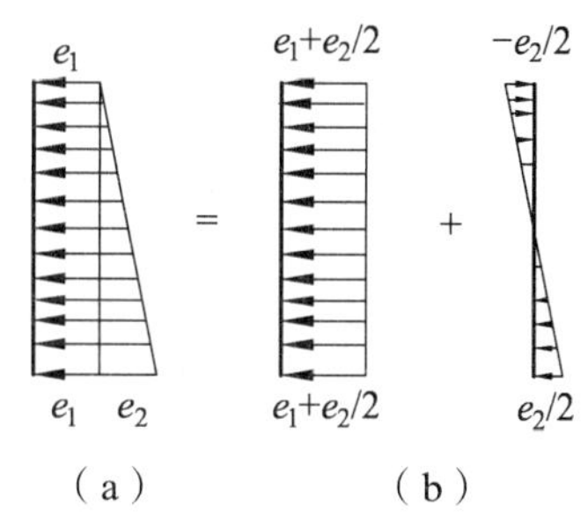

图 5.3.2　梯形的水平侧压力分解图式

③ 衬砌环内力的计算。由 $p_{\rm k}$ 引起的衬砌环的内力 M、N、Q 的计算公式参见表 5.3.2。和自由变形圆环一样，将 $p_{\rm k}$ 引起的衬砌环内力和其他外荷载引起的圆环内力进行叠加，形成最终的衬砌环内力。

我们也可利用自由变形圆环中将衬砌半圆分成 9 个截面的内力计算简式，只需加上 1 项，就是三角形弹性反力作用的 9 个截面的内力计算简式（见表 5.2.2），这样就可用一个共同的表格求出 2 种计算方法的结果，使其计算工作简化。

表 5.3.2 p_k 引起的衬砌环内力

内力	$0\leqslant\varphi\leqslant\frac{\pi}{4}$	$\frac{\pi}{4}\leqslant\varphi\leqslant\frac{\pi}{2}$
M	$(0.2346-0.3536\cos\varphi)p_k R_H^2$	$(-0.3487+0.5\sin^2\varphi+0.2357\cos^3\varphi)p_k R_H^2$
N	$0.3536\cos p_k R_H\varphi$	$(-0.707\cos\varphi+\cos^2\varphi+0.707\sin^2\varphi\cos\varphi)p_k R_H$
Q	$0.3536 p_k R_H \sin\varphi$	$(\sin\varphi\cos\varphi-0.707\cos^2\varphi\sin\varphi)p_k R_H$

（2）布加耶娃法。

布加耶娃法假定圆环受到竖向荷载后，其顶部变形方向是朝向衬砌内，不产生弹性反力，形成脱离区，此法假定脱离区在拱顶为 90° 的范围。其余部分产生朝向地层的变形，因此产生了弹性反力。弹性反力分布图形呈一新月形。假定水平直径处的变形为 y_a、底部的变形为 y_b。圆环衬砌承受的荷载图形可见图 5.3.3。

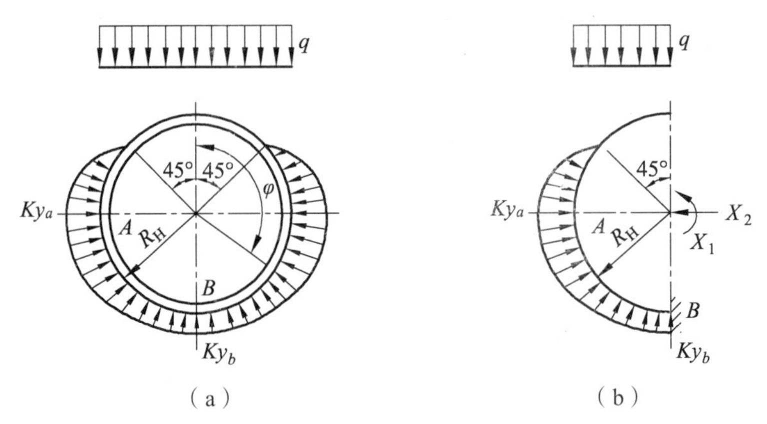

图 5.3.3 计算简图

弹性反力图形分布规律：

当 $\varphi=\pi/4\sim\pi/2$ 时， $p_k=-Ky_a\cos 2\varphi$ （5.3.8）

当 $\varphi=\pi/2\sim\pi$ 时， $p_k=Ky_a\sin^2\varphi+Ky_b\cos^2\varphi$ （5.3.9）

式中 p_k——弹性反力分布范围内，任意点的弹性反力值；

φ——衬砌环上一点与竖直轴夹角；

K——地层弹性反力系数。

可利用下列 4 个联立方程式解出圆环上的 4 个未知数 X_1、X_2、y_a 和 y_b。

$$\left.\begin{aligned}&X_1\delta_{11}+\delta_{1q}+\delta_{1p_k}=0\\&X_2\delta_{22}+\delta_{2q}+\delta_{2p_k}=0\\&y_a=\delta_{aq}+\delta_{ap_k}+X_1\delta_{a1}+X_2\delta_{a2}\\&\sum Y=0\end{aligned}\right\}\tag{5.3.10}$$

解出方程后，得各个截面上的 M 和 N 值为

$$\left.\begin{aligned}M_\varphi &= M_q + M_{p_k} + X_1 - X_2 R_H \cos\varphi \\ N_\varphi &= N_q + N_{p_k} + X_2 \cos\varphi\end{aligned}\right\} \tag{5.3.11}$$

利用上述计算公式，已将由竖向荷载 q、自重 g 和静水压力 3 种荷载引起的圆环各个截面的内力的计算公式列表于下文，如式（5.3.12）、（5.3.13）、（5.3.14）所示。

在竖向荷载下，任意截面的弯矩和轴力的计算公式为

$$\left.\begin{aligned}M_a &= qR_H Rb[A\beta + B + Cn(1+\beta)] \\ N_a &= qRb[D\beta + F + Gn(1+\beta)]\end{aligned}\right\} \tag{5.3.12}$$

在圆环自重的作用下，

$$\left.\begin{aligned}M_a &= wR_H{}^2 b(A_1 + B_1 n) \\ N_a &= wR_H{}^2 b(C_1 + D_1 n)\end{aligned}\right\} \tag{5.3.13}$$

在外静水压力作用下，

$$\left.\begin{aligned}M_a &= -R^2 R_H \gamma_w b(A_2 + B_2 n) \\ N_a &= -R^2 \gamma_w b(C_2 + D_2 n) + RHb\gamma_w\end{aligned}\right\} \tag{5.3.14}$$

在内水压作用下，

$$\left.\begin{aligned}M_a &= p_w r^2 R_H (A_2 + B_2 n) \\ N_a &= p_w r^2 (C_2 + D_2 n)\end{aligned}\right\} \tag{5.3.15}$$

以上各式中

M_a——任意截面的弯矩；

N_a——任意截面的轴力；

β，n，m——$\beta = 2 - \dfrac{R}{R_H}$，$n = \dfrac{1}{m + 0.064\ 16}$，$m = \dfrac{EI}{R_H{}^3 RKb}$；

q——竖向均布荷载；

w——圆环的自重荷载；

H——静水压头；

p_w——内水压头；

γ_w——水的重度；

R_H、b——圆环计算半径及圆环（纵向）宽度，取 $b = 1$ m；

R、r——圆环外半径、内半径；

EI——圆环断面抗弯刚度；

K——土壤介质弹性反力系数。

系数 A、B、C、D、F、G，A_1、B_1、C_1、D_1，A_2、B_2、C_2 和 D_2 见表 5.3.3 ~ 5.3.5。

值得注意的是，布加耶娃法的使用条件必须满足 $y_a > 0,\ y_b > 0$，即衬砌体水平直径处 A 点的变位

$$\left[0.416\ 7(1+\beta)q + 0.130\ 8\frac{R_{\mathrm{H}}}{R}w\right] > 0.065\ 4\gamma_{\mathrm{w}}R \tag{5.3.16}$$

衬砌环截面 B 点的变位

$$\left\{1.5q + 4.712\ 4\frac{R_{\mathrm{H}}}{R}w - \left[0.012\ 2(1+\beta)q + 0.038\ 3\frac{R_{\mathrm{H}}}{R}w\right]n\right\} > \gamma_{\mathrm{w}}R\left[\frac{3\pi}{4}0.019\ 2n\right] \tag{5.3.17}$$

表 5.3.3　竖向荷载 q 引起的圆环内力系数表

截面位置 φ	系数					
	A	B	C	D	F	G
0°	1.628 0	0.872 0	−0.070 0	2.122 0	−2.122 0	0.210 0
45°	−0.250 0	0.250 0	−0.008 4	1.500 0	3.500 0	0.148 5
90°	−1.250 0	−1.250 0	0.082 5	0.000 0	10.000 0	0.057 5
135°	0.250 0	−0.250 0	0.002 2	−1.500 0	9.000 0	0.138 0
180°	0.872 0	1.628 0	−0.083 7	−2.122 0	7.122 0	0.224 0

表 5.3.4　自重 w 引起的圆环内力系数表

截面位置 φ	系数			
	A_1	B_1	C_1	D_1
0°	3.447 0	−0.219 8	−1.667 0	0.659 2
45°	0.334 0	−0.026 7	3.375 0	0.466 1
90°	−3.928 0	0.258 9	15.708 0	0.180 4
135°	−0.335 0	0.006 7	19.186 0	0.422 0
180°	4.405 0	−0.267 0	17.375 0	0.701 0

表 5.3.5　静水压力引起的圆环内力系数表

截面位置 φ	系数			
	A_2	B_2	C_2	D_2
0°	1.724 0	−0.109 7	−5.838 5	0.329 4
45°	0.167 3	−0.013 2	−4.277 1	0.232 9
90°	−1.963 8	0.129 4	−2.146 0	0.090 3
135°	−0.167 9	0.003 6	−3.941 3	0.216 1
180°	2.202 7	−0.131 2	−6.312 5	0.350 9

（3）按多铰圆环计算圆环内力。

在衬砌外围土壤介质能明确地提供土壤弹性反力的条件下，装配式衬砌圆环可按多铰圆

环计算。多铰圆环的接缝构造，可分为设置防水螺栓、设置拼装施工要求用的螺栓，或不设置螺栓而代以各种几何形状的榫槽。按多铰圆环计算的几种方法如下。

① 日本山本稔法。山本稔法计算原理在于多铰衬砌圆环在主动土压和弹性反力作用下产生变形，圆环由一不稳定结构逐渐转变成稳定结构，圆环变形过程中，铰不发生突变。这样多铰系衬砌环在地层中就不会因变形的失稳而引起破坏，能发挥稳定结构的机能。

计算中的几个假定：

a. 适用于圆形结构；

b. 衬砌环在转动时管片或砌块视作刚体处理；

c. 衬砌环外围地层弹性反力按均变形式分布，地层弹性反力的计算要满足衬砌环稳定性的要求，弹性反力的作用方向全部朝向圆心；

d. 计算中不计及圆环与地层介质间的摩擦力，这对于满足结构稳定性是偏于安全的；

e. 地层弹性反力和变位间的关系按温克尔假定计算。

计算方法：

由 n 块管片组成的多铰圆环结构计算如图 5.3.4 所示，$n-1$ 个铰由地层约束，而剩下 1 个成为非约束铰，其位置经常在主动土压力一侧，整个结构可以按静定结构来解析。衬砌各个截面处地层弹性反力方程式为

$$p_{\mathrm{k}\alpha i}=p_{\mathrm{k}i-1}+\frac{(p_{\mathrm{k}i}-p_{\mathrm{k}i-1})\alpha_i}{\varphi_i-\varphi_{i-1}} \tag{5.3.18}$$

式中 $p_{\mathrm{k}i-1}$—— 铰 $i-1$ 处的土层弹性反力；

$p_{\mathrm{k}i}$—— 铰 i 处的土层弹性反力；

a_i——以 $p_{\mathrm{k}i}$ 为基轴的截面位置；

φ_i—— 铰 i 与垂直轴的夹角；

φ_{i-1}——铰 $i-1$ 与垂直轴的夹角。

各个约束铰的径向位移

$$u=p_{\mathrm{k}i}/K \tag{5.3.19}$$

式中 K——地层弹性反力系数。

计算时可以把每一个构件作为分析的单元，列出 3 个静力平衡方程式。这样可以列出 9 个方程式，解出 9 个未知数：$P_{\mathrm{k}2}$、$P_{\mathrm{k}3}$、$P_{\mathrm{k}4}$、H_1、H_2、H_3、H_4、V_2 和 V_3。

在上述几个未知数解出后，即可算出各个截面上的 M、N 和 Q 值。

计算注意点：

a. 衬砌圆环各个截面上的 $P_{\mathrm{k}i}$ 值与侧向或底部的作用荷载叠加后的数值要求有一定的控制，不能超越一容许值；

b. 除圆环计算强度外，还得计算其变形稳定要求。

圆环破坏条件：以非约束铰为中心的 3 个铰 $i-1$、i、$i+1$ 的坐标系统排列在一直线上，则结构丧失稳定。

② 苏联的多铰圆环内力计算。苏联学者对多铰圆环的计算方法有好几种，这里仅叙述其中一种。

苏联的这种多铰圆环计算方法与日本山本稔方法最大的差异在于该方法认为衬砌与地层之间不产生相对的位移，而山本稔法则认为衬砌环与地层间能完全自由滑移，而忽视了地层弹性反力的切线部分（图 5.3.5）。这个问题显示在 2 种计算方法上是对地层弹性反力图形假定图式的不同，而两者对多铰圆环的内力计算方法则完全一样。

从内力计算的结果来看，轴力 N 的 2 种计算方法较为相似，而弯矩 M 则出现了不同符号的结果。从实际情况来看，山本稔法似乎更接近实际一些，如图 5.3.6、图 5.3.7 所示。

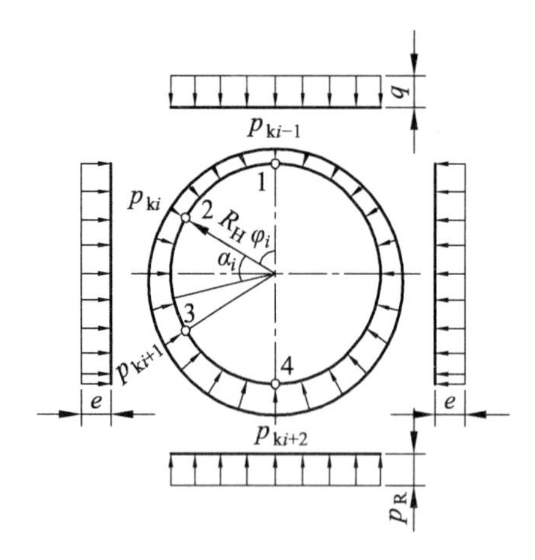

图 5.3.4　多铰圆环计算简图

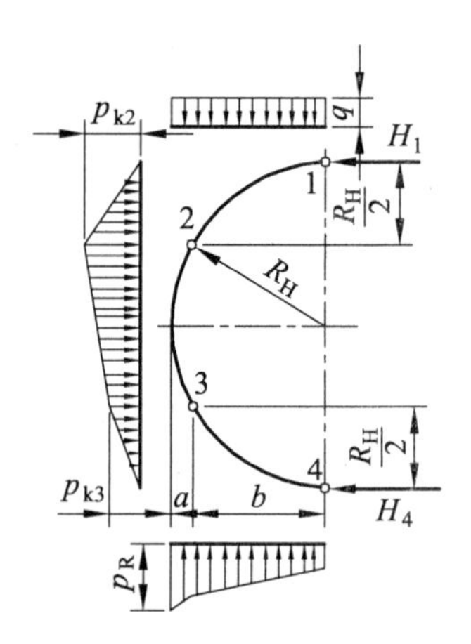

图 5.3.5　计算简图

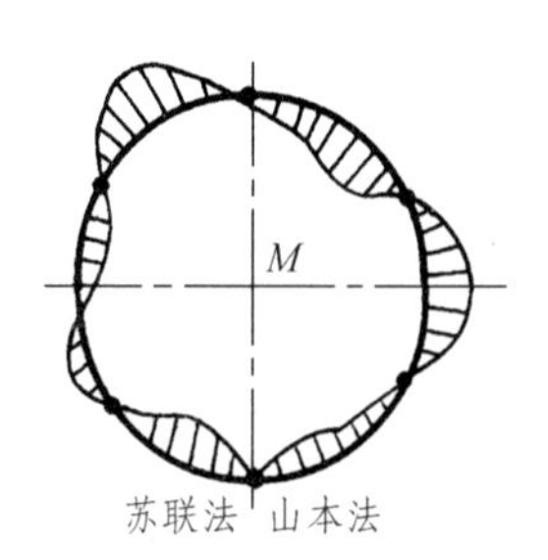

图 5.3.6　2 种方法计算弯矩 M 的比较

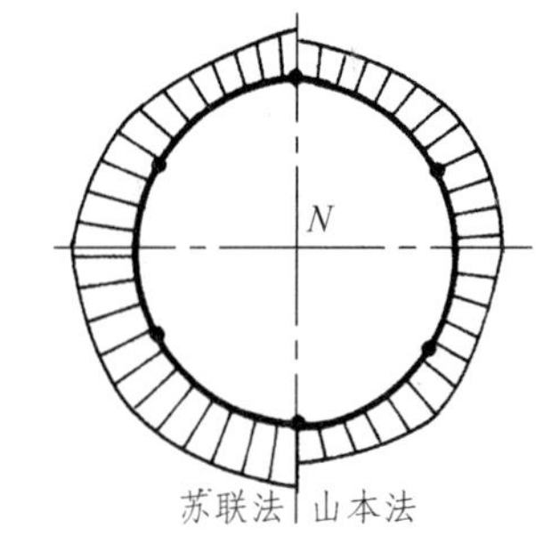

图 5.3.7　2 种方法计算轴力 N 的比较

2. 曲墙拱形结构计算

（1）计算原理。

曲墙式衬砌通常用在Ⅳ ~ Ⅵ级围岩中，它由拱圈、曲边墙和仰拱或底板组成，承受较大的竖向和水平侧向围岩压力，有时还可能有向上隆起的底部压力。由于仰拱是在边墙、拱圈受力后才修建的，通常在计算中不考虑仰拱的影响，而将拱圈和边墙作为一个整体，把它看成是一个支承在弹性围岩上的高拱结构。若仰拱是在修建边墙之前修建的，则计算时应将仰拱和边墙及拱圈视为整体进行结构计算［参见图 5.5.3（b）］。

相应的计算简图如图 5.3.8 所示。假定弹性反力作用的范围、分布规律（例如二次抛物线）、最大弹性反力点的位置（通常在最大跨度附近）。根据最大弹性反力点的力与其位移成正比（如局部变形理论）的条件列出一个附加的方程，从而可以求出假定弹性反力图形的超静定结构的赘余力和最大弹性反力。在列出典型方程组时，对于拱形结构尚应计及基础底面的弹性约束条件（如转角 β_a）。

这类衬砌在以竖向压力为主的主动荷载作用下，拱圈的顶部发生向坑道内的变形不受围岩的约束，形成“脱离区”。衬砌结构的侧面部分则压向围岩，形成“弹性反力区”，引起相应的弹性反力。选用的计算图式（图 5.3.8）有如下几个要点：

墙基支承在弹性的围岩上，视为弹性固定端。因底部摩擦力很大，无水平位移，将结构视为支承在弹性地基上的高拱。

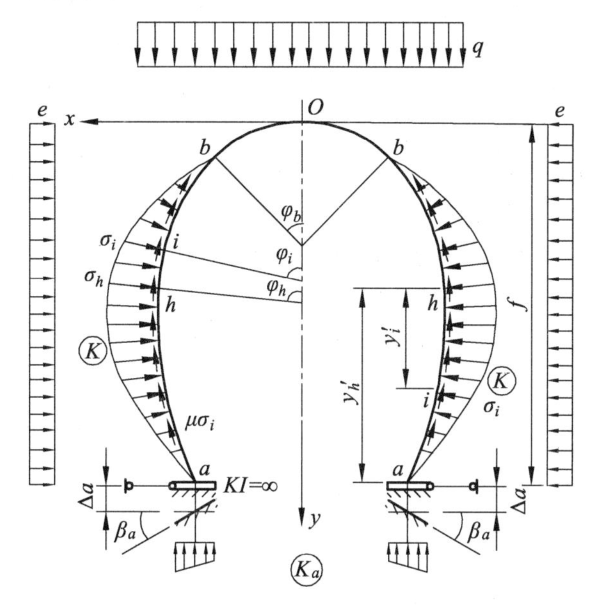

图 5.3.8　曲墙拱计算图式

侧面弹性反力的分布按结构变形的特征而假设其分布图形。此分布图形用 3 个特征点控制：上零点 b（即脱离区的边界）与对称轴线间的夹角一般采用 $\varphi_b = 40° \sim 60°$，其精确位置需用逐步近似的方法加以确定；下零点 a 取在墙底，因该处无水平位移；最大弹性反力点 h 可假定在衬砌最大跨度处。实际计算时，为简化起见，上零点和最大弹性反力点最好取在结构分块的接缝上。通常 $\overset{\frown}{ah} \approx \dfrac{2}{3}ab$。这样，弹性反力图形中各点力的数值与最大弹性反力 σ_h 有下述关系式：

在 $\overset{\frown}{bh}$ 段上，任一点的弹性反力强度

$$\sigma_i = \sigma_h \frac{\cos^2\varphi_b - \cos^2\varphi_i}{\cos^2\varphi_b - \cos^2\varphi_h} \tag{5.3.20}$$

在 $\overset{\frown}{ah}$ 段上，任一点的弹性反力强度

$$\sigma_i = \sigma_h \left[1 - \left(\frac{y_i'}{y_h'}\right)^2\right] \tag{5.3.21}$$

式中　φ_i——所论截面与竖直轴的夹角；

y_i' ——所论截面（外缘点）至 h 点的垂直距离；

y_h' ——墙底（外缘点）至 h 点的垂直距离。

这样，整个弹性反力是 σ_h 的函数，可将其视为一个外荷载。

围岩弹性反力对于衬砌的变形还会在围岩与衬砌间产生相应的摩擦力

$$S_i = \mu\sigma_i \tag{5.3.22}$$

式中 μ ——衬砌与围岩间的摩擦系数。

摩擦力 S_i 的分布图形与弹性反力 σ_i 相同，亦是 σ_h 的函数。

根据以上分析，曲墙式衬砌的计算图式是拱脚为弹性固定而两侧受围岩约束的无铰拱。在结构与荷载均为对称的条件下，可以从拱顶切开，以一对悬臂曲梁作为基本结构，切开处赘余力为 X_1及X_2，剪力 $X_3=0$。在主动荷载和弹性反力作用下，根据拱顶相对转角及相对水平位移为零的条件，可以得到 2 个典型方程式。但方程中还含有未知数 σ_h，所以还需利用 h 点变形协调条件来增加 1 个方程式才能解出 3 个未知数。而 σ_h 是由衬砌的变形决定的，如图 5.3.9（a）所示。解决这个问题的方法是利用叠加原理，首先在主动荷载作用下，解出衬砌各截面的内力 M_{ip}和N_{ip}，并求出 h 点处的位移 δ_{hp}［见图 5.3.9（b）］；然后再以 $\bar{\sigma}_h=1$时的单位弹性反力图形作为外荷载，又可求出结构各截面的内力 $M_{i\bar{\sigma}}$、$N_{i\bar{\sigma}}$ 及相应的 h 点的位移 $\delta_{h\bar{\sigma}}$［见图 5.3.9（c）］。根据叠加原理，h 点的最终位移即为

$$\delta_h = \delta_{hp} + \sigma_h \delta_{h\bar{\sigma}} \tag{5.3.23}$$

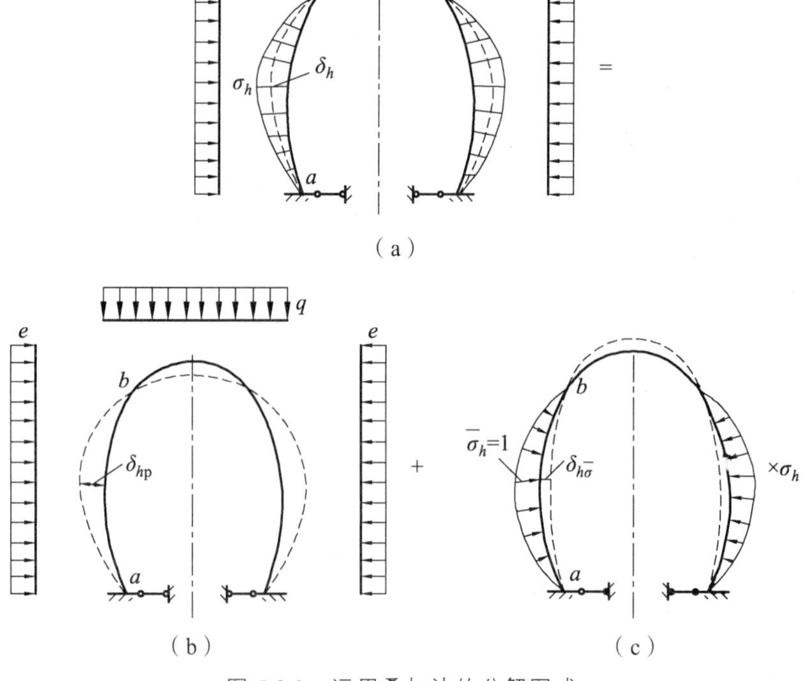

图 5.3.9　运用叠加法的分解图式

而 h 点的位移与该点的弹性反力存在下述关系：

$$\sigma_h = K\delta_h$$

将其代入式（5.3.23），解之即得

$$\sigma_h = \frac{\delta_{h\mathrm{p}}}{\frac{1}{K} - \delta_{h\bar{\sigma}}} \tag{5.3.24}$$

（2）求主动荷载作用下的衬砌内力。

基本结构如图 5.3.10 所示，未知赘余力为 $X_{1\mathrm{p}}$ 及 $X_{2\mathrm{p}}$，典型方程为

$$\left.\begin{aligned} X_{1\mathrm{p}}\delta_{11} + X_{2\mathrm{p}}\delta_{12} + \Delta_{1\mathrm{p}} + \beta_{a\mathrm{p}} = 0 \\ X_{1\mathrm{p}}\delta_{21} + X_{2\mathrm{p}}\delta_{22} + \Delta_{2\mathrm{p}} + f\beta_{a\mathrm{p}} + u_{a\mathrm{p}} = 0 \end{aligned}\right\} \tag{5.3.25}$$

式中墙底的位移 $\beta_{a\mathrm{p}}$ 和 $u_{a\mathrm{p}}$，可分别计算 $X_{1\mathrm{p}}$、$X_{2\mathrm{p}}$ 和外荷载的各个影响，再按叠加原理相加得

$$\beta_{a\mathrm{p}} = X_{1\mathrm{p}}\bar{\beta}_1 + X_{2\mathrm{p}}(\bar{\beta}_2 + f\bar{\beta}_1) + \beta_{a\mathrm{p}}^0$$

由于不考虑拱脚的径向位移，此处仅 $\bar{\beta}_1$ 及 $\beta_{a\mathrm{p}}^0$ 有意义，代入（5.3.25）式整理后得

$$\left.\begin{aligned} X_{1\mathrm{p}}(\delta_{11} + \bar{\beta}_1) + X_{2\mathrm{p}}(\delta_{12} + f\bar{\beta}_1) + \Delta_{1\mathrm{p}} + \beta_{a\mathrm{p}}^0 = 0 \\ X_{1\mathrm{p}}(\delta_{21} + f\bar{\beta}_1) + X_{2\mathrm{p}}(\delta_{22} + f^2\bar{\beta}_1) + \Delta_{2\mathrm{p}} + f\beta_{a\mathrm{p}}^0 = 0 \end{aligned}\right\} \tag{5.3.26}$$

式中　δ_{ik}——基本结构的单位位移，可用前节方法求得；

$\Delta_{i\mathrm{p}}$——基本结构的主动荷载位移；

$\bar{\beta}_1$——墙底的单位转角，$\bar{\beta}_1 = \dfrac{12}{bd_a^3K_a} = \dfrac{1}{K_aI_a}$；

$\beta_{a\mathrm{p}}^0$——基本结构墙底的荷载转角，$\beta_{a\mathrm{p}}^0 = M_{a\mathrm{p}}^0\bar{\beta}_1$；

f——曲墙拱轴线的矢高。

解出 $X_{1\mathrm{p}}$和$X_{2\mathrm{p}}$后，主动荷载作用下的衬砌内力可按下式求得：

$$\left.\begin{aligned} M_{i\mathrm{p}} = X_{1\mathrm{p}} + X_{2\mathrm{p}}y_i + M_{a\mathrm{p}}^0 \\ N_{i\mathrm{p}} = X_{2\mathrm{p}}\cos\varphi_i + N_{a\mathrm{p}}^0 \end{aligned}\right\} \tag{5.3.27}$$

（3）求 $\bar{\sigma}_h = 1$ 弹性反力图作用下的衬砌内力。

在 $\bar{\sigma}_h = 1$ 的弹性反力图形单独作用下，也可用上述方法求得赘余力 $X_{1\bar{\sigma}}$及$X_{2\bar{\sigma}}$，基本结构如图 5.3.11 所示，此时典型方程为

$$\left.\begin{aligned} X_{1\bar{\sigma}}(\delta_{11} + \bar{\beta}_1) + X_{2\bar{\sigma}}(\delta_{12} + f\bar{\beta}_1) + \Delta_{1\bar{\sigma}} + \beta_{a\bar{\sigma}}^0 = 0 \\ X_{1\bar{\sigma}}(\delta_{21} + f\bar{\beta}_1) + X_{2\bar{\sigma}}(\delta_{22} + f^2\bar{\beta}_1) + \Delta_{2\bar{\sigma}} + f\beta_{a\bar{\sigma}}^0 = 0 \end{aligned}\right\} \tag{5.3.28}$$

式中　$\Delta_{1\bar{\sigma}}$——以 $\bar{\sigma}_h = 1$ 单位弹性反力图为荷载引起的基本结构在 $X_{1\bar{\sigma}}$ 方向的位移；

$\Delta_{2\bar{\sigma}}$——与上相同，只是在 $X_{2\bar{\sigma}}$ 方向的位移；

$\beta^0_{a\bar{\sigma}}$——由单位弹性反力图引起基本结构墙底的转角，$\beta^0_{a\bar{\sigma}} = M^0_{a\bar{\sigma}}\bar{\beta}_1$。

其余符号意义同前。

由典型方程中解出赘余力 $X_{1\bar{\sigma}}$ 和 $X_{2\bar{\sigma}}$ 后，同样也可求得衬砌结构在单位弹性反力图作用下的内力

$$\left.\begin{aligned} M_{i\bar{\sigma}} &= X_{1\bar{\sigma}} + X_{2\bar{\sigma}}y_1 + M^0_{i\bar{\sigma}} \\ N_{i\bar{\sigma}} &= X_{2\bar{\sigma}}\cos\varphi_i + N^0_{i\bar{\sigma}} \end{aligned}\right\} \quad (5.3.29)$$

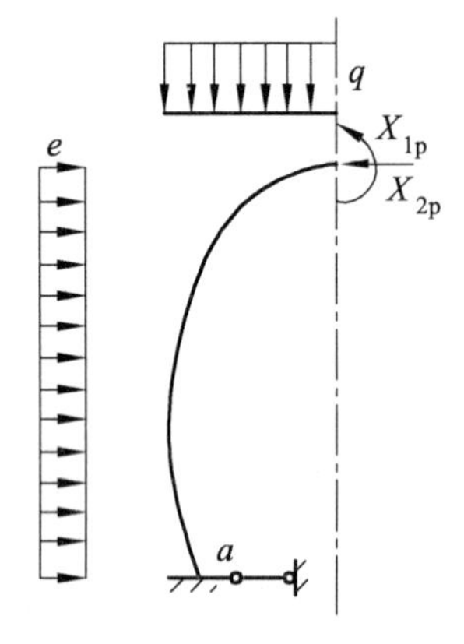

图 5.3.10　主动荷载作用下的基本结构

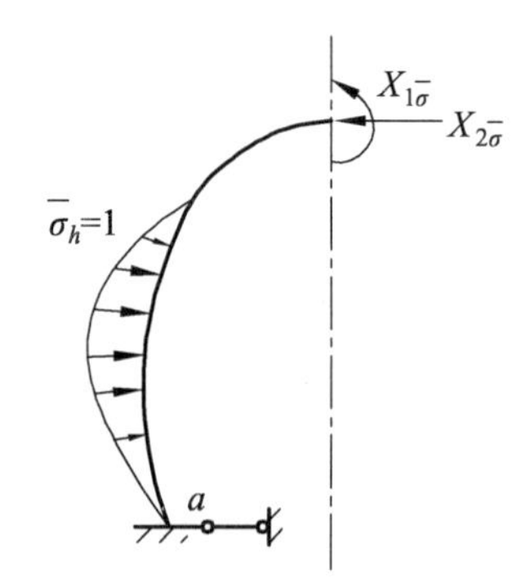

图 5.3.11　单位弹性反力作用下的基本结构

（4）位移及最大弹性反力值的计算。

要按式（5.3.24）求最大弹性反力值 σ_h，必须求 h 点在主动荷载作用下的径向位移 δ_{hp} 及单位弹性反力图作用下的径向位移 $\delta_{h\bar{\sigma}}$，求这两项位移时要考虑墙底转角的影响，如图 5.3.12（a）所示。按结构力学的方法，求位移可在原来的基本结构上进行，在基本结构 h 点处，沿 σ_h 方向加一单位力。此单位力作用下的弯矩图如图 5.3.12（b）所示，即在 h 点以下任意截面 i 的弯矩为 $\bar{M}_{ih} = y_{ih}$（y_{ih} 为 i 点到最大弹性反力截面 h 的垂直距离）。

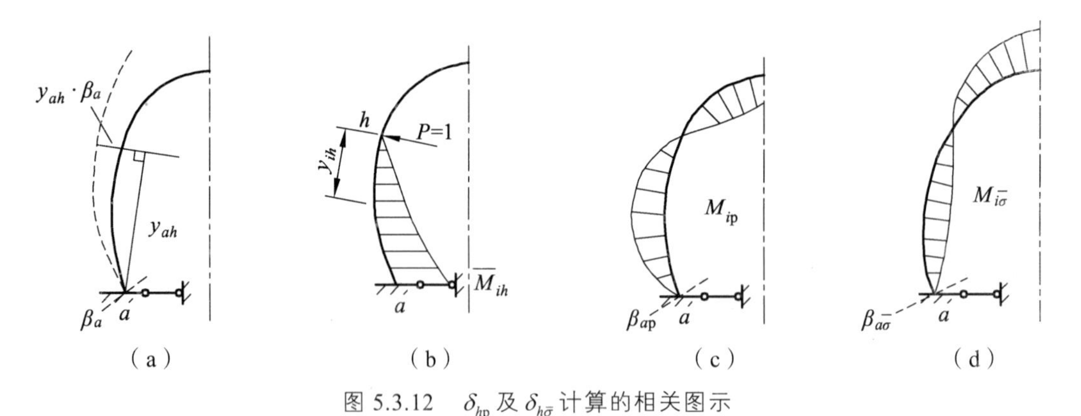

图 5.3.12　δ_{hp} 及 $\delta_{h\bar{\sigma}}$ 计算的相关图示

图 5.3.12（c）及（d），分别为外荷载及单位弹性反力图作用下的弯矩图，按结构力学方法得

$$\left.\begin{aligned}\delta_{hp} &= \int \frac{M_{ip}\bar{M}_{ih}}{EI}ds + y_{ah}\beta_{ap} \cong \frac{\Delta s}{E}\sum \frac{M_{ip}\bar{M}_{ih}}{I} + y_{ah}\cdot\beta_{ap} \\ \delta_{h\bar{\sigma}} &= \int \frac{M_{i\bar{\sigma}}\bar{M}_{ih}}{EI}ds + y_{ah}\beta_{a\bar{\sigma}} \cong \frac{\Delta s}{E}\sum \frac{M_{i\bar{\sigma}}\bar{M}_{ih}}{I} + y_{ah}\cdot\beta_{a\bar{\sigma}}\end{aligned}\right\} \tag{5.3.30}$$

式中　y_{ah}——墙脚中心至最大弹性反力截面的垂直距离；

β_{ap}——主动外荷载作用下墙底的转角，$\beta_{ap}=M_{ap}\bar{\beta}_1$；

$\beta_{a\bar{\sigma}}$——单位弹性反力图作用下墙底的转角，$\beta_{a\bar{\sigma}}=M_{a\bar{\sigma}}\bar{\beta}_1$。

当最大弹性反力截面与竖直轴的夹角接近 90° 时，为了简化计算，可将 h 点的位移方向近似地视为水平。在荷载和结构均对称的情况下，拱顶没有水平位移及转角。因此，h 点相对拱顶而言的水平位移，即为 h 点的实际水平位移。为此，以图 5.3.13 所示图式，亦可求得 h 点相应的水平位移

$$\left.\begin{aligned}\delta_{hp} &= \int \frac{(y_h-y_i)M_{ip}}{EI}ds \cong \frac{\Delta s}{E}\sum \frac{(y_h-y_i)M_{ip}}{I} \\ \delta_{h\bar{\sigma}} &= \int \frac{(y_h-y_i)M_{i\bar{\sigma}}}{EI}ds \cong \frac{\Delta s}{E}\sum \frac{(y_h-y_i)M_{i\bar{\sigma}}}{I}\end{aligned}\right\} \tag{5.3.31}$$

式中　y_i、y_h——以拱顶为原点的所论点的竖直坐标和 h 点的竖直坐标。

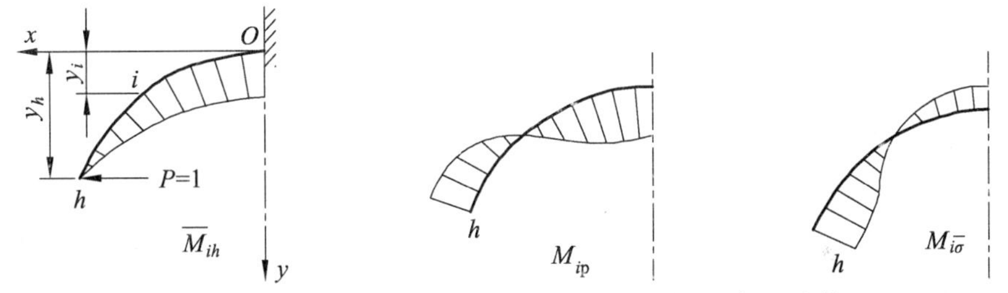

图 5.3.13　基本结构取拱顶为固定端时最大弹性反力的计算图示

（5）衬砌内力计算及校核计算结果的正确性。

此后，利用叠加原理可以求出任意截面最终的内力值

$$\left.\begin{aligned}M_i &= M_{ip} + \sigma_h M_{i\bar{\sigma}} \\ N_i &= N_{ip} + \sigma_h N_{i\bar{\sigma}}\end{aligned}\right\} \tag{5.3.32}$$

拱脚截面最终转角

$$\beta_a = \beta_{ap} + \sigma_h \beta_{a\bar{\sigma}}$$

按变形协调条件，可以校核整个计算过程中有无错误。

$$\left.\begin{aligned}&\text{拱顶转角：}\int \frac{M_i ds}{EI} + \beta_a \cong \frac{\Delta s}{E}\sum \frac{M_i}{I} + \beta_a = 0 \\ &\text{拱顶水平位移：}\int \frac{M_i y_i}{EI}ds + f\beta_a \cong \frac{\Delta s}{E}\sum \frac{M_i y_i}{I} + f\beta_a = 0 \\ &h\text{ 点位移：}\int \frac{M_i y_{ih}}{EI}ds + y_{ah}\beta_a \cong \frac{\Delta s}{E}\sum \frac{M_i y_{ih}}{I} + y_{ah}\beta_a = \frac{\sigma_h}{K}\end{aligned}\right\} \tag{5.3.33}$$

用同样方法求上零点 b 的变位 δ_b，可校核上零点假定位置的正确性。一般，差异不大时可不加以修正。

（6）曲墙拱结构的设计计算步骤。

① 计算结构的几何尺寸，并绘制断面图；

② 计算作用在衬砌结构上的主动荷载；

③ 绘制分块图；

④ 计算半拱轴长度；

⑤ 计算各分段截面中心的几何要素；

⑥ 计算基本结构的单位位移 δ_{ik}；

⑦ 计算主动荷载在基本结构中产生的变位 Δ_{1p} 和 Δ_{2p}；

⑧ 解主动荷载作用下的力法方程；

⑨ 计算主动荷载作用下各截面的内力，并校核计算精度；

⑩ 求单位弹性反力图及相应摩擦力作用下基本结构中产生的变位 $\Delta_{1\bar{\sigma}}$ 和 $\Delta_{2\bar{\sigma}}$；

⑪ 解弹性反力及其摩擦力作用下的力法方程；

⑫ 求单位弹性反力图及摩擦力作用下截面的内力，并校核其计算精度；

⑬ 最大弹性反力值 σ_h 的计算；

⑭ 计算赘余力 X_1 和 X_2；

⑮ 计算衬砌截面总的内力并校核计算精度；

⑯ 绘制内力图；

⑰ 衬砌截面强度检算。

（7）曲墙拱结构的设计计算实例。

① 设计基本资料。结构断面如图 5.3.14 所示。

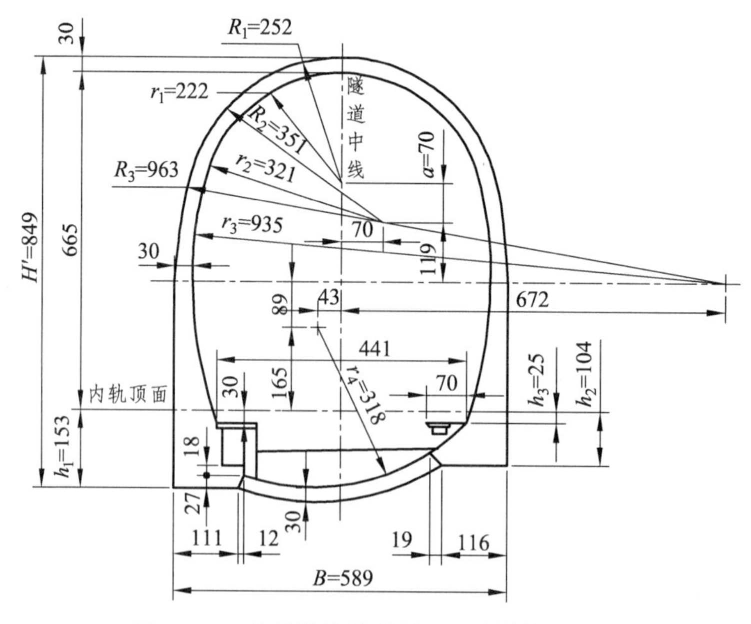

图 5.3.14　单线铁路隧道断面图（单位：cm）

a. 岩体特性。

岩体为Ⅳ级围岩，隧道埋深 100 m；计算摩擦角 $\varphi_c = 50°$，岩体重度 $\gamma = 23\ \text{kN/m}^3$，围岩的弹性反力系数 $K = 500\ \text{MPa/m}$，基底围岩弹性反力系数 $K_a = 1.25K$。

b. 衬砌材料。

采用 C20 混凝土；重度 $\gamma_h = 23\ \text{kN/m}^2$，弹性模量 $E_c = 27\ \text{GPa}$，混凝土衬砌轴心抗压强度标准值 $f_{ck} = 13.5\ \text{MPa}$，混凝土轴心抗拉强度标准值 $f_{ctk} = 1.7\ \text{MPa}$。

c. 结构尺寸。

$r_1 = 222$ cm，$R_1 = 252$ cm，$\varphi_1 = 45°$，$r_2 = 321$ cm，$R_2 = 351$ cm，$\varphi_2 = 33.85°$，

$r_3 = 935$ cm，$R_3 = 963$ cm，$\varphi_3 = 11.15°$，$r_4 = 318$ cm，$a = 70$ cm，$h_1 = 153$ cm，

$h_2 = 104$ cm，$h_3 = 25$ cm，$H' = 849$ cm，$B = 586$ cm，断面加宽 $u = 0$ cm。

② 计算作用在衬砌结构的主动荷载。作用在结构上的荷载形式为均布竖向荷载 q 和均布水平侧向荷载 e，其侧压系数为 0.15，即 $e = 0.15q$。

均布竖向荷载：$h_a = 0.41 \times 1.79^S = 0.41 \times 1.79^4 = 4.209\ 165$（m）

$$q = \gamma h_a = 96.810\ 802\ （\text{kPa}）$$

均布水平侧向荷载：$e = 0.15q = 14.521\ 620$（kPa）

③ 绘制分块图。因结构对称，荷载对称，故取半跨计算，如图 5.3.15 所示。

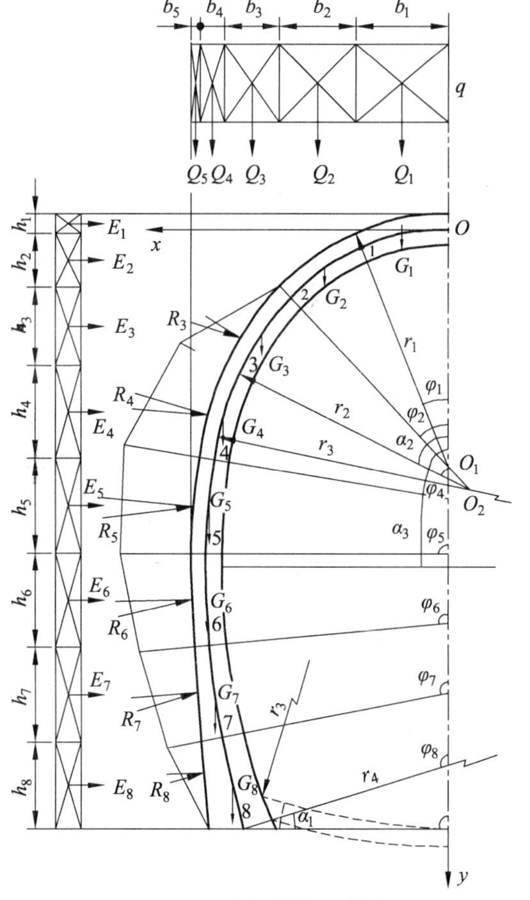

图 5.3.15　半跨结构计算图示

④ 计算半拱轴线长度。

a. 求水平线以下边墙的轴线半径 r_4'（单位：cm）及其与水平线的夹角 α_4'。

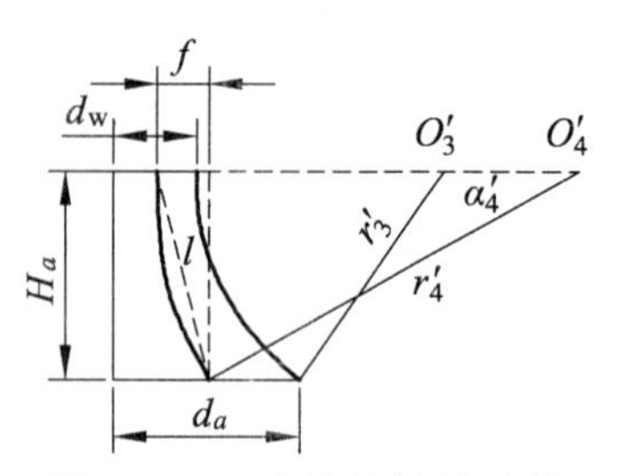

图 5.3.16　边墙轴线的计算

假定水平线以下的轴线为一圆弧，则其半径由图 5.3.16 求得。

由图上量得：$d_a = 121.732\ \text{cm}$，$d_w = 30\ \text{cm}$，$H_a = 408\ \text{cm}$。

$$f = \frac{d_a}{2} - \frac{d_w}{2} = \frac{121.732 - 30}{2} = 45.866$$

$$l^2 = H_a^2 + f^2 = 408^2 + 45.866^2 = 168\ 567.69$$

$$\frac{r_4'}{l/2} = \frac{l}{f}$$

故
$$r_4' = \frac{l^2}{2f} = \frac{H_a^2 + f^2}{2f} = \frac{167\ 654.25}{2 \times 45.866} = 1\ 837.610\ 5$$

$$\sin\alpha_4' = \frac{H_a}{r_4'} = 0.222$$

$$\alpha_4' = \arcsin\frac{H_a}{r_4'} = 12.828°$$

b. 计算半拱轴线长度 s 及分块轴线长度 Δs（单位：cm）。

$s_i = r_i'\alpha_i$ 式中 r_i' 为各圆弧轴线的半径。

$$s_1 = r_1'\frac{\pi}{180°} \times 45° = 237 \times \frac{\pi}{180°} \times 45° = 186.139\ 4$$

$$s_2 = r_2'\frac{\pi}{180°} \times 33.85° = 336 \times \frac{\pi}{180°} \times 33.85° = 198.506\ 8$$

$$s_3 = r_3'\frac{\pi}{180°} \times 11.15° = 950 \times \frac{\pi}{180°} \times 11.15° = 184.874\ 0$$

$$s_4 = r_4'\frac{\pi}{180°} \times 12.828° = 1837.6105 \times \frac{\pi}{180°} \times 12.828° = 411.424\ 2$$

半拱轴线长度 $s = \sum s_i = s_1 + s_2 + s_3 + s_4 = 980.944\ 4$

分块长度　　$\Delta s = \dfrac{s}{8} = \dfrac{980.963\ 2}{8} = 122.618\ 1$

⑤ 计算各分段截面中心的几何要素。

a. 求各截面与竖直轴的夹角 φ_i。

$$\varphi_1 = \frac{\Delta s}{r'_1} \times \frac{180°}{\pi} = \frac{122.618\ 1}{237} \times \frac{180°}{\pi} = 29.643\ 5°$$

$$\varphi_2 = \alpha_1 + \frac{2\Delta s - s_1}{r_2'} \times \frac{180°}{\pi} = 45° + 10.077\ 4° = 55.077\ 4°$$

$$\varphi_3=\varphi_2+\frac{\Delta s}{r_2'}\times\frac{180°}{\pi}=55.0774°+20.929\ 2°=75.986\ 6°$$

$$\varphi_4=\alpha_1+\alpha_2+\frac{4\Delta s-(s_1+s_2)}{r_3'}\times\frac{180°}{\pi}=45°+33.85°+6.382\ 5°=85.232\ 5°$$

$$\varphi_5=90^0+\frac{5\Delta s-(s_1+s_2+s_3)}{r_4'}\times\frac{180°}{\pi}=90°+1.358\ 5°=91.358\ 5°$$

$$\varphi_6=\varphi_5+\frac{\Delta s}{r_4'}\times\frac{180°}{\pi}=91.358\ 5°+3.823\ 2°=95.181\ 7°$$

$$\varphi_7=\varphi_6+\frac{\Delta s}{r_4'}\times\frac{180°}{\pi}=95.181\ 7°+3.823\ 2°=99.004\ 9°$$

$$\varphi_8=90°+\alpha_4'=90°+12.828°=102.828\ 0°$$

（或： $\varphi_8=\varphi_7+\frac{\Delta s}{r_4'}\times\frac{180°}{\pi}=99.004\ 9°+3.823\ 2°=102.828\ 1°$ ）

校核角度：$\varphi_8=\alpha_1+\alpha_2+\alpha_3+\alpha_4=45°+33.85°+11.15°+12.828°=102.828°$

b. 各截面的中心坐标（单位：cm）。

$x_0=0$ $y_0=0$

$x_1=r_1'\sin\varphi_1=117.220\ 6$ $y_1=r_1'(1-\cos\varphi_1)=31.018\ 6$

$x_2=r_2'\sin\varphi_2-70=205.495\ 2$ $y_2=r_1'+70-r_2'\cos\varphi_2=114.650\ 3$

$x_3=r_2'\sin\varphi_3-70=256.000\ 3$ $y_3=r_1'+70-r_2'\cos\varphi_3=225.638\ 0$

$x_4=r_3'\sin\varphi_4-70-602=274.713\ 2$ $y_4=r_1'+70+119-r_3'\cos\varphi_4=347.043\ 0$

$$x_5=r_4'\cos(\varphi_5-90°)-(r_4'-15-263)=277.483\ 5$$

$$y_5=r_4'\sin(\varphi_5-90°)+r_1'+70+119=469.566\ 2$$

$$x_6=r_4'\cos(\varphi_6-90°)-(r_4'-15-263)=270.490\ 2$$

$$y_6=r_4'\sin(\varphi_6-90°)+r_1'+70+119=591.962\ 9$$

$$x_7=r_4'\cos(\varphi_7-90°)-(r_4'-15-263)=255.351\ 4$$

$$y_7=r_4'\sin(\varphi_7-90°)+r_1'+70+119=713.620\ 8$$

$$x_8=r_4'\cos(\varphi_8-90°)-(r_4'-15-263)=232.135\ 0$$

$$y_8=r_4'\sin(\varphi_8-90°)+r_1'+70+119=833.995\ 5$$

坐标校核： $x_8=\frac{B}{2}-\frac{d_a}{2}=293-\frac{121.732}{2}=232.134$

$$y_8=H-\frac{\text{拱顶厚度}}{2}=849-15=834$$

⑥ 计算基本结构的单位位移 δ_{ik}。

计算过程见表 5.3.6、表 5.3.7。

$$\delta_{11}=\frac{\Delta s}{3E}\sum\frac{1}{I_i}=\frac{1.226181}{3\times0.27\times10^8}\times7783.9668=1.178\ 34\times10^{-4}$$

$$\delta_{12}=\delta_{21}=\frac{\Delta s}{3E}\sum\frac{y_i}{I_i}=2.835\ 04\times10^{-4}$$

$$\delta_{22}=\frac{\Delta s}{3E}\sum\frac{y_i^2}{I_i}=1.098\ 04\times10^{-3}$$

$$\delta_{ss}=\frac{\Delta s}{3E}\sum\frac{(1+y_i)^2}{I_i}=1.782\ 88\times10^{-3}$$

校核：

$$\delta_{11}+2\delta_{12}+\delta_{22}=1.782\ 883\times10^{-3}$$

$$\delta_{11}+2\delta_{12}+\delta_{22}-\delta_{ss}=3\times10^{-9}\approx0$$

说明变位计算结果正确。

在误差允许范围内，曲墙拱结构几何要素见表 5.3.6、表 5.3.7。

$$\sum_{i=0}^{n}y_i\Delta s=\frac{1}{3}\Delta s[y_0+4(y_1+y_3+\cdots+y_{n-1})+2(y_2+y_4+\cdots+y_{n-2})+y_n]$$
$$=\frac{\Delta s}{3}\sum_{i=0}^{n}n_iy_i$$

表 5.3.6 曲墙拱结构几何要素及 δ_{ik} 计算过程表（一）

截面	φ_i	$\sin\varphi_i$	$\cos\varphi_i$	x_i	y_i	d_i
0	0.000 000	0.000 000	1.000 000	0.000 000	0.000 000	0.300 000
1	29.643 500	0.494 602	0.869 120	1.172 206	0.310 186	0.300 000
2	55.077 450	0.819 927	0.572 469	2.054 953	1.146 503	0.300 000
3	75.986 600	0.970 239	0.242 149	2.560 003	2.256 380	0.300 000
4	85.232 540	0.996 540	0.083 112	2.747 132	3.470 431	0.300 000
5	91.358 530	0.999 719	−0.023 709	2.774 835	4.695 662	0.310 026
6	95.181 750	0.995 913	−0.090 315	2.704 902	5.919 629	0.444 830
7	99.004 900	0.987 675	−0.156 519	2.553 514	7.136 209	0.744 395
8	102.828 100	0.975 041	−0.222 027	2.321 351	8.339 955	1.237 150

表 5.3.7　曲墙拱结构几何要素及δ_{ik}计算过程表（二）

截面	I_i	$1/I_i$	y_i/I_i	y_i^2/I_i	$(1+y_i)^2/I_i$	积分系数
0	0.002 250	444.444 444	0.000 000	0.000 000	444.444 444	1
1	0.002 250	444.444 444	137.860 587	42.762 469	762.928 088	4
2	0.002 250	444.444 444	509.557 022	584.208 808	2 047.767 296	2
3	0.002 250	444.444 444	1 002.835 644	2 262.778 490	4 712.894 222	4
4	0.002 250	444.444 444	1 542.413 600	5 352.839 355	8 882.111 000	2
5	0.002 483	402.704 882	1 890.966 041	8 879.337 509	13 063.974 472	4
6	0.007 335	136.332 387	807.037 154	4 777.360 546	6 527.767 241	2
7	0.034 374	29.091 821	207.605 300	1 481.514 709	1 925.817 129	4
8	0.157 792	6.337 444	52.854 002	440.799 996	552.845 444	1
$\sum$		7 783.966 809	18 727.939 840	72 535.190 118	117 775.036 608	

注：$\sum$的计算按式（5.2.22）进行，以下各表均同。

⑦ 计算主动荷载在基本结构中产生的位移Δ_{1p}和Δ_{2p}。

a. 衬砌每一块上的作用力。

竖向力：　　$Q_i = qb_i$（kN）

式中　b_i——相邻两截面之间的衬砌外缘的水平投影（由分块图量取）。

侧向水平力：$E_i = eh_i$（kN）

式中　h_i——相邻两截面之间的衬砌外缘的竖直投影（由分块图量取）。

自重力：　　$W_i = \dfrac{d_{i-1}+d_i}{2}\Delta s\gamma_h$（kN）

计算过程见表 5.3.8、表 5.3.9。

注意：以上各集中力均通过相应荷载图形的形心。

表 5.3.8　M_{ip}^0计算过程表（一）

截面	集中力/kN			力臂/m			$-Q_ia_q$	$-G_ia_w$	$-E_ia_e$
	Q_i	W_i	E_i	a_q	a_w	a_e			
0	0	0	0	0	0	0	0	0	0
1	120.693 056	8.462 889	4.791 844	0.549 137	0.566 053	0.295 351	−66.277 048	−4.790 440	−1.415 274
2	90.193 874	8.462 889	12.796 742	0.342 790	0.395 432	0.526 458	−30.917 537	−3.346 497	−6.736 944
3	51.063 582	8.462 889	16.842 657	0.118 180	0.201 655	0.616 198	−6.034 696	−1.706 580	−10.378 404
4	18.495 219	8.462 889	17.987 215	−0.057 520	0.070 817	0.632 062	1.063 853	−0.599 314	−11.369 027
5	3.218 368	8.428 050	17.987 103	−0.135 824	−0.006 001	0.615 718	0.437 131	0.050 579	−11.074 985
6	0	10.215 554	18.024 428	0	−0.062 934	0.602 244	0	0.642 910	−10.855 109
7	0	16.235 277	18.243 385	0	−0.085 680	0.576 869	0	1.391 038	−10.524 045
8	0	27.386 404	16.616 500	0	−0.101 027	0.578 681	0	2.766 761	−9.615 661

表 5.3.9　M_{ip}^0 计算过程表（二）

截面	$\sum_{i=1}^{i-1}(Q+W)$	$\sum_{i=1}^{i-1}E$	Δx_i	Δy_i	$-\Delta x_i\sum_{i=1}^{i-1}(Q+W)$	$-\Delta y_i\sum_{i=1}^{i-1}E$	M_{ip}^0
0	0	0	0	0	0	0	0
1	0	0	1.172 206	0.310 186	0	0	−72.482 762
2	129.155 946	4.791 844	0.882 746	0.836 317	−114.011 952	−4.007 501	−231.503 193
3	227.812 709	17.588 586	0.505 050	1.109 877	−115.056 915	−19.521 165	−384.200 954
4	287.339 180	34.431 243	0.187 129	1.214 050	−53.769 478	−41.801 264	−490.676 185
5	314.297 288	52.418 458	0.027 703	1.225 231	−8.707 100	−64.224 744	−574.195 304
6	325.943 706	70.405 560	−0.069 933	1.223 967	22.794 206	−86.174 078	−647.787 375
7	336.159 260	88.429 989	−0.151 388	1.216 580	50.890 481	−107.582 113	−713.612 014
8	352.394 537	106.673 374	−0.232 164	1.203 746	81.813 192	−128.407 698	−767.055 420

b. 主动荷载在基本结构上产生的内力。

分块上个集中力对下一分点的截面形心的力臂由分块图上量取（图 5.3.17），并分别记为 a_q、a_e、a_g。

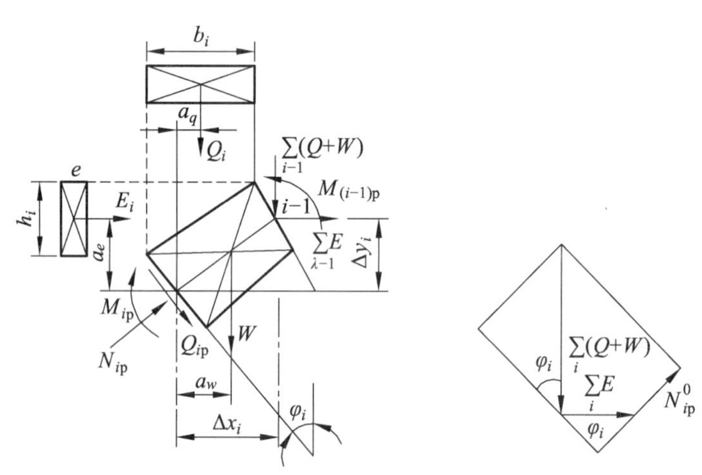

图 5.3.17　单元主动荷载图示

弯矩：　　$M_{ip}^0 = M_{(i-1)p}^0 - \Delta x_i \sum_{i-1}(Q+W) - \Delta y_i \sum_{i-1} E - Q_i a_q - E_i a_e - W_i a_w$（kN·m）

轴力：　　$N_{ip}^0 = \sin\varphi \sum_i (Q+W) - \cos\varphi \sum_i E$　（kN）

式中　Δx_i、Δy_i——相邻两截面中心点的坐标增量：

$$\Delta x_i = x_i - x_{i-1}$$

$$\Delta y_i = y_i - y_{i-1}$$

M_{ip}^0 和 N_{ip}^0 的计算过程示于表 5.3.8 ~ 表 5.3.10。

表 5.3.10 N_{ip}^0 计算过程表

截面	$\sin\varphi_i$	$\cos\varphi_i$	$\sum(Q+W)$	$-\sum E_i$	$\sin\varphi_i\sum(Q+W)$	$-\cos\varphi_i\sum E_i$	N_{ip}^0
0	0.000 000	1.000 000	0.000 000	0.000 000	0.000 000	0.000 000	0.000 000
1	0.494 602	0.869 120	129.155 946	−4.791 844	63.880 771	−4.164 686	59.716 085
2	0.819 927	0.572 469	227.812 709	−17.588 586	186.789 707	−10.068 914	176.720 793
3	0.970 239	0.242 149	287.339 180	−34.431 243	278.787 713	−8.337 485	270.450 228
4	0.996 540	0.083 112	314.297 288	−52.418 458	313.209 889	−4.356 597	308.853 292
5	0.999 719	−0.023 709	325.943 706	−70.405 560	325.852 087	1.669 217	327.521 305
6	0.995 913	−0.090 315	336.159 260	−88.429 989	334.785 450	7.986 587	342.772 037
7	0.987 675	−0.156 519	352.394 537	−106.673 374	348.051 260	16.696 403	364.747 663
8	0.975 041	−0.222 027	379.780 941	−123.289 874	370.301 829	27.373 646	397.675 476

校核：

$$M_{8q}^0=-q\cdot\frac{B}{2}\left(x_8-\frac{B}{4}\right)=-242.908\ 799\ (\text{kN}\cdot\text{m})$$

$$M_{8e}^0=-e\cdot\frac{H^2}{2}=-523.359\ 911\ (\text{kN}\cdot\text{m})$$

$$\begin{aligned}M_{8w}^0=&-W_1(x_8-x_1+a_{w1})-W_2(x_8-x_2+a_{w2})\\&-W_3(x_8-x_3+a_{w3})-W_4(x_8-x_4+a_{w4})-W_5(x_8-x_5+a_{w5})\\&-W_6(x_8-x_6+a_{w6})-W_7(x_8-x_7+a_{w7})-W_8a_{w8}=-0.438\ 694\ (\text{kN}\cdot\text{m})\end{aligned}$$

$$M_{8p}^0=M_{8q}^0+M_{8e}^0+M_{8w}^0=766.707\ 404\ (\text{kN}\cdot\text{m})$$

计算误差：

$$\frac{767.055\ 42-766.707\ 40}{767.055\ 42}\times100\%=0.045\ 4\%<5\%$$

在误差范围内。

c. 主动荷载位移 $\varDelta_{1p}$ 和 $\varDelta_{2p}$。

计算过程见表 5.3.11。

表 5.3.11 $\varDelta_{1p}$、$\varDelta_{2p}$ 计算过程表

截面	M_{ip}^0	$1/I_i$	y_i	$1+y_i$	M_{ip}^0/I_i	$y_iM_{ip}^0/I_i$	$M_{ip}^0(1+y_i)/I_i$	积分系数
0	0.000 000	444.444 444	0.000 000	1.000 000	0.000 000	0.000 000	0.000 000	1
1	−72.482 762	444.444 444	0.310 186	1.310 186	−32 214.560 920	−9 992.516 157	−42 207.077 077	4
2	−231.503 193	444.444 444	1.146 503	2.146 503	−102 890.308 135	−117 964.077 815	−220 854.385 949	2
3	−384.200 954	444.444 444	2.256 380	3.256 380	−170 755.979 518	−385 290.411 045	−556 046.390 564	4
4	−490.676 185	444.444 444	3.470 431	4.470 431	−218 078.304 229	−756 825.620 191	−974 903.924 420	2
5	−574.195 304	402.704 901	4.695 662	5.695 662	−231 231.263 011	−1 085 783.870 565	−1 317 015.133 576	4
6	−647.787 375	136.332 387	5.919 629	6.919 629	−88 314.399 213	−522 788.479 584	−611 102.878 797	2
7	−713.612 014	29.091 821	7.136 209	8.136 209	−20 760.272 855	−148 149.636 089	−168 909.908 944	4
8	−767.055 420	6.337 444	8.339 955	9.339 955	−4 861.171 134	−40 541.948 508	−45 403.119 642	1
$\sum$					−2 643 275.499 504	−9 352 564.039 111	−11 995 839.538 616	

$$\varDelta_{1p}=\frac{\Delta s}{3E}\sum\frac{M_{ip}^{0}}{I_i}=-0.040\ 014$$

$$\varDelta_{2p}=\frac{\Delta s}{3E}\sum\frac{M_{ip}^{0}y_i}{I_i}=-0.141\ 579$$

$$\varDelta_{1p}+\varDelta_{2p}=-0.181\ 593$$

$$\varDelta_{sp}=\frac{\Delta s}{3E}\sum\frac{M_{ip}^{0}(1+y_i)}{I_i}=-0.181\ 594$$

经校核 $\varDelta_{1p}+\varDelta_{2p}\approx\varDelta_{sp}$，故计算正确。

d. 墙底（弹性地基上的刚性梁）位移计算。

单位弯矩作用下墙底截面产生的转角

$$\bar{\beta}_1=\frac{1}{K_a I_8}=1.013\ 991\times10^{-5}$$

主动荷载作用下墙底截面产生的转角

$$\beta_{ap}^{0}=M_{8p}^{0}\bar{\beta}_1=-7.777\ 874\times10^{-3}$$

⑧ 解主动荷载作用下的力法方程。

$$\begin{cases}a_{11}X_{1p}+a_{12}X_{2p}+a_{1p}=0\\a_{21}X_{1p}+a_{22}X_{2p}+a_{2p}=0\end{cases}$$

式中

$$a_{11}=\delta_{11}+\bar{\beta}_1=1.279\ 739\times10^{-4};$$

$$a_{12}=a_{21}=\delta_{12}+f\bar{\beta}_1=3.680\ 712\times10^{-4};$$

$$a_{22}=\delta_{22}+f^2\bar{\beta}_1=1.803\ 328\times10^{-3};$$

$$a_{1p}=\varDelta_{1p}+\beta_{ap}^{0}=-0.047\ 792;$$

$$a_{2p}=\varDelta_{2p}+f\beta_{ap}^{0}=-0.206\ 447。$$

其中　f——拱矢高，$f=y_8$。

解：

$$X_{1p}=\frac{a_{22}a_{1p}-a_{12}a_{2p}}{a_{12}^2-a_{11}a_{22}}=106.999\ 006\ (\text{kN}\cdot\text{m})$$

$$X_{2p}=\frac{a_{11}a_{2p}-a_{21}a_{1p}}{a_{12}^2-a_{11}a_{22}}=92.641\ 875\ (\text{kN})$$

⑨ 求主动荷载作用下各截面的内力，并校核计算精度。

$$M_{ip}=X_{1p}+y_iX_{2p}+M_{ip}^0 \ (\text{kN}\cdot\text{m})$$

$$N_{ip}=X_{2p}\cos\varphi_i+N_{ip}^0 \ (\text{kN})$$

计算过程见表 5.3.12。

表 5.3.12 M_{ip}、N_{ip} 计算过程表

截面	M_{ip}^0	X_{1p}	$X_{2p}y_i$	M_{ip}	M_{ip}/I_i	y_iM_{ip}/I_i	积分系数	N_{ip}^0	$X_{2p}\cos\varphi_i$	N_{ip}
0	0.000 00	106.999 00	0.000 00	106.999 01	47 555.113 71	0.000 00	1	0.000 00	92.641 88	92.641 88
1	−72.482 76	106.999 00	28.736 24	63.252 49	28 112.216 15	8 720.024 92	4	59.716 08	80.510 74	140.226 83
2	−231.503 19	106.999 00	106.214 22	−18.289 97	−8 128.876 26	−9 319.783 46	2	176.720 79	53.020 25	229.741 04
3	−384.200 95	106.999 00	209.035 29	−68.166 65	−30 296.291 02	−68 359.951 17	4	270.450 23	22.407 52	292.857 75
4	−490.676 18	106.999 00	321.507 20	−62.169 98	−27 631.101 96	−95 891.821 76	2	308.853 29	7.683 92	316.537 22
5	−574.195 30	106.999 00	435.014 94	−32.181 36	−12959.590 44	−60 853.854 39	4	327.521 30	−2.186 87	325.334 43
6	−647.787 38	106.999 00	548.405 53	7.617 16	1 038.466 10	6 147.334 04	2	342.772 04	−8.347 66	334.424 38
7	−713.612 01	106.999 00	661.111 74	54.498 73	1 585.467 35	11314.225 64	4	364.747 66	−14.471 43	350.276 23
8	−767.055 42	106.999 00	772.629 07	112.572 66	713.422 97	5 949.915 48	1	397.675 48	−20.530 98	377.144 50
$\sum$					−75 407.279 38	−628 896.846 86				

⑩ 求单位弹性反力及相应摩擦力作用下，基本结构中产生的变位 $\Delta_{1\bar{\sigma}}$ 和 $\Delta_{2\bar{\sigma}}$。

a. 各截面的弹性反力强度。

最大弹性反力零点假定在截面 2，即 $\varphi_2=\varphi_b$，最大弹性反力值假定在截面 4，即 $\varphi_4=\varphi_h$。拱圈任意截面的外缘弹性反力强度（图 5.3.18）

$$\bar{\sigma}_i=\left(\frac{\cos^2\varphi_b-\cos^2\varphi_i}{\cos^2\varphi_b-\cos^2\varphi_h}\right)\bar{\sigma}_h \ (\text{kPa})$$

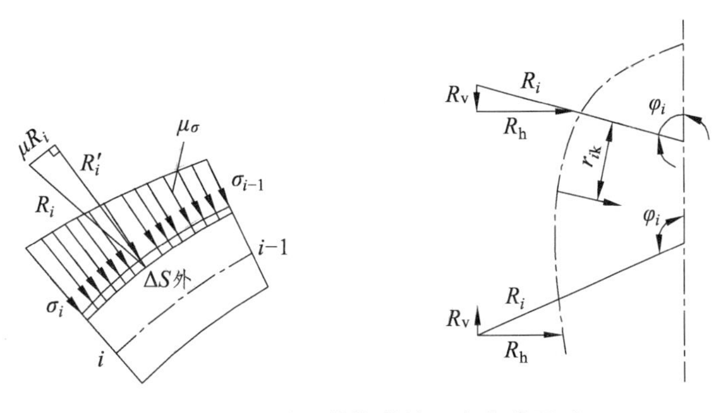

图 5.3.18 单元单位弹性反力荷载图式

边墙任意截面外缘的弹性反力强度

$$\bar{\sigma}_i=\left(1-\frac{y_i'^2}{y_h'^2}\right)\bar{\sigma}_h \quad (\text{kPa})$$

b. 各分块上的弹性反力集中力 R_i'。

$$R_i'=\left(\frac{\bar{\sigma}_{i-1}+\bar{\sigma}_i}{2}\right)\Delta s_{i外} \quad (\text{kN})$$

作用方向垂直衬砌外缘，并通过分块上弹性反力图形的形心。以上计算过程见表 5.3.13。

表 5.3.13　各点弹性反力的计算过程表

截面	$\bar{\sigma}_i(\bar{\sigma}_h)$	$\frac{\bar{\sigma}_{i-1}+\bar{\sigma}_i}{2}(\bar{\sigma}_h)$	$\Delta s_{i外}$	$R_i(\bar{\sigma}_h)$	φ_k	$\sin\varphi_k$	$\cos\varphi_k$	$R_h(\bar{\sigma}_h)$	$R_v(\bar{\sigma}_h)$
3	0.838 756	0.419 378	1.281 236	0.537 322	75.986 600	0.970 239	0.242 149	0.521 331	0.130 112
4	1.000 000	0.919 378	1.253 296	1.152 253	85.232 540	0.996 540	0.083 112	1.148 266	0.095 766
5	0.936 691	0.968 346	1.239 080	1.199 858	91.358 530	0.999 719	− 0.023 709	1.199 520	− 0.028 447
6	0.747 027	0.841 859	1.241 209	1.044 923	95.181 750	0.995 913	− 0.090 315	1.040 653	− 0.094 373
7	0.433 292	0.590 159	1.256 290	0.741 411	99.004 900	0.987 675	− 0.156 519	0.732 273	− 0.116 045
8	0.000 000	0.216 646	1.144 180	0.247 882	102.828 100	0.975 041	− 0.222 027	0.241 695	− 0.055 036

c. 弹性反力集中力与摩擦力集中力的合力 R_i。

本算例不考虑摩擦力。

d. 计算 R_i 作用下基本结构的内力。

$$M_{i\bar{\sigma}}^0=-\sum R_i r_{ik} \quad (\text{kN}\cdot\text{m})$$

$$N_{i\bar{\sigma}}^0=\sin\varphi_i\sum R_v-\cos\varphi_i\sum R_h \quad (\text{kN})$$

计算参照表 5.3.14 和 5.3.15 进行。

表 5.3.14　$M_{i\bar{\sigma}}^0$ 的计算过程表

截面	$R_3=0.537\ 322$		$R_4=1.152\ 253$		$R_5=1.199\ 858$		$R_6=1.044\ 923$		$R_7=0.741\ 411$		$R_8=0.247\ 882$		$M_{i\bar{\sigma}}^0(\bar{\sigma}_h)$
	r_{3k}	R_3r_{3k}	r_{4k}	R_4r_{4k}	r_{5k}	R_5r_{5k}	r_{6k}	R_6r_{6k}	r_{7k}	R_7r_{7k}	r_{8k}	R_8r_{8k}	
3	0.427 1	0.229 5	—	—	—	—	—	—	—	—	—	—	− 0.229 5
4	1.625 3	0.873 3	0.608 3	0.701 0	—	—	—	—	—	—	—	—	− 1.574 2
5	2.774 3	1.490 7	1.823 3	2.100 9	0.626 3	0.751 5	—	—	—	—	—	—	− 4.343 1
6	3.890 1	2.090 2	3.027 7	3.488 7	1.850 5	2.220 3	0.643 9	0.672 8	—	—	—	—	− 8.472 0
7	4.969 6	2.670 3	4.214 0	4.855 6	3.067 1	3.680 1	1.859 1	1.942 7	0.683 8	0.507 0	—	—	− 13.655 6
8	6.007 9	3.228 2	5.377 0	6.195 7	4.270 9	5.124 5	3.063 4	3.201 0	1.888 0	1.399 8	0.762 8	0.189 1	− 19.338 2

表 5.3.15　$N_{i\bar{\sigma}}^0$ 的计算过程表

截面	φ_i	$\sin\varphi_i$	$\cos\varphi_i$	$\sum R_v$	$\sin\varphi_i\sum R_v$	$\sum R_h$	$\cos\varphi_i\sum R_h$	$N_{i\bar{\sigma}}^0(\bar{\sigma}_h)$
3	75.986 600	0.970 239	0.242 149	0.130 112	0.126 240	0.521 331	0.126 240	0.000 000
4	85.232 540	0.996 540	0.083 112	0.225 878	0.225 096	1.669 598	0.138 763	0.086 333
5	91.358 530	0.999 719	−0.023 709	0.197 431	0.197 375	2.869 118	−0.068 023	0.265 398
6	95.181 750	0.995 913	−0.090 315	0.103 058	0.102 637	3.909 771	−0.353 112	0.455 750
7	99.004 900	0.987 675	−0.156 519	−0.012 987	−0.012 826	4.642 044	−0.726 568	0.713 741
8	102.828 100	0.975 041	−0.222 027	−0.068 023	−0.066 325	4.883 739	−1.084 321	1.017 995

e. 计算 R_i 作用下产生的荷载位移 $\Delta_{1\bar{\sigma}}$ 和 $\Delta_{2\bar{\sigma}}$。

计算结果见表 5.3.16。

$$\Delta_{1\bar{\sigma}}=\frac{\Delta s}{3E}\sum\frac{M_{i\bar{\sigma}}^0}{I_i}=-1.941\ 439\times10^{-4}$$

$$\Delta_{2\bar{\sigma}}=\frac{\Delta s}{3E}\sum\frac{M_{i\bar{\sigma}}^0 y_i}{I_i}=-9.788\ 859\times10^{-4}$$

$$\Delta_{1\bar{\sigma}}+\Delta_{2\bar{\sigma}}=-1.173\ 030\times10^{-3}$$

$$\Delta_{s\bar{\sigma}}=\frac{\Delta s}{3E}\sum\frac{M_{i\bar{\sigma}}^0(1+y_i)}{I_i}=-1.173\ 029\times10^{-3}$$

经校核，$\Delta_{1\bar{\sigma}}+\Delta_{2\bar{\sigma}}\approx\Delta_{s\bar{\sigma}}$，故计算正确。

表 5.3.16　$\Delta_{1\bar{\sigma}}$、$\Delta_{2\bar{\sigma}}$ 计算过程表

截面	$M_{i\sigma}^0$	$1/I_i$	I_i	$1+y_i$	$M_{i\sigma}^0/I_i$	$y_iM_{i\sigma}^0/I_i$	$M_{i\sigma}^0(1+y_i)/I_i$	积分系数
3	−0.229 479	444.444 444	2.256 380	3.256 380	−101.990 561	−230.129 483	−332.120 045	4
4	−1.574 244	444.444 444	3.470 431	4.470 431	−699.664 105	−2 428.135 719	−3 127.799 823	2
5	−4.343 113	402.704 901	4.695 662	5.695 662	−1 748.992 864	−8 212.679 450	−9 961.672 315	4
6	−8.472 023	136.332 387	5.919 629	6.919 629	−1 155.011 103	−6 837.237 231	−7 992.248 334	2
7	−13.655 591	29.091 821	7.136 209	8.136 209	−397.266 014	−2 834.973 116	−3 232.239 130	4
8	−19.338 240	6.337 444	8.339 955	9.339 955	−122.555 023	−1 022.103 373	−1 144.658 395	1
$\sum$					−12 824.903 198	−64 663.977 470	−77 488.880 668	

⑪ 解单位弹性反力及其摩擦力作用下的力法方程。

$$\beta_{a\bar{\sigma}}^0=M_{8\bar{\sigma}}^0\bar{\beta}_1=-1.960\ 880\times10^{-4}\text{（rad）}$$

$$X_{1\bar{\sigma}}a_{11}+X_{2\bar{\sigma}}a_{12}+a_{1\bar{\sigma}}=0$$

$$X_{1\bar{\sigma}}a_{21}+X_{2\bar{\sigma}}a_{22}+a_{2\bar{\sigma}}=0$$

式中 a_{11}、a_{12}、a_{21} 和 a_{22} 均同前。

$$a_{1\bar{\sigma}} = \Delta_{1\bar{\sigma}} + \beta^0_{a\bar{\sigma}} = -3.902\ 319\times10^{-4}$$

$$a_{2\bar{\sigma}} = \Delta_{2\bar{\sigma}} + f\beta^0_{a\bar{\sigma}} = -2.614\ 260\times10^{-3}$$

解得

$$X_{1\bar{\sigma}} = \frac{a_{22}a_{1\bar{\sigma}} - a_{12}a_{2\bar{\sigma}}}{a_{12}^2 - a_{11}a_{22}} = -2.712\ 597 \quad (\text{kN·m})$$

$$X_{2\bar{\sigma}} = \frac{a_{11}a_{2\bar{\sigma}} - a_{21}a_{1\bar{\sigma}}}{a_{12}^2 - a_{11}a_{22}} = 2.003\ 345 \quad (\text{kN})$$

代入原方程检验，计算正确。

计算单位弹性反力图及摩擦力作用下截面的内力，并校核计算精度。

$$M_{i\bar{\sigma}} = X_{1\bar{\sigma}} + y_i X_{2\bar{\sigma}} + M^0_{i\bar{\sigma}} \quad (\text{kN·m})$$

$$N_{i\bar{\sigma}} = X_{2\bar{\sigma}}\cos\varphi_i + N^0_{i\bar{\sigma}} \quad (\text{kN})$$

计算过程见表 5.3.17。

表 5.3.17　$M_{i\bar{\sigma}}$、$N_{i\bar{\sigma}}$ 计算过程表

截面	$M^0_{i\bar{\sigma}}$	$X_{1\bar{\sigma}}$	$X_{2\bar{\sigma}}y_i$	$M_{i\bar{\sigma}}$	$M_{i\bar{\sigma}}/I_i$	$y_iM_{i\bar{\sigma}}/I_i$	积分系数	$N^0_{i\bar{s}}$	$X_{2\bar{\sigma}}\cos\varphi_i$	$N_{i\bar{\sigma}}$
0	0.000 000	−2.712 597	0.000 000	−2.712 597	−1 205.598 595	0.000 000	1.000 000	0.000 000	2.003 345	2.003 345
1	0.000 000	−2.712 597	0.621 410	−2.091 187	−929.416 261	−288.292 211	4.000 000	0.000 000	1.741 147	1.741 147
2	0.000 000	−2.712 597	2.296 842	−0.415 755	−184.780 025	−211.850 908	2.000 000	0.000 000	1.146 852	1.146 852
3	−0.229 479	−2.712 597	4.520 308	1.578 233	701.436 731	1 582.707 950	4.000 000	0.000 000	0.485 108	0.485 108
4	−1.574 244	−2.712 597	6.952 470	2.665 629	1 184.724 049	4 111.502 593	2.000 000	0.086 333	0.166 502	0.252 835
5	−4.343 113	−2.712 597	9.407 032	2.351 322	946.888 858	4 446.269 840	4.000 000	0.265 398	−0.047 497	0.217 902
6	−8.472 023	−2.712 597	11.859 060	0.674 440	91.948 033	544.298 245	2.000 000	0.455 750	−0.180 933	0.274 817
7	−13.655 591	−2.712 597	14.296 288	−2.071 900	−60.275 333	−430.137 343	4.000 000	0.713 741	−0.313 561	0.400 180
8	−19.338 240	−2.712 597	16.707 808	−5.343 029	−33.861 148	−282.400 452	1.000 000	1.017 995	−0.444 796	0.573 199
$\sum$					3 578.860 354	29 847.692 353				

⑫ 最大弹性反力值 σ_{h} 的计算。

计算参照式（5.3.24）进行。先求位移 δ_{hp} 和 $\delta_{\text{h}\bar{\sigma}}$：

$$\delta_{\text{hp}} = \delta_{4\text{p}} = \frac{\Delta s}{3E}\sum\frac{\bar{M}_{ik}M_{i\text{p}}}{I_i} + y_{a\text{h}}\beta_{ap} = 5.016\ 745\times10^{-3} \quad (\text{m})$$

$$\delta_{\text{h}\bar{\sigma}} = \delta_{4\bar{\sigma}} = \frac{\Delta s}{3E}\sum\frac{\bar{M}_{ik}M_{i\bar{\sigma}}}{I_i} + y_{a\text{h}}\beta_{a\bar{\sigma}} = -1.998\ 882\times10^{-4} \quad (\text{m})$$

$$\beta_{ap} = M_{8\text{p}}\bar{\beta}_1 = 1.141\ 477\times10^{-3} \quad (\text{rad})$$

$$\beta_{a\bar{\sigma}} = M_{8\bar{\sigma}}\bar{\beta}_1 = -5.417\ 784 \times 10^{-5} \quad (\text{rad})$$

$$\sigma_h = \frac{\delta_{hp}}{\frac{1}{K_v} - \delta_{h\bar{\sigma}}} = 24.993\ 558$$

计算过程见表 5.3.18。

表 5.3.18　σ_h 计算过程表

截面	$1/I_i$	$\bar{M}_{ik}$	M_{ip}	$M_{i\bar{\sigma}}$	$\frac{\bar{M}_{ik}M_{ip}}{I_i}$	$\frac{\bar{M}_{ik}M_{i\bar{\sigma}}}{I_i}$	积分系数
4	444.444 444	0.000 000	−62.169 979	2.665 629	0.000 000	0.000 000	2
5	402.704 906	1.220 230	−32.181 358	2.351 322	−15 813.681 210	1 155.422 192	4
6	136.332 387	2.434 515	7.617 164	0.674 440	2 528.161 294	223.848 866	2
7	29.091 821	3.634 721	54.498 732	−2.071 900	5 762.731 483	−219.084 017	4
8	6.337 444	4.815 518	112.572 658	−5.343 029	3 435.501 162	−163.058 969	1
$\sum$					−31 711.975 159	4 029.991 462	

⑬ 计算赘余力 X_1 和 X_2。

$$X_1 = X_{1p} + X_{1\bar{\sigma}}\sigma_h = 39.201\ 559 \quad (\text{kN·m})$$

$$X_2 = X_{2p} + X_{2\bar{\sigma}}\sigma_h = 142.712\ 597 \quad (\text{kN})$$

⑭ 计算衬砌截面总的内力并校核计算精度。

a. 衬砌各截面内力。

$$M_i = M_{ip} + M_{i\bar{\sigma}}\sigma_h \quad (\text{kN·m})$$

$$N_i = N_{ip} + N_{i\bar{\sigma}}\sigma_h \quad (\text{kN})$$

计算结果见表 5.3.19。

表 5.3.19　计算结果

截面	M_{ip}	$M_{i\bar{\sigma}}\sigma_h$	M_i	N_{ip}	$N_{i\bar{\sigma}}\sigma_h$	N_i	e	$\frac{M_i}{I_i}$	$\frac{M_i y_i}{I_i}$	$\frac{M_i y_{ih}}{I_i}$	积分系数
0	106.999 0	−67.797 4	39.201 6	92.641 9	50.070 7	142.712 6	0.274 7	17 422.915 3	0.000 0		1
1	63.252 5	−52.266 2	10.986 3	140.226 8	43.517 4	183.744 3	0.059 8	4 882.796 9	1 514.576 8		4
2	−18.290 0	−10.391 2	−28.681 2	229.741 0	28.663 9	258.405 0	−0.111 0	−12 747.186 5	−14 614.691 4		2
3	−68.166 7	39.445 6	−28.721 0	292.857 7	12.124 6	304.982 3	−0.094 2	−12 764.891 4	−28 802.448 2		4
4	−62.170 0	66.623 6	4.453 6	316.537 2	6.319 2	322.856 5	0.013 8	1 979.367 3	6 869.256 8	0.000 0	2
5	−32.181 4	58.767 9	26.586 5	325.334 4	5.446 1	330.780 6	0.080 4	10 706.531 0	50 274.248 7	13 064.430 4	4
6	7.617 2	16.856 7	24.473 8	334.424 4	6.868 6	341.293 0	0.071 7	3 336.574 6	19 751.283 8	8 122.940 9	2
7	54.498 7	−51.784 1	2.714 6	350.276 2	10.001 9	360.278 2	0.007 5	78.972 3	563.563 0	287.042 4	4
8	112.572 7	−133.541 3	−20.968 6	377.144 5	14.326 3	391.470 8	−0.053 6	−132.887 6	−1 108.276 6	−639.922 6	1
$\sum$								14 041.173 9	117 103.183 1	69 011.850 2	

b. 校核计算精度。

墙底截面最终转角：$\beta_a=\beta_{ap}+\sigma_{\rm h}\beta_{a\bar{\sigma}}=-2.126\ 201\times10^{-4}$（rad）

校核：

$$\frac{\Delta s}{3E}\sum\frac{M_i}{I_i}+\beta_a=-6.430\ 183\times10^{-8}\approx0$$

$$\frac{\Delta s}{3E}\sum\frac{M_iy_i}{I_i}+f\beta_a=-5.394\ 127\times10^{-7}\approx0$$

$$\frac{\Delta s}{3E}\sum\frac{M_iy_{i\rm h}}{I_i}+y_{a\rm h}\beta_a=2.082\ 797\times10^{-5}$$

$$\frac{\sigma_{\rm h}}{K}=2.082\ 795\times10^{-5}$$

相对误差是：0.000 026% < 5%，故计算正确。

⑮ 绘制内力图。

计算结果按一定比例绘制，如图 5.3.19 所示。

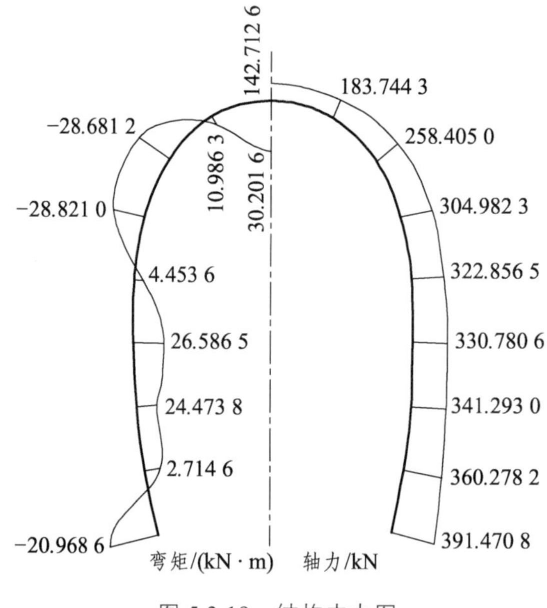

图 5.3.19　结构内力图

⑯ 衬砌截面强度检算。

由计算可知，$N_8=391.470\ 8$，故按承载能力极限状态检算：

$$\gamma_{\rm sc}N_{\rm k}\leqslant\varphi\alpha bd_a f_{\rm ck}/\gamma_{\rm R_c}$$

式中　$N_{\rm k}$——轴力标准值，由计算得到，这里取 $N_{\rm k}=N_8=391.470\ 8$ kN；

$\gamma_{\rm sc}$——混凝土衬砌构件抗压检算时作用效应分项系数，这里 $\gamma_{\rm sc}=3.95$；

γ_{R_c}——混凝土衬砌构件抗压检算时抗力分项系数，这里 $\gamma_{R_c}=1.85$；

φ——构件纵向弯曲系数，这里为隧道衬砌，故取 $\varphi=1.0$；

f_{ck}——混凝土轴心抗压强度标准值，按规范取 $f_{ck}=13.5$ MPa；

b——截面宽度，$b=1\text{m}$；

d_a——8 点截面高度，$d_a=1.11\text{m}$；

α——轴向力偏心影响系数，取 $\alpha=0.799$。

$$\gamma_{sc}N_k = 1\ 546\ 309.66$$

$$\varphi\alpha b d_a f_{ck}/\gamma_{R_c} = 6\ 471\ 899.8$$

可见等式左边小于等式右边，故轴力最大处的边墙底通过检算。此外，还必须按式（5.1.4）（大偏心）检算拱顶截面是否符合正常使用状态的强度要求，此处从略。

5.4　弹性地基梁法

1. 直墙拱形结构计算

直墙式衬砌是目前我国铁路隧道中使用最多的衬砌形式，主要用于比较稳定的坚硬围岩中。直墙式衬砌参见图 1.1.2（b），由拱圈、竖直边墙和铺底组成。

（1）计算原理。

直墙式衬砌的计算采用局部变形地基梁法，此法由纳乌莫夫首创，将衬砌看成是一个支承在两个竖直的弹性地基上的拱圈，如图 5.4.1 所示。

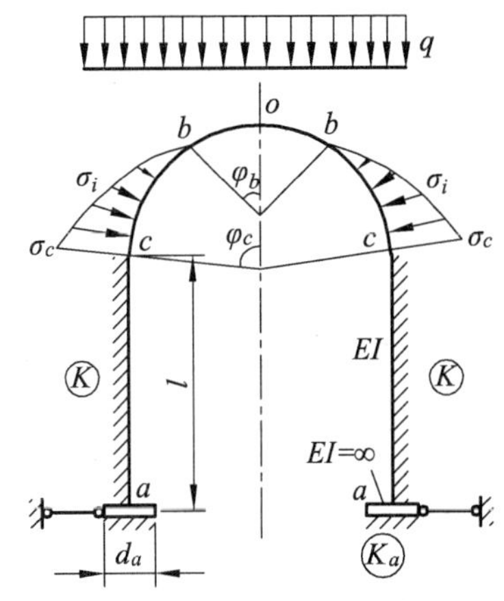

图 5.4.1　直墙式衬砌计算图式

该法计算拱形直墙衬砌内力的特点，是将拱圈和边墙分为 2 个单元分别计算，而在各自的计算中考虑相互影响。计算中拱圈视为弹性固定无铰拱，边墙视为双向弹性地基梁。拱圈和边墙受力变形的相互影响，表现为计算拱圈时拱脚的变位应取边墙墙顶的变位，计算边墙时墙顶的初始条件与拱脚的内力和变位一致。

局部变形地基梁法计算简图中关于弹性反力的考虑方法也按拱圈和边墙分为 2 种情况。拱圈弹性反力仍采用假定的荷载图形，零点位于拱顶两侧约 45° 附近，最大弹性反力发生在墙顶，作用方向为水平。拱圈任意截面弹性反力的作用方向为径向，荷载图形假设为二次抛物线，计算公式为

$$\sigma_i = \sigma_c \frac{\cos^2\varphi_b - \cos^2\varphi_i}{\cos^2\varphi_b - \cos^2\varphi_c} \tag{5.4.1}$$

式中　σ_c——拱脚截面的弹性反力强度，按几何关系有：$\sigma_c=\sigma_h\sin\varphi_c$。

边墙不假设弹性反力图形，作用在墙身上的弹性反力的影响反映在弹性地基梁的计算公式中。

这样，拱部弹性反力也是以其最大值 σ_c 的函数来表示，增加一个未知数，同时也增加了一个 c 点径向位移 $\delta_c = \sigma_c / K$ 的方程式。

以上可以看出，直墙式衬砌的拱圈的计算方法，在原理上与前述的有侧面弹性反力的弹性固定的高拱结构完全相同。

对于厚度不大的直边墙，在拱圈的拱脚推力作用下，边墙顶将压向侧面围岩。但由于边墙本身有一定的弹性变形，这时边墙的变形和受力情况和弹性地基梁类似，因此，边墙可以作为弹性地基上的直梁来计算。为了计算简单起见，一般都按局部变形理论，其弹性反力系数为 K 。边墙底与围岩基底间具有较大的摩擦力，认为墙底不产生水平位移，在基底面上，可以把墙底支承看成是绝对刚性梁（$EI=\infty$）。因为承压面积较小，基底的弹性反力系数 K_a 比侧面 K 的值稍大些，一般取

$$K_a = 1.25K$$

弹性地基梁，按其换算长度 αl 的不同，可分为 3 种情况：

① 长梁。当 $\alpha l \geqslant 2.75$ 时，可近似地看作为无限长梁（$\alpha l = \infty$），此时，梁的一端受力及变形对另一端的影响很小，因而可以忽略，亦即计算墙顶的位移时可以忽略墙底的受力和变形的影响。

② 短梁。当 $1 < \alpha l < 2.75$ 时，梁的一端受力及变形会影响到另一端，亦即墙顶的位移计算要考虑墙底的受力和变形的影响。

③ 刚性梁。当 $\alpha l \leqslant 1$ 时，可以近似地看作 $\alpha l = 0$（$EI=\infty$）的绝对刚性梁。此时可不考虑边墙本身的弹性变形，在外力作用下，只有整个边墙沿垂直方向的沉陷及绕墙脚某一点作刚体转动。

上述的 l 为梁的长度（即边墙高度），α 为弹性地基梁的弹性特征值，有

$$\alpha = \sqrt[4]{\frac{Kb}{4EI}} \tag{5.4.2}$$

式中 b——边墙纵向计算宽度，取为 1 m；

EI——边墙的刚度。

关于弹性地基梁基本微分方程及梁内任意截面的位移及内力公式的推导，可参阅有关资料，此处不赘述。

（2）弹性地基梁在梁端荷载作用下的梁端位移计算。

我们现在要解决的问题，是在弹性地基梁的 c 端，作用有拱脚传来的外力 M_c 和 H_c，要求 c 端的位移 β_c 和 u_c［图 5.4.2（a）］。为此，先要求得 $\bar{M}_c = 1$ 和 $\bar{H}_c = 1$ 作用在 c 点时的单位位移 $\bar{\beta}_1$、$\bar{u}_1$ 和 $\bar{\beta}_2$、$\bar{u}_2$。根据梁的换算长度 αl 不同，分 3 种情况分别介绍墙顶单位位移及边墙内力的计算公式。因为短梁是弹性地基梁的一般形式，而刚性梁及长梁是其特例，故先介绍短梁。

① 边墙为短梁（$1 < \alpha l < 2.75$）。

边墙的计算图式及计算墙顶单位位移的计算图式如图 5.4.2 所示。

当边墙为短梁时，墙脚的弹性固定情况对墙顶的变形是有影响的，因而公式比较复杂。

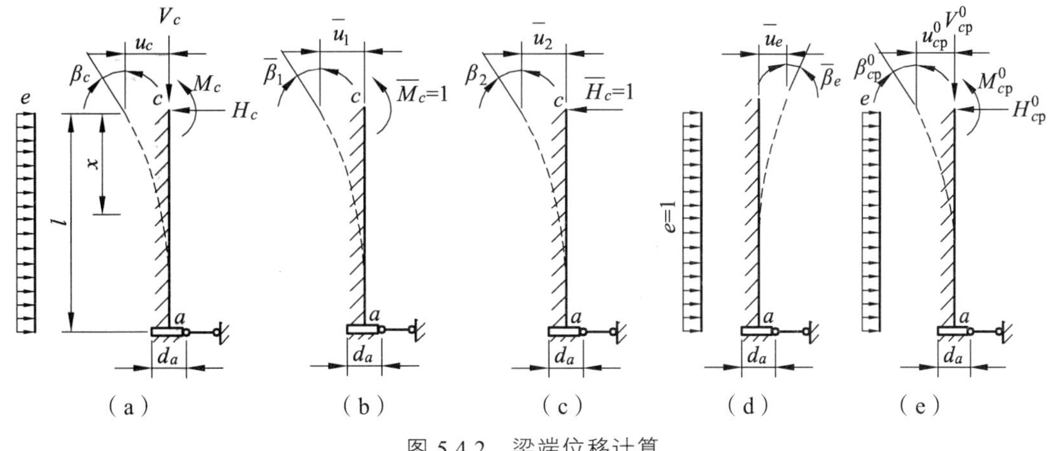

图 5.4.2　梁端位移计算

当墙顶作用一单位力矩 $\bar{M}_c=1$ 时，墙顶所产生的转角 $\bar{\beta}_1$ 和水平位移 $\bar{u}_1$ 如图 5.4.2（b）所示，应为

$$\bar{\beta}_1=\frac{4\alpha^3}{bK}\left(\frac{\phi_{11}+\phi_{12}A}{\phi_9+\phi_{10}A}\right),\quad \bar{u}_1=\frac{2\alpha^2}{bK}\left(\frac{\phi_{13}+\phi_{11}A}{\phi_9+\phi_{10}A}\right) \tag{5.4.3}$$

当墙顶作用一单位水平力 $\bar{H}_c=1$ 时，墙顶转角 $\bar{\beta}_2$ 及水平位移 $\bar{u}_2$ 如图 5.4.2（c）所示，应为

$$\bar{\beta}_2=\bar{u}_1=\frac{2\alpha^2}{bK}\left(\frac{\phi_{13}+\phi_{11}A}{\phi_9+\phi_{10}A}\right),\quad \bar{u}_2=\frac{2\alpha}{bK}\left(\frac{\phi_{10}+\phi_{13}A}{\phi_9+\phi_{10}A}\right) \tag{5.4.4}$$

当主动侧压力 $e=1$ 时，墙顶的转角 $\bar{\beta}_e$ 及水平位移 $\bar{u}_e$ 如图 5.4.2（d）所示，应为

$$\bar{\beta}_e=-\frac{\alpha}{bK}\left(\frac{\phi_4+\phi_3A}{\phi_9+\phi_{10}A}\right),\quad \bar{u}_e=-\frac{1}{bK}\left(\frac{\phi_{14}+\phi_{15}A}{\phi_9+\phi_{10}A}\right) \tag{5.4.5}$$

以上各式中

$$\left.\begin{aligned}
&A=\frac{bK}{2K_aI_a\alpha^3}=\frac{6}{nd_a^3\alpha^3} && n=\frac{K_a}{K}\\
&\phi_9=\phi_1^2+\frac{1}{2}\phi_2\phi_4 && \phi_{10}=\frac{1}{2}\phi_2\phi_3-\frac{1}{2}\phi_1\phi_4\\
&\phi_{11}=\frac{1}{2}\phi_1\phi_2+\frac{1}{2}\phi_3\phi_4 && \phi_{12}=\frac{1}{2}\phi_1^2+\frac{1}{2}\phi_3^2\\
&\phi_{13}=\frac{1}{2}\phi_2^2-\phi_1\phi_3 && \phi_{14}=\phi_1^2-\phi_1+\frac{1}{2}\phi_2\phi_4\\
&\phi_{15}=\frac{1}{2}(\phi_2\phi_3-\phi_1\phi_4)+\frac{1}{2}\phi_4
\end{aligned}\right\} \tag{5.4.6}$$

其中 $\phi_1\sim\phi_4$、$\phi_9\sim\phi_{15}$ 为以换算长度 αl 为自变量的双曲线函数的系数，可由附表 2 和附表 4 查得。

由基本结构传来的拱部外荷载（包括围岩压力及弹性反力）作用在边墙顶中点的弯矩 M_{cp}^0、水平力 H_{cp}^0 及边墙主动侧压力使墙顶所产生的转角 β_{cp}^0 和水平位移 u_{cp}^0，如图 5.4.2（e）所示为

$$\left.\begin{aligned}\beta_{\mathrm{cp}}^{0}&=M_{\mathrm{cp}}^{0}\overline{\beta}_1+H_{\mathrm{cp}}^{0}\overline{\beta}_2+e\cdot\overline{\beta}_e\\u_{\mathrm{cp}}^{0}&=M_{\mathrm{cp}}^{0}\overline{u}_1+H_{\mathrm{cp}}^{0}\overline{u}_2+e\cdot\overline{u}_e\end{aligned}\right\}\tag{5.4.7}$$

② 边墙长梁（$\alpha l \geqslant 2.75$）。

当边墙符合长梁条件时，当梁跨间无集中荷载作用时，墙脚的固定情况对墙顶的位移没有影响，故公式大为简化。但在均布侧向荷载作用时仍按短梁的条件计算。墙顶在单位荷载作用下的位移为

$$\left.\begin{aligned}\overline{\beta}_1&=\frac{4\alpha^3}{bK}\\\overline{\beta}_2&=\overline{u}_1=\frac{2\alpha^2}{bK}\\\overline{u}_2&=\frac{2\alpha}{bK}\end{aligned}\right\}\tag{5.4.8a}$$

$$\left.\begin{aligned}\overline{\beta}_e&=-\frac{\alpha}{bK}\left(\frac{\phi_4+\phi_3A}{\phi_9+\phi_{10}A}\right)\\\overline{u}_e&=-\frac{1}{bK}\left(\frac{\phi_{14}+\phi_{15}A}{\phi_9+\phi_{10}A}\right)\end{aligned}\right\}\tag{5.4.8b}$$

式中各符号含义同前。$\phi_9 \sim \phi_{15}$ 可查附表 4，表中查不到的按式（5.4.6）计算。

③ 边墙为刚性梁（$al \leqslant 1$）。

由于刚性梁本身不产生弹性变形，只有刚体位移。边墙在全部外力（可综合为对边墙底部中点 a 点的 3 个合力 M_a、H_a和V_a）作用下产生竖向沉陷 $\varDelta_a$ 和转角 β_a，墙底因摩擦力很大，不产生水平位移，如图 5.4.3 所示。当边墙向围岩方向位移时，围岩对边墙产生弹性反力，弹性反力沿墙高分布为三角形，墙顶处最大值为 σ_c，墙脚处为零。边墙底面的弹性反力按梯形分布，两边缘值分别为 σ_1 及 σ_2。根据平衡条件，可以推出各项公式。

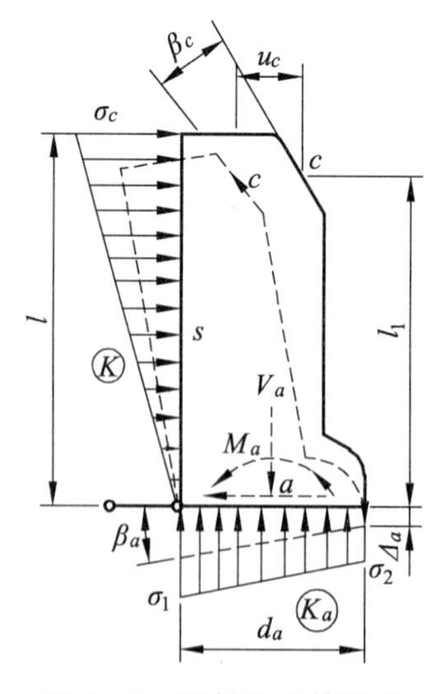

图 5.4.3　刚性梁计算图式

根据边墙上所有外力和围岩弹性反力对墙底中点 a 的力矩和为零的静力平衡条件，可得

$$M_a-\left[\frac{\sigma_c l^2}{3}+\frac{(\sigma_1-\sigma_2)d_a^2}{12}+\frac{Sd_a}{2}\right]=0 \tag{5.4.9}$$

式中 l——边墙侧面高度；

S——边墙外边缘由弹性反力所产生的摩擦力，$S=\mu\sigma_c l/2$，其中 μ 为衬砌与围岩间的摩擦系数。

由于刚体转动底面和侧面有同一转角 β，则有下述关系：

$$\beta=\frac{\sigma_1-\sigma_2}{K_a d_a}=\frac{\sigma_c}{Kl} \tag{5.4.10}$$

即 $\sigma_1-\sigma_2=n\sigma_c d_a/l$，$n=K_a/K$。

将 S 及（$\sigma_1-\sigma_2$）值代入式（5.4.9），经整理得

$$\sigma_c=\frac{12}{4l^3+nd_a^3+3\mu d_a l^2}M_a l=\frac{M_a l}{I_a'} \tag{5.4.11}$$

式中 I_a'——刚性墙的综合转动惯量。

$$I_a'=\frac{4l^3+nd_a^3+3\mu d_a l^2}{12} \tag{5.4.12}$$

将式（5.4.11）代入式（5.4.10）得

$$\beta=\frac{\sigma_c}{Kl}=\frac{M_a}{KI_a'} \tag{5.4.13}$$

根据式（5.4.13）可求得边墙顶端即拱脚处的单位位移及荷载位移。

当 $\bar{M}_c=1$ 作用在 c 点即 $M_a=1$ 时，得

$$\bar{\beta}_1=\frac{1}{KI_a'}，\quad \bar{u}_1=\bar{\beta}_1 l_1=\frac{l_1}{KI_a'} \tag{5.4.14}$$

式中 l_1——自拱脚 c 点至墙底的垂直距离。

当 $\bar{H}_c=1$ 作用在 c 点，即 $M_a=l_1$ 时，得

$$\bar{\beta}_2=\frac{l_1}{KI_a'}，\quad \bar{u}_2=\bar{\beta}_2 l_1=\frac{l_1^2}{KI_a'} \tag{5.4.15}$$

基本结构在主动荷载作用下，$M_a=M_{ap}^0$ 时得墙顶的位移

$$\beta_{cp}^0=M_{ap}^0\bar{\beta}_1=\frac{M_{ap}^0}{KI_a'}，\quad u_{cp}^0=\beta_{ap}^0 l_1=\frac{M_{ap}^0 l_1}{KI_a'} \tag{5.4.16}$$

（3）拱圈内力计算。

拱圈计算图式如 5.4.4 所示，基本结构亦从拱顶切开，赘余力为 X_1和X_2，分别求出在主动荷载和弹性反力 $\bar{\sigma}_c=1$ 作用下的内力及位移，并应用叠加原理最后计算出总内力及位移。计算步骤和公式与曲墙式衬砌完全相似，不过拱脚位移的计算公式是不同的。

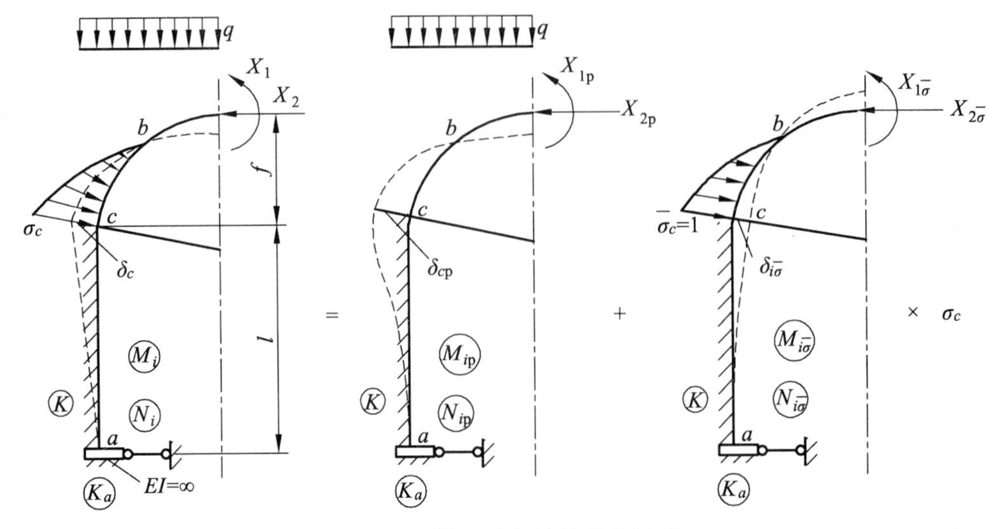

图 5.4.4　拱圈内力计算分解图式

计算拱部在主动荷载作用下的典型方程为

$$\left.\begin{aligned} X_{1p}\delta_{11}+X_{2p}\delta_{12}+\varDelta_{1p}+\beta_{cp}=0 \\ X_{1p}\delta_{21}+X_{2p}\delta_{22}+\varDelta_{2p}+f\beta_{cp}+u_{cp}=0 \end{aligned}\right\} \tag{5.4.17}$$

式中 δ_{ik}、$\varDelta_{ip}$ 的计算公式与曲墙式衬砌相同。

拱脚位移

$$\left.\begin{aligned} \beta_{cp}&=(X_{1p}+fX_{2p})\bar{\beta}_1+X_{2p}\bar{\beta}_2+\beta_{cp}^0 \\ u_{cp}&=(X_{1p}+fX_{2p})\bar{u}_1+X_{2p}\bar{u}_2+u_{cp}^0 \end{aligned}\right\} \tag{5.4.18}$$

式中　β_{cp}^0、u_{cp}^0——主动荷载在基本结构的拱脚 c 点产生的转角和水平位移。

$$\left.\begin{aligned} \beta_{cp}^0&=M_{cp}^0\bar{\beta}_1+H_{cp}^0\bar{\beta}_2 \\ u_{cp}^0&=M_{cp}^0\bar{u}_1+H_{cp}^0\bar{u}_2 \end{aligned}\right\} \tag{5.4.19}$$

式中　M_{cp}^0、H_{cp}^0——主动荷载在基本结构的拱脚 c 点所产生的弯矩和水平力。

将式（5.4.18）代入式（5.4.17）可得

$$\left.\begin{aligned} X_{1p}(\delta_{11}+\bar{\beta}_1)+X_{2p}(\delta_{12}+f\bar{\beta}_1+\bar{\beta}_2)+(\varDelta_{1p}+\beta_{cp}^0)=0 \\ X_{1p}(\delta_{21}+f\bar{\beta}_1+\bar{u}_1)+X_{2p}(\delta_{22}+\bar{u}_2+2f\bar{\beta}_2+f^2\bar{\beta}_1)+(\varDelta_{2p}+f\beta_{cp}^0+u_{cp}^0)=0 \end{aligned}\right\} \tag{5.4.20}$$

由式（5.4.20）即可解出赘余力 X_{1p}和X_{2p}，然后按下式即可算出拱圈在主动荷载作用下的内力 M_{ip}及N_{ip}。

$$\left.\begin{aligned} M_{ip}&=M_{ip}^0+X_{1p}+X_{2p}y_i \\ N_{ip}&=N_{ip}^0+X_{2p}\cos\varphi_i \end{aligned}\right\} \tag{5.4.21}$$

拱圈在拱部单位弹性反力图作用下的计算公式与主动荷载的情况相似，不同之处在于需要另行计算 $\varDelta_{1\bar{\sigma}}$、$\varDelta_{2\bar{\sigma}}$、$\beta_{c\bar{\sigma}}$ 和 $u_{c\bar{\sigma}}$，并解出 $X_{1\bar{\sigma}}$ 和 $X_{2\bar{\sigma}}$，算出 $M_{i\bar{\sigma}}$ 和 $N_{i\bar{\sigma}}$。

从上述结果可求出拱部在主动外荷载和单位弹性反力作用下最后的内力 M_i和N_i。

（4）边墙内力和位移计算。

当边墙上无侧向压力 e 作用时，在墙顶 c 点的作用力 M_c、H_c 和位移 β_c、u_c 求得后，以此 4 个值为初参数，可按下列弹性地基梁的初参数公式求得边墙各截面的内力和位移①（图 5.4.5）。

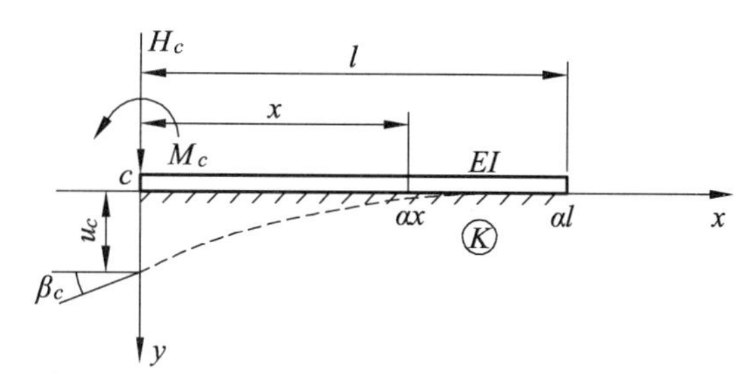

图 5.4.5　弹性地基梁计算

① 边墙为短梁时，距墙顶为 x 的任一截面的内力和位移的计算公式如下：

$$\left.\begin{aligned}
M &= -u_c\frac{K}{2\alpha^2}\phi_3 + \beta_c\frac{K}{4\alpha^3}\phi_4 + M_c\phi_1 + H_c\frac{1}{2\alpha}\phi_2 \\
H &= -u_c\frac{K}{2\alpha}\phi_2 + \beta_c\frac{K}{2\alpha^2}\phi_3 - M_c\alpha\phi_4 + H_c\phi \\
\beta &= u_c\alpha\phi_4 + \beta_c\phi_1 - M_c\frac{2\alpha^3}{K}\phi_4 - H_c\frac{2\alpha^2}{K}\phi_3 \\
u &= u_c\phi_1 - \beta_c\frac{1}{2\alpha}\phi_2 + M_c\frac{2\alpha^3}{K}\phi_3 + H_c\frac{\alpha}{K}\phi_4
\end{aligned}\right\} \tag{5.4.22}$$

式中　β_c、u_c——拱脚（墙顶）最终位移值。

$$\left.\begin{aligned}
\beta_c &= M_c\bar{\beta}_1 + H_c\bar{\beta}_2 \\
u_c &= M_c\bar{u}_1 + H_c\bar{u}_2
\end{aligned}\right\} \tag{5.4.23}$$

根据地基局部变形理论求得边墙各截面的抗力为

$$\sigma = Ku$$

② 边墙为长梁时，距墙顶为 x 的任一截面的内力和位移的计算公式为

$$\left.\begin{aligned}
M &= M_c\phi_7 + H_c\frac{1}{\alpha}\phi_8 \\
H &= -M_c 2\alpha\phi_8 + H_c\phi_5 \\
\beta &= M_c\frac{4\alpha^3}{K}\phi_6 + H_c\frac{2\alpha^2}{K}\phi \\
u &= M_c\frac{2\alpha^2}{K}\phi_5 + H_c\frac{2\alpha}{K}\phi_6 \\
\sigma &= Ku
\end{aligned}\right\} \tag{5.4.24}$$

式中　$\phi_5 \sim \phi_8$——以 αx 为自变量的双曲线三角函数，其值由附表 3 查取。

---

① 当有侧向压力 e 时，边墙内力的计算参见兰州铁道学院（现兰州交通大学）编《隧道工程》附录一。

2. 弹性半无限平面地基上的闭合框架的计算方法

弹性半无限平面地基上的闭合框架底板可视为组合弹性地基梁，如图 5.4.6 所示。边墙底及梗肋段为刚度无限大的刚性梁；立柱底端及梗肋亦为刚度无限大的刚性梁；中间段底板为定长度或无限长度的弹性地基梁。立柱刚度较小，可视为两端铰结的压杆。在用力法或位移法求解时，均应计及边墙基底沉陷 y_a、转角 β 以及立柱底端沉陷 y_b 的影响。对于多层多跨结构，宜采用弯矩分配求解。

如图 5.4.6 所示的闭合框架，计算时沿纵向取一单位宽作为计算单元，对地基也截取相同的单位长度，并把它看作一个弹性半无限平面。

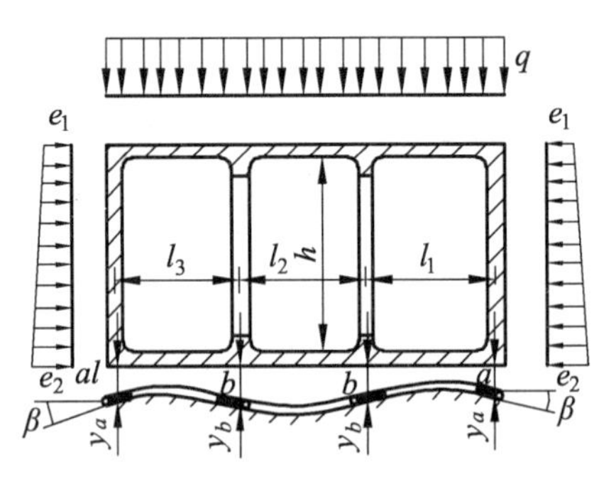

图 5.4.6　弹性半无限平面地基上的闭合框架计算模型

框架的内力分析可采用如图 5.4.7 所示的计算简图，与一般平面框架的区别在于底板承受未知的地基弹性反力，而使内力分析变得复杂。这里仅介绍表格法（共同变形理论）。同样，与拱形结构和圆形结构一样，也可用弹性支承法（局部变形理论）来分析，其原理在 5.5 节中介绍。

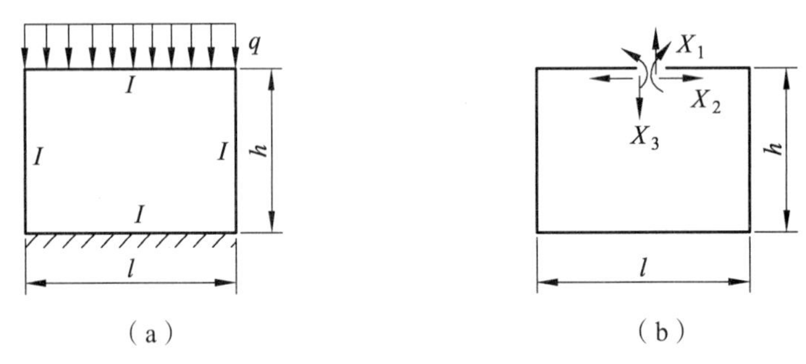

图 5.4.7　计算简图

弹性地基上平面框架的内力计算仍可采用结构力学中的力法，只是需要将底板按弹性地基梁来考虑。图 5.4.7（a）表示一单跨平面闭合框架，承受均布荷载 q，用力法计算内力时，可将横梁在中央切开，如图 5.4.7（b）所示，并写出典型方程

$$\left.\begin{aligned}X_1\delta_{11}+X_2\delta_{12}+X_3\delta_{13}+\Delta_{1p}=0\\X_1\delta_{21}+X_2\delta_{22}+X_3\delta_{23}+\Delta_{2p}=0\\X_1\delta_{31}+X_2\delta_{32}+X_3\delta_{33}+\Delta_{3p}=0\end{aligned}\right\}\tag{5.4.25}$$

系数 δ_{ik} 是指结构在 $\bar{X}_k=1$ 作用下，沿 X_i 方向的位移，$\varDelta_{ip}$ 是指在外荷载作用下沿 X_i 方向的位移，按下式计算：

$$\left.\begin{aligned}\delta_{ik}&=\delta'_{ik}+b_{ik}\\ \varDelta_{ip}&=\varDelta'_{ip}+b_{ip}\end{aligned}\right\} \tag{5.4.26}$$

式中 δ'_{ik}——框架基本结构在单位力 $\bar{X}_k=1$ 作用下，X_i 方向产生的位移（不包括底板），$\delta'_{ik}=\int\frac{\bar{M}_i\bar{M}_k}{EI}\mathrm{d}s$；

b_{ik}——底板按弹性地基梁在单位力 $\bar{X}_k=1$ 作用下，切口处 x_i 方向的位移；

$\varDelta'_{ip}$——框架基本结构在外荷载作用下，X_i 方向产生的位移（不包括底板）；

b_{ip}——底板按弹性地基梁在外荷载 q 作用下，切口处 X_i 方向的位移。

将所求得的系数及自由项代入典型方程，解出未知力 X_i，并进而计算出内力。

例 5.4.1 一单跨闭合的钢筋混凝土框架通道置于弹性地基上，几何尺寸如图 5.4.8（a）所示，图中 $I_1=I_2=I$，板厚为 0.6 m，横梁承受均布荷载 20 kPa。材料的弹性模量 $E_c=14$ GPa，泊松比 $\mu_c=0.167$；地基的形变模量 $E=0.05$ GPa，泊松比 $\mu=0.3$。设为平面变形问题，绘制框架的弯矩图。

取基本结构如图 5.4.8（b）所示，因结构对称，故 $X_3=0$。可写出典型方程为

$$\left.\begin{aligned}X_1\delta_{11}+X_2\delta_{12}+\varDelta_{1p}=0\\ X_1\delta_{21}+X_2\delta_{22}+\varDelta_{2p}=0\end{aligned}\right\}$$

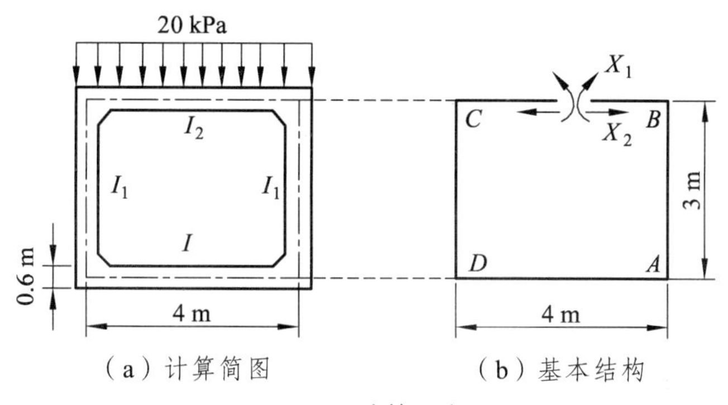

（a）计算简图　　（b）基本结构

图 5.4.8　计算示意图

首先，求系数 δ'_{ik} 与自由项 $\varDelta'_{ip}$，因框架为等截面直杆，用图乘法（图 5.4.9）求得

$$\delta'_{11}=2\frac{(3+2)\times1\times1}{EI}=\frac{10}{EI}$$

$$\delta'_{12}=\delta'_{21}=2\times\frac{3\times3\times1}{2EI}=\frac{9}{EI}$$

$$\delta'_{22}=2\times\frac{1}{3}\times\frac{3^3}{EI}=\frac{18}{EI}$$

$$\Delta'_{1p}=2\left(-\frac{40}{3}\times2\times1-40\times3\times1\right)\frac{1}{EI}=-293.33\frac{1}{EI}$$

$$\Delta'_{2p}=-2\frac{40\times3\times3}{2EI}=-\frac{360}{EI}$$

再求 b_{ik} 和 b_{ip}。为此，需计算出弹性地基梁的柔度指标 t：

$$t\cong10\frac{E(1-\mu_c^2)}{E_c(1-\mu^2)}\left(\frac{l}{d}\right)^3$$

式中　E、μ——地层的变形模量和泊松比；

E_c、μ_c——混凝土的弹性模量和泊松比；

l、μ——地基梁半长和厚度。

代入各值，得

$$t=10\times\frac{0.05(1-0.167^2)}{14(1-0.3^2)}\left(\frac{2.0}{0.6}\right)^3=1.405$$

取 $t=1$。

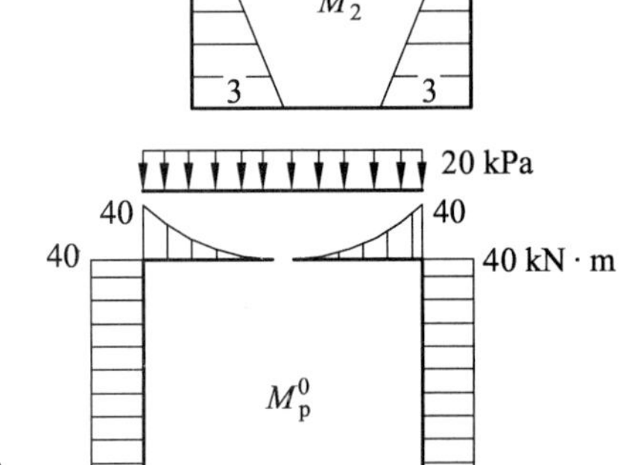

图 5.4.9　基本结构弯矩图

在单位力 $\overline{X}_1=1$ 作用下，A 点产生弯矩 $M_A=1$ kN · m（顺时针方向）。根据 $M_A=1$ kN · m，按照弹性地基梁计算，在 $a=1$、$\xi=1$处，产生的转角

$$\theta_{Ai}=\overline{\theta}_{AM}\frac{Ml}{EI}$$

式中　M——作用于梁上的两个对称力矩；

$\overline{\theta}_{AM}$——两对称力矩作用下，弹性地基梁的角变计算系数，可查附表 5 求得。

代入数字得

$$\theta_{A1}=-0.952\frac{(-1)\times2.0}{EI}=\frac{1.904}{EI}\text{（顺时针转动）}$$

$$\theta_{A2}=-0.952\frac{(-3)\times2.0}{EI}=\frac{5.712}{EI}\text{（顺时针转动）}$$

在单位力 $\overline{X}_1=1$ 作用下，框架切口处沿 X_1 方向的相对角位移为

$$b_{11}=2\theta_{A1}=2\times\frac{1.904}{EI}=3.81\frac{1}{EI}$$

同理，在 $\overline{X}_1=1$ 作用下，使框架切口处沿 X_2 方向产生的相对角位移为

$$b_{21}=b_{12}=2\theta_{A2}=(2\times5.712)\frac{1}{EI}=\frac{11.424}{EI}$$

在 $\overline{X}_2=1$ 作用下，由于弹性地基梁的变形使框架切口处沿 X_2 方向产生的相对线位移为

$$b_{22}=2\times3\times\theta_{A2}=\frac{34.272}{EI}$$

在外荷载作用下，弹性地基梁（底板）的变形使框架切口处沿 X_1 及 X_2 方向产生位移，计算时应分别考虑外荷载传给地基梁两端的力 R 及弯矩 M 的影响。计算由两个对称力矩引起 A 点角变的方法同前，而计算两个对称反力 R 引起 A 点的角变值为

$$\theta_{A\text{p}} = \bar{\theta}_{A\text{p}} \frac{Rl^2}{EI}$$

式中 R——作用于梁上的两个对称集中力，向下为正；

$\bar{\theta}_{A\text{p}}$——两个对称集中力作用下，弹性地基梁的角变计算系数，可查附表 6 求得。

因为 $R_A = \frac{ql}{2} = 40\ \text{kN}$，$A$ 点的弯矩 $M_A = 40\,\text{kN}\cdot\text{m}$，所以

$$\theta_{AR} = 0.252 \frac{40 \times 2.0^2}{EI} = -\frac{40.4}{EI}$$

$$\theta_{AM} = -0.952 \frac{40 \times 2.0}{EI} = -\frac{76.16}{EI}$$

由外荷载 q 引起弹性地基梁的变形，致使沿 x_1及x_2 方向产生的相对位移为

$$b_{1\text{p}} = 2(\theta_{AR} + \theta_{AM}) = 2 \times \left(\frac{40.4}{EI} - \frac{76.16}{EI} \right) = -\frac{71.52}{EI}$$

$$b_{2\text{p}} = b_{1\text{p}} \cdot h = -\frac{214.56}{EI}$$

将以上求出的相应数值叠加，得系数及自由项为

$$\delta_{11} = \delta'_{11} + b_{11} = \frac{10}{EI} + 3.81 \frac{1}{EI} = 13.81 \frac{1}{EI}$$

$$\delta_{22} = \delta'_{22} + b_{22} = \frac{18}{EI} + 34.272 \frac{1}{EI} = 52.272 \frac{1}{EI}$$

$$\delta_{21} = \delta'_{21} + b_{12} = \frac{9}{EI} + 11.424 \frac{1}{EI} = 20.424 \frac{1}{EI}$$

$$\Delta_{1\text{p}} = \Delta'_{1\text{P}} + b_{1\text{P}} = -293.34 \frac{1}{EI} - 71.52 \frac{1}{EI} = -364.86 \frac{1}{EI}$$

$$\Delta_{2\text{p}} = \Delta'_{2\text{P}} + b_{2\text{P}} = -\frac{360}{EI} - 214.56 \frac{1}{EI} = -574.56 \frac{1}{EI}$$

代入典型方程为

$$13.81 X_1 + 20.424 X_2 - 364.86 = 0$$

$$20.424 X_1 + 52.272 X_2 - 574.56 = 0$$

解得 $X_1 = 24.08$ kN·m，$X_2 = 1.58$ kN。

已知 X_1和X_2，即可求出上部框架的弯矩图。底板的弯矩可根据 A 点及 D 点的集中力 R 和力矩 M，按弹性地基梁方法算出，如图 5.4.10 所示。

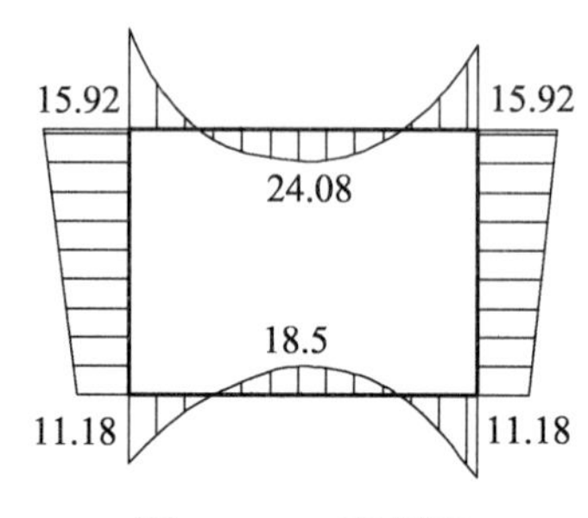

图 5.4.10　弯矩图

对弹性地基框架的内力分析，还可以采用超静定的上部刚架与底板作为基本结构。将上部刚架与底板分开计算，再按照切口处反力相等，如图 5.4.11（b）或变形协调如图 5.4.11（c），用位移法或力法解出切口处的未知位移或未知力，然后计算上部刚架和底板的内力。采用这种基本结构进行分析的优点是，可以利用已有的刚架计算公式，或预先计算出有关的常数，使计算得到简化。表 5.4.1 只给出部分二铰刚架角变位和位移的计算公式，需要时查有关专著。

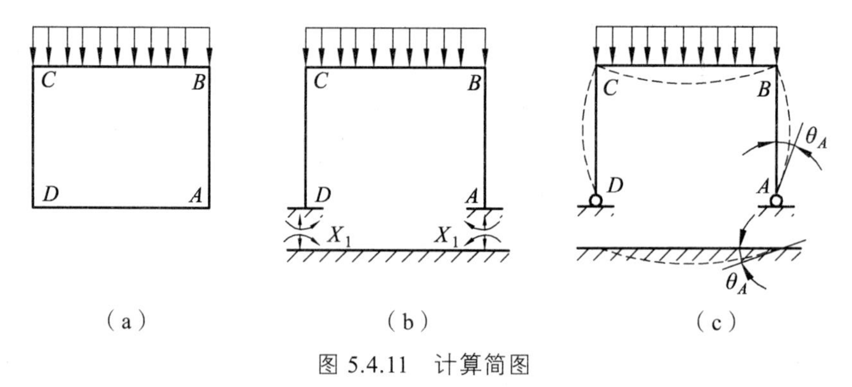

图 5.4.11　计算简图

例 5.4.2　同前例，采用二铰刚架为基本结构求框架的弯矩。

取基本结构如图 5.4.11（b），因对称可取成组未知力 X_1，并写出典型方程为

$$X_1\delta_{11} + \varDelta_{1P} = 0$$

求系数 $\varDelta_{1P}$：对上部刚架，按表 5.4.1 计算 A 点角变 θ'_{Ap}，因固定端力矩

$$M^{F}_{AB} = M^{F}_{BA} = 0\text{，}\ M^{F}_{BC} = 26.67\ (\text{kN}\cdot\text{m})$$

所以

$$\theta'_{Ap} = \frac{26.67}{6\dfrac{EI}{3} + 4\dfrac{EI}{4}} = \frac{8.89}{EI}\ \text{（顺时针向，与 } X_1 \text{ 同向）}$$

对于底板，仍同前例，取 $t = 1$。

$$\theta''_{Ap} = 0.252\frac{40\times 2.0^2}{EI} = \frac{40.4}{EI}\ \text{（顺时针向，与 } X_1 \text{ 反向）}$$

所以 $$\varDelta_{1p}=\theta'_{Ap}+\theta''_{Ap}=\frac{8.89}{EI}-\frac{40.4}{EI}=-31.51\frac{1}{EI}$$

求系数 δ_{11}：对上部框架，因 $M_{AB}=-1$，$M_{BA}=0$，$M_{BC}=0$，从表 5.4.1 情形 1 可得 A 点角变位公式。

因为 $$\frac{K_2}{K_1}=\frac{I_2}{4}\cdot\frac{3}{I_1}=0.75$$ （式中 K 为构件的线刚度）

所以 $$\theta'_{A1}=\frac{-(2+0.75)\times(-1)}{6\dfrac{EI}{3}+4\dfrac{EI}{4}}=\frac{0.917}{EI}$$ （顺时针向，与 X_1 反向）

对底板，因为 $t=1$，$\alpha=1$，$\zeta=1$，查弹性地基梁有关系数表，得系数值 $\overline{\theta}_{Am}=-0.952$ m，则

$$\theta''_{A1}=-0.952\frac{1\times2.0}{EI}=-\frac{1.904}{EI}$$ （逆时针向，与 X_1 同向）

所以 $$\delta_{11}=\theta'_{A1}+\theta''_{A1}=\frac{0.917}{EI}+\frac{1.904}{EI}=\frac{2.821}{EI}$$

$$X_1=\frac{31.51}{2.821}=11.17\ （\text{kN}\cdot\text{m}）$$

可用结构力学方法解出二铰刚架在均布荷载 $q=20$ kPa 及 $M_A=11.17$ kN·m 作用下的弯矩，同时根据 A 点及 D 点处的反力及弯矩计算底板弯矩，计算结果同前例。

表 5.4.1　二铰刚架的角变位与位移的计算公式

情　形	简　　图	位移及角变的计算公式
（1）对称		$\theta_A=\dfrac{M^F_{BA}+M^F_{BC}-\left(2+\dfrac{K_2}{K_1}\right)M^F_{AB}}{6EK_1+4EK_2}$
（2）反对称		$\theta_A=\left[\left(\dfrac{3K_2}{2K_1}+\dfrac{1}{2}\right)hP-M^F_{BC}+\left(\dfrac{6K_2}{K_1}+1\right)M\right]\dfrac{1}{6EK_2}$

对单层多跨框架或更复杂的框架考虑弹性地基的计算，也可按相同的方法进行，但由于未知数增多，计算十分烦琐。在实际工程设计中，除利用结构的对称性进行简化外，还常考虑结构各杆之间的刚度比而采用可简化计算的计算简图，使计算简化又满足计算精度的要求。如单层多跨框架式通道，实际工程中常由于功能上的需要而将中间隔墙近似认为上下端为铰接的二力杆，使计算工作大为减少，如图 5.4.12 所示。

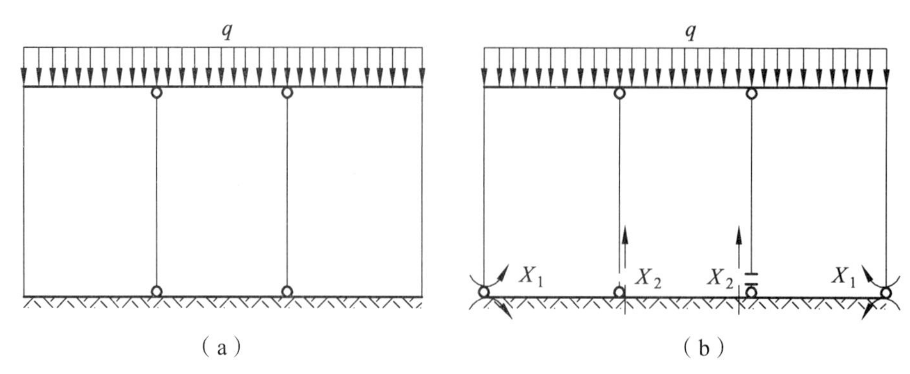

图 5.4.12　单层三跨矩形结构计算简图

通过以上讲述，单层对称框架的计算步骤可以概括如下：

（1）列出力法方程。

所取基本结构如图 5.4.7 或 5.4.11，多取后者，根据变形连续条件列出力法方程。

（2）求力法方程中的自由项和变位系数。

实际上是计算上部刚架与基础梁的有关角变位与位移，计算基础梁的角变位与位移可使用附表 5 和附表 6。求上部刚架的位移可用结构力学求变位的方法（二铰刚架的角变位可查阅有关资料或用虚功原理）。

（3）求框架的内力。

通过力法方程解出未知力。计算上部刚架的弯矩可用力矩分配法或叠加法；求基础梁的内力及地基反力可用弹性地基梁的方法，使用表格法计算。

5.5　弹性支承法

1. 计算原理

弹性支承法也称链杆法，是计算弹性反力图形解算衬砌内力的一种方法。该法的特点是按照“局部变形”理论考虑衬砌与围岩共同作用，将弹性反力作用范围内的连续围岩离散为彼此互不相干的独立岩柱，岩柱的一个边长是衬砌的纵向计算宽度，通常取单位长度；另一个边长是两个相邻的衬砌单元的长度和之半。岩柱的深度与传递轴力无关，故无须考虑。为了便于计算，用具有和岩柱弹性特征相同的弹性支承代替岩柱，并以铰接的方式作用在衬砌单元的节点上，所以它不承受弯矩，只承受轴力。

（1）结构离散为有限个单元。

地下结构的衬砌均为实体结构，常可将其离散为有限个单元，并将单元的连结点称为节点，节点位于结构的计算轴线上。单元数目视计算精度的需要而定，一般应不少于 16 个，如图 5.5.1（a）所示，每个单元的长度，通常都取为相等。只有在直墙式衬砌中，可以起拱线为界，拱、墙单元各取相等的长度，如图 5.5.1（b）所示。同时，还假定单元是等厚度的，其计算厚度取为单元两端厚度的平均值。如需要在计算中考虑仰拱的作用，则可将仰拱、边墙、拱圈三者一并考虑，其计算图式如图 5.5.1（c）所示。

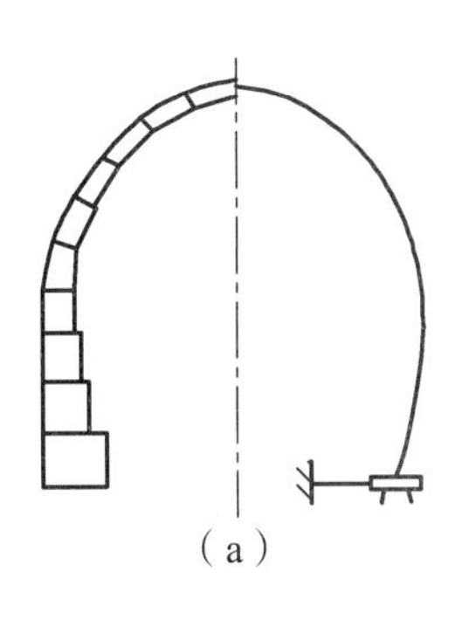

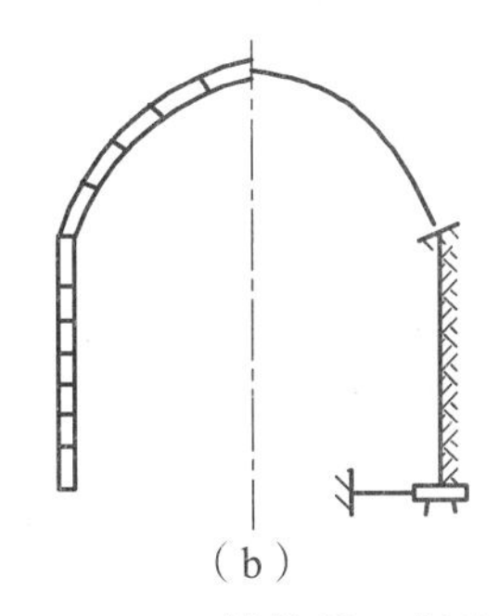

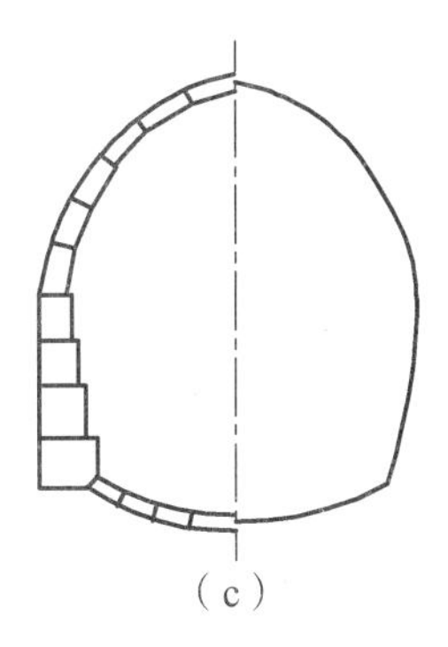

图 5.5.1　结构单元划分

（2）均布荷载简化为等效节点荷载。

为了配合衬砌的离散化，主动荷载也要进行离散，也就是将作用在衬砌上的分布荷载置换为节点力。严格地说，这种置换应按静力等效的原则进行，即节点力所做虚功应等于单元上分布荷载所做的虚功。但因荷载本身的准确性较差，故可按简单而近似的方法，即简支分配原则进行置换，而不计作用力迁移位置时所引起的力矩的影响。对于竖向或水平的分布荷载，其等效节点力分别近似地取为节点 2 相邻单元水平或垂直投影长度的 1/2 乘纵向计算宽度这一面积范围内的分布荷载的总和，如图 5.5.2 所示。

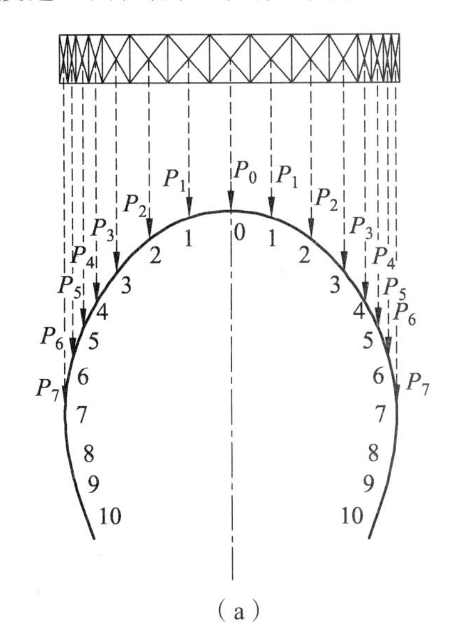

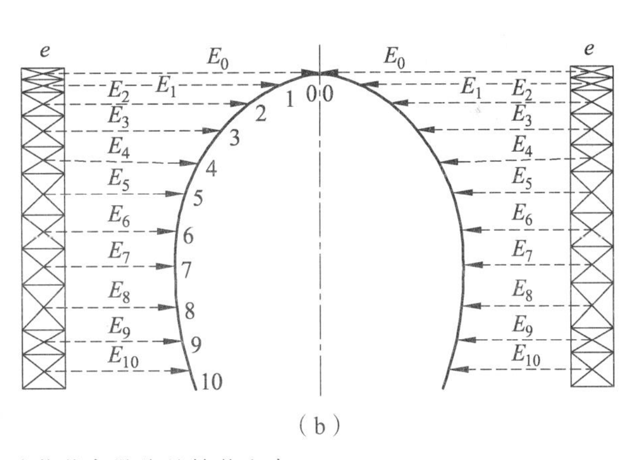

图 5.5.2　主动荷载离散为等效节点力

例如，各节点的竖向节点力为

0 节点：$P_0 = q(x_1 + x_1)/2 = qx_1$

1 节点：$P_1 = q\left[x_1/2 + (x_2 - x_1)/2\right] = qx_2/2$

2 节点：$P_2 = q\left[(x_2 - x_1)/2 + (x_3 - x_2)/2\right] = q(x_3 - x)/2$

以此类推，可以求得每个节点的节点荷载。对于侧向荷载只需将水平坐标替换成竖向坐标即可。但要注意 0 节点的水平集中力每一侧只作用有 1/2 个单元长度上的荷载。即

0 节点：$E_0 = Ey_1 / 2$

对于衬砌自重，其等效节点力可近似地取为节点 2 相邻单元重力的 1/2。

（3）弹性支承的设置。

如图 5.5.3 所示的隧道衬砌，其荷载与结构对称，在外界主动荷载作用下，衬砌结构将发生变形，一般在拱顶 90°～120°范围内向衬砌内变形，形成脱离区；在拱腰及边墙部位将产生朝向地层的变形而产生弹性反力。在衬砌与围岩相互作用的范围内，以只能承受压力的弹性支承代替围岩的约束（弹性反力）作用；在脱离区域内，由于衬砌向内变形而不致受到弹性约束，可以在该范围内不设置弹性支承。

弹性支承的方向应该和弹性反力的方向一致，可以是径向的，不计衬砌与围岩间的摩擦力，如图 5.5.4（a）所示，且只传递轴向压力（由于围岩与衬砌间存在黏结力，也可能传递少量轴向拉力）；也可以和径向偏转一个角度，考虑上述摩擦力，如图 5.5.4（b）所示，为了简化计算也可将链杆水平设置，如图 5.5.4（c）所示；若衬砌与围岩之间充填密实，接触良好，此时除设置径向链杆外，还可设置切向链杆，如图 5.5.4（d）所示。

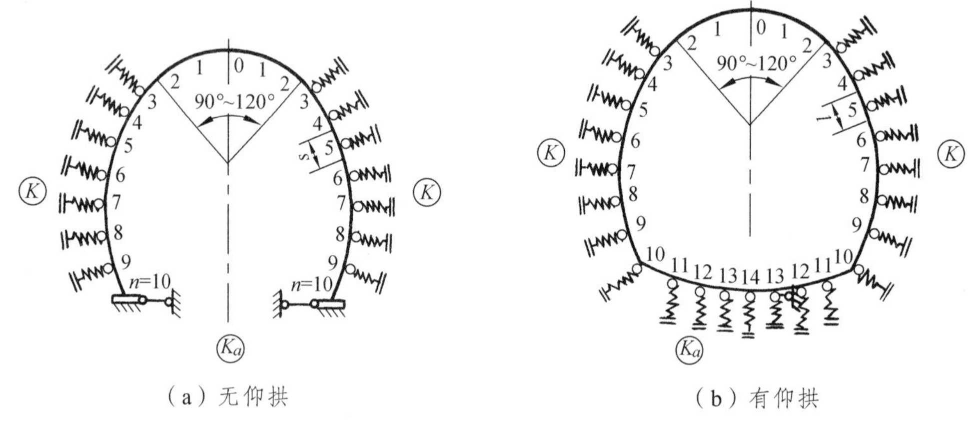

（a）无仰拱　　（b）有仰拱

图 5.5.3　弹性支承法计算模型和单元的划分

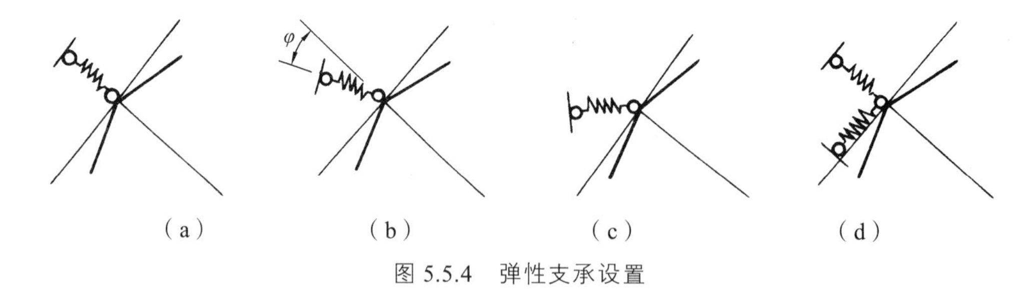

（a）　（b）　（c）　（d）

图 5.5.4　弹性支承设置

弹性支承法的适应性很广，可以适应如图 5.5.5 所示的任意结构形状，适应任意变化的地质条件。对于非均质地基，可以选用不同的弹性反力系数。弹性支承法也常常用于隧道的纵向计算，并且特别适宜将有规律的计算过程编制成有限元计算程序，因此，其计算原理得到广泛的应用。

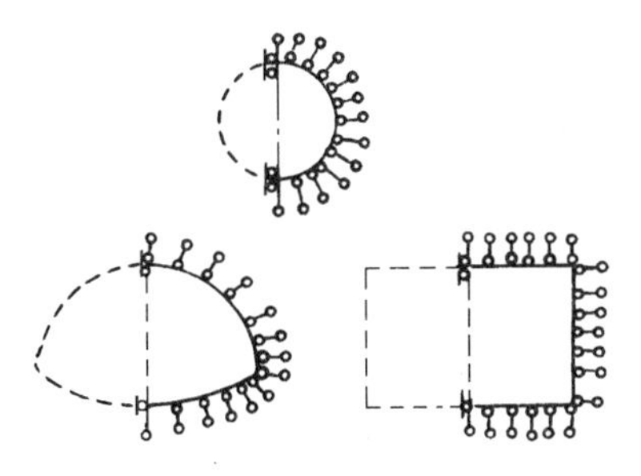

图 5.5.5　弹性支承法的模型

根据上述的分析可以得出解题的计算图示。如果以节点力为未知简化成基本结构，这种方法称为力法；如果以节点位移为未知简化成基本结构，这种方法称为位移法。这是本节要讲述的内容。

2. 力法计算圆形衬砌

（1）基本原理。

用弹性支承法计算圆形结构内力的原理与弹性支承法计算拱形结构相同。若以节点力为未知时，结构的计算图式如图 5.5.6（b）所示。增加多边形的边数，会提高计算结果的精度，在圆形衬砌中若以 16 边形来代替，就可以得到足够的精度。

脱离区的范围与衬砌刚度和其周围地层的性质有关。土体越密实，且衬砌与地层的相对刚度越小，则脱离区范围越小。当用 16 边形代替圆形衬砌时，脱离区约占 3 ~ 5 个弹性链杆的位置；也可以简略地采用土体水平压力与竖直压力之比来确定脱离区中心角φ，见表 5.5.1。

表 5.5.1　脱离区中心角φ

λ（e/q）	0.2	0.3 ~ 0.5	0.6 ~ 0.8
2φ /（°）	90	110	150

先假定脱离区共有 5 个弹性链杆位置，即其夹角 $\varphi = 2\times 67.5° = 135°$。若边缘处的链杆出现拉力，还应扩大脱离区的范围再计算，这是用逐步近似计算来确定脱离区。

如果衬砌与周围地层间存在着摩擦力，则弹性链杆与衬砌环径向应转一角度，因摩擦力会使衬砌受力减小，故选用其数值时应十分慎重，一般约取摩擦角数值之 1/2。若不计及衬砌与地层间的摩擦力，则弹性链杆方向与衬砌径向一致。

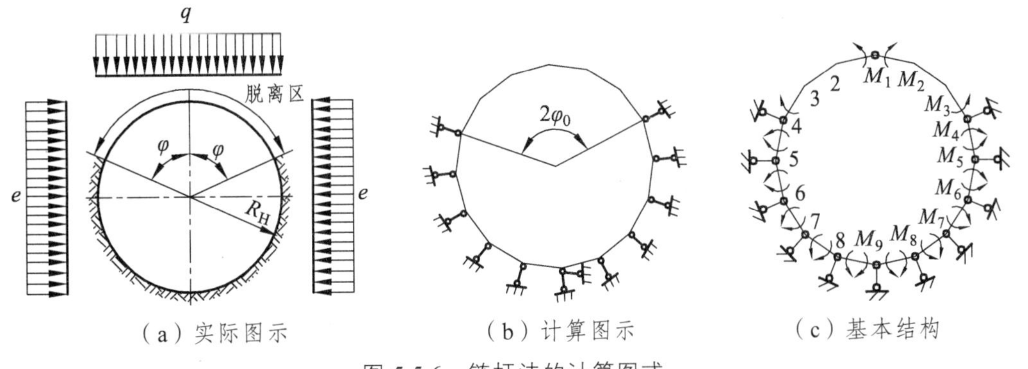

（a）实际图示　　（b）计算图示　　（c）基本结构

图 5.5.6　链杆法的计算图式

用径向弹性链杆来代替衬砌与地层相互作用和用折线外形来代替曲线外形所得到的体系，为一瞬时可变体系，因此在一般情况下需要加入一个非径向的辅助链杆［图 5.5.6（c）]，才能消除衬砌绕瞬时中心旋转的可能。然而，由于结构及荷载对称，这个辅助链杆的内力为零。如荷载为非对称，则利用衬砌外表面与地层间的摩擦力来阻止其旋转。

基本结构采用铰链结构，将拱顶及设置链杆的衬砌节点改为铰接点，每一铰接点处加上力矩 M_i 作为多余未知力，即得基本结构。对称情况下的基本结构示于图 5.5.6（c）。显而易见，基本结构是支承于弹性链杆上的铰接杆系。

由各铰两侧截面相对转角为零的条件，可得对称情况下求解多余未知力力法典型方程式为

$$\left.\begin{aligned}&\delta_{11}M_1+\delta_{14}M_4+\cdots+\delta_{19}M_9+\varDelta_{1\mathrm{p}}=0\\&\delta_{41}M_1+\delta_{44}M_4+\cdots+\delta_{49}M_9+\varDelta_{4\mathrm{p}}=0\\&\cdots\cdots\cdots\cdots\\&\delta_{91}M_1+\delta_{94}M_4+\cdots+\delta_{99}M_9+\varDelta_{9\mathrm{p}}=0\end{aligned}\right\}\tag{5.5.1}$$

式中　δ_{ik}——基本结构由于多余力 $\bar{X}_k=1$ 作用于 k 点时，在 X_i 方向上产生的位移；

$\varDelta_{i\mathrm{p}}$——基本结构在外荷载作用下在 X_i 方向上产生的位移。

$$\left.\begin{aligned}&\delta_{ik}=\int\frac{\overline{M}_i\overline{M}_k}{EI}\mathrm{d}s+\sum\frac{\overline{N}_i\overline{N}_k}{EA}\Delta s+\sum\frac{\overline{R}_i\overline{R}_k}{D}\\&\varDelta_{i\mathrm{p}}=\int\frac{\overline{M}_iM_{\mathrm{p}}^0}{EI}\mathrm{d}s+\sum\frac{\overline{N}_iN_{\mathrm{p}}^0}{EA}\Delta s+\sum\frac{\overline{R}_iR_{\mathrm{p}}^0}{D}\end{aligned}\right\}\tag{5.5.2a}$$

式中　$\overline{M}_i$、$\overline{N}_i$、$\overline{R}_i$——作用在 i 节点上的一对单位力矩 $M_i=1$ 作用使基本结构产生的弯矩、轴力及支座反力；

$\overline{M}_k$、$\overline{N}_k$、$\overline{R}_k$——作用在 k 节点上的单位力矩 $M_k=1$ 使基本结构产生的弯矩、轴力及支座反力；

M_{p}^0、N_{p}^0、R_{p}^0——主动外荷载作用使基本结构产生的弯矩、轴力及支座反力；

D——支座刚度，按局部变形理论，

$$D_i=KS_ib$$

其中　S_i——与弹性链杆 i 对应的围岩长度；

b——计算宽度，常取 $b=1$。

由式（5.5.1）求出多余未知力后，即可由静力平衡条件计算衬砌内任一截面的内力。

（2）基本结构的内力计算。

基本结构的内力可以用结构力学求静定结构内力的方法依次求出，这里只讲计算原则。

在计算 δ_{ik}、$\varDelta_{i\mathrm{p}}$ 值之前，应先求出基本结构的内力。在基本结构中处在脱离区的部分为独立的三铰拱［图 5.5.6（b）]，由于外荷载或单位力矩作用产生拱的支座反力要传递给下部的铰链结构，因此在求基本结构中由单位力矩及外荷载所产生的内力时，要先解出三铰拱的内力，然后再依次切开铰接多边形各节点，并按静力平衡条件而求得内力。但要注意，在求节点内力时将作用于各点的单位弯矩转换为杆端力偶，弯矩及轴向力的正负号与前述规定相同。

表 5.5.2 给出了由于外荷载及单位力矩作用于各节点时，所产生的基本结构中的内力（系结构的展开形式）。

表 5.5.2　基本结构内力表

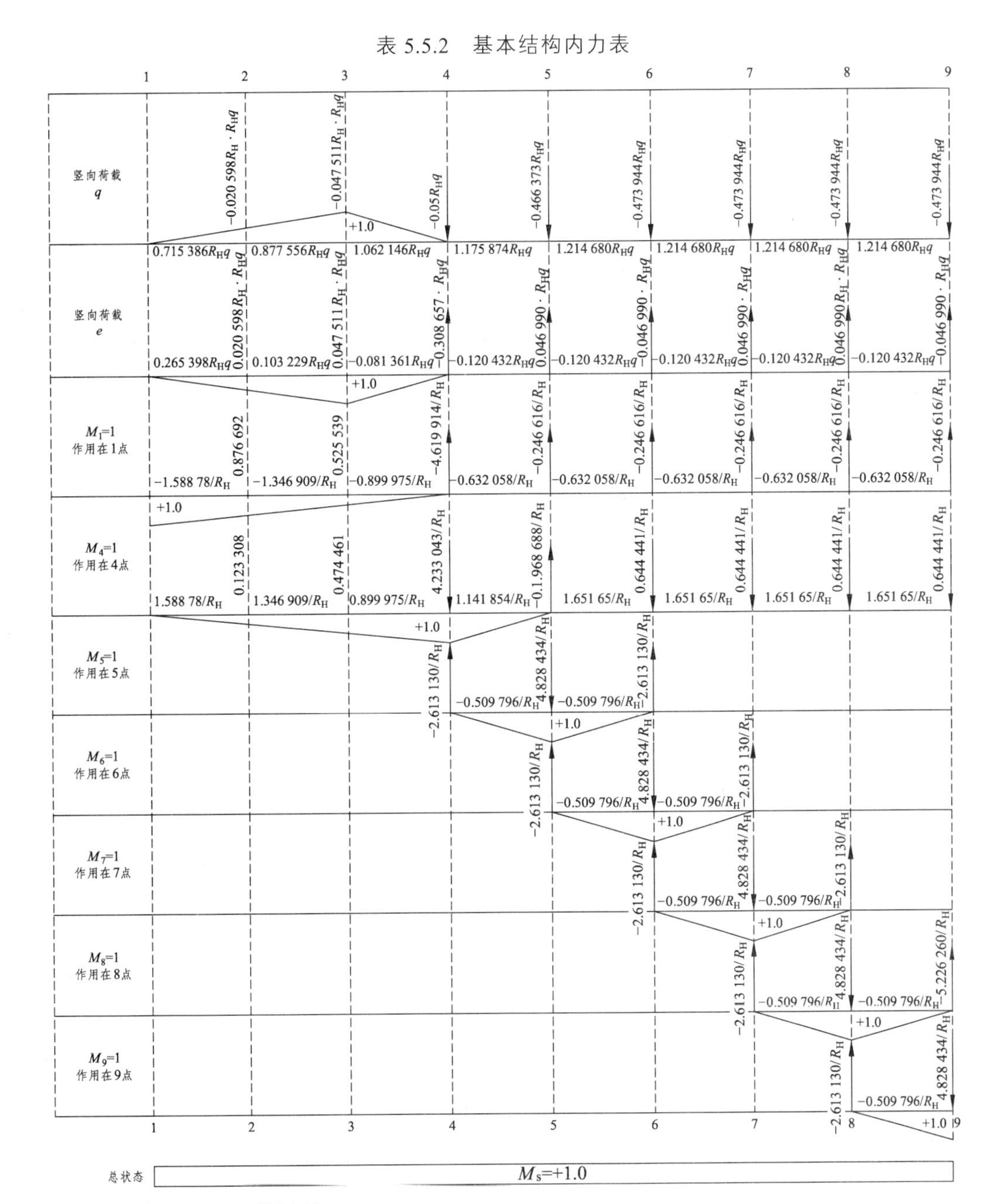

（3）变位 δ_{ik} 及 Δ_{ip} 的计算。

① 结构本身引起的变位。基本结构的内力求得后，即可按结构力学公式求其变位，由于剪力对变位的影响不大，故可以忽略。

$$\left.\begin{aligned}\delta_{ik} &= \int \frac{\overline{M}_i \overline{M}_k}{EI} \mathrm{d}s + \sum \frac{\overline{N}_i \overline{N}_k}{EA} \Delta s \\ \Delta_{ip} &= \int \frac{\overline{M}_i M_p^0}{EI} \mathrm{d}s + \sum \frac{\overline{N}_i N_p^0}{EA} \Delta s\end{aligned}\right\} \tag{5.5.2b}$$

式中各符号的含义同上。

由于基本结构中的杆件长度均相等，都为Δs，因此轴向力引起的变位可写为

$$\int\frac{\bar{N}_i\bar{N}_k}{EA}\mathrm{d}s=\sum\bar{N}_i\bar{N}_k\frac{\Delta s}{EA} \tag{5.5.2c}$$

不难看出，式中$\Delta s/EA$为单位力作用在截面积为A、长度为Δs的杆件上而引起的变形。

式（5.5.2b）中，第1项为力矩对变位的影响，第2项则为轴向力对变位的影响。然而，不仅多边形的杆件受到压缩，而弹性链杆也受到压缩，因此在变位公式中应包括弹性链杆变形（沉陷）的影响。

② 弹性链杆引起的变位（沉陷）。为了计算弹性链杆的沉陷，先求出单位力作用引起链杆中的应力

$$\sigma=1/(bS)$$

式中　b——衬砌环的计算宽度，$b=1$ m；

S——链杆支承处两相邻杆件的长度和之半，由于杆件等长，即为杆件长。

再根据局部变形原理，就可以求出单位力作用在链杆上的沉陷

$$\varDelta=\frac{\sigma}{K}=\frac{1}{KbS}=\frac{1}{D} \tag{5.5.2d}$$

式中　K——地层弹性反力系数；

D——弹性链杆的刚度。

根据轴向力引起变位的计算公式，也可求出弹性链杆引起的沉陷（变位），这样就可得出基本结构的变位公式如式（5.5.2a）。

③ 变位之和δ_{ik}及$\varDelta_{ip}$。当衬砌环为等截面时，可将式（5.5.2a）两端乘EI，得出下列形式：

$$\left.\begin{aligned}EI\delta_{ik}&=\int\bar{M}_i\bar{M}_k\mathrm{d}s+\frac{I\Delta s}{A}\sum\bar{N}_i\bar{N}_k+EI\sum\frac{\bar{R}_i\bar{R}_k}{D}\\EI\varDelta_{ip}&=\int\bar{M}_iM_p^0\mathrm{d}s+\frac{I\Delta s}{A}\sum\bar{N}_iN_p^0+EI\sum\frac{\bar{R}_iR_p^0}{D}\end{aligned}\right\} \tag{5.5.3a}$$

上式中$\int\bar{M}_i\bar{M}_k\mathrm{d}s$及$\int\bar{M}_iM_p^0\mathrm{d}s$可用图乘法进行计算。

需要指出的是，4点弹性链杆刚度$D_4=\dfrac{KbS_4}{2}=0.5D$，这是因为4点在边缘，只一侧有链杆的缘故。为求得整个结构的变位，因此上式又可写为

$$\left.\begin{aligned}EI\delta_{ik}&=\left[\int\bar{M}_i\bar{M}_k\mathrm{d}s+\frac{I\Delta s}{A}\sum\bar{N}_i\bar{N}_k+\frac{EI}{D}\left(2\bar{R}_{4i}\bar{R}_{4k}+\sum_{s=5}^{8}\bar{R}_{si}\bar{R}_{sk}+0.5\bar{R}_{9i}\bar{R}_{9k}\right)\right]\times2\\EI\varDelta_{ip}&=\left[\int\bar{M}_iM_p^0\mathrm{d}s+\frac{I\Delta s}{A}\sum\bar{N}_iN_p^0+\frac{EI}{D}\left(2\bar{R}_{4i}R_{4p}^0+\sum_{s=5}^{8}\bar{R}_{si}R_{sp}^0+0.5\bar{R}_{9i}R_{9p}^0\right)\right]\times2\end{aligned}\right\} \tag{5.5.3b}$$

④ 变位δ_{ik}的计算举例。根据表5.5.2给出的内力值来计算δ_{ik}作为例子。由于荷载及结构对称，可先计算半环结构的变位，然后将其结果乘2。

$$EI\delta_{11}=\left\{\frac{\Delta s}{3}(1^2+1\times0.876\ 692+2\times0.876\ 692^2+0.876\ 692\times0.525\ 539+2\times0.525\ 539^2)+\right.$$

$$\frac{I\Delta s}{A}\left[\left(-\frac{1.588\ 787}{R_{\mathrm{H}}}\right)^2+\left(-\frac{1.346\ 909}{R_{\mathrm{H}}}\right)^2+\left(-\frac{0.899\ 975}{R_{\mathrm{H}}}\right)^2+\left(-\frac{0.632\ 058}{R_{\mathrm{H}}}\right)^2\times5\right]+$$

$$\left.\frac{EI}{D}\left[2\times\left(-\frac{1.619\ 914}{R_{\mathrm{H}}}\right)^2+\left(-\frac{0.246\ 616}{R_{\mathrm{H}}}\right)^2\times4.5\right]\right\}\times2$$

$$=2.951\ 325S+14.291\ 699\frac{I\Delta s}{ER_{\mathrm{H}}^2}+11.043\ 861\frac{EI}{DR_{\mathrm{H}}^2}$$

同样可求得其余的 δ_{ik} 及 $\varDelta_{\mathrm{ip}}$。

因为 $D=kbS$，而 $S=0.39018R_{\mathrm{H}}$，$b=1$，经过代换，则可得到全部变位公式。为了计算上的方便及易于校核，将所有变位公式中的系数列成表格，以 δ_{11} 和 $\varDelta_q$ 为例示于表 5.5.3 及表 5.5.4。δ_{ik}、$\varDelta_{\mathrm{ip}}$ 的各变位公式以 δ_{11}、$\varDelta_{1q}$ 为例，写成如下的形式：

$$EI\delta_{11}=28.304\ 526\frac{EI}{KR_{\mathrm{H}}^3}+1.151\ 548R_H+55.763\ 35\frac{I}{AR_{\mathrm{H}}}$$

$$EI\varDelta_{1q}=-10.989\ 885\frac{EI}{KR_{\mathrm{H}}}q-0.031\ 885\ 7R_{\mathrm{H}}^3q-5.531\ 740\frac{I}{A}R_{\mathrm{H}}q$$

表 5.5.3　单位弯矩作用于 1 点基本结构的变位（已增大 EI 倍，不计摩擦力）

序　号	组成部分	乘　数	单位弯矩作用所在点							校　核
			1	4	5	6	7	8	9	
1	M	$R_{\mathrm{H}}=$	1.151 548							$\sum=$
	N	$I/(AR_{\mathrm{H}})=$	55.763 35							$\sum=0$
	R	$EI/(KR_{\mathrm{H}}^3)=$	28.304 526							$\sum=0$
	δ_{1i}									$\sum=\delta_{1k}=$

注：① 计算时把相等的副系数填到空白栏内。

② 各横行中 $\sum N$ 和 $\sum R$ 应等于零，$\sum M$ 应等于 δ_{1k} 的值。

③ 第 4～第 9 序号变位公式中的各系数请读者参考式（5.5.3b）完成。

表 5.5.4　在单位竖向荷载作用下基本结构的变位（已增大 EI 倍，不计摩擦力）

荷　载	组成部分	乘　数	外荷载作用下							校　核
			1	4	5	6	7	8	9	
竖向均布	M	$R_{\mathrm{H}}^3q=$	－0.031 885 7							$\sum=$
	N	$(I/AR_{\mathrm{H}})R_{\mathrm{H}}q=$	－5.531 740							$\sum=$
	R	$(EI/KR_{\mathrm{H}})q=$	－10.989 885							$\sum=$
	$\varDelta_{iq}$									$\sum=$

注：① 各横行中 $\sum N$ 和 $\sum R$ 应等于零，$\sum M$ 项总和应等于 $\varDelta_{iq}$ 或 $\varDelta_{ip}$。

② 水平均布荷载只计圆形的上半部，如果考虑整个圆环都作用着水平均布荷载，则表格中水平均布栏内的 N、R 的数值有变化（该表略）。

③ 同表 5.5.3 注③。

⑤ δ_{ik} 及 Δ_{ip} 的校核。计算实践表明：多数计算衬砌的错误往往发生在变位计算不正确，因此必须校核变位值。校核方法为将单位力矩同时作用于各节点时为 T 状态，它的弯矩图纵距皆为 1，而轴向力及弹性链杆反力均为零（图 5.5.7）。因此在确定任一状态的总变位时，则仅有弯矩的影响，公式可写为

$$\delta_{iT}=\int\frac{\bar{M}_i\bar{M}_T}{EI}\mathrm{d}s=\frac{A_i\cdot 1}{EI}=\frac{A_i}{EI} \tag{5.5.4}$$

式中　A_i——状态 i 的弯矩图的面积。

另一方面，由于单位力矩作用于 k 点而求得 i 点的变位之和应为

$$\sum\delta_{ik}=\delta_{i1}+\delta_{i4}+\cdots+\delta_{i9}=\delta_{iT}$$

因此校核时需要满足下列条件：

$$\frac{A_i}{EI}=\delta_{i1}+\delta_{i4}+\cdots+\delta_{i9}=\sum\delta_{ik} \tag{5.5.5}$$

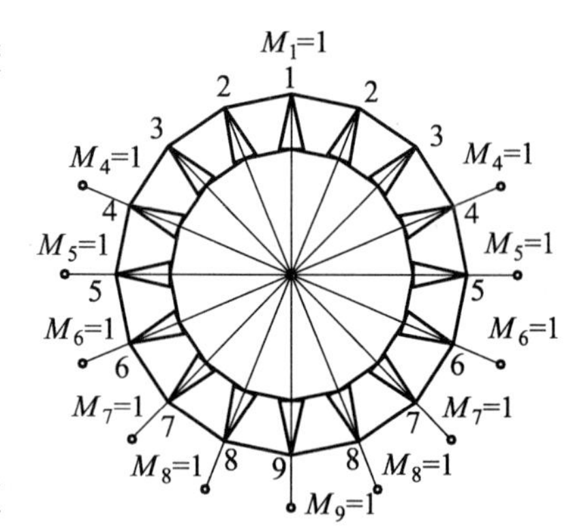

图 5.5.7　单位弯矩作用的总状态

以上推导过程说明，每一个赘余力方程由 M_i 单位力矩引起的变位系数和应等于该单位力矩作用于基本结构上产生的弯矩图面积 A_i/EI。

例如：1 状态——单位弯矩作用于 1 点。

$$A_1=EI(\delta_{11}+\delta_{14}+\delta_{15}+\delta_{16}+\delta_{17}+\delta_{18}+\delta_{19}) \tag{5.5.6a}$$

根据表 5.5.1 弯矩图得出：

$$A_1=(1+2\times 0.876\ 692+2\times 0.525\ 539)S=1.484\ 425R_{\mathrm{H}} \tag{5.5.6b}$$

以上两式的计算结果应符合式（5.5.5）。同理可以校核单位弯矩作用在其他点的状态，也应该符合上述关系。

同理，也可以推出 q 状态——主动竖向荷载作用下：

$$A_q=EI(\Delta_{1q}+\Delta_{4q}+\Delta_{5q}+\Delta_{6q}+\Delta_{7q}+\Delta_{8q}+\Delta_{9q}) \tag{5.5.7a}$$

根据弯矩图求得：

$$A_q=2\times(-0.020\ 598R_{\mathrm{H}}^2q-9.047\ 511R_{\mathrm{H}}^2q)S=-0.053\ 149\ 5R_{\mathrm{H}}^3q \tag{5.5.7b}$$

以上两式的计算结果应符合式（5.5.5）。同理可以校核单位水平荷载作用下，也应该符合上述关系。

（4）解力法方程求内力。

在校核了所有的 δ_{ik} 及 Δ_{ip} 变位后，即着手用消元法解七元一次方程式，以求出未知弯矩 M_i（$i=1$，4，5，…，9）。

衬砌截面的轴向力及弹性链杆力可用表 5.5.2 算得的各单位弯矩所产生的内力值，乘以求出的未知弯矩 M_i，然后再和外荷载引起的内力值叠加，即可求得：

$$\left.\begin{aligned}R_i &= R_{ip} + \sum M_k \bar{R}_{ik} \\ N_i &= N_{ip} + \sum M_k \bar{N}_{ik}\end{aligned}\right\} \tag{5.5.8}$$

多边形各顶点截面的轴向力等于其相邻两杆轴向力的平均值。同理，弯矩 M_2 及 M_3，可由表 5.5.2 算出。

（5）弯矩图及弹性反力图的校核。

为了检查所得结果的正确性，必须校核弯矩图及弹性反力图。

弯矩图的校核是利用结构力学中所熟知的原理，即对整个封闭无铰的圆环，弯矩图面积的总和等于零：

$$\sum \frac{M_s \mathrm{d}s}{EI} = 0 \tag{5.5.9}$$

对于等截面的圆形衬砌，Δs 及 EI 均为常数，上式可写为

$$\frac{\Delta s}{EI}\sum M_s = \frac{\Delta s}{EI}\left(\frac{M_1}{2} + M_2 + M_3 + \cdots + M_8 + \frac{M_9}{2}\right) = 0 \tag{5.5.10}$$

弹性反力图的校核可验算任一弹性链杆方向上的实际变位。利用结构力学求变位的方法，即在未知变位方向上加一单位力，求其弯矩及轴向力图，与已知原结构的弯矩及轴力图乘相加，用下式算出实际变位。

$$\Delta_i = \int \frac{\bar{M}_{ik} M_k}{EI} \mathrm{d}s + \sum \frac{\bar{N}_{ik} N_k}{EA} \Delta s \tag{5.5.11}$$

式中　$\bar{M}_{ik}$、$\bar{N}_{ik}$——单位力作用于 i 点时引起基本结构的弯矩和轴力；

M_k、N_k——结构的弯矩和轴力。

计算结果如正确，则应满足

$$D\Delta_i = R_i \tag{5.5.12}$$

然而计算水平直径（5 点）的变位最方便，由于荷载及结构对称，可分析 1/2 个圆形衬砌，将其上半部在拱顶固定而成一悬臂梁，求出单位力作用于 5 点的弯矩及轴向力图（图 5.5.8），代入公式（5.5.11）得 5 点的变位：

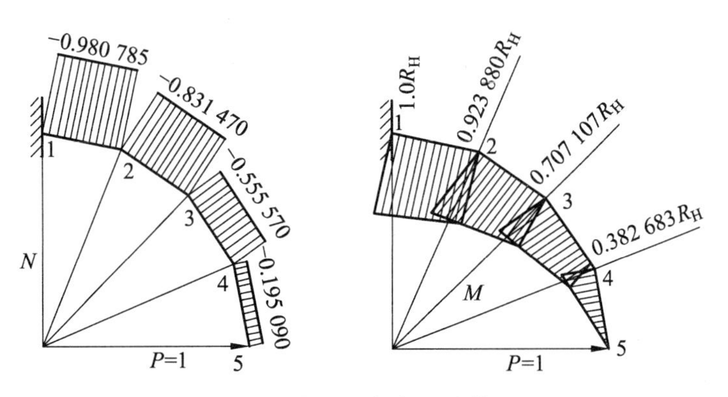

图 5.5.8　求 5 点变位的计算图示

$$
\begin{aligned}
EI\Delta_5^{\text{上}} &= \int_{i=1}^{5}\bar{M}_5 M_i \mathrm{d}s + \frac{I\Delta s}{A}\sum_{i=1}^{5}\bar{N}_5 N_i \\
&= \frac{\Delta s}{6}[M_1(2\times 1\times R_{\mathrm{H}} + 0.923\ 880R_{\mathrm{H}}) + M_2(1\times R_{\mathrm{H}} + 4\times 0.923\ 880R_{\mathrm{H}} + 0.707\ 107R_{\mathrm{H}}) + \\
&\quad M_3(0.923\ 880R_{\mathrm{H}} + 4\times 0.707\ 107R_{\mathrm{H}} + 0.382\ 683R_{\mathrm{H}}) + \\
&\quad M_4(0.707\ 107R_{\mathrm{H}} + 4\times 0.382\ 683R_{\mathrm{H}}) + M_5\times 0.382\ 683R_{\mathrm{H}}] - \\
&\quad \frac{I\Delta s}{A}(0.980\ 785N_{1-2} + 0.831\ 470N_{2-3} + 0.555\ 70N_{3-4} + 0.195\ 09N_{4-5})
\end{aligned}
$$

将$\Delta s = 0.390\ 180R_{\mathrm{H}}$代入上式，得

$$EI\Delta_5^{\text{上}} = 3.609\ 231q - 0.814\ 293e$$

上式计算结果应满足式（5.5.12）。同理可将其下半部在底截面固定，而求出 5 点的变位：

$$EI\Delta_5^{\text{下}} = 3.609\ 140q - 0.814\ 197e$$

上式计算结果也应满足式（5.5.12），才能确定计算的正确性，即

$$D\Delta_5 = R_5$$

亦可写为

$$EI\Delta_5 = \frac{R_5}{D}EI = \frac{R_5 EI}{0.390\ \ 180KR_{\mathrm{H}}} = 3.609\ 314q - 0.814\ 199e$$

最后可绘制弯矩图、轴向力图及弹性反力图。

对于近似的计算可以采用简化方法。由于衬砌环下半部的内力要比上半环小得多，可以令 16 边形的顶点 6～9 点的弯矩值等于零，因此未知数的数目可减少 4 个。

如用矩阵表达上述方法的赘余力方程和计算方程中的系数时，即为矩阵力法。用矩阵力法时，需要在假定脱离区的前提下，计算每一个单位未知力引起基本结构的内力，组成基本结构内力矩阵，再运用矩阵运算求出柔度矩阵方程，其计算工作相当复杂。如果计算出的第 1 根链杆力出现了拉力，则还需变化脱离区再重新计算，使计算程序变得很烦琐、冗长；如果遇到非对称问题中荷载不对称或结构不对称，或虽然结构对称而地层特征不对称等，则在计算前假定弹性反力分布规律将是困难的。因此，这类问题的数值解法常常用矩阵位移法。

3. 矩阵位移法

以矩阵位移法计算衬砌内力时，计算简图与前述相同。区别仅在于选取基本结构的未知数是节点位移。这种计算方法适用于各种对称、非对称问题，概念清晰易懂，适用范围较广，如衬砌为任意外形、变截面及衬砌周围地层弹性性质变化等情况均能适用。

（1）用矩阵位移法求解的原理。

图 5.5.9 表示简化了的隧道衬砌结构计算图式。

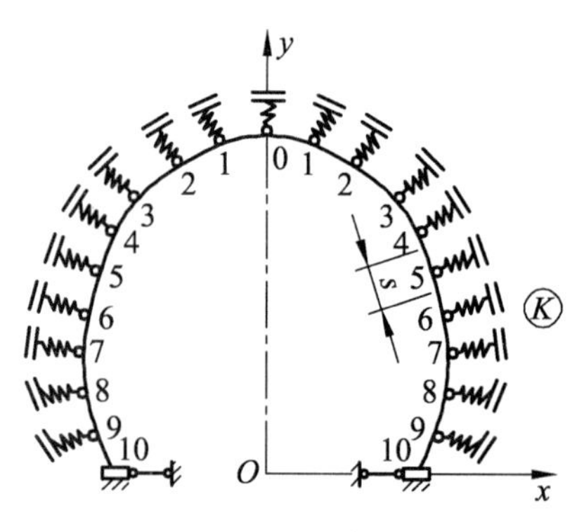

图 5.5.9　计算简图

① 基本原理。

矩阵位移法的基本原理是：以每一个节点的u、v、θ（分别为x方向、y方向的位移及xOy平面内的转角）3 个位移为未知数，应用 2 个连续条件，即连接在同一节点的各单元的节点位移应该相等，并等于该节点的结构节点位移——变形协调条件；作用于结构上某一节点的荷载必须与该节点上作用的各单元的节点力相平衡——静力平衡条件。因此，首先要进行单元分析，找出单元节点力与单元节点位移的关系——单元刚度矩阵，然后进行整体分析，建立起以节点静力平衡为条件的结构刚度方程式如下：

$$\{\boldsymbol{K}\}\{\boldsymbol{\Delta}\}=\{\boldsymbol{P}\} \tag{5.5.13}$$

式中 $\{\boldsymbol{\Delta}\}$——结构节点位移的单列矩阵；

$\{\boldsymbol{P}\}$——结构节点荷载的单列矩阵；

$\{\boldsymbol{K}\}$——结构的刚度矩阵。

$$\{\boldsymbol{\Delta}\}=\begin{bmatrix} \delta_1 \\ \delta_2 \\ \vdots \\ \delta_i \end{bmatrix}=\begin{bmatrix} u_1 \\ v_1 \\ \theta_1 \\ u_2 \\ v_2 \\ \theta_2 \\ \vdots \\ u_i \\ v_i \\ \theta_i \end{bmatrix}, \quad \{\boldsymbol{P}\}=\begin{bmatrix} P_1 \\ P_2 \\ \vdots \\ P_i \end{bmatrix}=\begin{bmatrix} x_1 \\ y_1 \\ m_1 \\ x_2 \\ y_2 \\ m_2 \\ \vdots \\ x_i \\ y_i \\ m_i \end{bmatrix}$$

式中 u_i、v_i、θ_i——结构坐标系i节点x、y方向的位移和xOy平面内的转角；

x_i、y_i、m_i——结构坐标系i节点x、y方向的荷载及xOy平面内的弯矩。

根据前面的分析，$[\boldsymbol{K}]$由 2 部分组成，其形式为

$$[\boldsymbol{K}]=[\boldsymbol{K}_1]+[\boldsymbol{K}_2] \tag{5.5.14}$$

式中 $[\boldsymbol{K}_1]$——不考虑弹性链杆作用时结构本身的刚度矩阵；

$[\boldsymbol{K}_2]$——由于弹性链杆作用对结构刚度矩阵的影响。

将式（5.5.14）代入式（5.5.13）得

$$([\boldsymbol{K}_1]+[\boldsymbol{K}_2])\{\boldsymbol{\Delta}\}=\{\boldsymbol{P}\} \tag{5.5.15}$$

引入边界条件，即可由上述方程解出未知的结构节点位移，也就是连接该节点的各单元的节点位移。

单元节点力与节点位移的方向取与坐标方向一致为正，力矩和转角以逆时针转动为正。

② 非线性问题的分析方法。

根据上述分析，结构的刚度由 2 部分组成，即$[\boldsymbol{K}]=[\boldsymbol{K}_1]+[\boldsymbol{K}_2]$。

由于脱离区的范围与结构背向地层变形的范围有关，常常会发生计算出的弹性支承力出现受拉的状态，这时还需撤掉受拉支承重新计算。这一过程会影响结构的整体刚度。

为了解决地下结构计算这一复杂问题，可以先假定衬砌结构上所有的节点全部作用有弹性支承链杆，然后用迭代的方法逐步去掉出现拉力的弹性支承，得出结构的真实解。该方法的原理是解非线性问题的“割线迭代法”。割线迭代法是根据荷载-位移曲线的割线刚度，逐步求出真实解的过程。

如图 5.5.10 所示，抽象地表示结构上的节点荷载与节点位移的非线性关系，设结构上作用的荷载 $\{\boldsymbol{P}\}$ 与相应的位移 $\{\boldsymbol{\Delta}\}$ 应该是正确的，如图中的 M 点。但我们无法一下子确定 M 点，因为影响结构刚度矩阵的弹性链杆的刚度无法一下子准确地确定。在进行第 1 次计算时，可以假定全部弹簧起作用。解出 $\{\boldsymbol{\Delta}\}_1$ 后，撤除不起作用的弹簧并修正 $[\boldsymbol{K}_2]$，然后进行第 2 次计算。如此反复，直至相继 2 次解得的 $\{\boldsymbol{\Delta}\}$ 值相等时，此时的 $\{\boldsymbol{\Delta}\}$ 值即为接近或等于 M 点的解。

求得结构节点位移后，再由各单元的节点荷载与位移的关系计算各单元的节点抗力、单元内力及偏心距，还可根据材料的设计允许应力值求出各单元的安全系数。这些计算全部由程序自动完成。

（2）单元刚度矩阵及结构刚度矩阵的组成。

衬砌单元的截面本来是变化的，如果单元的长度分得足够小，可以把它看成是截面尺寸不变的，在单元端点作用有轴力 $\overline{N}$ 、弯矩 $\overline{M}$ 和剪力 $\overline{Q}$ 的等直梁单元（图 5.5.11）。

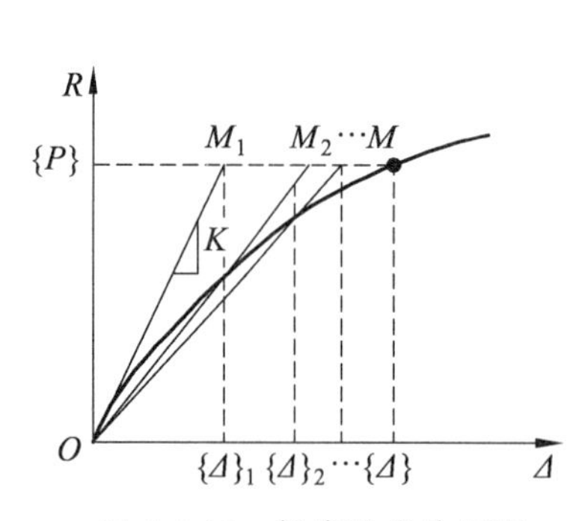

图 5.5.10　割线迭代法原理

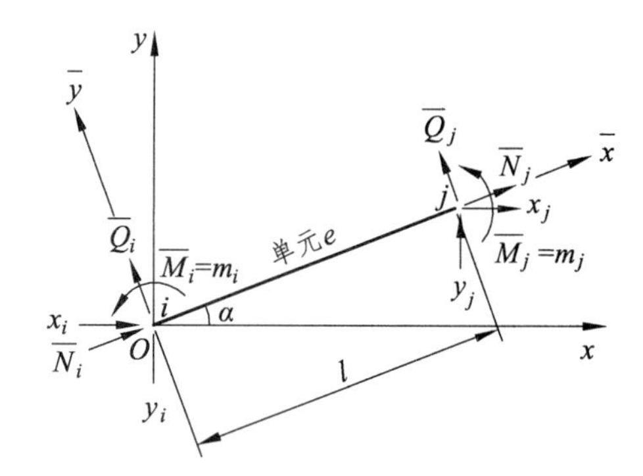

图 5.5.11　梁单元分析

对于局部坐标系 $(\bar{x},\ \bar{y})$ 中的梁单元刚度方程为

$$
\begin{bmatrix} \bar{N}_i \\ \bar{Q}_i \\ \bar{M}_i \\ \bar{N}_j \\ \bar{Q}_j \\ \bar{M}_j \end{bmatrix}
=
\begin{bmatrix}
\frac{EA}{l} & 0 & 0 & -\frac{EA}{l} & 0 & 0 \\
0 & \frac{12EI}{l^3} & \frac{6EI}{l^2} & 0 & -\frac{12EI}{l^3} & \frac{6EI}{l^2} \\
0 & \frac{6EI}{l^2} & \frac{4EI}{l} & 0 & -\frac{6EI}{l^2} & \frac{2EI}{l} \\
-\frac{EA}{l} & 0 & 0 & \frac{EA}{l} & 0 & 0 \\
0 & -\frac{12EI}{l^3} & -\frac{6EI}{l^2} & 0 & \frac{12EI}{l^3} & -\frac{6EI}{l^2} \\
0 & \frac{6EI}{l^2} & \frac{2EI}{l} & 0 & -\frac{6EI}{l^2} & \frac{4EI}{l}
\end{bmatrix}
\begin{bmatrix} \bar{u}_i \\ \bar{v}_i \\ \bar{\theta}_i \\ \bar{u}_j \\ \bar{v}_j \\ \bar{\theta}_j \end{bmatrix}
\tag{5.5.16}
$$

式中　E、I、A、l——单元的材料弹性模量、截面惯性矩、截面面积和单元长度。

缩写的矩阵形式为

$$\{\bar{S}^e\}=[\bar{K}^e]\{\bar{\delta}^e\} \tag{5.5.17}$$

式中 e——等截面直杆单元的编号；

$[\bar{K}^e]$——e 单元在局部坐标系中的刚度。

$$[\bar{K}^e]=\begin{bmatrix}\bar{k}_{ii}^e & \bar{k}_{ij}^e \\ \bar{k}_{ji}^e & \bar{k}_{jj}^e\end{bmatrix}$$

式中 i——e 单元 i 端编号；

j——e 单元 j 端编号。

$$\bar{k}_{ii}^e=\frac{EI}{l}\begin{bmatrix}\frac{A}{I} & 0 & 0 \\ 0 & \frac{12}{l^2} & \frac{6}{l} \\ 0 & \frac{6}{l} & 4\end{bmatrix} \qquad \bar{k}_{ij}^e=\frac{EI}{l}\begin{bmatrix}-\frac{A}{I} & 0 & 0 \\ 0 & -\frac{12}{l^2} & \frac{6}{l} \\ 0 & -\frac{6}{l} & 2\end{bmatrix}$$

$$\bar{k}_{ji}^e=\frac{EI}{l}\begin{bmatrix}-\frac{A}{I} & 0 & 0 \\ 0 & -\frac{12}{l^2} & -\frac{6}{l} \\ 0 & \frac{6}{l} & 2\end{bmatrix} \qquad \bar{k}_{jj}^e=\frac{EI}{l}\begin{bmatrix}\frac{A}{I} & 0 & 0 \\ 0 & \frac{12}{l^2} & -\frac{6}{l} \\ 0 & -\frac{6}{l} & 4\end{bmatrix}$$

将单元的刚度矩阵 $[\bar{K}^e]$ 中 4 个子矩阵写成如下的形式：

$$\bar{k}_{rs}^s=\frac{EI}{l}\begin{bmatrix}\bar{k}_{11}^e & 0 & 0 \\ 0 & \bar{k}_{22}^e & \bar{k}_{23}^e \\ 0 & \bar{k}_{32}^e & \bar{k}_{33}^e\end{bmatrix} \qquad \begin{matrix}(r=i、j) \\ (s=i、j)\end{matrix}$$

通过坐标变换可以得到在结构坐标系中，单元的节点力与节点位移之间的关系为

$$\{S^e\}=[K^e]\{\delta^e\} \tag{5.5.18}$$

或写成

$$\begin{bmatrix}S_i^e \\ S_j^e\end{bmatrix}=\begin{bmatrix}k_{ii}^e & k_{ij}^e \\ k_{ji}^e & k_{jj}^e\end{bmatrix}\begin{bmatrix}\delta_i^e \\ \delta_j^e\end{bmatrix}$$

$[K^e]$ 矩阵中的每一个子阵的通式为

$$k_{rs}^s=\frac{EI}{l}\begin{bmatrix}\cos\alpha & -\sin\alpha & 0 \\ \sin\alpha & \cos\alpha & 0 \\ 0 & 0 & 1\end{bmatrix}\begin{bmatrix}\bar{k}_{11}^e & 0 & 0 \\ 0 & \bar{k}_{22}^e & \bar{k}_{23}^e \\ 0 & \bar{k}_{32}^e & \bar{k}_{33}^e\end{bmatrix}\begin{bmatrix}\cos\alpha & \sin\alpha & 0 \\ -\sin\alpha & \cos\alpha & 0 \\ 0 & 0 & 1\end{bmatrix}$$

式中　α——单元坐标与结构坐标系所成的角。

将其代入上式，并展开得

$$\boldsymbol{k}_{rs}^{s}=\frac{EI}{l}\begin{bmatrix}\bar{k}_{11}^{e}\cos^{2}\alpha+\bar{k}_{22}^{e}\sin^{2}\alpha & (\bar{k}_{11}^{e}-\bar{k}_{22}^{e})\cos\alpha\sin\alpha & -\bar{k}_{23}^{e}\sin\alpha \\ (\bar{k}_{11}^{e}-\bar{k}_{22}^{e})\cos\alpha\sin\alpha & \bar{k}_{21}^{e}\sin^{2}\alpha+\bar{k}_{22}^{e}\cos^{2}\alpha & \bar{k}_{23}^{e}\cos\alpha \\ -\bar{k}_{32}^{e}\sin\alpha & \bar{k}_{32}^{e}\cos\alpha & \bar{k}_{33}^{e}\end{bmatrix} \tag{5.5.19}$$

式中　$r=i$、j，$s=i$、j。

从结构力学可知，一个单元$i-j$的各个子阵在结构刚度矩阵$[\boldsymbol{K}_1]$中所占的位置可以按它们各自的编号“对号入座”，其位置如下：

$$\begin{array}{ccccccc} & & i & & j & \\ \hline i & \cdots & k_{ii}^{e} & \cdots & k_{ij}^{e} & \cdots \\ & & \vdots & & \vdots & \\ j & \cdots & k_{ji}^{e} & \cdots & k_{jj}^{e} & \cdots \\ \hline \end{array}$$

每一个子阵在$[\boldsymbol{K}_1]$中占3行3列的位置。用这种方法将结构所有单元刚度的子阵对号入座，送入结构刚度矩阵$[\boldsymbol{K}_1]$，则得出结构刚度矩阵式。

$$[\boldsymbol{K}_1]=\begin{bmatrix} K_{11} & [k_{12}^{1}] & & & & & \\ [k_{21}^{1}] & K_{22} & [k_{23}^{2}] & & & & \\ & [k_{32}^{2}] & K_{33} & [k_{34}^{3}] & & & \\ & & [k_{43}^{3}] & K_{44} & [k_{45}^{4}] & & \\ & & & \ddots & \ddots & \ddots & \\ & & & [k_{s-1s-2}^{s-2}] & K_{s-1s-2} & [k_{s-1s}^{s-1}] \\ & & & & [k_{ss-1}^{s-1}] & K_{ss} \end{bmatrix} \tag{5.5.20}$$

式中　$K_{11}=[k_{11}^{1}]$，$K_{22}=[k_{22}^{1}]+[k_{22}^{2}]$，…

$K_{s-1s-1}=[k_{s-1s-1}^{s-2}]+[k_{s-1s-1}^{s-1}]$

$K_{ss}=[k_{ss}^{s}]$

（3）弹性支承链杆对总刚度矩阵影响。

设r_i为与结构坐标系成α_i角的一个弹性支承链杆，如图5.5.12所示，i是和结构相连的一端，可称之为第i号弹性链杆。链杆的方向可以根据地层情况以及地层与衬砌的黏结情况做各种不同的假设（见图5.5.4）。

令第i号弹性链杆所代表的范围内的地层弹性反力系数为k_i，所代表的反力作用范围的长度（通常为相邻两单元长度和之半）为S_i，则使弹性链杆产生的单位变形所需要的力为

$$P_{ri}=K_{i}S_{i}b \tag{5.5.21}$$

式中　b——衬砌纵向的计算宽度，一般取$b=1$ m。

因为i为结构上一点，其位移为

$$\{\boldsymbol{\delta}_i\}=\begin{bmatrix}u_i\\v_i\\\theta_i\end{bmatrix}$$

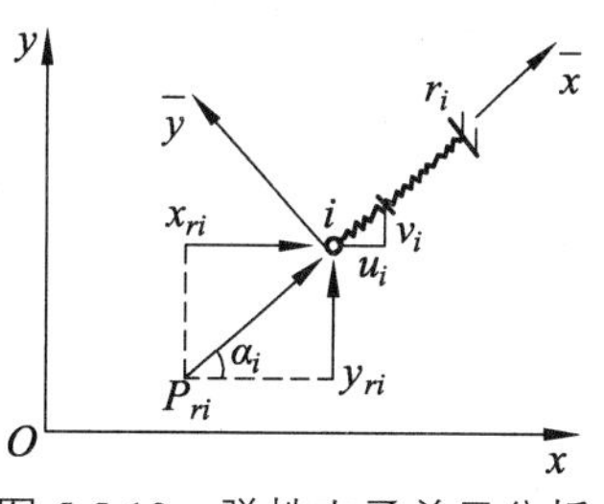

图 5.5.12　弹性支承单元分析

令 P_{ri} 为弹性链杆 i 端的力，则

$$\{\boldsymbol{P}_{ri}\}=\begin{bmatrix}x_{ri}\\y_{ri}\\0\end{bmatrix}$$

根据轴力杆的坐标变换关系可得到 P_{ri} 和 δ_i 的关系为

$$\begin{bmatrix}x_{ri}\\y_{ri}\\0\end{bmatrix}=K_iS_i\begin{bmatrix}\cos^2\alpha_i & \cos\alpha_i\sin\alpha_i & 0\\\cos\alpha_i\sin\alpha_i & \sin^2\alpha_i & 0\\0 & 0 & 0\end{bmatrix}\begin{bmatrix}u_i\\v_i\\\theta_i\end{bmatrix}\tag{5.5.22}$$

由上式可知弹性链杆的刚度矩阵为

$$\boldsymbol{k}_{ri}=K_iS_i\begin{bmatrix}\cos^2\alpha_i & \cos\alpha_i\sin\alpha_i & 0\\\cos\alpha_i\sin\alpha_i & \sin^2\alpha_i & 0\\0 & 0 & 0\end{bmatrix}\tag{5.5.23}$$

式中　a_i——弹性链杆与 x 轴的夹角，弹性链杆的坐标系应由 i 节点指向地层。

由于这些弹性链杆为单向的，即只能承受压力，所以，计算之前不知哪些弹性链杆能起作用。因此，第 1 次计算时，假定全部弹性链杆均起作用，内力与变形性质有关——这就是非线性结构计算的一个普遍性质。

全部弹性链杆对总刚度矩阵的影响集中在主对角线两侧。

（4）墙底弹性支座单元的刚度矩阵。

作用在衬砌上的荷载和自重所引起的轴力和弯矩传至墙底，墙底弹性支座（图 5.5.13）将产生相对应的压缩和转角位移。

对于基底的支承单元有 2 种基本情况，对于曲墙式衬砌的墙脚，基底支承单元的轴线常偏离竖直轴一个角度，而基底常做成水平的（图 5.5.13）。基底支承单元的刚度矩阵与标准单元的完全一样，边墙底的位移与反力的关系可以直接按结构坐标系写出：

$$\begin{bmatrix}x_1\\y_1\\m_1\end{bmatrix}=\begin{bmatrix}K_{\mathrm{f}}bd_a & 0 & 0\\0 & K_abd_a & 0\\0 & 0 & \dfrac{K_abd_a^3}{12}\end{bmatrix}\begin{bmatrix}u_1\\v_1\\\varphi_1\end{bmatrix}\tag{5.5.24}$$

式中　K_{f}——墙底围岩的横向综合弹性反力系数，包括了摩擦力与黏结力的影响，只有在发生水平位移时才考虑；

K_a——墙脚基底围岩竖向弹性反力系数；

d_a——墙底宽度。

以缩写的矩阵形式表达，可得

$$\{\boldsymbol{s}_1^1\}=[\boldsymbol{k}_{r1}^1]\{\boldsymbol{\varDelta}\}$$

其单元刚度矩阵为

$$
\left[\boldsymbol{k}_{r1}^{1}\right]=\begin{bmatrix} K_{\mathrm{f}}bd_{a} & 0 & 0 \\ 0 & K_{a}bd_{a} & 0 \\ 0 & 0 & \dfrac{K_{a}bd_{a}^{3}}{12} \end{bmatrix} \tag{5.5.25}
$$

综合（3）、（4）两部分的讨论，可将弹性链杆与基底地层的刚度矩阵$[\boldsymbol{K}_2]$归述如下：

$$
[\boldsymbol{K}_2]=\begin{bmatrix} K_{\mathrm{f}}bd_{a} & & & & & & \\ & K_{a}bd_{a} & & & & & \\ & & \dfrac{K_{a}bd_{a}^{3}}{12} & & & & \\ & & & K_2S_2\cos^2\alpha_2 & K_2S_2\cos\alpha_2\sin\alpha_2 & 0 & \\ & & & K_2S_2\cos\alpha_2\sin\alpha_2 & K_2S_2\sin^2\alpha_2 & 0 & \\ & & & 0 & 0 & 0 & \\ & & & & & & \ddots \end{bmatrix} \tag{5.5.26}
$$

对于基底支承单元的另一种情况（图 5.5.14），即墙底截面沿拱轴或径向（即墙平面为径向）。其基底截面的刚度矩阵可以在式（5.5.25）的基础上进行坐标变换即可。

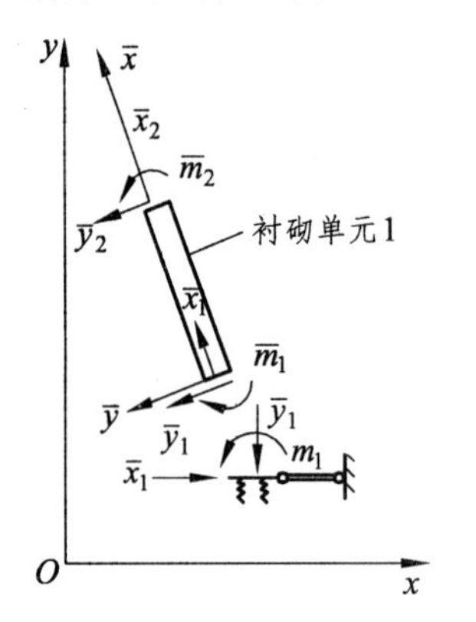

图 5.5.13 基底水平的单元分析

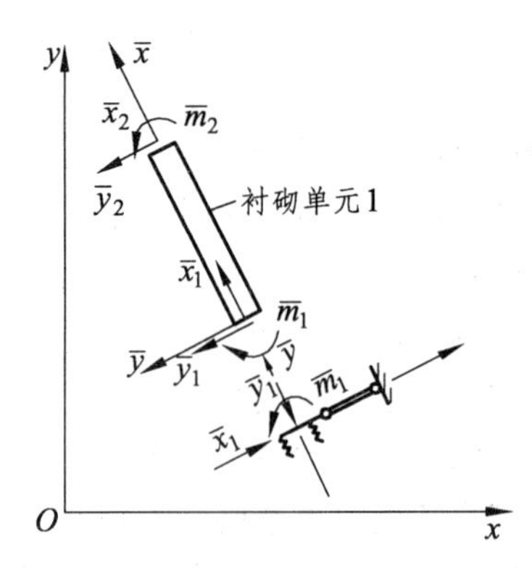

图 5.5.14 基底倾斜的单元分析

（5）结构的刚度矩阵及其特点。

将$[\boldsymbol{K}_2]$代入式（5.5.14）中即可得结构总刚度矩阵

$$
[\boldsymbol{K}]=\begin{bmatrix} K_{11} & [k_{12}^{1}] & & & & & \\ [k_{21}^{1}] & K_{22} & [k_{23}^{2}] & & & & \\ & [k_{32}^{2}] & K_{33} & [k_{34}^{3}] & & & \\ & & [k_{43}^{3}] & K_{44} & [k_{45}^{4}] & & \\ & & & \ddots & \ddots & \ddots & \\ & & & [k_{s-1s-2}^{s-2}] & K_{s-1s-1} & [k_{s-1s}^{s-1}] & \\ & & & & [k_{ss-1}^{s-1}] & K_{ss} & \end{bmatrix} \tag{5.5.27}
$$

式中 $K_{11}=\left[k_{11}^{1}\right]+\left[k_{r1}^{1}\right]$

$K_{22}=\left[k_{22}^{1}\right]+\left[k_{22}^{2}\right]+[k_{r2}]$

…………

$K_{ii}=\left[k_{ii}^{i-1}\right]+\left[k_{ii}^{i}\right]+\left[k_{ri}\right]\cdots$

$K_{s-1s-1}=\left[k_{s-1s-1}^{s-1}\right]+\left[k_{s-1s-1}^{s-2}\right]+[k_{rs-1}]$

$K_{ss}=\left[k_{ss}^{s}\right]+\left[k_{rs}^{s}\right]$

结构刚度矩阵具有如下特点：

① 结构刚度矩阵是一个对称矩阵。由于结构刚度矩阵的对称性，在计算程序中可以只存上三角矩阵中的各元素。

② 结构刚度矩阵是一个稀疏带矩阵。为了节省内存，还可以利用结构刚度矩阵的带形性质，只存上三角形矩阵中的非零元素。为了不使下标出现负值，对所有单元的编号都取 $j>i$。即在确定单元的局部坐标系时，应使 x 轴的正向由编号较小的节点 i 指向编号较大的节点 j。

③ 结构刚度矩阵是一个奇异阵。式（5.5.27）是假定所有节点都可以产生位移建立起来的，即假定结构没有受任何位移约束，可用刚体运动，所以结构刚度矩阵是个奇异矩阵。在求解结构刚度方程时，必须按结构的边界条件对某些节点给以某种约束，使 $[\boldsymbol{K}]$ 变成一个非奇异矩阵，才能求得方程的解。

由于墙底的摩擦力和黏结力甚大，横向位移假定为零，即 $u_1=u_s=0$；若不考虑竖直沉陷对弹性反力分布范围的影响（当结构或荷载不对称时，两边墙脚的相对沉陷对弹性反力的影响不宜忽略；在考虑切向弹性反力时，也不宜忽略竖直沉陷），则 $v_1=v_s=0$。在组成结构刚度矩阵时可将相应于 u_1、u_s、v_1 和 v_s 的行和列去掉；也可保持原来的刚度矩阵不变，将上述位移所对应的主元赋大值（要根据电子计算机的容量选择）。这样未知位移就可迎刃而解。

（6）弹性链杆存在的判别条件。

设已经求得的 i 节点的位移为 u_i 及 v_i，参见图 5.5.12 所示。令 δ_{ri} 为弹性链杆 i 方向的位移，简称为径向位移，那么当 δ_{ri} 指向地层时，则弹性链杆受压，此时弹性链杆的作用将存在，反之，则链杆应撤销。由图 5.5.12 显然可知：

$$\delta_{ri}=v_i\sin\alpha+u_i\cos\alpha \tag{5.5.28}$$

判别条件是：当 $\delta_{ri}>0$ 时，弹性链杆存在；当 $\delta_{ri}<0$ 时，弹性链杆不存在。当 $\delta_{ri}<0$ 时，令 $K_{ri}=0$，修正 $[\boldsymbol{K}_2]$，组成新的结构总刚度矩阵 $[\boldsymbol{K}]$。

（7）直接刚度法计算衬砌内力的基本步骤。

① 将衬砌结构离散化。将衬砌结构离散为若干个衬砌单元和支承链杆单元，衬砌单元的数目可视精度要求及计算机容量选定。结构、荷载及地层弹性特征均对称时可计算半个结构。

计算出各单元的面积、惯性矩、线刚度、单元切向角及节点径向角的正弦、余弦，并定出各衬砌单元的弹性模量和支承链杆单元抗力系数 K_i 及基底单元的 K_a、K_f 的值。

② 将所有荷载换算成等效节点荷载。将荷载（竖直和侧向水平荷载及自重等）按结构坐标系方向化为等效节点荷载。

③ 组成结构刚度矩阵。按式（5.5.20）组成结构的刚度矩阵，按各弹性约束条件组成结构总的刚度矩阵，即

$$[\boldsymbol{K}]=[\boldsymbol{K}_1]+[\boldsymbol{K}_2]$$

再按边界条件做约束支承的处理。

④ 求节点位移的第一次近似值。

⑤ 判断弹性链杆方向的位移是否大于零（即朝向地层）：

若 $\delta_{ri}>0$ 则链杆存在；

若 $\delta_{ri}<0$ 则撤销该链杆，$K_{ri}=0$；并修正结构的总刚度矩阵 $[\boldsymbol{K}]$。

⑥ 计算节点位移的第二次近似值，并重复⑤、⑥步，直至相邻 2 次位移相等。

⑦ 求解各弹性链杆抗力，并计算各单元的单元节点力。

⑧ 如果需要的话可计算各节点截面偏心距、截面强度及安全系数。

5.6 支挡结构计算

1. 引　道

地下的隧道及地下建筑的出入口处与地面相连的一段要修筑引道。引道是城市道路中立交地道、水底隧道的洞门与地面的连接段，也是地下铁道车辆引出线的重要组成部分，其作用是挡土、挡水（地下水）和防洪（地面水）。

（1）结构的分类。

引道的形式很多，应根据使用要求、地形、地质和水文地质及施工条件等因素来决定。大体上可分为墙式（亦称分离式引道）和槽式（亦称整体式引道）2 大类。

① 墙式支挡结构。

按其支挡作用的机理不同，可以分为下述几种类型。

a. 重力型、半重力型挡墙。用浆砌块石或素混凝土制成，其作用机理是利用墙体本身的重力平衡墙后的主动土压力。因此，适用于堑壕深度不大（一般不超过 4 m）的引道。该类型的挡墙已在相关课程中学过，不在此赘述。

b. 薄壁式钢筋混凝土挡墙。从构造上分为悬臂式［图 5.6.1（a）］和扶壁式［图 5.6.1（b）］。

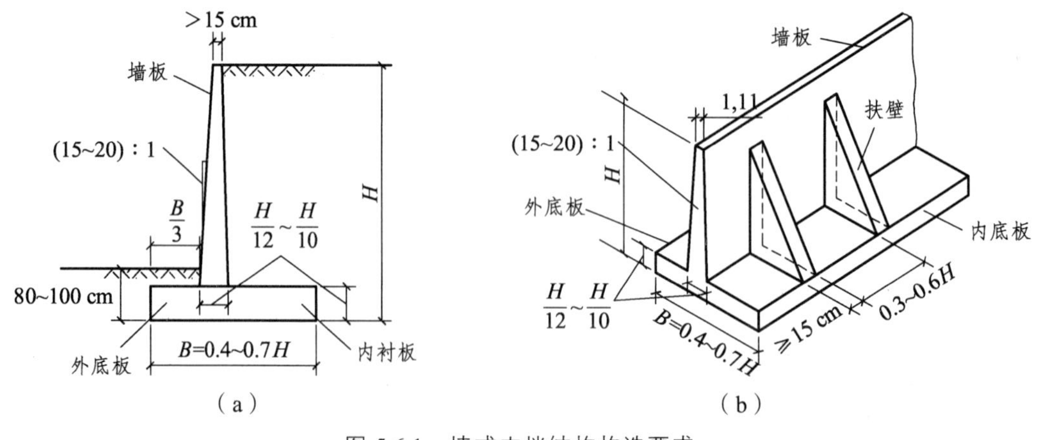

图 5.6.1　墙式支挡结构构造要求

2 种。其作用机理是利用墙体内底板上填土的重力平衡墙后的主动土压力，并利用墙前的悬臂外支点增加其抗倾覆的力臂。因此，常用于城市引道深度较大的地区。悬壁式挡墙的深度可达 8 m 左右，扶壁式挡墙可达 8 ~ 10 m。

c. 加筋土挡墙（图 5.6.2）、锚定板挡墙（图 5.6.3）和土钉墙（图 5.6.4）。均属于新型建筑技术，实质上可算是重力式挡土墙的变化形式。

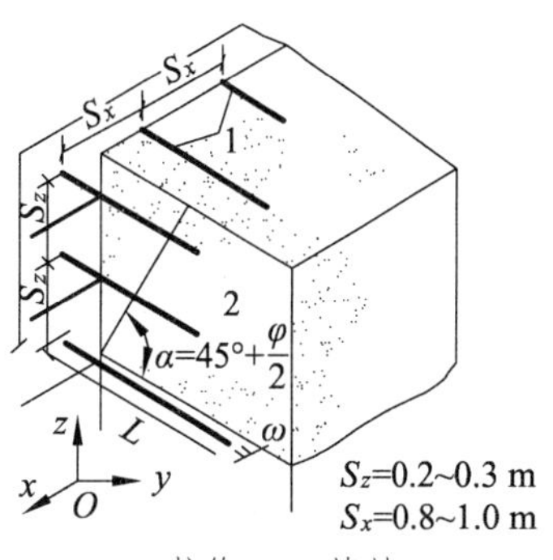

1—拉筋；2—填料。

图 5.6.2　加筋土挡墙

其作用原理是利用填料自重和拉筋（加筋土挡墙）、拉杆或锚杆（锚定板挡墙）、钢筋、型钢或锚杆（土钉墙）与填料的摩擦力来支承填料和外荷载所产生的侧压力。墙的高度理论上不受限制，但实际上不超过地基的承载力。

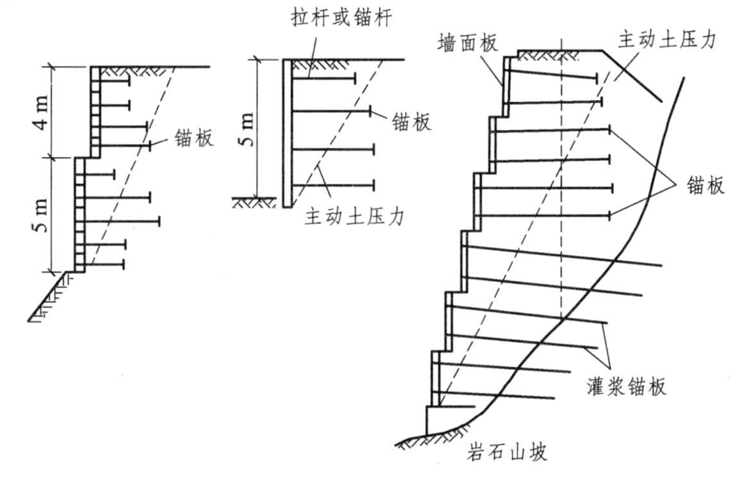

图 5.6.3　锚定板挡墙

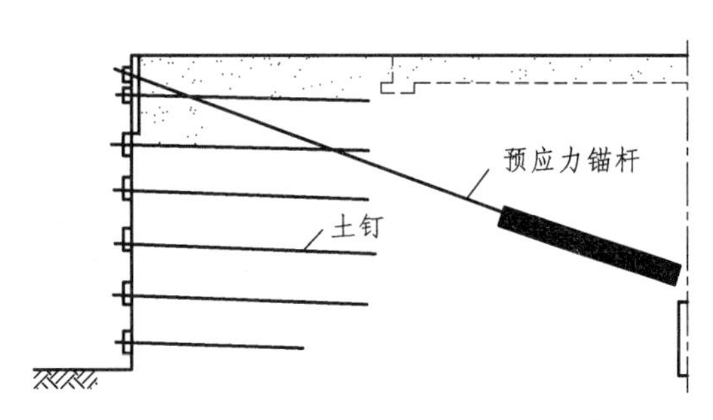

图 5.6.4　土钉墙与锚杆的联合使用

这种结构形式除了用于引道以外，还常用于路堤的支挡结构。

d. 板桩-拉锚型支挡结构（图 5.6.5）。由于板桩截面模量的限制，这种结构一般只适用于墙高 6 ~ 7 m 以下的引道段。

此外，近年来还出现了属于地下连续墙式的支挡结构，如墙壁式、钻孔桩式和用土锚代替横撑的支挡结构，它们都比较理想地解决了深度问题。这些支挡结构还可用于明挖法的基坑支护，也可作为永久衬砌的一部分。

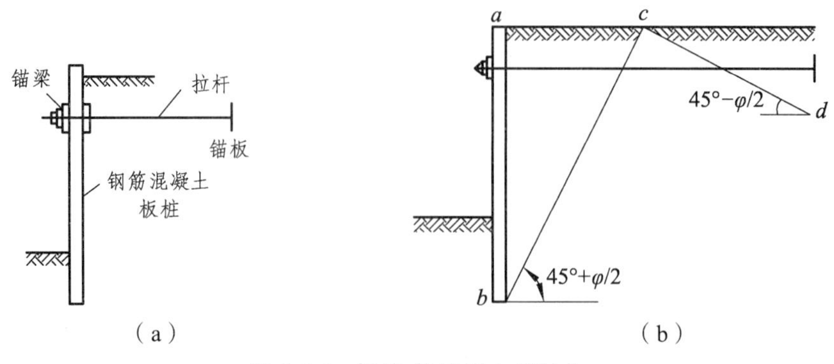

图 5.6.5　板桩-拉锚型支挡结构

② 槽式支挡结构。

堑壕经常处于水淹的河底段或其深度较大时，底板下的水、土压力都随之增大，可采用将两侧钢筋混凝土边墙与底板连成一个整体的槽式结构，也称整体式引道（图 5.6.6）。

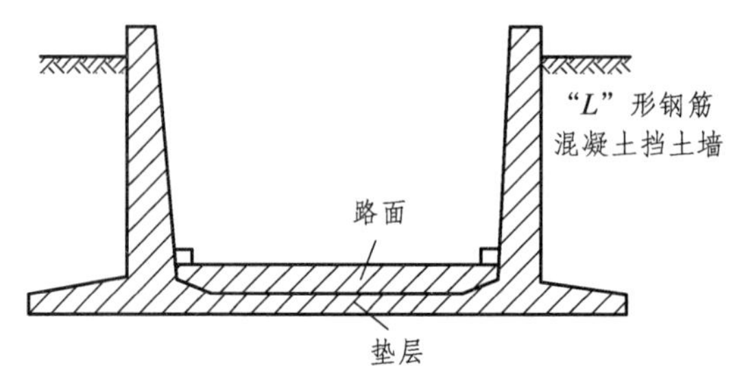

图 5.6.6　槽式支挡结构

（2）支挡结构的设计步骤。

① 根据工程类比初步拟定结构物的尺寸，并满足基本构造要求；

② 确定其上作用的荷载；

③ 进行结构物的稳定及其地基应力验算，并达到一定的安全系数；

④ 进行结构物的强度验算，并达到一定的安全系数；

⑤ 若稳定或强度验算不能满足安全系数的要求时，则要重新拟定截面尺寸，或改进结构形式，反复计算直至达到要求为止。

（3）墙式支挡结构的计算。

下面主要叙述薄壁式挡土墙（悬臂式或扶壁式）的计算。

① 薄壁式挡墙尺寸的确定。

薄壁式钢筋混凝土挡墙按结构可分为悬壁式和扶壁式等。墙体的稳定性主要是依靠底板上的填土重力保证，这 2 种形式的挡墙均属于轻型结构。

悬壁式和扶壁式挡墙常用的尺寸示于图 5.6.1，可供参考。

② 作用于挡墙上的外部荷载。

a. 土压力的计算公式。

土压力是作用于挡墙上的主要荷载，在工程设计中，一般采用库仑理论计算的主动土压力比较接近实际，但计算较为烦琐。当墙后填土表面水平、内摩擦角小、墙背垂直而光滑时，朗肯理论也能接近实际，计算也简便。这些公式土力学中已有介绍。

当挡墙背后土种类不一，每层土的厚度分别为h_1，h_2，…，h_z，重度分别为γ_1，γ_2，…，γ_z，内摩擦角分别为φ_1，φ_2，…，φ_z时，则可近似地按加权平均公式求出γ与φ的平均值，然后再用土力学中的库仑公式或朗肯公式进行计算。

$$\left.\begin{aligned}\varphi_{平均}&=\frac{\varphi_1 h_1+\varphi_2 h_2+\cdots+\varphi_z h_z}{h_1+h_2+\cdots+h_z}\\\gamma_{平均}&=\frac{\gamma_1 h_1+\gamma_2 h_2+\cdots+\gamma_z h_z}{h_1+h_2+\cdots+h_z}\end{aligned}\right\}\tag{5.6.1}$$

也可较精确地分层计算出每种土层交界处的水平压力，以得到分层处的荷载图式。当墙背后为黏性土时，要考虑黏结系数的影响。

当墙背后作用着均布荷载q时，可将此均布荷载化为等效土厚h_0，$h_0=q/\gamma$，将此土厚加在土压力计算公式中，其形式为

$$E_s=\frac{1}{2}\gamma H(2h_0+H)\lambda\tag{5.6.2}$$

在地下水面以下的土中，因土体受水的浮力而减轻，公式中的土体重度γ应采用其浮重度。在此情况下，除土压力作用在墙上外，还有静水压力的作用。

b. 作用在挡土墙上的外部荷载。

重力式挡土墙靠其自重来保持稳定，而一般钢筋混凝土薄壁式挡土墙除其自重外，还有墙后底板上部的填土重力来保证其稳定。

以悬壁式挡土墙为例（图 5.6.7），分析作用在其上的外部荷载。

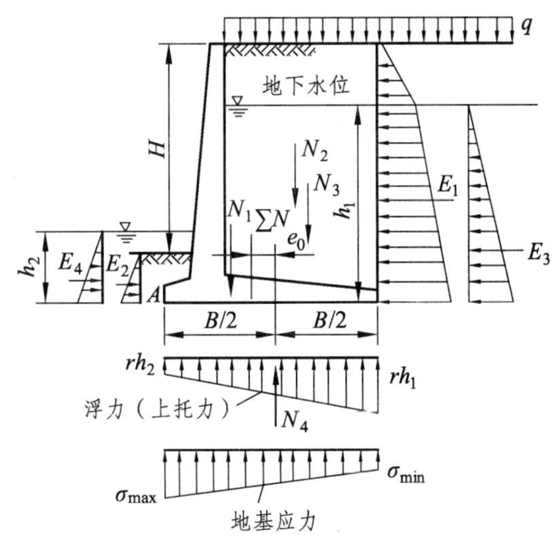

图 5.6.7　悬臂式挡墙的计算图示

竖直荷载：

- 墙身自重 N_1；
- 墙后填土重力（包括地面匀布荷载）N_2；
- 墙后地下水重力 N_3；

- 底板下向上的浮力和渗透压力的合力 N_4；
- 土压力的竖直分力 E_y。

水平荷载：

- 墙后填土水平土压力 E_1（主动土压力，包括地面均布荷载）；
- 墙前填土压力的合力 E_2（被动土压力，一般情况下数值较小，同时因其对结构稳定有利，可予以忽略，这是偏安全的）；
- 墙后水压力 E_3；
- 墙前水压力 E_4。

在地震区还要考虑按特殊荷载作用的地震力等。在验算稳定时，要计算上述荷载的各种最不利的组合。

③ 挡土墙的稳定验算。

要使挡土墙在水平土压力和地下水压力作用下不致遭到破坏，就必须进行稳定验算。也就是要保证挡土墙在所有外力最不利的组合情况下不倾覆、不滑动，挡土墙基底最大应力不超过地基承载力。

a. 抗倾覆验算。

在所有外力作用下，挡土墙不会对墙外缘 A 点发生旋转，并具有一定的安全度。E_1、E_3、N_4 各力对墙外缘 A 点的力矩 M_0 为倾覆力矩；N_1、N_2、N_3、E_2、E_4 各力对 A 点的力矩 M_y 为抗倾覆力矩。一般为安全起见，不计 E_2、E_4 对抗倾覆力矩的作用。因此，要保证挡土墙不致倾覆，则应满足

$$\frac{M_y}{M_0} \geqslant K_0 \tag{5.6.3}$$

式中　K_0——抗倾覆安全系数，一般取 $K_0 = 1.5$。

b. 抗滑动验算。

在所有水平外力 $\sum E = E_1 + E_3 - E_4$ 作用下，挡土墙不应向外滑动。一般为安全起见，不计 E_4 对抗滑的作用。保证不滑动的因素主要是靠墙底与地基土体间的摩擦阻力，因此就必须满足

$$\frac{f\sum N}{\sum E} \geqslant K_c \tag{5.6.4}$$

式中　K_c——抗滑动安全系数，一般取 $K_c = 1.3$；

　　f——摩擦系数，可自表 5.6.1 中选用。

如果抗倾覆和抗滑动不能满足时，一般可采取以下措施：① 加宽墙底板，增加底板上的质量；② 将墙底板做成倾斜面或锯齿以提高挡土墙抗滑动的能力；③ 墙后排水，减少水平土压力。

c. 基底应力的验算。

因为挡土墙的底板与墙高的比值较小，一般地基反力可视为直线分布，如图 5.6.8（a）所示。先求出合力的作用点与 A 点的距离 a，对挡土墙外缘 A 点取矩：

$$M_y - M_0 - a\sum N = 0$$

$$a=\frac{M_y-M_0}{\sum N} \tag{5.6.5}$$

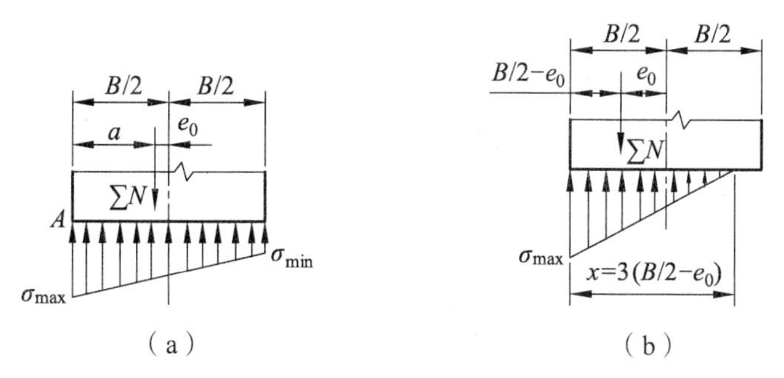

图 5.6.8　基底应力的分布情况

因而合力作用点与墙底面中心的距离为

$$e_0=\frac{B}{2}-a=\frac{B}{2}-\frac{M_y-M_0}{\sum N} \tag{5.6.6}$$

基底应力的公式为

$$\begin{matrix}\sigma_{max}\\ \sigma_{min}\end{matrix}=\frac{\sum N}{B}\pm\frac{\sum Ne_0}{W}=\frac{\sum N}{B}\pm\frac{\sum Ne_0}{B^2/6}=\frac{\sum N}{B}\left(1\pm\frac{6e_0}{B}\right)\leqslant m[R] \tag{5.6.7}$$

式中　B——墙底板宽；

$[R]$——地基容许承载力；

m——考虑基础宽度、深度和偏心影响的系数。

最大的地基应力不大于地基容许承载力，最小地基应力不应小于零，即地基全部受压，此时 $e_0\leqslant\frac{B}{6}$。在特殊荷载作用下或其他原因时，才允许 $e_0>\frac{B}{6}$，但也不能大于 $\frac{B}{4}$，以避免脱离区过大［图 5.6.8（b）］。这样，墙底内侧一边会产生拉应力，但土体与基底间不能承受拉应力而互相脱离，它的基底有效宽度则等于 $x=3\left(\frac{B}{2}-e_0\right)$。根据地基反力的总和应与荷载 $\sum N$ 相平衡，即

$$\sum N=\frac{1}{2}\sigma_{max}x=\frac{1}{2}\sigma_{max}\cdot 3\left(\frac{B}{2}-e_0\right) \tag{5.6.8}$$

$$\sigma_{max}=\frac{2\sum N}{3\left(\frac{B}{2}-e_0\right)} \tag{5.6.9}$$

④ 挡土墙的强度计算。

a. 悬臂式挡土墙。

立板及底板都被视为悬臂板，其计算原则皆相同。

立板为固定在底板上的悬臂板，主要承受墙后的主动土压力及地下水压力。墙前埋在土中的被动土压力对结构有利，可偏安全地不予计入；立板自重一般不计。因此，立板按受弯构件计算，除强度验算外，立板底端还应验算抗裂。因立板承受的弯矩越往上越小，可在不同高度上分别计算几个截面所需钢筋面积，绘出钢筋面积与墙高的关系曲线，据此切断部分钢筋。

底板分为外底板（趾板）与内底板（踵板）（图 5.6.9），它们都是以立板底部为固定端的悬臂板，主要承受地基反力、地下水浮力和渗透压力、板上的填土重、水重及自重等荷载。将上述各力叠加后即可求得作用在底板上的荷载分布图式，一般情况下如图 5.6.9 所示，内底板所承受的荷载向下，底板顶面受拉，因此受力钢筋放在上面，外底板则相反，受力钢筋放在下面。

b. 扶壁式挡土墙。

- 立板及底板的计算。

扶壁式挡墙的立板和底板所受的外力基本上与悬臂式的相同，立板在外力作用下是以扶壁为支承的单向连续板，其跨度等于扶壁间距 L。计算立板时可在不同高度将其划分为几个水平板带，在每个板带上取水平方向压力强度的平均值作为均布荷载。这样的计算忽略了立板下部分与底板固结的有利影响，虽偏于安全，但费钢筋较多。因此，在离底板顶面 $1.5\,l_1$ 高度以下的立板（图 5.6.10），按三边固定一边自由的双向板进行计算，在此以上的部分则按单向连续板计算。

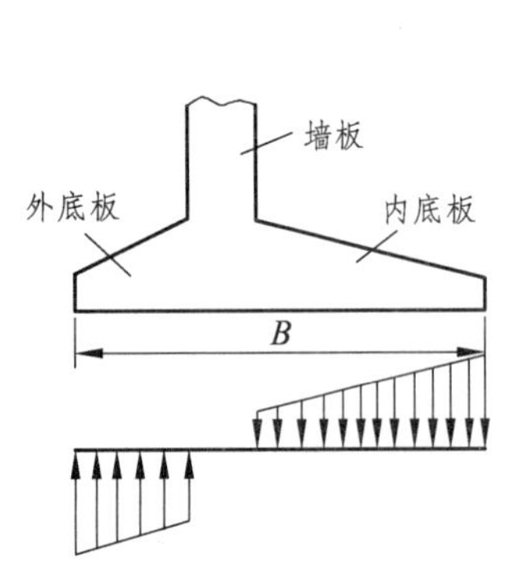

图 5.6.9　底板上荷载分布

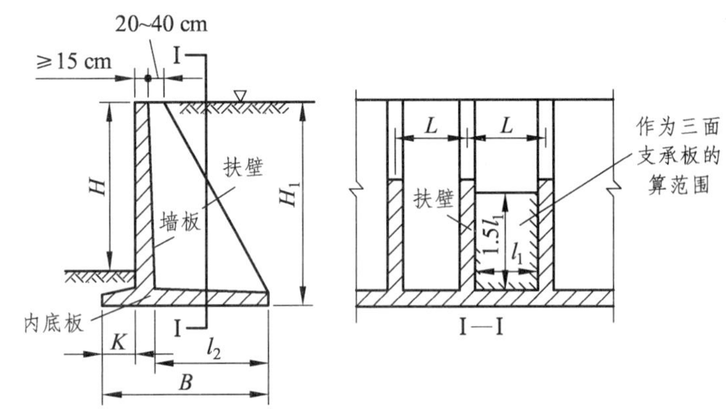

图 5.6.10　扶壁式挡墙计算图示

外底板与悬臂式外底板一样，都是按悬臂板来计算。内底板也是以扶臂板为支承的，但计算时考虑 2 种情况：当内底板净宽 l_2 与扶壁净距 l_1 之比 $l_2/l_1 \leqslant 1.5$ 时，按三边固定一边自由的双向板计算；当 $l_2/l_1>1.5$ 时，则仅在离立板内侧 $1.5\,l_1$ 范围内的底板按三边固定一边自由的双向板计算，其余部分仍按单向连续板计算。为了简化计算，在这些板带上亦可近似地取其荷载平均值作为均布荷载计算。

- 扶壁计算。

扶壁受力情况较复杂，它是既同立板又同底板连接在一起受力的整体结构，为了计算的简化，按以下 3 种受力状态计算。

扶壁在水平的土、水压力作用下和墙板一起受弯，同时又在墙身自重及扶壁宽度上的土柱重力作用下受压。由于压力影响比弯矩小得多，往往可略去不计，而按固定在墙板上的 T

形截面悬臂梁来计算。T 形截面的高度和翼缘板厚度沿墙高度而变化。

以扶壁为中心，扶壁间距为长度取一计算单元［图 5.6.11（a）]，在计算截面 I－I 的受力钢筋时，将其截面以上的水平方向土压力、水压力对该截面取矩，其总和为 M，则钢筋面积为

$$A_l = \frac{\sum Ey}{\gamma h_0 R_1} \sec\theta \tag{5.6.10}$$

式中　θ——扶壁斜面与竖直线的夹角；

γh_0——受弯破坏时的内力偶臂，近似地取 0.9 h_0；

R_1——钢筋的设计强度值；

其余符号如图中所示。

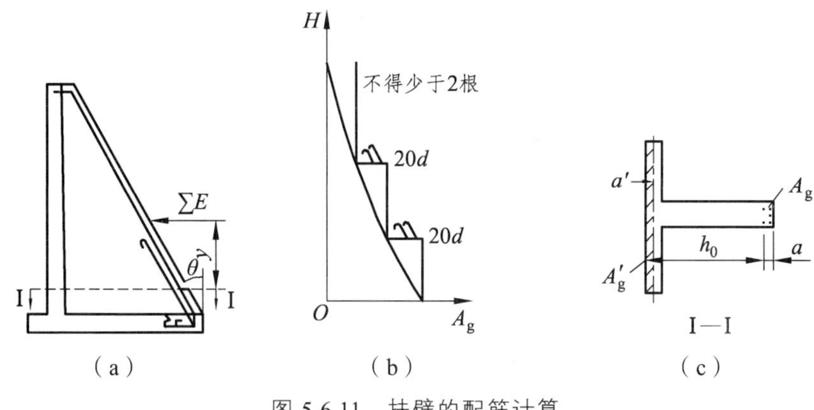

图 5.6.11　扶壁的配筋计算

这样计算出 2～3 个不同高度的截面所需的钢筋面积，便可绘出钢筋面积-墙高（A_g-H）曲线［图 5.6.11（b）]，作为配置和切断部分扶壁钢筋的依据。

扶壁作为悬臂梁还受水平方向上的剪力，如正向力和这个剪力产生的主拉应力超过了混凝土的容许应力，则需计算水平抗剪钢筋的用量。同时立板承受水平方向上的压力后，使其与扶壁有脱开的趋势，因而在扶壁与立板连接处产生水平方向的轴向拉力（图 5.6.12）。设挡土墙在某一截面上承受水平方向的力，土压力强度为 e，则扶壁每米高度上承受的轴向拉力为

$$Z = el_1 \tag{5.6.11}$$

式中　l_1——扶壁间净距。

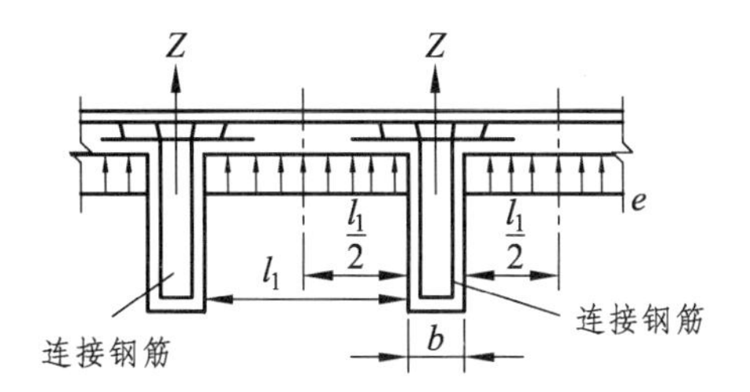

图 5.6.12　扶壁水平架力筋的布置

为抵抗这个拉力，在扶壁的水平方向必须配置连接钢筋，每米高度上水平连接钢筋面积为

$$A_1 = \frac{KZ}{R_1} = \frac{Kel_1}{R_1} \tag{5.6.12}$$

式中　K——安全系数。

水平钢筋用量沿墙高随水平荷载强度而变化。计算时可将扶壁分成若干区段来考虑，然后根据各区段水平连接钢筋用量及钢箍用量的总和来配置水平分布钢筋。

与上述同理，内底板与扶壁亦有脱开的趋势，故也应配置竖直方向的连接钢筋。计算方法同水平分布连接钢筋，沿底板分成 2～3 个区段，分别计算。因竖直方向连接钢筋同时作为水平钢箍的架立钢筋，其直径宜粗些。

（4）整体式引道的计算。

① 引道截面尺寸的选择。

整体式引道的截面为“U”形。但往往为了增加抗浮能力，使其底板两端外伸出侧墙一段，以增加底板两端上的土柱质量。其尺寸根据用途、埋置深度和受力情况等来确定。侧墙形式与钢筋混凝土悬臂式挡土墙相似，一般把墙背靠土的一面做成竖直线形，靠引道侧做成 12.5：1 左右的坡度，主要是扩大司机的视野，有利于行车安全。侧墙一般要高出历史最高水位 1 m，侧墙底部厚度一般与底板厚度一致，底板厚度主要取决于结构跨度及埋置深度。实践中得知：底板厚度可取为跨度的 1/6～1/10 较为合适。引道结构在纵向长度上要设置沉降缝和伸缩缝，在松软地层中两沉降缝（即伸缩缝）间的距离为结构横向尺寸的 2～3 倍，在接缝处要做好接头防水工作。

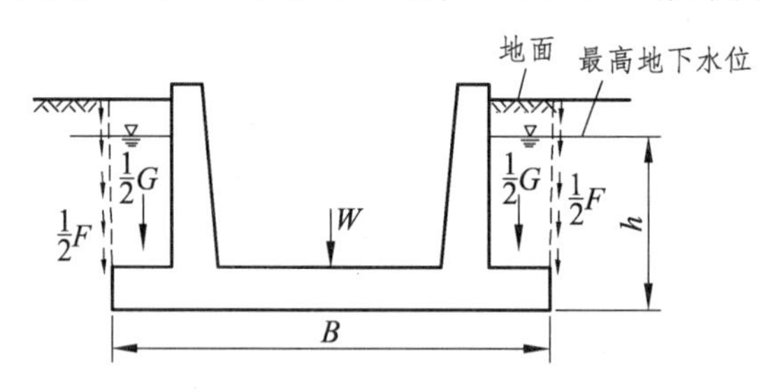

图 5.6.13　整体式引道抗浮计算图示

② 结构的抗浮稳定验算。

引道本身为一整体对称的结构，受力也均匀，故没有必要验算其抗滑动及抗倾覆问题。由于引道结构无顶板，也没有必要的覆土，当处在地下水位较高的松软地层中，就有可能使整个结构因水浮力的作用而发生上浮倾斜或底板开裂。因此在结构强度计算前，要进行结构的抗浮稳定验算（结构纵向取 1 m 长度计算），以便保证结构具有足够能力克服地下水的浮力作用（图 5.6.13），即

$$K = \frac{W_{抗浮力}}{Q_{浮力}} \tag{5.6.13}$$

$$W_{抗浮力} = W + F + W_2 \tag{5.6.14}$$

式中　K——结构抗浮稳定系数，$K \geqslant 1.1 \sim 1.2$；

W——结构自重；

F——结构上浮时滑动土和稳定土之间的摩擦阻力，对“U”形结构则为土体和墙背混凝土之间的摩擦阻力；

W_2——底板伸出侧外缘上方的土体的重力。

$$Q_{浮力}=\gamma_{水}hB$$

式中　$\gamma_{水}$——水的重度；

h——底板底面至最高地下水位的高度；

B——板宽度。

如果结构的抗浮稳定系数 $K<1.1$，则表示结构抗浮稳定性不够，需要加大结构尺寸或压土质量。在具体计算时，因为抗浮力中稳定土与滑动土间的摩擦阻力很难给出，在生产实践中，往往根据经验或通过实践确定摩擦阻力。对一般饱和黏性土可取为 20 kPa，或者在抗浮计算中偏安全地不计入这部分摩擦阻力。通过实践体会到，在某些地质条件下，地下水所产生的浮力与地面水对结构产生的浮力（即静止水压力）不同，因此有的设计部门将计算理论值进行折减，其折减值视土的性质不同可取 0.7 ~ 1.0。

③ 引道结构的强度计算。

引道是一个沿纵向埋深逐步变化的带形结构，其侧墙的高度与厚度以及底板的厚度都取决于引道的埋置深度。引道的设计计算是以接缝（即沉降缝间）为一段而进行的，在每段截取埋置最深的单位长度的截面进行结构设计，有时为使设计更为经济合理，在每段中央再取单位长度的截面进行计算。

引道结构的荷载一般为水、土压力和地面附加荷载。地面附加荷载决定于施工机具和地表面上行驶的车辆及一些堆积物，不考虑暂时的特载及引道中的行驶车辆。在工程竣工初期，挡土墙所受的压力是主动压力，但以后逐渐增大，最终将为静止土压力。因此，在设计时应考虑下列 2 种组合：

高水位时的水压力、浮力 + 静止土压力；

低水位时的水压力、浮力 + 主动土压力。

引道的内力计算可将侧墙与底板分开计算，因为侧墙与衬板间系刚性连接，同时底板刚度较大。因此可将侧墙视为下端固定的悬臂梁，底板则按弹性基础梁分开计算。如需精确结果，也可作为整体的⊔形地基框架进行计算。

a. 侧墙的计算。

侧墙的作用与钢筋混凝土薄臂式挡土墙的作用一样。计算时作为下端固定的悬臂梁，外部荷载的计算及配筋与前述的薄臂式挡土墙相同，如图 5.6.14 所示。在一般情况下侧墙可偏安全地按受弯构件配筋，即不考虑自重的影响。

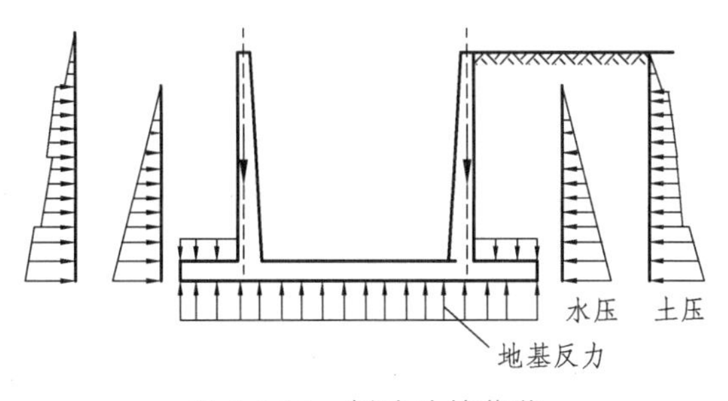

图 5.6.14　侧墙计算荷载

b. 底板的计算。

底板系放置在一个有矩形缺口的半无限体上，地基的沉陷和一般基础梁的沉陷有所不同，目前还没有这方面的计算公式。另外在开挖矩形缺口时，土会因挖去一部分而产生回弹现象；当灌注底板的混凝时，下部土处于二次受压的状态，土的二次受压模量大于一次受压模量。但这些因素的影响是难以确定的，当前只能按一般基础进行计算，其结果可能是偏大的。

- 作用在底板上的荷载（图 5.6.15）。

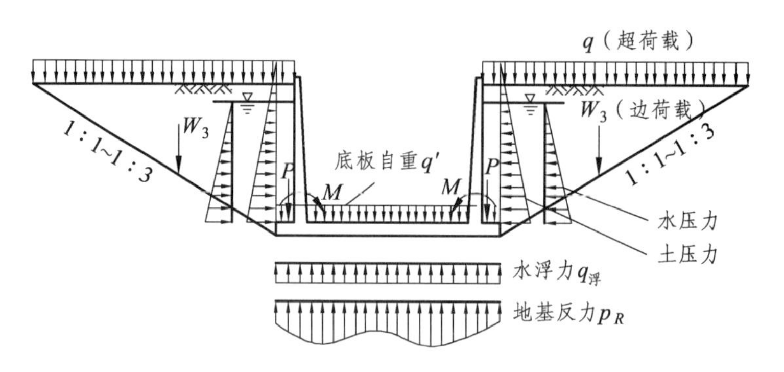

图 5.6.15 作用在整体式引道上的荷载

集中荷载（P）：侧墙自重及墙背后作用于底板伸出端上的土体重力，由于两者相距较近，可用合力（P）代替。

底板自重（W_1）及其上的水浮力（$q_{浮}$）：前者方向是向下的，浮力是向上的，因而可叠加成一个荷载（$q_{浮}-q'$）；若地下水位变化，应分别验算最高及最低水位时底板的内力。

弯矩（M）：由侧墙传来，也应分别考虑最高及最低水位所产生的弯矩。

边荷载（W_3）：由于施工时要挖去底板两侧土方，建好侧墙后又要回填，因此两侧的土体及施工与使用期间的地面附加荷载，通过地基土体的横向变形作用对地基反力及底板内力有所影响，理论上认为对底板有影响的土体范围是相当大的，但一般计算常采用结构物两边的三角形土体的重量作为边荷载值，其土体的坡度为 1：1 ~ 1：3。

地基反力（p_R）：该值大小及分布是较复杂的，只好用一般地基上的基础梁来计算。

- 近似计算方法。

当底板抗弯刚度较大，地下水位很高，抗浮稳定系数较小，而地基土体又很松软时，往往假定地基反力为直线分布（图 5.6.14）。当基础梁及荷载均左右对称时，就可根据力平衡条件求得地基反力值。这种计算方法实质上是将基础梁作为静定结构，而后再计算内力及配筋。一般在初步设计及估算时往往采用，此法没有考虑底板和地基的弹性及两者受力变形后仍保持接触的原则，也无法考虑边荷载的影响，因而计算结果往往比实际受力偏大。

- 弹性基础梁法计算。

弹性基础梁的计算方法很多，可大致归纳为局部变形原理和共同变形原理 2 类，可根据情况参考有关弹性基础梁的各种计算方法选用。

- 地基反力问题。

对底板而言，地基反力是在上部荷载作用下引起的。由地基反力 p_R 和地下水的浮力 $q_{浮}$ 组成的，亦可称为总的地基反力（图 5.6.15），并由此计算衬板内力。但对地基而言，决定地基沉陷主要是由外荷载作用引起的地基反力 p_R，而不是总地基反力。当 p_R 出现负值时，说明梁与地基间出现拉应力。如果拉应力出现的范围较大，这时往往需要修改设计，重新假定底板截面尺寸进行计算。必要时需要设置抗拉桩。

2. 洞　门

交通隧道两端的出入口要修筑洞门，洞门是防护隧道洞口的工程结构，是隧道（包括明洞）的重要组成部分。它的作用是保持洞口仰坡和路堑边坡的稳定，防止车辆不受崩塌、落石等威胁；减少边坡、仰坡的开挖高度，从而减少路堑挖方量；截拦、汇集、排除地表水，使其沿排水渠道排离洞口；还可以起到装饰洞口的作用，特别是城市中的隧道对建筑艺术上的要求比较高。

当隧道口确有滚落碎石的可能性时，一般应做接长明洞，减少对边坡、仰坡的扰动，使洞门墙离开仰坡一段距离，确保落石不会滚落在行车道上。

对于公路隧道，在洞口段对照明有较高的要求，为了处理好司机在通过隧道时的一系列视觉上的变化问题，有时要求在入口一侧设置减光棚等减光构造物，有时要求对洞外环境做某些处理。这样洞门位置上就不再设置洞门建筑物，而是用明洞和减光建筑将衬砌接长，直至减光建筑物的端部，构成新的入口。

水底隧道和公路隧道的洞门常常与附属建筑物，如通风站、供电、蓄电间、发电间和管理所等结合在一起修建。

从受力特征来看，洞门结构有端墙式（图 5.6.16）和翼墙式（图 5.6.17）2 种基本类型。它们的作用在于抵抗边坡和仰坡地层的主动侧压力，防止边坡和仰坡的坍塌。因此，洞门的端墙和翼墙可视作挡土墙，按容许应力检算其强度及沿基底滑动的稳定性。

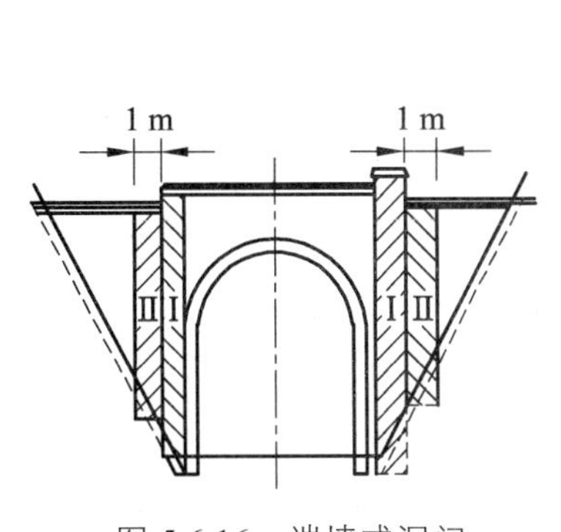

图 5.6.16　端墙式洞门

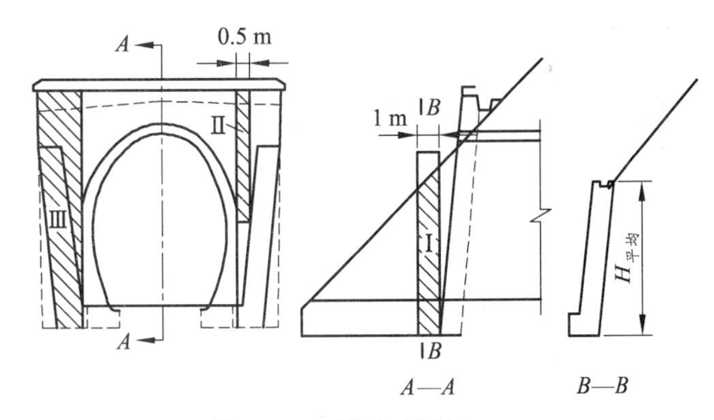

图 5.6.17　翼墙式洞门

（1）尺寸拟定。

洞门结构的尺寸按工程类比或计算确定，但不得小于规定的最小厚度。各种材料的最小厚度分别为：

混凝土、浆砌粗料或混凝土、浆砌块石：30 cm；

片石混凝土：40 cm；

浆砌片石：50 cm。

对圬工等级也有一定要求，如混凝土及片石混凝土为 150 级，严寒地区不应低于 200 级等。

洞门各部分的基础均应设在稳固地层上，基底虚碴及风化层应清除干净，土质地基应埋入地面以下 1 m。在严寒地区，对冻胀性土壤，基础应设在冻结线以下 0.25 m；当冻结深度超过 1 m 时，基底深仍只采用 1.25 m，但要采取各种防冻的措施。当仰坡和边坡土石有剥落的可能时，坡面应进行防护。

洞门端墙厚度范围内的衬砌应与洞口环的衬砌采用一种材料整体建筑，端墙和翼墙后的空隙应及时回填密实。

（2）压力计算公式。

作用在洞门背后的土压力可按库仑理论进行计算。库仑定理的推导过程在土力学课中已有介绍，这里不再重复。

几种常用图形的土压力计算公式可查隧道设计手册，在设计手册中还有常用图形、按各种系数计算出的数值及若干土压力条件下的墙厚与墙高的关系曲线等，具体设计时利用这些图表和曲线，可以较快地定出洞门的主要系数。

如果没有试验资料，地层的内摩擦角和重度可按表 5.6.1 采用。

表 5.6.1　洞门设计参数

仰坡坡度	计算摩擦角/（°）	重度/（kN/m^3）	基底摩擦系数	基底容许应力/MPa
1∶0.50	70	25	0.6 ~ 0.7	0.8
1∶0.75	60	24	0.5	0.6
1∶1.00	50	20	0.45	0.35
1∶1.25	43 ~ 45	18	0.4	0.3 ~ 0.25
1∶1.50	38 ~ 40	17	0.35 ~ 0.4	0.25

（3）洞门的检算方法。

无翼墙的端墙或柱式洞门，可作为具有很大孔洞的挡土墙，只要验算端墙最高、受力最大的部分（图 5.6.16 中阴影部分）的强度和稳定性，Ⅰ部分为柱的检算部位，Ⅱ部分为端墙的检算部位。当无柱时，只检算如Ⅰ所示的端墙部位即可。以此来确定整个洞门墙的厚度和主要尺寸。洞门墙台阶埋入部分及洞门墙和衬砌连接部分，对洞门结构的稳定性是有利的。不考虑这些因素是偏安全的。

对于带翼墙的洞门，端墙和翼墙一起共同承受沿隧道纵向和横向的主动水平压力，它本来是一个空间结构，但为了简化计算，可以分别验算下列几部分：① 先按挡土墙理论验算翼墙：这里取洞门端墙墙址前之翼墙宽 1 m 的条带（如图 5.6.17 中的Ⅰ），此时不考虑翼墙与端墙间连接的抗剪作用，验算内容除了墙身的强度和稳定性外，还包括基底的偏心及应力验算。② 端墙的检算一般只算最不利的Ⅱ部分（图 5.6.17），取 0.5 m 宽，检算强度及偏心。③ 端墙与翼墙共同作用的检算，主要是检算端墙Ⅲ部分的自重和翼墙全部重力共同抵抗作用在洞门端墙Ⅲ部分上的土壤主动水平压力，使之不会滑动。

（4）检算的控制条件。

挡土墙的计算在土力学及地基基础课中已经介绍过，在主动土压力作用下的挡土墙是静定结构，计算并不困难。洞门按挡土墙设计时，要求它具有足够的强度，即按容许应力检算墙本身及地基强度；并要求有充分的稳定性，即墙在土压力作用下沿基底滑移及绕墙址倾覆的稳定。检算时应符合下列要求：

墙身截面应力 $\sigma\leqslant$ 容许应力 $[\sigma]$；

墙身剪应力 $\tau\leqslant$ 容许剪应力 $[\tau]$；

墙身截面偏心距 $e\leqslant 0.3d$（d 为截面厚度）；

基底应力 $\sigma\leqslant$ 地基容许承载力；

石质地基基底偏心距 $e\leqslant B/4$（B 为墙底宽）；

土质地基基底偏心距 $e\leqslant B/4$（B 为墙底宽）；

抗滑动稳定系数 $K_c\geqslant 1.3$；

抗倾覆稳定系数 $K_0\geqslant 1.5$。

上述的设计参数可选用表 5.6.1 所列数值。

混凝土、片石混凝土、石砌体的容许应力查阅有关规范。

思考题与习题

1. 在结构力学的计算模型中，常用的模型及其原理是什么？与结构形式相适应的计算方法有哪些？不同的结构形式如何运用这些计算方法？

2. 对于装配式衬砌如何考虑构造特点对计算方法和结构内力的影响？

3. 地下结构截面强度的计算理论有哪些？在不同的计算理论中如何考虑作用（荷载）的分类及效应组合？并说明应用这 2 种计算理论检算衬砌截面强度的计算方法。

4. 对于矩形结构常用的计算方法有哪些？每种计算方法的计算原理和适用条件是什么？如何确定相应的计算图示和基本结构？对于角隅部位，如何从计算内力得到其设计截面的配筋内力？

5. 对于圆形结构常用的计算方法有哪些？每种计算方法的计算原理和适用条件是什么？如何确定相应的计算图示和基本结构？如何应用圆形结构截面内力的计算简式，得到不同荷载及不同计算方法的整体圆环结构内力？

6. 证明自由变形圆环在各种荷载作用下衬砌内力的计算公式（表 5.2.1 中的各式）。

7. 如图 5.3.1，已知：圆环的计算半径为 3 m，衬砌厚度为 0.3 m，混凝土标号为 C20，钢筋混凝土的重度为 25 kN/m^3，弹性模量为 28 GPa；隧道埋深为 12 m，地下水位高于隧道顶部 8 m，土体的天然重度为 18.5 kN/m^3，饱和重度为 23.5 kN/m^3，计算摩擦角为 45°。（1）分别计算隧道位于砂性土和黏性土的围岩压力。（2）以黏性土为例，按自由变形圆环计算结构内力，并校核最大弯矩及对应的轴力截面强度安全系数。若强度达不到安全系数要求时需进行配筋设计。

8. 求证下列荷载作用下结构内力的计算公式（用自由变形圆环法）：

图（1）
$$M=\frac{eR_{\mathrm{H}}^{\ 2}}{96}(21-48\cos^2\varphi+8\cos^4\varphi)$$

或
$$M=\frac{eR_{\mathrm{H}}^{\ 2}}{96}(-19+32\sin^2\varphi+8\sin^4\varphi)$$

$$N=\frac{eR_{\mathrm{H}}}{3}(3\cos^2\varphi-\cos^4\varphi)$$

或 $N=\frac{eR_{\text{H}}}{3}(2+\sin^2\varphi-\sin^4\varphi)$

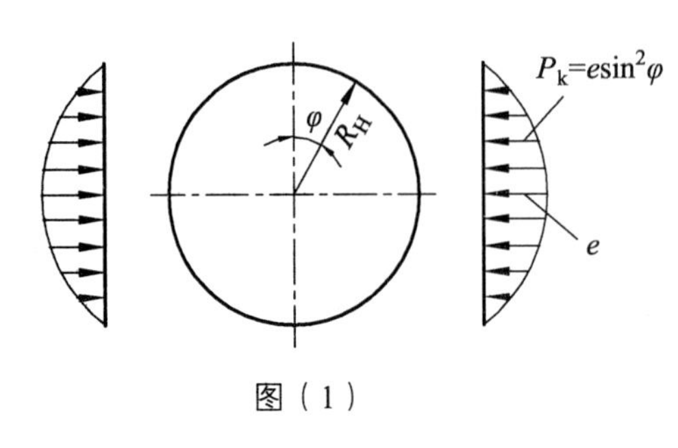

图（1）

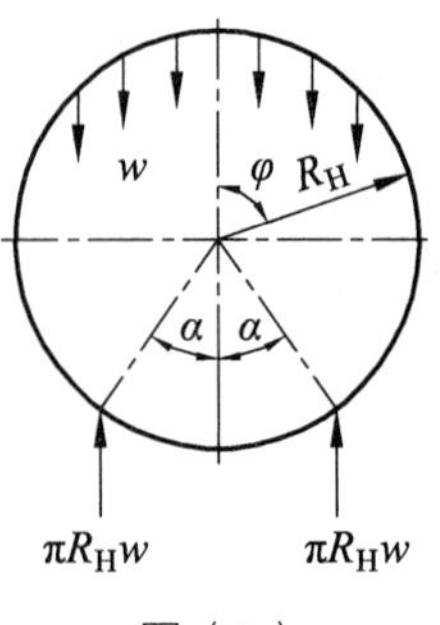

图（2）

图（2）当 $0\leqslant\varphi\leqslant\pi-\alpha$ 时，

$$M=wR_{\text{H}}^2[\alpha\sin\alpha+\cos\alpha-(0.5+\sin^2\alpha)\cos\varphi-\varphi\sin\varphi],$$

$$N=wR_{\text{H}}\left[\left(\sin^2\alpha-0.5\right)\cos\varphi+\varphi\sin\varphi\right];$$

当 $\pi-\alpha\leqslant\varphi\leqslant\pi$ 时，

$$M=wR_{\text{H}}^2[(\pi-\varphi)\sin\varphi-(\pi-\alpha)\sin\alpha+\cos\alpha-(0.5+\sin^2\alpha)\cos\varphi],$$

$$N=wR_{\text{H}}[(\sin^2\alpha-0.5)\cos\varphi+(\pi-\varphi)\sin\varphi]。$$

图（3）

$$M=\frac{R_{\text{H}}^2}{4}\left[q+\frac{1}{2}(e_1+e_2)\right]-\frac{R_{\text{H}}^2}{2}q\sin^2\varphi+\frac{R_{\text{H}}^2}{16}(e_1-e_2)\cos\varphi-$$
$$\frac{R_{\text{H}}^2}{4}(e_1+e_2)\cos^2\varphi-\frac{1}{12}R_{\text{H}}^2(e_1-e_2)\cos^3\varphi,$$

$$N=e_2R_{\text{H}}\sin^2\varphi-\frac{R_{\text{H}}}{16}(e_1-e_2)\cos\varphi+\frac{R_{\text{H}}}{2}(e_1+e_2)\cos^2\varphi+\frac{R_{\text{H}}}{4}(e_1-e_2)\cos^2\varphi$$

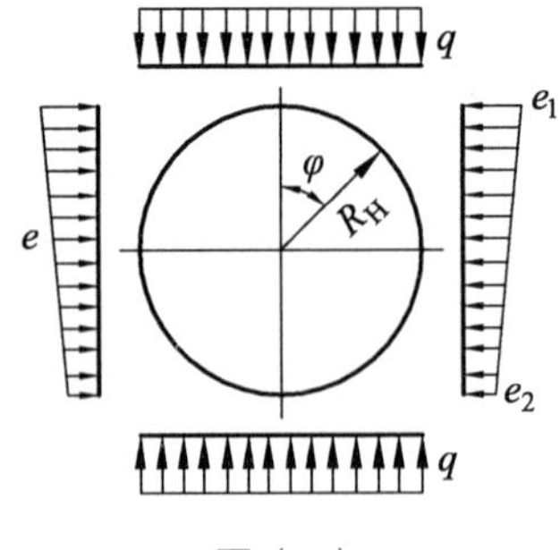

图（3）

试问当 $e_1=e_2=q$ 时，圆环的内力为多少？将此时的 M 和 N 值与承受均布径向水压力 p_{w} 时的 M、N 值进行比较，说明什么问题？

9. 如何计算拱脚或墙底的变位？并说明这些变位对结构内力的影响。

10. 计算如图 5.2.9 所示半拱结构，在拱顶处作用有 40 kN 的竖直力，试求结构的内力。已知半拱结构的截面厚度为 0.4 m，纵向计算宽度为 1 m，混凝土的弹性模量为 28 GPa，拱脚支承面与竖直轴夹角为 60°；拱脚处围岩的弹性反力系数为 420 MPa/m；拱矢高为 2.0 m，计算轴线的半跨度为 3.464 m。

11. 证明整体均质圆环在表（1）所列荷载作用下，水平直径 a 点的变位。

表（1） 荷载形式及 a 点变位

荷载形式	q, a, R_H, q	e, e, a, R_H	e_3, e_3, a, R_H, e_3, e_3	P_k, a, R_H, P_k	a, w, R_H, πg
a 点变位	$\dfrac{qR_H^4}{12EI}$	$-\dfrac{eR_H^4}{12EI}$	0	$-0.045\,4\dfrac{p_k R_H^4}{EI}$	$\dfrac{\pi w R_H^4}{24EI}$

12. 已知条件如题 7。（1）说明日本惯用法的计算原理与计算步骤。（2）以黏性土为例，用日本惯用法计算结构内力，并校核最大弯矩及最大轴力处的截面强度安全系数。地层弹性反力系数 $K_H = 100$ MPa/m。

13. 用布加耶娃法计算下列条件圆形衬砌结构的内力。竖直匀布荷载 $q = 10$ kPa，计算半径 $R_H = 3$ m，衬砌截面的惯性矩 $I = 0.000\,144$ m^4（不计自重），$E = 28$ GPa；计算宽度 $b = 1$ m，地层的弹性反力系数 $K = 100$ MPa/m。

（1）查表求出 5 个截面的内力。

（2）当地层的弹性反力系数分别为 500、100、10 和 0 MPa/m 时，求 $\varphi = 0°$ 时的弯矩 $M_{0\max}$，并画出 $M_{0\max}/qR_H^2$ -K 的曲线，试分析曲线说明了什么问题？

14. 对于拱形结构常用的计算方法有哪些？结合不同的结构形式如何应用这些方法？用半拱结构、曲墙拱形结构和直墙拱形结构的计算图示和基本结构说明计算方法的异同点。

15. 说明曲墙和直墙拱形结构的计算原理和计算步骤。

16. 说明应用弹性地基梁法计算矩形结构的基本原理和计算步骤。

17. 用弹性地基梁法计算如图（4）所示的两跨矩形框架结构的内力，并计算配筋截面处（图中用剖面线示出）的配筋弯矩、轴力和剪力。已知结构承受的竖向压力 $q = 25$ kPa 混凝土的重度为 25 kN/m^3，弹性模量 $E_c = 14$ GPa，泊松比 $\mu_c = 0.167$；地基的变形模量 $E = 0.0045$ GPa，泊松比为 0.5，计算时不考虑侧向土压力。

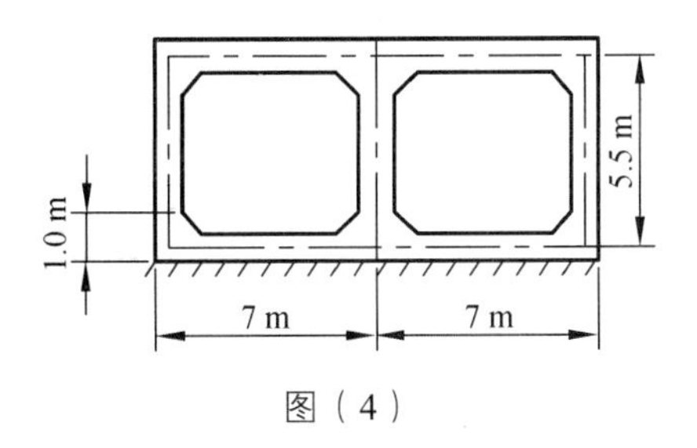

图（4）

18. 说明弹性支承法的计算原理。以圆形结构为例，说明用力法计算的基本步骤；以拱形结构为例，说明用位移法计算的基本步骤。

19. 如图（5）所示为 2 种荷载作用下的弯矩图，杆件的 E、I、A 均为常数，用图乘法求证变位公式：

$$EI\delta_{ii}=\frac{S}{3}(c_i^2+b_ic_i+2b_i^2+b_ia_i+2a_i^2)$$

$$EI\delta_{kk}=\frac{S}{3}(2c_k^2+b_kc_k+2b_k^2+b_ka_k+2a_k^2)$$

$$EI\delta_{ik}=\frac{A}{6}(2c_ic_k+b_ic_k+b_kc_i+4b_ib_k+b_ka_i+b_ia_k+4a_ia_k)$$

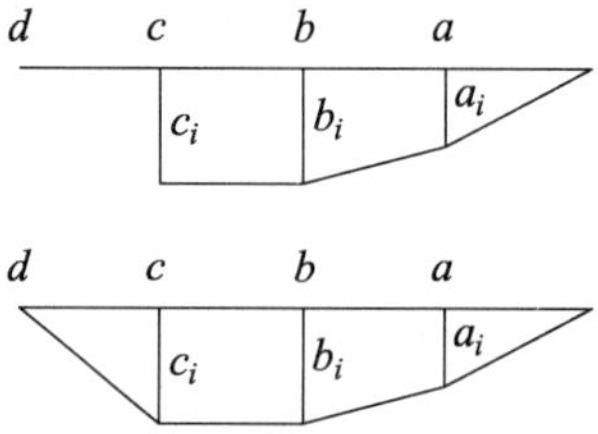

图（5）

20. 引道的修建部位及其作用是什么？支挡结构的类型有哪些？并说明不同支档结构的作用机理是什么？

21 说明支档结构的设计步骤；并说明墙型支挡结构和整体式引道的计算内容和计算步骤。

22. 进行如图（6）所示悬臂式挡墙的稳定验算，并计算Ⅰ—Ⅰ截面的弯矩和剪力。已知墙背光滑，土壤重度$\gamma=18\ \text{kN/m}^3$，土体的内摩擦角$\varphi=30°$，地层与基底的摩擦系数$f=0.45$，基底容许承载力$[\sigma]=150\ \text{kPa}$，工作条件系数 $m=1$；钢筋混凝土重度$\gamma_c=25\ \text{kN/m}^3$，抗倾覆安全系数$K=1.5$，抗滑安全系数$K_c=1.3$。

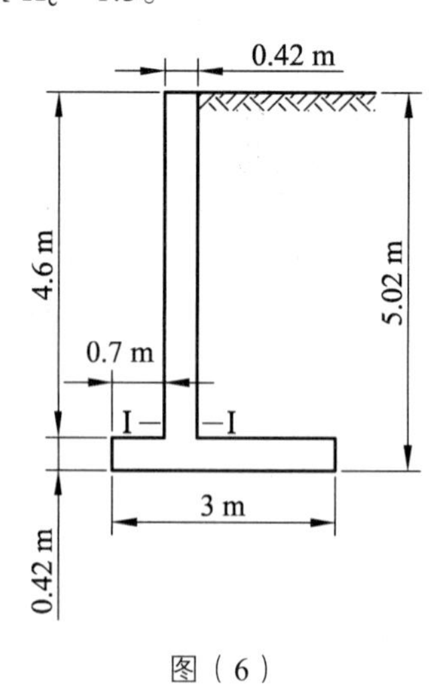

图（6）

第 6 章　地层-结构模型的计算方法

地层-结构模型的出发点是支护结构与围岩相互作用，组成一个共同承载体系，其中围岩是主要的承载结构，支护结构是镶嵌在无限或半无限介质孔洞上的加劲环。它的特点能反映出隧道开挖后围岩的应力状态。

对于这种模型，目前较为成熟的求解方法有：① 解析法；② 数值法。

解析法，即根据所给定的边界条件，对问题的平衡方程、几何方程和物理方程直接求解。由于数学上的困难，现在还只能对少数问题求解。

数值法主要是指有限元法。它把围岩和支护结构都划分为若干单元，然后根据能量原理建立单元刚度矩阵，并形成整个系统的总体刚度矩阵，从而求出系统上各个节点的位移和单元的应力。它不但可以模拟各种施工过程和各种支护效果，同时可以分析复杂的地层情况（如断层、节理等地质构造以及地下水等）和材料的非线性等。因此，该法对分析整个支护体系的稳定性具有理论意义。

6.1　解析法

这里仅介绍弹性状态下的平面轴对称问题，即初始应力为轴对称分布的圆形隧道问题，围岩视为无重平面，初始应力作用在无穷远处，并假定支护结构与围岩密贴，即外径 r_0 与围岩开挖半径相等，且与开挖同时瞬间完成。下面以均匀内压水工隧洞的计算为例，说明解析法计算的基本思路。

1. 衬砌应力的分析

水工隧洞衬砌的材料主要有混凝土、钢筋混凝土和锚喷支护等。因隧洞厚度一般在 20 cm 以上，故力学分析中可将其视为厚壁圆筒，如图 6.1.1（a）所示。在均匀内水压力作用下，厚壁圆筒的内力分析是轴对称问题。

将作用于衬砌内表面的水压力记为 p_w，地层对衬砌外表面作用的形变压力记为 p_a。

在 p_w 作用下，圆环将向外扩张。设衬砌在半径 r 处由 p_w 引起的径向位移为 u，则该处的圆周长度必从 $2\pi r$ 增加到 $2\pi(r+u)$，由此可得到衬砌的切向应变为

$$\varepsilon_t=\frac{2\pi(r+u)-2\pi r}{2\pi r}=\frac{u}{r} \tag{6.1.1}$$

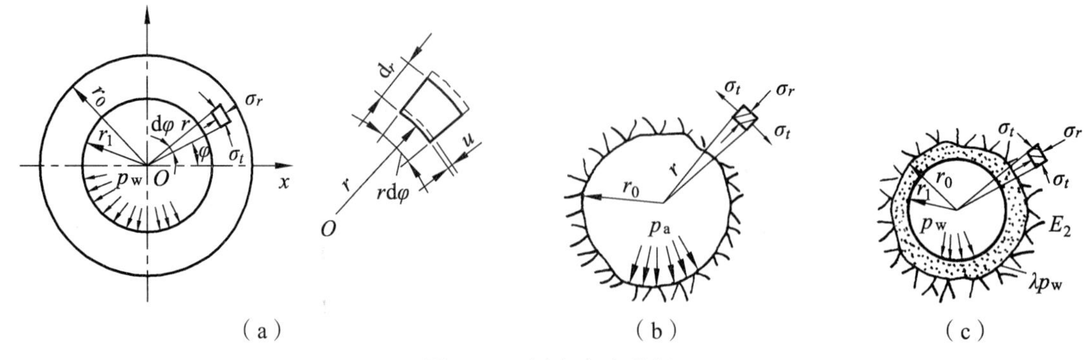

图 6.1.1　衬砌应力分析

图 6.1.1（a）中示有从衬砌圆环中取出的单元体。因 r 的增量为 u，故单元体一边的长度 $\mathrm{d}r$ 的增量可记为 $\mathrm{d}u$，其余长可记为 $\mathrm{d}r+\mathrm{d}u=\mathrm{d}r\left(1+\dfrac{\mathrm{d}u}{\mathrm{d}r}\right)$。由此可得衬砌的径向应变为

$$\varepsilon_r=\frac{\mathrm{d}r+\mathrm{d}u-\mathrm{d}r}{\mathrm{d}r}=\frac{\mathrm{d}u}{\mathrm{d}r}\tag{6.1.2}$$

衬砌材料的弹性常数为 E_c和μ_c，记 $m_1=1/\mu_\mathrm{c}$，并依据习惯近似按平面应变问题分析衬砌，则由平面问题极坐标解的物理方程可写为

$$\varepsilon_t=\frac{u}{r}=\frac{1}{E_\mathrm{c}}\left(\sigma_t-\frac{1}{m_1}\sigma_r\right)$$

$$\varepsilon_r=\frac{\mathrm{d}u}{\mathrm{d}r}=\frac{1}{E_\mathrm{c}}\left(\sigma_r-\frac{1}{m_1}\sigma_t\right)$$

可解得

$$\sigma_t=\frac{m_1E_\mathrm{c}}{m_1^2-1}\left(m_1\frac{u}{r}+\frac{\mathrm{d}u}{\mathrm{d}r}\right)\tag{6.1.3}$$

$$\sigma_r=\frac{m_1E_\mathrm{c}}{m_1^2-1}\left(m_1\frac{\mathrm{d}u}{\mathrm{d}r}+\frac{u}{r}\right)\tag{6.1.4}$$

因作用在单元体上的外荷载为零，且在轴对称情况下单元体内力分量中的剪应力也为零，故根据平面问题极坐标解的静力平衡方程式，得出如下方程：

$$(\sigma_t-\sigma_r)\mathrm{d}r=r\mathrm{d}\sigma_r$$

或写成

$$\sigma_t=\frac{\mathrm{d}(\sigma_r r)}{\mathrm{d}r}\tag{6.1.5}$$

将式（6.1.4）代入式（6.1.5），可得

$$\sigma_t=\frac{m_1E_\mathrm{c}}{m_1^2-1}\left(rm_1\frac{\mathrm{d}^2u}{\mathrm{d}r^2}+m_1\frac{\mathrm{d}u}{\mathrm{d}r}+\frac{\mathrm{d}u}{\mathrm{d}r}\right)\tag{6.1.6}$$

比较式（6.1.3）与式（6.1.6），可得

$$r^2\frac{\mathrm{d}^2u}{\mathrm{d}r^2}+r\frac{\mathrm{d}u}{\mathrm{d}r}-u=0 \tag{6.1.7}$$

上式为二阶齐次线性微分方程，其通解为

$$u=B_1r+\frac{C_1}{r} \tag{6.1.8}$$

将式（6.1.8）代入式（6.1.3）、（6.1.4），可得

$$\sigma_r=\frac{m_1E_c}{m_1-1}B_1-\frac{m_1E_cC_1}{(m_1+1)r^2}=B_1'-\frac{C_1'}{r^2} \tag{6.1.9}$$

$$\sigma_t=\frac{m_1E_c}{m_1-1}B_1+\frac{m_1E_cC_1}{(m_1+1)r^2}=B_1'+\frac{C_1'}{r^2} \tag{6.1.10}$$

由边界条件

$$\sigma_r\big|_{r=r_1}=B_1'-\frac{C_1'}{r_1^2}=p_w$$

$$\sigma_r\big|_{r=r_0}=B_1'-\frac{C_1'}{r_0^2}=p_a$$

可得

$$C_1'=\frac{p_a-p_w}{r_0^2-r_1^2}r_0^2r_1^2$$

$$B_1'=\frac{p_ar_0^2-p_wr_1^2}{r_0^2-r_1^2}$$

将求得的 B_1' 和 C_1' 代入式（6.1.9）、（6.1.10），经整理可得衬砌内的应力

$$\left.\begin{aligned}\sigma_r&=\frac{r_1^2(r_0^2-r^2)}{r^2(r_0^2-r_1^2)}p_w-\frac{r_0^2(r_1^2-r^2)}{r^2(r_0^2-r_1^2)}p_a\\ \sigma_t&=\frac{r_1^2(r_0^2+r^2)}{r^2(r_0^2-r_1^2)}p_w-\frac{r_0^2(r_1^2+r^2)}{r^2(r_0^2-r_1^2)}p_a\end{aligned}\right\} \tag{6.1.11}$$

由式（6.1.8）可写出衬砌内任一点的径向位移为

$$u=\frac{1+\mu_c}{E_c}\left[\frac{(1-2\mu_c)r^2+r_0^2}{r(\alpha^2-1)}p_w+\frac{r_0^2+(1-2\mu_c)\alpha^2r^2}{r(\alpha^2-1)}p_a\right] \tag{6.1.12}$$

式中，$\alpha=r_0/r_1$。

2. 洞室围岩应力分析

分析均匀内力圆形水工隧洞围岩的应力仍可采用厚壁圆筒原理。

围岩的弹性常数为 E 和 μ，并记 $m_2=1/\mu$，则由式（6.1.9）、（6.1.10）可写出围岩应力的表达式为

$$\left.\begin{aligned}\sigma_r&=\frac{m_2E}{m_2-1}B_2-\frac{m_2EC_2}{(m_2+1)r^2}=B_2'-\frac{C_2'}{r^2}\\ \sigma_t&=\frac{m_2E}{m_2-1}B_2+\frac{m_2EC_2}{(m_2+1)r^2}=B_2'+\frac{C_2'}{r^2}\end{aligned}\right\}\tag{6.1.13}$$

如图 6.1.1 所示，洞室围岩的应力边界条件为

$$\sigma_r\big|_{r=r_0}=p_{\mathrm{a}}\,,\quad \sigma_r\big|_{r=\infty}=0$$

将 $\sigma_r\big|_{r=\infty}=0$ 代入式（6.1.13），可得

$$B_2'=B_2=0$$

由此可将式（6.1.13）改写为

$$\sigma_r=-\frac{m_2EC_2}{(m_2+1)r^2}\tag{6.1.14}$$

$$\sigma_t=\frac{m_2EC_2}{(m_2+1)r^2}\tag{6.1.15}$$

将 $\sigma_r\big|_{r=r_0}=p_{\mathrm{a}}$ 代入式（6.1.14），可得

$$C_2=-\frac{p_{\mathrm{a}}r_0^2(m_2+1)}{m_2E}$$

将上式代入式（6.1.14）和（6.1.15），即得围岩内的应力

$$\left.\begin{aligned}\sigma_r&=\frac{r_0^2}{r^2}p_{\mathrm{a}}\\ \sigma_t&=-\frac{r_0^2}{r^2}p_{\mathrm{a}}\end{aligned}\right\}\tag{6.1.16}$$

仿照式（6.1.8）可写出围岩径向位移的计算式为

$$u=B_2r+\frac{C_2}{r}=\frac{C_2}{r}=-\frac{p_{\mathrm{a}}r_0^2(m_2+1)}{m_2Er}\tag{6.1.17}$$

由式（6.1.16）可知，内水压力使围岩产生的切向应力 σ_t 是拉应力。设若 σ_t 的量值大于围岩中原来存在的压应力，且差值超过岩体的抗拉强度，则当衬砌抗拉强度不足时岩体将与衬砌一起发生开裂。某些有压水工隧洞出现新的、平行于洞轴线且沿圆周均匀间隔分布的裂缝，原因就在于围岩在环向出现了较大的拉应力。

将式（6.1.16）中的 r_0 理解为毛洞半径，p_{a} 理解为内压力，则该式就成为无衬砌圆形水工隧洞围岩应力的计算式。显而易见，环向拉应力的存在必然对无衬砌水工隧洞的适用性起限止作用。故工程设计中常需设置衬砌或锚喷支护，使支护和围岩共同承受内水压力。

3. 衬砌与围岩共同作用的计算

假设在内压力 p_{w} 作用下隧洞衬砌对围岩产生的作用力［见图 6.1.1（c）］为

$$p_{\mathrm{a}}=\lambda p_{\mathrm{w}} \tag{6.1.18}$$

则由式（6.1.14）可写出

$$\sigma_r\Big|_{r=r_0}=-\frac{m_2 E}{m_2+1}\frac{C_2}{r_0^2}=\lambda p_{\mathrm{w}}$$

由此可得

$$C_2=-\frac{\lambda p_{\mathrm{w}} r_0^2(m_2+1)}{Em_2}$$

将上式代入式（6.1.17），可得在 $r=r_0$ 处围岩的径向位移为

$$u\Big|_{r=r_0}=\frac{C_2}{r}=-\frac{\lambda p_{\mathrm{w}} r_0(m_2+1)}{Em_2} \tag{6.1.19}$$

由式（6.1.9）可知，在衬砌内表面有关系式

$$\sigma_r\Big|_{r=r_1}=\frac{m_1E_{\mathrm{c}}}{m_1-1}B_1-\frac{m_1E_{\mathrm{c}}}{m_1+1}\frac{C_1}{r_1^2}=p_{\mathrm{w}}$$

在衬砌外表面有关系式

$$\sigma_r\Big|_{r=r_0}=\frac{m_1E_{\mathrm{c}}}{m_1-1}B_1-\frac{m_1E_{\mathrm{c}}}{m_1+1}\frac{C_1}{r_0^2}=\lambda p_{\mathrm{w}}$$

将以上 2 式联立，可解得

$$C_1=-\frac{m_1+1}{m_1E_{\mathrm{c}}}\frac{r_0^2r_1^2}{r_0^2-r_1^2}(1-\lambda)p_{\mathrm{w}}$$

$$B_1=-\frac{m_1-1}{m_1E_{\mathrm{c}}}\frac{(r_1^2-\lambda r_0^2)}{r_0^2-r_1^2}p_{\mathrm{w}}$$

由此可写出衬砌外缘的径向位移为

$$u\Big|_{r=r_0}=B_1r+\frac{C_1}{r}=-\frac{m_1-1}{m_1E_{\mathrm{c}}}\frac{r_1^2-\lambda r_0^2}{r_0^2-r_1^2}r_0p_{\mathrm{w}}-\frac{m_1+1}{m_1E_{\mathrm{c}}}\frac{r_0r_1^2}{r_0^2-r_1^2}(1-\lambda)p_{\mathrm{w}} \tag{6.1.20}$$

因在 $r=r_0$ 处衬砌与围岩的径向位移应相等，故由式（6.1.19）、（6.1.20）可得

$$\frac{m_1-1}{m_1E_{\mathrm{c}}}\frac{r_1^2-\lambda r_0^2}{r_0^2-r_1^2}r_0p_{\mathrm{w}}+\frac{m_1+1}{m_1E_{\mathrm{c}}}\frac{r_0r_1^2}{r_0^2-r_1^2}(1-\lambda)p_{\mathrm{w}}=\frac{m_2+1}{m_2}\times\frac{r_0}{E}\lambda p_{\mathrm{w}}$$

上式经整理，即得

$$\lambda=\frac{\dfrac{2r_1^2}{E_{\mathrm{c}}(r_0^2-r_1^2)}}{\dfrac{m_2+1}{m_2E}+\dfrac{(m_1-1)r_0^2+(m_1+1)r_1^2}{m_1E_{\mathrm{c}}(r_0^2-r_1^2)}} \tag{6.1.21}$$

求得了 λ 值以后，由式（6.1.11）、（6.1.16）即可算出衬砌与围岩的应力，并可据以验算围岩的稳定性及进行衬砌截面的设计。

6.2 数值法

地层结构的数值计算方法是基于连续介质理论构建，主要于 20 世纪 70 年代中期，随着计算机的广泛应用和计算技术的不断成熟而逐渐发展起来的一种地下结构计算方法。特别是有限元、有限差分、边界元、杂交元、颗粒流等数值计算方法的推广，为连续体模型在隧道和地下结构中的应用创造了条件。喷锚支护这类以“主动”加固岩体为机制的支护形式，以及基于岩承理论和这种主动支护技术的新奥法的广泛应用，使连续体模型得以迅速发展。

由于岩体材料的复杂性（非均质、各向异性、非连续、时间相关性等）以及结构几何形状和围岩初始应力状态的复杂性，使得在地下工程的应力应变分析中，难以采用解析法。即使采用也必须进行大大简化，得出的结果难以满足工程需要。至于模拟复杂的地下工程的施工过程，考虑各种开挖方案和支护措施等因素，解析方法更无能为力。但是数值法可以模拟岩体材料和构造的各种特性及施工过程，易于改变参数、重复计算，在地下工程分析中得到越来越广泛的应用。

1. 岩石的本构模型

对地下结构进行数值计算，应提出或选择一个能够较为正确描述围岩和支护材料的应力-应变特征的力学模型，并研究和选择与模型一致的确定参数的正确方法，为计算提供可靠的参数。

（1）岩石的力学模型。

连续介质力学包含有弹性力学和塑性力学分支。弹性力学研究介质在弹性工作阶段的应力-应变关系，塑性力学则研究介质在塑性工作阶段的应力-应变的关系。介质材料在弹性工作阶段，应力-应变关系是线性的，服从胡克定律；在塑性工作阶段，应力-应变的关系是非线性的。材料在弹性阶段，荷载卸除后其变形可以全部恢复，然而进入塑性工作阶段后，其变形在卸载后不能完全恢复，其中不能恢复的残余变形部分称为塑性变形。此外，弹性工作和塑性工作的差别还在于加载和卸载的不同，而且在塑性工作阶段材料的应力-应变关系还依赖于应力和应力路径。

在一般情况下，根据试验结果及岩石性质，将围岩材料模式简化为下述 3 种类型：

① 理想的弹塑性材料。在经典的弹塑性理论中，对于材料的应力-应变曲线，通常假设如图 6.2.1 所示。OY 代表弹性阶段的应力-应变关系，这种关系是线性的。图中 Y 点称为屈服点，与此点相应的应力 σ_y 称为屈服应力。过了 Y 点后，应力-应变关系是一条水平线 YN，这条水平线代表塑性阶段。在这一阶段应力不变，而变形却渐增，并且从到达 Y 点时起所产生的变形都是不可恢复的永久变形或塑性变形。如果应力降低，卸荷曲线的坡度将和 OY 线的

坡度相等。重复加载也将沿着这条曲线回到原处。在塑性阶段，材料的体积不变，即泊松比等于 1/2。若所研究的问题变形比较大，相应的弹性变形部分可以忽略，可采用理想刚塑性材料（图 6.2.2）。

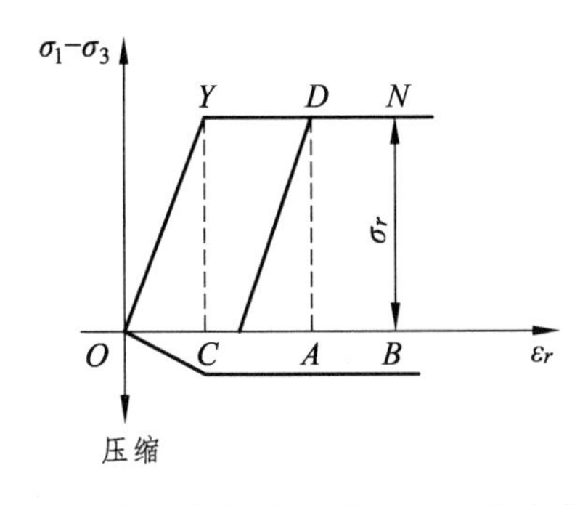

图 6.2.1 理想弹塑性材料的应力-应变曲线

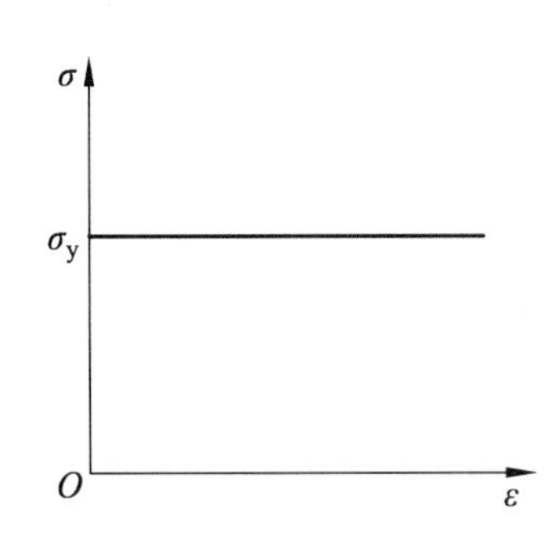

图 6.2.2 理想刚塑性材料的应力-应变曲线

② 应变硬化材料。在某些岩石试验中，如图 6.2.3 所示，加载曲线具有双曲线形式，可用下式表示为

$$q=\frac{\varepsilon_a}{a+b\varepsilon_a} \tag{6.2.1}$$

式中 a、b——试验常数；

q——偏差应力或剪应力，$q=\sigma_1-\sigma_3$；

ε_a——轴向应变。

加载时体积发生收缩。卸载和重复加载曲线，或回弹曲线的坡度与加载曲线的起始坡度相等。应变从开始起即可分为可恢复的弹性应变与代表永久变形的塑性应变两部分。目前通常将其用双直线形简化模式（图 6.2.4）——线性硬化弹塑性材料来代替。

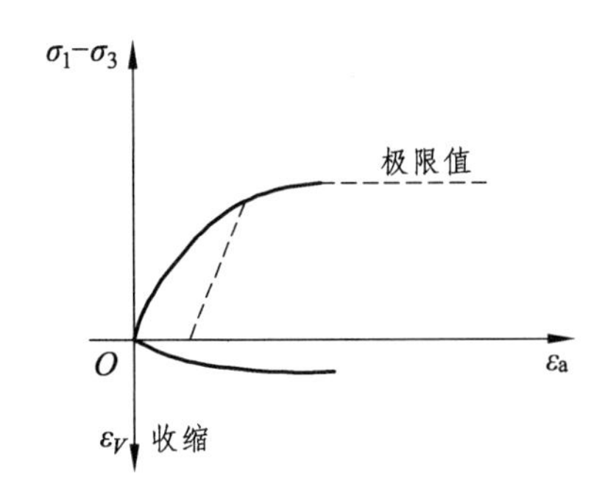

图 6.2.3 应变硬化材料的应力-应变曲线

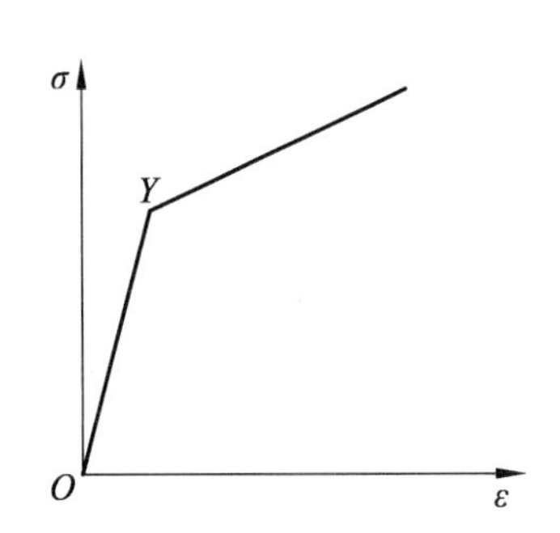

图 6.2.4 线性硬化弹塑性材料的应力-应变曲线

③ 应变软化材料。这种材料的加载曲线是有驼峰的曲线，加载时体积最初略收缩，以后即大量膨胀，剪力或偏差应力 q 超过峰值后急剧下降，曲线的坡度变成负值，直至剪力降至一极限值，这代表岩石的残余强度，如图 6.2.5 所示。目前许多岩石的应力-应变都具有这种性质，这种曲线称应变软化曲线。在实际应用中，常把这种曲线简化为图 6.2.6 所示的模式。

许多岩石在其物理力学性质上与一些典型的弹性介质或散粒介质不同，具有流变性质，即在不变荷载作用下随时间而变形的性质（蠕变），它在不变变形条件下使应力降低（松弛）和在长期不变荷载作用下或改变变形速度条件下使强度变化（长期强度）。岩体流变性质基本上是在实验室确定的。

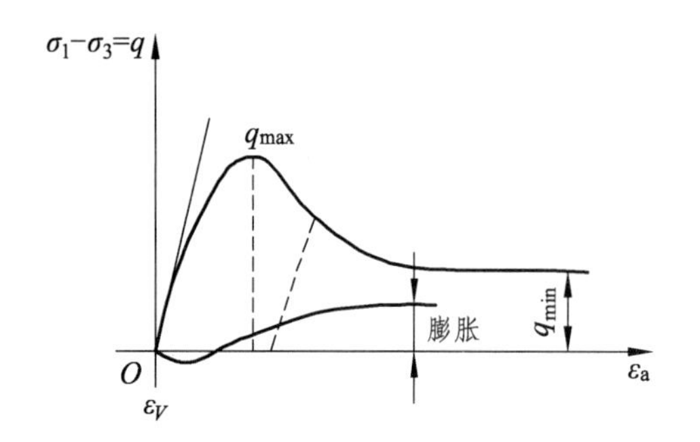

图 6.2.5　应变软化材料的应力-应变曲线

（a）　（b）

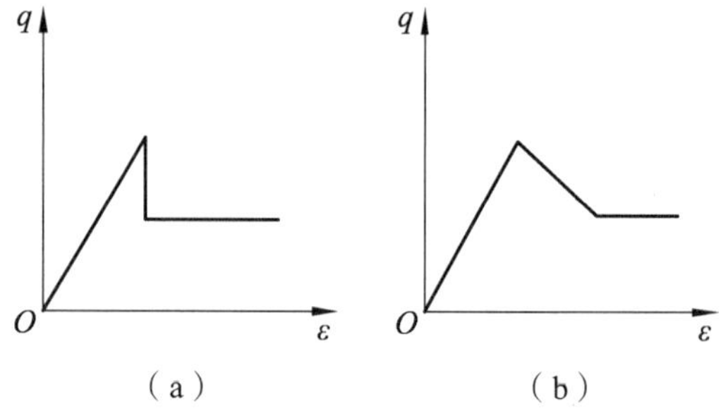

图 6.2.6　理想应变软化材料的应力-应变曲线

在图 6.2.7 列出一些岩石的蠕变变形随时间发展的特性（在不同的不变荷载作用下）：如果荷载小于长期极限强度（曲线 1），则变形速度随时间而减小，总变形值渐近于某一应变值 ε；如果荷载超过长期强度（曲线 2、3 和 4），则变形的发展是无限制的，在达到某一比较固定值 $\varepsilon_{限}$ 后破坏。试件在荷载作用下达到破坏之前的时间越小，则荷载越大。在蠕变曲线（图 6.2.7）上可以分出 3 段：初始阶段 a，在这一阶段蠕变速度是降低的并趋于稳定；b 段蠕变具有不变的速度；c 段是破坏之前的，具有不断增大的变形速度。

为了表述变形与时间、岩石性质之间的数学、力学关系，要确定流变构造模式，这是由弹性的、黏性的和塑性的基本单元构成的。用不同的组合关系来模拟与此相适应的应力-应变关系，形成围岩的力学模型。

① 基本单元。

a. 弹性单元（又称胡克单元），用弹簧（图 6.2.8）表示，应力与变形呈线性关系，而与时间无关。表达式为

$$\sigma_e = E\varepsilon_e \text{（或 } \tau = G\gamma \text{）} \tag{6.2.2}$$

式中　σ_e、ε_e——弹性单元的应力和应变；

E——弹性单元的弹性模量。

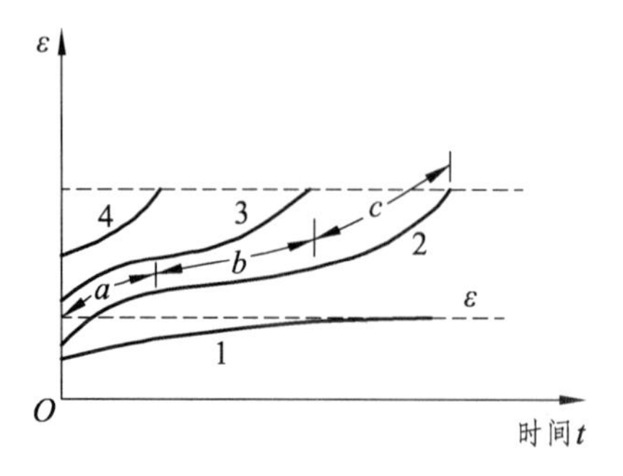

图 6.2.7　岩石在不同应力水平下的蠕变曲线

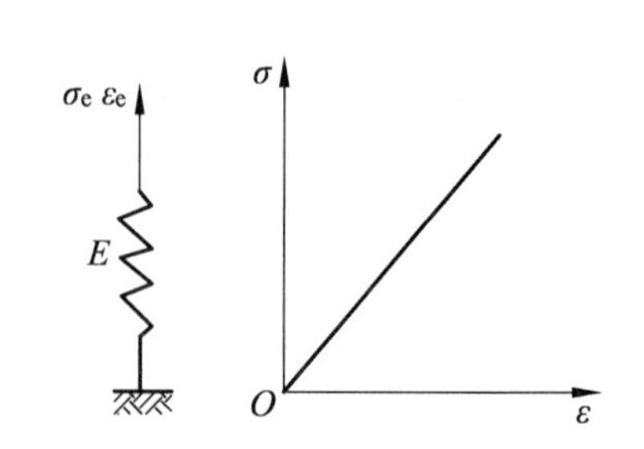

图 6.2.8　弹性单元及其应力-应变关系

式（6.2.2）两端对时间 t 求导，可得

$$\frac{\mathrm{d}\sigma_{\mathrm{e}}}{\mathrm{d}t}=E\frac{\mathrm{d}\varepsilon_{\mathrm{e}}}{\mathrm{d}t} \quad 或 \quad \dot{\sigma}_{\mathrm{e}}=E\dot{\varepsilon}_{\mathrm{e}} \tag{6.2.3}$$

式中　“·”表示对时间的一阶导数。

b. 黏性单元（又称牛顿单元），用黏壶即黏滞性阻尼筒（图 6.2.9）表示，黏性单元的变形速率与作用应力成比例，即

$$\dot{\varepsilon}_{\eta}=\frac{1}{\eta}\sigma_{\eta} \quad 或 \quad \sigma_{\eta}=\eta\dot{\varepsilon}_{\eta} \tag{6.2.4}$$

式中　ε_{η}、σ_{η}——黏性单元的应变和应力；

η——黏度系数。

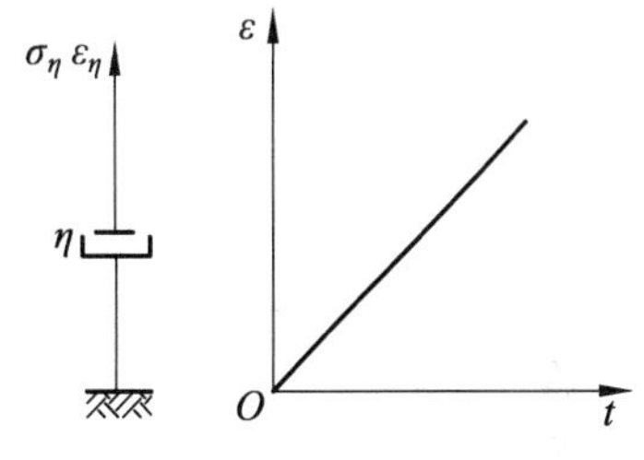

图 6.2.9　黏性单元及蠕变曲线

在不变应力下，t 瞬间总变形等于

$$\frac{\mathrm{d}\varepsilon_{\eta}}{\mathrm{d}t}=\frac{1}{\eta}\sigma_{\eta}$$

$$\mathrm{d}\varepsilon_{\eta}=\frac{1}{\eta}\sigma_{\eta}\mathrm{d}t$$

令 $\gamma=\dfrac{1}{\eta}$，并对上式积分，则

$$\varepsilon_{\eta}=\sigma_{\eta}\gamma\, t \tag{6.2.5}$$

在应力随时间而变时，变形为

$$\varepsilon_{\eta}=\gamma\int_{0}^{t}\sigma\mathrm{d}t \tag{6.2.6}$$

c. 塑性单元（又称用摩擦板表示的圣维南单元），用在一定力下滑移的摩擦单元（图 6.2.10）表示，其特性为

$$\left.\begin{array}{l}若\sigma_{\mathrm{p}}<\sigma_{\mathrm{y}},\ \sigma_{\mathrm{p}}=\sigma\\ 若\sigma_{\mathrm{p}}=\sigma_{\mathrm{y}},\ \sigma_{\mathrm{y}}=\sigma\end{array}\right\} \tag{6.2.7}$$

式中　σ——施加的总应力；

σ_{p}——摩擦板中所发挥的应力，该摩擦板发挥作用的条件是 $\sigma_{\mathrm{p}}\geqslant\sigma_{\mathrm{y}}$；

σ_{y}——材料的单轴屈服应力。

对于应变硬化材料（假定应变硬化遵从线性关系）

$$\sigma_{\mathrm{y}}=\sigma_{\mathrm{y}}^{0}+H'\varepsilon_{\mathrm{up}} \tag{6.2.8}$$

式中　σ_{y}^{0}——材料的初始屈服应力；

H'——去掉弹性应变分量后应力-应变曲线中应变硬化段的斜率；

$\varepsilon_{\mathrm{up}}$——当前的黏塑性应变。

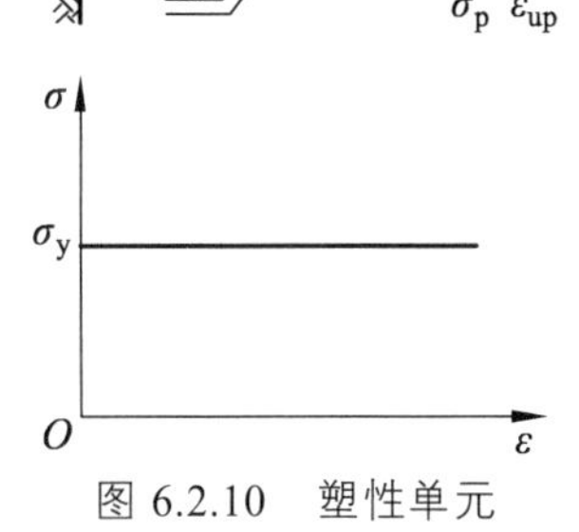

图 6.2.10　塑性单元

② 组合模型。

a. 弹塑性模型。由弹性单元和塑性单元串联而成，见图 6.2.11。在应力小于 σ_y 时，介质是弹性的；当 $\sigma = \sigma_y$ 时，变形是不确定的。

b. 弹黏塑性［宾哈姆（Bingham）］模型。这是一种较为实用的一维弹黏塑性模型，如图 6.2.12 所示。宾哈姆模型可以反映材料的弹黏塑性性态，微分方程为

$$\left.\begin{aligned} \varepsilon &= \varepsilon_e + \varepsilon_{up} \\ \sigma &= \sigma_y + \sigma_\varepsilon \end{aligned}\right\} \tag{6.2.9}$$

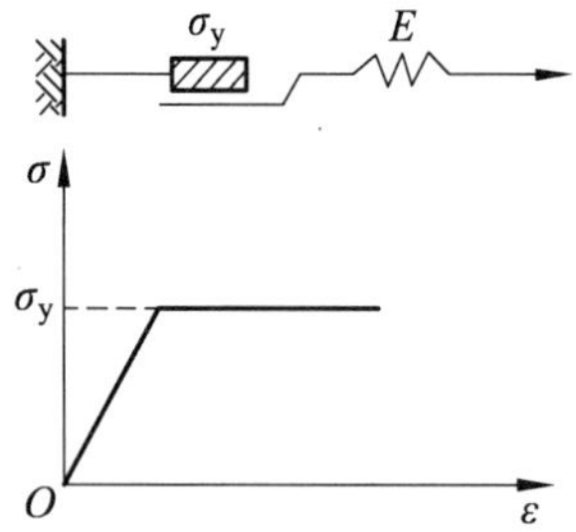

图 6.2.11　弹塑性单元串联

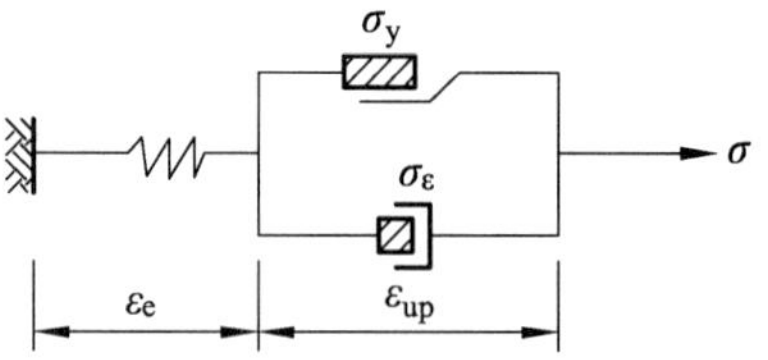

图 6.2.12　宾哈姆模型

下面推导弹黏塑性条件下模型的应力-应变关系式。根据黏塑性的屈服条件，将式（6.2.4）及式（6.2.7）代入式（6.2.8），引入流变参数 $\gamma = 1/\eta$，并假定 $\sigma = \sigma_A =$ 常数，其方程的封闭解为

$$\varepsilon = \frac{\sigma_A}{E} + \frac{(\sigma_A - \sigma_y^0)}{H'}(1 - e^{-H'\gamma t}) \tag{6.2.10}$$

假定 $H' \neq 0$，应变依时间的变化关系如图 6.2.13（a）所示。在初始弹性应变之后，模型中的应变按指数函数形式逐渐达到某个稳态数值。

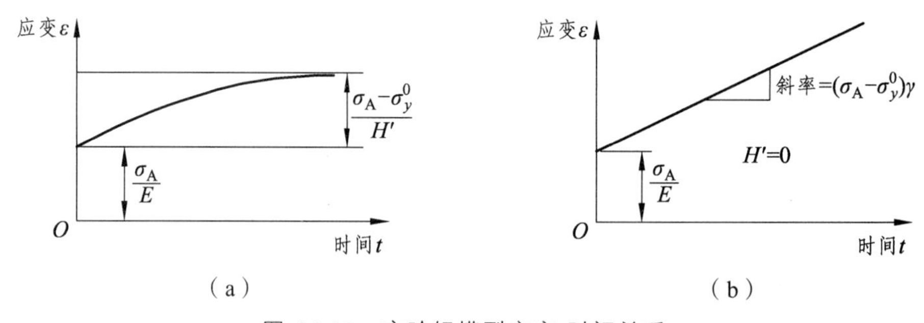

图 6.2.13　宾哈姆模型应变-时间关系

对于理想的弹塑性材料，$H' = 0$，式（6.2.10）可按罗比塔法则求得 $H' \to 0$ 时的极限值为

$$\varepsilon = \frac{\sigma_A}{E} + (\sigma_A - \sigma_y^0)\,\gamma\, t \tag{6.2.11}$$

应变依时间而变化的曲线如图 6.2.13（b）所示。在此情况下不能达到稳定状态，弹黏塑性应变以恒定的应变率无限地增长。

注意到式（6.2.10）和式（6.2.11）中时间 t 总是和 γ 项连在一起，因此只要适当调整时间比例尺便可以得到同一材料在不同流性参数下的解。

③ 弹黏性模型（马克斯威尔模型）。这是由弹性单元和黏性单元串联而成。马克斯威尔模型的变形与下述应力微分方程有关：

$$\sigma=\sigma_{\mathrm{e}}=\sigma_{\eta}$$

$$\varepsilon=\varepsilon_{\mathrm{e}}+\varepsilon_{\eta}$$

$$\sigma_{\mathrm{e}}=E\varepsilon_{\mathrm{e}}$$

$$\sigma_{\eta}=\eta\dot{\varepsilon}_{\eta}$$

且有 $$\dot{\varepsilon}=\dot{\varepsilon}_{\eta}+\dot{\varepsilon}_{\mathrm{e}}$$

故 $$\varepsilon=\frac{1}{E}\ \dot{\sigma}+\frac{1}{\eta}\ \sigma_{\eta} \tag{6.2.12}$$

如果在 $t=0$ 瞬间作用有不变应力 $\sigma=\sigma_0$，则方程式（6.2.12）的解为

$$\varepsilon=\frac{1}{E}\sigma_0+\frac{1}{\eta}\sigma_0 t \tag{6.2.13}$$

这个函数的图形示于图 6.2.14（b），表示应变随时间而增大。如果在 $t=0$ 的瞬间，模型变形 ε_0 = 常数，则式（6.2.12）的解为

$$\sigma=E\varepsilon_0\exp\left(-\frac{Et}{\eta}\right) \tag{6.2.14}$$

它的图形示于图 6.2.14（c），表示应力松弛。

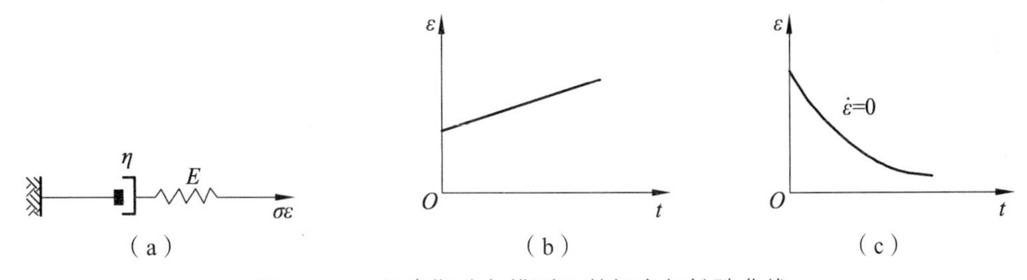

图 6.2.14　马克斯威尔模型及其蠕变与松弛曲线

④ 弹黏性模型（凯尔文-弗盖特模型）。这是由弹性单元和黏性单元并联（图 6.2.15）而成，这个模型的微分方程为

$$\left.\begin{aligned}&\sigma=\sigma_{\mathrm{e}}+\sigma_{\eta}=E\varepsilon+\eta\dot{\varepsilon}\\&\varepsilon=\varepsilon_{\mathrm{e}}=\varepsilon_{\eta}\end{aligned}\right\} \tag{6.2.15}$$

故应力-应变的关系式可写成

$$\dot{\varepsilon}+\frac{E}{\eta}\varepsilon=\frac{1}{\eta}\sigma \tag{6.2.16}$$

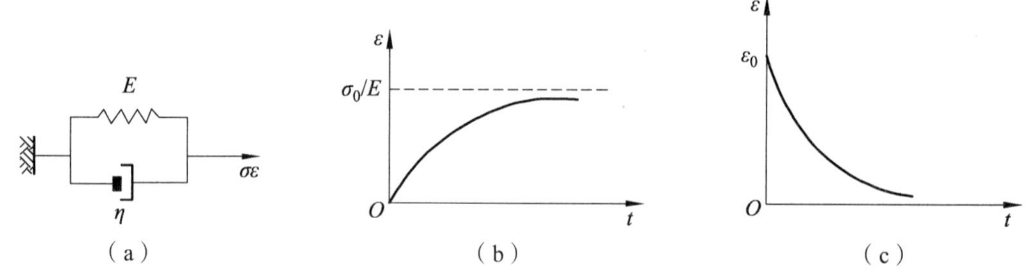

图 6.2.15 黏弹性模型（凯尔文体及其蠕变后效曲线）

如果在 $t=0$ 瞬间，介质上作用有应力 σ_0 = 常数，则方程式（6.2.16）的解为

$$\varepsilon=\frac{\sigma_0}{E}\left[1-\exp\left(-\frac{Et}{\eta}\right)\right] \tag{6.2.17}$$

这个方程（不可逆蠕变方程）的图形示于图 6.2.15（b）。如果在 $t=0$ 瞬间模型变形在 $\varepsilon=\varepsilon_0$ 水平时将作用应力卸载，即 $\sigma_{t=0}=0$，则方程式（6.2.16）的解为

$$\varepsilon=\varepsilon_0\exp\left(-\frac{Et}{\eta}\right) \tag{6.2.18}$$

这个方程（弹性后效方程）的图形示于 6.2.15（c）。

⑤ Kelvin-Hooke 串联（广义凯尔文）力学模型。目前在工程实践中较多采用，如图 6.2.16 所示。这个力学模型，有如下关系：

$$\left.\begin{aligned}&\sigma=\sigma_\eta+\sigma_{e2}=\sigma_{e1}\\&\varepsilon=\varepsilon_{e1}+\varepsilon_{e2}\\&\varepsilon_\eta=\varepsilon_{e2}\end{aligned}\right\} \tag{6.2.19}$$

式中 σ——整个系统作用的轴向应力；

ε——整个系统的应变；

σ_{e1}、ε_{e1}——弹簧 1 的应力、应变；

σ_{e2}、ε_{e2}——弹簧 2 的应力、应变；

σ_η、ε_η、η——黏性单元的应力、应变和黏性系数。

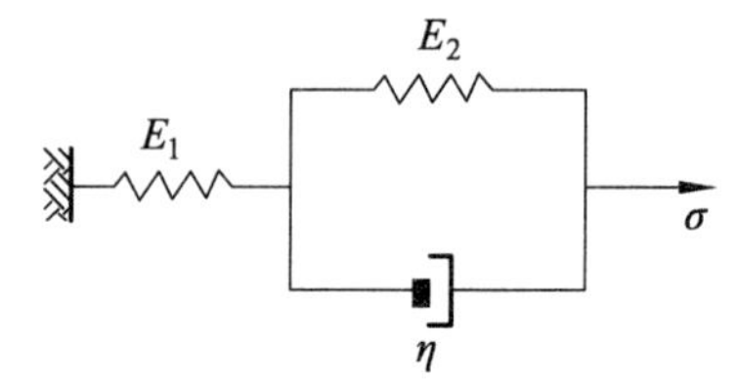

图 6.2.16 广义的凯尔文模型

用（6.2.19）建立的 σ-ε 微分方程式为

$$\sigma+\frac{\eta}{E_1+E_2}\dot{\sigma}=\frac{\eta E_1}{E_1+E_2}\dot{\varepsilon}+\frac{E_1E_2}{E_1+E_2}\varepsilon \tag{6.2.20}$$

令 $\alpha=\dfrac{\eta}{E_1+E_2}$，$\beta=\dfrac{\eta E_1}{E_1+E_2}$，$\gamma=\dfrac{E_1E_2}{E_1+E_2}$

则式（6.2.20）为

$$\sigma+\alpha\dot{\sigma}=\beta\dot{\varepsilon}+\gamma\varepsilon \tag{6.2.21}$$

解式（6.2.21），$\sigma=\sigma_0$ = 常数时，其蠕变方程为

$$\varepsilon=\frac{\sigma_0}{\gamma}+\sigma_0\left(\frac{1}{E_1}-\frac{1}{\gamma}\right)\exp\left(-\frac{\gamma}{\beta}t\right)=\sigma_0\left\{\frac{1}{E_1}+\frac{1}{E_2}\left[1-\exp\left(-\frac{E_2}{\eta}t\right)\right]\right\} \tag{6.2.22}$$

当 $t=0$ 时，$\varepsilon=\dfrac{\sigma_0}{E_1}$；当 $t=\infty$ 时，$\varepsilon=\dfrac{E_1+E_2}{E_1E_2}\sigma_0$。

$\varepsilon=\varepsilon_0=$ 常数时，应力松弛方程为

$$\sigma=\varepsilon_0\left[\gamma+(E_1-\gamma)\exp\left(-\frac{t}{\alpha}\right)\right]=\varepsilon_0\left\{E_1-\frac{E_1^2}{E_1+E_2}\left[1-\exp\left(-\frac{E_1+E_2}{\eta}t\right)\right]\right\} \tag{6.2.23}$$

当 $t=0$ 时，$\sigma=E_1\varepsilon_0$；当 $t=\infty$时；$\sigma=\dfrac{E_1E_2}{E_1+E_2}\varepsilon_0$。

两者的曲线如图 6.2.17 所示。

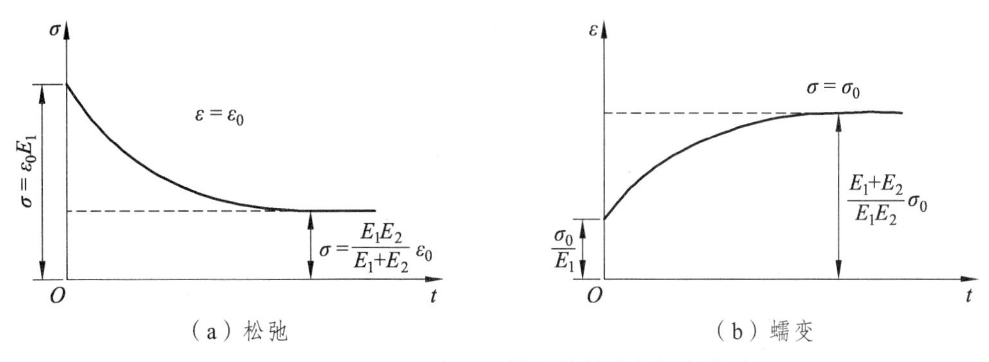

图 6.2.17　Kelvin-Hooke 模型的松弛与蠕变模型

由此可见，把不同的基本单元进行各种组合，即可表达具有不同性质岩石的应力-应变关系，对应于图 6.2.7 中的 a 段可以用广义的凯尔文模型模拟，对应于图 6.2.7 中的 b 段可以用图 6.2.18 所示的五参数模型，该模型又称为修正的柯马拉-黄模型。它由宾哈姆模型和凯尔文模型串联而成，其中摩擦板当 $\sigma\geqslant\sigma_y$ 时发挥作用，并在卸载情况下能够模拟塑性应变即永久变形的效应。

（2）围岩稳定的基本判据。

① 围岩的强度破坏判据。

围岩强度判据的理论基础是强度破坏理论，如德鲁克-普拉格准则或莫尔-库仑准则等。即在低约束压的条件下，当岩体内某斜截面的剪应力值超过破坏理论规定的滑动界限范围时，岩体就发生剪切屈服破坏。

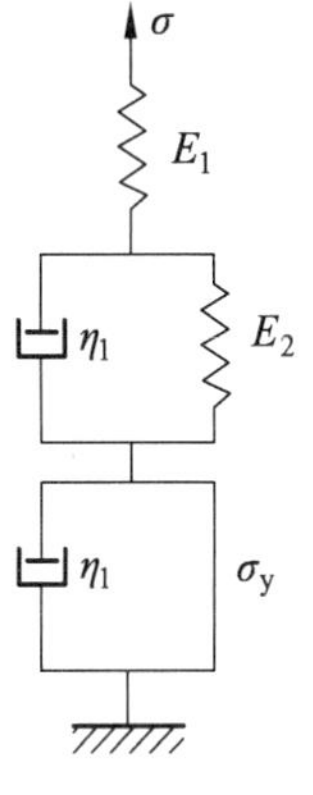

图 6.2.18　五参数模型

材料随着外力的增大由弹性状态过渡到塑性状态。当应力的数值等于屈服极限 σ_y 时，材料屈服，开始流动，产生塑性变形。$\sigma=\sigma_y$ 这个由弹性状态过渡到塑性状态的条件，就是单向应力情况下的屈服条件，也称“塑性条件”，它是判断是否达到塑性状态的屈服准则。在复杂应力状态下，材料中某一点开始塑性变形时所必须满足的条件通常表达为屈服函数

$$f(\sigma_x,\ \sigma_y,\ \sigma_z,\ \tau_{xy},\ \tau_{yz},\ \tau_{zx})=C \tag{6.2.24a}$$

式中　C——材料常数。

对于各向同性材料，坐标方向不影响屈服，故有

$$f(\sigma_1,\ \sigma_2,\ \sigma_3)=C \tag{6.2.24b}$$

或用应力张量不变量表示为

$$f(J_1,\ J_2',\ J_3')=C \tag{6.2.24c}$$

岩体材料的屈服强度通常表示为

$$F(\sigma_{\mathrm{m}},\ J_2',\ \theta)=C \tag{6.2.24d}$$

$$F(p,\ q,\ \theta)=C \tag{6.2.24e}$$

$$F(\sigma_{ij},\ k)=0 \tag{6.2.24f}$$

式中　σ_x，σ_y，σ_z，τ_{xy}，τ_{yz}，τ_{zx}——微元体上的 6 个应力分量；

σ_1，σ_2，σ_3——微元体上的主应力；

J_1，J_2'，J_3'——分别为应力的第 1 不变量、第 2 和第 3 偏应力不变量；

σ_{m}—— 一点的平均应力，且命 $p=\sigma_{\mathrm{m}}=(\sigma_1+\sigma_2+\sigma_3)/3=(\sigma_x+\sigma_y+\sigma_z)/3$，$q=\sqrt{3J_2'}=\dfrac{1}{\sqrt{2}}[(\sigma_1-\sigma_2)^2-(\sigma_2-\sigma_3)^2-(\sigma_3-\sigma_1)^2]^{1/2}$；

σ_{ij}——用微元体上 6 个应力分量表示的应力张量，可以写成向量的形式：

$$\sigma_{ij}=\begin{bmatrix}\sigma_x & \sigma_y & \sigma_z & \tau_{xy} & \tau_{yz} & \tau_{zx}\end{bmatrix}^{\mathrm{T}};$$

θ——罗得（Lode）角。

上述符号更详尽的含义及表达式见弹塑性力学的有关章节。

目前在实际设计中，采用最多的是摩尔-库仑破坏准则。另外，格里菲思破坏准则和德罗克-普拉格破坏准则也是常用的。

a. 格里菲思（Griffith）准则。Griffith 认为，内部有裂隙的材料，在裂隙周围引起应力集中，与均质材料相比其破坏强度降低了。裂隙一般有各式各样的形状，不会是相同的，但作为一个理想状态假定为扁平的椭圆裂隙，可按平面状态破坏理论处理。如图 6.2.19 所示，在具有扁平椭圆裂隙孔的无限板上，在无限远处，作用有垂直应力 σ_1，水平应力 σ_3，则 Griffith 准则如下：

$$当\ \sigma_3>-\frac{\sigma_1}{3}\ 时，\ (\sigma_1-\sigma_3)^2-8R_1(\sigma_1+\sigma_3)=0 \tag{6.2.25}$$

$$当\ \sigma_3<-\frac{\sigma_1}{3}\ 时，\ \sigma_3=-R_1 \tag{6.2.26}$$

式中　R_1——材料的抗拉强度。

b. 德罗克-普拉格（Drucke-Prager）准则。该准则假定物体内单位体积的应变能达到某一极限值时所对应的点开始屈服，并考虑静水压力的作用，对于平面应变状态有

$$\frac{\sin\varphi}{\sqrt{3}\sqrt{3+\sin^2\varphi}}\sigma_{\mathrm{m}}+\sqrt{J_2'}-\frac{\cos\varphi}{\sqrt{3}\sqrt{3+\sin^2\varphi}}=0 \tag{6.2.27}$$

除了上述准则外，尚有 Mises 准则、Tresca 准则等，此处不一一叙述，需要时请参阅有关弹塑性力学专著。上述准则都是以强度为基准的，且有某种联系，可联合使用，以便更符合岩体的真实应力-应变关系。

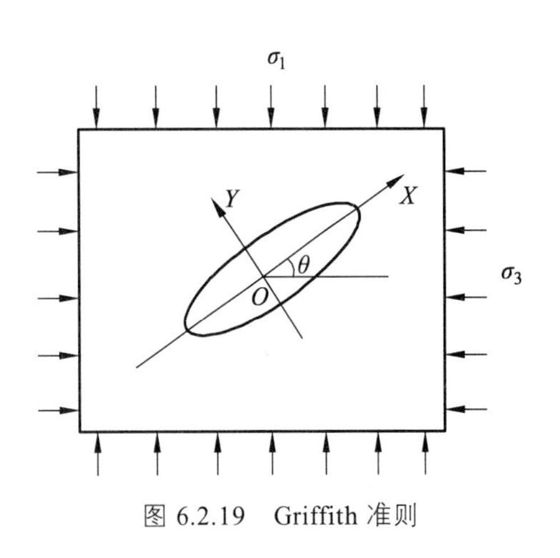

图 6.2.19　Griffith 准则

② 围岩极限应变破坏准则。

极限应变也叫界限应变，是岩体破坏极限时的应变。一般由岩石的单轴压缩试验得到。许多试验证明，室内试验和原位试验结果几乎一致，也就是说可以通过试件的室内试验来求得原位岩体的极限应变值。加之最近几年由于量测技术的发展，使应变推求成为可能，故以应变为破坏准则的研究也得到了一定的发展。在此，我们研究一下围岩材料破坏时的应变。

a. 土和岩石试件破坏时的应变。土和岩石根据单轴抗压试验得出的应力-应变曲线，一般都可拟合成双曲线形（图 6.2.20），表示为

$$\sigma=\frac{\varepsilon}{b+a\varepsilon} \tag{6.2.28}$$

式中　$b=\dfrac{1}{E_{\mathrm{i}}}$，$E_{\mathrm{i}}$ 为初始弹性系数；

$a=1/\sigma_{\mathrm{n}}$，σ_{n} 为极限应力值。

令 R_{c} 为岩石单轴抗压强度，则

$$R_{\mathrm{c}}=R_{\mathrm{f}}/a \tag{6.2.29}$$

式中　R_{f}——岩石的破坏比。

$$R_{\mathrm{f}}=R_{\mathrm{c}}/\sigma_{\mathrm{n}} \tag{6.2.30}$$

用单轴抗压强度 R_{c} 和初始弹性系数 E_{i} 来定义极限应变

$$\varepsilon_0=\frac{R_{\mathrm{c}}}{E_{\mathrm{i}}} \tag{6.2.31}$$

在图 6.2.20 中，ε_{f} 为破坏应变，$1/a$ 为应力极限值。由图中可以看出，各种土和岩石的极限应变 ε_0 随抗压强度 R_{c} 的增大而趋于减小。对于岩石，ε_0 一般在 0.1% ~ 1.0% 的范围内变动（下限值为硬岩，上限值为软岩）；对于土（主要是黏性土），ε_0 约在 1.0% ~ 5.0% 的范围之内。

破坏应变 ε_f 可由下式求出：

$$\varepsilon_f = \frac{R_c}{E_i(1-R_f)} = \frac{\varepsilon_0}{1-R_f} \tag{6.2.32}$$

对各种土和岩石，R_f 在 0.1 ~ 0.8 的范围内。单轴抗压强度越大，R_f 越小。其次，研究在三轴应力状态下的破坏应变，岩石的破坏准则一般由下式给出：

$$\sigma_1 - \sigma_3 = \sqrt{m\sigma_3 - n} \tag{6.2.33}$$

式中　σ_1、σ_3——最大、最小主应力；

m、n——材料常数。

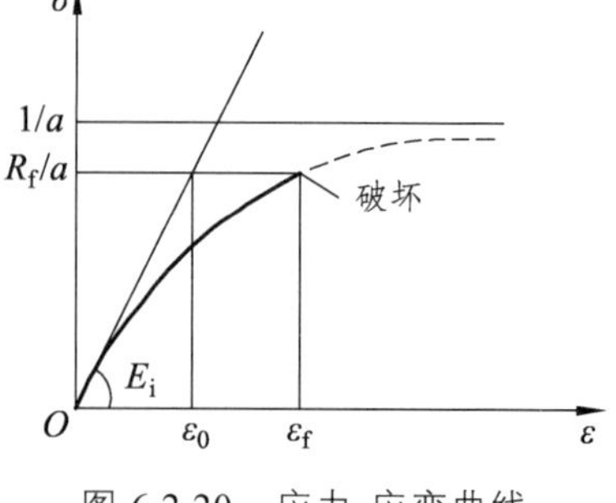

图 6.2.20　应力-应变曲线

b. 岩体破坏时的应变。

原位岩体的力学性质，一般都用千斤顶试验及剪切试验来调查。用千斤顶试验求出弹性系数 E_s，用剪切试验求出黏聚力 c 和内摩擦角 φ，岩体的单轴抗压强度 R_{cs} 可由下式推算：

$$R_{cs} = \frac{2c\cos\varphi}{1-\sin\varphi} \tag{6.2.34}$$

这样，在单轴应力状态下岩体的极限应变 ε_{0s} 可由下式求出：

$$\varepsilon_{0s} = \frac{R_{cs}}{E_s} \tag{6.2.35}$$

此极限应变 ε_{0s} 可利用各地现场的岩体试验结果求出，约在 0.1% ~ 1.0% 范围之内。这个数值与岩石试件室内试验的结果大致相等。这是一个颇为有趣的事实。

2. 有限元计算基本步骤与基础

对于不同物理性质和数学模型的问题，有限元求解法的基本步骤是相同的，只是具体公式推导和运算求解不同。有限元求解问题的基本步骤通常为：

第一步，问题及求解域定义：根据实际问题近似确定求解域的物理性质和几何区域。

第二步，求解域离散化：将求解域近似为具有不同有限大小和形状且彼此相连的有限个单元组成的离散域，习惯上称为有限元网格划分。显然单元越小（网格越细）则离散域的近似程度越好，计算结果也越精确，但计算量将增大，因此求解域的离散化是有限元法的核心技术之一。

第三步，确定状态变量及控制方法：一个具体的物理问题通常可以用一组包含问题状态变量边界条件的微分方程式表示，为适合有限元求解，通常将微分方程化为等价的泛函形式。

第四步，单元推导：对单元构造一个适合的近似解，即推导有限单元的列式，其中包括选择合理的单元坐标系，建立单元试函数，以某种方法给出单元各状态变量的离散关系，从而形成单元矩阵（结构力学中称刚度阵或柔度阵）。

第五步，总装求解：将单元总装形成离散域的总矩阵方程（联合方程组），反映对近似求解域的离散域的要求，即单元函数的连续性要满足一定的连续条件。总装是在相邻单元节点进行，状态变量及其导数（可能的话）连续性建立在节点处。

第六步，联立方程组求解和结果解释：有限元法最终导致联立方程组。联立方程组的求解可用直接法、迭代法和随机法。求解结果是单元节点处状态变量的近似值。对于计算结果的质量，将通过与设计准则提供的允许值比较来评价并确定是否需要重复计算。

简言之，有限元分析可分成三个阶段：前置处理、计算求解和后置处理。前置处理是建立有限元模型，完成单元网格划分；后置处理则是采集处理分析结果，使用户能简便提取信息，了解计算结果。

在选定计算范围，建立计算力学模型，进行结构体系离散后，根据连续介质力学的知识进行单元的力学特性分析和整体平衡方程的建立，在整体平衡方程中引入边界条件，即可计算单元上各节点的位移，其中单元推导以及总装求解是有限元法的关键与难点。

（1）单元的力学特性分析。

单元力学特性分析是有限元分析的核心部分，包括以下内容：

① 位移模式的选择。将每个单元内部任一点的位移向量写作

$$\{\boldsymbol{f}\}=[\boldsymbol{N}]\{\boldsymbol{\delta}\}^{\mathrm{e}} \tag{6.2.36}$$

式中 $[\boldsymbol{N}]$——所选定的位移模式，其分量又称形函数，它是坐标位置的函数；

$\{\boldsymbol{\delta}\}^{\mathrm{e}}$——单元各节点位移向量；

$\{\boldsymbol{f}\}$——单元内部任一点的位移向量。

所选定的位移模式应使单元内部的位移保持连续以及使相邻单元之间满足变形协调条件。

② 应变与节点位移的关系的建立。利用几何方程，应变-位移方程为

$$\{\boldsymbol{\varepsilon}\}=[\boldsymbol{B}]\{\boldsymbol{\delta}\}^{\mathrm{e}} \tag{6.2.37}$$

式中 $\boldsymbol{B}$——应变矩阵。

③ 应力与节点位移的关系的建立。利用物理方程，导出单元应力与节点位移的关系式

$$\{\boldsymbol{\sigma}\}=[\boldsymbol{D}][\boldsymbol{B}]\{\boldsymbol{\delta}\}^{\mathrm{e}} \tag{6.2.38}$$

式中 $[\boldsymbol{D}]$——弹性矩阵。

对各种材料（如弹塑性、黏弹性等材料）均可采用式（6.2.38）表达，只是各自的本构关系不同，也即矩阵 $[\boldsymbol{D}]$ 不同而已。

④ 单元节点力和节点位移的关系的建立。利用虚功原理建立节点力和节点位移的关系式

$$\{\boldsymbol{F}\}^{\mathrm{e}}=[\boldsymbol{K}]\{\boldsymbol{\delta}\}^{\mathrm{e}} \tag{6.2.39}$$

式中 $\{\boldsymbol{F}\}^{\mathrm{e}}$——节点力向量，是将作用在各单元上的体力和面力按静力等效条件，按虚功原理转置到各个节点上所形成；

$[\boldsymbol{K}]$——单元刚度矩阵。

（2）建立体系的平衡方程，并求解单元的应力和应变。

按照单元节点局部编码与体系节点总体编码之间的对应关系，将各单元刚度矩阵的元素汇集成体系的总刚度矩阵 $[\boldsymbol{K}]$，将单元的节点荷载按照力的平衡条件汇集而成体系的总荷载向量 $\{\boldsymbol{R}\}$，得到体系的平衡方程为

$$[\boldsymbol{K}]\{\boldsymbol{\delta}\}=\{\boldsymbol{R}\} \tag{6.2.40}$$

其中，未知量是各节点的位移$\{\delta\}$，引入必要的边界条件后，修改上述方程可求解方程式（6.2.40）中的节点位移，由节点位移可计算单元的应力与应变。

需要指出的是，以上各式中的位移模式、应变矩阵、弹性矩阵、刚度矩阵等并无统一的表达式，不同的单元有不同的表达。

（3）荷载释放。

如图（6.2.21）所示，当坑道开挖后，围岩中的部分初始地应力得到释放，产生了向隧道内的回弹变形，并使围岩中的应力重新分布，坑道周边成为自由表面，应力为零。为了模拟开挖效应，求得开挖后围岩中的应力状态，可以将开挖释放掉的应力作为释放节点荷载加在开挖后坑道的周边上，并将其转化为等效节点力。

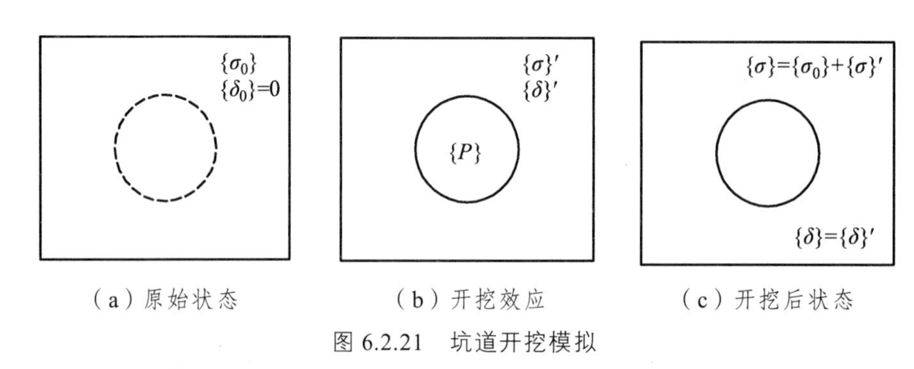

图 6.2.21　坑道开挖模拟

开挖边界节点 i 上的释放节点荷载

$$f_i=-\sum_{\mathrm{e}}F_0^{\mathrm{e}}$$

式中　F_0^{e}——由各个单元的初始应力σ_0^{e}计算的等效节点力，$F_0^{\mathrm{e}}=\int_v B^{\mathrm{T}}\sigma_0\mathrm{d}v$。

如果考虑释放率的话，可以遵从以下步骤：

① 求解，得到初应力文件；

② 加载初应力文件，求解并得到等效节点力；

③ 施加等效节点力，把需要在以后开挖的单元全部“杀死”，在这个基础上再计算一遍；

④ 在开挖部分的周边调节等效节点力，比如说释放系数为 30%，则调节第③步中的等效节点力为 70%，计算即得到该步释放，然后再按照相关的释放率进行操作，即完成该步的开挖；

⑤ 如此循环下去即可。

在施工一阶段，作用在开挖边界上的释放荷载$f_{1i}=\alpha_1 f_i$，式中的α_1为一百分数，可根据测试资料加以确定，通常近似地定为本阶段隧道控制测点的变形值与施工变形稳定后该控制测点的总变形值的比值。

施工二阶段，作用在原有开挖边界上的释放节点荷载$f_{2i}=\alpha_2 f_i$，式中α_2的确定方法与α_1相同，而作用在新的开挖边界上的释放节点荷载为$f_{2i}=f_{2i}-\sum\int_v B^{\mathrm{T}}\sigma_1\mathrm{d}v$，式中第二项是由第一阶段中位于开挖边界上的各个单元应力σ_1所产生的释放节点荷载。

隧道开挖施工是个三维问题。在施工过程中，洞室施工面的前方是尚未开挖的地层，后方是已开挖的地层。采用新奥法施工，支护必须紧跟开挖面施作，开挖面附近岩体的应力和变形，一部分是因开挖面向前推移逐步释放荷载引起的，一部分则是因为围岩黏塑性变形随时间增长产生的蠕变引起的。如果采用三维弹-黏塑性有限元数值分析进行求解，固然可以较充分地反映三维的实际情况，但如此一来，势必增加计算机的工作量，增加机时。地下结构工程一般轴线很长，当某一段地质变化不大时，且该段长度与隧道跨度相比较大时，可以在该段取单位长度隧道的力学特性来代替该段的三维力学特性，这就是平面应变问题，从而使计算大大简化。目前，对于开挖面空间效应近似考虑，利用平面应变弹-黏塑性有限单元法数值分析进行计算，其结果也可以满足一般的工程要求。

3. 地下工程有限元数值分析

地下工程分析常用的数值方法有有限元法、边界元法和离散元法，其中有限元和边界元建立在连续介质力学的基础上，适合于小变形分析，是发展较早、较成熟的方法，尤以有限元法应用更为广泛。

将围岩和衬砌结构离散为仅在节点相连的诸单元的等价系统，将荷载移置于节点，利用插值函数考虑连续条件，引入边界条件，由矩阵力法或矩阵位移法求解围岩和衬砌结构的应力场和位移场的方法称为有限单元法。

地下工程有限元法有如下特点：

① 地下工程的支护结构与其周围的岩体共同作用，可把支护结构与岩体作为一个统一的组合体来考虑，将支护结构及其影响范围内的岩体一起进行离散化。

② 作用在岩体上的荷载是地应力，主要是自重应力和构造应力。在深埋情况下，一般可把地应力简化为均布垂直地应力和水平地应力，加在围岩周边上。地应力的数值原则上应由实际存在确定，但由于地应力测试工作费时费钱，工程上一般很少进行测试。对于深埋的结构，通常的做法是把垂直地应力按自重应力计算，侧压系数则根据当地地质资料确定。对于浅埋结构，垂直应力和侧压系数均按自重应力场确定。

③ 通常把支护结构材料视作线弹性，而围岩及围岩中节理面的应力-应变关系视作非线性，根据不同的工程实践和研究需要，可以选用本节“1”中的弹塑性、黏塑性、黏弹塑性的力学模型，采用材料非线性的有限元法进行分析。

④ 由于开挖及支护将会导致一定范围内围岩应力状态发生变化，形成新的平衡状态，因而分析围岩的稳定与支护的受力状态都必须考虑开挖过程和支护时间早晚对围岩及支护的受力影响。因此，计算中应考虑开挖与支护施工步骤的影响。

⑤ 地下结构工程一般轴线很长，当某一段地质变化不大时，且该段长度与隧道跨度相比较大时，可以在该段取单位长度隧道的力学特性来代替该段的三维力学特性，这就是平面应变问题，从而使计算大大简化。

（1）计算范围的确定。

无论是深埋或浅埋隧道，在力学上都属于半无限空间问题，简化为平面应变问题时，则为半无限平面问题。从理论上讲，开挖对周围岩体的影响，将随远离开挖部位而逐渐消失（圣维南原理），因此，有限元分析仅需在一个有限的区域内进行即可。确定计算边界，一方面要节省计算费用，另一方面也要满足精度要求。实践和理论分析证明，对于地下洞室开挖后的应力和应变，仅在洞室周围距洞室中心点 3～5 倍开挖宽度（或高度）的范围内存在实际影响。在 3 倍宽度处的应力变化一般在 10% 以下，在 5 倍宽度处的应力变化一般在 3% 以下。所以，计算边界即可确定在 3～5 倍开挖宽度。在这个边界上，可以认为开挖引起的位移为零。此外，根据对称性的特点，分析区域可以取 1/2（1 个对称轴）或 1/4（2 个对称轴），如图 6.2.22 所示。

当要求计算精度较高时，计算边界的确定就比较困难。可考虑采用有限元和无限元耦合算法。

（2）结构体系离散化。

将岩体与支护结构离散为有限元仅在节点处铰接的单元体的组合是有限单元法的基础。对平面应变问题常采用的有限单元包括线单元和面单元，如图 6.2.23 所示。对于地下结构体系离散化后往往是各种类型单元的组合：二节点和三节点杆单元用以模拟锚杆；二节点和三节点梁单元用以模拟喷射混凝土；三节点和六节点三角形常应变元或四节点、八节点四边形等参单元用以模拟围岩和二次衬砌。因四边形等参单元具有应力变化连续、精度较高、便于网格划分的优点，采用四边形单元最为适宜。

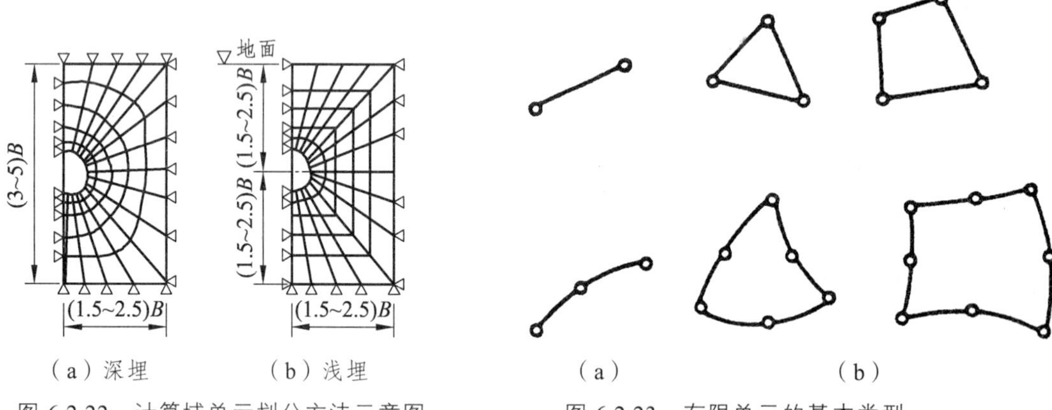

（a）深埋　（b）浅埋

图 6.2.22　计算域单元划分方法示意图

（a）　（b）

图 6.2.23　有限单元的基本类型

使用有限元进行地下工程分析，并非任何一种离散形式都可以得到同样的结果。单元划分的疏密、大小和形状都会影响计算精度。理论上讲，单元划分得越密越小、形状越规则，计算精度越高。据误差分析，应力的误差与单元尺寸的一次方成正比，位移的误差与单元尺寸的二次方成正比。但单元数多要求计算机储存量大，计算时间长。在地下结构物周围区域、地质构造区域等应力、位移变化梯度大以及荷载有突变的区域，单元划分可加密，而其他区域则可稀疏一些。疏密区单元大小相差不宜过大，应尽可能均匀过渡。

在结构体系离散化时需注意以下几点：

① 单元各边长相差不能过大，2 边夹角不能过小，各夹角最好尽量相等。

② 单元边界应当划分在材料的分界面上和开挖的分界线上，1 个单元不能包含 2 种材料。

③ 集中荷载作用点、荷载突变处及锚杆的端点处必须布置节点。

④ 地下结构和岩体结构在几何形状和材料特性方面都具有对称性时，可利用该对称性取部分计算范围进行离散。

⑤ 单元的划分要考虑到分期开挖的分界线和部分开挖区域的分界线。

（3）边界条件和初始应力。

由于地下工程都是在应力岩体中开挖的，因而数值计算中一般采用内部加载方式计算，即由于开挖而在洞周形成释放荷载，其值等于沿开挖边界上原先的应力并以原来相反的方向作用于开挖边界上，如图6.2.24所示。

图 6.2.24　内部加载方式

计算范围的外边界可采取2种方式处理：其一为位移边界条件，即一般假定边界点位移为零（也有假定为弹性支座或给定位移的，但地下工程分析中很少用）；其二是假定为力边界条件，由岩体中的初始应力场确定，包括自由边界（$p=0$）条件。还可以给定混合边界条件，即节点的一个自由度给定位移，另一个自由度给定节点力（二维问题）。当然无论哪种处理都有一定的误差，且随计算范围的减小而增大，靠近边界处误差最大，这叫作“边界效应”。边界效应在动力分析中影响更为显著，需妥善处理。图 6.2.25 给出了几种边界条件形式。

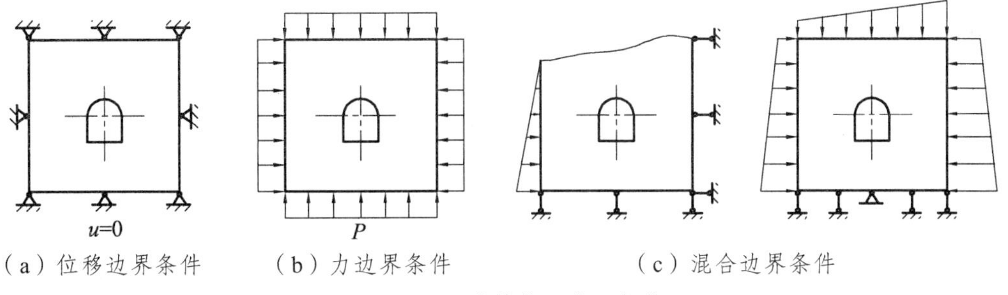

（a）位移边界条件　（b）力边界条件　（c）混合边界条件

图 6.2.25　计算范围边界条件

当结构为浅埋时，上部为自由边界，考虑重力作用，两侧作用三角形分布初始地应力，侧压力系数为 $\mu/(1-\mu)$；当结构为深埋时，上部及侧部均作用有边界上的均布初始地应力，侧压力系数以实测或经验确定。

（4）单元的力学特性分析。

单元力学特性分析是有限元分析的核心部分，下面以线弹性四边形等参单元为例说明。

① 位移模式的选择。将每个单元内部任一点的位移向量写作

$$\{\boldsymbol{f}\}=[\boldsymbol{N}]\{\boldsymbol{\delta}\}^{\mathrm{e}} \tag{6.2.41}$$

式中　$[\boldsymbol{N}]$——所选定的位移模式，其分量又称形函数，它是坐标位置的函数；

$\{\boldsymbol{\delta}\}^{\mathrm{e}}$——单元各节点位移向量；

$\{\boldsymbol{f}\}$——单元内部任一点的位移向量。

$$[\boldsymbol{N}]=\begin{bmatrix} N_1 & 0 & N_2 & 0 & N_3 & 0 & N_4 & 0 \\ 0 & N_1 & 0 & N_2 & 0 & N_3 & 0 & N_4 \end{bmatrix}$$

其中 $N_1 \sim N_4$ 为形函数，按下式计算：

$$\left.\begin{aligned}N_1=\frac{1}{4}(1-\xi)(1-\eta)\;;\;N_2=\frac{1}{4}(1+\xi)(1-\eta)\\N_3=\frac{1}{4}(1+\xi)(1+\eta)\;;\;N_4=\frac{1}{4}(1-\xi)(1+\eta)\end{aligned}\right\}\tag{6.2.42}$$

式中　ξ、η——局部坐标，是任意四边形映射成边长为 2 的正方形的局部坐标（图 6.2.26）取值范围均为（－1，＋1）。

所选定的位移模式应使单元内部的位移保持连续以及使相邻单元之间满足变形协调条件。

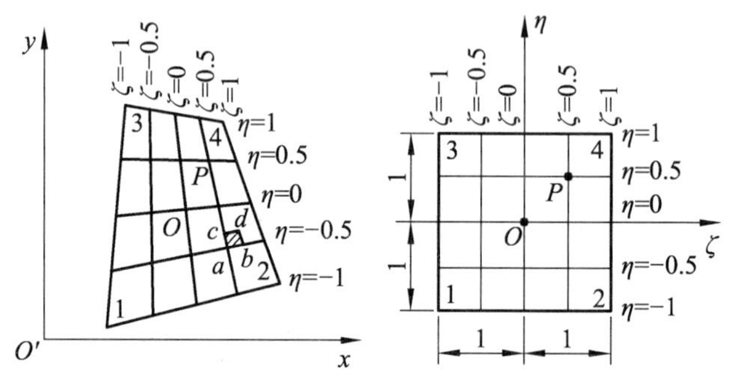

图 6.2.26　坐标变换

② 应变与节点位移的关系。利用几何方程，应变-位移方程为

$$\{\boldsymbol{\varepsilon}\}=[\boldsymbol{B}]\{\boldsymbol{\delta}\}^{\mathrm{e}}\tag{6.2.43}$$

式中　$\boldsymbol{B}$——应变矩阵，对于四节点等参单元有

$$\boldsymbol{B}=[B_1\quad B_2\quad B_3\quad B_4]$$

且有

$$\boldsymbol{B}_i=\begin{bmatrix}\dfrac{\partial N_i}{\partial x} & 0\\ 0 & \dfrac{\partial N_i}{\partial y}\\ \dfrac{\partial N_i}{\partial y} & \dfrac{\partial N_i}{\partial x}\end{bmatrix},\ (i=1,\ 2,\ 3,\ 4)\tag{6.2.44}$$

式中　x、y——整体坐标。

根据复合求导原则有

$$\begin{Bmatrix}\dfrac{\partial N_i}{\partial x}\\ \dfrac{\partial N_i}{\partial y}\end{Bmatrix}=[\boldsymbol{J}]^{-1}\begin{Bmatrix}\dfrac{\partial N_i}{\partial \xi}\\ \dfrac{\partial N_i}{\partial \eta}\end{Bmatrix}\tag{6.2.45}$$

而

$$[\boldsymbol{J}]=\begin{bmatrix}\dfrac{\partial x}{\partial \xi} & \dfrac{\partial y}{\partial \xi}\\ \dfrac{\partial x}{\partial \eta} & \dfrac{\partial y}{\partial \eta}\end{bmatrix}$$

③ 应力与节点位移的关系。利用物理方程，导出单元应力与节点位移的关系式

$$\{\boldsymbol{\sigma}\}=[\boldsymbol{D}][\boldsymbol{B}]\{\boldsymbol{\delta}\}^{\mathrm{e}} \tag{6.2.46}$$

式中 $[\boldsymbol{D}]$——弹性矩阵，表示如下

$$[\boldsymbol{D}]=\frac{E(1-\mu)}{(1+\mu)(1-2\mu)}\begin{bmatrix} 1 & \frac{\mu}{1-\mu} & 0 \\ \frac{\mu}{1-\mu} & 1 & 0 \\ 0 & 0 & \frac{1-2\mu}{2(1-\mu)} \end{bmatrix}$$

式中 E、μ——岩体的弹性系数、泊松比。

对各种材料（如弹塑性、黏弹性等材料）均可采用式（6.2.46）表达，只是各自的本构关系不同，也即矩阵$[\boldsymbol{D}]$不同而已。

④ 单元节点力和节点位移的关系。利用虚功原理建立节点力和节点位移的关系式

$$\{\boldsymbol{F}\}^{\mathrm{e}}=[\boldsymbol{K}]\{\boldsymbol{\delta}\}^{\mathrm{e}} \tag{6.2.47}$$

式中 $\{\boldsymbol{F}\}^{\mathrm{e}}$——节点力向量，是将作用在各单元上的体力和面力按静力等效条件，按虚功原理转置到各个节点上所形成；

$[\boldsymbol{K}]$——单元刚度矩阵。

$$[\boldsymbol{K}]^{\mathrm{e}}=t\int[\boldsymbol{B}]^{\mathrm{T}}[\boldsymbol{D}][\boldsymbol{B}]\,\mathrm{d}x\mathrm{d}y=t\int[\boldsymbol{B}]^{\mathrm{T}}[\boldsymbol{D}][\boldsymbol{B}]|\boldsymbol{J}|\,\mathrm{d}\xi\mathrm{d}\eta \tag{6.2.48}$$

式中 t——单元厚度。

上式积分遍及整个单元体积。

（5）建立体系的平衡方程，并求解单元的应力和应变。

按照单元节点局部编码与体系节点总体编码之间的对应关系，将各单元刚度矩阵的元素汇集成体系的总刚度矩阵$[\boldsymbol{K}]$，将单元的节点荷载按照力的平衡条件汇集而成体系的总荷载向量$\{\boldsymbol{R}\}$，得到体系的平衡方程为

$$[\boldsymbol{K}]\{\boldsymbol{\delta}\}=\{\boldsymbol{R}\} \tag{6.2.49}$$

其中，未知量是各节点的位移$\{\boldsymbol{\delta}\}$，引入必要的边界条件后，修改上述方程可求解方程式（6.2.49）中的节点位移，由节点位移可计算单元的应力与应变。

4. 复合式衬砌有限元分析

复合式衬砌应根据二次衬砌施作的时间，采用不同的计算方法。如果二次衬砌是在初期支护的变形基本达到稳定后施作的，则计算的重点是确定初期支护的应力状态和围岩的稳定性。二次衬砌可按构造要求的最小厚度设置。如果二次衬砌是在初期支护的变形基本达到稳定之前施作的，则二次衬砌和初期支护共同承受围岩的后续变形所产生的压力。这样不仅需要确定初期支护的应力状态和围岩的稳定性，还要确定二次衬砌的应力状态。围岩后续变形

所产生的压力，主要是由于隧道开挖面支承的空间效应和围岩的流变特征所引起的，其次还有锚杆的锈蚀、围岩性质的恶化、地下水位变化等原因。

由于复合式衬砌的作用机理主要是加固围岩、控制围岩变形、充分发挥围岩的自承能力，所以衬砌计算一般考虑连续体模型，并应考虑开挖面支承的空间效应和围岩、支护、衬砌的流变特性。鉴于目前围岩力学参数的测试方法和手段尚不完善，准确性较低，因此可按平面应变问题计算。

复合式衬砌计算的数值方法按如下的基本假定进行计算。

（1）材料的物理模型。

① 围岩和混凝土为均质、各向同性的黏弹塑性材料，用五参数的理想模型模拟，如图 6.2.18 所示。根据围岩和支护衬砌中各点的应力状态，该模型可以分 3 种情况处理：

a. 对于始终未进入塑性状态的点，其总应变 $\{\varepsilon\}$ 为弹性应变 $\{\varepsilon\}^{\mathrm{e}}$ 和黏弹性应变 $\{\varepsilon\}^{\mathrm{ce}}$ 之和：

$$\{\varepsilon\}=\{\varepsilon\}^{\mathrm{e}}+\{\varepsilon\}^{\mathrm{ce}} \tag{6.2.50}$$

b. 对于开挖卸载后立即进入塑性状态的点，其总应变为弹性应变和黏塑性应变之和：

$$\{\varepsilon\}=\{\varepsilon\}^{\mathrm{e}}+\{\varepsilon\}^{\mathrm{cp}} \tag{6.2.51}$$

c. 对于经过一段时间后进入塑性状态的点，其总应变为弹性应变、黏弹性应变和黏塑性应变之和：

$$\{\varepsilon\}=\{\varepsilon\}^{e}+\{\varepsilon\}^{\mathrm{ce}}+\{\varepsilon\}^{\mathrm{cp}} \tag{6.2.52}$$

上述各式中的弹性应变是在开挖瞬间发生的，因此还要考虑后期发生的黏弹性应变或黏塑性应变产生的蠕变。

② 锚杆、钢筋网都是线弹性材料，而锚杆与围岩之间的联系状态是刚塑性的，即

$$\left.\begin{array}{l}T_{\mathrm{j}}<R_{\mathrm{j}}\text{ 时，锚杆不滑动，则}K_x=K_y=\infty\\ T_j\geqslant R_{\mathrm{j}}\text{ 时，锚杆滑动，}\quad\text{则}K_x=K_y=0\\ R_{\mathrm{j}}=2\pi d_{\mathrm{b}}l(\overline{c}+\sigma_{\mathrm{n}}\tan\overline{\phi})\end{array}\right\} \tag{6.2.53}$$

式中 T_{j}——锚杆拉力，由计算而得；

R_{j}——锚杆的抗滑力；

d_{b}、l——锚杆的半径和长度；

$\overline{c}$、$\overline{\phi}$——锚杆与围岩之间的黏聚力和摩擦角；

σ_{n}——分别作用在锚杆全长上的平均法向应力；

K_x、K_y——锚杆与围岩间在 x、y 方向的黏结刚度，前者为 x 方向，后者为 y 方向，其余如上所述。

（2）结构物的模拟。

对于围岩一般采用四边形等参单元和退化的四边形单元模拟，如图 6.2.27 所示。

对锚喷支护有 2 种处理方法：一是提高锚喷加固区的围岩参数（如弹性模量 E 及 c、φ 值）来模拟锚喷支护的作用。该处理方法存在 2 个突出的问题，即无法分析锚杆及喷层本身的受

力特性及其失效后对围岩的影响，不能确切定出加固范围内参数的提高比例值，即参数值的改变程度和范围带有很大的随意性。

另一种处理方法是将喷射混凝土层、锚杆、钢拱架采用杆单元模拟。当喷层较厚时，可采用四边形单元，并用特殊黏结单元模拟锚杆与围岩之间的黏结，如图 6.2.28 所示。

对于二次衬砌，因其较厚，故仍可采用四边形等参单元，亦可用格桁单元模拟。格桁单元是由杆单元组成的网格桁架结构（图 6.2.29）。根据格桁单元的抗弯和抗压刚度必须分别与衬砌的抗弯和抗压刚度相等的原则，可以决定格桁单元中各个杆单元的截面积。

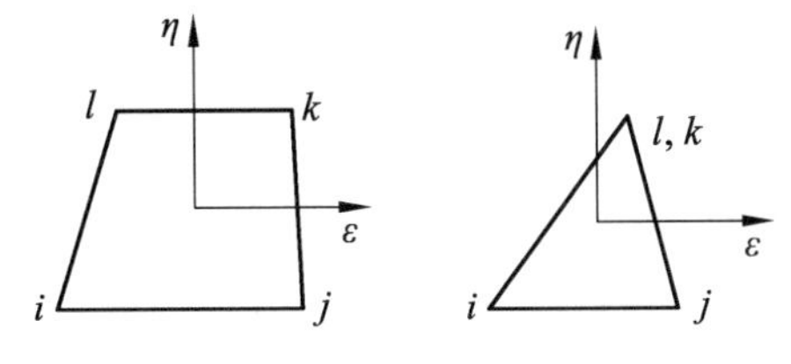

图 6.2.27 围岩单元类型

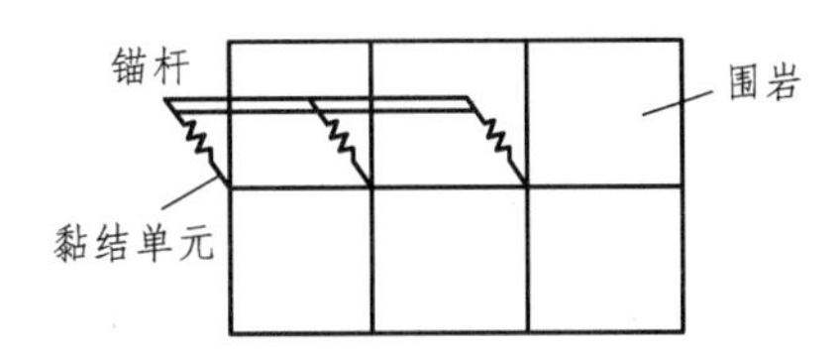

图 6.2.28 锚杆单元与围岩单元的黏结

对防水层采用有厚度的夹层单元模拟，其切向刚度为 0，径向刚度可用一般弹性常数 E、μ 表示，如图 6.2.30 所示。

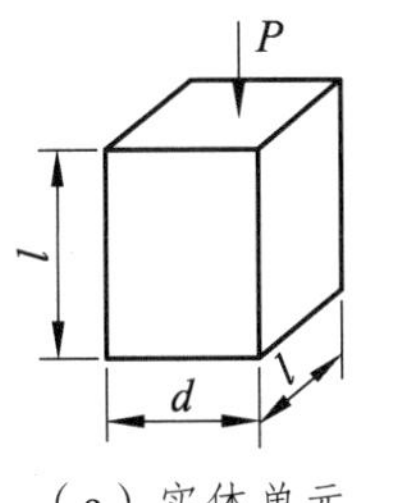

（a）实体单元

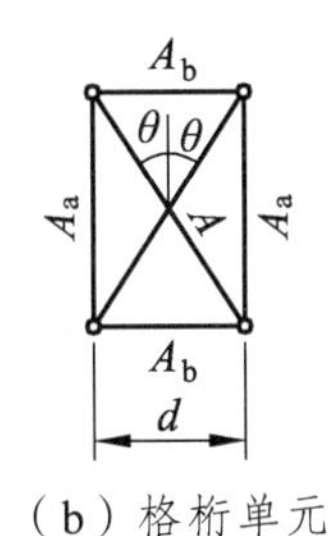

（b）格桁单元

图 6.2.29 二次衬砌单元类型

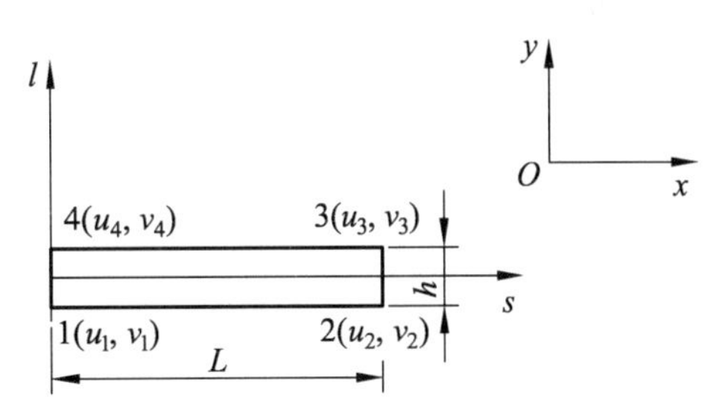

图 6.2.30 防水层单元类型

喷射混凝土层、锚杆、黏结单元和夹层单元的刚度矩阵都是按局部坐标系表示的，在组集总刚度矩阵前，尚需将其转换成整体坐标系的单元刚度矩阵。

（3）计算中的原始参数。

除坑道的几何尺寸外，计算中所需的参数还包括：

① 围岩的初始应力场和物理力学指标。围岩的初始应力场按原位地应力测试数据或按围岩的自重应力场计算。围岩物理力学指标除表征围岩力学特性的变形模量 E、泊松比 μ、黏聚力 c、内摩擦角 φ 外，还需要表征围岩流变特性的黏性参数。围岩的黏性参数可通过试验确定，当无试验资料时，可参考有关资料。

② 支护及防水材料的物理力学指标。较围岩来说，混凝土强度、整体性、均质性都要好得多，在复合衬砌受力的过程中，支护进入塑性状态的可能性较小，因此，认为它一直处于黏弹性状态，其黏弹性系数是一重要相关参数。防水层材料因厚度小，简化为弹性体，根据资料选取其力学参数值。

5. 洞室开挖力学效应的模拟方法

前文中已定性地描述了二次应力场的特征和影响因素，要找出一种力学模型能包括上述的诸多因素，并且能够比较接近实际情况地将洞室开挖后围岩二次应力场和位移场定量地计算出来，是非常困难的。合理的要求应该使抽象的力学模型能反映该工程条件下的主要因素。因此，目前采用解析法确定围岩二次应力场和位移场时，多是以下述假定为前提的（当然，采用数值解时，可以不必严格按下述假定进行）：

① 视围岩为均质的、各向同性的连续介质；

② 只考虑自重形成的初始应力场；

③ 洞室形状以规则的圆形为主，虽然在实际地下工程中很少做成圆形的，但对圆形隧道分析得出的一切结论，在定性上不失其一般性；

④ 洞室位于地表下一定深度，问题简化为无限平面中的孔洞问题。

尽管洞室端部开挖面的约束作用使围岩二次应力场成为三维的，但如上所述，这种约束作用的影响距离较短，洞室长度的影响比横截面影响又小得多，如果不考虑开挖面的空间效应，而将其视为平面问题，影响也只集中在开挖面附近地段，约 2 ~ 3 倍洞径处。

为了计算围岩的二次应力场和位移场，可以采取如下的步骤：用第 2 章中所述的方法推算隧道开挖前围岩的初始应力状态 $\{\sigma\}^0$，以及与之相应的位移场 $\{u\}^0$；隧道开挖后，因其周边上的径向应力 σ_r 和剪应力 τ_{rt} 都为零，故可向具有初始应力的围岩，在隧道周边上反方向施加与初始应力相等的释放应力，用弹性力学方法计算带有孔洞的无限平面在释放应力作用下的应力 $\{\sigma\}'$ 和位移 $\{u\}'$，而真实的围岩二次应力场 $\{\sigma\}^2$ 即为上述两者之和：

$$\{\sigma\}^2 = \{\sigma\}^0 + \{\sigma\}' \tag{6.2.54}$$

而各点的位移

$$\{u\}^2 = \{u\}' \tag{6.2.55}$$

因为初始位移 $\{u\}^0$ 在开挖隧道前就已经完成，而我们的着眼点，又仅仅是因开挖隧道所引起的变化，并不关心位移的绝对情况。以上模拟隧道开挖所经历的力学过程可以用图 6.2.31 表示。

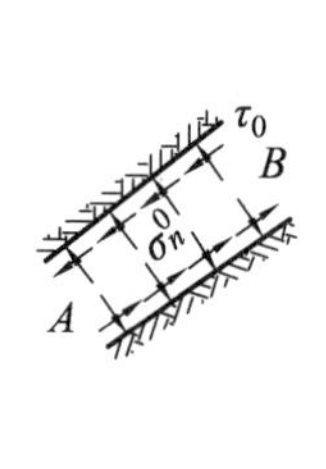

（a）

（b）

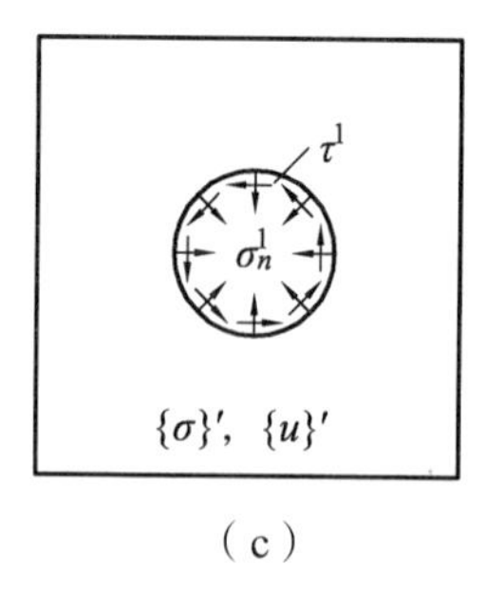

（c）

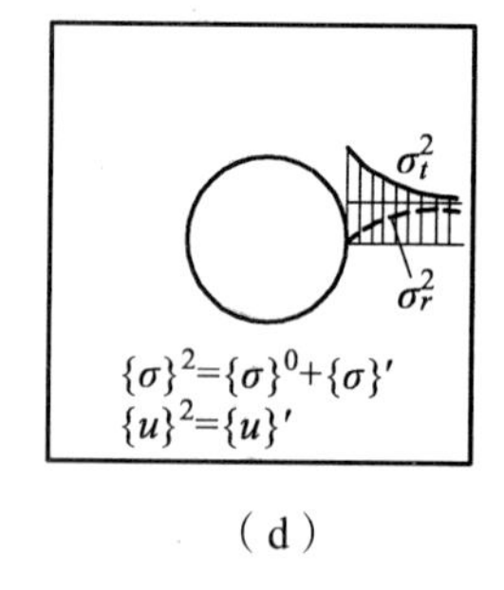

（d）

图 6.2.31　开挖过程的力学行为

上述的计算步骤也可以用在有孔洞的无限平面上直接加载来代替。例如，在自重应力场中，就可以将由自重所形成的初始应力作为无限平面的体积力来直接分析，求出应力 $\{\sigma\}'$ 和位移 $\{u\}'$。如以开挖前的位移状态为基准，则真实的围岩二次位移场应为

$$\{u\}^2=\{u\}'-\{u\}^0 \quad (6.2.56)$$

而二次应力场为

$$\{\sigma\}^2=\{\sigma\}' \quad (6.2.57)$$

可以证明这样的分析结果与图 6.2.31 所示的分析结果是相符的。

进一步研究还可以发现，对于埋深较大的隧道，在开挖所影响的范围内，围岩自重应力的变化量比其绝对值要小得多。所以，对于自重应力场中的深埋隧道，常常将它的围岩初始应力场简化为常量场，也就是假定围岩的初始应力到处都是一样，并取其等于隧道中心点的自重应力，即

$$\sigma_z=\gamma H_c,\quad \sigma_x=\lambda\gamma H_c \quad (6.2.58)$$

式中 λ——侧压力系数，$\lambda=\sigma_x/\sigma_z$；

H_c——隧道中心点的埋深；

σ_z——自重应力场中的垂直应力；

σ_x——自重应力场中的水平应力。

如按直接加载法求解这种初始应力状态下的围岩二次应力场和位移场，就可以将体积力视为常数。

根据弹性力学原理，这个问题的求解还可以简化为不考虑体积力的形式，而用在有孔的无限平面（无重的）无穷远边界上作用有垂直均布荷载 σ_z 和水平荷载 σ_x 的形式来代替，如图 6.2.32 所示。由此而引起的计算误差是不大的，并随着隧道埋深的增加而减小。当埋深超过 10 倍洞径时，其误差可以忽略不计。正如式（6.2.56）表示的那样，按图 6.2.32 所求得的位移，必须减去挖洞前围岩在初始应力 σ_z 和 σ_x 作用下所产生的变形，才是围岩真实的二次位移场。

洞室开挖后周围岩体中的应力、位移，视围岩强度（单轴抗压强度）可分为 2 种情况：一种是开挖后的围岩仍处在弹性状态，此时，洞室围岩除产生稍许松弛外（由于爆破造成的）仍是稳定的；另一种是开挖后的应力状态超过围岩的单轴抗压强度，此时，洞室围岩的一部分处于塑性甚至松弛状态，洞室围岩将产生塑性滑移、松弛或破坏。

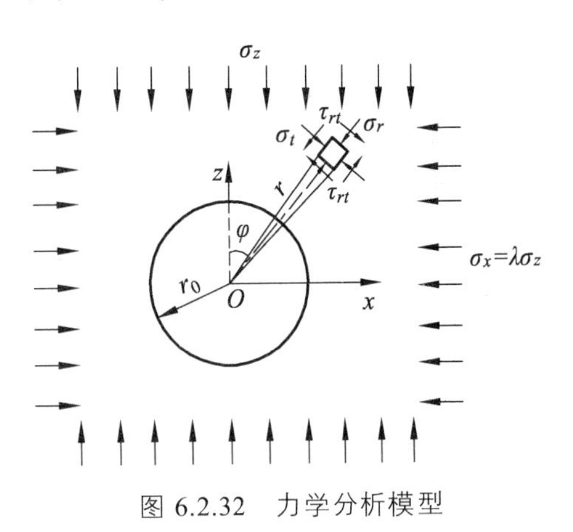

图 6.2.32　力学分析模型

6. 分步开挖及支护过程的模拟

坑道开挖在力学上可以认为是一个应力释放和回弹变形问题，为了模拟开挖效应，获得开挖坑道后围岩中的应力、应变状态，可以将开挖释放掉的应力作为等效荷载加在开挖后坑道的周边上。

（1）卸荷释放荷载。

如图 6.2.33 所示，当坑道开挖后，围岩中的部分初始地应力得到释放，产生了向隧道内

的回弹变形，并使围岩中的应力重新分布，坑道周边成为自由表面，应力为零。为了模拟开挖效应，求得开挖后围岩中的应力状态，可以将开挖释放掉的应力作为等效荷载加在开挖后坑道的周边上，并将其转化为等效节点力。

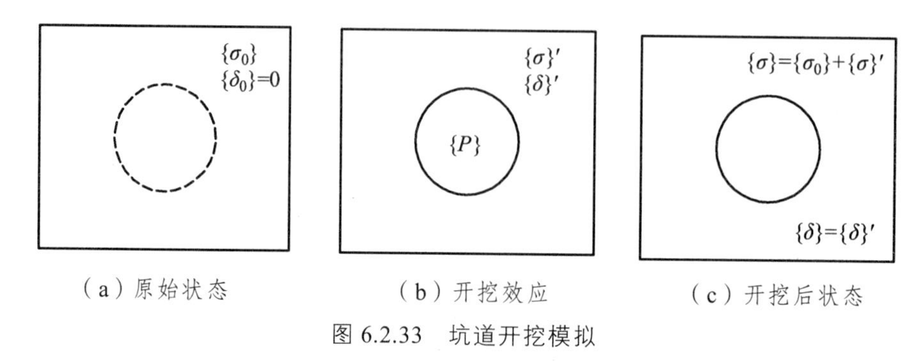

（a）原始状态　　（b）开挖效应　　（c）开挖后状态

图 6.2.33　坑道开挖模拟

设沿设计开挖面上各点的初始应力场 $\{\sigma_0\}$ 为已知，在离散化情况下，假定沿开挖面上 2 相邻节点之间的初始应力呈线性变化，如图 6.2.34 所示。当开挖边界节点按逆时针次序排列时，对任一开挖边界点 i，开挖引起等效释放荷载（等效节点力）为

$$\left.\begin{aligned} p_x^i &= \frac{1}{6}[2\sigma_x^i(b_1+b_2)+\sigma_x^{i+1}b_2+\sigma_x^{i-1}b_1+2\tau_{xz}^i(a_1+a_2)+\tau_{xz}^{i+1}a_2+\tau_{xz}^{i-1}a_1] \\ p_z^i &= \frac{1}{6}[2\sigma_z^i(a_1+a_2)+\sigma_z^{i+1}a_2+\sigma_z^{i-1}a_1+2\tau_{xz}^i(b_1+b_2)+\tau_{xz}^{i+1}b_2+\tau_{xz}^{i-1}b_1] \end{aligned}\right\} \tag{6.2.59}$$

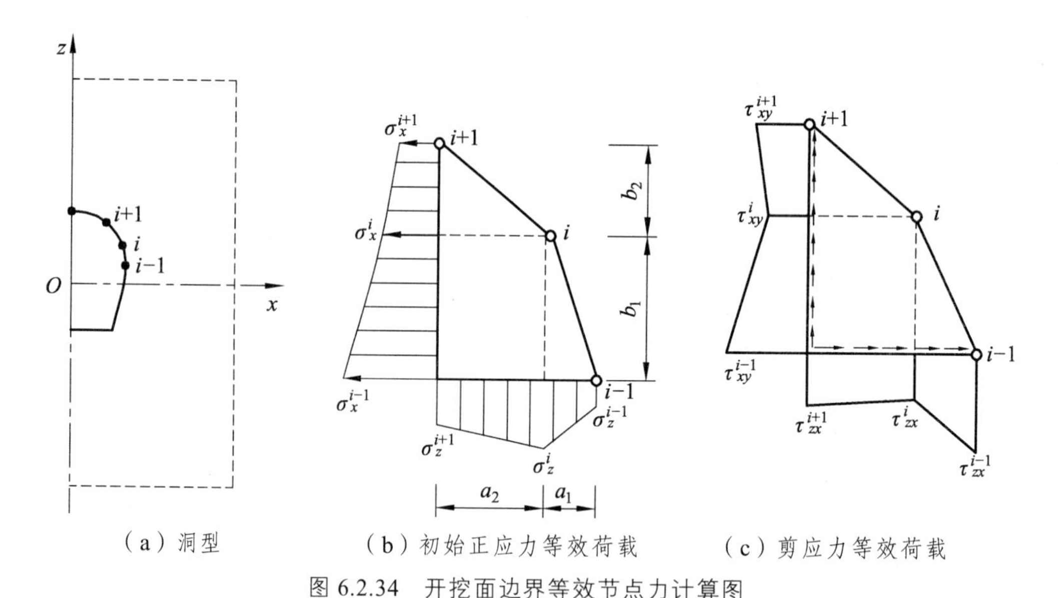

（a）洞型　　（b）初始正应力等效荷载　　（c）剪应力等效荷载

图 6.2.34　开挖面边界等效节点力计算图

若初始应力场为均匀应力场，则

$$\sigma_x^i=\sigma_x^{i-1}=\sigma_x^{i+1}=\sigma_x$$
$$\sigma_z^i=\sigma_z^{i-1}=\sigma_z^{i+1}=\sigma_z$$
$$\tau_{xz}^i=\tau_{xz}^{i-1}=\tau_{xz}^{i+1}=\tau_{xz}$$

式（6.2.59）即可简化为

$$\left.\begin{aligned}p_x^i &= \frac{1}{2}[\sigma_x(b_1+b_2)+\tau_{xz}(a_1+a_2)]\\ p_z^i &= \frac{1}{2}[\sigma_z(a_1+a_2)+\tau_{xz}(b_1+b_2)]\end{aligned}\right\} \quad (6.2.60)$$

若初始主应力场方向与坐标轴重合，上式简化为

$$\left.\begin{aligned}p_x^i &= \frac{1}{2}\sigma_x(b_1+b_2)\\ p_z^i &= \frac{1}{2}\sigma_z(a_1+a_2)\end{aligned}\right\} \quad (6.2.61)$$

（2）开挖效果的力学模拟。

分部开挖的具体模拟方法如下：

① 按照施工要求划分好开挖顺序，如图 6.2.35 所示。

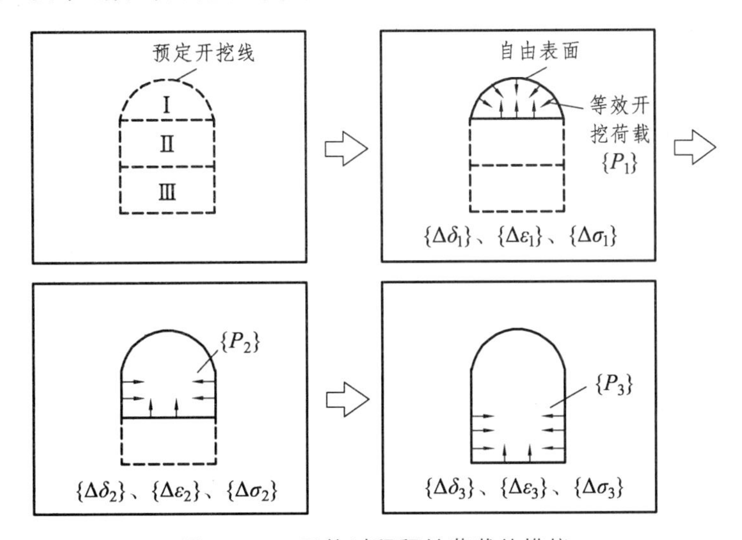

图 6.2.35　开挖过程释放荷载的模拟

② 按照隧道埋深和地质构造特点，进行开挖前的应力分析，求出围岩中的初始地应力场 $\{\sigma\}^0$ 和位移场 $\{\delta\}^0$。考虑到初始位移早就结束，对今后开挖坑道不产生影响，故可取 $\{\delta\}^0=0$。但多数情况下，认为围岩的初始地应力场是已知的，刚开挖前的应力状态就可作为原始数据直接输入，不必进行分析。

③ 根据每次开挖的尺寸，变更有限元网格形状，除去被挖掉的单元。根据除去单元现有的应力值，求出被开挖出的自由表面各节点处，由这些单元作用的节点力。将与这些节点力大小相等、方向相反的力 $\{P_i\}$ 作用于自由表面相同的节点上，这些力 $\{P_i\}$ 就是等效开挖释放荷载。

④ 在等效开挖释放荷载作用下进行分析，求出该开挖步骤后，围岩中的位移 $\{\Delta\delta_n\}$、应变 $\{\Delta\varepsilon_n\}$、应力 $\{\Delta\sigma_n\}$，并叠加于以前的状态上。若不是最终开挖步骤，则重复本步工作，直到最后一个开挖步骤进行完为止。

（3）支护过程模拟。

为了模拟支护过程，在离散化结构时，必须考虑各步施工的情况及结构特征。图 6.2.36 为一地下坑道，开挖及支护分上下两部分进行。顺序是开挖上部→上部衬砌支护→开挖下部→下部衬砌支护。模拟计算时，每一步开挖，即把该部分的单元作为“空单元”（令刚度接近于 0）。每一步衬砌施工，即把与该部分衬砌对应的单元（开挖后的“空单元”）重新赋予衬砌材料的参数。如图 6.2.36 所示，全部计算分 4 步完成，把每一步的结果叠加即得到最终结果。需特别指出的是：把开挖部分以“空单元”取代，可能导致方程“病态”，为此，必须令这些节点的位移为 0。

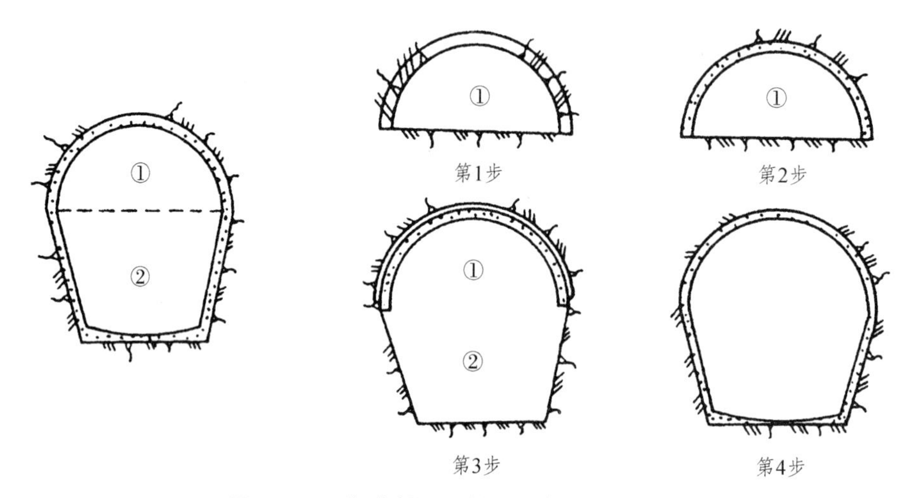

图 6.2.36　坑道断面开挖及支护过程的模拟

7. 隧洞开挖面空间效应的考虑

隧洞和洞室开挖施工是个三维问题。在施工过程中，洞室施工面的前方是尚未开挖的地层，后方是已开挖的地层。采用新奥法施工，支护必须紧跟开挖面施作，开挖面附近岩体的应力和变形，一部分是因开挖面向前推移逐步释放荷载引起的，一部分则是因围岩黏塑性变形随时间增长产生的蠕变引起的。如果采用三维弹-黏塑性有限元数值分析进行求解，固然可以较充分地反映三维的实际情况，但如此一来，势必增加计算机的工作量，增加机时，而且在工程实际设计施工中也无必要。目前，对于开挖面空间效应近似考虑，利用平面应变弹-黏塑性有限单元法数值分析进行计算，其结果已能满足一般的工程要求。

开挖面空间效应可以近似考虑：假定开挖面空间效应在任一时刻释放了某种比例的释放力 p_1，当开挖面向前推进至 x 处时，该研究截面又释放另一比例的释放力 $p_2\left(1-e^{-\frac{x}{g}}\right)$。于是，在距开挖面之后 x 处，总的释放荷载为

$$p(x)=p_1+p_2\left(1-e^{-\frac{x}{g}}\right) \tag{6.2.62}$$

p_1、p_2 和 g 可根据现场实测资料取定。若缺乏实测资料，可沿用三维弹性分析的结果，

如图 6.2.37 所示。即当 $x=\infty$ 时，$p(\infty)=p_1+p_2=\sigma_z$（初始地应力）。

设 $p_1=\alpha\sigma_z$，$p_2=\beta\sigma_z$，则有

$$\alpha+\beta=1$$

从三维弹性分析中，可以得到 $\alpha=0.3$，$\beta=0.7$。

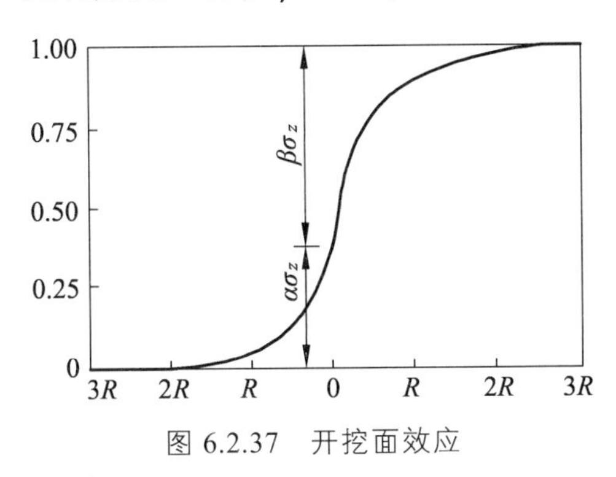

图 6.2.37　开挖面效应

于是，式（6.2.62）即为

$$p(x)=\sigma_z\left[0.3+0.7\left(1-\mathrm{e}^{-\frac{x}{g}}\right)\right] \tag{6.2.63}$$

这样，只要给定研究截面与开挖面的距离 x，就可以从式（6.2.63）中算得围岩已释放的荷载 p（x）。剩下的荷载 $\sigma_z-p(x)$ 在支护施作后释放。

8. 隧道地震响应时程分析

（1）时程分析法的基本原理。

时程分析法是 20 世纪 60 年代逐步发展起来的抗震分析方法，至 20 世纪 80 年代，已成为多数国家抗震设计规范或规程的分析方法之一。时程分析法是对结构物的运动微分方程直接进行逐步积分求解的一种动力分析方法。采用时程分析方法计算可得到计算对象各个质点随时间变化的位移、速度和加速度动力反应，进而计算得到结构内力和变形的时程变化。时程分析法能够较好地处理介质中各种非均匀、非线性问题，可以全面考虑地震动的峰值、频谱特性和持续时间，计算结果能够反映出结构体系较为真实的变形、应力发展过程和结构与周围地层的相互作用。

时程分析法基于结构体的运动微分方程，多自由度体系地震微分方程可表示为

$$[M]\{\ddot{u}\}+[C]\{\dot{u}\}+[K]\{u\}=-[M]\{I\}\ddot{x}_g \tag{6.2.64}$$

式中，地震加速度 $\ddot{x}_g$ 是复杂的随机函数，同时，在弹塑性反应中刚度矩阵与阻尼矩阵亦随时间变化。因此只能采取数值分析方法求解。将上式转化成为增量方程：

$$[M]\{\Delta\ddot{u}\}_j+[C]\{\Delta\dot{u}\}_j+[K]\{\Delta u\}_j=-[M]\{I\}\Delta x_{g,j} \tag{6.2.65}$$

将时间转化分成一系列微小时间段 Δt，在 Δt 时间内可采取一些假设，从而能对增量方程积分，得出地震响应增量。再以该步 $t+\Delta t$ 的终态值，作为下一时间段的初始值，这样逐步积

分，即可得出结构的地震响应全过程。由于对增量处理方式的不同，常用的地震响应分析数值计算方法分有线性加速度法、Wilson-θ法、Newmark-β法和中心差分法。

由于围岩介质对结构的动力影响在时间与空间上都是耦合的，动力分析复杂且求解代价很大。

（2）隧道时程分析法模型。

采用时程分析法时，应根据地层及其边界进行合理的建模和处理。原则上，时程分析法适用于各种不同情况的隧道抗震计算，尤其适用于地形与地质条件复杂、地层发生急剧变化、隧道联络横通道与主隧道相交处和盾构隧道与竖井、通风井相交处等复杂情况的抗震计算。

当隧道沿纵向结构形式连续、规则、横向断面构造不变，周围围岩或土层沿纵向分布一致时，可只进行横断面方向抗震计算，计算可按平面应变问题处理。当结构形式变化较大，地层条件不均匀，如地形与地质条件复杂、地层发生急剧变化、结构交叉处等时，需要按空间问题进行三维建模求解。

建模求解过程中，不可避免地要面临无限地层的模拟问题，考虑到计算效率和计算成本等因素，不可能将模型建得太大，因此合理设置动力人工边界尽量减小地震波边界反射作用是时程分析中关键问题之一。目前主要采用的动力人工边界主要是基于单侧波动理论的局部人工边界，如黏性边界、黏弹性边界、无限元边界等。常用动力人工边界中，黏性边界概念清楚、简单方便，应用较为广泛，但黏性边界精度难于保证，且存在低频失稳问题；黏弹性边界可以约束动力问题中的零频分量，能够模拟人工边界外半无限介质的弹性恢复性能，且具有良好的稳定性和较高的精度。现有的计算软件，如 ANSYS 和 FLAC 等均有各自的自动动力人工边界方便用户使用，如 ANSYS 中的无反射边界和 FLAC 中的自由场边界等。

地层模型的选取范围遵循以下原则：水平方向两侧边界为结构侧壁至边界的距离至少为 3 倍结构宽度。竖直方向边界选取时，一般顶面取地表面，当隧道埋深特别大时，结构顶部至地表面的距离取 3 ~ 5 倍结构竖向有效高度，并宜考虑初始地应力场的影响，如图 6.2.38 所示。底面取至设计地震作用基准面，同时需要考虑以下两种特殊情况：当地下结构埋深较深，结构与基岩的距离小于 3 倍地下结构竖向高度时，计算模型底面边界取至基岩面即可，如图 6.2.39 所示；当地下结构埋深嵌入基岩，此时计算模型底面边界需取至基岩面以下，如图 6.2.40 所示。

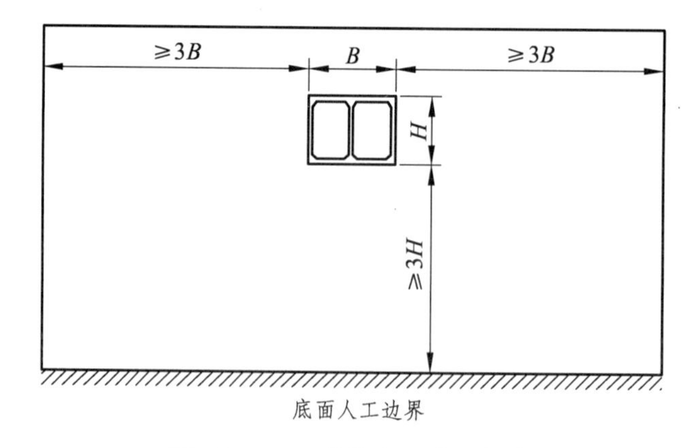

图 6.2.38　一般的人工边界条件

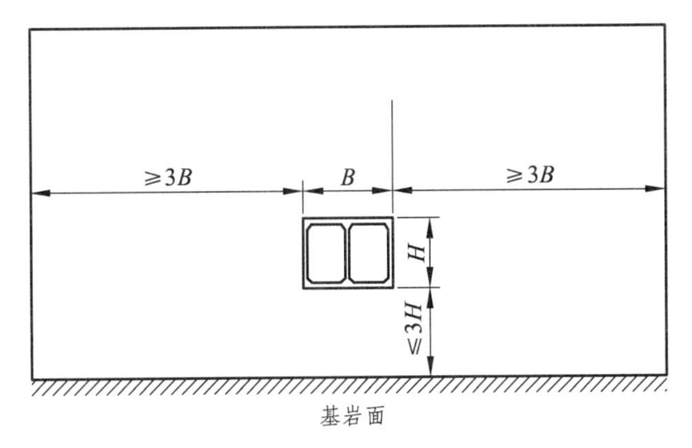

图 6.2.39　埋深较深时计算模型

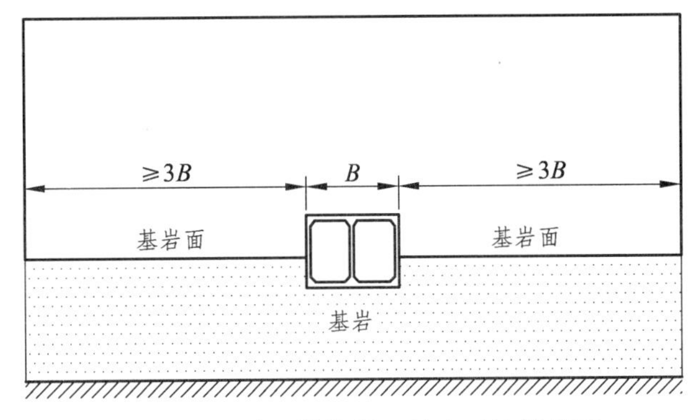

图 6.2.40　地下结构嵌入基岩时计算模型

采用时程分析法计算时，输入地震动一般取加速度时程，进行结构地震反应时程分析时，鉴于地震动峰值、持续时间及频谱特征三要素的影响，不同地震动输入的结构反应结果有较大的差异，选用的地震波数量一般不少于 3 条，有条件时，应按工程场地类别和设计地震分组选用不少于 2 组的实际强震记录和 1 组由地震安全性评价提供的加速度时程曲线。当地震波的样本数量较少时，如 3 条时，计算结果具有较大的随机性，因此选择计算结果包络值进行抗震设计；当地震波的数量较多时，一般大于 7 条时，认为计算结果具有较好的统计特征，因此可以取平均值进行抗震设计。

结构地震反应，特别是位移反应需要一定的持续时间才能达到最大值，尤其是考虑结构的非线性和累计损伤反应时，因此需要合理地确定地震动输入的持续时间，不论采用实际的强震记录或是人工合成的地震动时程，一般均要求地震动加速度的持续时间取结构基本自振周期的 5 ~ 10 倍。

6.3　隧道支护结构设计总安全系数法

第 4 章提到，在大多数情况下，隧道支护体系还是依赖“经验设计”的，并在实施过程中，依据量测信息加以修改和验证。但“经验设计”缺乏支护结构的安全性定量分析，往往偏于保守，对工程经济性造成不利影响。总安全系数法以隧道接近或达到破坏阶段为研究对象，采用现代岩体力学数值分析方法与传统荷载-结构法相结合的方式，将围岩、荷载、支护结构进行有机整合，以“隧道是否需要支护、系统支护还是局部支护、围岩压力取值、结构计算模型、安全系数计算方法与取值、支护结构变形量分析与支护参数动态调整方法”为主线，形成了一整套可量化计算支护结构参数的设计方法。

1. 隧道是否需要支护的判别

自然界中广泛存在没有任何支护但能基本自稳的洞室，如溶洞、黄土窑洞等，这引出了隧道围岩稳定性与是否需要支护的理论研究问题。基于此，提出了隧道临界稳定断面的概念及基于临界稳定断面的隧道围岩稳定性分析方法，可量化分析围岩的自承载能力。

如图 6.3.1（a）所示，隧道临界稳定断面是与设计开挖断面中心埋深相同、几何形状相似、在无支护状态下围岩自稳且基本能够维持其原有形状的最大断面。临界稳定断面可用于判别所设计隧道在无支护状态下的围岩稳定性。随着断面扩大，围岩的破坏区逐渐增大。围岩的破坏形式主要有两种：一种是压剪破坏，岩体内某一斜截面的剪应力超过破坏理论规定的滑动界限时，岩体发生屈服，对于隧道工程而言屈服后的岩体仍具有一定的承载能力，继续变形直至剪切极限破坏；另一种是受拉破坏，主要原因是节理裂隙对围岩的切割作用导致岩体的抗拉能力较差，在自重作用下发生掉块。根据工程经验，将隧道开挖后边墙区域深度大于 1 m、拱部深度大于 0.5 m 的破坏区作为最大允许塌方区域，并将此作为临界稳定断面的判别标准。

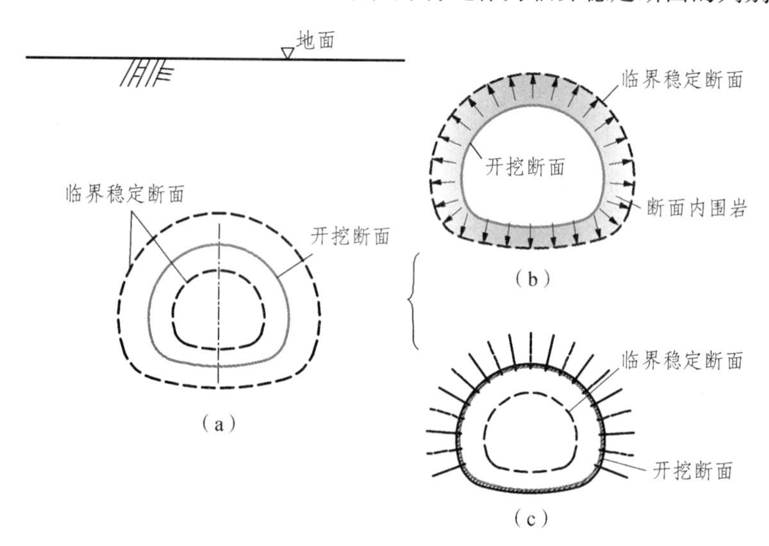

图 6.3.1　隧道临界稳定断面的概念示意图

当开挖断面小于临界稳定断面时，如图 6.3.1（b），认为断面内围岩对临界稳定断面起到了支护作用，可视为支护结构的一部分。考虑到隧道开挖与长期运营过程中围岩会受到施工扰动、地下水、运营环境等因素的影响而劣化，因此需要对围岩强度进行折减。将临界稳定断面外部围岩按式（6.3.1）、（6.3.2）进行强度折减，折减系数一般采用 1.15（可根据围岩的软化性能调整），断面内围岩也采用强度折减法计算，通过不断折减断面内围岩的强度，直至模型达到允许最大塌方的极限状态，以此得出断面内围岩作为支护结构时的安全系数，建议该安全系数取值为 1.20 ~ 1.40。当断面内围岩的安全系数满足设计要求时，无需工程支护措施，仅需对局部围岩进行防护满足使用要求即可，否则需要补充工程支护措施。

$$c' = c / F_s \tag{6.3.1}$$

$$\tan\varphi' = \tan\varphi / F_s \tag{6.3.2}$$

式中　c'——折减后的黏聚力；

φ'——折减后的内摩擦角；

F_s——强度折减系数。

当开挖断面大于临界稳定断面时，如图 6.3.1（c）所示，围岩不能自稳，需要增加工程支护措施。

2. 系统支护还是局部支护

当隧道需要支护时，支护类型包括系统支护和局部支护两种。基于隧道无支护开挖后的围岩破坏区分布特征，局部支护和系统支护的划分标准与方法如下：

（1）当设计断面小于临界稳定断面，且断面内围岩作为支护结构时的强度安全系数不小于设计值时，隧道无需支护；

（2）当设计断面小于临界稳定断面，但断面内围岩作为支护结构时的强度安全系数小于设计值时，或者设计断面大于临界稳定断面且拱墙潜在塌方范围占比（指塌方范围沿拱墙的长度与拱墙轮廓线长度的比值）小于 30%，可以采用局部支护方案；

（3）拱墙潜在塌方范围占比在 30% ~ 60%之间，可以采用分区不等强系统支护；

（4）当拱墙潜在塌方范围占比大于 60%时，可采用等强系统支护。

3. 围岩压力计算

围岩与支护结构的相互作用力在施工过程中是动态变化的，但采用安全系数法设计时，需要的是"最不利荷载"，为此提出了采用"围岩压力设计值"作为设计支护力的思路，进而解决实际围岩压力难以确定的问题。

（1）围岩压力设计值理念。

围岩压力问题是隧道工程一个经典难题，其计算理论经历了古典压力理论、松散体压力理论、弹塑性压力理论等三个阶段。尽管国内外对围岩压力的研究已有诸多成果，但由于岩土体性质、地应力、边界条件、施工过程等方面的复杂性和随机性，深埋隧道围岩压力的计算仍然存在很多困难，但形成了以下共识：根据"支护-围岩"结构体系作用原理，支护力（围岩压力）与围岩特性、围岩变形、支护刚度、支护时机等因素相关，不同工点甚至同一地段不同断面均有不同的值，难以采用一个定值来表达。

采用安全系数设计法时，荷载及组合应采用最不利工况。为此，可以引用"围岩压力设计值"作为支护结构的设计荷载，而不通过支护围岩协调作用来求解支护力。需说明的是，围岩压力设计值不是作用于支护上的实际值，只是一个用于结构计算的荷载名义值，其取值应体现安全性和经济性两个特征，即：设计值既高于实际最大值，具有安全性，但又不会高出太多，具有经济性。

（2）围岩压力设计值的通用算法。

在不考虑偶然因素作用下，隧道围岩压力从施工至破坏全寿命期一般会经历施工阶段、服役阶段、破坏阶段、破坏后阶段 4 个阶段（图 6.3.2）。

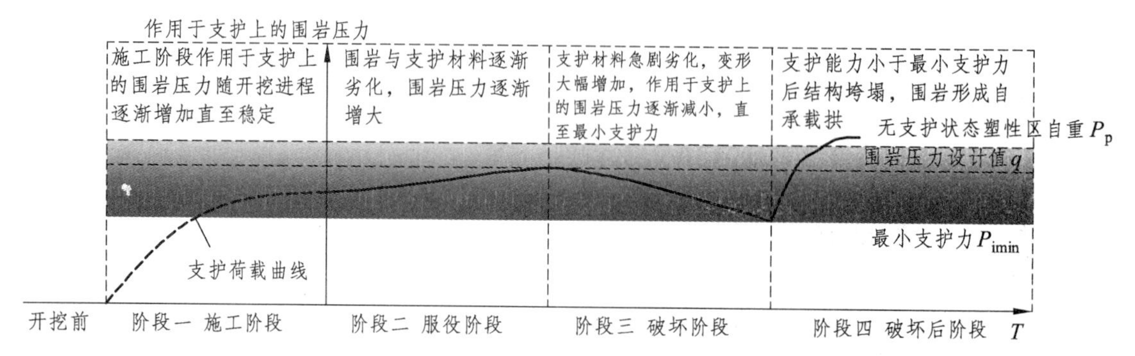

图 6.3.2 隧道围岩压力全寿命期变化过程示意图

对于隧道围岩压力全寿命期阶段三（破坏阶段），由于支护措施对围岩的支撑作用，只有当破坏区围岩形成的松散荷载大于支护所能够提供的极限承载力时才能判定支护结构失效，维持围岩极限平衡状态所需的支护力可称为最小支护力 p_{imin}。围岩压力设计值在最小支护力 p_{imin} 的基础上应乘以一个放大系数，使之尽可能包络服役期围岩压力但又不过分保守影响经济性。建议该放大系数不应小于 1.4，并应根据工程的重要性、对变形控制的严格性以及岩土参数与本构模型的准确性等因素进行调整，且调整后的取值不宜大于无支护状态下塑形区范围围岩自重荷载。

4. 多层支护结构的荷载结构模型与安全系数计算

得出围岩压力设计值后，隧道支护结构可以采用荷载-结构法进行内力计算。由于隧道支护结构一般是由锚杆围岩承载拱（以下简称"锚岩承载拱"）、喷射混凝土层、二次衬砌层组成的多层结构，因此需要分别建立单层结构和多层结构的计算模型。各荷载结构模型中，围岩压力均取全部的围压压力设计值，锚岩承载拱的安全系数 K_1、喷层安全系数 K_2、二次衬砌安全系数 K_3 均按现行隧道设计规范的破损阶段法进行计算。

（1）锚岩承载拱计算模型。

锚岩承载拱的荷载-结构法计算模型见图 6.3.3。锚杆的外端头按一定角度往隧道内侧进行压力扩散，相邻锚杆压力扩散后的交点所形成的连线即为承载拱的外边线，承载拱内边线为喷层外表面或围岩内表面。承载拱结构体采用梁单元模拟；承载拱与地层相互作用径向采用无拉弹簧模拟，墙脚处采用竖向和水平向弹性支撑模拟。

为确保安全，锚岩承载拱范围内围岩的极限强度仅考虑支护后增加的强度（图 6.3.4），按公式（6.3.3）、（6.3.4）计算。

$$[\sigma_{\text{c}}]=\sigma_1=2c\cdot\tan\left(45°+\frac{\varphi}{2}\right)+\sigma_3\cdot\tan^2\left(45°+\frac{\varphi}{2}\right) \tag{6.3.3}$$

$$C=\frac{0.35A_{\text{s}}f_{\text{y}}}{bs}+c_{\text{p}} \tag{6.3.4}$$

式中　c——承载拱内围岩采用锚杆加固后的黏聚力，按式（6.3.4）计算；

φ——承载拱围岩的内摩擦角；

A_s——锚杆的有效截面积；

f_y——锚杆的杆体强度（采用屈服强度）；

b、s——分别为锚杆的环向间距和纵向间距；

c_p——锚岩承载拱在塑性状态下的残余黏聚力。

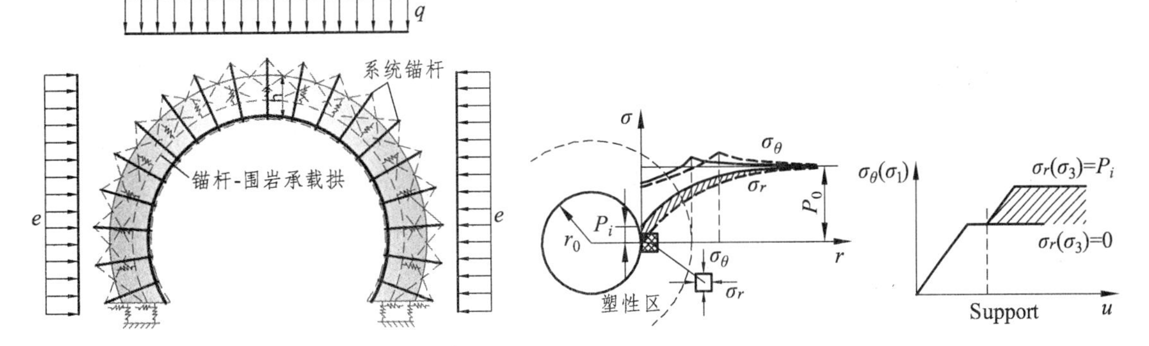

图 6.3.3　锚岩承载拱的荷载结构模型　　　图 6.3.4　塑性区围岩在支护力作用下的承载机理

σ_3由σ_{31}（锚杆提供）、σ_{32}（喷层提供）、σ_{33}（二衬提供）组成，施工阶段可不计入σ_{33}。

$$\sigma_{31} = 0.5T_1/bs\text{（或 }0.4T_2/bs\text{）} \tag{6.3.5}$$

$$\sigma_{32} = 0.5K_2 \cdot q \tag{6.3.6}$$

$$\sigma_3 = 0.5K_3 \cdot q \tag{6.3.7}$$

式中　q——围岩压力设计值；

T_1、T_2——分别为锚杆的杆体强度和抗拔强度，计算方法详见图 6.3.5；

K_2、K_3——分别为喷层、二衬的安全系数。

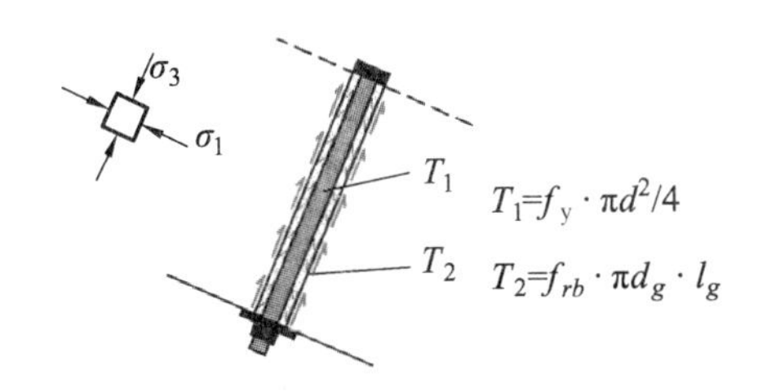

d—锚筋直径；f_{rb}—砂浆锚固体与地层间的极限粘黏结强度；
d_g—砂浆锚固体的外径；l_g—锚筋与砂浆的锚固长度。

图 6.3.5　σ_{31}计算方法图

需要说明的是，σ_{31}、σ_{32}、σ_{33}计算时均折减了 50%，这是基于以下原因：① 考虑喷层、二衬与锚岩承载拱之间的协同作用可能因为无法密贴而弱化；② 锚杆提供的σ_{31}在锚岩承载拱中为非均匀分布；③ 考虑多处结构破坏次序的不利影响，为整体结构的延性预留一定条件，防止先达到破损阶段的结构层因变形过大或多处破损而破坏时导致结构整体突然破坏。

（2）喷层的荷载结构模型。

喷层的荷载结构法计算模型见图 6.3.6。喷层采用梁单元模拟；结构与地层相互作用采用无拉径向弹簧和切向弹簧模拟。当仅拱墙部位设置喷层时，墙脚处采用竖向和水平向弹性支撑模拟。

（3）二次衬砌的荷载结构模型。

二次衬砌的荷载结构法计算模型见图 6.3.7。二次衬砌采用梁单元模拟；结构与地层相互作用在设置有防水板的部位采用无拉径向弹簧模拟，无防水板的部位采用无拉径向弹簧和切向弹簧模拟。当结构没有设置仰拱时，墙脚处采用竖向和水平向弹性支撑模拟。

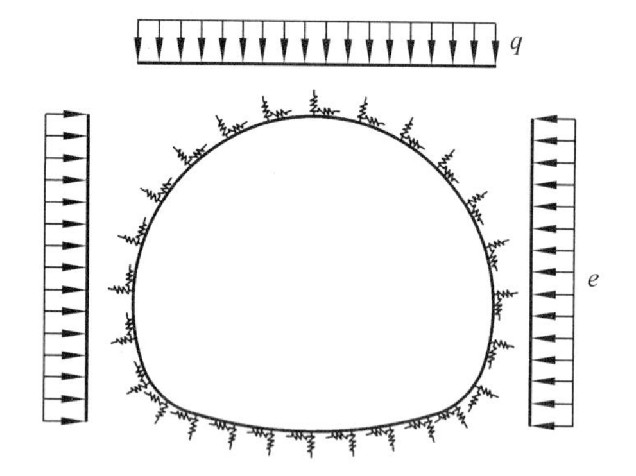

图 6.3.6　模型二（喷层的荷载结构模型）

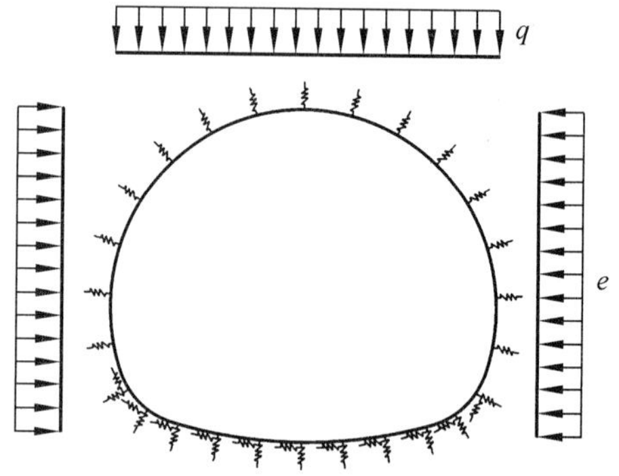

图 6.3.7　模型三（二次衬砌的荷载结构模型）

（4）破损（坏）阶段复合结构模型。

① 喷层-二衬复合结构模型。

为模拟喷层、二衬的先后受力次序，将计算模型分成两步：

第一步：喷层先期承受围岩压力计算模型。

喷层承担的拱部围岩压力 q_2 和侧部压力 e_2 按其与锚岩承载拱的刚度比进行分配，如下式所示。

$$q_2 = \frac{qk_2}{\eta k_1 + k_2} \tag{6.3.8}$$

$$e_2 = \lambda q_2 \tag{6.3.9}$$

式中　η——锚岩承载拱安全系数的折减系数。

第二步：破损（坏）阶段复合结构模型。

破损（坏）阶段喷层-二衬复合结构的荷载结构法计算模型采用上述模型二与模型三叠加（图 6.3.8）。围岩压力 Q 采用围岩压力设计值的若干倍，按公式（6.3.10）计算；二衬与喷层之间的径向弹簧刚度 k 按公式（6.3.11）计算。

$$Q = K_{\mathrm{d}} q \tag{6.3.10}$$

$$k = \frac{2E_1E_2A}{E_1h_1 + E_2h_2} \tag{6.3.11}$$

式中　K_{d}——喷层-二衬复合结构整体破损阶段的荷载比例系数；

E_1、E_2——喷层、二衬的弹性模量；

h_1、h_2——喷层、二衬的厚度；

A——接触单元的面积。

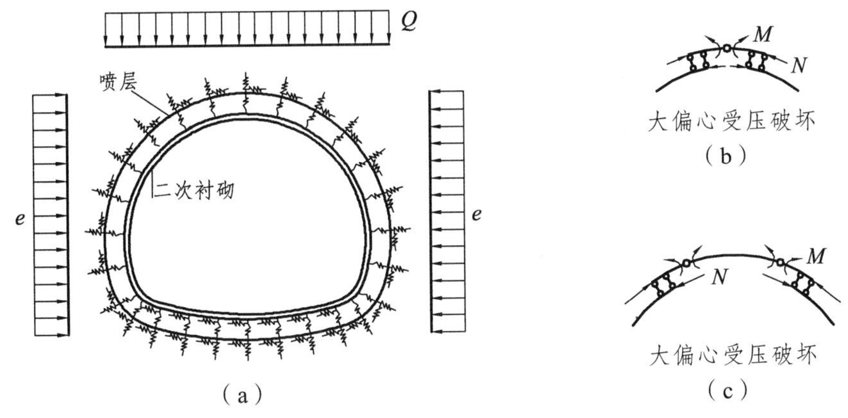

图 6.3.8　喷层-二衬复合结构第二步的计算模型

喷层-二衬复合结构承载能力的计算过程为：

a. 喷层先期受力，与锚-岩承载拱分担荷载 q；

b. 喷层、二衬形成复合结构共同承载，不断增加荷载，并不断检算各截面的安全系数；

c. 当喷层或二衬的某一个截面达到破损阶段（安全系数等于 1.0），假设其可以维持破损阶段的承载力，并将破损区域的内力作为边界条件施加在破损位置，再继续增大荷载检算结构剩余承载力，其计算模型如图 6.3.8（b）、（c）所示；

d. 当喷层或者二衬均达到最不利截面强度，或者二衬出现多个破损截面，即定义其达到复合结构的极限承载力；

e. 采用复合结构模型可以得出复合结构整体破损阶段的荷载比例系数 K_d，由于 K_d 对应于多个破损截面时的承载能力，因此其内涵与安全系数相近但又不完全相同，可以近似表征结构的设计承载能力。

② 锚岩承载拱-喷层-二衬三层复合结构模型。

采用与喷层-二衬复合结构模型相同的方法，可建立锚岩承载拱、喷层、二衬三层复合结构的整体承载力模型，但由于锚岩承载拱的安全性主要建立在喷层、二衬的安全性上，随着喷层、二衬达到整体破损状态而达到最大值，因此三层结构实际上可以简化为二层结构。

5. 总安全系数计算方法

每层结构自身的安全系数可以采用破损阶段法计算，多层结构的总安全系数需要在考虑各层结构之间的变形协调与破坏次序之后，包含每层结构的贡献。

（1）多层支护结构总安全系数计算方法。

① 总安全系数计算的假设条件。

复合式衬砌的承载结构由两层或三层组成。假设每层结构均为理想弹塑性材料和线弹性结构，当其中一个结构层的某一截面先达到破损阶段时可以继续保持该强度，直至喷层或者二衬各有一个截面达到破损阶段，或者二衬出现 2 ~ 3 个（荷载和结构均对称时为 3 个，否则为 2 个）破损截面时，才达到整体结构设计强度。

② 总安全系数计算公式。

按上述方法分别计算锚岩承载拱、喷层、二衬的安全系数后，支护结构总安全系数的下限值可以近似计算如下：

施工阶段（无二衬）：$K_c = \eta K_1 + K_2$ （6.3.12）

运营阶段：

采用耐久性锚杆时，$K_{op} = \eta K_1 + \xi K_2 + K_3$ （6.3.13）

采用非耐久性锚杆时，$K_{op} = \xi K_2 + K_3$ （6.3.14）

式中 K_1、K_2、K_3——分别为锚岩承载拱、喷层、二衬在承受全部围岩压力设计值时的安全系数；

η——锚岩承载拱安全系数的修正系数；

ξ——喷层承载力调整系数。

按照上述“理想弹塑性材料和线弹性结构”的假设，η可以仅考虑围岩与混凝土材料在极限应变方面的差异，按公式（6.3.15）计算。

$$\eta = \frac{\varepsilon_u E_0}{\sigma_1} \quad (6.3.15)$$

式中 ε_u——混凝土的极限应变（可采用 2‰）；

E_0——锚岩承载拱的弹性模量；

σ_1——锚岩承载拱在支护力σ_3作用下的抗压强度，按公式（6.3.3）计算。

尽管喷层与二衬的结构材料相近，但考虑两者断面形状（如二衬有仰拱而喷层无仰拱）和破坏形态不同，可能出现各层结构的第一破损截面不是相继出现或者喷层结构在施工期和服役期的破坏形态不同（由受拉破坏转为受压破坏）的情况。根据大量计算，当喷层与二衬均为受压破坏时，ξ一般可取 1.0；当喷层与二衬的破坏形态不同时，ξ需要根据具体情况计算，且设计中应尽量避免素混凝土结构为受拉破坏。

理论上，在总安全系数相同的前提下，可以有多种支护参数方案。由于不同支护方案中各层结构的强度与刚度存在差异，因而各层结构并非总是同时达到最不利截面强度，因此上述公式得到的总安全系数是整体结构的最小安全系数，实际承载能力一般会高于上述计算结果。

（2）复合结构承载力与总安全系数的对比。

采用复合结构整体破损阶段的荷载比例系数 K_d 来表征多层结构的实际承载能力，其与总安全系数计算结果的对比可分为以下三种情况：

第一种情况：当喷层与二衬同时达到最不利截面强度，则 $K_d = K_2 + K_3$；

第二种情况：当喷层先于二衬达到设计强度，但由于二衬位于其内侧，喷层不会整体失稳，可以继续承载，直至二衬最不利截面达到破损阶段，此时，$K_d > K_2 + K_3$；

第三种情况：二衬先于喷层达到最不利截面强度，需要二衬第一破损区继续发展或形成新的破损区时，喷层才能达到破损阶段，此时，$K_d > K_2 + K_3$。

对于第三种情况，由于二衬有多个破损区，虽然可以继续承载，但会超出结构设计对正常使用适用性的要求(如对于高铁隧道,拱墙部位的破损区可能因列车振动作用而发生掉块)，因此应通过断面形状的调整或喷层与二衬强度的匹配来控制二衬第一破损区的位置，使之不出现在拱墙部位。对于第二种情况，也应合理控制喷层与二衬的强度匹配，防止因喷层破坏区过大而使二衬出现突然的脆性破坏。

因此，合理的设计方案应是喷层与二衬基本同时达到最不利截面强度，其荷载比例系数 K_d 基本等于或略高于 K_2+K_3，当高出 K_2+K_3 较多时，应调整设计参数或断面形状。

6. 总安全系数取值

（1）运营期总安全系数取值的建议。

综合考虑隧道工程的结构特点、荷载与计算模型特点、施工质量等主要因素，运营期总安全系数取值应比设计规范对于单独二次衬砌承载的安全系数有所提高，建议如下：

① 仅考虑主要荷载时，总安全系数比单一结构构件的安全系数高出50%。

对于复合式衬砌，当二次衬砌采用钢筋混凝土时，建议总安全系数不低于 3.0；当二衬采用素混凝土时，建议总安全系数不低于3.6。

对于喷锚永久支护，当喷层采用钢纤维混凝土或设有钢架时，其延性相对较好，建议总安全系数不低于3.0；当喷层采用素混凝土时，建议总安全系数不低于3.6。

② 采用“主要荷载 + 附加荷载”组合时，总安全系数取值可较上述“仅考虑主要荷载时”减少15%～20%。

（2）施工期总安全系数取值的建议。

与地面结构不同，隧道初期支护（或喷锚支护）从刚开始施作就承受围岩压力、爆破震动等荷载，并随着喷射混凝土（或锚杆砂浆）的硬化强度逐渐提高，但承受的围岩压力也逐渐加大，因此，必须保证施工期支护结构具有合适的安全性，建议施工期总安全系数不低于1.5～1.8。

值得注意的是，由于现有地质勘察手段无法完全和准确获取围岩的物理力学指标，支护结构计算模型与计算参数本身也不可避免存在误差，造成安全系数计算结果与现场实际也会存在偏差。为保证支护结构安全性满足设计预定目标，必须根据现场监控量测情况对设计支护参数进行优化调整，需要研究支护结构变形的计算方法以及依据变形监测值的支护参数现场调整方法，该部分内容可参见相关学者的研究成果。

思考题与习题

1. 连续介质力学计算模型中有哪几种主要的计算方法？可利用的计算工具和适用条件是什么？

2. 围岩材料的力学模型有哪些？运用图形和相应的力学参数来描述这些模型。

3. 如何描述围岩变形与时间、岩石性质之间的数学-力学关系？运用图形和相应的力学参数描述这些基本单元和组合模型。

4. 地下结构计算常用的材料模型有哪些？运用图形和相应的力学参数描述这些材料模型。

5. 连续介质力学模型中围岩稳定的基本判据有哪些？常用的强度破坏判据是什么？

6. 地下工程有限元数值分析的特点是什么？说明计算的步骤。

7. 以隧道的复合式衬砌为例，说明数值分析的计算过程及分步开挖和支护过程的模拟方法。若考虑开挖面的空间效应时应如何处理？

第 7 章 地下结构信息反馈设计方法

7.1 概 述

地下工程的设计分为两个阶段：预设计和信息反馈设计（也称修正设计）。基于工程地质和环境要素信息的预设计是用于指导施工的基本依据，目前实现手段由传统工具向 GIS（Geographic Information System）、BIM（Building Information Modeling）方向发展；而信息反馈设计是施工过程中通过地质情况和各种变异现象,对预设计进行修正和完善的设计过程，同时也是地下工程智能建造体系的核心组成模块和重要思想体现。

了解洞室开挖后围岩的变形性态，有 2 种方法：一是试验的方法，包括岩石力学室内试验和现场试验；另一种是通过施工过程的位移和应力监测，采用信息反馈的分析手段，得到岩体的物理力学参数。事实上，上述 2 种方法都在设计和施工中采用。岩石力学试验是了解岩石物理力学参数的主要手段，是初步设计的主要依据，而现场原位测试（如应力、应变和位移的量测）为岩体性态参数和初始地应力值的反馈分析提供了第一手资料，是反馈分析的出发点。但是，因为围岩自身的属性及其受力状态较复杂，室内试验在试样采集过程中，现场对岩体测试时由于受不同程度的扰动，使得试验获得的物理力学参数不能完全和实际情况一致；同时，由于施工过程中爆破、开挖对围岩的震动和卸荷，隧道、洞室穿越的围岩，其力学参数都可能发生变化。因此，基于勘察和试验的初始设计仍具有一定程度的不准确性。于是在地下洞室的施工中引入了信息化施工管理方法。

近年来，由于量测技术、计算机技术的发展和渗透，地下工程智能建造体系中的信息设计和施工方法有了很大发展。所谓信息设计和施工，实质上是通过施工前和施工过程中对导洞、试验洞或正洞的量测（包括拱顶沉降、洞周收敛变形、地中变位及支护围岩相互作用力等），以这些实测值进行反演分析，用来监控围岩和支护的动态及其稳定与安全，根据及时获得的量测信息进一步修改和完善原设计，并指导下阶段施工，确定支护施作方式和时间，调整支护参数，以期获得最优地下结构物的一种方法。目前，由于电子计算机技术的飞速发展，在数据采集、数据处理、反演分析和正演数值计算方面都可由计算机来实现。借助于远距离通信，可将现场的施工信息及时传到数十千米乃至上百千米外的设计和技术主管部门，以便迅速做出下一步的施工指令。这种融施工、监测和设计于一体的施工方法即称为信息化施工方法，又称施工监控。它是目前地下洞室施工实现理论和实践相结合的最有效方法。

总之，信息化施工的核心是基于信息化技术，通过对“地-隧-机-信-人”及内外部环境的全面感知，以现代化监控量测为辅助，开发的系统/软件进行理论解析或数值分析（包括岩性和岩体参数的非线性反分析，以及以后做的正演分析等），再结合智能施工调控、数字化管理，及时优化相关设计参数和施工对策。

信息化施工的关键又在于反演分析方法的运用。它包括岩体本构模型的假定、岩体性态参数初值的赋予，以及施工过程中应力、应变和位移等数据信息的量测和反馈数值的分析等内容。对于岩体本构模型和岩性参数初值的确定，我们拟通过试验来获得。

现场监控量测和反演分析之间的关系可以表述为由监控量测获得的数据或信息是反分析计算的基础资料，而由反分析计算得到的结果又可为监控量测的定量判断提供理论依据。由此可见，反演理论研究的提倡、发展及其推广应用，可认为是施工监控技术发展的继续，目的在于为这类技术提供计算理论或完善的分析方法，以将其提高到新的高度。这也正是学者们倡导反演理论研究的初衷。

两者之间的区别主要在于，新奥法技术的施工监控偏重以工程实践累积的经验为依据，对隧道工程的设计及施工方法的合理性做出分析判断。而反演分析方法的理论研究及其工程应用却主要偏重由力学行为的定量计算得出分析结论，包括确定初始地应力的分布规律和地层特性参数，以及依据获得的数据借助正演计算，并对围岩的应力分布及其稳定性做出分析评价等。

由于两者之间的目的不同，对问题进行研究的途径不同，对现场量测提出的具体要求、所采用的量测内容和量测方案也有所不同。在隧道和地下工程施工时将多数量测断面设置为监控量测断面，采用简单的方法快速获取少量的必要信息，用以指导信息化施工和设计。而对按计划需要进行反演分析的量测断面，则做出专门的量测方案布置设计，测取种类和数量都足够多的数据，各得其所，所需费用和人力、物力也省。由此获得的反演计算结果在理论上虽仅对这些断面有效，在实际应用中却对工程地质条件和断面相同的区段都有指导意义。

信息化设计（施工）包括现场监控测量、数据分析和处理、信息反馈 3 个方面的内容。

1. 现场监控量测

现场监控量测是获得输入信息的基础和手段，内容包括：确定测试内容、制订量测方案、选择测试手段以及实施监测计划等。

为了保证信息化施工设计的反馈分析的实施，在隧洞及地下洞室的现场监测中，根据新奥法设计及施工要求，一般要包括下列几个方面的量测工作：

（1）洞内外地质情况量测；

（2）拱顶沉降量测；

（3）洞周收敛变形量测；

（4）拱部围岩深部的多点位移量测；

（5）地表下沉量测。

为了验证支护衬砌的内力，也可增设量测围岩和支护衬砌的接触压力及衬砌结构内力的工作。

2. 数据分析和处理

对第一手量测所得到的初始数据进行数据处理，如剔除一些不合理的量测值、绘制量测曲线、对量测曲线进行数学拟合及提出拟合检验后对反分析结果的评价。

同时，通过对各量测断面上量测数据的拟合曲线的分析，可以了解洞周位移随时间变化的趋势，如果位移的变化速率呈加速降低的趋势（即位移加速度 $\ddot{\delta}<0$），说明原支护参数的设计是合理的，不需做出新的变动；如果位移变化速率降低缓慢甚至变化加剧（即位移加速度 $\ddot{\delta}>0$），则说明原设计已不能满足要求，需要及时修改原支护参数。

对于需要修改原支护参数的情况，可以根据连续量测所得到的位移、应力等数据，对岩体和岩性参数以及初始地应力进行反演计算。至于进行反演计算的材料的模型，一般由室内或现场试验得到。工程上经常采用线弹性、非线性弹性和弹塑性本构模型。

3. 信息反馈

信息反馈设计的主要内容包括：

（1）围岩级别的变更；

（2）支护结构的变更；

（3）辅助工法的追加；

（4）开挖分部尺寸的变更；

（5）开挖断面的变更；

（6）断面的早期闭合时间的变更。

信息反馈即指对原设计或修改后的支护参数通过计算分析加以验证，以了解该支护参数情况下由力学分析得到的位移和应力是否和实测数据相符合，两者的距离有多大，是否满足结构及围岩安全稳定的判据标准。从而决定是否制订新的支护参数，或者是否需要调整施工方案等，以指导下一阶段的施工。

进行信息反馈设计应包括下述 2 个方面的内容：

（1）确定力学模型。

确定力学模型应使其在基本反映介质力学性态下尽量简单，做到突出主要因素，以使计算时间较短。对隧洞和地下洞室施工的特点和围岩的工作性态，建立的力学模型尽量考虑：

① 作业面的时空效应，即考虑围岩在洞周临空面的释放荷载随时间和距离变化而逐步发展的过程；

② 喷混凝土和锚杆施作后对围岩力学性质的改善；

③ 不同支护施作时间和支护刚度对围岩位移和支护内力的影响；

④ 结构与围岩介质的流变时效特征，如围岩位移随时间增长的蠕变特征。

所有上述方面的考虑，最终都在有限元程序中采用的单元类型、本构关系和荷载特征上反映出来。

（2）提出围岩稳定的判据。

在进行正演数值分析时，对各单元做应力分析需要引入屈服条件和破坏准则，以便计算围岩的应力分布情况，求得围岩的应力场和位移场，并和提出的围岩稳定判据比较。

关于围岩稳定的判据，目前较多地采用围岩强度判据、围岩极限应变判据和围岩洞周收敛位移和“收敛比”判据。对此，已在第 2 章、第 6 章中做了较详细的阐述。

信息化施工设计十分强调快速信息反馈，所以不仅要注意计算过程反演和正演程序的编制，对于计算数据的采集处理以及计算网格的自动划分等前处理工作和对计算结果的后处理（洞周位移、围岩屈服区和开挖后围岩应力场以图形方式给出）的程序编制工作也要加强。

7.2 现场监控量测

隧道监控量测是保障隧道施工质量及安全的重要手段，其目的是确保隧道施工安全和结构的长期稳定性，验证支护结构的效果，确认支护参数和施工方法的合理性，为调整支护参数和施工方法提供依据，确定二次衬砌施作时间，监控工程队周围环境的影响，并积累量测数据，为信息化设计与施工提供依据。

一般来说，对隧道安全性进行评价的信息大致可分为 4 大类：

① 位移信息。包括隧道周边位移、围岩内位移、初期支护位移、二次衬砌位移、地表下沉等。

② 应力信息。包括围岩内部应力状态、围岩与初期支护结构间的接触压力、初期支护应力、初期支护与二次衬砌间的接触压力、二次衬砌应力、锚杆轴力等。

③ 变异信息。包括初期支护和二次衬砌的变异，如开裂、屈服、底部鼓起等。

④ 地质信息。包括超前地质预报信息和掌子面观察信息等。

作为了解围岩变化动态的重要手段——现场监控量测是直接为支护设计和施工决策服务的。但能否达到这个目的，就要看监控量测的设计和安排是否合理。它包括：选择和确定量测项目和手段、测点布置、制订实施计划等。其中，监控量测项目包括必测项目与选测项目，必测项目是为了在设计、施工中确保围岩的稳定，并通过判断围岩的稳定性来指导设计和施工的经验性量测，对监测围岩的稳定、指导施工具有巨大的作用；选测项目是在复杂地质区段进行补充测试，以求更深入地掌握围岩的稳定状态与锚喷支护的效果，指导未开挖区的隧道设计与施工。

1. 必测项目内容及方法

必测项目是指新奥法施工时必须进行的常规量测，用来判断围岩稳定和支护衬砌的受力状态，指导设计施工的经常性量测。这类量测方法简单、可靠，对修改设计和指导施工起重大的作用。必测项目是量测的重点，主要包括洞内外地质观察、拱顶下沉、周边位移和地表下沉等。隧道施工必测内容及采用的仪器见表 7.2.1。

表 7.2.1　隧道监控量测必测项目及采用的仪器

序号	监控量测项目	常用仪器	监测内容
1	洞内外地质观察	现场观察、数码相机、罗盘仪	（1）开挖面围岩自稳性； （2）岩质破碎带、褶皱节理等情况； （3）核对围岩级别及风化变质情况； （4）地下水情况； （5）支护变形开裂情况； （6）洞口浅埋地表下沉情况
2	拱顶下沉	精密水准仪、钢挂尺或全站仪等	监测拱顶下沉值，了解断面变化情况，判断拱顶的稳定性，防治塌方
3	周边位移	收敛仪、钢挂尺或全站仪等	根据收敛情况判断： （1）围岩稳定性； （2）支护设计和施工方法的合理性； （3）模筑二次衬砌的时机
4	地表下沉	精密水准仪、全站仪	浅埋地段、破碎带、岩堆、下穿建筑物段，判断隧道开挖对地表产生的影响及防止沉降措施的效果

（1）洞内外地质调查。

洞内外地质观察与隧道施工同步进行的洞内围岩地质（和支护状况）的观察及描述，通常称为地质素描，它是隧道设计和施工过程中不可缺少的一项重要地质详勘工作，是围岩工程地质特性和支护措施的合理性的最直观、简单、经济的描述和评价，因而在施工监测中占有重要的地位。原则上每次开挖作业完成后都需进行。

（2）周边位移与拱顶下沉。

隧道开挖所引起的围岩变形，最直观的表现就是隧道净空的变化（收缩或扩张）。隧道周边位移是指隧道周边相对方向两个固定点连线上的相对围岩值，通常称为收敛。它是判断围岩动态最直观和最重要的量测信息，是现场监控量测中的主要内容。洞内必测项目主要是拱顶下沉、净空变化，必要时应进行围岩内部位移量测。

收敛位移监测的控制指标为位移速率和容许收敛位移量，其中位移速率以每天发生的变位量表示，单位为 mm/d。采用全断面法开挖时，一般开挖面通过量测断面后第一天的变位速率最大，以后逐渐减小。如果采用台阶法开挖，则每个台阶的开挖作业面通过量测断面时位移速率都有一个增长过程，然后趋于减速。硬岩地层中开挖隧道时，收敛位移速率可很快下降为零；软岩地层中，位移速率下降过程持续时间较长，通常位移速率小于 0.1 mm/d 时已可认为围岩已基本稳定。

收敛位移速率趋近于零时，通常情况下量测断面与开挖面间的距离为隧道直径的 1 ~ 2 倍，在膨胀性地层中为 3 ~ 4 倍。在土质地层中开挖隧道时，常在形成闭合断面后位移速率才趋近于零。

一般说来，隧道开挖时洞室形状、断面尺寸、围岩工程地质条件、初始地应力水平、开挖方法、掘进速度、支护方式和支护施作时机等都可对洞周最终位移收敛值产生影响。在对容许收敛位移值做规定时，应同时考虑既不使围岩发生松动破坏，又不使引起的地面沉降危及周围建筑物的安全使用。

① 洞内监控量测布点。

a. 根据不同施工方法进行针对性测线设计，不同断面的测点应布设在相同部位，测点应尽量对称布置，以便相互验证。图 7.2.1 为典型测线方案布置的示意图。图中 h_1、h_2、h_3 为水平测线，其中 h_1 位于起拱线位置，测得的水平收敛位移量常大于由测线 h_2、h_3 所得的位移值，因而 h_2、h_3 所在位置的水平收敛位移量测常被省略。收敛位移量测断面沿隧道纵向的设置间距可根据隧道长度、工程地质条件和施工方法等确定，岩性坚硬、构造较完整时可选为 50 ~ 100 m；软岩地层或围岩有可能松动时，可减为 10 ~ 20 m。资料整理时需对设置的量测断面绘出收敛位移随时间而变化的曲线，以及收敛位移量随开挖面向前延伸而变化的曲线。

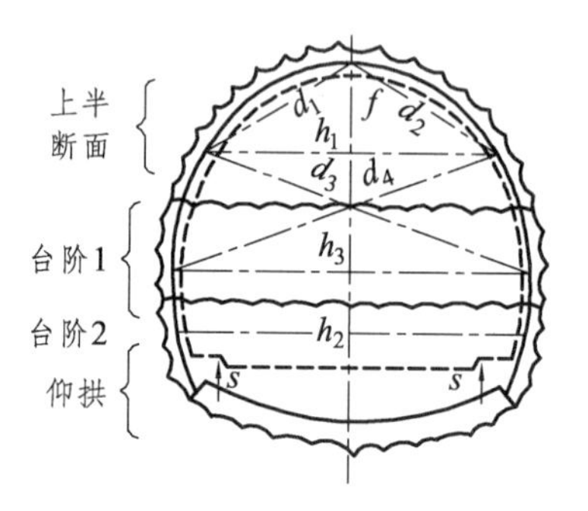

f—顶板下沉量测测线；s—底鼓量测测线；d_1 ~ d_4—对角线量测测线；
h_1 ~ h_3—水平位移量测测线。

图 7.2.1　收敛位移量测布置

b. 不同围岩级别量测断面间距不同。量测断面、间距测点数量及测试精度见表 7.2.2。

表 7.2.2　隧道监控量测必测项目及采用的仪器

围岩级别	断面间距/m	周边位移		拱顶下沉	
		观测仪器	测试精度	量测仪器	测试精度
Ⅲ	30 ~ 50	收敛仪、全站仪	0.1 mm	精密电子水准仪、全站仪等	0.1 mm
Ⅳ	10 ~ 30				
Ⅴ ~ Ⅵ	5 ~ 10				

c. 拱顶下沉与周边位移必测项目的测点应在开挖后及时布设完成。拱顶下沉与周边位移初始测点应在开挖（初支喷射混凝土）作业完成后 3 ~ 6 h 内完成，其他量测应在每次开挖后 12 h 取得初始读数。

② 洞内量测主要方法。

洞内水平净空收敛实测主要采用数显收敛仪和全站仪或自动测试仪器完成（图 7.2.2），接触量测采用收敛仪每天直接读取数据，非接触量测采用 1 s 以上高精度全自动测量机器人通过测量各观测点的反射膜片取得数据。

（3）地表下沉量测。

如果覆盖层厚度较小时，在隧道开挖后，围岩的应力、位移等变化在很大程度上反映到地表沉降上，特别是大跨度的浅埋隧道尤其敏感。所以通过对不同施工过程中的地表沉降的叠加影响效应进行量测，测出扰动范围、最大沉降量和地表倾斜程度，据此判断围岩的稳定性和采取相应的施工措施。

① 洞外监测的重点为洞口段和洞身浅埋段，山间洼地，岩堆，破碎带，岩溶漏斗区域，偏压洞口的地表开裂、下沉，隧道洞口边坡、仰坡的稳定状态，地表渗、流水等情况。

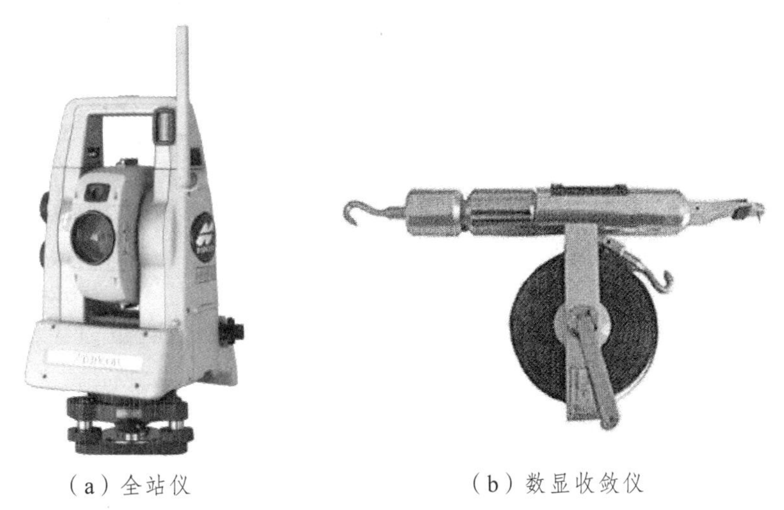

（a）全站仪　　（b）数显收敛仪

图 7.2.2　隧道净空量测仪器

地表下沉的量测点必须在隧道开挖之前布设。浅埋地段的地表量测点与洞内铁顶沉降点及水平净空收敛点均布置在同一断面里程上。地表沉降量测可采用精密水准仪、全站仪进行，主要影响范围在 3 倍洞径范围内。其测点布置如图 7.2.3 所示。

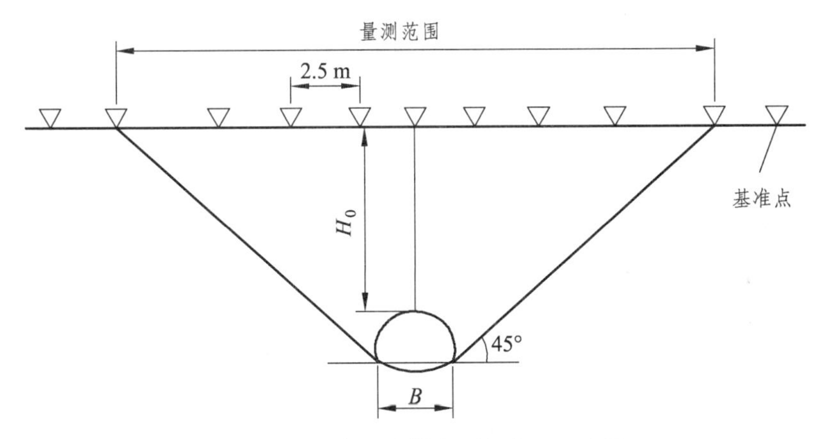

图 7.2.3　地表沉降横向测点布置示意图

水准面测量需先在覆盖表面处确定测点，在测点处用混凝土将钢钉桩固定，当覆盖表面处有建筑物时，测桩也可固定在建筑物的某一高度处。测点的布置需根据情况而定，测点太少，则结果的准确度低，测点过多，则观测任务大。例如，某隧道覆盖层厚度为 10 m，其水准测量点布置如图 7.2.4 所示，其测量范围为沿隧道墙脚点 50° ~ 55° 线方向延伸至覆盖面，其上共布置 11 个测点，间隔约 5 m。

图 7.2.4 中标有字母 N 的点即为观测点，虚线表示开挖上台阶时各测点的下沉位移，点划线表示开挖下部时的各测点的下沉位移，细实线则表示初次支护建造完毕时各测点的下沉位移。在隧道横截面上，将各观测点的位移下沉连接起来可发现，覆盖层表面的下沉面呈盘状，其最大下沉通常发生在拱顶上方，该例中最大下沉值分别为 24 mm 和 25 mm。

对于每一个观测点来说。需在不同时间内重复观测，并可建立各测点下沉位移随时间而变化的曲线。

通常将水准量测结果与前面介绍的收敛量测和延伸量测结果联系在一起进行综合评价，并可根据下沉位移量测结果来了解和确定每一开挖阶段对下沉的影响，预测下沉的稳定、收敛性及最终下沉量的大小，及时发现危险情况，并可确定下沉的起因。当下沉量大于设计值时需及时改变隧道支护结构的形式，并采取相应的控制位移措施，以防止塌方及避免由于下沉而引起地面建筑物被破坏的情况发生。

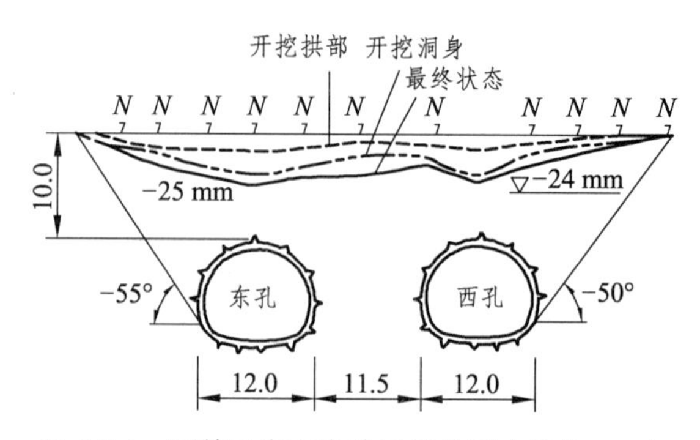

图 7.2.4 覆盖层表面位移量测举例（单位：m）

② 地表沉降测点间距应按照表 7.2.3 的要求布置。

表 7.2.3 地表沉降测点间距

埋深	纵向间距/m	横向间距/m
$2B<H_0<2.5B$	20～50	① 横向间距为 2～5 m； ② 隧道中线两侧范围不应小于 H_0+B； ③ 地表有建筑物时，量测范围应适当加宽
$B<H_0\leqslant 2B$	10～20	
$H_0\leqslant B$	5～10	

（4）监控量测频率。

一般可根据位移速度或测点距开挖面的距离设定不同的量测频率。洞内、外观察每日一次定时检查并记录。地表进行的量测项目应测至二次衬砌施作后不小于 1 个月时间。具体量测频率见表 7.2.4 和表 7.2.5。

表 7.2.4 按位移速度确定的监控量测频率

位移速度/（mm/d）	量测频率
≥5	2 次/d
1～5	1 次/d
0.5～1	1 次/（2～3）d
0.2～0.5	1 次/3 d
<0.2	1 次/7 d

表 7.2.5 按距开挖面的距离确定的监控量测频率

量测断面距开挖面的距离/m	量测频率
$<B$	2 次/d
（1～2）B	1 次/d
（2～5）B	1 次/（2～3）d
$>5B$	1 次/7 d

由位移速度决定的量测频率和由距开挖面的距离决定的量测频率之中，原则上采用频率高的。由于测线和测点不同，位移速度也不同，因此产生最大位移速度来决定量测频率。在塑性流变岩体中，位移长期（开挖后两个月以上）不能收敛时，量测要持续到每月为 1 mm 为止。

2. 选测项目内容及方法

选测项目是指在重点和有特殊意义的隧道或区段进行的补充量测，以求更深入地了解隧道开挖过程中围岩的应力状态、支护衬砌效果，主要包括围岩内部的变形、地表沉陷、锚杆轴力和拉拔力、衬砌内力、围岩压力和围岩物理力学指标等。选测项目需要根据设计要求、隧道横断面形状和断面面积、埋深、围岩条件、周边环境条件、支护类型和参数、施工方法等进行综合选择。例如，对于浅埋的或水平岩层中的隧道工程，冒顶坍塌可能是最常见的破坏形态。因此，应特别注意垂直方向位移的量测，包括拱顶下沉、地表沉陷。在进行收敛量测时，则要强调设置斜基线。对于深埋隧道，围岩水平的初始应力往往较大，边墙剪切破坏就成为主要的破坏形式，故应着重于水平方向位移的量测。此时可采用收敛计，亦可在边墙设置水平方向的位移计。

此外，选择量测项目时，最好能考虑不同项目所测结果的相互验证。从国内外的有关规程来看，目前所采用的主要量测项目如表 7.2.6 所示。

表 7.2.6　隧道监控量测选测项目

序号	项目名称	方法及工具	布置	测试精度	量测间隔时间			
					1～5 d	16 d～1 个月	1～3 个月	>3 个月
1	钢架内力及外力	支柱压力计或其他测力计	每个代表性地段布置 1～2 个断面，每个断面钢支撑内力布置 3～7 个测点，或外力布置 1 对测力计	0.01 MPa	1～2 次/d	1 次/d	1～2 次/周	1～3 次/月
2	围岩体内位移（洞内设点）	洞内钻孔中安设单点、多点杆式或钢丝式位移计	每个代表性地段布置 1～2 个断面，每个断面布置 3～7 个钻孔	0.1 mm	1～2 次/d	1 次/d	1～2 次/周	1～3 次/月
3	围岩体内位移（地表设点）	地面钻孔中安设各类位移计	每个代表性地段布置 1～2 个断面，每个断面布置 3～5 个钻孔	0.1 mm	同地表下沉			
4	围岩压力	每种类型岩土压力盒	每个代表性地段布置1～2个断面，每个断面布置3～7个测点	0.01 MPa	1～2 次/d	1 次/d	1～2 次/周	1～3 次/月

续表

序号	项目名称	方法及工具	布置	测试精度	量测间隔时间			
					1～5 d	16 d～1 个月	1～3 个月	>3 个月
5	两层支护间压力	压力盒	每个代表性地段布置 1～2 个断面，每个断面布置 3～7 个测点	0.01 MPa	1～2 次/d	1 次/d	1～2 次/周	1～3 次/月
6	锚杆轴力	钢筋计、锚杆测力计	每个代表性地段布置 1～2 个断面，每个断面布置 3～7 根锚杆（索），每根锚杆布置 2～4 个测点	0.01 MPa	1～2 次/d	1 次/d	1～2 次/周	1～3 次/月
7	支护、衬砌内应力	各类混凝土内应变计及表面应力解除法	每个代表性地段布置 1～2 个断面，每个断面布置 3～7 个测点	0.01 MPa	1～2 次/d	1 次/d	1～2 次/周	1～3 次/月
8	围岩弹性波速度	各种声波仪及配套探头	在有代表性地段设置	—	—			
9	爆破震动	测振及配套传感器	临近建（构）筑物	—	随爆破进行			
10	渗水压力、水流量	渗压计、流量计	—	0.01 MPa	—			

新奥法构筑隧道时，常按工程地质条件的特点对沿线有代表性意义的区段设置测试断面，通过现场试验和现场采样后进行的室内试验测定与隧道设计和施工有关的地层性态参数，可以反映支护结构受力变形状态及围岩稳定状态的数据。常见测试项目可分类为：

① 地层性态参数测定。室内试验和现场试验都可用于测定试验段围岩地层的性态参数。比较常见的室内试验项目如下：

- 岩样单轴压缩试验，用于测定单轴抗压强度、弹性模量及泊松比。
- 劈裂试验，用于测定抗拉强度。
- 岩样三轴压缩试验，用于测定黏聚力、内摩擦角和残余强度。
- 重度和含水量测定。

用于测定地层岩性参数常见的现场试验项目如下：

- 原位表面加荷试验，常用千斤顶加压，用于测定地层形变模量和地层弹性反力系数。
- 现场直接剪切试验，用于测定岩体初期变形时的黏聚力、内摩擦角、残余强度和形变模量。
- 超声波测试，用于测定 P 波、S 波在地层中传播时的波速，以及动弹性模量和泊松比等，也可据以确定松动区范围。

② 围岩及支护结构受力变形状态的现场测试。在对试验段进行现场测试时，常规观测项目通常仍是现场试验的重要内容。除此以外，比较常见的测试项目有：

- 域内位移量测，用于分析围岩受力变形状态，以及判断松动区范围。
- 锚杆拉拔试验，用以确定单根锚杆的承载力，以作为支护参数设计的依据。
- 结构受力量测，包括喷层或内衬结构的应力量测，地层与支护结构接触面上的应力量测，以及钢拱架与地层间接触应力的量测等，用于确定支护结构或临时支撑承受的地层压力，以及支护或内衬结构承受的内力。

除以上测试项目外，以往还常进行锚杆应变量测，据以分析围岩的受力变形状态以及确定锚杆实际承受的拉力。20 世纪 80 年代中期起，这类测试已逐渐为域内位移量测取代。

适应各种围岩条件的观察和量测项目如表 7.2.7 所示。

表 7.2.7　不同围岩条件的量测项目

围岩条件	施工时易发问题	需要观察、量测的项目	可能的附加项目
硬岩	从节理面剥离岩块和岩片的松弛、掉块、崩落；岩爆	地质、支护观察； 周边位移量测； 拱顶下沉量测	AE 量测（针对岩爆）
软岩（膨胀性围岩除外）	岩块和岩片的松弛、掉块、崩落	地质、支护观察； 周边位移量测； 拱顶下沉量测	围岩内部位移量测； 锚杆轴力量测； 岩样试验； 地表下沉量测（浅埋）
膨胀性围岩	侧壁挤出； 底鼓； 掌子面挤出	地质、支护观察； 周边位移量测； 拱顶下沉量测； 围岩内部位移量测； 锚杆轴力量测； 支护下沉量测； 底鼓量测	初期位移量测； 岩样试验； 衬砌应力量测； 喷混凝土应力量测； 作用荷载量测

3. 监控量测计划的制订

现场监控量测计划应综合施工、地质、测试等方面的意见，由设计人员完成。量测计划应根据隧道的地质地形条件、支护类型和参数以及施工方法和其他有关条件制订。量测计划一般应包括下列内容：

① 监控量测的项目、方法及量测断面选定，断面内测点数量和位置、量测频率、量测仪器和元件的选定及其精度和测定方法、测点埋设时间等。

② 量测数据记录表格式，表达量测结果的格式，量测数据精度确认的方法。

③ 量测数据处理的方法，并进行试算。

④ 量测数据大致范围，作为判断异常的依据。

⑤ 从初期量测值预测最终位移值的方法，综合判断隧道最终稳定的标准。

⑥ 施工管理断面和管理基准的确定，施工管理的方法。

⑦ 异常情况的对策。

⑧ 对围岩的支护结构力学动态进行评价的反馈方法和信息反馈修正设计的内容。

⑨ 传感器的埋设设计，包括埋设方法、步骤、各部分尺寸及回填浆液配比、工艺选定与工程施工进度的衔接等。

⑩ 固定测试元件的结构设计和测试元件附件的设计，一般应保证测点的空间或平面位移准确，使测到的力和变形方向明确，防震，安全可靠，包括钻孔内、钻孔口部分和引出线的布线方法。量测测试仪器对环境的要求。

⑪ 量测断面布置图和文字说明。

⑫ 监控量测设计说明书。

7.3　量测数据的分析处理

由于各种可预见或不可预见的原因，所得的监测资料会有一定的离散性，必须进行可靠性分析和回归分析、归纳整理等信息加工，找出监测数据的内在规律，以便提供反馈和应用。

1. 量测数据的可靠性分析

通过误差分析可确定实测值的可靠性。

对同一物理量进行无限多次量测，即可求得该物理量的真值，但在实际工作中只能进行有限次量测，故不能得到真值。但若采用有限次量测的计算平均值 $\bar{x}$ 作为真值，有

$$\bar{x}=\frac{1}{N}\sum_{i=1}^{N}x_i \tag{7.3.1}$$

式中　N——量测次数；

x_i——第 i 次的量测值。

则可确定真值（包含 99.7% 的概率）落在 $(\bar{x}-3\bar{\sigma},\ \bar{x}+3\bar{\sigma})$ 区间内。其中 $\bar{\sigma}$ 是平均值的均方差

$$\bar{\sigma}=\frac{1}{\sqrt{N}}\sqrt{\sum_{i=1}^{N}(x_i-\bar{x})^2} \tag{7.3.2}$$

或者说若以平均值 $\bar{x}$ 为真值，其误差为 $\pm 3\bar{\sigma}/\bar{x}$。

不过，在隧道工程中往往不能对同一物理量在相同条件下进行多次重复量测。例如，对某断面的拱顶位移，由于开挖的空间效应和围岩的流变特性，客观条件时刻都在变化，上述方法就不适用。只能采用不同量测手段同时进行量测，以便相互印证，以确认量测结果的可靠性。如图 7.3.1 所示，设有任意方向的净空变化量测基线 ij，显然，对每一条这样的基线，都可以写出如下的方程：

$$(u_i-u_j)\cos\theta_{ij}+(v_i-v_j)\sin\theta_{ij}=C_{ij} \tag{7.3.3}$$

式中　u_i、v_i、u_j、v_j—— i、j 两点绝对位移的水平和垂直分量；

C_{ij}——基线上的收敛值。

根据上式便可将收敛量测所得的数据和用其他方法量测的绝对位移相互验证。

2. 回归分析

监控量测的各种变量，如位移、应力、应变等，应及时绘出位移-时间曲线、应力-时间曲线和应变-时间曲线。横坐标为时间，纵坐标为各类变量（位移、应力、应变）。这些曲线可能形成极不规则的散点连线，如果将工序标在水平坐标上，就可以看出各工序对隧道变形的影响。这个散点图是作为分析的第一手原始资料，判断地层是否稳定的重要依据。

但是对推算最终变量，依靠散点图是无法实现的，这就要对散点图进行回归分析。回归分析是研究相关关系的数学工具，在考虑 2 个变量之间的关系问题时，有一元线性回归和一元非线性回归 2 种方法。如位移，可得位移时态曲线，或位移对时间的经验公式，如图 7.3.2 所示。

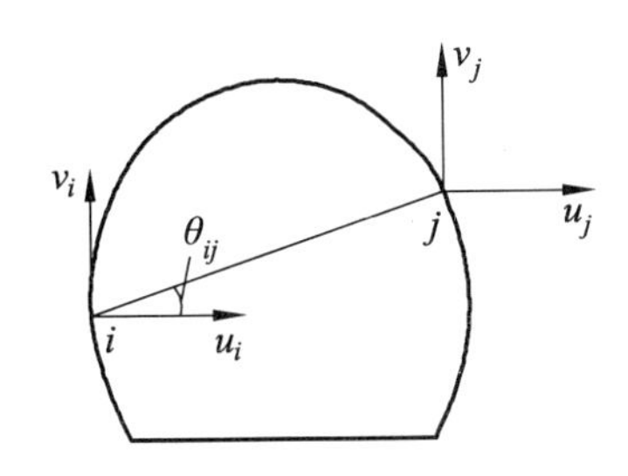

图 7.3.1　收敛位移量测基线示意图

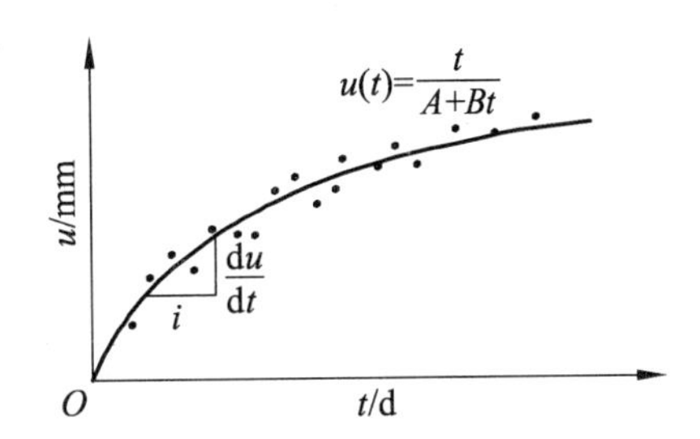

图 7.3.2　位移（u）-时间（t）关系曲线

在现场测试中，若地层材料的变形性态有明显的时效特征，其累计变形量随开挖面的向前推进及时间的推移逐渐增大，后趋于平稳且变形速率逐渐下降和接近于零时，位移时态曲线与双曲线函数、负指数函数或对数函数的形状相同。由此可见，在对实测数据进行分析时，时态曲线的拟合方程宜选为这 3 类方程，使由其表示的围岩变形的时程规律与实测结果较好吻合，误差为最小。

以一元非线性回归为例，步骤如下：

① 在以时间为横坐标、位移为纵坐标的坐标系中，标出由量测值确定的各对应的实测点，即得所谓散点图。

② 根据实测点描绘出光滑的试验曲线。它一般不可能通过所有实测点，但应注意使曲线尽量接近所有实测点，并使实测点分布在试验曲线的两边。

③ 根据所描绘的试验曲线形状选择回归函数。一般来说，位移时态曲线都是非线性的。在位移随时间趋于稳定的情况下，可选择下列函数之一：

$$\left.\begin{aligned}
&u(t)=\frac{t}{A+Bt}\\
&u(t)=A(1-\mathrm{e}^{-Bt})\\
&u(t)=A\mathrm{e}^{-\frac{B}{t}}\\
&u(t)=A(\mathrm{e}^{-Bt/2}-\mathrm{e}^{-Bt})\\
&u(t)=A\lg[(B+t)/(B+t_0)]\\
&u(t)=A\lg(1+t)+B
\end{aligned}\right\}\tag{7.3.4}$$

式中　A、B——待定系数，可以按量测数据，通过最小二乘法求得。

　　t、t_0——测定时间。

设有一组实测数据

$$t_1,\ t_2,\ t_3,\ \cdots,\ t_i,\ \cdots,\ t_n$$
$$u_1,\ u_2,\ u_3,\ \cdots,\ u_i,\ \cdots,\ u_n$$

选择双曲线函数 $u=\frac{t}{A+Bt}$ 作为回归函数，求 A、B 值。由于上述函数是非线性的，通常都需先将其线性化。如将上式改写为

$$\frac{1}{u}=A\frac{1}{t}+B \tag{7.3.5}$$

令 $y=\frac{1}{u}$，$x=\frac{1}{t}$，则得

$$y=Ax+B \tag{7.3.6}$$

则各实验点与它的偏差为

$$d_i=Ax_i+B-y_i=A\frac{1}{t_i}+B-\frac{1}{u_i} \tag{7.3.7}$$

根据最小二乘法原理，A 和 B 应满足下述条件：

$$\sum_{i=1}^{n}d_i^2=\sum_{i=1}^{n}(Ax_i+B-y_i)^2=\min$$

为满足上式，应有

$$\left.\begin{aligned}\frac{\partial\left(\sum\limits_{i=1}^{n}d_i\right)}{\partial A}&=\sum_{i=1}^{n}2(Ax_i+B-y_i)x_i=0\\ \frac{\partial\left(\sum\limits_{i=1}^{n}d_i\right)}{\partial B}&=\sum_{i=1}^{n}2(Ax_i+B-y_i)=0\end{aligned}\right\} \tag{7.3.8}$$

解联立方程式（7.3.8），得

$$\left.\begin{aligned}A&=\frac{n\sum\limits_{i=1}^{n}x_iy_i-\sum\limits_{i=1}^{n}x_i\sum\limits_{i=1}^{n}y_i}{n\sum\limits_{i=1}^{n}x_i^2-\left(\sum\limits_{i=1}^{n}x_i\right)^2}\\ B&=\frac{n\sum\limits_{i=1}^{n}x_i^2\sum\limits_{i=1}^{n}y_i-\sum\limits_{i=1}^{n}x_i\sum\limits_{i=1}^{n}x_iy_i}{n\sum\limits_{i=1}^{n}x_i^2-\left(\sum\limits_{i=1}^{n}x_i\right)^2}\end{aligned}\right\} \tag{7.3.9}$$

将 $x_i=\frac{1}{t_i}$，$y_i=\frac{1}{u_i}$ 代入，即可求得 A 和 B，并可按下式求出回归精度：

$$S = \frac{1}{n-2}\sum_{i=1}^{n}(Ax_i + B - y_i)^2 \qquad (7.3.10)$$

求得回归函数后，可以进一步修改原先所描绘的试验曲线。

例如，通过对华蓥山隧道所测的 4 个代表断面净空收敛位移原始数据进行回归分析，结果如表 7.3.1 所示。

表 7.3.1　量测断面回归分析结果

测试断面	围岩级别	回归方程		回归精度 S	
		内空收敛	拱顶下沉	净空收敛	拱顶下沉
YK37＋215	Ⅱ	$u = 4.19 - 4.28e^{-0.089t}$	$u = 3.280 - 3.360e^{-0.093t}$	0.018 8	0.019 8
YK37＋195	Ⅲ	$u = \frac{t}{2.136 + 0.256t}$	$u = \frac{t}{2.481 + 0.320t}$	0.009 0	0.016 9
YK37＋120	Ⅳ	$u = 3.321e^{-\frac{2.918}{t}}$	$u = 2.636e^{-\frac{2.449}{t}}$	0.029 9	0.015 6
YK37＋000	Ⅴ	$u = \frac{t}{2.415 + 0.414t}$	$u = \frac{t}{3.077 + 0.556t}$	0.012 8	0.003 9

7.4　信息反馈方法

信息反馈是信息化设计的重要组成部分，在反馈方法中需要解决以下几个问题：

① 采用什么信息进行反馈；

② 反馈的目的和要求；

③ 采用什么方法进行反馈。

在量测信息中，主要包括位移信息和应力信息。当前许多国家都把重点放在坑道断面的收敛量测（坑道周边位移量测）上。因为位移量测较应力和荷载量测简单、直接，而且数据容易处理。因此，在反馈方法中目前也是通过位移信息进行反馈的方法居多。

众所周知，在隧道工程中进行量测绝不单纯地是为了获取信息，而是把它作为施工管理的一个积极有效的手段。在位移量测中，目前所能提供的信息有：

① 坑道周边位移 u_{r_0} 及拱顶下沉值；

② 围岩内位移 u_r；

③ 地表下沉 s。

其中主要是坑道周边位移 u_{r_0}。从 u_{r_0} 的量测中可以绘出位移-时间及位移-开挖面距离之间的关系曲线。同时亦可计算出初始位移速度及位移速度的变化，预测周边最终位移。这些都是进行反馈设计所需要的。

因此，位移量测应能实现以下目的：

① 确切地预报围岩破坏和变形等未来的动态，对设计参数和施工流程加以监控，以便及时掌握围岩动态，采取适当的措施，如预估最终位移值，并由此控制和根据监控基准调整、

修改开挖和支护的顺序及时机等。

② 满足作为设计变更的重要信息和各项要求。如提供设计、施工所需的重要参数（初始位移速度、E、c、φ 等物性指标），这也是信息反馈的目的。

由量测信息进行反馈有 2 种方法：一是从确定性的立场出发，利用量测结果修正主要设计参数，即反分析出与量测结果一致的设计参数，再把它用于以后的设计计算中。二是从随机性的立场出发，推求出设计参数的方法，这种方法回避了围岩中种种复杂的因素，而把它变为最简单的信息，再用概率、统计分析的方法来推求围岩和结构物的安全状态等。这 2 种方法各有所长，但目前第 2 种方法应用较多。

1. 确定性的方法

该法实质上是一种理论反分析方法。所谓反分析法，就是利用现场监控量测信息，包括位移、应变、二次应力或地应力，根据给定的材料模型，来反演工程介质材料的性态参数和初始荷载。根据量测的类型，反分析法可分为位移反分析、应变反分析和应力反分析，较为典型的是隧道位移反分析。其基本原理是：以现场量测的位移作为基础信息，根据工程实际建立力学模型，反求实际岩（土）体的力学参数、地层初始应力以及支护结构的边界荷载等。主要涉及材料性态模型和荷载分布规律假设的工程简化。关于后者，已在第 3 章中有所论述，这里不再赘述。

（1）材料性态模型的工程简化。

可用于描述岩土体介质受力变形性态的模型有弹性模型、弹塑性模型、黏弹性模型和弹黏塑性模型等。在上述各类模型中，材料塑性性态的描述与选用的屈服准则和流动法则有关，黏性性态的描述也有与各类变形时效现象相适应的多种模型，因而除弹性模型外，其余各类模型都有多种分支模型。一般说来，这些模型用于描述岩土介质材料的性态时都有各自的适用场合，然而就反演计算而论，数值模型的同时存在将导致解不唯一。

在工程实践中采用反演计算理论时，结合实际情况借助经验判断对材料性态模型做工程简化实属必要。

首先，讨论与材料性态模型选择有关的理性问题。一般说来，洞室开挖后在地层发生应力重分布现象的过程中，洞周围岩各点的应力状态都将有差异。虽然它们都从三向受力转变为双向受力或以双向受力为主的应力状态，应力水平却将不同，有的部位明显增大，有的则明显降低，因而严格地说，围岩各点的材料性态都不可能完全相同。有的部位将处于弹性受力状态，宜用弹性模型或黏弹性模型描述材料的性态；有的则将处于弹塑性受力状态，宜用弹塑性模型或弹黏塑性模型描述材料的性态。此外，即使可用同类模型描述材料的性态，与围岩各点的受力情况相适应的材料性态参数仍可有不同的量值。因此，理论上围岩各点材料的性态都不相同。众所周知，在力学分析中全面模拟上述在工程实践中发生的实际情况是不可能的，因而即使是在正演分析计算中，一般也只能假设围岩材料的性态都服从某种模型描述的规律。由此可见，在反分析研究中，将围岩中材料的性态假设为都服从某种模型描述的规律并建立相应的反演分析计算法，应认为是被允许的习惯方法。

其次，讨论在反演理论研究中与材料性态模型的选择有关的实践问题。研究表明，在反分析方法的工程应用实践中，按弹性模型建立的反演计算法最便于应用，黏弹性模型次之，弹塑性模型位居第三，而弹黏塑性则尚无先例。应力水平较低时，围岩受力变形的性态通常处于弹性受力状态，即通常可按弹性模型进行分析计算；应力水平较高时，围岩中易出现塑性区，应按弹塑性模型进行反分析计算。不难想象，在这类地层中如能开挖尺寸较小的试验洞，并借助由试验洞获取的量测信息进行反分析计算，则仍有可能使围岩受力变形的性态处于弹性状态，即仍有可能按弹性模型进行反分析计算。其优点是，可由最为简便的反演计算法获得初始地应力分量的量值，而这类量值一经确定，则在按其他模型进行力学参数的反分析计算时可将其视为常量采用。这类情况可视为是在反演理论应用研究中对材料性态模型所作的第 1 类工程简化。

第 2 类工程简化是依据工程地质条件和现场量测信息显示的特征对围岩材料性态的属性做定性判断，即凭借经验鉴别围岩处于何种受力状态。这类工程简化虽然在理论上有一定的缺陷，在工程实践中却宜广泛采用，因为如能较为正确地断定围岩的性态主要呈弹性性态、黏弹性性态或弹塑性性态，则可借助相应的反演分析计算法直接得出较为可信的计算结果。

第 3 类工程简化指材料模型的近似简化。例如，若测得的围岩变形明显有随时间而增长的趋势，而凭借经验又无法断定围岩变形的时效特征主要由材料的黏性性态引起，还是主要由塑性性态引起，则在反演分析中将其简化为黏弹性问题或弹塑性问题后进行反演计算都应属允许。因为岩土工程问题的分析不同于地面结构的计算，数据分析结果应允许有一定的误差。在工程实践中，对上述情况同时按 2 类模型进行反分析计算，然后通过对所得结果可信度的对比检验后决定取舍可认为是较合适的方法。实际上，这类方法已属于优化反分析的范畴。此外，对于计算分析所得的结果依据由误差理论建立的方法（例如 F 检验）进行检验，从而确定简化计算结果的可信程度，也是行之有效的方法。

鉴于黏弹性模型和在弹塑性模型中采用的屈服准则都有多种，在对材料性态模型进行工程简化时，从这些模型中取常用模型也很有必要。一般说来，三单元模型是适用性较强的黏弹性模型，莫尔-库仑准则则是较常用的屈服准则。

（2）分析参数。

在实际工程的位移反分析中采用的模型材料宜简单，材料本构模型的参数宜少不宜多，国外有关新奥法隧道工程支护设计的一些规范、指南规定：在监控量测项目中，必测项目只有 2 项，即洞周收敛和拱顶下沉。

初始应力场是影响围岩稳定性的一个重要参数，地应力参数中水平地应力或初始地应力侧压力系数 λ 是反分析的一个待辨识参数。

岩体的力学性质参数主要有变形性质参数与强度特性参数，两者都很重要。由于岩体的非均质、不连续性与测点位置的局限性，现场应力（应变）测试难度大，测值离散度也很大，很难用来判定岩体的稳定性；而岩体变形较易量测，测值离散度较小，而且较易与稳定性经验判断建立联系。因此，待辨识的反分析参数通常取变形性质参数。线弹性分析中所需岩体变形参数有 2 个，即弹性模量 E 和泊松比 μ。因泊松比变化小，且对围岩变形的影响比弹性模量小得多，故通常待辨识参数均取弹性模量。

因此，位移反分析的待辨识参数为地应力参数和岩体的变形性质参数。在以弹性理论为工具进行围岩稳定性分析中，最主要的、影响最大的 2 个设计参数，就是初始地应力中的侧压力系数λ和弹性模量 E。

另外，根据位移反分析结果，还可以分析出支护结构上作用的荷载。

（3）应用实例。

综合上述涉及的力学模型和破坏准则已在第 6 章中阐述，这里仅列举一些应用中的具体实例。

① 确定围岩弹性模量 E。例如在弹性围岩中开挖一圆形坑道，半径为 r_0，在静水初始应力场 σ_z 作用下，坑道周边位移

$$u_{r_0} = \frac{1+\mu}{E}\sigma_z r_0 \tag{7.4.1}$$

式中 μ——围岩泊松比，$\mu \approx 0.5$；

E——围岩弹性系数；

σ_z——初始应力场的应力值；

r_0——坑道开挖半径。

取不同 E 值进行计算，可得图 7.4.1 的理论曲线。如量测位移值 u_a = 7.4 cm，则可反推出 E_0' = 120.0 MPa。下一步即可采用此值进行计算。

② 决定支护结构参数、锚杆的长度。在弹塑性围岩中，例如以单线铁路隧道的Ⅲ级围岩为例。根据计算，在埋深 600 m 时，根据公式（3.4.25）和式（3.4.15）或式（3.4.14）即可计算出 u_{r_0}/r_0—p_a 及 p_a—R_0/r_0 之间的关系，示于图 7.4.2（R_0 为坑道围岩的塑性区半径；p_a 为支护阻力；u_{r_0} 为坑道周边位移，r_0 为坑道的开挖半径若围岩在弹性阶段则应按式（3.3.13）计算）。

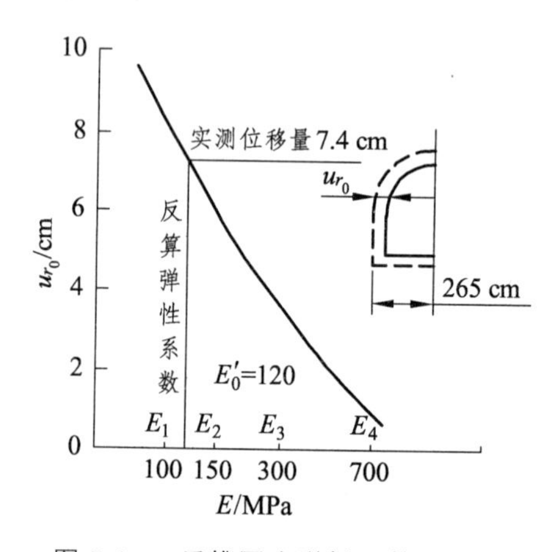

图 7.4.1 反推围岩弹性系数的方法

通过量测，可以求出坑道周边的相对位移 u_{r_0}/r_0，即可推求出所需的支护阻力 p_a，由 p_a 尚可进一步推出围岩内塑性区 R_0 的大小。这样，即可根据 p_a 决定支护结构参数，并可由 R_0 来决定锚杆的长度。

图 7.4.2 所示的曲线亦可根据 φ 的变化绘制（φ 为围岩的内摩擦角），如图 7.4.3 所示。

显然，理论反分析方法是以一定的假定为基础的。因此，反分析方法的可靠性就取决于这些假定的合理程度。在千变万化的围岩条件下，这些假定有时与实际出入很大。

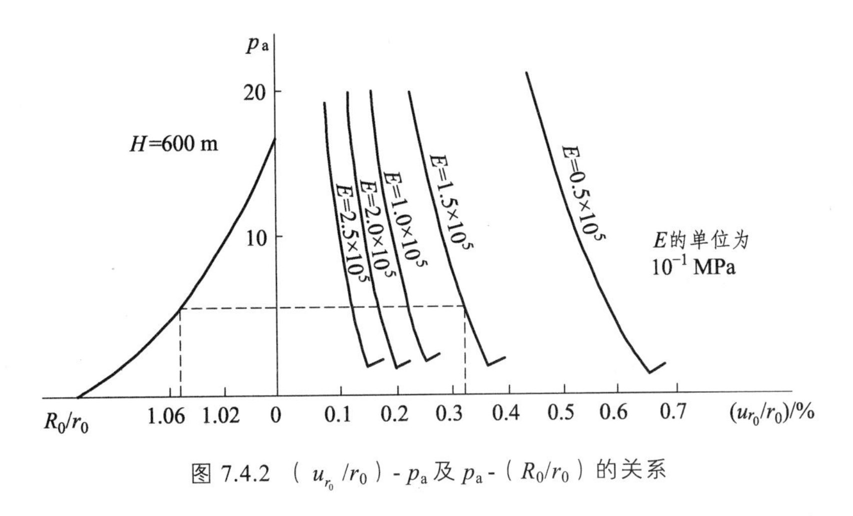

图 7.4.2 （u_{r_0}/r_0）- p_a 及 p_a -（R_0/r_0）的关系

③ 确定侧压力系数 λ 值。

现以圆形隧道为例，设量测出的拱顶下沉为 δ_s，侧壁位移为 δ_h，试反推出坑道围岩的初始应力场，即侧压力系数 λ 值，如图 7.4.4 所示。

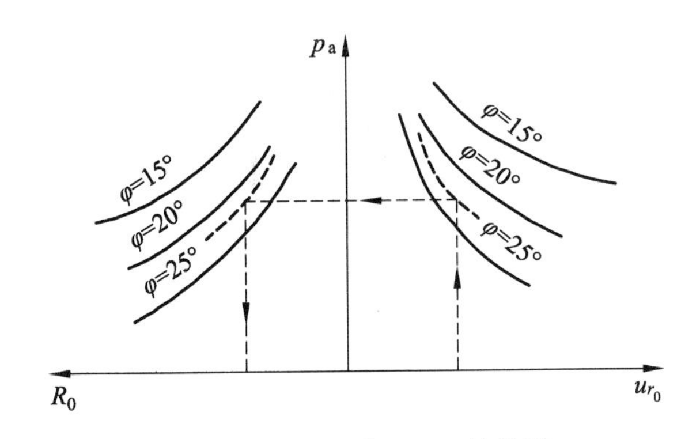

图 7.4.3　u_{r_0}-p_a 和 p_a-R_0 的关系

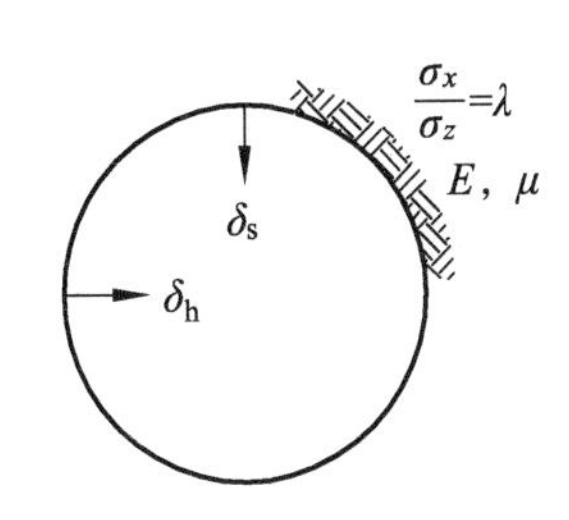

图 7.4.4　测点位移

众所周知，δ_s 和 δ_h 的理论表达式为

$$\delta_s = \frac{1+\mu}{2E} r_0 \sigma_z [1+\lambda+(3-4\mu)(1-\lambda)] \tag{7.4.2}$$

$$\delta_h = \frac{1+\mu}{2E} r_0 \sigma_z [1+\lambda-(3-4\mu)(1-\lambda)] \tag{7.4.3}$$

则

$$\frac{\delta_h}{\delta_s} = \frac{1+\lambda-(3-4\mu)(1-\lambda)}{1+\lambda+(3-4\mu)(1-\lambda)} \tag{7.4.4}$$

或写成 $$\lambda=\frac{\sigma_x}{\sigma_z}=\frac{1-2\mu+2\dfrac{\delta_{\mathrm{h}}}{\delta_{\mathrm{s}}}(1-\mu)}{2-2\mu+\dfrac{\delta_{\mathrm{h}}}{\delta_{\mathrm{s}}}(1-2\mu)} \tag{7.4.5}$$

因此，已知δ_{s}和δ_{h}后，即可按上式求出λ值。例如 $\delta_{\mathrm{s}}=35\ \mathrm{mm}$，$\delta_{\mathrm{h}}=11\ \mathrm{mm}$，$\mu=0.3$，代入上式后得$\lambda=\sigma_x/\sigma_z\approx 0.6$。

同样地，已知δ_{s}、δ_{h}、λ和μ后，也可依下式决定围岩的弹性模量E值，即

$$E=\frac{\sigma_z}{2\delta_{\mathrm{s}}}r_0(1+\mu)[1+\lambda+(3-4\mu)(1-\lambda)] \tag{7.4.6}$$

或 $$E=\frac{\sigma_z}{2\delta_{\mathrm{h}}}r_0(1+\mu)[1+\lambda-(3-4\mu)(1-\lambda)] \tag{7.4.7}$$

仍代入以上各值，约得$E/\sigma_z=200$。

应该指出的是，广义的反分析还包括在此之后，根据反分析修改原始地应力、围岩性态参数或实际荷载，利用有限元、边界元等数值方法进行正分析，即结构计算，据此进行工程预测和评价，并进行工程决策和决定采取的施工措施，最后进行监测并检测预测结果。如此反复，达到优化设计、科学施工的目的，如图 7.4.5 所示。

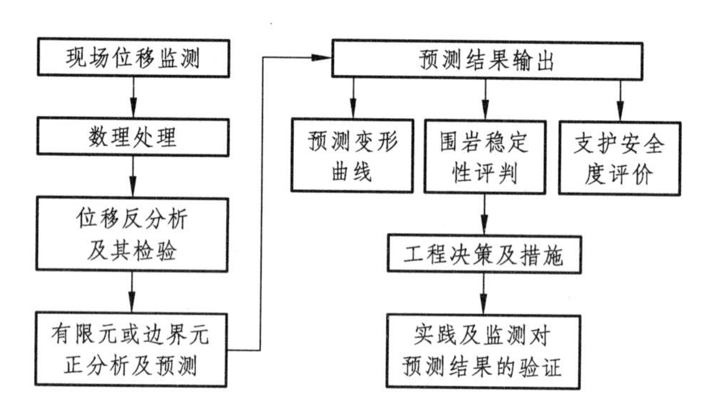

图 7.4.5　监测预报系统组成

2. 随机性的方法

这种方法属于经验反馈法，是数理统计分析的方法。即把量测数据进行相关分析，找出各变量之间的相关性并模式化为量测曲线或数学方程，以此进行预估或判定。

当以坑道周边位移作为反馈信息时，首先要对u_{r_0}的发生、发展的全过程及其内涵有一个正确的了解。量测实践指出：坑道开挖面前后的位移状态如图 7.4.6 所示。坑道开挖后，即开始产生位移，位移零点约在开挖面前方（1.5 ~ 2.0）D附近。在开挖处已产生位移（0.25 ~ 0.35）u_{r_0}左右，在距开挖面后方（2.5 ~ 3.0）D左右达最大值，即相应于弹塑性分析中的位移值。由此可知，随着开挖面的向前推进，位移逐渐增大，因此，周边位移值直接与开挖面的距离有关。将坑道周边总位移用下式表达：

$$u_{r_0} = u_1 + u_2 + u_3 \tag{7.4.8}$$

式中 u_1——坑道开挖面处的位移值；

u_2——量测开始前已发生的位移；

u_3——位移的量测值。

由此可见，实际量测到的位移值仅是总位移的一部分。

在变形预测中，我们可以把 u_2 视为初始位移，通过量测值反推出来，而把 u_1 视为定值。其次，坑道周边位移 u_3 与时间有关，即随着时间而增长，这种位移是由于围岩的流变性质所造成的，叫作黏性位移。在实际量测中，如果要考虑这种位移的影响，通常是把开挖面停止一段时间开挖，然后用这段时间的变形规律，把它从总量测值中分离出来，如图 7.4.7 所示。

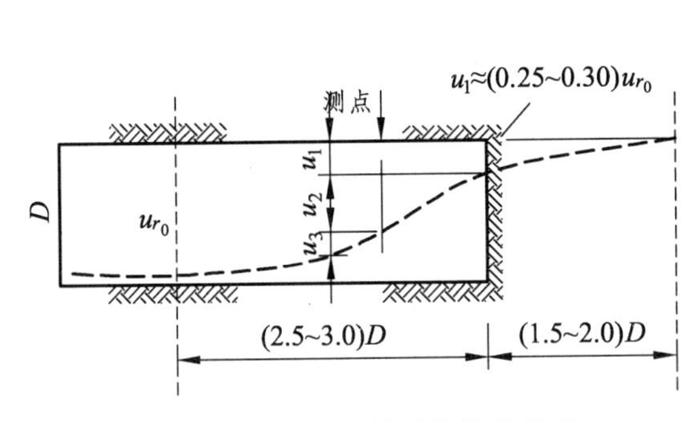

图 7.4.6 开挖面前后的位移状况

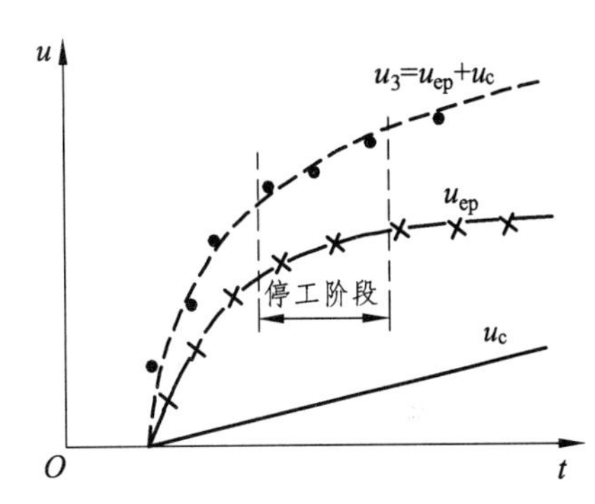

图 7.4.7 分散黏性位移 u_c 的方法

即量测值是由弹塑性位移 u_{ep} 和黏性位移 u_c 组成的：

$$u_3 = u_{ep} + u_c \tag{7.4.9}$$

前者可视为开挖面距离 L 的函数，后者则视为与时间 t 有关的函数。一般情况下：

$$u_c = A(1 - e^{-Bt}) \tag{7.4.10}$$

$$u_{ep} = C(1 - e^{-DL}) \tag{7.4.11}$$

式中 L——量测点与开挖面的距离；

t——量测时间；

A、B、C、D——由量测值决定的系数，其中 A、C 分别相应于可能出现的最大位移值。

当然，量测值的分布是否与式（7.4.10）和式（7.4.11）相符，需在实际量测中加以验证。

在实际量测中，如不考虑黏性位移 u_c 的影响，则式（7.4.10）和式（7.4.11）是等价的。但应注意 t 和 L 之间的关系，当日进度 1 m 时，$t = L$，日进度 2 m 时，$t = 2L$……。

如前所述，为了可靠地预估位移值，还必须决定出初始位移 u_2［参见式（7.4.9）］。设量测前的位移按式（7.4.10）和式（7.4.11）中同一规律变化，则可由前后 2 次量测的位移差分别按下式求出初始位移 u_2：

$$u_{2ep} = \frac{u'' - u'}{e^{-DL_1} - e^{-DL_2}} - C \tag{7.4.12}$$

$$u_{2c} = \frac{u'' - u'}{e^{-Bt_1} - e^{-Bt_2}} - A \tag{7.4.13}$$

式中　u''、u'——L_2（t_2）和 L_1（t_1）时的量测值；

A、C——式（7.4.10）和式（7.4.11）中的系数。

综上所述，坑道周边位移 u_{r_0} 的预测可按图 7.4.8 所示步骤及方法进行。

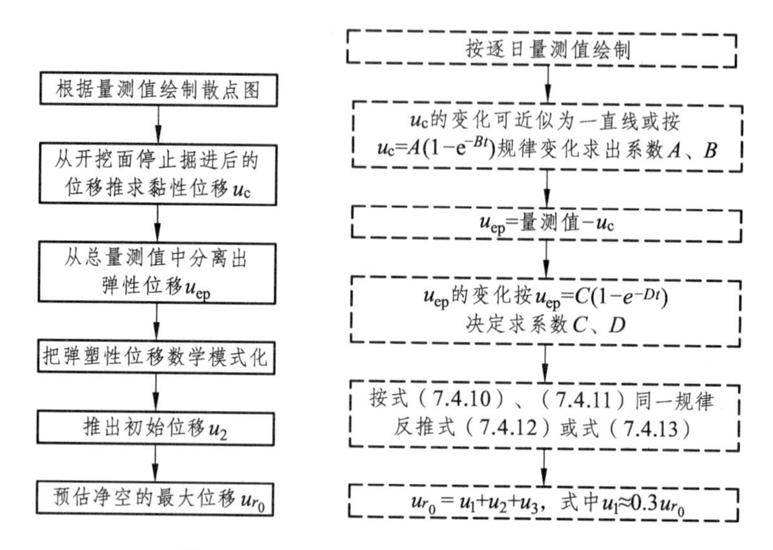

图 7.4.8　坑道周边位移 u_{r_0} 的预测步骤

现举例加以说明。某一隧道的量测散点如图 7.4.9 所示，掘进速度为 1 m/d，开挖第 7 d 停止掘进，15 d 后重新开始掘进。

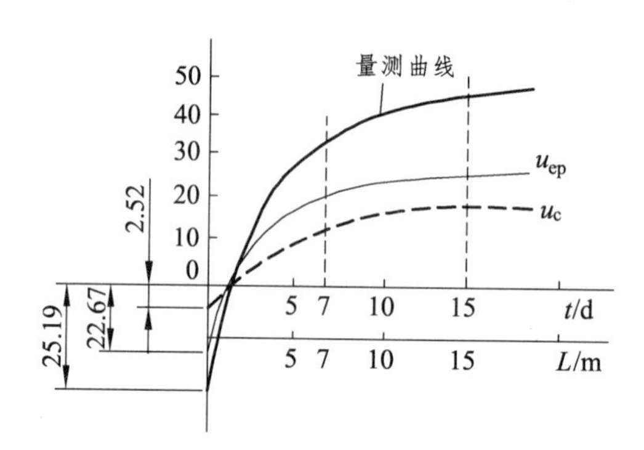

图 7.4.9　量测实例

按前述步骤，从开挖面停工一段时间的变形规律确定黏性位移

$$u_c=23.29\,(1-e^{-0.118t})$$

由量测值减去 u_c，则为弹塑性位移 u_{ep}。其相应方程为

$$u_{ep}=24.00(1-e^{0.43637L})$$

于是可利用式（7.4.12）和（7.4.13）决定初始位移。

由量测知 $L_1=1.65$ m，$u'=4.1$ mm；$L_2=2.60$ m，$u''=11.8$ mm。代入式（7.4.12），则

$$u_{2ep} = \frac{11.8-4.1}{e^{-0.436\ 37\times1.65} - e^{-0.436\ 37\times2.6}} - 24.0 = 22.67\ (\text{mm})$$

由量测知 $t_1 = 0.56$ d，$u' = 1.7$ mm；$t_2 = 1.44$ d，$u'' = 4.1$ mm。代入式（7.4.13），则

$$u_{2c} = \frac{4.1-1.7}{e^{-0.118\times0.56} - e^{-0.118\times1.44}} - 23.29 = 2.52\ (\text{mm})$$

即初始位移

$$u_2 = 22.67 + 2.52 = 25.19\ (\text{mm})$$

则预测的最终位移值为

$$u_a = \frac{47.29+25.19}{0.70} = 103.54\ (\text{mm})$$

这个数值即可与理论值或经验值进行比较，看是否是允许的或是有害的，再决定应采取的措施。

下面进一步说明式（7.4.10）和式（7.4.11）中系数的决定方法。如图 7.4.10 所示，已知曲线方程为

$$u = A(1-e^{-Bt})$$

则知
$$u_1 = A(1-e^{-Bt_1})$$

$$u_2 = A(1-e^{-Bt_2})$$

即有
$$\frac{u_1}{u_2} = \frac{1-e^{-Bt_1}}{1-e^{-Bt_2}}$$

图 7.4.10　求公式系数

由此可决定 B 值。

为计算简化可采用两倍时差法，即采用 $t_2 = 2t_1$ 的量测值求解。

$$\frac{u_1}{u_2} = \frac{1-e^{-Bt_1}}{1-e^{-Bt_2}} = \frac{1}{1+e^{-Bt_1}}$$

所以
$$B = \frac{1}{t_1}\ln\frac{u_1}{u_2-u_1} \tag{7.4.14}$$

同样
$$A = \frac{u_1^2}{2u_1-u_2} \tag{7.4.15}$$

例如，表 7.4.1 为我国某一隧道的量测数据，依上述方法可求出其位移表达式。

表 7.4.1　隧道量测数据

量测时间	第 8 天	第 10 天	第 12 天	第 19 天	第 34 天
拱顶下沉/mm	0	12	13	14	15
量测间隔/d	0	2	4	11	26

采用 2 d 与 4 d 的量测值，得

$$B=\frac{1}{2}\ln\frac{12}{13-12}\approx 1.242\ 5$$

$$A=\frac{12^2}{2\times 12-13}\approx 13.090\ 9$$

则 $$u=13.09(1-\mathrm{e}^{-1.24t}) \tag{7.4.18}$$

如果量测恰好不是 $2t_1$，可用插入法求出 $2t_1$ 的量测值，利用拉格朗日插入方程求

$$u_{2t_1}=\frac{(t_3-2t_1)u_2+(2t_1-t_2)u_3}{t_3-t_2} \tag{7.4.19}$$

例如表 7.4.2 的量测值。

表 7.4.2　隧道量测数据

量测时间	第 4 天	第 10 天	第 15 天	第 19 天	第 26 天
收敛值/mm	0	6.37	8.25	8.52	8.92

已知：$t_1=10$ d，$u_1=6.37$ mm；$t_2=15$ d，$u_2=8.25$ mm；$t_3=26$ d，$u_3=8.92$ mm。
试求：$2t_1=20$ d 的 u_{2t_1}。
分别代入式（7.4.13）得

$$u_{2t_1}=\frac{(26-2\times 10)\times 8.25+(2\times 10-15)\times 8.92}{26-15}=8.55\quad(\mathrm{mm})$$

于是有　$t_1=10$ d，$u_1=6.37$ mm；$t_2=20$ d；$u_2=8.55$ mm。则

$$B=\frac{1}{10}\ln\frac{6.37}{8.55-6.37}=0.107\ 2$$

$$A=\frac{6.37^2}{2\times 6.37-8.55}=9.684\ 2$$

所以 $$u=9.68(1-\mathrm{e}^{-0.107t})$$

从数值分析来看，在量测中一定要做好记录，尤其是最初阶段的记录。要逐日记录，否则统计公式是很粗糙的，甚至丧失应有的指导价值。

另外，还可根据初期的位移速度 ($v_{\max}$) 来决定最终的位移值 ($u_{r_0\max}$)。根据中梁山隧道监控量测的有关数据，经统计计算，若将初期位移速度作为随机变量，则它与隧道最终变形量间存在显著的线形关系，其回归方程为

$$u_{r_0\max}=A+Bv_{\max} \tag{7.4.20}$$

式中　$v_{\max}$——初期的位移速度；

$u_{r_0\max}$——预估的最终位移值；

A、B——回归系数，与围岩级别、支护方式及开挖方式有关。

中梁山隧道全断面开挖Ⅱ、Ⅲ、Ⅳ级围岩的回归方程分别如下：

$$u_{r_0\max} = 4.283\,9 + 8.470\,9 v_{\max} \qquad (0.5 \leqslant v_{\max} \leqslant 3.5)$$

$$u_{r_0\max} = 1.740\,2 + 6.428\,8 v_{\max} \qquad (0.3 \leqslant v_{\max} \leqslant 1.2)$$

$$u_{r_0\max} = -0.230\,4 + 7.321\,4 v_{\max} \qquad (0.2 \leqslant v_{\max} \leqslant 0.9)$$

其相关图式如图 7.4.11 所示。

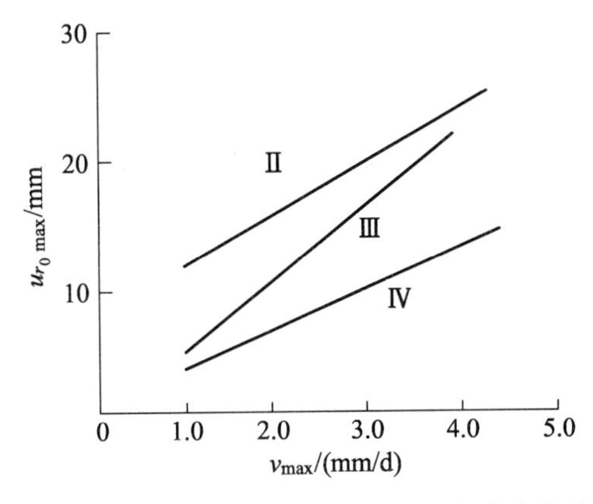

图 7.4.11　预估的最终位移值与初期的位移速度的关系

日本学者根据已建成的软岩与硬岩隧道的净空变位量测资料，回归分析出了最终位移量与初期位移速度的经验公式：

$$u_{r_0\max} = m v_{\max} \tag{7.4.21}$$

式中　m——回归系数，其值列于表 7.4.3。

表 7.4.3　不同施工方法回归系数 m 的取值

施工方法及断面	m	相关系数
全断面法，双线	2.82	0.79
全断面法，单线	2.07	0.93
台阶法，双线	7.24	0.89
台阶法，单线	5.01	0.64

3. 信息反馈修正设计

根据量测获得的大量信息，通过对支护结构、围岩动态以及各种变异现象做出分析与评价，并依此修正设计，已成为隧道设计的主流方法。日本公团把修正设计分两种情况考虑：

（1）修正未开挖部分的预设计。

对于在地质调查基础上的预设计，需根据施工中的观察、量测结果和具体的围岩状况，对未开挖段的支护模式或施工方法进行合理的修正。此时，因围岩条件、位移值和当初预计的差异不同，修正的内容和规模也不同。同时，为保证施工的安全及高效，对辅助工法也要修正。

（2）变更已开挖部分的预设计。

根据量测数据分析，开挖后位移不收敛时，可采取增打锚杆、增加喷射混凝土厚度、仰拱临时闭合等对策。同时，要求对地表下沉和周边结构物影响的限制必须收敛到某一限度内时，应分析研究量测结果和当前支护结构的力学性能。

根据量测结果进行修正的方法基本上也分为两类，即按净空位移值大于和小于预测值分类。两种情况的修正和注意事项列于表 7.4.4 中。

表 7.4.4　设计的修正方法和注意事项

现　象	修正方法	注意事项
净空位移值比预计大的情况	扩大富余变形量	应确认混凝土有没有开裂变异； 应确认锚杆轴力有富余； 应确认变形是收敛的
	增强支护构件	增加混凝土厚度、锚杆长度、根数； 缩短支护构件间距； 在破碎带、塑性化显著的围岩中，提高支护构件刚性，有时会收到控制变形的效果
	断面闭合	用仰拱或临时仰拱尽快闭合； 控制变形是最有效的措施
	加强掌子面及掌子面前方	掌子面自稳性差的情况，采用超前支护的辅助工法
	变更开挖方法	即使采用环形开挖和辅助工法也不能使隧道和周边围岩稳定的情况下采用； 因多要变更机械设备，也要研究采用其他辅助工法的可能性
净空位移值比预计小的情况	减少支护构件	应确认锚杆轴力小； 与混凝土比，应优先减少锚杆数量
	缩小变形富余量	以充分的精度研究之

从上表可以看出，在修正设计中，必须掌握位移值、位移速度、位移的收敛性以及锚杆、喷混凝土、钢支撑的变异情况，进行局部修正或进行围岩分级、支护形式、变形富余量、开挖断面形状、施工方法、衬砌厚度等根本性的修改。当量测结果与初期预计差异很大时，应补充进行包括掌子面前方钻空调查在内的地质补充调查。

4. 信息反馈指导施工

（1）最大允许位移值的控制。

最大位移值与地质条件、埋深、断面形状和大小、开挖方法、支护类型及其参数有关。在规定最大位移值时，必须考虑这些因素的影响。

根据隧道周边位移（收敛）量测数据确定净空预留量。根据位移随时间变化的测试资料进行回归分析，推算最终位移值，此最终位移值即可作为净空预留量。

经验证明：断面跨度较大时的拱顶下沉和断面较高时的边墙收敛是控制稳定较直观的和可靠的判断依据。对于地下铁道来讲，地表下沉测量显得尤为重要，有时也是重要的判断依据。地质条件越差，允许位移值越大；断面越大，允许位移值越大。采用锚喷支护时，断面直径小于 10 m 时，允许位移值为 2 ~ 5 cm。

变形管理等级见表 7.4.5。

表 7.4.5　变形管理等级

管理等级	管理位移	施工状态
Ⅲ	$U<U_{nB}/3$	可正常施工
Ⅱ	$U_{nB}/3 \leqslant U \leqslant 2U_{nB}/3$	综合评价设计施工措施，加强监控量测，必要时采取相应工程对策
Ⅰ	$U>2U_{nB}/3$	暂停施工，采取相应工程对策

注：表中 U 为实测位移值，U_{nB} 为距离开挖面 n 倍洞跨（B）处的位移值。

（2）位移速度的控制。

开挖通过量测断面时位移速度最大，以后逐渐降低，可根据位移速度来判断围岩的稳定性。日本新奥法设计施工指南提出，当位移速度大于 20 mm/d 时，就需要特殊支护，否则可能使围岩失稳。为发挥围岩的自承作用，二次衬砌一般在围岩变形基本稳定后修筑。工程实践表明，位移的发展具有明显的阶段性，可依据位移速度将其划分为急剧变形、缓慢变形、基本稳定 3 个阶段，其围岩稳定性判据见表 7.4.6。

表 7.4.6　依据位移速度的围岩稳定性判据

位移速度/（mm/d）	稳定状态		
	急剧变位	缓慢变位	基本稳定
收敛位移	>1.0	1.0 ~ 0.2	<0.2
单点位移	>0.5	0.5 ~ 0.1	<0.1
拱顶位移	>1.0	1.0 ~ 0.2	<0.2

根据初始位移速度亦可大致确定能达到稳定状态的支护规模及其荷载大小，亦可作为确定二次衬砌修筑时间的判断资料。例如谷本等根据日本量测资料，建议的支护等级和变形速度的关系如表 7.4.7 所示。

表 7.4.7　日本支护等级与变形速度的关系

支护类别	Ⅰ	Ⅱ	Ⅲ	Ⅳ	Ⅴ	Ⅵ
位移速度/（mm/d）	<0.1	0.1 ~ 1.0	1.0 ~ 3.0	3.0 ~ 5.0	5.0 ~ 10.0	>10.0
荷载等级	轻微	中	大	很大	极大	特别大

（3）位移加速度的控制。

如果位移时态曲线始终保持 $\mathrm{d}^2u/\mathrm{d}t^2<0$，说明位移速度不断下降，这是稳定的标志。若出现 $\mathrm{d}^2u/\mathrm{d}t^2\approx 0$，说明位移速率长时间维持不变，表明围岩趋向不稳定，须发出警告，要及

时加强支护衬砌。若 $d^2u/dt^2>0$，标志围岩变形速度增大，表明围岩已处于危险状态，须立即停止开挖，迅速加固支护衬砌或采取措施加固围岩。

（4）二次衬砌施作时间的控制。

按规定，二次衬砌是在初次支护变形基本稳定后施作的。基本稳定的标志是外荷载基本不再增大，位移不再变化，因此可用周边接触应力和位移值这 2 项指标来控制。这一特征点应反映：

① 位移量及位移-时间曲线呈收敛趋势；

② 30 d 内的平均位移变化速率小于 0.3 ~ 0.5 mm/d；

③ 位移速率的变化呈收敛趋势。

这 3 条也可称为隧道变形基本稳定的标志。

上述即为现行隧道工程施工中的围岩稳定性判据，这些判据总结了新奥法施工监控量测的实践经验。当达不到基本稳定指标时，应进行补救。其措施为对初期支护进行加强，立即施作二次衬砌。

7.5　隧道净空位移的监控基准及监控曲线

1. 若干规定及实测资料的分析

在地下工程的信息设计和施工中，有些国家曾提出一些大致的标准作为坑道位移监控的基础，下面对这些资料进行分析。

（1）法国 1974 年提出的评价标准。

表 7.5.1 是根据在中等断面（50 ~ 100 m^2）坑道中施工的经验给出的，这些特定值对应于拱顶下沉的绝对值（一般相当于坑道周边的位移值）。

表 7.5.1　拱顶下沉值评价标准（法国）

埋深/m	硬岩		软岩	
	拱顶下沉值/cm	u_{r_0}/r_0/%	拱顶下沉值/cm	u_{r_0}/r_0/%
10 ~ 50	1 ~ 2	0.2 ~ 0.4	2 ~ 5	0.4 ~ 1.0
50 ~ 500	2 ~ 6	0.4 ~ 1.2	10 ~ 20	2.0 ~ 4.0
>500	6 ~ 12	1.2 ~ 2.4	20 ~ 40	4.0 ~ 8.0

这个标准不仅考虑了岩类，更重要的是考虑了埋深的影响，即考虑了初始应力场的影响。如果按相对收敛值（u_{r_0}/r_0）来表示，也示于表 7.5.1。即在一般情况下，u_{r_0}/r_0 可达 4%，在困难条件下，例如埋深大、围岩差时，可达 8%。

（2）日本 NATM 设计、施工细则（1983 年草案）提出的评价标准。

表 7.5.2 是日本根据新奥法施工实践（约 50 座隧道、821 个量测断面）的数据统计分析而定

的。实际上，收敛值与坑道尺寸基本上是成正比的。应该指出，新奥法围岩分级考虑了埋深的影响，因此，上述标准实际上也包括了埋深的影响。如按相对收敛值表示，见表 7.5.2。

表 7.5.2　拱顶下沉值评价标准（日本）

围岩级别	单线断面		双线断面	
	u_{r_0} /cm	u_{r_0}/r_0 /%	u_{r_0} /cm	u_{r_0}/r_0 /%
Ⅴ～Ⅱ级	<2.5	<0.9	<5.0	<1.05
Ⅱ级	2.5～7.5	0.9～2.7	5.0～15	1.05～3.15
Ⅰ级、特级	>7.5	>2.7	>15	>3.15

这个标准适用于埋深小于 500 m 的情况。与表 7.5.1 比较，在一般情况下，两者也是比较接近的。当埋深较大时，日本无统计资料，难以做出决定。但实测资料也有超过 30 cm 的，故该细则也做出在Ⅰ级和特级围岩中，位移值不宜大于 30 cm，即收敛值维持在 6.3% 左右的规定。

（3）苏联顿巴茨矿区的量测值统计。

根据顿巴茨矿区埋深在 400～1 000 m 左右的普通坑道的量测统计，曾提出如表 7.5.3 所示的建议，用来判定坑道的稳定性及支护措施。

它是以 $\gamma h/R_b$ 作为分级标准的，这个指标在日本的围岩分级中也是这样采用的。实际上，它表明在同一 R_b 的条件下，随着埋深（即初始应力场）的变化，坑道周边允许的位移基准值也应该是不同的。例如，在埋深 500 m 时，如允许 5～8 cm，则埋深大于 750 m 时就应允许 30～35 cm。这与前面提出的观点一致。

表 7.5.3　坑道周边位移及收敛值评价标准（苏联）

埋深/cm	$\gamma h/R_b$	u_{r_0} /cm	u_{r_0}/r_0 /%
400	<0.25	5～8	1～1.6
400～750	0.25～0.45	15～20	3～4
>750	>0.45	30～35	5～7

从上述标准可以看出：

① 对硬岩来说，埋深影响不大，在一般情况下（h<500 m），u_{r_0}/r_0 值约为 1%；

② 软岩则有较大变化，在埋深小于 500 m 时可达 4%；在埋深较大时可达 7%～8%。

从欧、美、日等国发表的有关论文看，一般 u_{r_0} 都小于 5～7.5 cm，即 u_{r_0}/r_0<1.5%，在少数断层破碎带中则可成倍增大。在 Arlberg 隧道中，u_{r_0}/r_0 曾达 4.2%（u_{r_0}>25 cm），在一般情况下，该隧道的最大允许收敛值多控制在 3%～4% 之内，u_{r_0} 以不超过 15 cm 为宜。

（4）从岩石的破坏应变值来分析。

从理论及试验上看，各级围岩都应有一个允许的极限应变值，超过此值后，即应认为围岩已过度松弛，其力学状态就不宜再用 Fenner-Pacher 方程来表达。日本近藤等根据室内试验结果认为：与峰值强度相对应的应变（ε_0）值为 0.5%～0.8% 左右，岩石越硬，ε_0 允许值越小。而破坏应变值（ε_f）大体上是：岩质为 1.5%～2.0%，土质为 4%～5%。樱井等也提出围岩的破坏应变值变化范围是：岩石为 0.1%～2.5%，土质为 1.3%～4.0%，这些数值也反映在表 7.5.2 的标准之中。

我国目前尚无此项标准，亦缺少应有的试验数据，故作为借鉴，上述资料可供参考，但应通过实地量测及室内试验加以验证。

2. 铁路隧道净空位移监控标准

根据《铁路隧道监控量测技术规程》(QCR 9218—2015)，隧道初期支护极限相对位移可按表 7.5.4 和表 7.5.5 选用。

表 7.5.4　跨度 $B\leq 7$ m 隧道初期支护极限相对位移

围岩级别	隧道埋深 h/m		
	$H\leq 50$	$50<h\leq 300$	$300<h\leq 500$
拱脚水平相对净空变化/%			
Ⅱ	—	—	0.2～0.60
Ⅲ	0.10～0.50	0.40～0.70	0.60～1.50
Ⅳ	0.20～0.70	0.50～2.60	2.40～3.50
Ⅴ	0.30～1.00	0.80～3.50	3.00～5.00
拱顶相对下沉/%			
Ⅱ	—	0.01～0.05	0.04～0.08
Ⅲ	0.01～0.04	0.03～0.11	0.10～0.25
Ⅳ	0.03～0.07	0.06～0.15	0.10～0.60
Ⅴ	0.06～0.12	0.10～0.60	0.50～1.20

注：① 本表适用于复合式衬砌的初期支护，硬质围岩隧道取表中较小值，软弱围岩隧道取表中较大值。表列数值可以在施工中通过实测资料积累作适当的修正。

② 拱脚水平相对净空变化指两拱脚测点间净空水平变化值与其距离之比，拱顶相对下沉指拱顶下沉值减去隧道下沉值后与原拱顶指隧底高度之比。

③ 墙腰水平相对净空变化极限值可按拱脚水平相对净空变化极限值乘以 1.2～1.3 后采用。

表 7.5.5　跨度 $7\text{ m}<B\leq 12$ m 隧道初期支护极限相对位移

围岩级别	隧道埋深 h/m		
	$H\leq 50$	$50<h\leq 300$	$300<h\leq 500$
拱脚水平相对净空变化/%			
Ⅱ	—	0.01～0.03	0.01～0.08
Ⅲ	0.03～0.10	0.08～0.40	0.30～0.60
Ⅳ	0.10～0.30	0.20～0.80	0.70～1.20
Ⅴ	0.20～0.50	0.40～2.00	1.80～3.00

续表

围岩级别	隧道埋深 h/m		
	$H \leqslant 50$	$50<h \leqslant 300$	$300<h \leqslant 500$
拱顶相对下沉/%			
Ⅱ	—	0.03 ~ 0.06	0.05 ~ 0.12
Ⅲ	0.03 ~ 0.06	0.04 ~ 0.15	0.12 ~ 0.30
Ⅳ	0.06 ~ 0.10	0.08 ~ 0.40	0.30 ~ 0.80
Ⅴ	0.08 ~ 0.16	0.14 ~ 1.10	0.80 ~ 1.40

注：① 本表适用于复合式衬砌的初期支护，硬质围岩隧道取表中较小值，软质围岩隧道取表中较大值。表列数值可以在施工中通过实测资料积累作适当的修正。

② 拱脚水平相对净空变化指拱脚测点间净空水平变化值与其距离之比，拱顶相对下沉指拱顶下沉值减去隧道下沉值后与原拱顶至隧底高度之比。

③ 初期支护墙腰水平相对净空变化极限值可按拱脚水平相对净空变化极限值乘以 1.1 ~ 1.2 后采用。

施工期间，支护结构的位移随测点距开挖面的距离变化，初期支护极限相对位移按表 7.5.6 要求确定。研究表明，在据工作面 1B 和 2B 处的位移值分别占规定的允许位移量的 65% 和 90%左右，距开挖面较远时围岩和初期支护变形基本稳定。按表 7.5.6 所确定的控制基准使隧道开挖的每个阶段都有相应的位移控制基准与之相适应。

表 7.5.6　位移控制基准

类别	距开挖面 1B（U_{1B}）	距开挖面 2B（U_{2B}）	距开挖面较远
允许值	65%U_o	90%U_o	100%U_o

注：B 为隧道开挖宽度，U_o 为极限相对位移值。

根据上述位移控制基准，可按表 7.5.4 将位移值分为三个管理等级，应用实例参见图 7.5.1。

表 7.5.7　位移管理等级

管理等级	跟开挖面 1B	跟开挖面 2B
Ⅲ	$U<U_{1B}/3$	$U<U_{2B}/3$
Ⅱ	$U_{1B}/3 \leqslant U \leqslant 2U_{1B}/3$	$U_{2B}/3 \leqslant U \leqslant 2U_{2B}/3$
Ⅰ	$U>2U_{1B}/3$	$U>2U_{2B}/3$

注：U 为实测位移值。

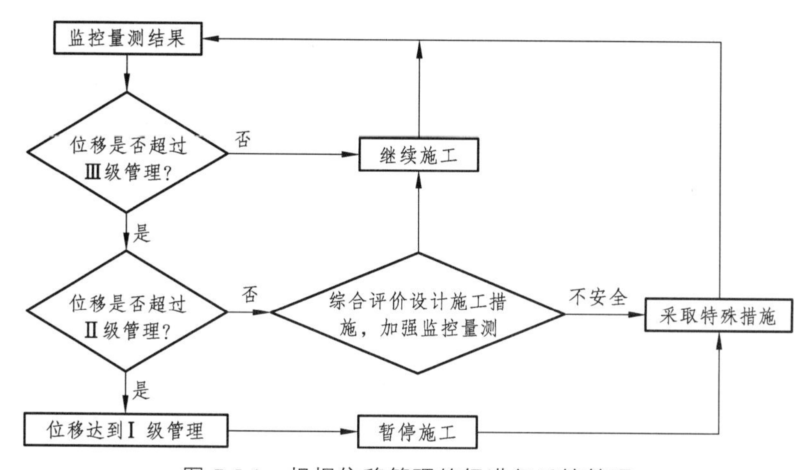

图 7.5.1　根据位移管理等级进行反馈管理

思考题与习题

1. 说明地下结构信息反馈设计方法的基本概念和实施过程。

2. 详细说明信息化设计所包括的内容。

3. 现场监控量测设计包括哪些内容？量测项目的分类、常规的量测项目及量测内容有哪些？

4. 如何进行测试数据的可靠性分析及回归分析？其步骤如何？

5. 何谓反分析方法？位移反分析方法的基本原理是什么？利用位移反分析方法可以获得哪些参数？说明这些参数的分析过程。

6. 如何根据施工过程中量测到的位移曲线获得该测点的全部位移量？已知某隧道的位移量测数据如表（1）所示，据此确定位移曲线函数的表达式，求其全部位移量并分析该隧道的位移发展是否符合安全控制标准？

表（1） 某隧道位移量测数据

量测时间	第 3 天	第 5 天	第 9 天	第 15 天	第 23 天	第 39 天
拱顶下沉/mm	0	10	12	13	14	15
量测间隔/d	0	2	4	6	8	16

7. 信息反馈对施工的指导作用和控制安全施工的标准是什么？

8. 以我国铁路隧道为例，说明隧道位移的监控标准。

附　录

附表 1　高斯法解方程的步骤

方程式编号	计算方法 ＼ 未知数 / 未知数系数	x_1	x_2	x_3	x_4	x_5	（右边）s
(1)(x_1)	$[\mathrm{I}]=(1)$	m_1	a_2	a_3	a_4	a_5	s_1
(2)(x_2)			m_2	b_3	b_4	b_5	s_2
(3)(x_3)				m_3	c_4	c_5	s_3
(4)(x_4)					m_4	d_5	s_4
(5)(x_5)						m_5	s_5
(6)(x_2)	$-\dfrac{a_2}{m_2}\times[\mathrm{I}]$		$\dot{A}_2$	$\dot{A}_3$	$\dot{A}_4$	$\dot{A}_5$	$\dot{S}_1$
(7)(x_3)	$-\dfrac{a_3}{m_2}\times[\mathrm{I}]$			$\ddot{A}_3$	$\ddot{A}_4$	$\ddot{A}_5$	$\ddot{S}_1$
(8)(x_4)	$-\dfrac{a_4}{m_2}\times[\mathrm{I}]$				$A_4^{(3)}$	$A_5^{(3)}$	$S_1^{(3)}$
(9)(x_5)	$-\dfrac{a_5}{m_2}\times[\mathrm{I}]$					$A_5^{(4)}$	$S_2^{(4)}$
(10)	$[\mathrm{II}]=\sum(x_2)=(2)+(6)$		M_2	B_3	B_4	B_5	S_2
(11)(x_3)	$-\dfrac{B_3}{M_2}\times[\mathrm{II}]$			$\dot{B}_3$	$\dot{B}_4$	$\dot{B}_5$	$\dot{S}_2$
(12)(x_4)	$-\dfrac{B_4}{M_2}\times[\mathrm{II}]$				$\ddot{B}_4$	$\ddot{B}_5$	$\ddot{S}_2$
(13)(x_5)	$-\dfrac{B_5}{M_2}\times[\mathrm{II}]$					$B_5^{(3)}$	$S_2^{(3)}$
(14)	$[\mathrm{III}]=\sum(x_3)=(3)+(7)+(11)$			M_3	C_4	C_5	S_3
(15)(x_4)	$-\dfrac{C_4}{M_3}\times[\mathrm{III}]$				$\dot{C}_4$	$\dot{C}_5$	$\dot{S}_3$
(16)(x_5)	$-\dfrac{C_5}{M_3}\times[\mathrm{III}]$					$\ddot{C}_5$	$\ddot{S}_3$
(17)	$[\mathrm{IV}]=\sum(x_4)=(4)+(8)+(12)+(15)$				M_4	D_5	S_4
(18)(x_5)	$-\dfrac{D_5}{M_4}\times[\mathrm{IV}]$					$\dot{D}_5$	$\dot{S}_4$
(19)	$[\mathrm{V}]=\sum(x_5)=(5)+(9)+(13)+(16)+(18)$					M_5	S_5

附表 2　双曲线三角函数$\phi_1 \sim \phi_4$

αx	ϕ_1	ϕ_2	ϕ_3	ϕ_4	αx	ϕ_1	ϕ_2	ϕ_3	ϕ_4
0.0	1.000 0	0	0	0	3.5	− 15.519 8	− 21.305 0	− 5.802 8	9.678 0
0.1	1.000 0	0.200 0	0.010 0	0.000 6	3.6	− 16.421 8	− 24.501 6	− 8.091 8	8.294 0
0.2	0.999 7	0.400 0	0.040 0	0.005 4	3.7	− 17.162 2	− 27.863 0	− 10.708 8	6.419 6
0.3	0.998 7	0.599 8	0.090 0	0.018 0	3.8	− 17.687 5	− 31.352 2	− 13.668 6	3.987 6
0.4	0.995 7	0.799 4	0.160 0	0.042 7	3.9	− 17.938 7	− 34.919 8	− 16.981 8	0.928 4
0.5	0.989 5	0.998 0	0.249 8	0.083 3	4.0	− 17.849 8	− 38.504 8	− 20.653 0	− 2.829 2
0.6	0.978 4	1.194 8	0.359 6	0.143 9	4.1	− 17.347 2	− 42.032 0	− 24.680 8	− 7.356 8
0.7	0.960 0	1.388 8	0.488 8	0.228 4	4.2	− 16.350 5	− 45.411 0	− 29.054 8	− 12.724 8
0.8	0.931 8	1.578 2	0.637 2	0.340 6	4.3	− 14.772 2	− 48.533 8	− 33.754 6	− 19.000 4
0.9	0.893 1	1.760 8	0.804 2	0.484 5	4.4	− 12.518 0	− 51.274 6	− 38.748 6	− 26.246 0
1.0	0.333 7	1.933 6	0.989 0	0.663 5	4.5	− 9.489 0	− 53.489 4	− 43.991 8	− 34.516 0
1.1	0.756 8	2.093 0	1.190 4	0.881 1	4.6	− 5.579 1	− 55.011 4	− 49.423 4	− 43.855 2
1.2	0.656 1	2.234 6	1.407 0	1.140 6	4.7	− 0.681 2	− 55.654 8	− 54.964 6	− 54.292 8
1.3	0.527 2	2.353 4	1.636 6	1.444 8	4.8	5.316 4	− 55.210 4	− 60.517 8	− 65.841 6
1.4	0.365 6	2.443 4	1.876 6	1.795 9	4.9	12.523 9	− 53.447 8	− 65.962 8	− 78.492 8
1.5	0.166 4	2.497 2	2.124 0	2.195 9	5.0	21.050 4	− 50.113 0	− 71.155 0	− 92.210 0
1.6	− 0.075 3	2.507 0	2.374 6	2.645 8	5.1	30.999 7	− 44.932 2	− 75.923 8	− 106.926 8
1.7	− 0.364 4	2.464 4	2.623 6	3.145 1	5.2	42.466 1	− 37.611 4	− 80.070 0	− 122.538 4
1.8	− 0.706 0	2.357 8	2.865 2	3.694 7	5.3	55.531 7	− 27.840 2	− 83.365 2	− 138.898 4
1.9	− 1.104 9	2.177 6	3.092 8	4.290 8	5.4	70.263 7	− 15.288 0	− 85.545 4	− 155.809 6
2.0	− 1.565 6	1.911 6	3.298 0	4.930 1	5.5	86.704 4	0.380 2	− 86.318 6	− 173.022 3
2.1	− 2.092 3	1.547 0	3.471 8	5.607 8	5.6	104.868 7	19.508 8	− 85.355 0	− 190.223 2
2.2	− 2.688 2	1.070 2	3.603 6	6.316 2	5.7	124.735 2	42.439 8	− 82.290 8	− 207.025 2
2.3	− 3.356 2	0.467 0	3.681 6	7.045 7	5.8	146.244 8	69.512 8	− 76.728 0	− 222.971 6
2.4	− 4.097 6	− 0.277 2	3.692 2	7.784 2	5.9	169.283 7	101.040 6	− 68.239 6	− 237.522 0
2.5	− 4.912 8	− 1.177 0	3.621 0	8.517 0	6.0	193.681 3	137.315 6	− 56.362 4	− 250.042 4
2.6	− 5.800 3	− 2.247 2	3.451 2	9.226 0	6.1	219.200 4	178.589 4	− 40.608 6	− 259.807 2
2.7	− 6.756 5	− 3.501 8	3.165 4	9.889 8	6.2	245.523 1	225.049 8	− 20.471 2	− 265.992 4
2.8	− 7.775 9	− 4.954 0	2.744 2	10.483 2	6.3	272.248 7	276.824 0	4.577 2	− 267.670 0
2.9	− 8.847 1	− 6.615 8	2.167 6	10.977 2	6.4	298.890 9	333.944 4	35.072 4	− 263.794 4
3.0	− 9.966 9	− 8.497 0	1.413 8	11.338 4	6.5	324.786 1	396.327 4	71.542 6	− 253.242 0
3.1	− 11.111 9	− 10.604 5	0.460 6	11.529 2	6.6	349.255 4	463.760 2	114.505 6	− 234.748 0
3.2	− 12.265 6	− 12.942 2	− 0.714 8	11.507 6	6.7	371.424 4	535.874 8	164.451 0	− 206.972 0
3.3	− 13.404 8	− 15.509 8	− 2.135 6	11.227 2	6.8	390.294 7	612.111 6	221.817 4	− 168.476 0
3.4	− 14.500 8	− 18.301 4	− 3.824 2	10.635 6	6.9	404.714 5	691.665 0	286.985 4	− 117.732 7
					7.0	413.376 2	773.614 4	360.238 2	− 53.136 8

附表 3　双曲线三角函数 $\phi_5 \sim \phi_8$

αx	ϕ_5	ϕ_6	ϕ_7	ϕ_8	αx	ϕ_5	ϕ_6	ϕ_7	ϕ_8
0.0	1.000 0	1.0000	1.000 0	0.000 0	3.5	−0.017 7	−0.028 3	−0.038 9	−0.010 6
0.1	0.810 0	0.900 4	0.990 7	0.090 3	3.6	−0.012 4	−0.024 5	−0.036 6	−0.012 1
0.2	0.639 8	0.802 4	0.965 1	0.162 7	3.7	−0.007 9	−0.021 0	−0.034 1	−0.013 1
0.3	0.488 8	0.707 8	0.926 7	0.218 9	3.8	−0.004 0	−0.017 7	−0.031 4	−0.013 7
0.4	0.356 4	0.617 4	0.878 4	0.261 0	3.9	−0.000 8	−0.014 7	−0.028 6	−0.013 9
0.5	0.241 5	0.532 3	0.823 1	0.290 8	4.0	0.001 9	−0.012 0	−0.025 8	−0.013 9
0.6	0.143 1	0.453 0	0.762 8	0.309 9	4.1	0.004 0	−0.009 6	−0.023 1	−0.013 6
0.7	0.059 9	0.379 8	0.699 7	0.319 9	4.2	0.005 7	−0.007 4	−0.020 4	−0.013 1
0.8	−0.009 3	0.313 0	0.635 4	0.322 3	4.3	0.007 0	−0.005 5	−0.017 9	−0.012 4
0.9	−0.065 7	0.252 8	0.571 2	0.318 5	4.4	0.007 9	−0.003 8	−0.015 5	−0.011 7
1.0	−0.110 8	0.198 8	0.508 3	0.309 6	4.5	0.008 5	−0.002 4	−0.013 2	−0.010 9
1.1	−0.145 7	0.151 0	0.447 6	0.296 7	4.6	0.008 9	−0.001 1	−0.011 1	−0.010 0
1.2	−0.171 6	0.109 2	0.389 3	0.280 7	4.7	0.009 0	−0.000 2	−0.009 2	−0.009 1
1.3	−0.189 7	0.072 9	0.335 5	0.262 6	4.8	0.008 9	0.000 7	−0.007 5	−0.008 2
1.4	−0.201 1	0.041 9	0.284 9	0.243 0	4.9	0.008 7	0.001 4	−0.005 9	−0.007 3
1.5	−0.206 8	0.015 8	0.238 4	0.222 6	5.0	0.008 4	0.002 0	−0.004 6	−0.006 5
1.6	−0.207 7	−0.005 9	0.195 9	0.201 8	5.1	0.008 0	0.002 4	−0.003 3	−0.005 6
1.7	−0.204 7	−0.023 6	0.157 6	0.181 2	5.2	0.007 5	0.002 6	−0.002 3	−0.004 9
1.8	−0.198 5	−0.037 6	0.123 4	0.161 0	5.3	0.006 9	0.002 8	−0.001 4	−0.004 2
1.9	−0.189 9	−0.048 4	0.093 2	0.141 5	5.4	0.006 4	0.002 9	−0.000 6	−0.003 5
2.0	−0.179 4	−0.056 4	0.066 7	0.123 1	5.5	0.005 8	0.002 9	0.000 1	−0.002 9
2.1	−0.167 5	−0.061 8	0.043 9	0.105 7	5.6	0.005 2	0.002 9	0.000 5	−0.002 3
2.2	−0.154 8	−0.065 2	0.024 4	0.089 6	5.7	0.004 6	0.002 8	0.001 0	−0.001 8
2.3	−0.141 6	−0.066 8	0.008 0	0.074 8	5.8	0.004 1	0.002 7	0.001 3	−0.001 4
2.4	−0.128 2	−0.066 9	−0.005 6	0.061 3	5.9	0.003 6	0.002 6	0.001 5	−0.001 0
2.5	−0.114 9	−0.065 8	−0.016 6	0.049 1	6.0	0.003 1	0.002 4	0.001 7	−0.000 7
2.6	−0.101 9	−0.063 6	−0.025 4	0.038 3	6.1	0.002 6	0.002 2	0.001 8	−0.000 4
2.7	−0.089 5	−0.060 8	−0.032 0	0.028 7	6.2	0.002 2	0.002 0	0.001 9	−0.000 2
2.8	−0.077 7	−0.057 3	−0.036 9	0.020 4	6.3	0.001 8	0.001 9	0.001 9	0.000 0
2.9	−0.066 6	−0.053 5	−0.040 3	0.013 3	6.4	0.001 5	0.001 7	0.001 8	0.000 2
3.0	−0.056 3	−0.049 3	−0.042 3	0.007 0	6.5	0.001 2	0.001 5	0.001 8	0.000 3
3.1	−0.046 9	−0.045 0	−0.043 1	0.001 9	6.6	0.000 9	0.001 3	0.001 7	0.000 4
3.2	−0.038 3	−0.040 7	−0.043 1	−0.002 4	6.7	0.000 6	0.001 2	0.001 6	0.000 5
3.3	−0.030 6	−0.036 4	−0.042 2	−0.005 8	6.8	0.000 4	0.001 0	0.001 5	0.000 6
3.4	−0.023 7	−0.032 2	−0.040 8	−0.008 5	6.9	0.000 2	0.000 8	0.001 4	0.000 6
					7.0	0.000 1	0.000 7	0.001 3	0.000 6

附表 4　双曲线三角函数$\phi_9 \sim \phi_{15}$

αx	ϕ_9	ϕ_{10}	ϕ_{11}	ϕ_{12}	ϕ_{13}	ϕ_{14}	ϕ_{15}
1.0	1.336 5	0.679 4	1.134 1	0.836 5	1.044 6	0.502 8	1.011 2
1.1	1.494 8	0.912 2	1.316 3	0.994 9	1.289 0	0.738 0	1.352 6
1.2	1.705 0	1.197 8	1.535 5	1.205 0	1.573 6	1.048 8	1.768 0
1.3	1.978 0	1.544 8	1.802 6	1.478 0	1.906 6	1.450 8	2.267 2
1.4	2.327 6	1.964 2	2.131 7	1.827 7	2.298 6	1.962 0	2.862 1
1.5	2.769 4	2.469 2	2.539 7	2.269 4	2.764 4	2.603 1	3.567 2
1.6	3.322 2	3.076 2	3.047 0	2.822 2	3.321 4	3.397 4	4.399 0
1.7	4.007 9	3.805 2	3.677 4	3.507 9	3.991 4	4.372 2	5.378 0
1.8	4.854 1	4.682 0	4.460 8	4.354 2	4.802 4	5.560 1	6.529 4
1.9	5.892 6	5.737 8	5.431 9	5.392 6	5.788 4	6.997 5	7.883 2
2.0	7.163 7	7.011 6	6.633 3	6.663 7	6.990 6	8.729 5	9.477 0
2.1	8.715 0	8.551 8	8.116 1	8.215 1	8.460 4	10.807 1	11.355 6
2.2	10.606 0	10.417 6	9.941 9	10.106 0	10.259 8	13.294 2	13.575 8
2.3	12.908 7	12.682 8	12.185 9	12.408 7	12.465 0	16.265 0	16.205 6
2.4	15.712 0	15.436 8	14.938 8	15.212 0	15.167 8	19.809 7	19.329 2
2.5	19.123 4	18.790 6	18.311 1	18.623 5	18.481 6	24.036 0	23.049 0
2.6	23.276 8	22.879 0	22.437 3	22.776 8	22.542 4	29.077 2	27.492 2
2.7	28.335 3	27.868 8	27.482 3	27.835 3	27.518 0	35.092 1	32.813 8

附表 5　两个对称力矩作用下基础梁的角变θ

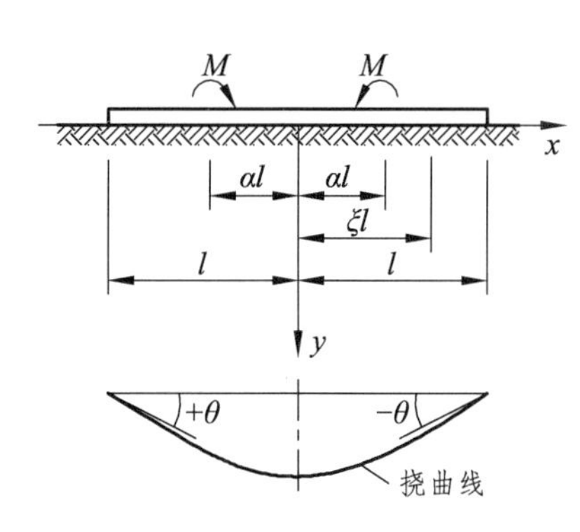

（1）转换公式：θ= 表中系数 $\times \dfrac{Ml}{EI}$（顺时针向为正）；

（2）表中数字以右半梁为准，左半梁数值相同，但正负相反；

（3）由于 $\theta = \dfrac{\mathrm{d}y}{\mathrm{d}x}$，故可根据表中系数用数值积分（梯形公式）求梁的挠度 y，向下为正。例如，$t=2$、$\alpha=0.6$、$\xi=0.5$ 处的挠度 y（原点取在梁右端）为

$$y = -\left(\frac{0.537}{2} + 0.532 + 0.530 + 0.528 + \frac{0.528}{2}\right) \times \frac{Ml}{EI} \times (-0.1l)$$

$$= 0.212\ 25 \times \frac{Ml^2}{EI}\ (\text{向下})$$

两个对称力矩 M　（$t=1$）

α	ξ										
	0.0	0.1	0.2	0.3	0.4	0.5	0.6	0.7	0.8	0.9	1.0
0.1	0	−0.101	−0.102	0.103	−0.105	−0.107	−0.1185	−0.111	−0.112	−0.113	−0.114
0.2	0	−0.098	−0.196	−0.194	−0.193	−0.192	−0.191	−0.191	−0.191	−0.191	−0.191
0.3	0	−0.094	−0.189	−0.283	−0.277	−0.373	−0.269	−0.267	−0.265	−0.264	−0.264
0.4	0	−0.093	−0.186	−0.280	−0.374	−0.370	−0.366	−0.363	−0.361	−0.360	−0.360
0.5	0	−0.093	−0.186	−0.279	−0.374	−0.470	−0.466	−0.464	−0.462	−0.462	−0.462
0.6	0	−0.093	−0.185	−0.279	−0.373	−0.469	−0.565	−0.563	−0.561	−0.562	−0.561
0.7	0	−0.092	−0.184	−0.277	−0.370	−0.465	−0.560	−0.657	−0.655	−0.654	−0.654
0.8	0	−0.091	−0.184	−0.276	−0.370	−0.464	−0.560	−0.656	−0.754	−0.753	−0.753
0.9	0	−0.091	−0.183	−0.275	−0.369	−0.463	−0.559	−0.655	−0.753	−0.852	−0.852
1.0	0	−0.091	−0.182	−0.275	−0.369	−0.463	−0.559	−0.655	−0.753	−0.852	−0.952

两个对称力矩 M　（$t=2$）

α	ξ										
	0.0	0.1	0.2	0.3	0.4	0.5	0.6	0.7	0.8	0.9	1.0
0.1	0	−0.102	−0.105	−0.108	−0.111	−0.114	−0.117	−0.120	−0.123	−0.125	−0.125
0.2	0	−0.096	−0.192	−0.189	−0.186	−0.184	−0.183	−0.182	−0.182	−0.182	−0.182
0.3	0	−0.088	−0.176	−0.265	−0.256	−0.247	−0.240	−0.235	−0.231	−0.229	−0.228
0.4	0	−0.087	−0.175	−0.263	−0.353	−0.344	−0.337	−0.332	−0.328	−0.326	−0.326
0.5	0	−0.087	−0.174	−0.262	−0.361	−0.442	−0.435	−0.430	−0.427	−0.425	−0.425
0.6	0	−0.087	−0.174	−0.262	−0.353	−0.444	−0.537	−0.532	−0.530	−0.528	−0.528
0.7	0	−0.084 5	−0.170	−0.257	−0.344	−0.433	−0.525	−0.619	−0.615	−0.612	−0.612
0.8	0	−0.084	−0.169	−0.254	−0.341	−0.430	−0.521	−0.615	−0.711	−0.709	−0.708
0.9	0	−0.084	−0.169	−0.254	−0.341	−0.430	−0.521	−0.615	−0.711	−0.809	−0.808
1.0	0	−0.084	−0.169	−0.254	−0.341	−0.430	−0.521	−0.615	−0.711	−0.809	−0.908

附表 6　两个对称集中荷载作用下基础梁的角变θ

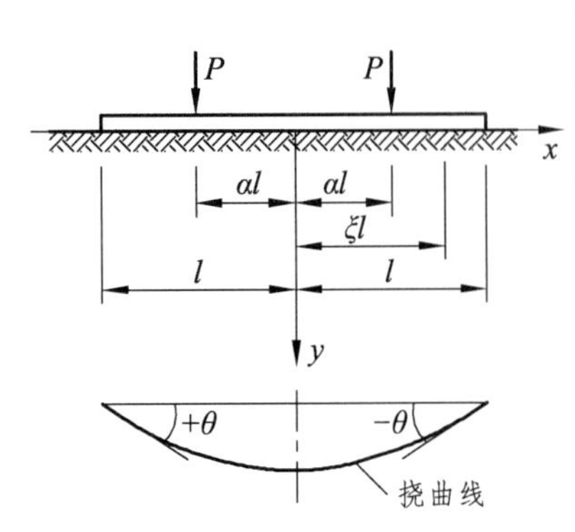

（1）转换公式：θ= 表中系数 × $\dfrac{Pl^2}{EI}$（顺时针向为正）；

（2）当只有 1 个集中荷载 P 作用在梁长的中点处，使用上式时须用 $P/2$ 代替 P；

（3）表中数字以右半梁为准，左半梁数值相同，但正负相反；

（4）由于 $\theta=\dfrac{dy}{dx}$，故可根据表中系数用数值积分（梯形公式）求梁的挠度 y，向下为正。例如，$t=0$、$\alpha=0.7$、$\xi=0.4$ 处的挠度 y（原点取在梁右端）为

$$y=-\left(\frac{0.019}{2}+0.017+0.009+0.001-0.001-\frac{0.003}{2}\right)\times\frac{Pl^2}{EI}\times(-0.1l)$$

$$=-0.003\ 4\times\frac{Pl^2}{EI}(\text{向上})$$

两个对称集中荷载 P　（$t=1$）

α	ξ										
	0.0	0.1	0.2	0.3	0.4	0.5	0.6	0.7	0.8	0.9	1.0
0.0	0	−0.053	−0.098	−0.134	−0.162	−0.184	−0.199	−0.209	−0.215	−0.217	−0.218
0.1	0	−0.048	−0.093	−0.129	−0.157	−0.178	−0.193	−0.203	−0.209	−0.211	−0.212
0.2	0	−0.038	−0.077	−0.113	−0.141	−0.163	−0.178	−0.188	−0.194	−0.196	−0.197
0.3	0	−0.029	−0.058	−0.090	−0.118	−0.139	−0.154	−0.164	−0.170	−0.173	−0.174
0.4	0	−0.019	−0.010	−0.062	−0.086	−0.107	−0.123	−0.138	−0.139	−0.142	−0.113
0.5	0	−0.010	−0.020	−0.032	−0.047	−0.064	−0.080	−0.191	−0.097	−0.099	−0.100
0.6	0	−0.001	−0.002	−0.005	−0.010	−0.018	−0.029	−0.039	−0.045	−0.048	−0.049
0.7	0	0.008	0.016	0.022	0.027	0.028	0.026	0.020	0.014	0.012	0.011
0.8	0	0.017	0.034	0.050	0.064	0.076	0.084	0.087	0.086	0.084	0.083
0.9	0	0.026	0.052	0.077	0.100	0.121	0.138	0.152	0.100	0.163	0.162
1.0	0	0.036	0.071	0.105	0.137	0.167	0.194	0.127	0.235	0.247	0.252

两个对称集中荷载 P　（$t=0$）

α	ξ										
	0.0	0.1	0.2	0.3	0.4	0.5	0.6	0.7	0.8	0.9	1.0
0.0	0	−0.059	−0.108	−0.149	−0.182	−0.208	−0.227	−0.240	−0.247	−0.251	−0.252
0.1	0	−0.054	−0.103	−0.144	−0.177	−0.203	−0.222	−0.235	−0.242	−0.246	−0.247
0.2	0	−0.044	−0.088	−0.129	−0.162	−0.188	−0.207	−0.220	−0.227	−0.231	−0.232
0.3	0	−0.034	−0.068	−0.104	−0.137	−0.163	−0.182	−0.195	−0.202	−0.206	−0.207
0.4	0	−0.024	−0.048	−0.074	−0.102	−0.128	−0.147	−0.160	−0.167	−0.171	−0.172
0.5	0	−0.014	−0.028	−0.044	−0.062	−0.083	−0.102	−0.115	−0.122	−0.126	−0.127
0.6	0	−0.004	−0.008	−0.014	−0.022	−0.033	−0.047	−0.060	−0.067	−0.071	−0.072
0.7	0	0.006	0.011	0.015	0.017	0.019	0.017	0.009	0.001	−0.001	−0.003
0.8	0	0.016	0.031	0.045	0.057	0.067	0.073	0.075	0.072	0.069	0.068
0.9	0	0.026	0.051	0.075	0.097	0.117	0.133	0.145	0.152	0.154	0.153
1.0	0	0.036	0.071	0.105	0.137	0.167	0.193	0.215	0.232	0.244	0.248

参考文献

[1] 徐干成，白洪才，郑颖人，等. 地下工程支护结构[M]. 北京：中国水利水电出版社，2001.

[2] 孙钧，候学渊. 地下结构[M]. 北京：科学出版社，1987.

[3] 关宝树. 隧道力学概论[M]. 成都：西南交通大学出版社，1993.

[4] 钟桂彤. 铁路隧道[M]. 北京：中国铁道出版社，1993.

[5] 潘昌实. 隧道力学数值方法[M]. 北京：中国铁道出版社，1995.

[6] 候学渊. 土层地下建筑结构[M]. 北京：中国建筑工业出版社，1982.

[7] 李志业，曾艳华. 地下结构设计原理与方法[M]. 成都：西南交通大学出版社，2003.

[8] 朱合华，张子新，廖少明. 地下建筑结构[M]. 北京：中国建筑工业出版社，2016.

[9] 易萍丽. 现代隧道设计与施工[M]. 北京：中国铁道出版社，1997.

[10] 施仲衡. 地下铁道设计与施工[M]. 西安：陕西科学技术出版社，1997.

[11] 孙钧. 地下工程设计理论与实践[M]. 上海：上海科学技术出版社，1996.

[12] 杨林德. 岩土工程问题的反演理论与过程实践[M]. 北京：科学出版社，1996.

[13] 关宝树，杨其新. 地下工程概论[M]. 成都：西南交通大学出版社，2001.

[14] 李世辉. 隧道支护设计新论[M]. 北京：科学出版社，1999.

[15] 李晓红. 隧道新奥法及量测技术[M]. 北京：科学技术出版社，2002.

[16] 中铁二院工程集团有限责任公司. 铁路隧道设计规范：TB 10003—2016[S]. 北京：中国铁道出版社，2017.

[17] 招商局重庆交通科研设计院有限公司. 公路隧道设计规范 第一册 土建工程：JTG 3370.1—2018[S]. 北京：人民交通出版社，2018.

[18] 长江水利委员会长江科学院. 工程岩体分级标准：GB/T 50218—2014[S]. 北京：中国计划出版社，2014.

[19] 中交第二公路勘察设计研究院有限公司. 公路隧道设计细则：JTG/T D70—2010[S]. 北京：人民交通出版社，2010.

[20] 关宝树. 隧道工程设计要点集[M]. 北京：人民交通出版社，2013.

[21] 清华大学，北京城建设计发展集团股份有限公司. 地下结构抗震设计标准：GB/T 51336—2018[S]. 北京：中国建筑工业出版社，2018.

[22] 招商局重庆交通科研设计院有限公司. 公路隧道抗震设计规范：JTG 2232—2019[S]. 北京：人民交通出版社，2019.

[23] DUNCAN J M，CHANG C Y. Nonlinear analysis of stress and strain in soils[J]. Journal of the soil Mechanics and Foundations，1963，(96，SM5)：1629-1653.

[24] HOEK E，BROWN E T. Underground excavations in rock[M]. London：Institute of Mining and Metallurgy，1980.

[25] HOEK E，BROWN E T. Practical estimates of rock mass strength[J]. International Journal of Rock Mechanics and Mining Sciences，1997，34 (8)：1165-1186.

[26] TERZAGHI K. Theoretical Soil Mechanics[M]. New York：John Wiley and Sons，1943.

[27] SHERIF M A，ISHIBASHI I，LEE C D. Earth pressures against rigid retaining walls[J]. Journal of Geotechnical Engineering，1982，108(GT5)：679-696.

[28] RICHARD L H. The arch in soil arching[J]. Journal of Geotechnical Engineering，1985，111(03)：302-318.

[29] RANKIN W J. Ground movement resulting from urban tunnelling：prediction and effects[C]. Nottingham：In Conference on Engineeing Geology of Underground Movements，1988：79-82.

[30] DUDDECK H，ERDMANN J. Structural design models for tunnels[J]. Tunnelling，1982，82：63-91.

[31] MAIR R J. Tunnelling and geotechnics：new horizons[J]. Géotechnique，2008，58(9)：695-736.

[32] 谢家烋. 浅埋隧道的地层压力[J]. 土木工程学报，1964（6）：58-70.

[33] 王建宇. 隧道工程的技术进步[M]. 北京：中国铁道出版社，2004.

[34] 王思敬，等. 地下工程岩体稳定性分析[M]. 北京：科学出版社，1984.

[35] 肖明清，封坤，李策，等. 复合地层盾构隧道围岩压力计算方法研究[J]. 岩石力学与工程学报，2019，38(9)：1836-1847.

[36] ITA. Views on structural design of tunnels[J]. Advances in Tunnelling Technology and Subsurface Use，1982，2(3)：153-229.

[37] WOOD M，et al. The circular tunnel in elastic ground[J]. G é otechnique，1975，25(1)：115-127.

[38] MORGAN H D. A contribution to the analysis of stress in a circular tunnel[J]. G é otechnique，1971，11(3)：37-46.

[39] 何川，张建刚，苏宗贤. 大断面水下盾构隧道结构力学特性[M]. 北京：科学出版社，2010.

[40] 何川，封坤. 大断面盾构隧道结构整体化分析方法[J]. 隧道建设（中英文），2021，41（11）：1827-1848.

[41] ITA. Guidelines for the design of tunnels[J]. Tunnelling and Underground Space Technology，1988，3(3)：237-249.

[42] 北京城建设计发展集团股份有限公司，广州地铁设计研究院有限公司. 盾构隧道工程设计标准：GB/T 51438—2021[S]. 北京：中国建筑工业出版社，2021.

[43] 肖明清，邓朝辉，鲁志鹏. 武汉长江隧道盾构段结构型式研究[J]. 现代隧道技术，2012，49（1）：105-110.

[44] 肖明清. 隧道支护结构设计总安全系数法[M]. 北京：人民交通出版社，2020.

[45] 蒋雅君，方勇，王士民，等. 隧道工程[M]. 北京：机械工业出版社，2021.

[46] 申玉生. 隧道及地下工程施工与智能建造[M]. 科学出版社，2021.

[47] 赵勇. 隧道设计理论与方法[M]. 北京：人民交通出版社，2019.

[48] 高波，周佳媚，曾艳华. 地下结构设计[M]. 武汉大学出版社，2018.

[49] 中铁二院工程集团有限责任公司. 铁路隧道监控量测技术规程：Q/CR 9218—2015[S]. 北京：中国铁道出版社，2015.

[50] 何川，耿萍. 盾构隧道实用抗震计算方法研究[J]. 中国公路学报，2020，33（12）：15-25.

[51] 汪波，喻炜，刘锦超，等. 交通/水工隧道中基于预应力锚固系统的及时主动支护理念及其技术实现[J]. 中国公路学报，2020，33（12）：118-129.

[52] 汪波，郭新新，王治才，等. 高地应力软岩隧道及时-强-让压支护理论与工程实践[M]. 北京：中国建筑工业出版社，2022.

续表

序号	页码	位置	错误	正确
7	171	图 5.2.6	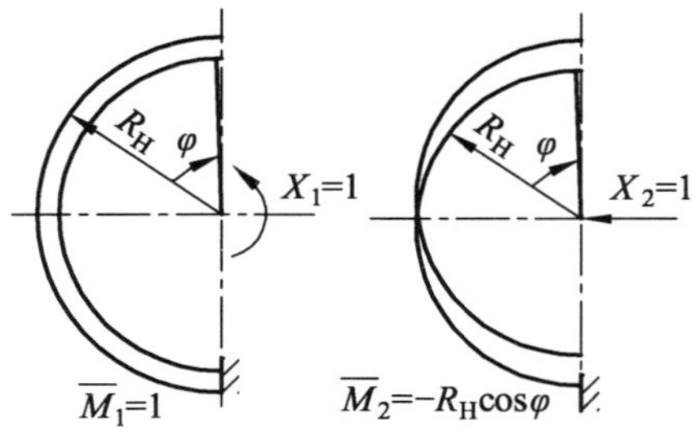 R_H φ $X_1=1$ $\overline{M}_1=1$ R_H φ $X_2=1$ $\overline{M}_2=-R_H\cos\varphi$ 图 5.2.6　单位力作用下的内力	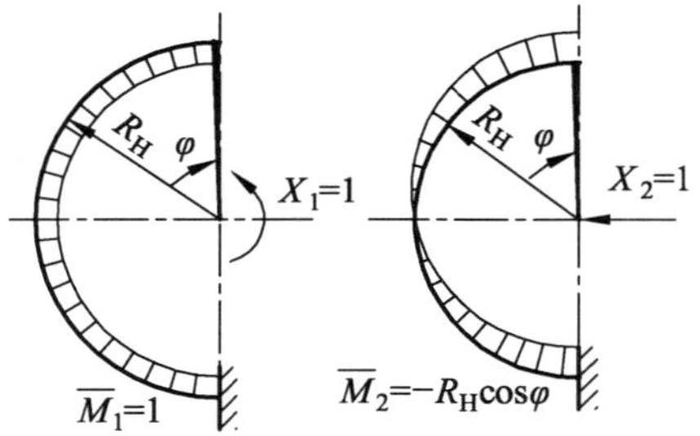 R_H φ $X_1=1$ $\overline{M}_1=1$ R_H φ $X_2=1$ $\overline{M}_2=-R_H\cos\varphi$ 图 5.2.6　单位力作用下的内力
8	178	第 8 行	响，围岩表面上的匀布应力及相应沉陷为	响，围岩表面上的均布应力及相应沉陷为
9	180	第 10 行	图 5.2.14 辛普生积分法	图 5.2.14 辛普森积分法
10	180	第 15 行	$\left.\begin{array}{l} y_L = A - Bh + Ch^2 \\ y_M = A \\ y_L = A + Bh + Ch^2 \end{array}\right\}$	$\left.\begin{array}{l} y_L = A - Bh + Ch^2 \\ y_M = A \\ y_R = A + Bh + Ch^2 \end{array}\right\}$
11	189	第 13 行	的接缝上。通常 $\widehat{ah} \approx \frac{2}{3}ab$	的接缝上。通常 $\widehat{ah} \approx \frac{2}{3}\widehat{ab}$
12	195	第 13 行	$h_a = 0.41 \times 1.79^S$	$h_a = 0.45 \times 2^{S-1}\omega$
13	207	第 2 行	$\sigma_h = \dfrac{\delta_{hp}}{\dfrac{1}{K_v} - \delta_{h\bar{\sigma}}} = 24.993\ 558$	$\sigma_h = \dfrac{\delta_{hp}}{\dfrac{1}{K} - \delta_{h\bar{\sigma}}} = 24.993\ 558$

《地下结构设计原理与方法（第 2 版）》勘误表

序号	页码	位置	错误	正确
1	81	第 6 行	σR_0	σ_{R0}
2	83	第 7 行	$R=R_0\left(\frac{1}{1+\sin\phi}\right)^{\frac{1-\sin\phi}{2\sin\phi}}=5.235\,9\left(\frac{1}{1+0.5}\right)^{\frac{1-0.5}{2\times0.5}}=4.275\,1$（m）	$R=R_0\left(\frac{1}{1+\sin\varphi}\right)^{\frac{1-\sin\varphi}{2\sin\varphi}}=5.235\,9\left(\frac{1}{1+0.5}\right)^{\frac{1-0.5}{2\times0.5}}=4.275\,1$（m）
3	83	图 3.4.3	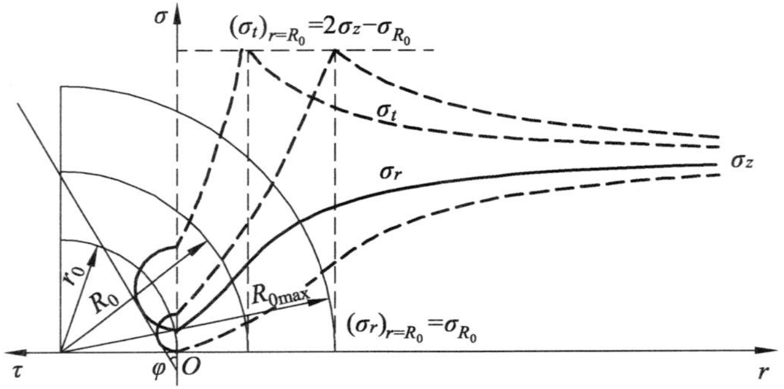 σ $(\sigma_t)_{r=R_0}=2\sigma_z-\sigma_{R_0}$ σ_t σ_r σ_z r_0 R_0 R_{0max} $(\sigma_r)_{r=R_0}=\sigma_{R_0}$ τ φ O r 图 3.4.3　圆形洞室围岩内的应力分布	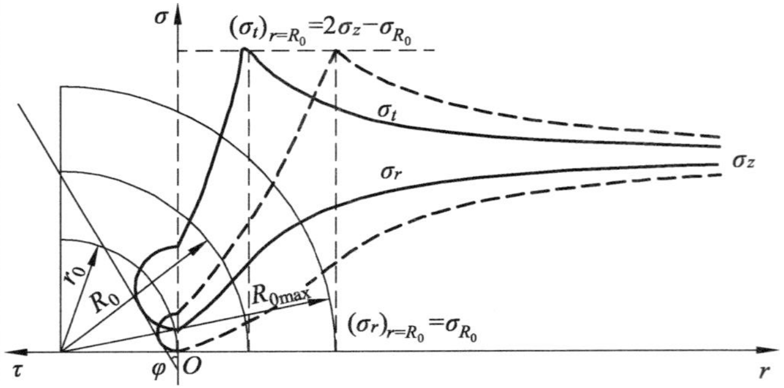 σ $(\sigma_t)_{r=R_0}=2\sigma_z-\sigma_{R_0}$ σ_t σ_r σ_z r_0 R_0 R_{0max} $(\sigma_r)_{r=R_0}=\sigma_{R_0}$ τ φ O r 图 3.4.3　圆形洞室围岩内的应力分布
4	130	第 3 行	洞壁位移可依据式（3.3.13）计算。其收敛曲线如图 3.5.1 所示，它只适用于围岩处于弹性的状态。	洞壁位移可依据式（3.3.13）计算。其收敛曲线如图 4.3.1 所示，它只适用于围岩处于弹性的状态。
5	140	第 5 行	（2）选择支护类型与参数（精简）。	（2）选择支护类型与参数。
6	168	图 5.2.2（b）	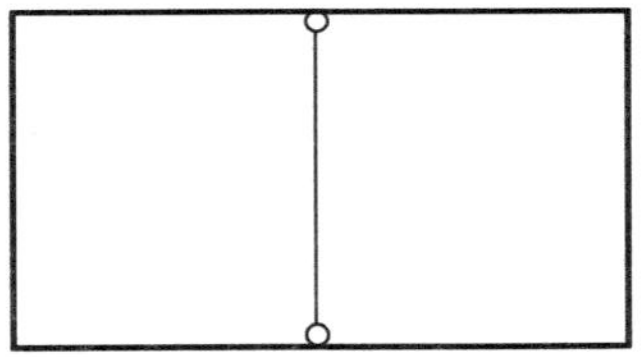 （b）梁的计算图示	 （b）梁的计算图示